航空类专业职业教育系列教材

飞机装配工艺学

（第 2 版）

主　编　王海宇

副主编　汉锦丽

西北工业大学出版社

西　安

【内容简介】 本书是在《飞机装配工艺学》(上、下册)的基础上修订而成的。本书由十六章组成,内容包括飞机装配概述,铆接技术,螺纹连接技术,装配中的补偿,装配中的互换与协调,装配型架,飞机结构装配图基本识读知识,飞机装配检测方法,飞机装配准确度,胶接与胶接结构装配,复合材料结构与制造,点焊和胶焊结构装配,飞机总装配和机场工作,生产工艺准备,飞机构造工艺性,飞机数字化装配系统等。本书内容丰富,由浅入深,系统讲解了飞机装配工艺学的基础知识。附录对飞机生产的技术安全与环境保护的有关知识进行了简单说明。

本书可以作为职业院校教学优选教材和航空航天企业员工培训教材使用,也可作为飞机制造业工艺人员和操作员工的自学参考资料。

图书在版编目(CIP)数据

飞机装配工艺学 / 王海宇主编 . —2 版. — 西安 :
西北工业大学出版社,2022.4(2025.1重印)
　ISBN 978 - 7 - 5612 - 8127 - 7

　Ⅰ.①飞…　Ⅱ.①王…　Ⅲ.①飞机-装配(机械)-工艺学-教材　Ⅳ.①V262.4

中国版本图书馆 CIP 数据核字(2022)第 044035 号

FEIJI ZHUANGPEI GONGYIXUE

飞 机 装 配 工 艺 学

责任编辑:杨　军		**策划编辑:**杨　军	
责任校对:朱晓娟　董珊珊		**装帧设计:**董晓伟	

出版发行:西北工业大学出版社
通信地址:西安市友谊西路 127 号　　邮编:710072
电　　话:(029)88491757,88493844
网　　址:www.nwpup.com
印 刷 者:西安五星印刷有限公司
开　　本:787 mm×1 092 mm　　1/16
印　　张:27
字　　数:708 千字
版　　次:2012 年 8 月第 1 版　2022 年 4 月第 2 版　2025 年 1 月第 2 次印刷
定　　价:79.00 元

第 2 版前言

《飞机装配工艺学》(上、下册)自 2012 年出版以来,已经过去近 10 年,在这期间,国内多所职业院校和航空航天厂所将该书作为课程教材或员工培训教材使用,产生了良好的社会效益。

为适应职业院校人才培养和素质教育的需要,结合兄弟单位航空企业专家和院校教师使用该书第 1 版后的意见和建议,本着与时俱进的原则,紧跟国际、国内飞机制造业的发展变化,笔者组织了在职业教育战线多年从事教学、研究工作的教师和航空企业技术技能专家进行了修订。本次修订力求从飞机制造业应用型技能人才的职业需要出发,着重体现对学生(学员)运用知识分析和解决问题的基本能力的培养,进一步突出飞机装配工艺学课程的科学性、实用性和前瞻性。

本次修订考虑了以下几个方面:

(1)保持《飞机装配工艺学》教材"质量高、有特色、能满足职业院校教学需要"等特点的基础上,将其《飞机装配工艺学》上、下册内容合并为一册,并对部分内容进行了勘误,各章节次序无大的变化。

(2)进一步体现国际、国内飞机制造业的发展变化,具有很强的科学性、实用性和可操作性;本书内容材料供应状态标识和生产企业一致。

(3)本书配有相应的教学课件,需要教学课件请登录工大书苑(http://gdsy.nwpup.edu.cn)下载。

本书由王海宇任主编,汉锦丽任副主编,全书由汉锦丽统稿。

参加本次修订工作的还有中航西安飞机工业集团股份有限公司企业专家王晋涛、孙长青。另外,参加本次修订审稿工作的有中航西安飞机工业集团股份有限公司企业专家李卫平、万胜强。

本书可以作为职业院校教学优选教材和航空航天企业员工培训教材使用,也可作为飞机制造业工艺人员和操作员工的自学参考资料。

由于学识和经验有限,书中可能仍然有不足之处,恳请广大读者特别是使用本书的教师指正。

编 者
2021 年 10 月

第1版前言

笔者多年来一直在航空职业院校从事"飞机装配工艺学"课程的教学工作。根据现今飞机装配技术的发展以及职业院校学生对知识技能的实际需求,并结合教学实践,笔者体会到,编写一本适合于职业院校航空类专业教学的飞机装配工艺学教材是十分必要的。基于这个思想,本书是以笔者多年使用的讲义为基础,参考国内外一些教材、文献资料编写而成的。

《飞机装配工艺学》教材分上、下两册。上册主要内容:绪论部分介绍飞机结构的基本特点、飞机装配的工艺特点、飞机装配工作的要求、飞机构造和飞机装配工艺的发展趋势,让学生初步了解和认识飞机装配工艺技术的基本知识;第一章介绍飞机的工艺分解及装配单元的划分、装配基准、装配定位与固定、工艺文件等内容;第二章对铆接技术进行详细分析;第三章全面阐述螺纹连接技术;第四至八章介绍飞机装配中的补偿、互换与协调、装配型架、飞机结构装配图识读和飞机装配检测方法的基本知识。

下册主要内容:第一章介绍飞机装配准确度相关知识;第二至四章主要阐述胶接和胶接结构装配、复合材料结构与制造、点焊和胶焊结构装配的基本知识;第五至八章概括介绍生产工艺准备、飞机构造工艺性、飞机总装配和机场工作等内容。

在编写本书的过程中,根据职业院校教学特点和学生的认知规律,坚持够用、实用的原则,力求使内容简明易懂。同时,为了增强内容的前瞻性,体现飞机装配技术的最新发展成果,本书涉及了中航工业西安飞机工业(集团)有限责任公司飞机装配的一些新技术、新工艺和新设备。

本书由王海宇任主编,汉锦丽任副主编,全书由汉锦丽统稿。

感谢西飞技师学院教务处对本书的编写进行了精心组织筹划和所做的大量的协调工作。参加审稿的人员有中航工业西安飞机工业(集团)有限责任公司国际飞机制造总厂厂长骆学涛、中航工业西安飞机工业(集团)有限责任公司国际国航总厂厂长高晔、中航工业西安飞机工业(集团)有限责任公司国际飞机制造总厂厂长助理王建旗、中航工业西安飞机工业(集团)有限责任公司国际国航总厂"中华技能大奖"获得者万胜强。

在编写本书的过程中,参考了部分国内外文献资料和高等院校的有关教材,在此谨对原作者深表感谢。

由于水平有限,书中不妥和疏漏之处在所难免,恳请读者不吝赐教。

编　者
2012 年 1 月

目　录

绪　　论

内容提示

飞机制造中装配和安装工作量占直接制造（即不包括生产准备、工艺装备制造）工作量的50％～70％。绪论主要讲述飞机结构的基本特点、飞机装配的工艺特点、飞机装配工作的要求、飞机构造和飞机装配工艺的发展趋势等内容。

教学要求

(1)明确学习飞机装配工艺学的目的和要求；
(2)掌握飞机装配工作的基本过程和内容；
(3)掌握飞机结构及铆接装配的工艺特点；
(4)掌握飞机装配工作的要求；
(5)培养学生精益求精的工匠精神。

内容框架

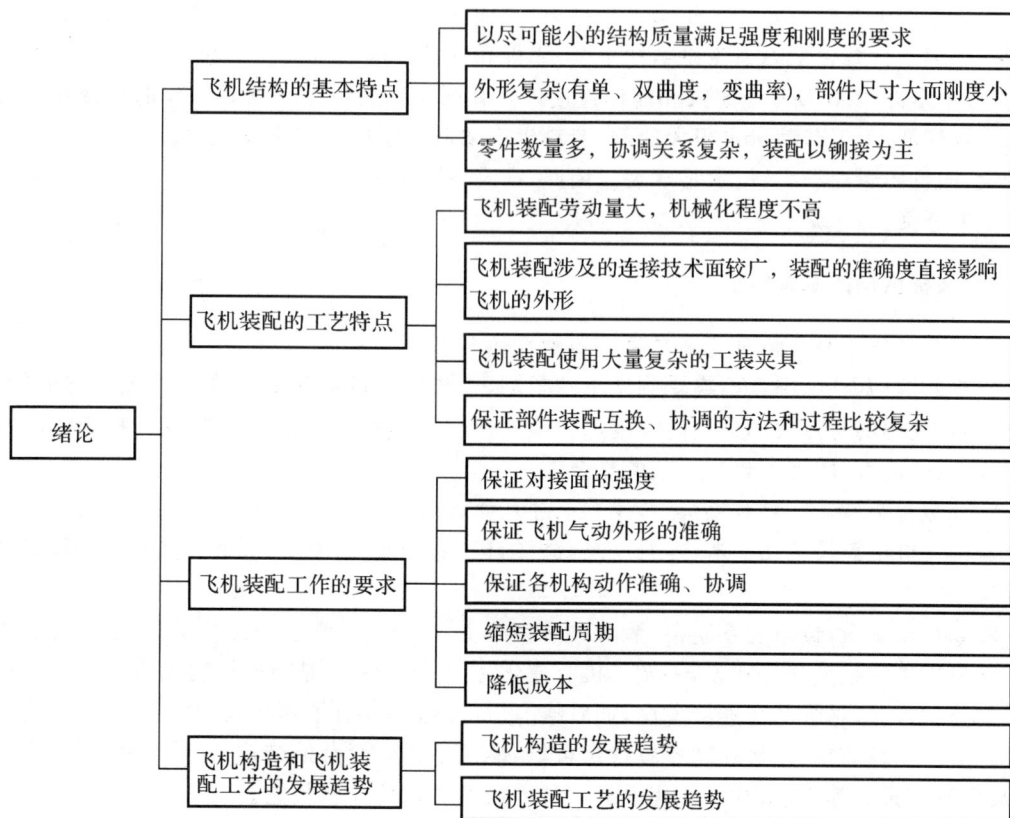

飞机制造(Aircraft Manufacturing)是按设计要求制造飞机的过程。通常飞机制造仅指飞机机体零构件制造、部件装配和整机总装等。飞机的其他部分,如航空发动机、仪表、机载设备、液压系统和附件等由专业工厂制造,不列入飞机制造范围,但是它们作为成品在飞机上的安装和整个系统的连接、电缆和导管的敷设,以及各系统的功能调试都是总装的工作,是飞机制造的一个组成部分。

飞机制造要经过工艺准备、工艺装备制造、毛坯制备、零件加工、装配安装、检测和试验诸过程。飞机制造中采用不同于一般机械制造的协调技术(如模线样板工作法)和大量的工艺装备(如各种工夹具、模胎和型架等),以保证所制造的飞机具有准确的外形。工艺准备工作包括制造中的协调方法和协调路线的确定、工艺装备的设计等。飞机机体的主要材料是铝合金、钛合金、镁合金等,多以板材、型材和管材的形式由冶金工厂提供。飞机上还有大量锻件和铸件,如机身加强框、机翼翼梁和加强肋,它们多用高强度铝合金和合金钢锻造毛坯,这些大型锻件要在 300~700MPa 的巨型水压机上锻压成形。零件加工主要有钣金零件成形、机械加工和非金属材料加工。金属零件在加工中和加工后一般还要进行热处理和表面处理。飞机的装配是按构造特点分段进行的。首先将零件在夹具(型架)中装配成翼梁、框、肋和壁板等构件,再将构件组合成部段件(如机翼中段、前缘,机身前段、中段和尾段等),最后完成一架飞机的对接。装配中各部件外形靠型架保证,对接好的全机各部件相对位置,特别是影响飞机气动特性的参数(如机翼安装角、后掠角、上反角等)和飞机的对称性,要通过水平测量来检测。总装工作还包括发动机、起落架的安装调整,各系统电缆、导管的敷设,天线和附件的安装,各系统的功能试验等。总装完成后,飞机即可转入外场工作,进行地面试车和试飞。通过试飞调整,当飞机各项技术性能指标达到设计要求时即可交付使用。

飞机制造中装配和安装工作量占直接制造(即不包括生产准备、工艺装备制造)工作量的50%~70%。这首先是因为飞机结构复杂,零件和连接件的数量大。例如,一架大型飞机有大约 10 万个零件,200 多万个铆钉和螺栓连接件。其次是因为装配和安装工作的机械化和自动化程度比较低,手工劳动量占很大比例,劳动生产率低。最后是因为飞机的装配和安装不仅劳动量大,而且质量要求高、技术难度大。因此,提高飞机装配和安装的技术水平,在飞机制造中具有重要意义。

一、飞机结构的基本特点

1. 以尽可能小的结构质量满足强度和刚度的要求

飞机的结构强度、刚度始终受到质量的限制,飞机结构的质量是一个突出被考虑的问题。因此,飞机选用的材料大部分是高强度轻合金的薄壁钣金件。由这样的结构材料制作的零部件刚度小、变形大,增加了装配工艺的复杂性。

2. 外形复杂(有单、双曲度,变曲率),部件尺寸大而刚度小

有的飞机机翼长达几十米,本身又是薄壁结构,易变形,刚度小,因此飞机结构的精确度不易保证。

3. 零件数量多,协调关系复杂,装配以铆接为主

飞机零件的数量和品种多,一架飞机有成千上万个零件。铆接是目前飞机生产中应用最广泛的连接方法,尽管其他连接方法,如胶接、点焊和熔焊等有了相当大的发展,但由于铆接具有工艺方法比较简单、连接强度比较稳定可靠、能适应比较复杂的结构、操作简便、质量便于检查、故障易于排除等优点,到现在还没有一种连接方法能完全取代它。

二、飞机装配的工艺特点

1.飞机装配劳动量大,机械化程度不高

我国航空企业结合型号需求,开展了壁板自动钻铆、大部件柔性对接等关键技术及装备的研究和应用,在数字化装配技术方面开展了有益的尝试和试验。但是,对先进装配技术的研究还没有系统化,未形成飞机数字化装配模式和体系。目前,飞机装配仍沿用根据实物样件以模拟量形式传递零部件的形状和尺寸,以及采用大量复杂刚性型架进行定位和夹紧的传统手工装配方法,装配精度、质量稳定性、装配效率等很难满足要求,国际适航认证获批艰难。因此,飞机装配技术已成为制约我国飞机制造技术能力的瓶颈,发展飞机数字化装配技术迫在眉睫。

2.飞机装配涉及的连接技术面较广,装配的准确度直接影响飞机的外形

飞机上的连接形式大量采用铆接和螺纹连接技术,另外还采用焊接、点焊和胶接等。这些连接技术的一个共同特点是变形较大,而飞机的最后形状和尺寸又是由装配过程来确定的,因此装配的准确度直接影响到飞机外形。

3.飞机装配使用大量复杂的工装夹具

飞机外形复杂,部件尺寸大而刚度小,因此,飞机装配须使用大量工装、夹具固定零件位置,加强装配件的刚度,控制和约束装配件的变形,以保证装配的准确度要求。

4.保证部件装配互换、协调的方法和过程比较复杂

飞机装配不仅需要有精确度高的配合面和准确的配合尺寸,而且还需要有一套区别于一般机械制造并能保证自身互换、协调的设备和工艺路线。例如,为了保证产品与产品、产品与工装、工装与工装之间的协调,需要绘制模线,制造样板,采用型架装配机、标准样机、标准量规等专用设备和标准工艺装备。

三、飞机装配工作的要求

飞机由许多零件、组件、部件所组成。在飞机装配工作中,它们都必须满足下述要求。

1.保证对接面的强度

保证每一结合面的强度是保证飞机装配质量的首要要求。无论用何种连接方法,稍不慎重而造成的缺陷(如铆钉未填满钉孔、焊缝未焊透、螺母未锁紧等),都有可能使结合开裂而引起严重事故。飞机上承受大载荷的结合(如机翼与机身的连接),以及承受载荷不大的结合(如起落架盖板蒙皮与骨架的铆接结合),并没有重要与不重要之分。虽然飞机设计的安全系数很高,但任何细小的裂损都可能由局部影响全机。

2.保证飞机气动外形的准确

这个要求有两方面的含义:一是外形曲线尺寸准确,例如机翼每一剖面的翼型曲线、上反角或下反角、后掠角或前掠角的数值,这些数值在装配时必须得到保证,这样才能使飞机得到预定的性能,不然就会减少升力、增加阻力,不利于稳定性和操纵性;二是外表面的光滑度,特别是机翼、尾翼前缘蒙皮的光滑度的保证,这对减少阻力、提高飞机速度具有重大意义。

3.保证各机构动作准确、协调

飞机的所有操纵系统、动力装置等要求操作灵敏、准确,工作时不发生故障。这对歼击机来说,尤为重要。一场激烈的空战,往往不过几分钟或数十秒钟,驾驶员要在这短暂时间内完成各种复杂的工作,操纵机构如有瞬时的迟缓或故障,就会丧失空战中的优势。

4.缩短装配周期

装配一架飞机所需要的时间称为装配周期。缩短装配周期就相应地提高了产量,也就意

味着劳动生产率的提高。

5.降低成本

飞机装配需要大量的劳动力,需要许多好的材料。劳动力的减少、材料的节约、废品率的降低,都能提高生产率,降低成本。

以上这些要求,有的是互相关联的,有的是互相矛盾的,这就需要寻求先进的工艺方法和先进的组织形式,最大限度地满足这些要求。

四、飞机构造和飞机装配工艺的发展趋势

1.飞机构造的发展趋势

随着现代飞机为满足隐身、超声速巡航、超常规机动、高信息感知能力、长寿命、结构轻量化等方面的性能要求,大量地采用新技术、新结构、新材料,其结构件呈现出以下的发展趋势。

(1)结构大型化。相对于以往的小型结构件焊接、组装模式,采用大型整体结构件可大量减少结构件零件数量和装配连接工序,并有效减轻飞机整机质量,提高零件强度和可靠性,使飞机的制造质量显著提高,如 F-22 战斗机后机身整体框架毛坯尺寸达到 4 000mm×2 000mm。

(2)结构复杂化。飞机整体结构日趋复杂,其外形多数与飞机的气动外形相关,周边轮廓与其他零件还有复杂的装配协调关系。同时,薄壁加筋结构使得结构件刚性弱,筋顶结构复杂,壁厚最薄部位不足 1mm。

(3)材料多元化。随着新一代战机性能的逐步提高,新型高性能材料不断引入,高强度难加工材料和低密度轻质材料成为航空结构件的两大类主要材料,结构件材料逐渐由以铝合金为主转变为铝合金、钛合金、复合材料并重的局面。

(4)制造精确化。精确制造对结构件形位、尺寸公差都提出了更高的要求,以满足精确装配的需要。例如,腹板最高精度达到 ±0.1mm,比前一代飞机提高一倍以上。

2.飞机装配工艺的发展趋势

为了提高生产效率和装配质量,降低制造成本,缩短制造周期,飞机结构装配技术正朝着自动化、柔性化方向发展。通过对飞机产品三维数字化定义以及设计、制造等数字化技术的应用,推动了飞机结构装配向数字化装配方向发展。在大型构件装配中采用数字化装配技术,可简化型架,减少包括型架在内的装配工装的使用,实现自动化柔性装配,从而提高生产效率和装配质量,降低制造成本,缩短制造周期。

(1)精密柔性制孔技术。精密柔性制孔技术在国外飞机结构中得到了广泛应用和发展。它包括机器人制孔系统、自动制孔系统、柔性制孔系统、并联机床柔性钻孔设备、便携式自动制孔系统(无钻孔主轴的柔性导轨小车)等。精密制孔技术可覆盖任意生产现场,实现精密钻孔,为飞机的数字化装配打下基础。

(2)柔性装配工装单元技术。为了降低工装成本和周期,按其工装定位夹紧的功能分解成独立的单元体——柔性工装单元。该单元具有质量轻、可移动、可重组的特点。多个柔性工装单元可通过软件系统生成柔性装配的生产线,缩短工装准备时间,实现快速制造,降低制造成本。

(3)飞机壁板自动装配线的应用。飞机壁板的自动装配线已用于空客 A320E4000 机翼壁板柔性装配系统和空客 A340E4100,A380E4380 机翼壁板柔性装配系统。

(4)飞机梁的自动装配线。ASAT 是自动化大梁装配工装,它集成了电磁铆接技术和运动磁轭装配机技术,已用于 B-767 机翼梁的自动化装配系统。波音公司民用机机翼生产线配置了最新的 E5000(ASAT4) C-17 第 4 代自动化翼梁电磁铆接装配系统。

（5）框的装配。除焊接框外,采用机械连接的钣金框和机械加工组合框在型架阶段还未实现自动化,仍以手工装配为主,完成定位后从型架中取出的框可以在自动钻铆机上进行补铆。在框型架的安装过程中,采用了数字化激光跟踪定位技术。框的装配技术向机加框、焊接框及装配孔定位装配技术方向发展。

（6）飞机部件对接柔性装配技术。法国图卢兹空中客车公司飞机总装配线单元引入了"测量辅助装配"系统。在飞机总装阶段(如机身-机身或机翼-机身对接),这种系统能解决一些与大型机体部件装配测定、定位相关的传统工艺问题。该系统包括激光或照相测量子系统、计算机辅助测量系统及特制的图形用户接口。这些技术的组合具有无型架装配、更快速的装配工序、减少返工和损耗等诸多优点。

数字化制造技术在国内航空企业中发展很快,装配方面已采用自动钻铆和电磁铆接技术,但应用还不普遍。柔性装配技术受到广泛关注,已有相当数量的研究项目正在实施,有望在不久的将来迅速得到推广和应用。

课外阅读

先进机械连接技术

1.自动连接技术

飞机结构所承载荷通过连接部位传递,形成连接处应力集中。据统计,飞机机体疲劳失效事故的 70% 起因于结构连接部位。其中,80% 的疲劳裂纹发生于连接孔处。因此,连接质量极大地影响着飞机的寿命。现代飞机的安全使用寿命要求日益增长,军机寿命、干线飞机寿命分别要求达到 8 000 飞行小时和 50 000 飞行小时以上,而手工铆接难以保证寿命要求,必须采用自动钻铆装配设备来实现稳定的、高质量的连接。

发达国家的飞机连接装配已由单台数控自动钻铆机的配置向由多台数控自动钻铆机、托架系统配置或由自动钻铆设备和带视觉系统的机器人、大型龙门机器人、专用柔性工艺装备及坐标测量机等多种设备、不同配置组成的柔性自动装配系统发展。

（1）自动钻铆系统。美国、俄罗斯、法国、德国等国家发展的系列化钻铆机,有中小型钻铆机、大型自动钻铆机、安装特种紧固件的钻铆机和微型自动钻铆机。

（2）自动钻铆机托架系统。自动钻铆机与托架系统相配套,能提高效率。对较大尺寸结构、复杂结构,尤其是双曲度的飞机机身和机翼壁板进行自动钻铆,配备全自动托架系统以实现零件的自动定位和调平。而对于外形较平直的中小结构的壁板大多配置手动、半自动托架系统。

（3）机械手或机器人。采用自动机器人装配系统可实现对不开敞、难加工部位的装配。工业机械手——机器人作为柔性装配系统中一个不可分割的部分,能有效提高装配效率和装配质量,降低装配成本。F-16,F/A-18,C-130 等飞机装配中机器人工作单元主要用于装配系统中零件的输送、定位、制孔和装配。

（4）柔性自动钻铆装配系统。柔性自动钻铆装配系统使生产效率大大提高。例如 B-767,B-777 采用翼梁自动装配系统,提高生产效率 14 倍,费用降低 90%,废品率降低 50%。

2.电磁铆接装置

电磁铆接可替代大功率压铆设备,进行大直径、高强铆钉的铆接;进行难成形材料、大直径及厚夹层的铆接;可以在结构上实现均匀的干涉配合连接。电磁铆接自动化设备将高能、低质量电磁铆接动力头应用于自动钻铆机,与以液压为铆接动力的自动铆接设备相比,配置电磁铆接动力头的自动铆接设备由于不配备液压系统及用于承受铆接后坐力的弓形架,可大大简化设备的结构,减少设备的质量和体积。俄罗斯用于壳体结构和圆筒结构的自动化电磁铆接工作台及 A320 生产线配置有 E4000,E5000 翼梁装配系统和 C-17"环球霸王"机翼梁装配的第四代自动化装配系统,占地面积很小,但都具有很高的柔性度,有一对垂直磁轭装配机跨越计算机数字控制的柔性梁安装型架。另外,该装配机上还配有伺服驱动的检测探头和摄像系统,确定机床及产品的位置和检测孔的质量,可对每根梁进行自动钻孔、紧固件定位、安装和铆接。

3.先进制孔技术

国外采用的先进制孔设备除数控自动钻铆机制孔外,还有机器人制孔、带激光引导的精密数控制孔中心。

机器人制孔。由于机器人具有多自由度的优点,所以特别适合于对具有复杂外形结构的高质量制孔。它与手工制孔相比可提高效率 3~5 倍。F-16 战斗机的垂尾石墨/环氧复合材料蒙皮采用机器人制孔,不仅保证了制孔质量,提高了制孔效率,还避免了石墨粉尘对操作人员的损害。

精密数控加工中心制孔。以 F-22 为代表的第四代战斗机部件装配采用快速装配技术,其结构设计成模块形式,给制造提出更高的要求,一是整体结构形状复杂、尺寸大;二是飞机的使用寿命长,要求制孔精度更高、质量更精细,采用了自动化激光定位的精密数控制孔中心制孔。

4.先进连接件

一架飞机所用连接件少则几十万件,多则几百万件。从减重、防腐、抗疲劳、密封和安装等方面出发,现代飞机大量采用钛合金、新型铝合金紧固件,而钛合金紧固件占螺纹紧固件的90%,Ti-6Al-4V 紧固件占钛合金紧固件的大多数。世界各国围绕着 Ti-6Al-4V 材料研制、生产出多种系列的钛合金紧固件产品。

5.长寿命连接技术

现代飞机都有较高的寿命要求,在机械连接中影响寿命的工艺因素主要有孔的加工精度和表面质量、连接配合的干涉量和胀紧力实现的精度等。

国外在精密制孔方面,开发了许多先进的钻型刀具,并采用自动化制孔工具和设备制孔,如自动进给钻、自动钻铆机、机器人、激光导引的钻床、精密加工中心制孔,保证了制孔精度和实现了光洁制孔。

为了提高连接疲劳性能,除采用光洁制孔外,还对孔表面采用强化工艺,采用干涉紧固件及自动化装配系统保证连接配合所需的干涉量和胀紧力的精度,以实现长寿命连接。

6.无外形卡板型架装配技术

数字化传递技术、精确成形技术、高精度的数控加工技术以及整体结构件的刚性是无外形卡板型架装配技术的基础。无外形卡板型架装配系统主要由激光跟踪定位仪(或电子经纬测量仪)和装配平台等组成。无外形卡板型架装配技术可实现模块化,其通用性强,生产准备周期短;产品装配定位准确,部件装配开敞,效率高,发达国家已在军机、民机装配中广泛应用。

思　考　题

1. 简述飞机结构的基本特点。
2. 简述飞机装配的工艺特点。
3. 飞机装配工作有哪些要求?

第一章 飞机装配概述

内容提示

本章主要讲述飞机的工艺分解、装配单元的划分、装配基准选择依据及原则、装配固定与定位方法、典型装配件装配示例、装配工艺设计的主要工艺文件等。

教学要求

(1)了解飞机的基本结构;

(2)了解飞机装配的概念和飞机装配件分类的目的;

(3)系统掌握装配件的分类和分离面;

(4)掌握装配定位原理和主要定位夹紧方法;

(5)掌握在飞机装配中使用的装配基准;

(6)了解飞机装配的全过程;

(7)培养学生良好的团队合作精神和职业态度。

内容框架

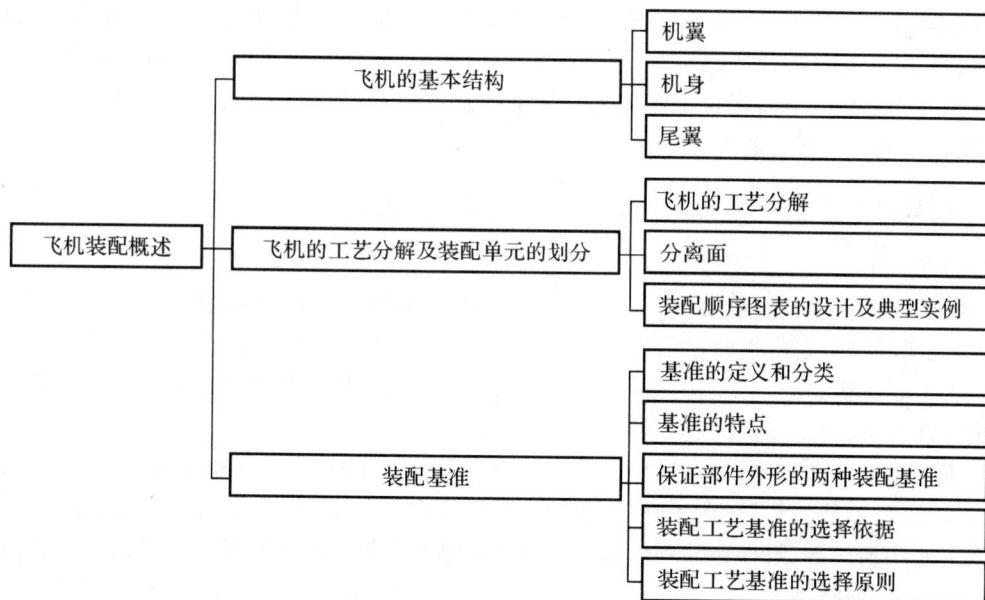

```
                                        ┌──────────────┐
                                        │  基准件定位法  │
                                        └──────────────┘
                                        ┌──────────────┐
                                        │  划线定位法    │
                                        └──────────────┘
                    ┌──────────────┐    ┌──────────────┐
                    │  装配定位与固定 │────│  装配孔定位法  │
                    └──────────────┘    └──────────────┘
                                        ┌──────────────┐
                                        │  装配型架定位法 │
                                        └──────────────┘
                                        ┌──────────────┐
                                        │  零件的夹紧    │
    ┌──────────┐                        └──────────────┘
    │ 飞机装配概述 │                      ┌──────────────┐
    └──────────┘                        │  组合件的装配  │
                                        └──────────────┘
                  ┌──────────────────┐  ┌──────────────┐
                  │ 几种典型装配件的装配示例 │──│  部件装配      │
                  └──────────────────┘  └──────────────┘
                                        ┌──────────────┐
                                        │  总装配        │
                                        └──────────────┘
                    ┌──────────────┐
                    │   工艺文件     │
                    └──────────────┘
```

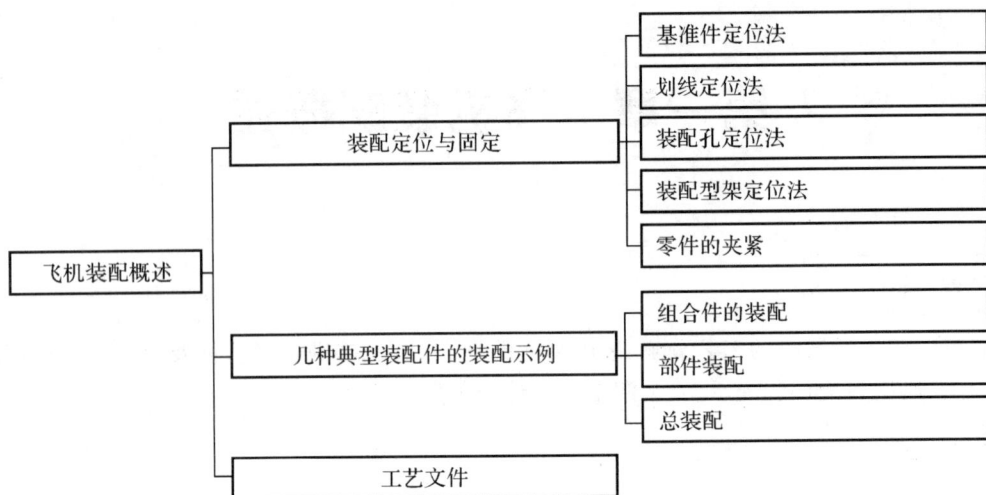

第一节 飞机的基本结构

常规型飞机由机身、机翼、尾翼、起落装置、动力装置等五大部件组成,通过机载设备、燃油系统、电气系统、操纵系统等必要的系统构成飞机的全部。对于一些特殊的飞机会省略某些部件,如滑翔机没有动力装置,无尾布局的歼击机没有水平尾翼,一些无人驾驶飞机没有起落架,等等。

飞机的机体通常由机身、机翼和尾翼等组成,机翼上装有副翼和襟翼,尾翼上一般装有方向舵和升降舵。机翼和尾翼都连接在机身上。机体的各部件由多种构件组成,各构件之间通过铆接、螺接、焊接及胶接等组成合理的结构形式,来承受、传递和平衡着飞机的各种载荷,各部件与机身的连接也有着多种配置形式和气动布局,各有其特点。本节主要对机翼、机身、尾翼等功用、构造作一般性的介绍。

一、机翼

1. 功用

机翼的主要作用是提供升力,与尾翼一起形成良好的稳定性和操纵性。当它具有上反角时,可为飞机提供一定的横向稳定性。在它的后缘,一般布置有横向操纵用的副翼、扰流片等附翼。为了改善机翼的空气动力效用,在机翼的前、后缘越来越多地装有各种形式的襟翼、缝翼等增升装置,以提高飞机的起飞着陆或机动性能。

机翼上常安装有起落架、发动机等其他部件。近代歼击机和歼击轰炸机往往在机翼下布置多种外挂,如副油箱和导弹、炸弹、火箭弹等军械设备。机翼的内部空间常用来收藏起落架或放置一些小型设备、附件和储存燃油。特别是旅客机,为了保证旅客安全,很多飞机不在机身内储存燃油,而把燃油全部储存在机翼内。放置燃油的油箱有整体油箱和软油箱两种,为了减轻质量,近代飞机机翼油箱很多为整体油箱。

2. 配置形式

机翼在机身上的配置形式分为三种:机翼安装在机身上部(背部)为上单翼,如图 1.1 所示,如轰-5、歼轰-7、伊尔-76、新舟-60、歼-20、运-20等采用上单翼;机翼安装在机身中部的为中单翼,如图1.2所示,如歼-6、歼-7、歼-8、歼-10、强-5、轰-6、苏-27等采用中单翼;机翼安装在机身下部(腹部)为下单翼,如图1.3所示,如ARJ21、C919等采用下单翼。

图1.1　上单翼

图1.2　中单翼

图1.3　下单翼

3.构造

机翼的基本受力构件包括纵向(沿翼展方向)骨架、横向(沿气流方向垂直于翼梁方向)骨架和蒙皮。纵向骨架有翼梁、纵墙和桁条,横向骨架有普通翼肋和加强翼肋,其整体布置如图1.4所示。

(1)翼梁。翼梁由梁的腹板和缘条(或称凸缘)组成(见图1.5)。翼梁主要功用是承受机翼的弯矩和切变力,其上下缘条承受弯矩所引起的轴向力,其腹板承受切变力。翼梁大多在根部与机身固接。

(2)纵墙。纵墙的缘条比梁缘条弱得多,但大多强于一般长桁,纵墙与机身的连接被看作为铰接。墙和腹板一般都不能承受弯矩,但与蒙皮组成封闭盒段以承受机翼的扭矩。后墙则还有封闭机翼内部容积的作用(见图1.6)。

(3)桁条。桁条是与蒙皮和翼肋相连的元件,是纵向骨架中的重要受力元件之一。桁条的主要功用是支持蒙皮,防止它在承受局部空气动力时

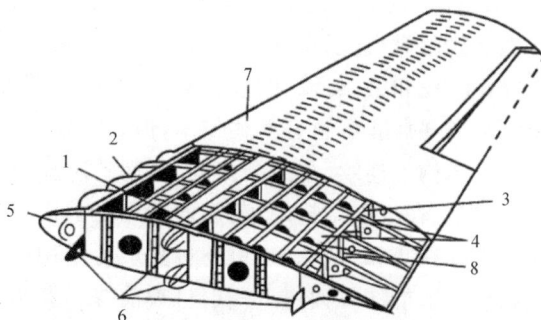

图1.4　机翼的典型结构元件

1—翼梁;　2—前纵墙;　3—后纵墙;　4—普通翼肋;
5—加强翼肋;　6—对接接头;　7—硬铝蒙皮;　8—长桁

产生过大的局部变形,并与蒙皮一起把局部空气动力传给翼肋(见图 1.7);提高蒙皮的抗切变和抗压稳定性,使它能更好地承受机翼的扭矩和弯矩;与蒙皮一起承受由弯矩引起的轴向力。

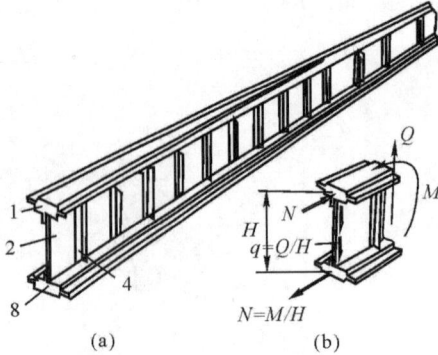 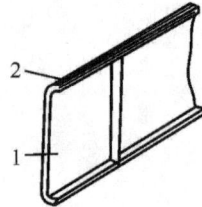

图 1.5 翼梁

1—上缘条; 2—腹板;

3—下缘条; 4—加强立柱

图 1.6 纵墙

1—腹板; 2—很弱的缘条

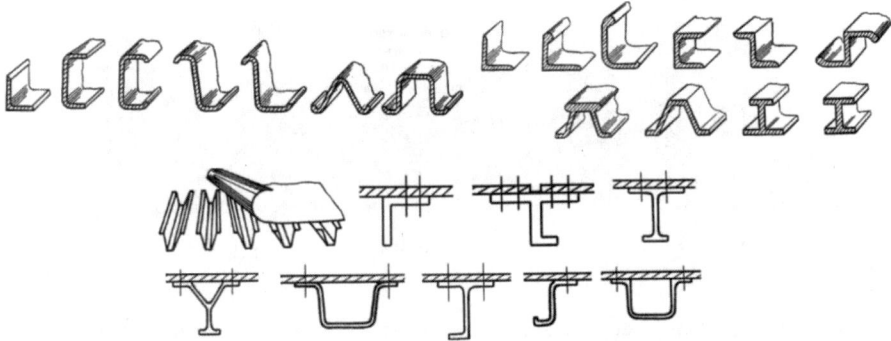

图 1.7 各式桁条

(4)翼肋。翼肋是横向受力骨架,用来支撑蒙皮,维持机翼的剖面形状。在有集中载荷的地方(如安装发动机、起落架等),普通翼肋得到加强而成为加强翼肋[见图 1.8(b)]。普通翼肋[见图 1.8(a)]构造上的功用是维持机翼剖面所需的气动外形。一般它与蒙皮、长桁相连,机翼受气动载荷时,它以自身平面内的刚度向蒙皮、长桁提供垂直方向的支撑。同时翼肋又沿周边支撑在蒙皮和梁(或墙)的腹板上,当翼肋受载时,由蒙皮、腹板向翼肋提供各自平面内的支承剪流。加强翼肋虽也有上述作用,但其主要是用来承受并传递自身平面内的较大的集中载荷或由于结构不连续(如大开口处)引起的附加载荷。

(5)蒙皮。在机翼结构中,蒙皮的功用是承受局部空气动力和形成机翼外形;金属蒙皮还要承受机翼的扭矩和弯矩。飞机的机翼广泛采用铆接的硬铝蒙皮,它的厚度随机翼的结构形式和它在机翼上的部位而定。一般机翼前缘和翼根部位的蒙皮最厚,后缘和翼尖部位的蒙皮较薄。为了避免由于各块蒙皮的厚度不同而影响机翼表面的光滑性,有些飞机还采用了变厚度的过渡蒙皮(见图 1.9)。机翼除了广泛采用铆接的硬铝蒙皮外,还逐渐采用了整体蒙皮和夹芯蒙皮(见图 1.10 和图 1.11)。整体蒙皮是桁条和蒙皮通过模锻、挤压、精密铸造、化学铣削或机械加工等方法做成一个整体,它不但能节省大量的铆接工作,而且还能按需要改变蒙皮的厚度。夹芯蒙皮是用内外两层金属薄板,把夹芯放在中间胶接或焊接在一起形成一个整体。一般是用金属箔制成的蜂窝状格子,或者用金属波纹片,或者用泡沫塑料做夹芯。目前蜂窝夹芯蒙皮应用较广。夹芯蒙皮可用在高亚声速、跨声速及马赫数不很大的超声速飞机上。这样的速度范围,对机翼蒙皮刚度要求很高,铝合金胶接的蜂窝夹芯蒙皮很适用[见图1.11(b)]。在超声速飞机上,则可用不锈钢和钛合金焊接的蜂窝夹芯蒙皮。另外,还可以用耐高温塑料做夹芯,耐高温合金钢作表面层制造的夹芯蒙皮[见图1.11(a)]。它的工艺非常简单,很有发展前途。

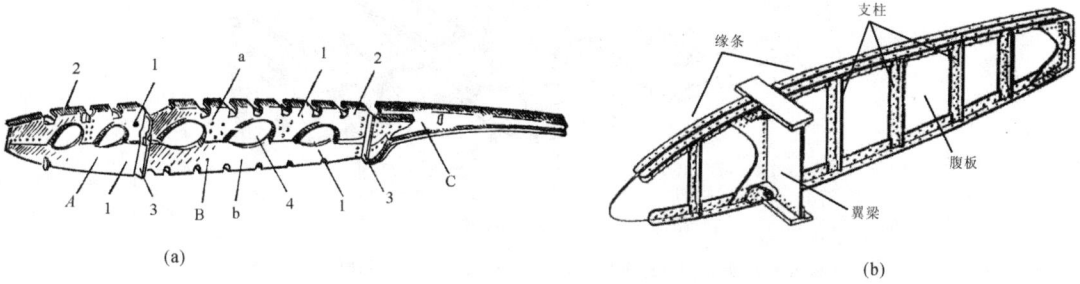

图 1.8　翼肋

(a)普通翼肋; (b)加强翼肋

1—腹板; 2—周缘弯边; 3—与翼梁腹板连接的弯边; 4—减轻孔; 5.缘条; 6.支柱; 7.腹板; 8.翼梁

A—前段; B—中段; C—后端; a—上部分; b—下部分

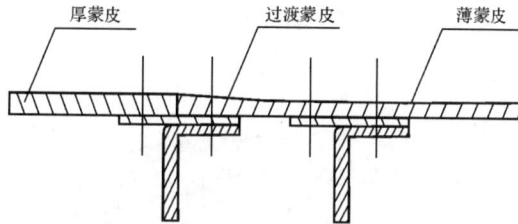

图 1.9　变厚度蒙皮

图 1.10　整体蒙皮

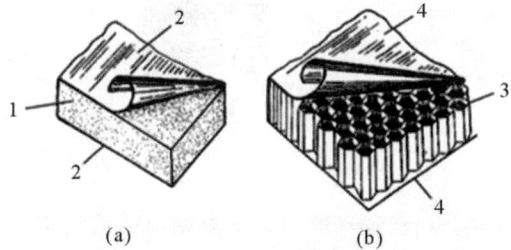

图 1.11　夹芯蒙皮

1—塑料芯; 2—金属面板; 3—蜂窝芯; 4—金属面板

(6)机翼上的其他装置。

1)副翼。副翼的功用是使机翼产生横侧滚转力矩,以保证飞机具有横侧操纵性。操纵副翼时,飞机能绕机身轴线向左或向右倾斜以致滚转。副翼一般都是通过两个以上的悬挂接头安装在机翼后缘处,并与副翼操纵系统的液压助力器相连。副翼构造与机翼构造大同小异,副翼通常也是由翼梁、翼肋、蒙皮和后缘型材组成的(见图 1.12)。由于副翼承受的弯矩不大,所以一般都做成没有桁条的单梁式结构。现代高速飞机的副翼,为了较好地保持翼型和增加抗扭刚度,都采用了金属蒙皮。

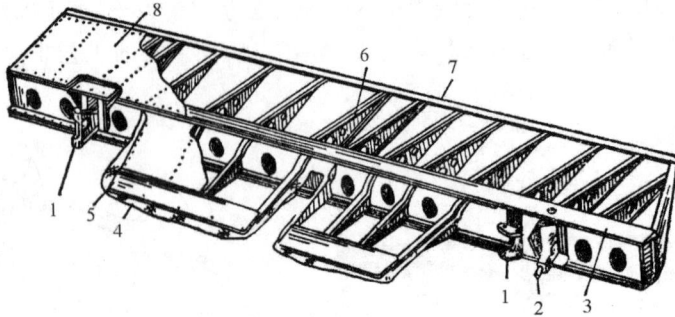

图 1.12　副翼

1—悬挂接头；　2—操纵摇臂；　3—翼梁；　4—内封补偿气密薄膜；
5—配重；　6—翼肋；　7—后缘型材；　8—蒙皮

2)襟翼。襟翼的功用是在飞机起飞和着陆时用来增加升力,使滑跑距离缩短。襟翼可装在机翼后缘或前缘,可向下偏转或(和)向后(前)滑动。襟翼的构造与机翼相似,下面以典型的歼-7襟翼为例进行介绍(见图 1.13)。该襟翼由梁、翼肋、长桁和蒙皮组成。襟翼的左、右端各装有两组滑轮,中部有接头与襟翼收放作动筒相连。左襟翼前缘装有终点电门。

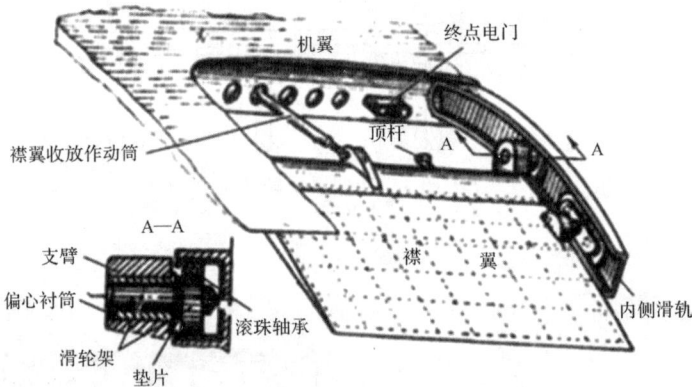

图 1.13　襟翼

3)翼尖和端翼。翼尖是指翼稍部的流线构件,起整流作用,一般用铝合金制成,也有用非金属材料(如玻璃钢)制造。内部常安装航灯等设备。端翼又称"翼稍小翼",装在机翼翼稍处的小翼面,有呈梯形和 S 形前缘的,横切面呈翼型形,也起到整流作用。

4)补偿装置。补偿装置又称"气动补偿装置",是为减轻操纵力而采用的减少舵面铰链力矩的装置。其原理是使舵面的一部分面积(补偿面)产生与其他部分相反的气动力矩,从而减少舵面铰链力矩,使操纵飞机时省力。

5)调整片和修正片。铰链在主操纵面后部,用以平衡主操纵面铰链力矩的活动"小翼面",叫调整片。根据用途不同可分为补偿调整片、配平调整片和操纵片等。修正片又称"固定调整片",是一种供地面调整用的配平装置。修正片是固定在操纵面后缘的板件,根据试飞结果,在地面将修正片调到适当的偏角,以消除飞机制造误差引起的气动力不平衡,调整后在飞行中即不再改变。

6)扰流板和折流板。扰流板是安装在机翼上表面或下表面,能阻扰气流,减少或增加升力的板状操纵面,是飞机的横向辅助操纵装置。折流板又称"导流板",位于机翼下面襟翼前方,其作用是提高襟翼效率。

二、机身

1.功用

机身是飞机的一个重要部件。它的主要功用是安置空勤人员、旅客,以及装载燃油、武器、设备和货物等;把机翼、尾翼、起落架(对歼击机一般还有发动机)连接在一起,形成一架完整的飞机。这些部件通过固定在机身上的接头,把作用在各部件上的载荷都传到机身上,和机身上的其他载荷一起达到受力平衡,因此机身是整架飞机的受力基础。

2.机身的内部布置

机身的内部布置了各种装载。图1.14为某强击机机身内部布置与主要受力构件布置。内部布置时应将各装载、燃油等合理地布置在机身内,同时协调机身与机翼、尾翼、起落架等部件的受力结构。有效载重的布置应使它们所处的位置满足其本身的技术条件要求。如前方搜索雷达天线要求安排在机身最前端;燃油及炸弹应尽可能置于飞机重心附近,以期达到不因燃油的消耗与炸弹的投放而使飞机重心变化超出规定的范围等。除位置要求外,还必须满足各种装载的使用、检测、维护和更换等要求。如空勤人员和旅客进出、货物装卸、炸弹投放等都需在机身上开很大的舱门;设备、附件等要经常检测、维护,其中有些是每一个起落架次都要检查的。这就需要创造条件便于接近它们检查。在大型飞机上,绝大部分可从机舱内部接近检查;但在歼击机上,却必须在机身壳体上开很多大小不一的检查窗口。对于按损伤容限要求设计的结构,要考虑可检测性。

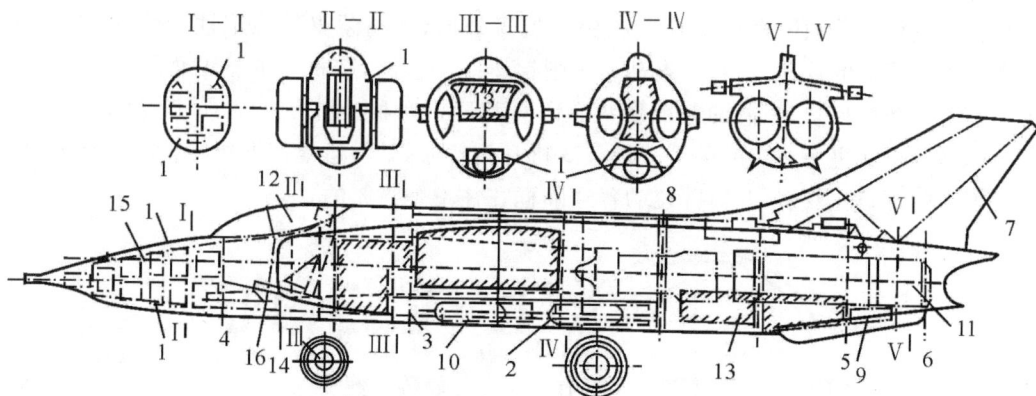

图1.14　某强击机机身内部布置与主要受力构件布置

1—前机身桁梁;　2—与机翼主梁对接加强框(24框);　3—与机翼前梁对接的17号加强框;
4—其他加强框(8,12,13,16,20,25,29,30);　5—与全动平尾转轴连接的41号加强框;
6—水平尾与垂尾安定面相连接的44号加强框;　7—垂尾安定面后梁轴线;
8—机身设计分离面;　9—减速伞舱;　10—炸弹舱;　11—发动机;　12—驾驶员座舱;
13—油箱舱(前后共4个);　14—前起落架舱;　15—设备舱;　16—座舱地板

3.构造

现代飞机的机身结构是由纵向元件(沿机身纵轴方向)——桁梁、长桁和垂直于机身纵轴的横向元件、隔框以及蒙皮组合而成的(见图1.15)。桁梁、长桁安装在隔框上,蒙皮安装在隔框、桁梁、长桁上。它们组成一个整体结构,用来承受全机外部载荷所引起的切变力、弯矩、扭矩,形成和保持必需的机身外形。隔框的作用类似于机翼的翼肋,桁梁、长桁、隔框组成了机身骨架,蒙皮包在整个机身骨架外面,用来保证机身外表光滑,以减小飞行中的阻力。机身结构中承受切变力、弯矩、扭矩的基本构件是桁梁、长桁、蒙皮。其中,机身侧边蒙皮相当于翼梁腹板,主要承受切变力;桁梁、长桁和蒙皮共同承受弯矩所引起的轴向力;蒙皮所组成的封闭合围框承受扭矩。

(1)桁梁。机身桁梁的构造比较简单,通常就是一根用铝合金或高强度合金钢轧制而成的型材,常见的桁梁截面形状如图1.16所示。从受力特点来说,机身的桁梁相当于机翼大梁的缘条,它是承受弯矩引起的轴向力的主要构件。

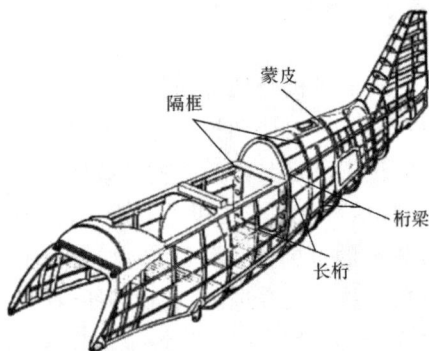

图1.15　桁梁式机身　　　　　　图1.16　桁梁截面形状

(2)隔框。机身隔框与机翼的翼肋大致相当,也分为普通隔框和加强隔框两种。

1)普通隔框。普通隔框用来形成和保持机身外形,提高蒙皮的稳定性,承受局部空气动力。普通隔框承受的载荷不大,一般都采用硬铝压制的型材,按机身的横截面形状做成圆形、椭圆或其他需要的形状,框橼的截面形状有闭合和开口两种(见图1.17)。普通隔框的构造,与机身的结构形式也有一定的关系。桁条式机身的普通隔框,通常都做成完整的圆环形;桁梁式机身因大的开口比较多,开口部位的普通隔框往往不是封闭的。

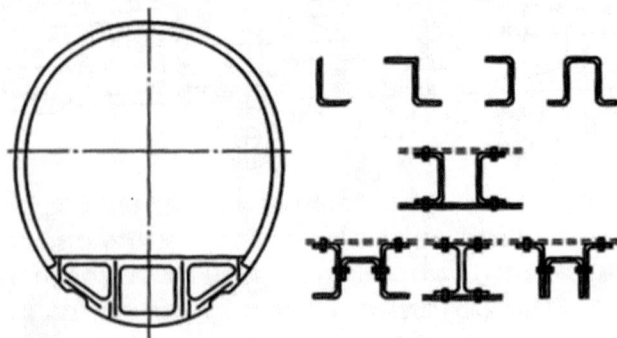

图1.17　普通隔框

2)加强隔框。加强隔框除具有普通隔框的作用外,还用来承受和传递某些大部件传来的集中载荷。加强隔框的构造是根据它所承受载荷的大小,以及机身内部各部件和设备的布局而定的。一般有壁板式、环式和整体式三种。在两个舱位的分界处,加强隔框一般都采用壁板式加强隔框(见图1.18);对于机身中部必须开孔的部位,例如,客机机舱的加强隔框通常都做成具有部分环形壁板式加强隔框(见图1.19)。在安装机翼、尾翼等大部件处的加强隔框,现在都采用了铸造整体式加强隔框(见图1.20)。

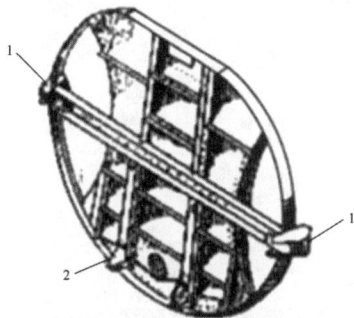

图1.18　壁板式加强隔框　　　图1.19　环形壁板式加强隔框　　　图1.20　整体式加强隔框
1—机翼接头；　2—下部接头

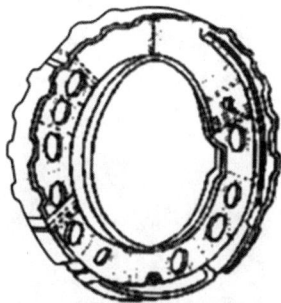

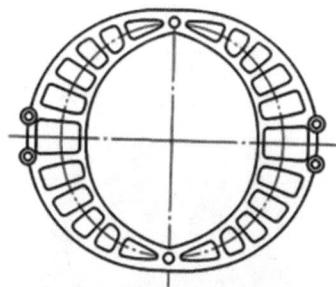

3)长桁。长桁一般由硬铝压制型材制成,其主要作用是加强蒙皮,与蒙皮一起承受弯矩引起的轴向力。

4)蒙皮。蒙皮一般为硬铝制成,完整的蒙皮除了要承受切变力的扭矩作用外,还要承受弯矩引起的轴向力。

三、尾翼

尾翼构造与机翼大体相同,可以看作是缩小的机翼或机翼的一部分(见图1.21)。

1. 功用

尾翼的功用是使飞机保持俯仰和方向平衡,并使飞机具有俯仰和方向稳定性、操纵性。常规飞机的尾翼都是由水平尾翼和垂直尾翼两部分组成的。水平尾翼包括水平安定面和升降舵,垂直尾翼包括垂直安定面和方向舵。水平安定面是用来保证飞机俯仰(也就是通常所说的水平)平衡的,而操纵升降舵时能使飞机抬头或低头,从而改变飞行高度;垂直安定面是用来保证飞机方向平衡的,而操纵方向舵时能使飞机头部向左或向右偏转,从而改变飞行方向。

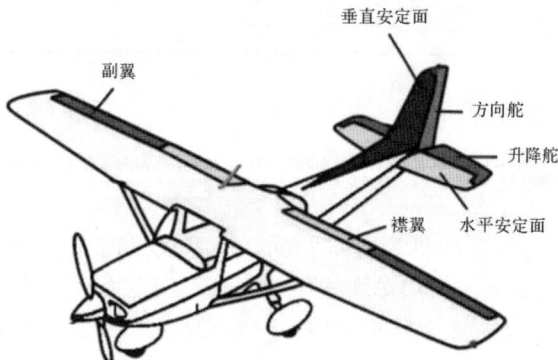

图1.21　尾翼

2.配置形式

尾翼在飞机上的配置形式是多种多样的,见表1.1。

表 1.1   尾翼在飞机上的配置形式

		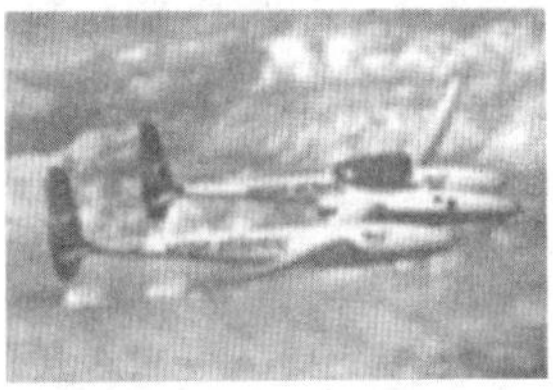
普通式 例:轰-5、轰-6、C919	分散式 例:水轰-5	双尾撑式 例:P-38"闪电"战斗机

十字形 例:歼-5	T 形 例:ARJ21、伊尔-76	V 形 例:F-18 超级大黄蜂

全动平尾 例:歼-7、歼-8、强-5、歼轰-7	全动垂尾 例:歼-20	双垂尾式 例:苏-27
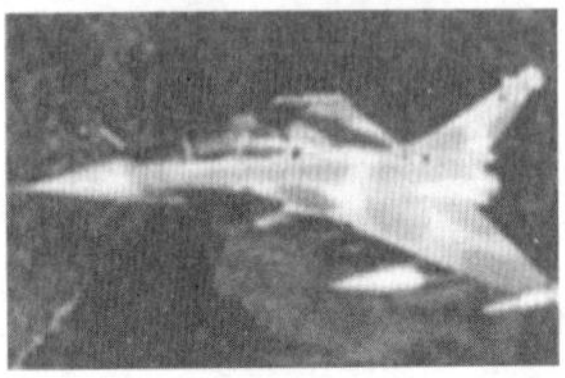	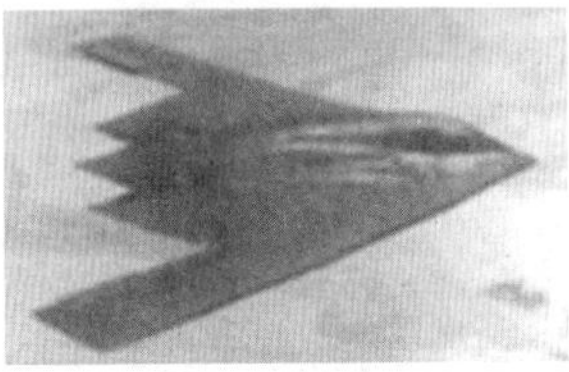	
无平尾式 例:美 F7U"弯刀"舰载机	无尾式 例:B-2 轰炸机	鸭式 例:歼-10

3.构造

不论是垂直尾翼还是水平尾翼,都由安定面和舵面组成。安定面主要起平衡作用,舵面主要起操纵作用(见图1.22)。

(1)安定面。安定面的构造与机翼基本相同。小型飞机的安定面较小,一般采用梁式结构;大型飞机的安定面较大,大多采用单块式结构。水平安定面有整体的和分离的两种。后掠的水平尾翼左、右安定面做成一个整体时,往往采用有坚固中央翼肋的结构形式;如果做成可分离的,则多采用有坚固侧边翼肋的结构形式。垂直安定面有的与机身做成一体的,有的是可拆卸的。十字形配置的尾翼,垂直安定面通常都做成上下两部分,下部与机身做成一个整体,上部做成可拆卸的。

(2)舵面。舵面的构造也与机翼基本相同,只是它面积小,一般采用没有桁条的单梁式结构。升降舵一般都是左右两块(见图1.23)。在低速飞机上,左、右升降舵大多是平直的,一般都做成一个整体,并用几个连接接头与水平安定面连接,由一根升降舵操纵杆来操纵;在高速飞机上,左、右升降舵大多是后掠的,一般不做成一个整体。因此,左、右升降舵各自用两个以上的连接接头与水平安定面连接。左右升降舵有的用万向接头通过一根升降舵操纵杆来操纵,有的则分别用两根升降舵操纵杆来操纵。方向舵一般都是一个整块,用两个以上的连接接头与垂直安定面连接,由方向舵操纵杆来操纵。

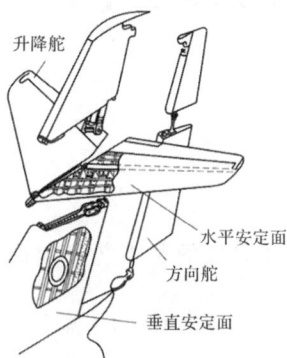

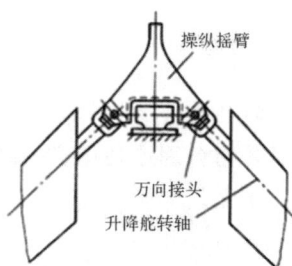

图 1.22　尾翼构造　　　　　图 1.23　升降舵操纵摇臂

(3)全动尾翼。全动尾翼是指可操纵作动的尾翼,一般为采用全动平尾的尾翼。所以,一般来说,全动尾翼即为全动平尾。在低速飞机上,水平安定面和升降舵是分开的,水平安定面一般固定在机身上不动,只有升降舵动;在高速飞机上,为了改善俯仰操纵性能,一般都将水平安定面和升降舵做成一个整体,让水平安定面和升降舵一起全动,称为全动式水平尾翼(简称全动平尾)。全动尾翼已被现代高速飞机广泛采用(见图1.24)。

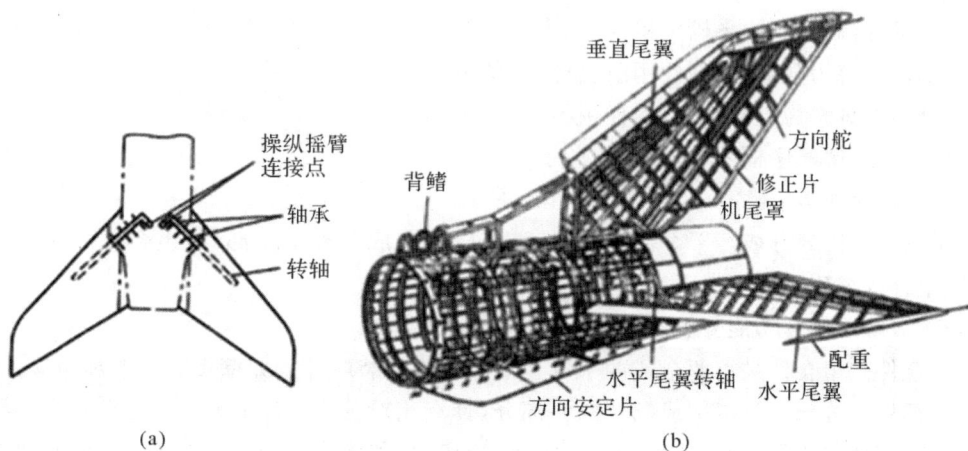

(a)　　　　　　　　　　　(b)

图 1.24　全动尾翼

（4）腹鳍。现代高速飞机,尤其是战斗机,为了改善方向稳定性,往往还在机身尾部下方安装一块至两块垂直安定片。实际上就是把垂直安定面的面积加大了,使飞机的方向稳定性更好了。由于它类似鱼的腹鳍,所以称其为"腹鳍"（见图1.25）。

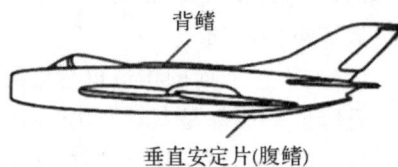

图 1.25　腹鳍

第二节　飞机的工艺分解及装配单元的划分

一、飞机的工艺分解

1.飞机工艺分解的定义

飞机工艺分解是指合理地利用飞机结构的设计分离面和工艺分离面,将飞机机体划分为若干个独立的装配单元。

2.飞机工艺分解的目的

（1）扩大装配工作面,使装配工作分散平行进行,以缩短飞机的装配周期。

（2）改善装配工作的施工通路和劳动条件,利于装配工作机械化,提高生产效率和产品质量。

（3）便于采用简单的定位方法（如定位孔、装配孔）,简化装配工艺装备的结构。

（4）分散总装架内的装配工作量,从而减少复杂的大型总装型架数量。

（5）将特殊装配环境和特殊试验要求的装配件分解出来,可以减少占用专用厂房面积,节约投资费用。

3.飞机工艺分解的顺序

（1）飞机分解为部件、飞机用组合件、飞机用零件。

（2）部件分解为分部件、部件用组合件、部件用零件。

（3）分部件分解为组合件、分部件用零件。

飞机工艺分解顺序框图如图1.26所示。

4.装配件的分类

一架飞机可以划分成若干个部件,部件又可以划分成若干个分部件、组合件。这些部件、分部件、组合件统称为装配件。

（1）按分解层次及功能分类。

1）组合件。组合件是由两个或两个以上零件组成的装配件。如壁板、梁、框和肋等。

2）分部件。分部件是指构成部件的一部分,具有相对独立、完整及一定功能的装配件,习惯上也称为部件或段件。如机身的前段、中段、后段;机翼的中翼、中外翼、外翼、襟翼和副翼;尾翼中的水平安定面、垂直安定面、升降舵和方向舵等。

3）部件。部件具有独立的功能和完整的结构。如机身、机翼、垂尾、平尾、起落架短舱和发动机短舱等。

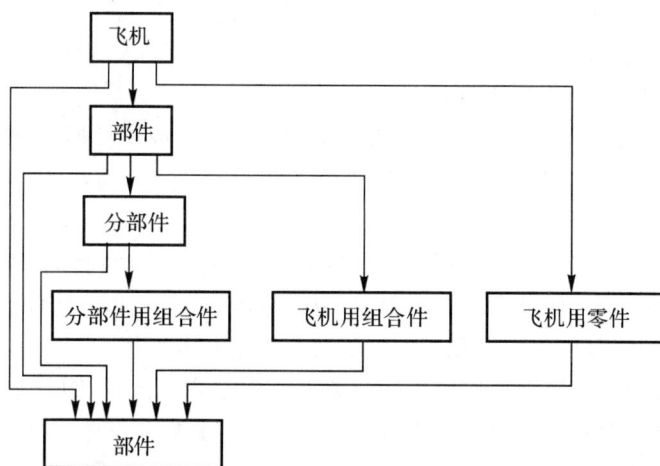

图 1.26　飞机工艺分解顺序框图

（2）按结构工艺特点分类。

1）平面类组合件。平面类组合件是由平面腹板及加强件组成的组合件，如平面框、肋、梁、地板和隔墙等。

2）壁板类组合件。壁板类组合件是由蒙皮及骨架零件组成的组合件。根据蒙皮形状不同，又分为单曲度壁板和双曲度壁板，如机身壁板、机翼壁板等。

3）立体类组合件。除上述两类组合件外，均属于立体类组合件。如翼面前缘、后缘和翼尖；各种门、盖、机头罩、尾罩、整流罩和内部成品支架等。

4）机身类部件或分部件，如机身或机身各段，起落架短舱和发动机短舱等。

5）翼面类部件或分部件，如机翼或机翼各段，以及水平安定面、垂直安定面、翼、副翼、方向舵和升降舵。

二、分离面

1.分离面的定义

装配件与之相连接的接触面称为分离面。

2.分离面的种类及特点

（1）设计分离面。为了满足产品结构和使用的需要，在部件之间（或分部件之间）、部件与可卸件之间形成的分离面且采用的是可卸连接，这种分离面称为设计分离面。

（2）工艺分离面。为满足制造和装配过程的要求，须将部件（或分部件）进一步分解为更小的装配单元。这种装配单元之间的分离面称为工艺分离面，一般为不可卸连接。

3.工艺分离面的选取原则

（1）对工艺分离面的设计要求。工艺分离面的划分取决于飞机结构的可能性。因此，飞机结构设计阶段就应考虑满足批生产要求的飞机结构工艺分解的可能性。为了满足工艺上的需要，当对图样进行工艺性审查时，对工艺分解应遵循以下原则。

1）尽量减少装配周期长的总装型架内工作量，如部件总装、分部件总装等。尽可能多地形成大型组件,避免部件以散件形式进入部件总装。

2)结构设计中尽量壁板化,以便采用机械化、自动化连接技术,提高劳动生产率,缩短装配周期。

3)工艺分离面上的协调部位应尽可能地少。对于有协调要求的部件必须有相应的措施,如设计补偿、工艺补偿或者采用工装保证。

4)工艺分离面上结构件之间的装配关系应采用对接形式或搭接形式,避免采用插装。

5)工艺分离面上结构连接应有充分的施工通路。在可能的情况下,装配顺序应是自内向外。

6)不同装配特点(环境条件、试验条件、连接形式、工艺特点)的装配件应通过工艺分离面或设计分离面单独划出来,如机身的气密部分、复合材料、蜂窝件和胶接件等。

7)工艺分离面的划分使各个装配工作站的装配周期基本平衡。

(2)工艺分离面的选取原则。选取工艺分离面时应结合生产性质(试制、小批生产或大批生产)、年产量、生产周期和成本等因素进行综合技术经济分析。具体如下:

1)研制试制批采用相对集中的装配方案,适当地选取工艺分离面,主要满足生产准备周期和装配周期的要求。此时,应主要考虑以下原则:①为了缩短大型部件或分部件总装的装配周期,能分出的装配单元尽量分出;②对于较小的部件或分部件,装配单元的划分除考虑工艺通路外,应使总装周期不超过大型部件的总装周期;③壁板尽量能划分出来,单独进行装配;④划分出来的装配单元应具有必要的工艺刚性;⑤考虑型架的复杂程度。分散装配若能使型架结构简化,制造费用和周期合适时,应划分出来;⑥特殊装配环境要求和特殊试验要求的装配单元应尽量划分出来。

2)批生产时采用分散的装配方案,其分散程度取决于产量大小。批生产时工艺分离面的选取应考虑以下原则:①工艺分离面的划分只要有利于提高劳动生产率或保证产品质量,就应尽量多地采用分散装配;②便于提高钻孔、制窝、连接的机械化程度;③使部件总装架内的装配周期缩短到最低限度;④便于建立装配流水线。

三、装配顺序图表的设计及典型实例

部件装配顺序图表反映了部件的各装配单元逐级装配为部件过程中的装配层次及先后次序。它是进行工艺准备、生产计划管理、车间平面工艺布置的主要依据。

1.装配顺序的确定原则

(1)部件装配的一般顺序应是小组合件→大组合件→分部件→部件。

(2)以骨架为基准进行装配时,先进行构成骨架的组件。如机翼装配时,先装入翼梁、翼肋,后装蒙皮(或壁板)。

(3)一般前道工序的结构不得影响后道工序的连接通路,否则须对装配顺序进行调整。

(4)飞机内部结构件及系统件能在前道工序安装完成的不应转到后道工序。

(5)不需要在总装型架内定位的组件安装、系统件的安装、系统试验,应安排在型架外进行,如口盖、舱门、阻力板等的安装工作。能以产品结构为基准,通过安装量规、安装模型定位安装的组件也应安排在型架外进行。

(6)易损组件的装配顺序应尽量往后安排,如玻璃组件、蜂窝组件及电缆、成品等的安装。

(7)除影响部件(分部件)对接通路及协调的结构件、系统件不装外,应尽量提高部件(分部件)的完整性。

2.装配顺序图表的设计

(1)基本内容。

1)装配顺序图包括参与装配的主要零件、组合件、部件(分部件)。

2)装配顺序图包括装配中的一些主要工序,如精加工、部件对合、系统安装及主要试验。

3)装配顺序图反映各级装配关系及装配顺序。

4)装配顺序图标明各装配单元(或工作内容)的名称、产品图号,也可以增加装配工艺装备编号。

5)装配顺序图反映装配过程的主干线。

(2)图表格式。

1)框式装配顺序图。框可以用"□"表示零件、装配单元或工作内容,其名称、图号写在方框内。构成装配单元的方框以粗实线表示。箭线表示装配关系,反映装配主干线的箭线用粗实线表示。框式装配顺序图的装配顺序可以是自下而上,也可以是自左而右。如图1.27表示自左至右的框式装配顺序,同级装配顺序为自上而下。

2)装配顺序图表典型实例。图1.28为某机机身中段示意图式装配顺序图。如图1.29为某机机翼框式装配顺序图表。

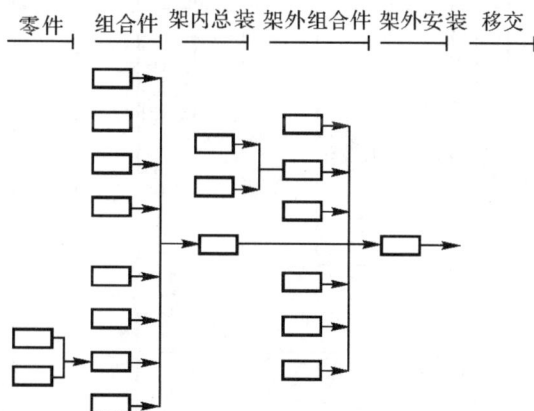

图1.27　自左至右的框式装配顺序图

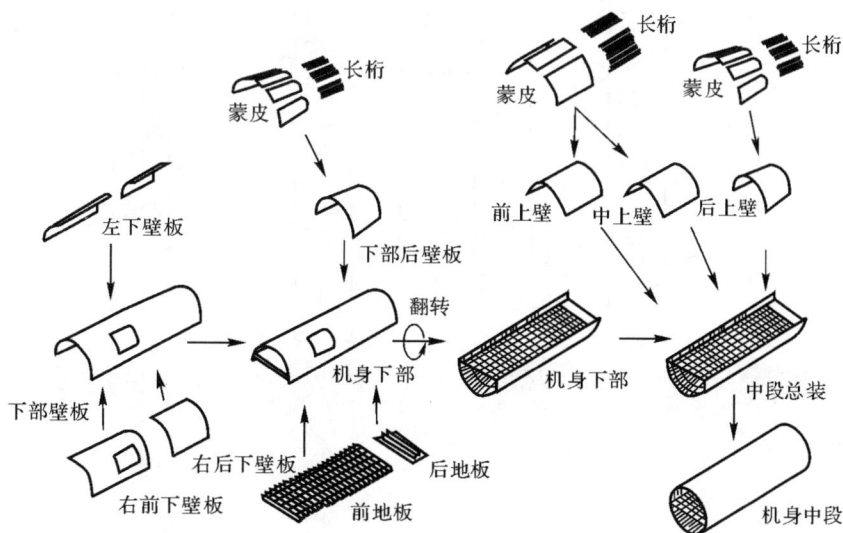

图1.28　某机机身中段示意图式装配顺序图

机翼对合、架外 XX-2000-0	液压系统装配 XX-5600-0							外翼上壁 XX-2261-0	中外翼前梁 XX-2142-0
	操纵系统装配 XX-5400-0							中翼上壁装配 XX-1061-0	外翼前梁 XX-2141-0
	挂架装配 XX-8410-0							中翼1~4肋装配 XX-105X-0	
	机翼精加工 XX-2000-0	机翼总装 XX-2000-0					机翼前部对合		前缘装配 XX-2210-0
	翼刀装配 XX-2280-0	胶接壁板 210 XX-3800-220						襟翼舱零件 XX-2170-0	
	襟翼装配 XX-3800-0				中外翼后部装配 XX-2710-0				中外翼后梁装配 XX-2142-0
	副翼装配 XX-3700-0	蜂窝后段 XX-3850-0		外翼后部装配 XX-2270-0					

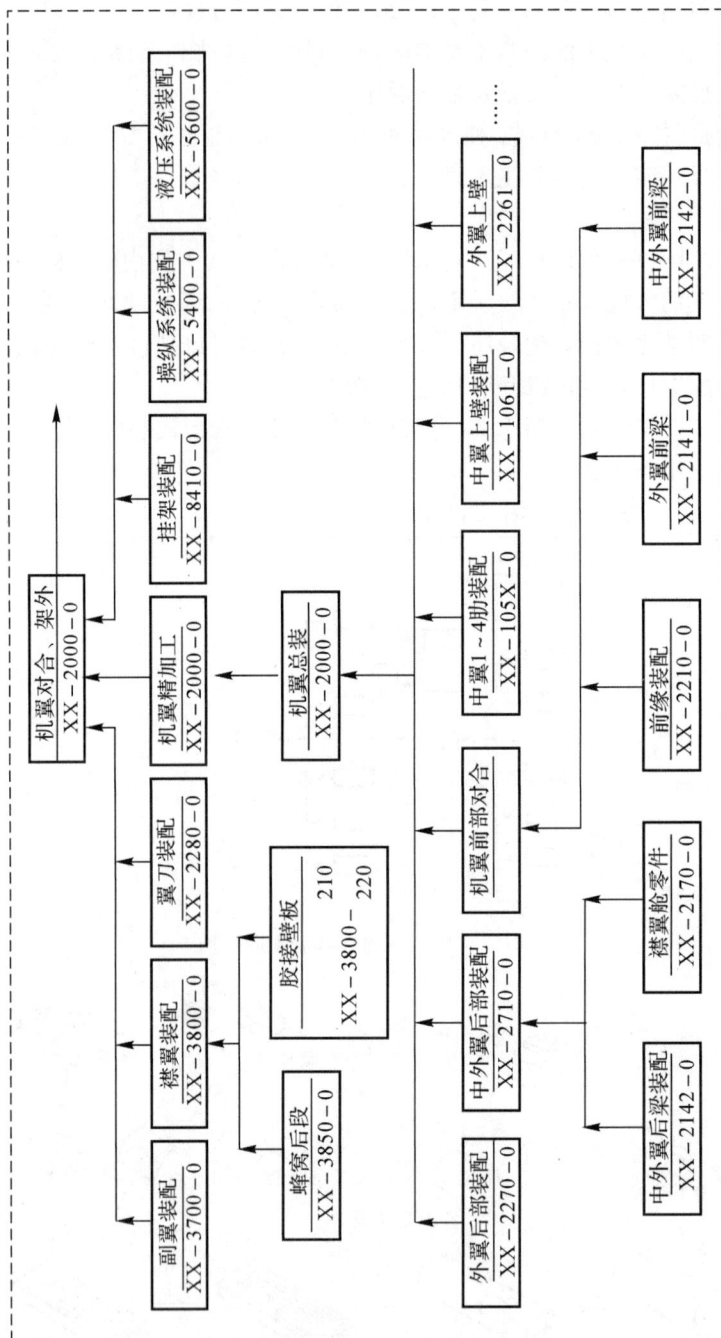

图1.29 某机机翼框式装配顺序图表

第三节 装配基准

一、基准的定义和分类

1. 基准的定义

基准就是确定结构件之间相对位置的一些点、线、面。

2. 基准的分类

飞机装配中通常采用两种基准:设计基准和工艺基准。

(1)设计基准是用以建立零件外形或决定在结构中相对位置的基准。产品设计需要建立这样的基准,如飞机水平基准线、对称轴线、翼弦平面、弦线、梁轴线、长桁轴线、框轴线和肋轴线等,统称为设计基准。

(2)工艺基准是存在于零件、装配件上的实际的点、线、面。装配工艺基准又分为以下几种。

1)定位基准。定位基准是用以确定结构件在设备或工艺装备上的相对位置的基准。

2)装配基准。装配基准是用以确定结构件之间的相对位置的基准。

3)测量基准。测量基准是用于测量结构件装配位置尺寸起始位置的基准。

二、基准的特点

设计基准一般都是不存在于结构上的点、线、面,在生产中往往无法直接利用。因此,在装配过程中要建立装配工艺基准,它是存在于结构件上的点、线、面,可以用来确定结构件的装配位置。

在国外,有把不存在于结构上的设计基准用标识物标记在结构上的做法,不但在装配时可以利用,而且还可长期保存,这是一种比较好的做法,如飞机水平基准线、飞机对称轴线都可以采用这种方法标记在结构上。

三、保证部件外形的两种装配基准

一般为了保证部件外形的准确度,使用两种装配基准,即以骨架外形为基准的装配和以蒙皮外形为基准的装配。

1. 以骨架外形为基准

(1)结构特点。肋、隔板、框等骨架零件为整体式结构,无外形补偿件。

(2)装配过程。首先定位骨架,然后将蒙皮装在骨架上,用压紧力 P 压紧,蒙皮与骨架进行铆接,如图 1.30 所示。

(3)装配误差特点。装配误差"由内向外"积累,误差反映在部件外形上。

(4)误差组成。

1)骨架零件外形误差。

2)骨架装配误差。

3)蒙皮厚度误差。

4)蒙皮与骨架贴合间隙。

5)装配变形。

(5)误差特点。累积误差反映在部件外形上,使其准确度降低。若要提高部件外形准确度,必须提高骨架零件的外形准确度和骨架装配、定位准确度。

(6)应用范围。

1)外形准确度要求较低的部件。

2)翼型高度较小,不便于采用结构补偿的部件。

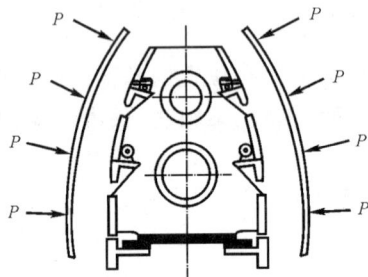

图 1.30 以骨架外形为基准图例

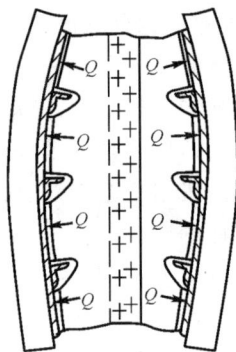

图 1.31 以蒙皮外形为图例

2.以蒙皮外形为基准

(1)结构特点。

1)翼肋、隔板由上、下两半组成,用重叠补偿连接。

2)翼面类部件采用弦平面分离面,上、下半肋一般不连接。

3)翼肋、隔板、框等与蒙皮之间设有补偿件。

(2)装配过程。

1)无补偿件的结构。按卡板定位蒙皮,安装半肋施压紧力 Q,并与蒙皮铆接,对合连接上、下半肋。

2)有补偿件的结构。定位翼肋腹板(或框),按卡板定位蒙皮并加力使其贴合卡板,安装补偿件与蒙皮和肋腹板(或框)铆接。亦可将补偿件带在壁板上,定位后补偿件与肋(或框)连接,如图 1.31 所示。

(3)装配误差特点。装配误差"由外向内"累积,误差通过结构补偿件消除。

(4)误差组成。

1)卡板外形误差。

2)蒙皮与卡板之间的贴合间隙。

3)装配变形。

(5)误差特点。利用补偿能获得较高的部件外形准确度。

(6)应用范围。它适应于外形准确度要求高的部件,且结构布置和连接通路都能满足要求。

四、装配工艺基准的选择依据

1.产品图样及技术条件

(1)产品结构特点。

1)蒙皮与骨架之间设有补偿件或翼肋在弦平面采用重叠补偿形式,以及翼肋、隔板在弦平面分开且不相连接的结构是采用以蒙皮外形或以蒙皮内形为装配基准的先决条件。

2)骨架零件为整体时只能以骨架为装配基准。

(2)产品结构件的功用。

1)当决定部件外形的结构件定位时,尽量采用外形面作为定位基准。

2)具有对接孔的接头或组件,应选择对接孔、叉(耳)侧面为定位基准。

(3)准确度要求。

1)梁、肋、框、长桁等有轴线要求的,应尽量以该零、组件的轴线面作为定位基准。

2)有对合要求的对接孔、对接平面应选择对接孔、对接平面作为定位基准。

2.结构件的刚性

(1)当决定部件外形的结构件定位时,尽量采用外形面作为定位基准。

(2)具有对接孔的接头或组件,应选择对接孔、叉(耳)侧面为定位基准。

1)刚性结构件的定位。刚性结构件的定位必须符合六点定位规律,即要约束六个自由度(沿 X,Y,Z 三个轴的轴向移动和绕三个轴的转动)。每一个结构件工艺基准的选择必须达到六个自由度的控制,如图 1.32 和图 1.33 所示。

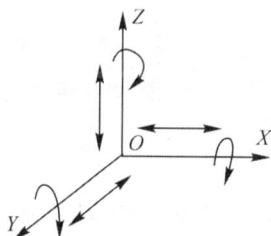

图 1.32 空间位置六个自由度

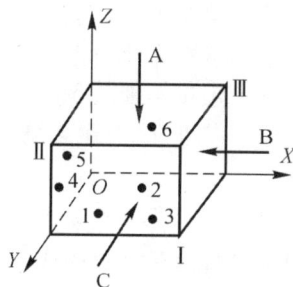

图 1.33 六点定位原理图

图 1.34 为加强框在机身总装时的六点定位规律示意图。

2)低刚性结构件的定位。低刚性结构件的定位不遵循六点定位规律,通常采用过定位。其目的是维护结构件的形状或强迫变形使结构件符合定位件要求。但过定位是产生装配应力的原因之一。选择哪种定位形式,取决于结构件的尺寸大小、形状复杂程度、刚性高低、外形准确度要求等。

3.工艺因素

(1)以结构件上的工艺孔作为工艺基准。以孔代替边缘(或外形)作为定位基准,可以简化定位方式和工装结构,在保证位置准确度和外形准确度的前提下应优先考虑。结构上用作定位基准的工艺孔有装配孔、定位孔。

(2)以工艺接头孔作为定位基准。当在结构件上不允许制孔或结构上的孔不能满足定位刚度、强度要求时,以工艺接头孔作为定位基准。它适用于刚性比较大且无产品接头孔可利用的

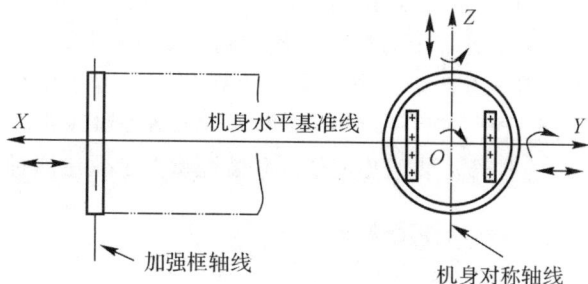

图 1.34 六点定位规律示意图

— 25 —

装配件的定位。

（3）装配协调要求。

1）不同组件的协调部位的定位基准应该统一，如普通框分段安装在几块壁板上，各框段在各壁板上的定位基准应选在同一面上。

2）同一组件在不同夹具上的定位基准应该统一。

4.施工通路的影响

当使用工艺装备定位时，在不影响定位准确度的前提下，应结合施工通路要求来选择定位基准。

五、装配工艺基准的选择原则

当选择定位基准和装配基准时应遵循以下四个原则。

1.装配定位基准与设计基准统一的原则

结构件定位尽可能直接利用设计基准作为装配定位基准。不能利用的，应通过工艺装备间接地实现基准的统一，如机翼翼肋的位置在图样上是用肋轴线确定的。定位翼肋时，应选择翼肋轴线面作为定位基准。

2.装配定位基准与零件加工基准统一的原则

尽量做到装配定位基准与零件加工基准的统一，否则应进行协调。如整体翼肋、整体大梁数控加工时的定位基准孔，当在装配夹具内定位时，采用该孔作为装配定位基准，能保证较高的位置准确度。

3.装配基准与定位基准重合的原则

当部件或分部件为叉耳对接或围框式对接时，这些接头或平面当在部件（分部件）装配时是定位基准，当在部件对接时选作装配基准，亦即装配基准与定位基准统一。

4.基准不变的原则

在部件的整个装配过程中，每道工序及每一个装配阶段（装配单元）都用同一基准进行定位，即构件的二次定位应采用同一定位基准。如当机翼前梁装配时，以前梁接头对接孔作为定位基准，则当前梁与前缘对合、部件总装时，均应以该接头对接孔作为定位基准。

第四节　装配定位与固定

在铆接装配过程中，首先要准确地确定零件之间的相互位置，这就是定位。零件定位好以后，将它固定夹紧在此位置上，然后才能进行连接。

装配过程中的首要问题是确定零件、组合件之间的相对位置。定位方法是完成在装配过程中定位零件、组合件的手段，包括基准件定位法、划线定位法（见图 1.35）、装配孔定位法和装配型架定位法四种。

一、基准件定位法

1.对基准件的要求

（1）用作基准件的零件或结构件必须有较好的刚

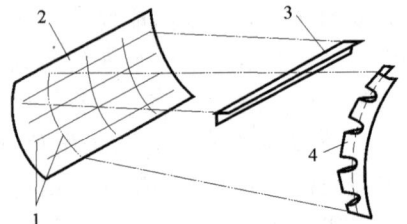

图 1.35　用划线定位长桁、框的示意图

1—基准线；　2—蒙皮；　3—长桁；　4—隔框

性,即在自重的作用下能保持自身的形状和尺寸。对于低刚性零件可以通过工装或其他方法增强其刚性。

(2)基准件上用作定位基准的点、线、面的形状、尺寸、位置必须符合图样和协调要求,并满足待定位零件的位置要求。如果定位用的点、线、面是在装配过程中形成的,应该合理选择该零件上道工序的定位方法。

2.以基准件定位的应用实例

(1)完全的基准件定位法。

1)装配过程中的一些零件定位。如在蒙皮上的口盖孔不留余量,口框、口盖按口盖孔定位;长桁与隔框连接的角片以预先装配好的隔框与长桁定位,如图 1.36 所示。

2)部件的定位。部件以基准部件上经过协调的孔和面为基准定位。如在架外进行的机身各段的对接,机身、机翼的对接等。该方法可用于设计分离面,也可用于工艺分离面。当工艺分离面没有孔和面可利用时,则设置工艺接头,图 1.37 为机头以基准部件的工艺接头定位。

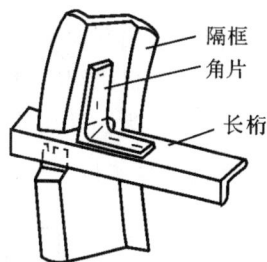

图 1.36　角片以隔框、长桁定位

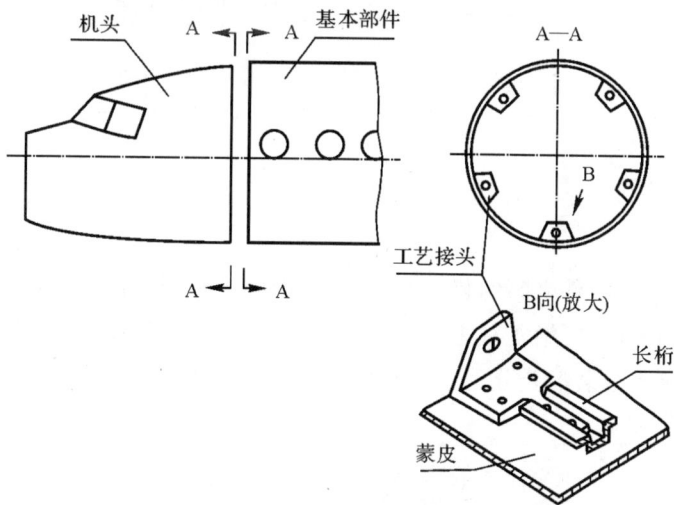

图 1.37　机头以基准部件上的工艺接头定位

(2)以基准件作为辅助定位基准。当采用其他定位方法,如划线定位、装配孔定位、工装定位时,只控制部分自由度,其他自由度则按基准件定位。这种方法能保证零件之间的协调。例如,蒙皮按装配好的骨架定位外形,普通肋的展向位置靠翼梁上的型材定位等。

在制定装配方案时应优先考虑此法。随着零件制造准确度的提高和整体件的采用,这种定位方法的应用将越来越多。

二、划线定位法

在选定的基体零件上,按图样尺寸划出待装零件的定位基准线(即位置线)。划线使用

2B～4B 铅笔。镁合金零件上使用不含石墨的特种铅笔。划线装配的准确度决定于工人的技术水平,如图 1.35 所示。其特点如下:

(1)准确度低。

(2)劳动生产率低。

(3)要求工人有较高的技术水平。

(4)容易发生错误。

(5)所有的划线工、量具比较简单。

(6)当不宜用其他方法定位时,划线定位有它的灵活性。

因此,在飞机研制阶段,采用划线定位方法定位零件,可减少工艺装备数量;在成批生产中,该方法可作为一种辅助的定位方法。划线定位法一般用于刚度较大、无协调要求和位置准确度不高的零件定位。晒相法也是划线定位法的一种,但是,目前在飞机装配中不常用,如图 1.38 所示。

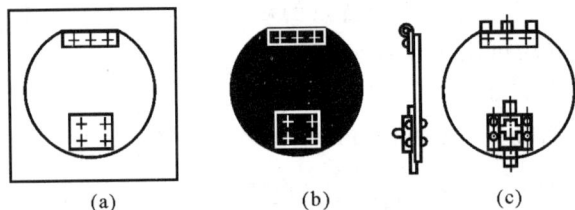

图 1.38　用晒相法定位铰链和锁扣的示意图
(a)明胶板;　(b)显影后的口盖蒙皮;　(c)装配好的口盖组件

三、装配孔定位法

1.分类

装配孔用于零件与零件之间的装配定位,也用于装配件与装配件之间的装配定位。如图 1.39(a)表示在翼肋与前、后梁支柱上按装配孔定位翼肋。如图 1.39(b)表示机翼前缘、后部与翼盒上前、后梁缘条取装配孔分别定位前缘和后部。零件与零件定位的装配孔按基体零件的形状分为三类,见表 1.2。

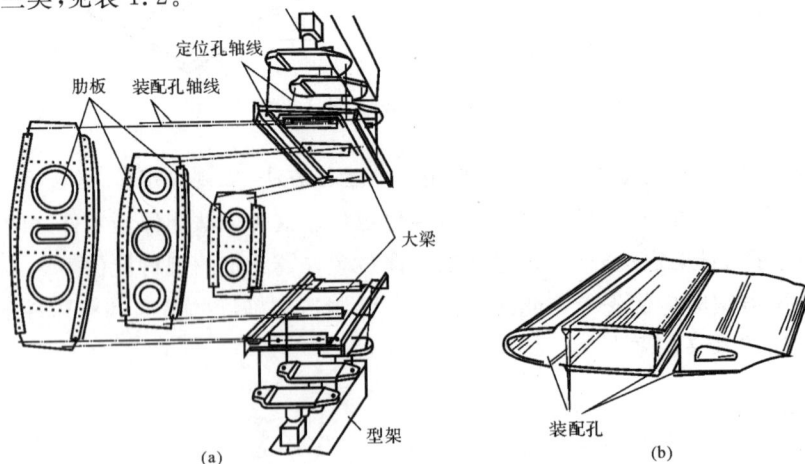

图 1.39　装配件按装配孔定位
(a)翼肋的定位;　(b)前缘、后部的定位

表 1.2 零件与零件定位的装配孔分类

类 别	名 称	特 点	应用实例
I 类	平面类组合件装配孔	基体零件为平面,待装零件与基体零件的配合面也为平面	肋、平面框、梁、地板、隔墙等组件的装配
II 类	单曲度壁板组合件装配孔	基体零件为单曲度;长桁直母线布置,与蒙皮配合面为平面;框、垫板的外形为单曲度	翼面类部件的壁板、机身类部件单曲度壁板的装配
III 类	双曲度壁板组合件装配孔	基体零件为双曲度,框的外形为单曲度,长桁外形为扭曲面	机身、起落架短舱、发动机短舱中平滑双曲度壁板的装配

2.装配孔的适用范围

(1)装配孔的方法适用于平面类组合件的腹板与加强型材、加强板、垫板和角片等的装配。对于气动外形准确度要求不高的低速飞机,其翼肋、梁、框上构成气动外缘的缘条也可以取装配孔的方法。高速飞机一般不取装配孔的方法。

(2)装配孔的方法还适用于壁板类组合件的蒙皮与长桁、普通框、口框、加强板的装配。当双曲度壁板取装配孔时,其壁板的曲度不大且应平滑。框与蒙皮取装配孔时,其框距容差应大于装配孔的定位误差,同时还应考虑数块壁板同站位框的对接形式及补偿情况。连接在壁板上的补偿片一般不取装配孔的方法。

(3)取装配孔的组件、壁板应有一定的刚性,以保证在钻孔、铆接过程中不致变形。对于有气动外形要求的壁板,在蒙皮薄、刚性小的情况下,应考虑采用支撑装配夹具。

(4)装配件与装配件之间取装配孔时,待定位的组合件、壁板、分部件应有足够的刚度,且装配孔的协调方法简单,易于实现。

3.装配孔的取制原则

(1)每个零件一般选用两个装配孔,并应分布在零件的两端。特殊情况下可以例外。

1)尺寸大或刚性小的零件,装配孔可增至 3~5 个,个别特殊情况下也可多于 5 个,此时,装配孔的间距一般为 400mm 左右。

2)只选用一个装配孔,再结合其他定位方法(划线定位、基准件定位)确定零件位置。图 1.40 为某壁板长桁在蒙皮上利用一个装配孔定位的实例。由于长桁较长,取多个装配孔难以协调,故在蒙皮上取数个孔而在长桁上取一个孔。装配时,在长桁上划出铆钉排中心线,利用一个孔作为装配孔确定长桁的展向位置,以长桁上的铆钉排中心线对准蒙皮上的孔中心线,完成长桁的定位。

(2)装配孔一般不宜位于三层零件的重叠处。特殊情况下可以在多层零件中的几个零件上取制装配孔。图 1.41 为某机升降舵半梁取制装配孔的实例。该装配孔位于角材 1、腹板、缘条(垫片)和角材 2 共四层零件上,此时,可在角材 1、角材 2 和腹板上取装配孔。装配时,首先组合腹板和缘条,然后按腹板上的装配孔钻缘条上的孔,即可实现角材的定位。

(3)装配孔的位置距零件成形区(下陷、弯边、加强槽等)应不小于紧固件间距的两倍。

(4)对称零件的装配孔应不对称地分布在对称轴线的两侧。

(5)装配孔应取在铆钉、螺栓(钉)的位置处。

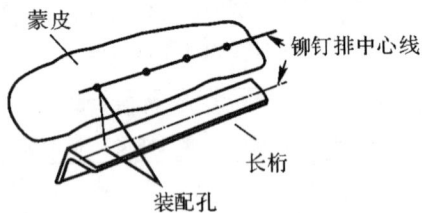

图 1.40 利用一个装配孔定位的实例

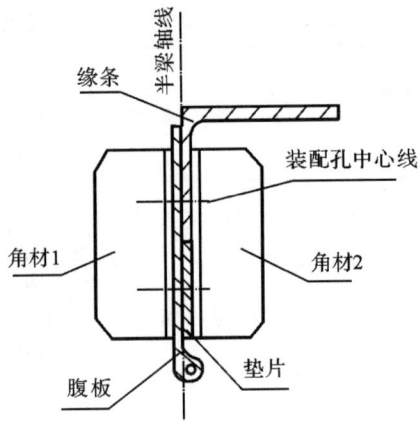

图 1.41 多层零件取制装配孔的实例

4. 装配孔协调路线

(1)平面类组合件装配孔协调路线。以腹板、加强型材装配为例,如图 1.42 所示。

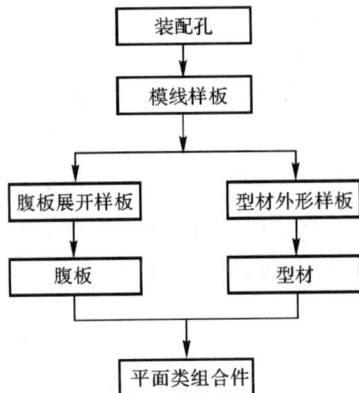

图 1.42 平面类组合件装配孔协调路线

(2)单曲度壁板组合件装配孔协调路线如图 1.43 所示。

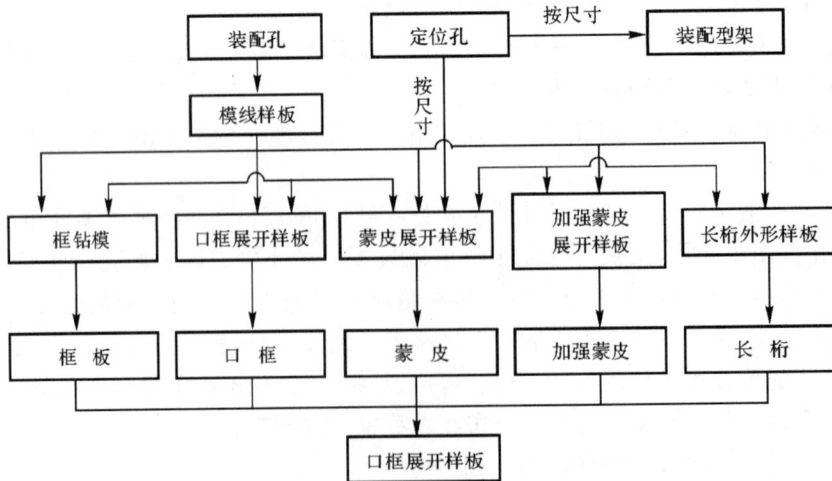

图 1.43 单曲度壁板组合件装配孔协调路线

（3）双曲度壁板组合件装配孔协调路线如图 1.44 所示。

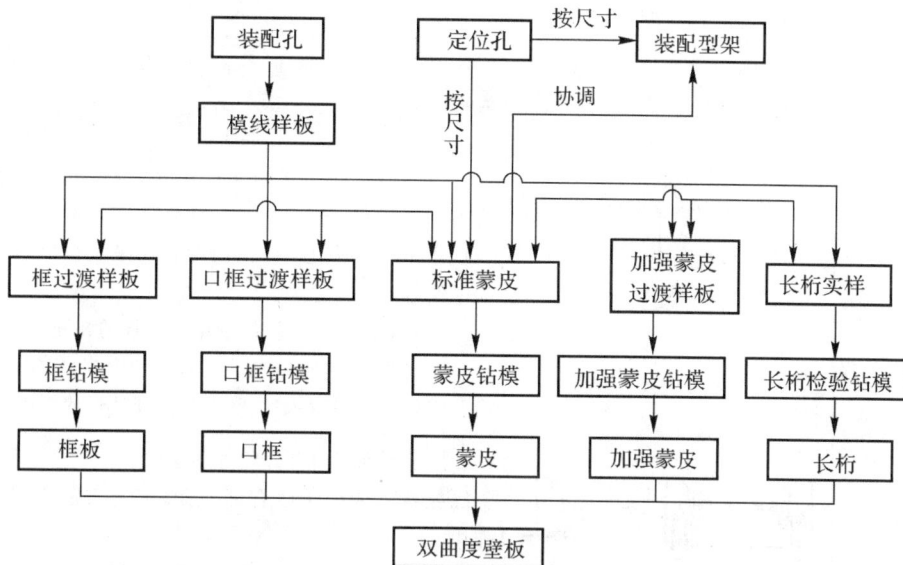

图 1.44　双曲度壁板组合件装配孔协调路线

5. 装配孔技术要求

（1）装配孔直径为 2.7mm。当铆钉直径为 2.5mm 和 3mm 时，装配孔直径为 2.1mm。

（2）装配孔直径的上偏差为 +0.2mm，下偏差为 0。

（3）装配孔相对样板孔的同轴度为 $\phi0.4mm$。

（4）样板孔制造公差按硬度为 HB240《模线样板品种、标记及公差》制造。

（5）钻模孔相对制造依据孔的同轴度为 $\phi0.2mm$。

四、装配型架定位法

1. 定位件定位形式

装配型架（夹具）定位是通过定位件实现的，其定位件的形式见表 1.3。

表 1.3　定位件的形式

形　式	图　例	说　明
卡　板		1. 用于组合件、分部件、部件的外形定位，以蒙皮外形作为定位基准，或用做骨架的外形定位件。 2. 卡板位于部件外形的外侧。卡板工作面是蒙皮外形，也可以是蒙皮内形（骨架外形）。 3. 通过装在卡板上的附件，可定位骨架零件，如梁、框、肋和隔板等。 4. 卡板的位置和数量取决于产品结构形式，外形准确度要求、外形曲率变化、结构刚性以及装配工作的内容等因素。 5. 卡板也可以作为结构件外形的压紧件

飞机装配工艺学

续表

形 式	图 例	说 明
内形板		1. 用于壁板、分部件、部件的外形定位,以蒙皮内形作为定位基准。 2. 内形板位于部件外形内侧,其工作面为蒙皮内形。 3. 同内形板上布置的元件一起,定位框、肋、隔板、长桁等。 4. 分部件、部件总装时,内形板用来定位壁板,并保证部件外形。 5. 内形板位置和数量的选用与卡板的相同。 6. 模型框、模型肋是内形板的一种形式,固定在产品结构上或型架上,起到定位壁板和保证外形的作用
托板	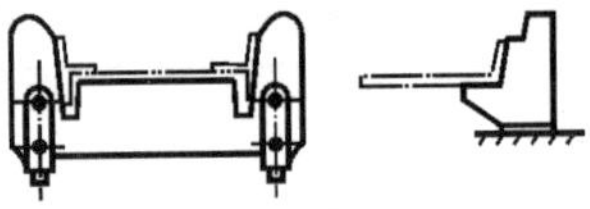	1. 用于平面型组合件的外形定位。 2. 托板一般位于组合件下面,多为固定式,并起支托作用。 3. 托板位置与数量的选择与卡板的相同
包络 定位件	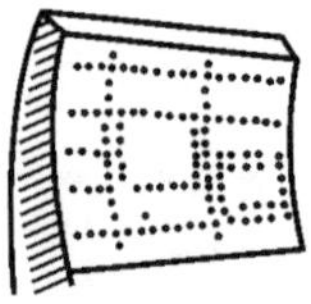	1. 用于某些双曲度壁板组合件和外形复杂的立体组合件的外形定位,以蒙皮外形为定位基准,例如整流罩、整流包皮等。 2. 包络定位件取结构件的整个外形,也可以确定内部构件的位置,在包络皮上还有钻制铆钉孔的钻模
叉耳接头 定位件	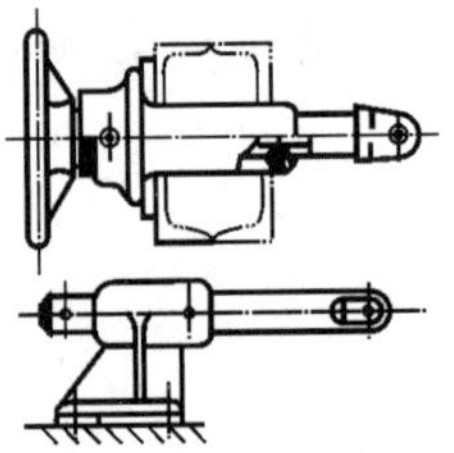	1. 用于各类叉耳接头的定位,例如部件对接接头、结构连接接头、设备成品安装接头、系统构件安装接头及工艺接头等。 2. 以叉耳配合面和对接孔作为定位基准,能保证接头装配的准确位置和互换协调
凸缘接头 定位件	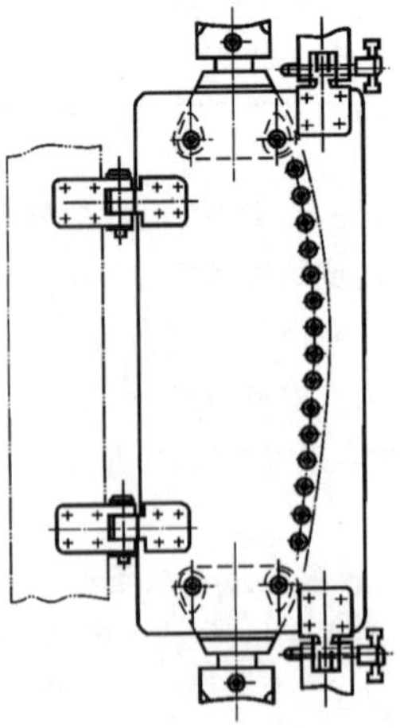	1. 凸缘(围框式)接头定位件一般称为型架平板,用于以平面结合形式连接的各类接头的定位,如机身、机翼各段对接面上的围框式接头,主要受力构件连接接头等。 2. 以对接平面和对接孔为定位基准,能保证接头装配的互换协调。 3. 可以兼作对接孔精加工钻模

— 32 —

续表

形　式	图　例	说　明
定位孔 定位件		1.用于以定位孔为定位基准的零件、组合件的定位,并确定在型架内的装配位置。 2.定位孔定位件由平面、孔、定位销组成。两个或两个以上的定位孔可以控制结构件的六个自由度,简化了型架结构。 3.定位孔定位件上的孔位与结构件上的定位孔需要按一定的协调路线协调
工艺接头 定位件		1.用于刚性比较大的组合件、分部件、部件对合时在工装内的定位。工艺接头一般在组合件装配时安装,带到下道工序作为结构件的定位基准。 2.工艺接头还用作部件架外对接时相互定位的基准。 3.工艺接头一般借用结构上的连接件孔固定,装配完毕再装上正式产品紧固件。 4.工艺接头与工装之间的定位与叉耳接头定位件相同。 5.工艺接头还可起到支撑产品、调整产品位置、吊运产品的作用。 6.采用工艺接头定位可以减少协调环节并能简化工装结构
模型 定位件		1.它是模拟产品外廓形状、尺寸的一种定位件,用来协调定位与该产品相关的结构件的装配位置。 2.通常适用于与复杂立体型面的产品有协调安装要求的结构件的定位,例如,按舱门模型协调安装门槛,按成品模型协调安装管路等。 3.模型定位件一般以产品结构定位,也可安装在型架上。图例为安装在型架上的滑轨模型定位件,用来定位滑轮架
定位安装 量规		1.用于在架外(或架内)安装、定位带有对接孔或外形的零件、组合件、部件的一种构架式定位件。 2.量规以已装产品上的接头孔为定位基准,无须复杂的工装伸出件,从而大大简化型架结构,同时协调性好。 3.多数用于架外安装,从而减少总装型架内的工作量。 4.用作定位的产品结构必须有足够的刚性

2.定位孔的取制方法

(1)定位孔的分类。按定位孔载体零件的特征分类见表1.4。

表 1.4 定位孔的分类

类　别	名　称	特　点	应用实例
Ⅰ类	平板零件定位孔	零件上无带理论外形的弯边	由腹板、缘条、型材组成的框、肋、梁的腹板定位孔
Ⅱ类	板弯零件定位孔	零件弯边带理论外形,定位孔取在腹板面上	带理论外形弯边的肋、框、隔板和板弯梁等
Ⅲ类	曲面零件定位孔	定位孔取在单曲度、双曲度蒙皮上,确定蒙皮或壁板在型架内的纵向、横向位置	机身类、翼面类部件的壁板蒙皮,在壁板夹具内或壁板在总装型架内的定位
Ⅳ类	整体机加件定位孔	定位孔取在轴线平面上,与数控加工理论外形时零件定位基准重合	整体翼肋、整体框和整体大梁等
Ⅴ类	组合件定位孔	在组合件装配夹具上按钻模制出	分部件或部件总装时组合件的定位

(2)定位孔的取制原则。

1)一个零件上一般选用两个定位孔,但对于尺寸大而刚性较差的零件,应增加定位孔的数量,图1.45为某机襟翼前缘隔板上取三个定位孔的实例。有时为了同其他定位方法混合使用,也可以一个零件只取一个定位孔。图1.46为某机襟翼后段肋上取一个定位孔的实例,后段肋的下端按梁缘条外形定位。

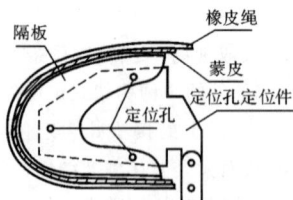

图 1.45　某机襟翼前缘隔板上取
三个定位孔的实例

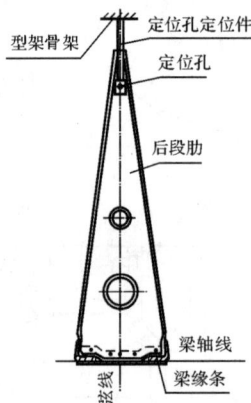

图 1.46　某机襟翼后段肋上取
一个定位孔的实例

2)为防止外形对称零件装反,定位孔不应选在对称位置上,如图1.47所示。

3)定位孔应选在零件的同一结构平面上。

4)定位孔距基准轴线的距离和定位孔之间的距离,在采用通用夹具装配时应是 50mm 的整数倍。

5)蒙皮零件上的定位孔可以利用蒙皮上的结构孔,或者取在工艺余量或工艺耳片上,如图 1.48 所示。

6)定位孔一般不取在要求结构密封部位,当确须取定位孔时,在完成定位后应采取有效的密封措施。

7)定位孔不能同销钉孔合用。对于机加零件,加工理论外形用的零件定位孔最好选做装配时的定位孔。

8)当对构成理论外形的零件上取定位孔时,应分析定位孔定位可能产生的误差。当能满足部件外形准确度时才可选用定位孔定位。当选用定位孔定位时,不必再选用外形定位件。

9)作为补偿的零件不应取定位孔。

10)定位孔是因工艺需要在结构上增加的孔,故应征得设计部门的同意,或者在产品设计时经过工艺部门与设计部门协商后反映在结构图样上。

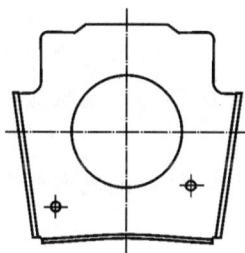

图 1.47 外形对称零件定位孔的布置　　图 1.48 在工艺余量或工艺耳片上布置定位孔

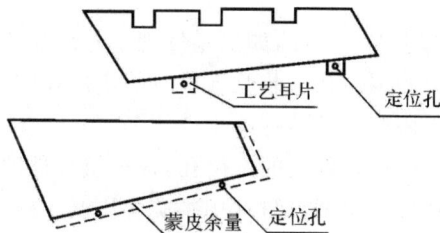

(3)定位孔协调路线。

1)Ⅰ类零件定位孔协调路线如图 1.49 所示。

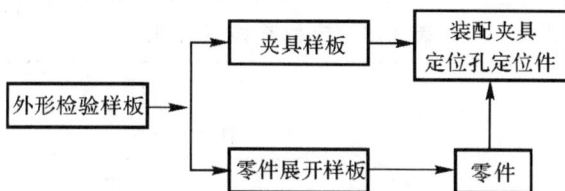

图 1.49 Ⅰ类零件定位孔协调路线

2)Ⅱ类零件定位孔协调路线如图 1.50 所示。

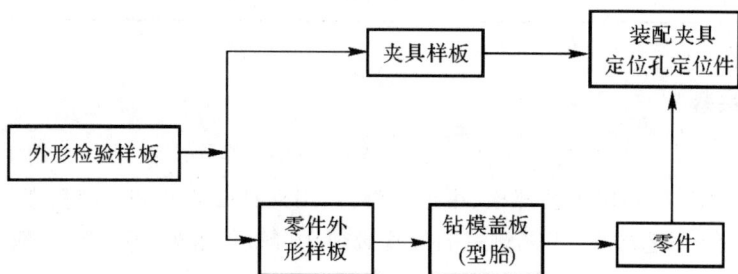

图 1.50 Ⅱ类零件定位孔协调路线

3) Ⅲ类零件定位孔协调路线。无安装标准样件时,单、双曲度蒙皮上的定位孔协调路线分别如图 1.43 和图 1.44 所示。采用安装标准样件时,单、双曲度蒙皮上的定位孔协调路线如图 1.51 所示。图中虚线表示蒙皮展开件(或标准蒙皮)不能上标准样件时,则按装配夹具协调钻制。

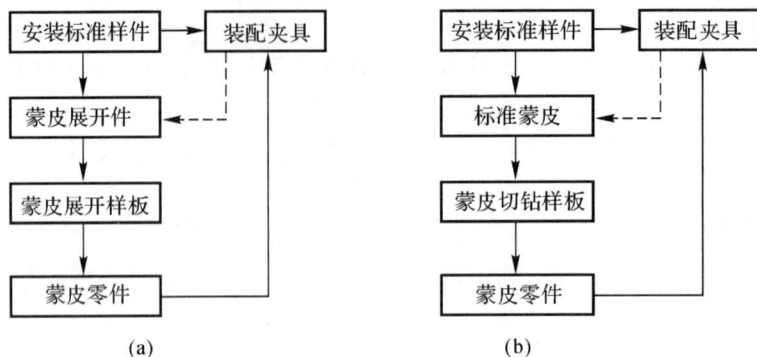

图 1.51　标准样件法定位孔协调路线
(a)单曲度蒙皮；(b)双曲度蒙皮

4)对于Ⅳ类零件,如果零件理论外形为数控加工,则定位孔可以按尺寸协调,此时零件加工外形时的定位孔与装配定位时的定位孔应保持统一。非数控加工的整体件,定位孔可按样板或样件协调。

5)Ⅴ类组合件上的定位孔,根据组合件的外形复杂程度、外形准确度要求等因素,可以分别选择按尺寸协调、样板协调、实样协调和标工协调。

当采用标准实样协调时,对于立体型组合件,定位孔采用标准实样的协调过程是,总装型架及其上的定位孔定位件按夹具样板和通用坐标设备制造。将零件或组合件装在总装型架内检验并确定位置后,钻出零件或组合件上的定位孔。以检验后的零件或组合件作为制造零件或组合件定位孔工装的依据。零件或组合件作为原始依据保存。此方法也适用于装配孔的协调。

(4)定位孔技术要求。定位孔的孔径、公差带及相对制造依据的同轴度见表 1.5。

表 1.5　定位孔技术要求

项　目	部　位				
	样板	型架定位件		零件	组合件
		孔	销		
直径/mm		5.0		5.2①	
公差带	按 HB240	H9	f9	H12	
相对制造依据的同轴度/mm		由工装设计员确定		$\phi0.4$	$\phi0.2$

注:①允许按实际需要确定定位孔孔径。

五、零件的夹紧

依据产品图样安装定位零件,在钻孔前连接夹层间的零件应夹紧。常用夹紧方法有用弓形夹或手虎钳、用定位销、用工艺螺栓、用工艺铆钉、用夹具压紧件和用橡皮绳等。

注意:定位销、工艺螺钉、工艺铆钉的位置必须在铆钉位置处,其直径一般比铆钉直径小。定位后不需要分解的部位,可用产品图样上规定的铆钉直接进行定位铆接。

（1）定位销间距在曲面上不大于150mm，平面上不大于250mm。

（2）夹紧有沉头窝的零件时，应使用与铆钉沉头角度相同的沉头工艺螺钉。

（3）使用工艺螺栓、工艺螺钉及金属夹紧件时，一般应在零件表面接触处放入非金属的垫圈或垫片。

综上所述，定位方法的分类、特点及选用见表1.6。

表1.6　定位方法的分类、特点及选用

类　别	方　法	特　点	选　用
划线定位法	1.用通用量具和划线工具划线。2.用专用样板划线。3.用明胶模线晒相的方法	1.简便易行。2.装配准确度较低。3.工作效率低。4.节省工装费用	1.新机研制时尽可能采用。2.成批生产时，简单的、易于测量、准确度要求不高的零件定位。3.作为其他定位方法的辅助定位
基准件定位法	以产品结构件上的某些点、线、面确定待装配件的位置	1.简便易行、节省工装、装配开敞、协调性好。2.基准件必须具有较好的刚性和位置准确度	1.有配合关系的、尺寸或形状相一致的零件之间的装配。2.与其他定位方法混合使用
装配孔定位法	在相互连接的零件（组合件）上，按一定的协调路线分别制出孔装配时零件以对应的孔定位来确定零件（组合件）的相互位置	1.定位迅速、方便。2.不用或仅用简易的工装。3.定位准确度比工装定位的低，比划线定位的高	1.单曲度、平滑双曲度壁板中蒙皮、长桁、框的装配。2.内部加强件的定位。3.平面组合件非外形零件的定位。4.组合件与组合件之间的定位
装配型架定位法	利用型架定位件确定结构件的装配位置或加工位置（如精加工台）	1.定位准确度高。2.限制装配变形或强迫低刚性结构件符合工装。3.能保证互换部位的协调。4.生产准备周期长	应用广泛的定位方法，能保证各类结构件的装配准确度要求

第五节　几种典型装配件的装配示例

飞机装配包括组合件装配、部件装配、总装配和试飞前的准备工作，这些工作分别在部装车间、总装配车间和试飞站完成。

本节将介绍几种典型装配件的装配和飞机总装配所包括的主要工作内容。

一、组合件的装配

1.平面类组合件的装配

(1)腹板通常采用定位孔定位,并用夹具上的定位销将翼肋腹板固定在夹具定位孔座上,如图1.52所示。

(2)当部件外形公差在$^{+1.45}_{-0.77}$ mm范围之外时,缘条可采用装配孔定位;部件外形公差在$^{+1.45}_{-0.77}$ mm 范围之内或者外形复杂时,缘条以外形为基准,用夹具的外形定位件定位。

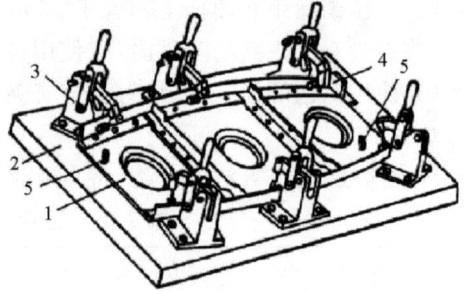

图 1.52 翼肋腹板用定位孔法定位示意图

1—翼肋腹板; 2—夹具底座; 3—定位夹紧件;

4—挡块; 5—定位销

(3)支柱和加强型材以装配孔为基准,用工艺螺钉或定位销定位固定在腹板上。

(4)接头以孔、叉(耳)平面为基准用夹具叉(耳)定位件定位。

2.壁板类组合件的装配

(1)蒙皮以外形(或内形)为定位基准,用型架卡板定位,如图 1.53 所示。

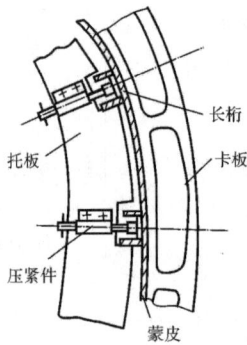

图 1.53 蒙皮用卡板定位示意图

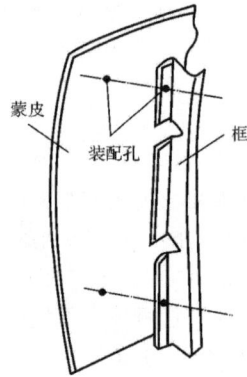

图 1.54 长桁、框、半肋按装配孔定位示意图

(2)长桁、框、半肋以蒙皮内形为基准,用定位件或装配孔固定在蒙皮上,如图 1.54 所示。

(3)长桁接头或梳状接头以接头上的对接孔和分离面的平面为基准,按型架对接平板定位,用型架定位销固定,如图 1.55 所示。

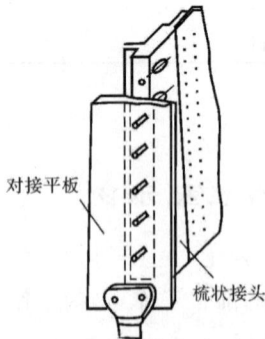

图 1.55 梳状接头按对接平板定位示意图

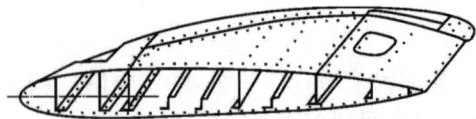

图 1.56 某机型低阻翼尖示意图

3.立体类组合件的装配

以图 1.56 所示的翼尖为例。翼尖装配一般在翼尖装配型架上进行,因内部结构空间小,用外形卡板定位翼尖外形装配要求如下。

(1)以卡板为基准,在卡板和隔板(或肋)之间加上与蒙皮同厚度的垫片,定位铆接组合骨架,如图 1.57 所示。

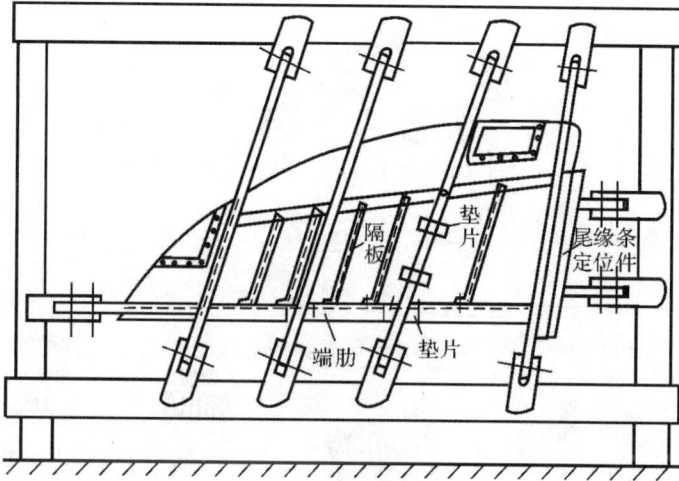

图 1.57　翼尖骨架组装示意图

(2)以骨架为装配基准,用长板将蒙皮定位压紧在骨架上,如图 1.58 所示。

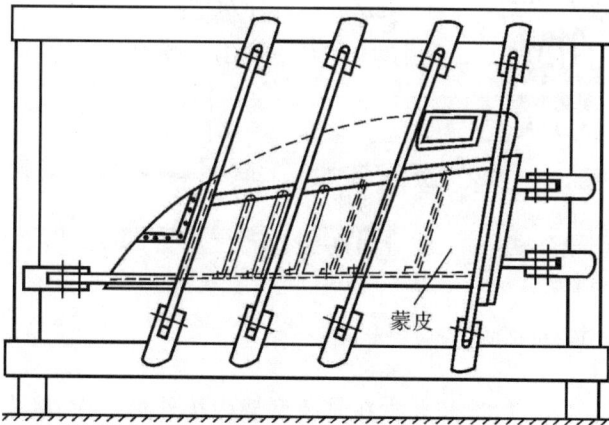

图 1.58　翼尖在架内装配示意图

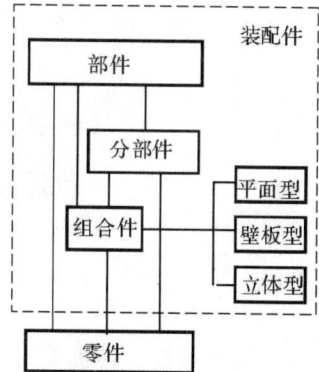

图 1.59　部件装配顺序

二、部件装配

1.部件装配顺序

部件装配顺序如图 1.59 所示。

2.部件装配典型示例

图 1.60 为某歼击机机翼装配过程示意图。

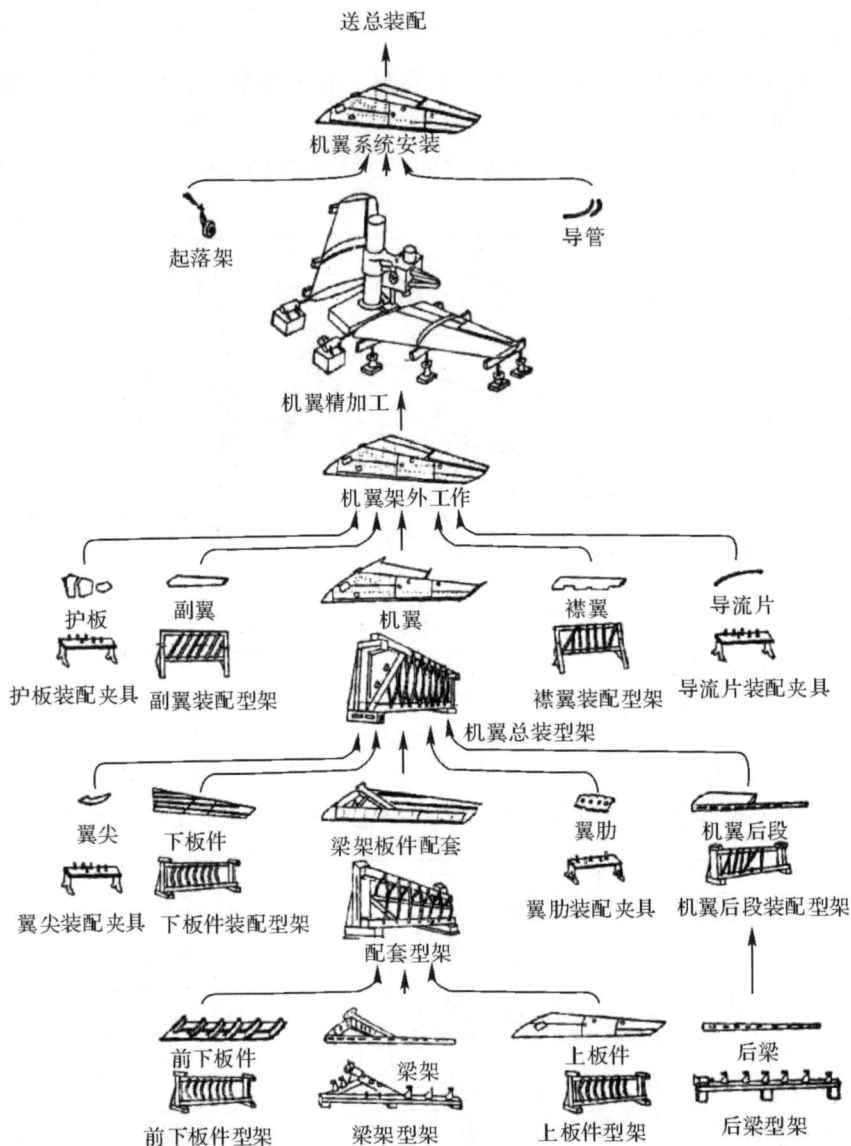

图 1.60　某歼击机机翼装配过程示意图

（1）架内装配。将机翼的梁架、壁板、翼肋、后部和翼尖在总装型架内按外形卡板、接头定位件装配铆接，如机翼的各肋按外形卡板定位，机翼与机身结合的对接孔、副翼悬挂接头孔按接头定位件定位。在机体结构具有足够刚度的情况下，按设计技术条件规定，用外形检验卡板检查部件外形，用检验轴检验对接孔位置。

（2）架外装配。将在架内检查合格的机翼从型架内取出，进行架外工作。它包括以下几个方面。

1）对某些在型架内工作不开敞或难以完成的工作进行补铆和补加工。

2）不影响部件几何外形和尺寸的零件或组合件的安装及连接。

3）各种系统的安装和试验。

总之，为了缩短装配周期，在不影响结构刚度的情况下，尽量减少部件的架内工作量，同时将部件上可以进行的系统安装和试验工作，也尽量放在部件装配阶段完成，这样可减少飞机总装配的劳动量。

3. 精加工、检验及移交

机翼铆接装配工作全部完成后，为了消除铆接变形、装配应力和装配误差，保证对接孔和外形的协调，需要在精加工型架上对机翼进行精加工，过程如下。

（1）将待精加工的机翼放在托架上。

（2）用外形卡板调试机翼外形，或者用水平测量方法调节机翼外形测量点是否符合技术条件的要求，一般使机翼在精加工台内的状态与全机处于水平状态下的状态相同。

（3）将机翼固定。

（4）按精加工台上的钻模、样板加工对接接头。

在部件精加工后，需要进行最后检验。例如，外形准确度检验、部件水平测量、各系统的试验、称重以及外表检查、部件完整性检查等，检验合格后便可移交总装车间。

三、总装配

飞机总装配主要包括下述各项工作。

（1）飞机机体各部件对接和水平测量。

（2）发动机、发动机操纵系统的安装和调整。

（3）油箱、燃油、滑油系统的安装和试验。

（4）液压和冷气系统的设备、附件和导管的安装、敷设和试验。

（5）起落架及其收放机构、信号系统的安装、调整和试验。

（6）飞机操纵系统的安装与调整。

（7）电气、无线电、仪表设备与电缆的安装、敷设和试验。

（8）高空救生设备的安装和试验等。

（9）座舱的气密性试验。

飞机总装配是飞机装配的最后阶段，工作内容复杂、专业性强、工作面窄，多余物难以排除。因此，应尽量减少机上的切削工作，防止工具或标准件等物体遗落在机体内。安装试验工作完毕后，要检查机内有无多余物。通过各种方法，尽量减少工作时间，以缩短飞机总装配周期。

第六节　工　艺　文　件

部件装配工艺设计的主要工艺文件见表1.7。

表 1.7 装配工艺设计的主要工艺文件

序 号	文件名称	编制内容	性质及用途
1	装配协调方案	由装配方案和协调方案组成。主要内容包括装配单元划分,主要零、组件的装配基准及定位方法,主要零、组件的装配顺序,主要装配单元的技术状态,重要工序的安排,重要部位的协调方法,标准工艺装备、结构功能及它们之间的协调关系等	它是对装配和互换协调的关键环节作出规定的指令性工艺文件,是编制装配协调图表、指令性状态表、工艺装备品种表和技术条件、工艺规程、装配顺序图表等文件的依据
2	装配协调图表	以框图、连线、箭头表示,内容有标准工艺装备之间的协调关系,装配工装的制造依据,互换部位状态以及部件各装配单元之间的装配关系	它是表示工艺装备之间协调制造关系的指令性工艺文件,是工艺装备设计技术条件、工艺装备设计、工艺装备计划管理和生产组织的依据
3	指令性状态表	主要内容有工艺容差分配,零、组件协调部位的检验依据,检验方法、检验基准及检验工装的协调制造依据,零件配套交付要求,必须明确的工艺分工等	为保证装配协调对零、组件交付状态提出要求的指令性工艺文件,是编制零件协调图表、工艺装备品种表和技术条件、工艺规程的依据
4	互换替换技术条件	内容有互(替)换件、基准件的名称、图号,互(替)换类别,互换性检查比例,互(替)换的部位、状态,对互(替)换件、基准件的验收规定及互换检查技术要求等	它是进行互换性检查的指令性工艺文件,是编制工艺规程、零件交接状态表、工艺装备品种表及技术条件的依据,也是产品验收的依据
5	外缘工艺容差分配表	以表格形式表示。其内容有项目、名称、检查依据、容许偏差。其中项目包括模线样板、标准工艺装备、零件工艺装备、装配工艺装备、零件、装配组件	依据外缘型值偏差对引起外缘型值误差的各工艺环节进行容差分配的指令性工艺文件,是各有关环节工艺设计、制造、验收的依据
6	工艺装备品种表(工装指令)	内容包括申请单位、制造单位、产品图号、工艺装备名称、图号、数量,以及供应批(架)次	它是工艺装备申请的依据
7	工艺装备设计技术条件(工艺装备订货技术要求单)	工艺装备的用途,结构形式,工作部件尺寸,产品的装配顺序,定位基准,定位夹紧方式,零件供应状态,加工方法和参数,机械电气要求,产品出架方式以及协调制造依据等	它是工艺装备设计的依据

续　表

序　号	文件名称	编制内容	性质及用途
8	零件交接状态表	对零件提出的导孔、装配孔、定位孔、余量、标记，以及技术要求等。例如，留余量的部位及大小、孔的位置、孔径	为满足装配定位、工艺补偿、确定孔位等需要，对零件提出的技术状态要求，是工艺装备设计技术条件编制、工艺规程编制、模线设计、产品验收的依据
9	生产说明书	包括技术要求、环境条件、工艺过程、工艺方法、试验方法、检测手段、设备、材料控制、质量控制、技术安全要求等	对装配中某一特定的工作内容所做的专题说明，属于基础性工艺文件，是编制有关工艺文件、工人操作、验收产品的依据
10	典型工艺规程	与工艺规程相同	对装配中具有共性的某一类组件或具有共性的某一过程进行典型化的工艺规程，属于基础性工艺文件。其用途与工艺规程相同
11	操作程序	内容包括操作方法、步骤、要点、注意事项、工具设备操作程序、设备性能、使用范围、安全措施、维护方法等	对装配中某一工作过程、施工方法、工具设备的使用等所规定的详细操作方法、规则和程序，是指导工人实际操作的基础性工艺文件
12	装配工艺规程	内容包括与工艺规程同时使用的文件（产品图样、技术条件、生产说明书、典型工艺规程、操作程序等）；装配基准、定位夹紧方法、装配连接顺序；加工试验方法、工艺参数；使用的工艺装备、工具量具、设备、仪器及其使用方法，装配元件的技术状态；工序检验、总检安排及其检验方法、内容、要求，检验所需的仪器设备；使用的零组件、成件、标准件和材料等	指导工人对一个指定的装配（或安装、加工、试验）过程进行实际操作的生产性工艺文件，同时也是检验人员进行工序检验、总检及验收产品的依据
13	装配指令	除工艺规程编制的内容外增加了批、架次，工作日期，检验试验项目和检验记录	指导工人操作的生产性工艺文件，同时也是实行装配过程质量控制、进行产品质量追踪的质量文件
14	各种配套汇总文件	主要有零件工序配套卡片、零件内部分工卡片、标准件工序配套卡片、部件标准件使用量表、基本材料定额、辅助材料用量表、通用工具消耗定额等	它是组织配套供应的生产性和管理性工艺文件

续 表

序　号	文件名称	编制内容	性质及用途
15	装配顺序图表	包括参加装配的主要零件、组件、部件以及装配中的主要工序，表示它们的装配关系和顺序。用方框、箭头、连线表示，或用简图、箭头表示	它是车间编制计划和组织生产的指令性工艺文件
16	装配厂房平面工艺布置图	内容包括厂房平面图（墙、门窗、过道）、场地区划、设备图形、方向标记、设备明细表、面积表及技术说明等	它是在生产面积上根据分工并按照一定顺序及规则对装配工艺装备、设备、台架等进行的排列，是工艺装备和设备安装、台架摆放，以及进行生产管理的生产性工艺文件

思　考　题

1.飞机工艺分解的定义是什么？

2.飞机工艺分解的顺序是什么？

3.飞机工艺分解的目的是什么？

4.飞机装配件分几类？其中组合件分几类？

5.装配分离面是什么？分离面是如何划分的？特点如何？

6.工艺分离面的选择原则是什么？

7.设计分离面的选择原则是什么？

8.基准的定义特点和分类是什么？

9.保证部件外形的两种装配基准是什么？它们的特点是什么？影响误差的因素有哪些？

10.定位的意义是什么？常见的装配定位方法有哪几种？其特点是什么？

11.常见的夹紧方法有哪几种？夹紧使用什么工具？有何特点？

12.装配协调方案的内容是什么？

13.装配指令的编制内容、性质及用途是什么？

第二章 铆 接 技 术

内 容 提 示

本章主要讲述铆接特点及应用、铆接种类及特点、铆缝形式及铆接顺序；普通铆钉种类、材料、标准等概述；制孔工艺方法、要求及注意事项；制窝工具、方法选择、要求及注意事项；普通铆接要求、工具及注意事项；密封铆接概念、要求及典型工艺过程分析；特种铆接技术要求及工艺方法；铆接质量检查内容、分析及铆接缺陷的解决措施等。

教 学 要 求

(1)掌握组合件、板件装配、段件、部件装配的主要过程；
(2)掌握普通铆接和密封铆接的工艺方法；
(3)掌握铆钉孔要求及确定孔的位置；
(4)掌握制孔及制窝方法；
(5)了解特种铆接的工艺方法；
(6)理解孔质量检查方法；
(7)理解铆接变形产生原因及解决措施。

内 容 框 架

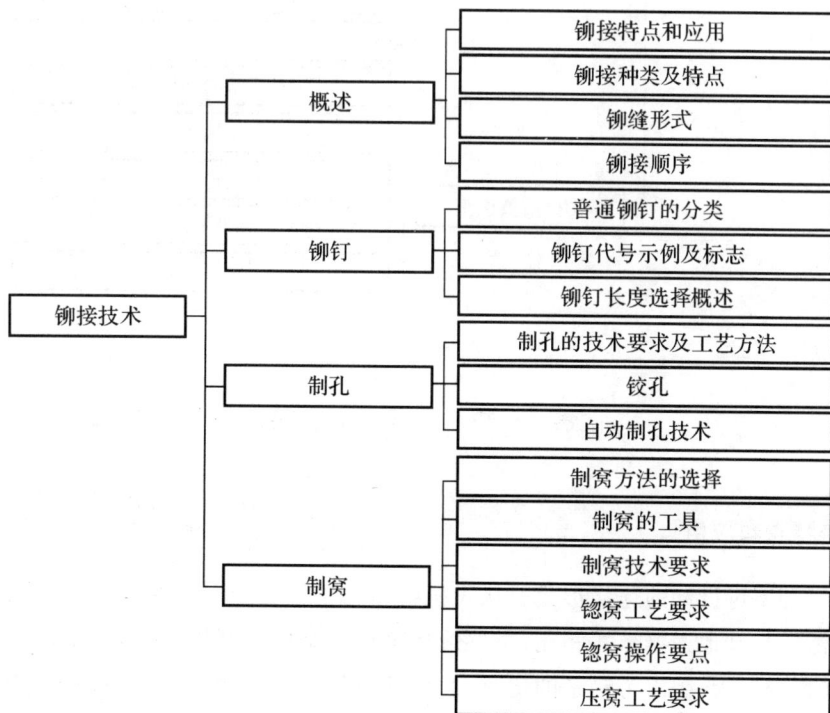

— 45 —

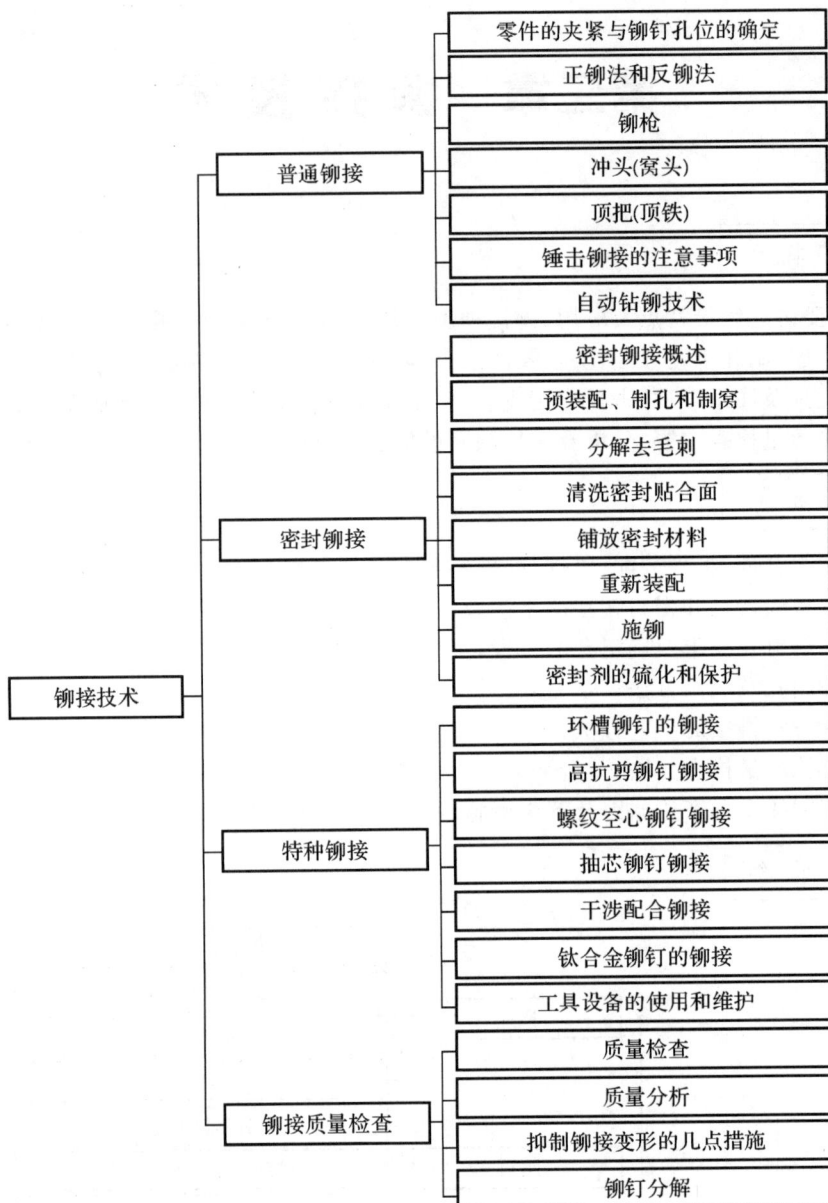

```
                                        ┌─────────────────────────────┐
                                    ┌───┤ 零件的夹紧与铆钉孔位的确定  │
                                    │   ├─────────────────────────────┤
                                    │   │      正铆法和反铆法          │
                                    │   ├─────────────────────────────┤
                                    │   │          铆枪               │
                                    │   ├─────────────────────────────┤
                         ┌──────────┤   │        冲头(窝头)           │
                         │ 普通铆接 ├───┤                             │
                         └──────────┘   ├─────────────────────────────┤
                                    │   │        顶把(顶铁)           │
                                    │   ├─────────────────────────────┤
                                    │   │      锤击铆接的注意事项      │
                                    │   ├─────────────────────────────┤
                                    │   │        自动钻铆技术          │
                                    │   └─────────────────────────────┘
                                        ┌─────────────────────────────┐
                                    ┌───┤        密封铆接概述          │
                                    │   ├─────────────────────────────┤
                                    │   │  预装配、制孔和制窝          │
                                    │   ├─────────────────────────────┤
                                    │   │        分解去毛刺            │
                                    │   ├─────────────────────────────┤
                         ┌──────────┤   │      清洗密封贴合面          │
                         │ 密封铆接 ├───┤                             │
                         └──────────┘   ├─────────────────────────────┤
                                    │   │        铺放密封材料          │
                                    │   ├─────────────────────────────┤
          ┌──────────┐              │   │          重新装配           │
          │ 铆接技术 ├──────────────┤   ├─────────────────────────────┤
          └──────────┘              │   │            施铆             │
                                    │   ├─────────────────────────────┤
                                    │   │    密封剂的硫化和保护        │
                                    │   └─────────────────────────────┘
                                        ┌─────────────────────────────┐
                                    ┌───┤      环槽铆钉的铆接          │
                                    │   ├─────────────────────────────┤
                                    │   │      高抗剪铆钉铆接          │
                                    │   ├─────────────────────────────┤
                                    │   │      螺纹空心铆钉铆接        │
                                    │   ├─────────────────────────────┤
                         ┌──────────┤   │      抽芯铆钉铆接            │
                         │ 特种铆接 ├───┤                             │
                         └──────────┘   ├─────────────────────────────┤
                                    │   │        干涉配合铆接          │
                                    │   ├─────────────────────────────┤
                                    │   │      钛合金铆钉的铆接        │
                                    │   ├─────────────────────────────┤
                                    │   │    工具设备的使用和维护      │
                                    │   └─────────────────────────────┘
                                        ┌─────────────────────────────┐
                                    ┌───┤          质量检查            │
                                    │   ├─────────────────────────────┤
                                    │   │          质量分析            │
                         ┌──────────┤   ├─────────────────────────────┤
                         │铆接质量检查├──┤    抑制铆接变形的几点措施    │
                         └──────────┘   ├─────────────────────────────┤
                                        │          铆钉分解            │
                                        └─────────────────────────────┘
```

第一节　概　　述

一、铆接特点和应用

　　铆接是一种不可拆卸的连接形式。从飞机机体采用铝合金薄壁结构起,就广泛地应用了这种连接方法。与其他连接形式相比,虽然铆接降低了结构的强度,疲劳性能较差,增加了结构的质量,铆接变形大,手工劳动量的比重大,劳动条件较差,但它的工艺过程简单,连接强度稳定可靠,检查和排除故障容易,能适应于较复杂结构的各种金属及非金属材料之间的连接,因此,目前铆接仍然是一种广泛采用的主要连接方法。

为了改善劳动条件、提高生产效率、保证铆接质量,发展了铆接机械化和自动化。一方面广泛应用自动钻铆技术,另一方面还发展和采用通用的、专用的钻孔-锪窝装置、铰孔、锪窝一体化的自动进给钻,使手工风钻钻孔工作量不断减少。为了提高连接的疲劳寿命,适应飞机性能和技术要求的不断提高,采用了新型铆钉和新的铆接技术,如环槽铆钉、高抗剪铆钉、抽芯铆钉、钛合金铆钉的铆接和干涉配合铆接,从而使铆接技术在飞机制造中得到广泛应用。

本章主要介绍在飞机装配中常用的铆钉标准件,普通铆接、密封铆接、干涉配合铆接、特种铆接的连接形式及其典型工艺过程,各主要工序的技术要求和工艺方法,铆接工具和设备的技术要求及其选择方法等。

二、铆接种类及特点

1. 按用途分类

(1)普通铆接。在结构没有特殊要求的部位,采用半圆头铆钉、平锥头铆钉、沉头铆钉、大扁圆头铆钉的连接形式。普通铆接包括以下几种。

1)凸头铆钉铆接。

2)沉头铆钉铆接,又称沉头铆接。

3)双面沉头铆接。

(2)密封铆接。在结构要求防漏气、防漏油、防漏水和防腐的部位,采用不同的密封方法来防止气体或液体从铆接件内部泄漏的铆钉连接形式称为密封铆接。

(3)特种铆接。在结构主要受力或不开敞或封闭等部位,采用不同于普通铆钉形状和铆接方法的环槽铆钉、高抗剪铆钉、螺纹空心铆钉和抽芯铆钉等的铆钉连接形式称为特种铆接。通常以铆钉的名称命名该铆接形式的名称,如环槽铆钉铆接、拉丝型抽芯铆钉铆接等。

(4)干涉配合铆接。铆接前在一定的钉与孔配合间隙的条件下,铆接时适当控制钉杆的镦粗,使孔壁受挤压而胀大,铆接后形成一定的比较均匀的干涉量称为干涉配合铆接。干涉配合铆接包括以下方面。

1)普通铆钉干涉配合铆接。

2)无头铆钉干涉配合铆接。

3)冠头铆钉干涉配合铆接。

2. 按工具设备分类

(1)手铆法。这是用顶把顶住铆钉头、冲头顶住铆钉杆,借助于手锤的敲击力形成镦头的方法。

(2)锤铆法。这是借助于铆枪的锤击力和顶把的顶撞作用而形成镦头的方法。

(3)正铆法。这是锤铆法的一种,将顶把顶住铆钉头,铆枪的锤击力直接作用在铆钉杆上而形成镦头。

(4)反铆法。这是锤铆法的一种,将铆枪的锤击力作用在铆钉头上,用顶把顶住铆钉杆而形成镦头。

(5)拉铆法。这是用拉枪或旋转工具产生轴向拉力使拉铆型铆钉形成镦头的方法。拉枪的轴向拉力作用于紧固件中的一个元件上,使紧固件中的另一个元件变形而成镦头。

(6)压铆法。这是借助于压铆设备的压力,通过上、下铆模挤压铆钉杆而形成镦头的方法。

压铆具有很大的优越性,压铆时钣料所受的拉伸变形比撞击铆接小得多,因此采用压铆的钣件外形扭曲现象不严重,蒙皮表面不易发生像撞击铆接那样地鼓起、压伤、铆缝下陷以及其他表面缺陷等。

用铆枪铆接时,铆枪是在铆接前压紧的,由于零件的弹力作用,钣件间可能产生间隙,这间隙在铆接之后要影响装配件的外形。而压铆却与此相反,压铆时铆钉镦头是在挤压钣材后形成的,故在铆接时零件相互贴合很紧密,从而保证了装配件的良好外形。

压铆不但具有较好的外形,而且也具有较好的连接强度。这是因为压铆能使铆钉杆均匀地填满钉孔,并产生干涉配合,从而大大提高了连接件受静载荷和疲劳载荷的能力。

压铆还可以提高劳动生产率,采用单个压铆机比锤击铆接可提高生产率 2.5～3 倍,采用成组压铆可提高生产率 5～8 倍。

压铆还可以改善工人的劳动条件,锤击铆接虽然灵活,但毕竟是依靠手工操作,而且铆枪噪声大,达 90～110dB。在这样的环境里工作,条件十分恶劣。压铆可采用机械化和自动化铆接,而且压铆时噪声很小,一般仅 30～50dB,因为压铆时使铆钉镦粗的力是静压力。

由于压铆具有上述优点,因此,航空工厂的部件装配车间都力争提高压铆系数 K,即

$$K = \frac{n_{压}}{n_{总}} \times 100\%$$

式中,$n_{压}$ 为采用压铆的铆钉数;$n_{总}$ 为铆钉总数。

目前,国内有些工厂,压铆系数已达 30%～40%。压铆系数的提高标志着铆接质量的提高,也标志着劳动条件的改善和生产效率的提高。因此,它对于部件装配来说是一个具有重要意义的系数。提高压铆系数的途径很多,但主要是改变产品结构,使之适应压铆或成组压铆,或研制各种专用压铆设备,使之适用于特殊结构的铆接。改变结构是指尽量扩大结构的壁钣化程度,尽量采用开口型材,采用平头或埋头铆钉等。

压铆机的种类很多,按固定形式可分为座式、台式和手提式压铆机;按动力能源可分为气动式、气动液压式、液压式压铆机;按一次完成铆钉数量可分为单个压铆机、成组压铆机;按铆接的自动化程度可分为自动压铆机、半自动压铆机和一般压铆机。

(7)自动钻铆法。在钻铆机上,逐个地自动完成确定孔位、制孔、锪窝、放钉和施铆等全过程的铆接方法称为自动钻铆法。

3. 按施工温度分类

(1)冷铆法。施铆时铆钉在室温下形成镦头的铆接方法称为冷铆法。

(2)热铆法。施铆时铆钉在加热状态下形成镦头的铆接方法称为热铆法。

三、铆缝形式

两个或两个以上的零件连接的对缝称为铆缝。铆缝的典型形式一般可分为搭接、对接、型材连接等三种形式,如图 2.1 所示。

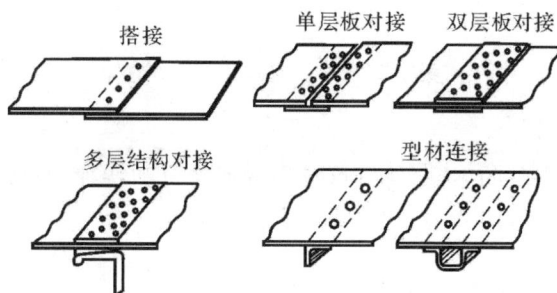

图 2.1　各种铆接对缝形式

采用不同的铆缝，主要取决于结构强度和气动力外形的要求。

(1)在机翼外部，由于具有较高的气动力外形要求，因此，铆缝形式一般采用单层板对接形式。

(2)在机体结构内部，多采用搭接的形式。

(3)对于强度要求较高的部位，还采用双层板或多层结构件对接的形式。而飞机构架与蒙皮的连接多采用型材连接的形式。

四、铆接顺序

蒙皮的铆接应按一定顺序进行，否则在铆接之后便会引起钣件表面产生鼓动和波纹，通常采用中心法和边缘法。

1.中心法

当安装定位销等紧固件或进行铆接时，先从中间开始定位或铆接，然后再依次序推向四周，如图 2.2 所示。进行壁钣铆接时，无论是架上定位或架下定位补铆，都必须遵照中间向边缘进行的顺序，铆接和定位壁钣一般是先铆桁条，后铆框钣，但无论壁钣的定位和铆接，一律从中间开始向两边进行，以避免蒙皮表面产生鼓动和波纹。

2.边缘法

图 2.3 为用边缘定位和铆接时，先从铆接件的一端开始，按次序推向另一端。

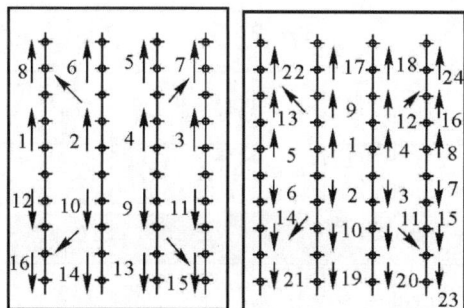

图 2.2　中心法铆接顺序示意图

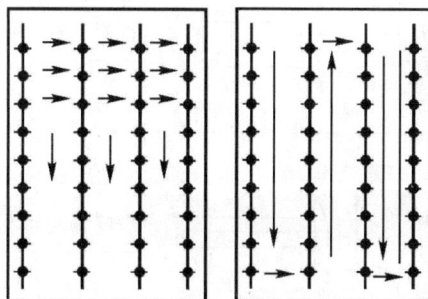

图 2.3　边缘法铆接顺序示意图

第二节　铆　　钉

按铆钉结构和使用条件的不同,铆钉可分为普通铆钉和特种铆钉两大类。本章主要介绍航空工业标准中的普通铆钉的种类、材料和标志。

一、普通铆钉的分类

普通铆钉分为半圆头、平锥头、90°沉头、120°沉头和大扁圆头铆钉等,还有一种从国外引进的100°沉头铆钉。普通铆钉的种类、标准代号、形状、主要尺寸及极限偏差见表2.1。

表2.1　普通铆钉　　　　　单位:mm

名称	简图/代号	d	2	2.5	3	3.5	4	5	6	8	10
		极限偏差	$^{+0.10}_{0}$						$^{+0.15}_{0}$		
半圆头铆钉	HB6229—89～HB6238—89	D	3.5	4.6	5.3	6.3	7.1	8.8	11	14	17
		极限偏差	±0.24			±0.29			±0.35		
		H	1.2	1.6	1.8	2.1	2.4	3	3.6	4.8	6
		极限偏差	±0.20						±0.24		
平锥头铆钉	HB6297—89～HB6303—89	D	3.6	4.5	5.4	6.3	7.2	9	10.8	14.4	18
		极限偏差	±0.24			±0.29			±0.35		
		H	1	1.3	1.5	1.8	2	2.5	3	4	5
		极限偏差	±0.20						±0.24		
90°沉头铆钉	HB6304—89～HB6313—89	D	3.9	4.6	5.2	6.1	7	8.8	10.4	14	17.6
		极限偏差	±0.10						±0.20		
		H	1	1.1	1.2	1.4	1.6	2	2.4	3.2	4
120°沉头铆钉	HB6315—89～HB6319—89	D	4.6	5.2	6.1	6.9	7.8	9.5	11.5	15.6	
		极限偏差	±0.17								
		H	0.8	0.9	1	1.1	1.2	1.4	1.7	2.3	
大扁圆头铆钉	HB6323—89～HB6328—89	D	4.8	6.3	7.2	8.5	9.6	12.1	14.5	19.5	
		极限偏差	±0.24	±0.29				±0.35		±0.42	
		H	0.9	1.2	1.4	1.7	1.9	2.4	2.8	3.9	
		极限偏差	±0.10	±0.20						±0.24	

二、铆钉代号示例及标志

1. 铆钉代号示例

$$3 \times 8 \quad HB6229$$

其中,3 为铆钉直径,mm;8 为铆钉杆长度,mm;HB 为航空标准;6229 为代号,代表名称、材料、限用直径、一般用途,见表 2.2。

表 2.2 普通铆钉的材料及限用直径

名 称	代 号	材 料	限用直径/mm	代号示例:直径为 4mm,长度为 10mm
半圆头铆钉	HB6229	L4	1～6	HB6229.4×10
	HB6230	LY1	2～6	HB6230.4×10
	HB6231	LY10	2.5～10	HB6231.4×10
	HB6232	LF10	2～10	HB6232.4×10
	HB6233	LF21	2～6	HB6233.4×10
	HB6234	ML18	2～10	HB6234.4×10
	HB6235	ML20MnA	3～10	HB6235.4×10
	HB6236	1Cr18Ni9Ti	2～6	HB6236.4×10
	HB6237	H62	1～4	HB6237.4×10
	HB6238	H62 防磁	1～4	HB6238.4×10
平锥头铆钉	HB6297	LY1	2～6	HB6297.4×10
	HB6298	LY10	2.5～10	HB6298.4×10
	HB6299	LF10	2～10	HB6299.4×10
	HB6300	LF21	2～6	HB6230.4×10
	HB6301	ML18	2～10	HB6301.4×10
	HB6302	ML20MnA	3～10	HB6302.4×10
	HB6303	1Cr18Ni9Ti	2～6	HB6303.4×10
90°沉头铆钉	HB6304	L4	1～6	HB6304.4×10
	HB6305	LY1	1.4～6	HB6305.4×10
	HB6306	LY10	2.5～10	HB6306.4×10
	HB6307	LF10	2～8	HB6307.4×10
	HB6308	LF21	2～6	HB6308.4×10
	HB6309	ML18	1～10	HB6309.4×10
	HB6310	ML20MnA	3～10	HB6310.4×10
	HB6311	1Cr18Ni9Ti	2～6	HB6311.4×10
	HB6312	H62	1～4	HB6312.4×10
	HB6313	H62 防磁	1～4	HB6313.4×10

续表

名　称	代　号	材　料	限用直径/mm	代号示例:直径为4mm, 长度为10mm
120°沉头铆钉	HB6315	LY1	2.5～6	HB6315.4×10
	HB6316	LY10	2～8	HB6316.4×10
	HB6317	LF10	2.5～4	HB6317.4×10
	HB6318	ML18	2～8	HB6318.4×10
	HB6319	1Cr18Ni9Ti	2～6	HB6319.4×10
大扁圆头铆钉	HB6323	LY1	2～6	HB6323.4×10
	HB6324	LY10	2.5～8	HB6324.4×10
	HB6325	LF10	2～8	HB6325.4×10
	HB6326	LF21	2～6	HB6326.4×10
	HB6327	ML18	2～8	HB6327.4×10
	HB6328	1Cr18Ni9Ti	2～6	HB6328.4×10

2. 材料标记、热处理及表面处理

(1)铆钉材料标记形式见表2.3(摘自 HB6444—1990)。标记一般是凸的,但半圆头、大扁圆头及车制铆钉允许是凹的。

表2.3　铆钉材料标记形式

材料	LY1	LY10	LF10	LF21	L4	ML20MnA	ML18	1Cr18Ni9Ti	H62
标志	⊙	○	⊙⊙	⊙⊙⊙	⊖	⊙	○	○	○

(2)铆钉的热处理及表面处理见表2.4。

表2.4　铆钉的热处理及表面处理

材料	L4	LY1 LY10	LF10	LF21	ML18	ML20MnA	1Cr18Ni9Ti	H62	H62 防磁
热处理		淬火及时效	退火		回火	淬火后回火	淬火	退火	
表面处理		化学氧化			镀锌钝化			钝化	

三、铆钉长度选择概述

铆钉长度的选择应根据铆钉直径、铆接件的总厚度和铆接形式确定,通常情况下在产品图样上注明铆钉的规格。合适的铆钉长度是保证铆接质量的前提,铆钉短会造成镦头偏小,达不到预计的连接强度;反之,铆钉过长会造成铆接缺陷,同样影响连接强度。影响选择铆钉长度的因素很多,在生产中允许根据实际情况选择铆钉长度。国外有些产品在图样上就不注明铆钉长度,而是由工人确定,以保证镦头尺寸符合要求为原则。因此,学会选择铆钉长度是铆工的最基本要求。

铆钉长度计算有三种方法。

1. 按公式计算铆钉长度(见图 2.4)

$$L = d_1 + \frac{d_0^2}{d_1^2} \times \sum \delta$$

式中,d_0 为铆钉孔最大直径,mm;d_1 为铆钉最小直径,mm;$\sum \delta$ 为夹层总厚度,mm。

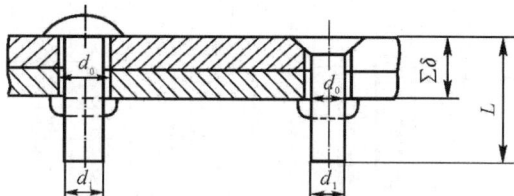

图 2.4　标准墩头的铆钉长度示意图

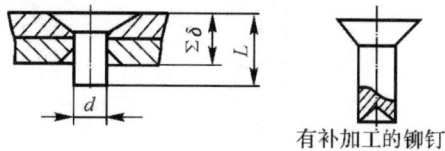

2. 按经验公式计算

按经验公式计算铆钉长度见表 2.5。

表 2.5　铆钉长度计算公式 单位:mm

铆钉直径 d	2.5	3.0	3.5	4.0	5.0	6.0	7.0	8.0
铆钉长度 L	$\sum \delta + 1.4d$		$\sum \delta + 1.3d$		$\sum \delta + 1.2d$		$\sum \delta + 1.1d$	

3. 查表法,铆钉长度的选择(见表 2.6)

4. 压窝件标准镦头的铆钉长度(见图 2.5)

$$L = \sum \delta + \delta_1 + 1.3d$$

式中,L 为铆钉长度,mm;$\sum \delta$ 为铆接件夹层厚度,mm;δ_1 为表面压窝层的厚度,mm;d 为铆钉直径,mm。

5. 双面沉头铆接的铆钉长度(见图 2.6)

按经验公式计算双面沉头铆接的铆钉长度为

$$L = \sum \delta + (0.6 \sim 0.8)d$$

式中,L 为铆钉长度,mm;$\sum \delta$ 为铆接件夹层厚度,mm;d 为铆钉直径,mm;0.6 ~ 0.8 为系数,一般情况选较小值 0.6d,如果铆钉材料比被连接件材料的强度高或比被连接件厚而铆钉直径较小时,则选较大值 0.8d。

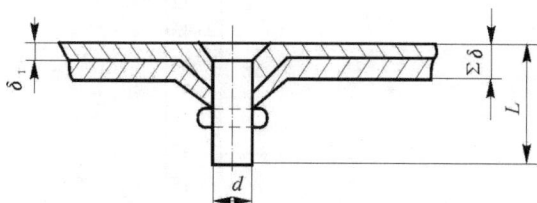

图 2.5　压窝件标准镦头的铆钉长度示意图　　图 2.6　双面沉头铆接的铆钉长度

表 2.6　铆钉长度的选择　　　　　　　单位：mm

Σδ＼d	2	2.5	3	3.5	4	5	6	7	8	10	Σδ
1	4	4	5	6	6						1
2	5	5	6	7	7	8					2
3	6	6	7	8	8	9	10				3
4	7	7	8	9	9	10	11	12			4
5	8	8	9	10	10	11	12	13	14		5
6	9	9	10	11	11	12	13	14	15		6
7	10	10	11	12	12	13	14	15	16	18	7
8	11	11	12	13	13	14	15	16	17	19	8
9	12	12	13	14	14	15	16	17	18	20	9
10	13	13	14	15	15	16	17	18	19	22	10
11	14	14	15	16	16	17	18	19	20		11
12	15	15	16	17	17	18	19	20	22	24	12
13	16	16	17	18	18	19	20	22			13
14		17	18	19	19	20	22		24	26	14
15		18	19	20	20	22		24			15
16		19	20	22	22		24		26	28	16
17		20	22			24		26			17
18				24	24		26		28	30	18
19			24			26		28			19
20				26	26		28		30	32	20
21						28		30			21
22				28	28		30		32	34	22
23						30		32			23
24				30	30		32		34	36	24
25						32		34			25
26				32	32		34		36	38	26
27						34		36			27
28							36		38	40	28
29						36		38			29
30							38		40	42	30
31						38		40			31
32							40		42	44	32
33						40		42			33
34									44	46	34
35								44			35
36									46	48	36
37								46			37
38									48	50	38
39											39
40									50	52	40
41											41
42										54	42
43											43
44										56	44
45											45
46										58	46
47											47
48										60	48

第三节 制 孔

一、制孔的技术要求及工艺方法

1. 铆钉孔的技术要求

（1）铆钉孔圆度应在铆钉孔直径极限偏差内。铆钉孔直径及其极限偏差见表2.7。

表 2.7 铆钉孔直径及其极限偏差 单位：mm

铆钉直径	2.0	2.5	2.6	3.0	3.5	4.0	5.0	6.0	7.0	8.0	10.0
铆钉孔直径	2.1	2.6	2.7	3.1	3.6	4.1	5.1	6.1	7.1	8.1	10.1
铆钉孔极限偏差	+0.1 0					+0.15 0			+0.2 0		
更换同号铆钉时孔极限偏差	+0.2 0							+0.3 0			

注：铆钉排是指在相同连接夹层上连续铆接同规格的一排铆钉。

（2）铆钉孔的表面粗糙度 Ra 值不大于 $6.3\mu m$。

（3）铆钉孔轴线应垂直于零件表面。允许由于孔的偏斜而引起铆钉头与零件贴合面的单向间隙不大于0.05mm。

（4）在楔形件上铆钉孔轴线应垂直于楔形件两斜面夹角的平分线，如图2.7所示。

（5）不允许铆钉孔有棱角、破边和裂纹。

图 2.7 楔形件上铆钉孔轴线的位置

（6）铆钉孔边的毛刺应清除，允许在孔边形成不大于0.2mm的倒角。尽可能分解铆接件，清除贴合面孔边的毛刺。

2. 制孔的工艺方法

（1）冲孔。冲孔适用于钻孔难以保证质量和钻孔效率很低的情况，例如，在薄不锈钢零件上制孔。但对应力敏感的材料，如LC4，不允许采用冲孔方法，一般飞机制造中不常使用。冲孔用手动冲孔钳、手提式冲孔机、台式冲孔机及其他冲孔设备完成。

（2）钻孔的应用。

1）钻孔是制铆钉孔的主要方法。影响钻孔质量的主要因素有零件材料、钻头切削部分的几何形状、刃的锋利程度、转速、进给量等。根据装配件的结构特点和孔径大小选择钻孔装置和风钻的型号。目前，主要的钻孔工具是风钻，适用于各类组合件和部件，特别是部件总装和型架上的钻孔工作。

2）平面型组合件（梁、翼肋、框等）尽可能使用台钻进行钻孔。

3）大型的平面型组合件尽可能使用钻孔-锪窝装置进行钻孔，如图2.8所示。

4）当钻孔直径大（大于5mm），且孔的数量多时，可以设计专用的钻孔装置，并将其安装在装配型架上完成钻孔工作。这种方法适用于成批生产。

5）在总装配和厂外排除故障工作中，可以使用新型电钻（蓄电池式）制铆钉孔，既方便又安全。

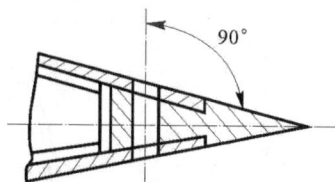

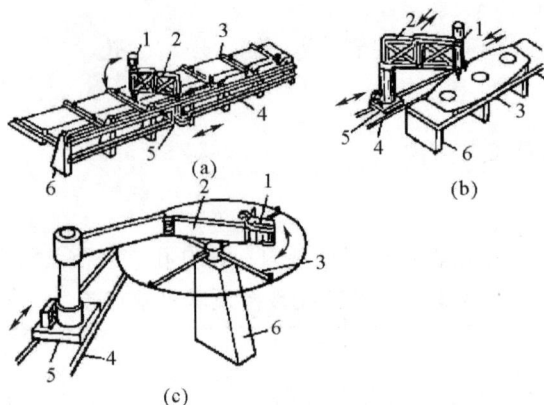

图 2.8　钻孔-锪窝装置

(a)大梁和板件钻锪装置 cy-Ⅱ；　(b)隔框钻锪装置 cy-Ⅲ；　(c)翼肋钻锪装置 cy-H

1—钻削头；　2—迴臂钻床；　3—支撑装置；　4—导轨；　5—小车；　6—立柱

（3）钻头加工参数。根据被加工零件的材料,可参考表 2.8 所提供的数据刃磨麻花钻头并确定切削速度和进刀量。

表 2.8　麻花钻头的刃磨参数、切削速度和进刀量

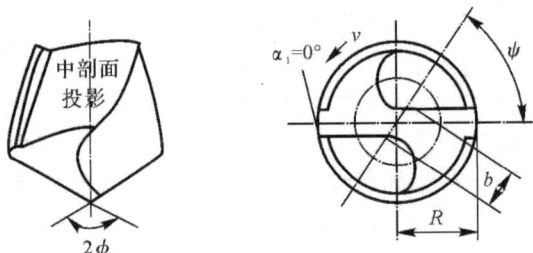

被加工材料			硬铝	镁合金	不锈钢	高强度合金钢
钻头	顶角 2ϕ	标准钻头	$118°\pm 2°$	$90°\sim 118°$	$80°\sim 110°$	$118°\sim 140°$
	后角 α		$8°\sim 20°$	$8°\sim 20°$	$\approx 25°$	$\approx 20°$	$\approx 18°$
	横刃斜角 ϕ		$d\leqslant 15\text{mm},\phi=50°$ $d>15\text{mm},\phi=55°$	$\approx 85°$	$d\leqslant 15\text{mm},\phi=50°$ $d>15\text{mm},\phi=55°$	
	横刃宽 b		$0.03d$	$0.02d$	$(0.006\sim 0.012)d$	$(0.009\sim 0.012)d$	$0.015d$
切削速度/(m/min)			$45\sim 90$	<10	≈ 12	<10
进刀量/(mm/r)			$0.1\sim 0.2$	≈ 0.4	$0.1\sim 0.3$	

注:d 为钻头直径,mm。

（4）钻孔注意事项。

1）钻头应尽量采用刃磨机集中刃磨。

2）钻孔时,一般应从厚度大、强度高的零件一面钻孔,同时用木棒将薄零件撑住。

3）按骨架上的导孔或划线钻孔时,应先钻制小孔,然后从蒙皮一面将孔扩至最后尺寸。

4）铆钉直径大于 4mm 时,应先钻小孔,然后用钻头扩孔。小孔直径一般为 0.6～0.8 倍

铆钉直径。

5)用风钻在厚度 3mm 以上的铆接件上钻孔时,除结构不开敞外一般应采用垂直钻套或钻模。特别是当在组合件装配型架上制孔时,应尽可能采用钻模,以保证孔的位置和垂直度达到要求。

6)各零件上的同一铆钉孔,应一起钻至最后尺寸。

7)用力适当,合理地控制切削用量。如钢零件的进刀量约为 0.24mm/r;钻削速度约为 24m/min,而铝合金的进刀量约为 0.3mm/r;转削速度为 45～90m/min。钻孔时,首先轻按风扳机,后重按,使转速先慢后快,开始钻孔时压力要大,当孔即将钻通时,用力要小(即进刀量小),以免孔口毛刺过大或钻夹头触伤零件、折断钻头等。为了防止钻夹头触伤零件,可以在钻头尾部套上一小块橡皮保护。钻头从孔中退出时,仍然保持钻孔的姿态,以防孔径扩大或偏斜。

8)从厚到薄、从硬到软。如果几层零件叠在一起,在许可的条件下,钻孔时遵守此项原则容易保证孔的形状和质量。

9)慢转重压。对于硬度较高的零件钻孔时,进刀力尽量大,风钻转速要慢。如果发生吱吱的叫声,马上停钻,检查钻头磨损情况,一般重磨再钻,必要时要加适当冷却液(如乳化液)钻孔。

(5)几种常用材料的钻孔方法。

1)铝合金钻孔。①切削速度可选用 45～90m/min。②铝合金零件要注意排屑,防止刀瘤。③解决切屑黏刀问题,可用煤油与菜油的混合物做切削冷却液。④当铆接件中有 LC4 材料的零件,夹层厚度大于 15mm,孔径大于 6mm 时,铆钉孔应采用铰孔的加工方法。

2)钢制零件钻孔。①选用大功率低速风钻钻孔,转速为 $n=600～900r/min$。②降低切削速度,$v<10m/min$。③进刀量适当加大,$s=0.1～0.3mm/r$。④采用硬质合金钢钻头钻孔。⑤钻头不锋利时,不能强行用钻头在孔内钻孔,以免孔中材料硬化。

3)镁合金零件钻孔。①选用低转速风钻进行钻孔。②切削速度要小,$v<10m/min$。③进刀量适当加大。④采用硫化油乳化液冷却润滑。

4)钛合金零件钻孔。①选用硬质合金、氮化碳的钻头或者高速钢钛的钻头,也可使用短而锋利的标准麻花钻头。采用低功率转速风钻($n=700～800r/min$),保持低速快进给。②切削速度小,$v=8～10m/min$。③进刀量 $s=0.07～0.09mm/r$。

5)碳纤维复合材料的制孔。在复合材料上钻孔,主要是为防止钻孔中的轴向力产生层间分层和钻头出口处分层。钻孔时,碳颗粒对刀具磨损很厉害,所以,应选用钨-钴类硬质合金钻头。当前,工人喜欢使用一种复合型钻头,四个刀刃、螺旋,带钻、铰、扩的钻头,钻孔效率高,质量好,不起棱。钻孔一般选用高转速低进给加工,转速 $n=1\,200～2\,000r/min$,进给量 $s=0.02～0.1mm/r$ 为宜;为避免或减少钻头进口面纤维撕裂,尽量可能先启动气钻,然后再接触制件进行钻孔。钻孔时,尽量不使用润滑剂和冷却剂,以防止水分渗入夹层;当需要使用冷却剂时,也要烘干处理;钻孔时,钻头在复合材料的出口面(即孔的位置)垫支撑物,当钻头快露出出口面时,给钻头的轴向力要减小,以防材料劈裂分层。当复合材料与金属零件一起钻孔时,应优先考虑选择在复合材料一面先钻;在复合材料上钻孔,要保持钻头切削刃处于锋利状态,应勤磨或更换钻头。

钻头锋角与被加工材料的关系见表 2.9。

表 2.9　钻头锋角与被加工材料的关系

加工材料	标准钻头	合金钢	钛合金	硬　铝	镁合金	有机玻璃
锋角 2ϕ	$118°\pm2°$	$118°\sim140°$	$135°$	$96°\sim118°$	$90°\sim116°$	$60°\sim70°$

（6）钻孔后的毛刺清除。

1）用风钻安装"毛刺锪钻"去毛刺（见图 2.9）。

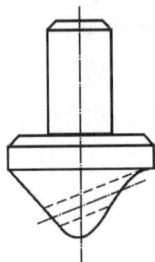

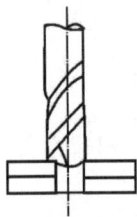

图 2.9　毛刺锪钻　　　图 2 10　大钻头去毛刺　　　图 2.11　用钻夹头钥匙装卸钻头

2）也可用比铆钉孔大 2～3 级的钻头去毛刺（齐顶角为 $120°\sim160°$），如图 2.10 所示。

3）风钻转速不宜太快,用力要适当。

4）去毛刺允许在孔边形成 0.2mm 深的倒角。

（7）钻孔操作要点。

1）装夹钻头,一定要用钻头钥匙装卸,严禁用手打钻夹头或用其他方法装卸钻头,以防风钻轴偏心,影响孔的精度,如图 2.11 所示。

2）右手握紧风钻手柄,中指掌握扳机开关和无名指控制风量,灵活操纵风钻转速,左手托住钻身,始终保持风钻平稳向前推进,如图 2.12（a）所示。

3）钻孔时要保证风钻轴线和水平方向与被钻零件表面垂直,如图 2.12（b）所示,楔形零件钻孔除外。

4）钻孔时风钻转速要先慢后快,当快钻透时,转速要慢,压紧力要小;在台钻上钻孔时,要根据零件材质,调整转速和进刀量。

5）使用短钻头钻孔时,根据零件表面开敞情况,在用左手托住钻身情况下,并用拇指和食指,也可用手肘接触被钻零件作为钻孔支点,保证钻头钻孔的准确位置,防止钻头打滑钻伤零件,当孔钻穿时,又可防止钻帽碰伤零件表面,还可使风钻连续运转,提高钻孔速度。

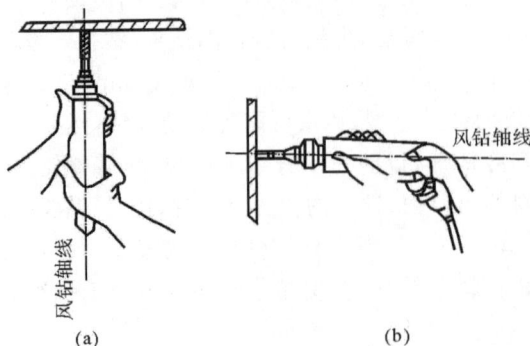

（a）　　　　　（b）

图 2.12　正确握钻姿势　　　图 2.13　用角尺检验钻孔垂直度

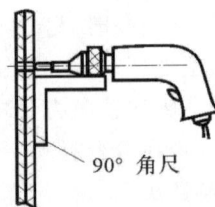

6)使用长钻头钻孔时,一定要用手掌握钻头光杆部位,以免钻头抖动,使孔径超差或折断钻头。

7)使用风钻钻较厚零件时,要用目测或 90°角尺检查垂直度,如图 2.13 所示。钻孔时还要勤退钻头排屑。

二、铰孔

铰孔是由铰刀对已存在的孔进行精加工的方法,从零件孔壁切除微量金属层,以提高孔的尺寸精度和达到孔表面粗糙度。

1. 铰孔的工艺要求

1)当铆接件中有 LC4 材料的零件、夹层厚度大于 15mm、孔径大于 6mm 时,铆钉孔应采用铰孔方法加工。孔表面粗糙度 Ra 值不大于 $1.6\mu m$,孔径尺寸和极限偏差按表 2.7 确定。

2)优先采用风钻铰孔,也可采用手工铰孔。

3)铰孔时为保证孔的精度,应采用带导杆的铰刀,选用原则与扩孔钻的相同。

4)按钻模铰孔。

5)铰孔之前一般先经过钻孔或扩孔后留些铰孔余量。余量的大小直接影响铰孔质量。余量太小,往往不能把前道工序所留下的加工痕迹铰去。余量太大,切屑挤满铰刀的齿槽中,使冷却液不能进入切削区,严重影响表面粗糙度,或使切削刃负荷过大而迅速磨损,甚至崩刃。

2. 铰孔时的注意事项

在铰孔时应注意,铰刀绝不可倒转,否则会磨钝刀刃、划伤孔壁,铰刀应在旋转状态下退出。铰孔前先用与产品同材料的试件试铰,合格后再正式铰孔。铰孔时应注意铰刀要垂直于零件,铰削一次就要清除黏在刀齿上的切屑碎末,铰完孔后用毛刷刷干净铰刀,涂油后套入护套。

三、自动制孔技术

传统飞机装配过程中制孔环节大量采用手工操作,制孔速度、制孔精度等难以控制,容易出现偏孔、斜孔、孔壁表面质量差和出口毛刺较大等现象,难以实现高精度、高质量制孔,影响飞机最终的装配质量。自动制孔技术的发展和应用取得了传统制孔工艺难以达到的效果,大大提高了制孔质量和效率。

1. 孔位找正技术

制孔过程中,如果孔位定位不准确造成孔位误差,就会改变结构件受力环境下各紧固件之间的载荷,从而影响结构件的疲劳寿命。因此,提高制孔的位置精度具有重要的意义。

(1)孔位找正目的。准确标定预定位孔和预定位钉,利用差值算法计算需要制孔的孔位,从而保证制孔的位置精度。

(2)孔位找正方法。利用视觉找正模块修正离线程序(或三维理论模型)中理论制孔点与实际制孔点的位置偏移误差,准确计算各个制孔点的位置坐标。具体实施过程主要包括视觉测量装置与制孔主轴之间的位置标定,预定位孔或预定位钉理论位置与实际位置的偏移误差修正两部分。

1)视觉测量装置与制孔主轴的位置标定。视觉测量装置与主轴之间的位置偏移标定方法如图 2.14 所示,计算视觉镜头轴线与制孔主轴的位移偏差值(ΔX、ΔY),将其作为二者之间的偏移量。

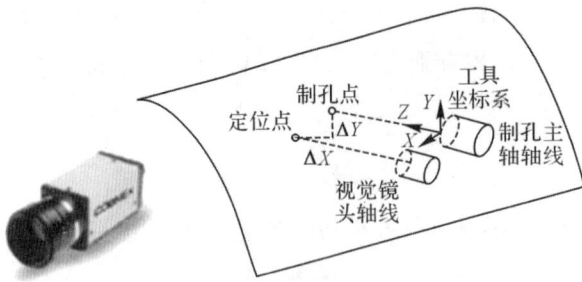

图 2.14　视觉摄像机与制孔主轴的位置标定

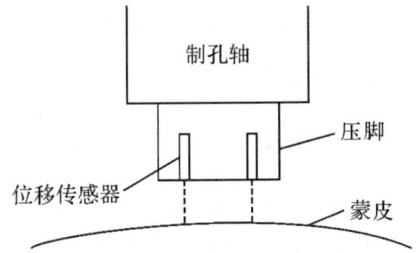

图 2.15　蒙皮法向测量原理图

2)预定位孔或钉的位置标定及误差修正。预定位孔或预定位钉位置标定过程中,利用视觉测量装置测量预定位孔或钉位置坐标,计算该坐标与视觉镜头轴线坐标的位移偏差值,通过驱动设备移动修正偏差值,最终使制孔主轴在壁板面上的投影点与定位钉的几何中心保持一致,从而保证制孔的位置精度。

2.法向找正技术

自动制孔时,制孔设备根据蒙皮部件的理论数学模型获得制孔点位的法向信息,通过压脚压紧蒙皮使其与蒙皮紧密贴合,并进行制孔操作。由于部件的安装误差、变形等因素,部件的实际型面和理论外形存在一定的偏差,此时在部件表面制孔时,刀具往往不是垂直于部件表面的,这会造成制孔质量存在缺陷,因此需要对制孔法向进行找正。

(1)法向找正目的。准确找寻制孔的法向,从而保证制孔的垂直精度。

(2)法向找正方法。对于飞机蒙皮零件,其表面弧度变化平缓,在蒙皮制孔位置的小范围内可以看作是平面结构。在此基础上,测量数据的分析计算可得以相应简化。

1)三点法测量原理。蒙皮法向测量原理图如图 2.15 所示,按照直角三角形的结构形式在制孔轴的压脚周围安装 3 个位移传感器。当压脚沿理论法向压紧部件时,如果刀具垂直于部件表面,则 3 个位移传感器的测量值相等;如果不垂直,则 3 个位移传感器的测量值不相等。根据位移传感器测量值的不同,可以计算出刀具与蒙皮表面的法向误差,即蒙皮实际法向与理论法向的偏差。制孔系统只需按照此法向偏差值调整制孔设备或产品姿态,即可获得比较理想的制孔法向精度。

2)四点法测量原理。四点法测量原理与三点法类似,按照矩形结构形式在制孔轴的压脚周围安装 4 个位移传感器,压力角轴线位于矩形中心,传感器位于矩形的 4 个顶点。通过调整设备姿态使 4 个传感器的测量值相同,从而找正制孔法向。

3.锪窝深度控制技术

飞机装配过程中,锪窝深度、连接质量和服役时间之间存在着密切关系。由于制孔设备中存在安装误差和机械传递误差等因素,锪窝精度往往难以准确控制,因此,需要增加外部实时测量设备对锪窝精度进行控制。

(1)锪窝深度控制目的。准确检测和控制制孔主轴沿轴线方向的进给量,从而保证制孔过程中的锪窝深度要求。

(2)锪窝深度控制方法。锪窝深度控制过程中利用精密测距装置实时测量主轴轴线进给量并与控制系统进行集成形成反馈回路,准确控制主轴的进给,从而保证锪窝精度。其中,测距装置与主轴进给模块形成的误差检测反馈修正闭环系统,可以实时检测主轴进给的机械传递误差,并在相应的闭环控制系统中给予修正。目前应用较多的测距装置为直线光栅尺,如图2.16所示。在实际工作过程中,利用读数头与光栅的相对位移准确控制锪窝深度。

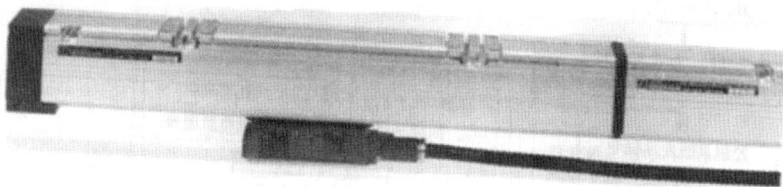

图2.16 直线光栅尺

4. 制孔表面质量控制技术

自动制孔过程中影响制孔表面质量的主要因素有刀具类型、主轴旋转精度、主轴进给速度和主轴温度等。其中刀具类型和进给速度可以通过试验来找寻最佳状态,主轴旋转精度和温度控制则需要构建相应的闭环反馈控制系统进行实时监测和控制。

(1)主轴旋转精度控制。制孔主轴的主运动是主轴的旋转运动。主轴的旋转精度决定了零件的加工精度。传统的主轴控制系统为开环系统,不能对主轴的转速进行实时反馈,易造成转速精度较低、加工精度较差等问题,因此有必要对制孔设备的主轴转速进行控制。自动制孔系统中,构建制孔主轴旋转闭环反馈控制系统,对主轴转速进行有效的自动控制,即设定主轴转速测量装置,该装置实时对主轴转速进行测量并和主轴、控制系统形成闭环反馈回路,严格控制主轴旋转精度,从而提高制孔表面精度。

(2)主轴温度控制。制孔设备高速旋转时,主轴及主轴电机是受热的主要部件。一旦设备的主轴温度超过允许范围,会严重影响制孔精度,从而降低制孔质量。如果主轴电机运行的温度长期超过绕组材料的极限工作温度,将会加剧绕组绝缘材料的老化,使电机寿命大大缩短,严重时会将电机烧毁,因此有必要构建主轴及主轴电机温度测控系统对制孔设备主轴及主轴电机的温度进行测控。

5. 多系统集成控制技术

控制系统是飞机数字化自动制孔系统的大脑,但是在自动化制孔系统中,应用的硬件及软件系统众多,数据处理方式多样,设计数据、工艺数据、测量数据、定位数据和制孔数据等之间存在大量的交互与协调,因此需要应用多系统集成控制技术实现各个部分的交互与协调。自动制孔系统集成过程中将集成体系结构分为设备层、控制层和集成平台层三部分,如图2.17所示。集成平台是自动制孔系统集成的核心,其包括底层、服务模块及过程层应用三部分。底层为计算机网络和数据库支持,包括网络传输线路、协议,计算机及操作系统,数据库和相关应用系统。它们为集成平台的服务和应用提供系统环境支持,保证其稳定性和可靠性。第二部分为服务模块,包括数据服务和功能服务。数据服务包括对实时数据的采集、分类和存储,提取历史数据和处理复杂数据等。第三部分为过程层应用,主要是单元级别的"终端"。

6. 自动制孔设备

(1)数控制孔机床。

1)龙门式自动制孔机床。龙门式自动制孔机床主要以D型钻铆机、机身环铆数控机床为主,这类机床主要的特点为壁板固定不动或者只相对机床本体平动,机床本体为龙门式结构并装备有可进行空间 5 坐标方向运动的末端执行器。制孔过程中壁板不做空间运动,因此可以将重力影响减少到最低。龙门式自动制孔机床一般体积较大、刚度强并且稳定性较好,可以完成硬质材料或复合材料壁板的大孔径钻铆机和机身机头等大部件拼接制孔环铆等其他普通自动制孔机床所不能完成的工作。

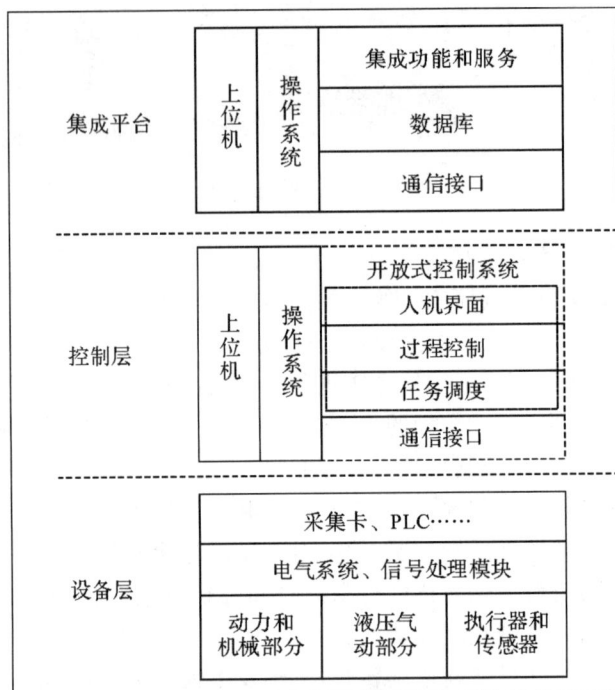

图 2.17 自动制孔系统集成体系结构层次

龙门式自动制孔机床主要分为机床固定式自动制孔机床、立柱式自动制孔机床两类。机床固定式自动制孔机床又称为龙门式自动钻铆机,典型结构如图 2.18 所示,其机床本体固定不动,产品壁板在传动系统带动下沿水平方向运动,然后由末端执行器完成制孔工作。该系统自动钻铆机自动化、柔性化程度较高,可进行 360°制孔,该类型自动钻铆机已经被波音、空客等国际航空制造业巨头广泛采用,可以很好地满足机翼壁板自动钻铆、机身机头等大部件拼接制孔环铆等工作的需求。

2)立柱式自动制孔机床,又称立柱式自动钻铆机。立柱式自动制孔机床典型结构如图 2.19 所示,该系列自动钻铆机已经广泛应用于 A380 的机翼制孔工作。该系列自动钻铆机将待装配制孔的壁板竖直放置在立柱上,立柱固定不动,钻铆机主体沿导轨水平运动,完成自动钻铆工作。该系列钻铆机可以完成机翼、机身壁板的自动制孔工作,柔性化相对较低,不能满足机身机头拼接制孔工作的需求,但该系列自动钻铆机比较适合自动化流水线,壁板制孔和壁板装夹工作可以同时完成,批量化生产效率较高。

3)托架式自动制孔机床。托架式自动制孔机床主要以 C 形钻铆机为主,这类自动数控制孔机床的主要特点是装备有托架系统,托架装载着壁板在空间中运动,保证制孔主轴始终处于待钻孔点的法向。托架式自动钻铆机系统可以自动完成壁板的定位、夹紧、钻孔/锪窝、涂胶、送钉、铆接/安装和铣平等装配工艺操作。托架式自动制孔机床主要由制孔机床本体、机床本体移动工作台、托架、工件定位夹紧装置和控制系统等组成,可以实现飞机大型壁板的快速、高效、精确装配,提高装配质量和装配效率。如图 2.20 所示,在钻铆过程中待装配的壁板水平放置,即壁板是在托架上进行定位的。通过调整托架的位置以及制孔机床主体沿 X 向、Y 向运动,同时控制钻铆头的运动来完成钻铆操作。在钻铆过程中壁板受到法向冲击力很大,同时由于壁板是水平放置的,因此壁板、托架等部件或工装在钻铆过程中还受到自身重力的作用,发生部分变形,可见在钻铆过程中变形无法避免,但是合理的定位夹持方案能有效地抑制部分装配变形,保证装配精度。

图 2.18 机床固定式自动制孔机床

图 2.19 立柱式自动制孔机床

图 2.20 自动钻铆机结构

托架式自动制孔机床典型型号为 CPAC 系列、G86 系列等自动钻铆机。目前该系列的制孔机床已经在国内外的航空制造业中得到了广泛的应用。图 2.21 为 IPAC 系列、CPAC 系列自动钻铆机,图 2.22 为 G86 系列、G2000 系列自动钻铆机。

图 2.21 IPAC 系列、CPAC 系列自动钻铆机

图 2.22　G86 系列、G2000 系列自动钻铆机

4)单立柱式自动制孔机床。单立柱式自动制孔机床的典型特征为末端执行器吊装在单立柱上,结构形式近似于机器人制孔系统,末端执行器在单立柱上完成 5 轴运动,调整空间位姿,完成对产品壁板的自动制孔工作。单立柱自动制孔机床结构相对简单,示教操作简便并且效率高,造价较低,因此在小批量产品壁板钻孔的工作中得到广泛的应用,柔性度较高。但是单立柱式自动制孔机床为单面制孔,不可避免地会造成壁板变形,并且不具备铆接、螺接的能力,仅能完成小型孔的制孔工作。单立柱式自动制孔机床的典型结构如图 2.23 所示,主要由支撑单立柱、末端执行器、视觉系统和导轨系统等组成,该类型自动制孔机床已成功地应用于 A380、A400 机翼的小批量制孔工作中。

图 2.23　单立柱式自动制孔机床的典型结构

(2)自动制孔机器人。机器人自动制孔技术是飞机柔性装配技术的一个重要应用和研究方向,相对于传统五坐标自动制孔机床,机器人自动制孔系统占用工厂面积较小,柔性度较大。自动制孔系统一般采用产品壁板不动而机器人移动的方式,灵活性较好,也能够很好地适应产品对象,同时可以极大地提高制孔效率和精度。机器人自动制孔系统主要由六坐标工业机器人、配套的末端执行器、控制系统及配件组成。

图 2.24 中展示了机器人自动制孔系统的组成结构和工作方式,制孔机器人一般采用传统的六坐标工业机器人,并利用工业机器人自带的系统接口根据产品需要进行系统集成以及二次开发。传统的六坐标工业机器人负载能力有限,刚度较差,钻孔时易受反作用力导致大变

形,而对其进行改进与加强后,重复精度又无法满足精密制孔的需求。机器人精密制孔系统则根据需要对机器人进行加强加固,同时通过视觉系统等传感器对重复定位误差和变形误差进行反馈、修正和补偿,保证末端执行器的制孔位置精度和姿态精度。

机器人配有专门的机器人导轨,机器人沿导轨运动,完成对整个大型壁板产品以及多个产品的制孔工作,机器人导轨的运动一般作为机器人第七轴集成控制到机器人自动制孔系统中。末端执行器为制孔执行部件,吊装在机器人第六轴的法兰盘上,完成制孔、锪窝、探孔等工作。制孔过程的完成需要机器人自动制孔系统进行精确的空间多坐标系转换,制孔过程中涉及的坐标系如图 2.24 所示,主要包括机器人坐标系(机器人自身六轴空间运动计算的依据)、工具坐标系(末端执行器压力脚处坐标系)、工件坐标系(产品坐标系)、世界坐标系(所有坐标系的参考原点)。根据工件坐标系中壁板相应制孔点的位置,调整相应的机器人、机器人导轨、末端执行器的空间位姿来完成制孔工作,因此离线程序的编制的内置算法是一项极大的考验。

图 2.24 机器人制孔系统组成部分

末端执行器如图 2.25 所示,一般末端执行器集成了视觉找正、法向调平、制孔锪窝、探孔、工位更换以及冷却吸尘润滑等功能。在钻孔主轴模块中,伺服电机通过丝杠驱动主轴沿着导轨进行轴向进给以进行钻孔及锪窝;视觉找正模块用于对预定位钉以及预定位孔中心进行找正,并输出主轴轴线与找正目标中心之间的位置偏移增量;法向调平模块用于测量、计算并调整机器人的姿态,使主轴轴线与待钻孔处壁板法线方向一致;压力脚模块用于在钻孔过程中稳定及压紧壁板,并保证壁板表面与主轴轴线垂直;吸尘及冷却模块用于吸除制孔过程中产生的铁屑以及对刀具的冷却。力测量反馈子模块和光栅测量子模块配合使用,实现制孔进给位移的精确控制,

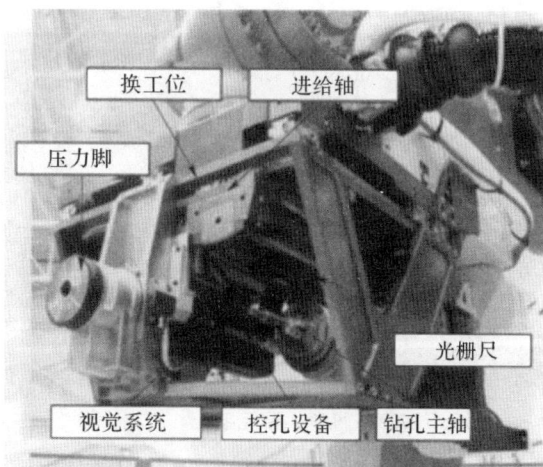

图 2.25 末端执行器

保证锪窝深度的精度,同时对制孔过程中的轴向力进行监测,用于对比不同的工艺参数。

机器人自动制孔技术目前已经广泛应用于飞机自动化装配过程中。图 2.26 为 ONCE (ONe - sided Cell End effector)机器人自动制孔系统,该系统已经成功地应用于波音 F/A - 18E/F"超级大黄蜂"后缘襟翼的钻孔和测孔、波音 787 飞机可移动式后缘钻孔以及波音 737 飞机副翼钻孔、锪窝。

图 2.26　ONCE 机器人制孔系统

机器人单面制孔会导致壁板在制孔过程中单方向受力而产生较大变形,影响制孔的位置精度,同时变形回弹也会影响制孔质量。这些不利因素导致了单面制孔压力脚压力不能过大,同时也增加了工装的复杂性,因此双压力脚结构形式的机器人制孔系统得到了广泛应用。双压力脚机器人制孔系统分为双机器人制孔系统和双压力脚制孔系统两类。如图 2.27 所示,双机器人制孔系统采用两个机器人,一个机器人完成制孔工作,另一个机器人完成配套的压力脚工作,以最大限度减少变形量,但对系统的集成度、协同性以及坐标计算精确性要求较高。双压力脚末端执行器如图 2.28 所示,末端执行器装备有普通机床式的双压力脚结构,制孔工作过程类似于夹持动作,可以很好地完成相应的制孔工作,但该类型末端执行器受限于结构形式,只能对狭长壁板或者壁板靠近边缘的区域进行制孔,并且存在偏心制孔弯曲变形的问题。

图 2.27　双机器人制孔系统

图 2.28　双压力脚末端执行器

在当今工厂自动化、智能化潮流的要求下,飞机制造系统的集成化、智能化一直是业内研究的热点。智能爬行机器人(见图 2.29)是一种非关节式多足机器人,主要由制孔主轴系统、视觉系统、法向找正系统、吸盘运动系统和驱动调姿系统组成,该类型机器人的行走运动不是靠关节实现的,而是由丝杠驱动的,足上吸盘将设备吸附在工件表面进行制孔作业,通过机器视觉识别工作区域,随后根据需要进行自动制孔和焊接等操作。爬行机器人可用于绝大多数航空航天材料[铝合金、碳纤维、玻璃纤维、凯芙拉(Kevlar)纤维等],特别适于机身蒙皮的制孔,同时还适用于其他各种几何形状飞机部件的装配制孔,具有使用便携、质量轻、速度快,且可靠性高的特点,能够满足飞机制造工业的特定需求,然而爬行机器人的偏心制孔能力很差,因此该设备主要应用于机身壁板的较平缓曲面的钻孔。

图 2.29 智能爬行机器人

(3)柔性导轨自动制孔设备。柔性导轨自动制孔设备是一种用于飞机自动化装配制孔的便携式自动化设备。一般机身和机翼都有大量的平缓曲面(如飞机机身段对接区及主翼盒),柔性导轨自动制孔设备可以通过导轨的真空性吸盘吸附在壁板表面,并且可以完成任意角度的稳定吸附,根据需要完成钻孔、锪窝、法向检测、照相定位、刀具检测、压脚压紧及真空吸屑等工作。相对于传统的五坐标数控自动制孔机床、机器人自动制孔设备等设备,柔性导轨自动制孔设备具有无须占用厂房面积、价格便宜、质量轻、移动便携、导轨可根据需要拼接延长、柔性度高等特点,因此在机翼和机身装配的自动制孔中得到了广泛应用。柔性导轨自动制孔设备如图 2.30 所示,主要由制孔系统、真空吸盘柔性导轨、运行底座、视觉系统、法向找正系统组成。NC 程序控制柔性导轨自动制孔设备的底座和钻孔主轴的运动,可以针对多种层合板结构钻削多种形式的孔而不需要传统的专用夹具和多工位组合。

柔性导轨自动制孔系统是一个可移植式数控制孔系统,该系统可以与不同的产品相适应,更换产品时只需改变系统的一小部分即可,并且该系统可以给设备提供精确的孔位,以便保证钻孔质量和钻孔精度。由于柔性导轨自动制孔设备的导轨轨迹需要与壁板表面相适应,所以壁板表面的几何尺寸需要从一个五坐标体系转换为一个适用于数控系统的平面体系。柔性导轨自动制孔设备的离线编程系统可直接通过读取三维数模,进行数控编程即完成刀位文件。设备携带的传感器会自动检测壁板表面曲率,系统将根据曲率反馈值对主轴法向进行一定的修正。孔的位置精度将由设备自身携带的视觉系统保证。

根据应用的飞机产品对象不同,柔性导轨自动制孔设备主要可以分为双轨道加工制孔设备、宽站位制孔设备、偏置制孔设备和高扭矩制孔设备。双轨道加工制孔设备如图 2.31(a)所示,主要应用于机翼壁板中长桁与蒙皮或梁的连接,该设备可以同时进行双排高精度制孔,将一根长桁的两排制孔连接工作一次性完成,最大限度地减少了连接变形和误差累积,同时提高了效率。宽站位制孔设备如图 2.31(b)所示,主要应用于机身壁板的制孔连接,较宽的跨度使得该机构可以在一个站位内覆盖较大的区域,在一个站位内最大限度地完成制孔工序,避免了传统机身制孔所需要的巨大的操作空间或巨型龙门机床。偏置制孔设备如图 2.31(c)所示,主要应用于产品的边缘部位,比如机翼前缘、机身壁板、梁的前缘等普通自动制孔设备难以达到或者夹持困难的部位。该类型机器人可以根据需要自动设定钻孔区域离轨道的距离,从而避免了传统方式中对该区域的补钻工序。高扭矩制孔设备如图 2.31(d)所示,主要用于钻削特殊材料(某些硬质材料或复合材料等)和钻制较大孔。该类型机器人已经广泛应用于波音787 飞机壁板中一些较大孔的钻削工作中。

图 2.30　柔性导轨自动制孔设备图　　　2.31　柔性导轨自动制孔设备分类

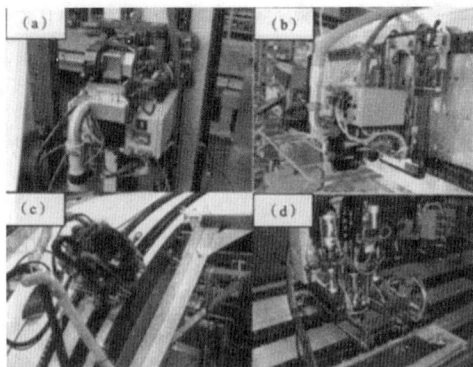

(4)超声波振动钻孔设备。超声波振动钻孔是振动切削的一个分支,与普通钻削相比具有较好的加工工艺效果,它能全面提高孔的加工质量,是现代钻削技术的一个重要发展方向。超声波振动钻孔是在普通钻削的基础上增加一个周期性的振动,使切削用量按某种规律变化,以达到改善切削效能目的的一种新颖加工方法。在振动钻削加工过程中,钻头与工件时切时离,其运动速度的大小和方向在不断地变化,这使得超声波振动钻孔在对难加工材料的加工和难加工工艺的完成中,都取得了传统的钻削工艺难以达到的效果,如切削力减小、入钻精度提高、孔扩量减少、出口毛刺高度减小、钻头寿命提高等,使难加工材料钻削工艺技术有了一个质的飞跃。

1)超声波振动钻孔目的。振动钻削过程中将振动频率超过 16kHz 的钻孔称为超声波振动钻孔。超声波振动钻孔主要是以改善加工精度和表面粗糙度、提高切削效率与效能、扩大切削加工适应范围为目的的。

2)超声波振动钻孔原理。在零件和工具间加入磨料悬浮液,由超声波发生器产生超声振荡信号,经换能器转换成超声机械振动,再由变幅杆将位移振幅放大后传输给刀具系统,刀具做纵向振动,使悬浮液中的磨粒不断地撞击加工表面,从而完成零件的加工。零件表面瞬间正负交替的正负冲击波和负压空化作用强化了加工过程。同时,在传统超声波加工的基础上发展了旋转超声波加工,即刀具在不断振动的同时还以一定的速度旋转,迫使刀具系统中的磨粒不断地冲击和划擦零件表面,以提高加工效率。超声波振动钻孔中的振动系统是由超声波发生器、换能器、超声变幅杆和刀具系统组成的。超声波发生器是一种产生超声频电振荡信号并向换能器提供能量的装置,其作用是将 220 V、50 Hz 的交流电转换为超声频电振荡信号。换能器的作用是将发生器产生的超声频电振荡信号转换为机械振动。由于压电陶瓷换能器的伸缩变形小,一般振幅就在 $4\sim10\mu m$,而超声振动钻削要求振幅达到 $10\sim100\mu m$,所以借助变幅杆来放大换能器产生的机械振动。变幅杆的工作原理是由于在不计传播损耗的情况下,通过任一截面的振动能量是不变的,截面越小能量密度越大,振幅也就会越大。振幅经变幅杆放大后,传递到刀具系统进行加工,超声波振动钻孔的工作原理如图 2.32 所示。

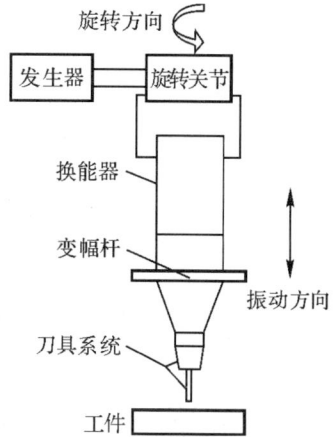
图 2.32 超声波振动钻孔工作原理图

3)超声波振动钻孔的优点。①钻削扭矩减小。超声振动钻削所产生的是脉冲力矩,刀具与切屑的摩擦因数大大降低,因而钻削扭矩也大大减小;②排屑容易。在超声波振动作用下,刀具与切屑之间的摩擦力大大降低,有利于切屑的排出;③加工精度高。在超声加工过程中,钻头产生"刚性化的效果",使得钻头不易变形,不易钻偏,因此能提高加工精度,加工误差主要为机床和夹具的安装误差;④孔的表面加工质量提高。由于钻头变形小,消除了积屑瘤,切削温度低,切削硬度低,切屑易于排除,不会损耗已加工的表面,所以孔的表面加工质量提高;⑤钻头的寿命提高。由于超声波振动钻削时,钻头加工是间歇的,并且切削力减小,切削温度降低,不产生积屑瘤和崩刃现象,所以可以提高钻头的寿命。

4)超声波振动钻孔工艺钻孔设备。超声波振动钻孔技术目前还处于不成熟阶段,实际生产线上的钻孔设备还比较少。针对飞机装配钻孔的设备还处于研制阶段,现有的设备还主要为数控加工中心。其中超声振动加工中心如图 2.33 所示,该类机床主轴转速 3 000~40 000 r/min,特别适合加工陶瓷、玻璃、硅等硬脆材料,与传统加工方式相比,生产效率提高了 5 倍,加工表面粗糙度 $Ra<0.2\mu m$,可加工孔径 0.3 mm 的精密小孔,堪称硬脆材料加工设备性能的新飞跃。

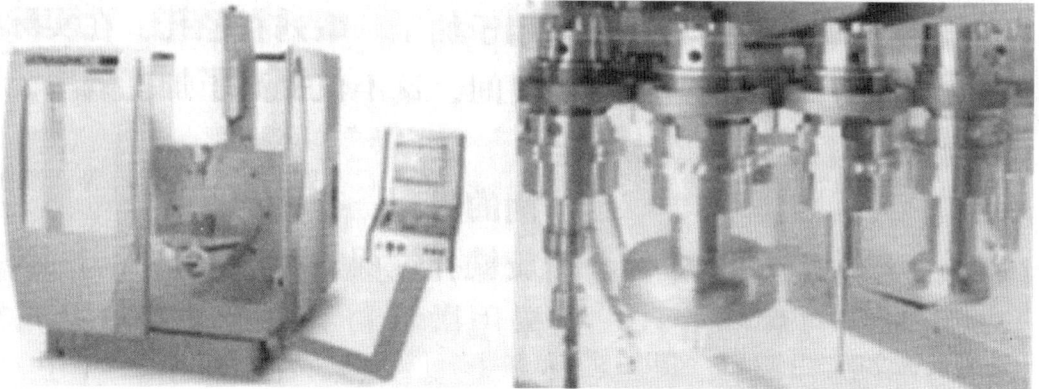
图 2.33 超声振动加工中心及其刀具库

(5)螺旋铣孔设备。

1)螺旋铣孔实质。螺旋铣孔是一个全新的孔加工方法,与传统的钻孔加工有很大的区别。其实质是一个断续铣削加工过程,由两种运动合成,第一运动是主轴的高速旋转,第二运动是刀具中心轴绕孔中心做旋转运动的同时垂直向下进给,如图 2.34 所示。

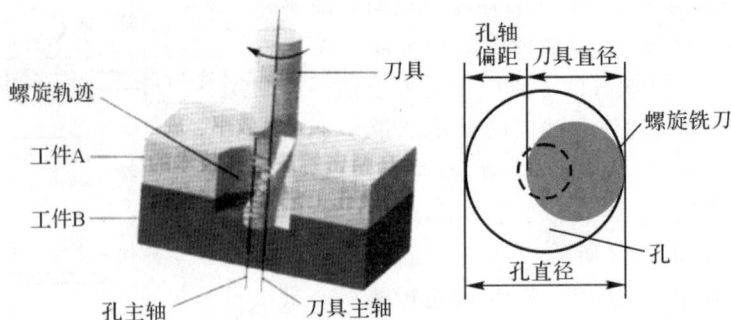

图 2.34　螺旋铣孔加工示意图

2)螺旋铣孔特点。首先,刀具中心的轨迹是螺旋线而非直线,也就是说刀具中心与所加工孔的中心不重合,是偏心加工过程。孔的直径与刀具的直径不一样,突破了传统的钻孔一把刀具加工同一直径孔的局限,实现了单一直径刀具可以用于加工一系列直径孔,在实际的生产加工过程中,可以有效地减少换刀次数,节约换刀时间,这不仅提高了加工效率,同时也大大减少了存刀数量与种类,降低了加工成本。其次,螺旋铣孔工艺过程是一个断续切削的过程,有利于刀具的散热,降低了因温度累积而造成刀具磨损、破损失效的风险,螺旋铣孔过程的冷却液的使用与传统的钻孔相比有很大的改进,整个铣孔过程的冷却可以采用微量润滑甚至是空冷方式实现,是一个"绿色加工"的过程。第三,铣削加工切削变形与钻削加工切削变形原理的差异,导致的切削抗力和排屑难易程度也不一样,螺旋铣孔的偏心加工的方式使得切屑有足够的空间从孔槽中排出,排屑方式不再是影响已加工孔表面粗糙度的主要因素。螺旋铣作为新兴的制孔技术有如下优势。①制孔质量好。刀具直径小于孔的直径,排屑方便,表面质量不再受排屑的影响;切削力小,缩孔小;②刀具寿命长。非连续加工有利于刀具散热;③加工范围广。切削力小,可以加工复合材料、难加工材料;④柔性化程度高。一把刀具可以加工不同直径的孔,减少了刀具库存量要求,提高了加工柔性;⑤自动化程度高。轴向力小,可以应用于工艺机器人终端;⑥加工效率高。工艺简单,避免了传统的复杂的制孔工艺,另外不需要拆卸除屑;⑦绿色环保加工。非连续加工有利于刀具散热,减少甚至避免使用冷却液。

可见,相对传统制孔工艺,螺旋铣孔技术在质量、效率、成本和环保等方面都有着显著的优势,在航空航天领域内,难加工材料高精密螺旋铣孔技术的应用也取得了良好的效果。随着飞机装配自动化程度的提高,螺旋铣孔工艺将在某些场合逐步取代传统工艺,成为自动高精密制孔生产线不可或缺的组成部分。

3)螺旋铣设备。当前世界范围内,在螺旋铣设备研制与推广方面,瑞典的 Novator 公司最具有代表性。它以提高孔效率、孔质量以及加工高新材料为目标进行了广泛而深入的螺旋铣孔研究,基于传统的 db 40 钻孔管理系统,创新性地开发了 Orbital Drilling 系统。作为高级钻孔方案基础的 Twinspin 管理软件,可以在工程中一次设定每个孔的全部钻孔参数,同时可以进行所有孔设置的批处理操作,而且在钻孔过程中该系统还提供在线实时检测与记录功能。图 2.35(a)是基于六坐标机器人的螺旋铣孔系统,图 2.35(b)是便携式螺旋铣孔系统。

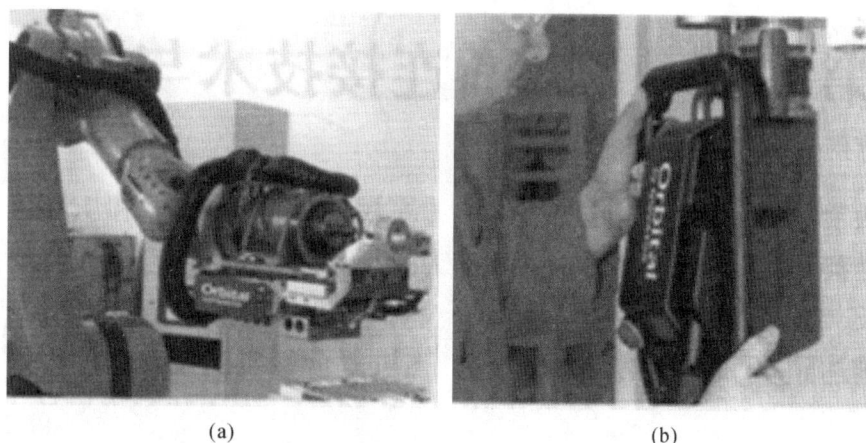

(a)   (b)

图 2.35 Novator 螺旋铣设备

(a)基于六坐标机器人的螺旋铣孔系统； (b)便携式螺旋铣孔系统

第四节 制 窝

一、制窝方法的选择

制窝有锪窝和压窝两种方法。其中,压窝有在室温下压窝和将材料加热到一定温度时进行压窝,前者称为冷压窝,后者称为热压窝。产品图样应规定铆钉窝的制窝方法。一般按下列规定选择制窝方法。

(1)根据蒙皮和骨架的厚度确定制窝方法(见表 2.10)。

单位:mm

表 2.10 按零件厚度确定制窝方法

蒙皮厚度	骨架厚度	制窝方法	简 图
≤0.8	≤0.8	蒙皮、骨架均压窝	
	>0.8	蒙皮压窝、骨架锪窝	
>0.8	不限	蒙皮锪窝	

(2)如果蒙皮厚度不大于 0.8mm,骨架为两层或两层以上,而每层厚度均不大于 0.8mm,其总厚度又不小于 1.2mm,且不能分别压窝,则采用蒙皮压窝、骨架锪窝的方法。

(3)挤压型材不允许压窝,只能锪窝。

(4)多层零件压窝一般应分别进行,当必须一起压窝时,其夹层厚度应不大于 1.6mm。

(5)除在镁合金、钛及钛合金、超硬铝合金的零件上必须采用热压窝外,一般均采用冷压窝。

二、制窝的工具

按制窝方法分类,常用制窝工具有以下两类。

1.锪窝所用工具

(1)锪窝钻。锪窝钻主要是由钻柄、钻体、切削部分和导杆等部分组成的,如图 2.36 所示。

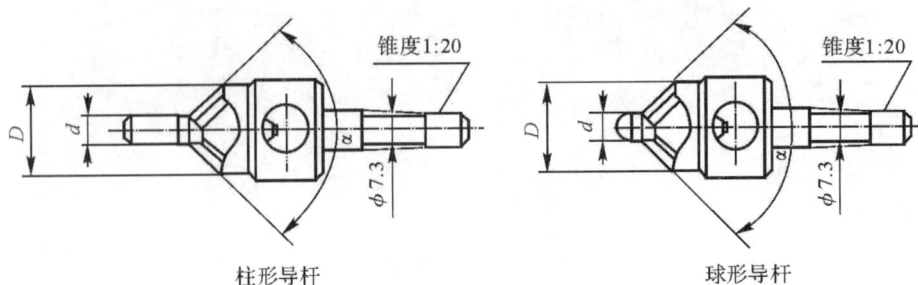

图 2.36 锪窝钻

锪窝钻按功用可分为蒙皮锪窝钻和骨架锪窝钻两种。按角度可分为 90°,100°,120° 锪窝钻。按照形式可分为锪窝钻和反锪窝钻两种。按使用对象不同可分为铆钉锪窝钻和螺栓锪窝钻。

(2)反锪窝钻。反锪窝钻主要由刀头和刀杆两部分组成,如图 2.37 所示。

反锪窝钻是采用快卸连接式连接而成的。反锪窝钻头上的切削刃正好与锪窝钻的切削刃相反。由于反锪窝钻的导杆和锪窝钻头部是可卸载结构,只要将导杆插入须锪窝的孔内,安上锪窝钻头部,将导杆夹紧在风钻的钻夹头上,开动风钻开关即可进行反锪窝。每锪一个窝都要将锪窝钻头卸下才能取出来,然后重新安放,生产效率较低。而且采用反锪窝钻锪窝时,不能采用锪窝限动器。窝的深度要经常进行检查,这样才能保证窝的质量。因此,一般情况下尽量不采用反锪窝钻锪窝。

(3)锪窝限动器。锪窝限动器主要由芯轴、滑套、调整螺母、带有键槽及螺纹的衬套、带有键的滑套、滚珠、弹簧和导套等组成,如图 2.38 所示。调整这种锪窝限动器,只要向下移动带有键的滑套,调整螺母就可以改变锪窝的深度。

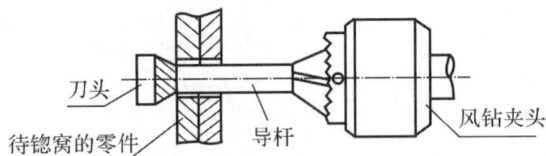

图 2.37 反锪窝钻

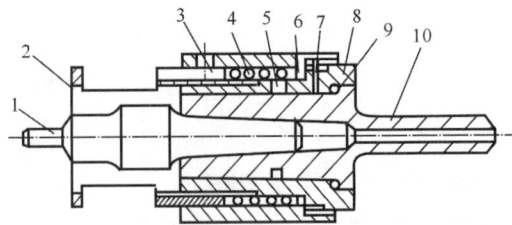

图 2.38 锪窝限动器

1—锪窝钻; 2—调整螺母; 3,5—螺钉; 4—弹簧;
6—调节圈; 7—销子; 8—滑套; 9—滚珠; 10—芯轴

将锪窝限动器调整到所需锪窝深度(可试锪几个窝,用铆钉检验窝是否符合要求)。将锪窝限动器的轴装夹在风钻钻夹头内,右手握住风钻,左手握住导套。然后将锪窝钻的导杆插入孔内,开动风钻,将风钻往下压,使锪窝限动器的导套紧紧地贴合在蒙皮的表面,保证锪窝钻轴线与蒙皮表面垂直。否则就会形成偏心窝,使铆钉头与窝不吻合,铆接后铆钉头会在一边突出蒙皮表面。导套与蒙皮不能相对转动,否则容易划伤蒙皮表面。使用锪窝限动器锪窝时用力要均匀,不然会使锪出的窝有深有浅。

采用这种方法锪窝时,对于窝的深度、圆度及表面粗糙度都可以保证,窝的质量稳定,生产效率较高,适应大面积的锪窝。因此,为了保证窝的深度,提高劳动生产率,采用锪窝限动器锪窝的方法较为可靠。

2. 压窝

压窝一般分为冷压窝和热压窝。冷压窝在室温下压窝,使用的工具一种为阳模和阴模,另一种是用铆钉在铆接时直接压窝。热压窝是将材料加热到一定温度,通过热压窝设备使窝加热成形。

三、制窝技术要求

(1)窝的角度应与铆钉头角度一致,有 $90°$,$100°$ 和 $120°$ 三种。其中,$100°$ 为进口铆钉角度。

(2)蒙皮上窝的深度应比铆钉头最小高度小 $0.02\sim0.05$mm。

(3)蒙皮压窝和骨架锪窝时,骨架上窝的深度应比蒙皮上的深,骨架上的 $90°$ 窝应加深 0.4δ,$120°$ 窝应加深 0.15δ。其中,δ 为压窝层的总厚度。

(4)双面沉头铆接时,锪窝的镦头窝为 $90°$,其直径见表 2.11;压窝的镦头窝为 $120°$,其形式如图 2.39 所示。

表 2.11　90°沉镦头窝的最小直径　　　　　单位:mm

铆钉直径	2.5	2.6	3.0	3.5	4.0	5.0	6.0	7.0	8.0
镦头窝最小直径	3.5	3.65	4.20	4.95	5.60	7.0	8.2	9.5	10.8

(5)窝的圆度公差值为 0.2mm,个别允许至 0.3mm,但这种窝的数量应不大于铆钉排内窝数的 15%。

(6)窝的轴线应垂直于零件表面,并与孔的轴线一致(楔形件除外),窝的轴线倾斜和偏心所引起的铆钉头凸出量应符合各机型设计技术条件。

(7)锪窝的表面应光滑,不允许有棱角和划伤。

(8)压窝附近的零件表面不允许有局部高低不平,从零件表面到钉窝表面的过渡应光

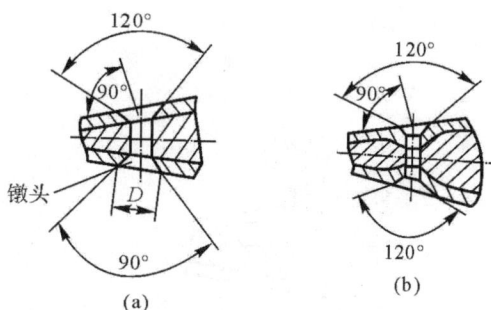

图 2.39　铆钉镦头窝的形式
(a)90°沉镦头窝;　(b)120°沉镦头窝

滑,窝的轮廓线应清晰,扩孔到最后尺寸时,钉窝不允许有裂纹和破边。

(9)由于锪窝限动器和压窝器而造成零件表面的痕迹、凹陷、轻微机械损伤等的深度应不大于材料包覆层的厚度,这种窝的数量应不大于铆钉排内窝数的 3%。

目前使用 $82°/30°$ 双锥度沉头窝比较多。双锥度的优点在于既能保持必要的结合强度,又较易于填满沉头窝,对改善结构的疲劳性能和保证连接件本身的密封性有好处,且能减少所需的铆接力。有的国家曾使用 $80°/20°$ 的双锥度沉头窝作自封铆接实验。究竟什么角度最为合理,结合我国生产实际情况,还有待于从实际中去探索。从结构观点看,双锥度比大角度单锥度要好些。同时,保证沉头窝在规定公差范围内(一般不超过 0.2mm)很重要。若在非自动化

机床上钻孔,应使用深度限制器。

四、锪窝工艺要求

(1)蒙皮锪窝时,锪窝钻导销的直径应与铆钉孔的直径相同。

(2)蒙皮压窝、骨架锪窝时,锪窝钻导销的直径与相应的压窝器导销的直径相同。这种窝的锪钻一般称为骨架锪窝钻。

(3)锪窝钻直径与铆钉头直径的关系见表2.12。

表 2.12　锪窝钻直径尺寸与铆钉头直径的关系　　　　　单位:mm

沉头窝角度	90°							
铆钉直径	2.6	3.0	3.5	4.0	5.0	6.0	7.0	8.0
铆钉头直径	4.6	5.2	6.1	7.0	8.8	10.4	12.2	14.0
锪窝钻直径	4.7	5.3	6.2	7.1	8.9	10.5	12.3	14.1
沉头窝角度	120°							
铆钉直径	2.6	3.0	3.5	4.0	5.0	6.0		
铆钉头直径	5.35	6.1	6.9	7.8	9.5	11.5		
锪窝钻直径	5.45	6.2	7.0	7.9	9.6	11.6		

(4)当在楔形件上锪窝时应当用带球形短导销的锪窝钻,并保证锪窝钻垂直于该点零件表面,如图2.40所示。

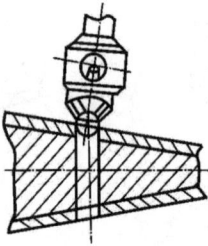

图 2.40　楔形件的锪窝

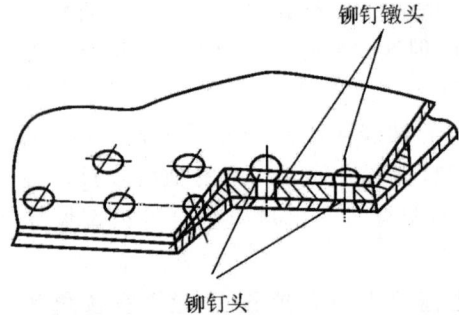

图 2.41　楔形件上沉头窝和镦头窝分布示意图

(5)在楔形件上进行双面沉头铆接时,铆钉沉头窝和镦头窝应间隔分布,如图2.41所示。

(6)当零件的楔形斜角 $\alpha > 10°$ 时,应锪出放置铆钉头或镦头的端面窝,如图2.42所示,端面窝直径见表2.13。

(7)锪窝时一般应使用可调锪窝限动器,以便准确地控制窝的深度和窝的垂直度。

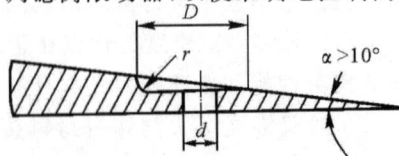

图 2.42　铆钉的端面窝

表 2.13 铆钉端面窝直径 单位:mm

铆钉直径 d	2.0	2.5	2.6	3.0	3.5	4.0	5.0	6.0	7.0	8.0	10.0
端面窝直径 D	8	12			14		18		20		22
转接半径 r	1.5								2.0		

五、锪窝操作要点

(1)在锪窝过程中,风钻不能抖动,风钻的进给力要均匀,不要忽大忽小,否则影响锪窝深度。

(2)用不带限制器锪窝钻锪窝时,进给力要小,勤退锪钻检查窝孔深度。

(3)钢制零件和钛合金锪窝,风钻速度要低。

(4)在复合材料上锪窝,应先启动风钻,再进行零件锪窝,以防止表层拉毛。

(5)锪窝时为了防止蒙皮表面产生痕迹,可采用以下方法。

1)采用锪窝限动器锪窝时可在蒙皮表面上涂防锈油,但不允许涂在已有最终表面涂层的表面上。

2)在蒙皮表面锪窝处垫上专用垫圈,如图 2.43 所示。

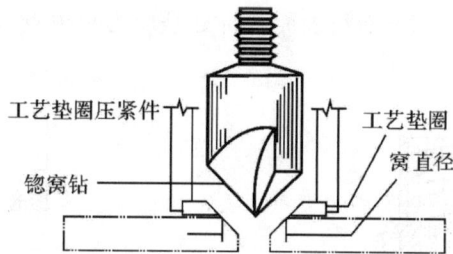

图 2.43 锪窝工艺垫圈的安装示意图

(6)锪窝前应在试片上试锪合格,然后再在试片上锪出 5 个窝,由检验员用不少于 5 个同直径的铆钉或窝量规进行检查。

(7)当用带锪窝限动器的锪钻在零件上锪窝时,也应先锪出 5 个窝由检验员检查,合格后方可锪所有窝。每锪 50～100 个窝,工人必须自检一次窝的质量。

六、压窝工艺要求

压窝工艺过程为①初钻孔→②去除孔边毛刺→③阳模导销插入零件孔中→④阳模、阴模压紧零件→⑤压窝→⑥将初孔扩至铆钉孔最后尺寸(见图 2.44)。

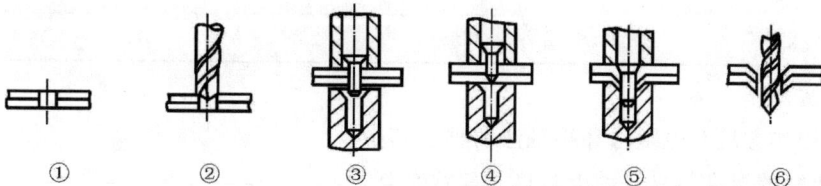

图 2.44 压窝工艺过程

1.窝的成形方法

(1)采用弯边工作原理进行压窝,其压窝器形式如图2.45~图2.47所示。

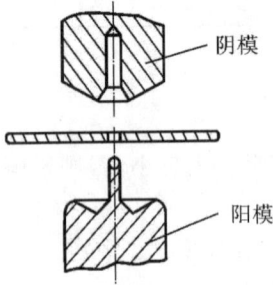

图2.45 用阴阳模压窝　　　图2.46 用铆钉压窝　　　图2.47 弯边型压窝器形式

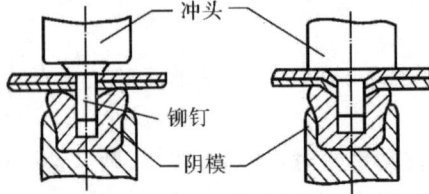

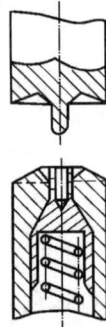

用这种方法压窝的缺点是压窝后板材有凸起现象,窝的周围易产生径向裂纹,压出的窝有些形状不够正确。

(2)采用拉伸工作原理进行压窝,其压窝器的形式如图2.48所示。

(3)采用弯曲压印工作原理进行压窝,其压窝器形式如图2.49所示。用这种方法压窝能获得良好的表面平滑度,但钉窝与板材表面转折处是应力集中点,与平滑转折曲面相比,强度有所降低。

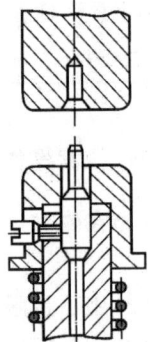

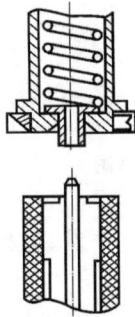

图2.48 拉伸型压窝器形式　　　图2.49 弯曲压印型压窝器形式

(4) 压窝力与铆钉直径有关。压窝材料为LY12—CZ、厚度为0.5~0.8mm时,采用冷压窝所需的压窝力见表2.14。

表2.14 压窝力与铆钉直径的关系示例

铆钉直径/mm	2.6	3.0	3.5	4.0	5.0
压窝力/kN	18.6	23.5	29.5	37.2	49.0

2.热压窝加热方法

热压窝加热方法有电阻法和接触法两种。其中:

(1)热压窝的温度与材料种类和热处理状态有关。

(2)热压窝的保持时间与材料种类、材料厚度、窝的形状和尺寸、设备有关,对于静压窝设备来讲,还与成形速度和成形压力有关。采用电阻加热法压窝的温度和时间规范见表2.15。

表 2.15　热压窝的温度和时间规范

材料牌号	厚度/mm	模具温度/℃		保持时间/s	预压力/MPa
		最高	最低		
LY12—CZ	1.5	315	290	3	0.045
	1.2			3	
	0.8			2	
	1.5			5	
	1.2			4	
	0.8			3	
2024—T3	1.0		288	1	
AU4G.1/A5—T3	0.8		290	1	

(3)热压窝工作机示意图如图2.50所示。

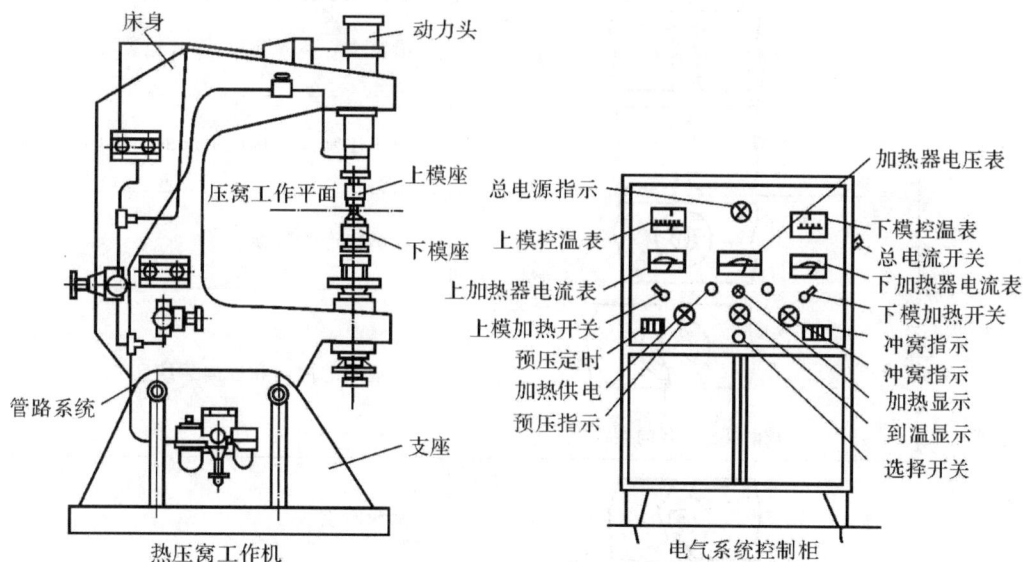

图 2.50　热压窝工作机示意图

3.压窝注意事项

(1)不允许将压好的窝翻过来重压。

(2)压窝器阴模工作部分的尺寸要考虑压窝零件厚度。

(3)当压窝零件厚度不大于0.8mm时,均使用零件厚度为0.8mm的阴模。当压窝夹层厚度为0.8～1.4mm时,均使用夹层厚度为1.4mm的阴模。

(4)压窝时阴、阳模要对准,不允许空压。

(5)凡改变压窝参数、材料及夹层厚度的,均应先在试片上至少压5个窝,并交检验员检查,合格后方能在产品零件上压窝。

注意:压窝试片的材料、厚度、热处理状态、初孔直径应与所要压窝零件的一致。

(6)对产品零件进行压窝时,应每隔一段时间检查一次窝的周向裂纹、径向裂纹、同轴度等,如图 2.51 所示。

(7)当在压窝零件上钻沉头铆钉孔时,应按表 2.16 钻与压窝导销直径相同的初孔,压窝后再将孔扩至最后尺寸。

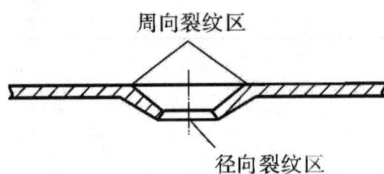

图 2.51 周向和径向的裂纹区

表 2.16 压窝器导销直径 单位:mm

铆钉直径	2.0	2.5	2.6	3.0	3.5	4.0	5.0
压窝器导销直径	1.7	2.2			2.5	3.0	

(8)试片弯曲试验时,其断口破坏的类型见表 2.17。

表 2.17 试片断口类型

类型	简图	说明
合格		沿窝中心整齐断裂,无其他裂纹
		由于压窝顶杆挤压引起的周边环形断裂
		在窝内产生裂断
拒收	 周向裂纹 径向裂纹	不规则的周向和径向裂纹
		窝缘断裂

第五节 普通铆接

铆接通常分为普通铆接、密封铆接和特种铆接三大类。普通铆接是在飞机部件装配中最常用的基本技术,要求全面掌握、熟练应用。本章所讲述的普通铆接是学习铆接技术的基础,因为在密封铆接和特种铆接过程中,有些技术要求、工艺方法、工具使用等内容与普通铆接的相同,所介绍的内容有些是各种铆接共同的,所以学习普通铆接技术知识对以后的学习有很大帮助。本章内容对铆接装配技术工人来说显得更为重要。

　　普通铆接的工艺过程有定位夹紧方法、孔位置确定方法,以及制孔、制窝方法,前面已系统介绍过,本章只讲述在实际生产中经常用到的对施铆的技术要求、工艺方法和所使用的工具设备。

　　锤击铆接又称冲击铆接,是普通铆接中最常用的方法。锤击铆接是在铆接过程中,由于铆枪(或榔头)锤击冲头、冲头锤击铆钉,产生的间隙冲击力和顶把的反作用力作用,致使铆钉杆镦粗而形成镦头的铆接方法。铆枪(或榔头)的冲击力使铆钉杆变形,这种冲击力实质上是铆枪中的活塞(或榔头)的惯性力。铆枪上的活塞(或榔头)锤击冲头,冲头以相当大的速度锤击到铆钉上。由于加速度很大,这个力在极短时间内可达到数千牛的数值,从而使顶杆镦粗成形。典型的普通铆接过程见表 2.18。

表 2.18　普通铆接过程及工序内容

序 号	工艺过程	工序内容	工艺方法	附　注
1	零件的定位与夹紧	零件定位	1.按划线; 2.按装配孔; 3.按基准零件或已装零件; 4.按装配夹具	有些零件需要修合
		零件夹紧	1.用弓形夹或手虎钳; 2.用定位销; 3.用工艺螺栓; 4.用工艺铆钉; 5.用夹具压紧件; 6.用橡皮绳等	
2	确定孔位	在铆缝上排铆钉孔	1.按划线; 2.按导孔; 3.按冲点; 4.按专用样板; 5.按钻模	1.划出位置; 2.直接钻孔
3	制孔	钻孔	1.用风钻; 2.用台钻、摇臂钻等; 3.在自动钻铆机上钻孔	
		冲孔	1.手动冲孔钳; 2.手提式冲孔机; 3.台式冲孔机	
		铰孔	1.手铰; 2.风钻铰孔(用通用手铰刀)	

续 表

序 号	工艺过程	工序内容	工艺方法	附 注
4	制窝	锪窝	1.钻孔后单独锪窝; 2.钻孔的同时锪窝	通过阴、阳压窝模压窝,其中用铆钉头压窝是以铆钉头作为阳模
		压窝	冷压窝: 1.用手打冲窝器; 2.用压窝钳; 3.用压窝机; 4.用压铆机; 5.用铆钉头 热压窝:用专用热压窝机	
5	去毛刺和清除切屑	去除钻孔产生的毛刺	1.用大直径钻头; 2.用专用倒角锪钻; 3.用薄金属板	有条件的应优先采用分解零件去除零件上孔两边缘的毛刺和清除夹层间的金属切屑
		去除夹层间的切屑	1.分解零件进行清理; 2.用薄金属板或非金属刮板进行清理	
6	放铆钉	往铆钉孔内安放铆钉		
7	施铆	按一定顺序进行铆接		
8	涂漆	在铆钉镦头上、镁合金零件孔内涂漆		

一、零件的夹紧与铆钉孔位的确定

(1)铆钉孔的位置应按产品图样上标注的铆钉位置确定,铆钉孔的边距、间距、排距均应符合图样中的规定。确定铆钉位置的三个参数是边距、间距、排距。铆钉孔的边距、间距、排距的极限偏差见表2.19。

1)边距:铆钉孔中心线与所在零件边缘的距离。

2)间距:两个相邻铆钉中心线之间的距离。

3)排距:两排相邻铆钉中心线之间的距离。

这三个参数中边距的尺寸保证是首要的,这也是决定其余两个参数的首要条件。

表 2.19　铆钉孔位置尺寸的极限偏差　　　　单位:mm

边距极限偏差	间距极限偏差		排距极限偏差
	间距≤30	间距>30	
$^{+2.0}_{-1.0}$	±1.5	±2.0	±1.0

(2)当产品图样上未给出最小铆钉边距要求时,铆钉孔边距应不小于铆钉直径的2倍。

(3)铆钉排的最后一个间距不允许大于图样上规定间距或小于规定间距的50%。此时,将最后两个间距等分,等分后该间距不应小于铆钉直径的3倍。

(4)铆钉排的实际铆钉数不允许少于产品图样上规定的数量。

(5)铆钉孔边缘不应进入板弯件和型材件圆角内,且保证铆钉头不搭在圆角上,如图2.52所示。

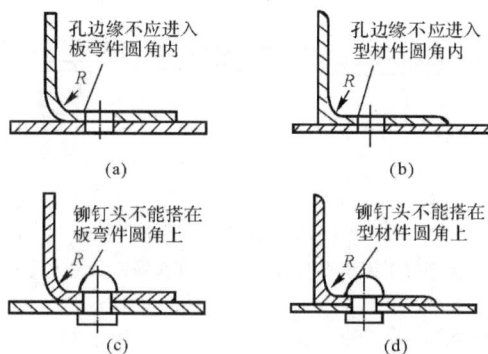

图 2.52 铆钉孔和铆钉头的位置

(a)(b)铆钉孔的位置; (c)(d)铆钉头的位置

(6)确定孔位时应注意下述问题。

1)用笔画线,在铝合金零件上使用B~4B铅笔,在镁合金零件上使用不含石墨的特种铅笔。

2)按样板或钻模确定孔位时,应注意其定位基准的选择。使用时应注意检查铆钉的边距。

3)为了保证最小边距能满足产品图样的要求,画线时应注意焊缝、下陷和零件搭接的位置。

4)对于有协调要求的线条应先画,孔的位置线要画在零件有钻孔通路的一侧。

5)如果由于结构装配连接间的需要,在下道工序中与其他零件连接时,则此道工序中暂不画线钻孔,留出孔位,做好标记待下道工序再画线钻孔。

6)画线要清楚,无用的线条要擦掉。

7)画线后要检查,确认无误后再进行钻孔。钻第一个孔时要细心,发现问题及时纠正。

二、正铆法和反铆法

根据铆接时所锤击的铆钉位置不同,可将锤击铆接分为正铆法和反铆法。

1.正铆法

铆枪的冲击力直接作用在铆杆上,另一端有顶铁支撑在铆钉头上,产生反作用力,而使铆钉杆形成镦头,这种铆接方法称为正铆法,如图2.53(a)所示。

2.反铆法

铆枪的冲击力作用位置与正铆法相反,冲击力作用在铆钉头部,而顶铁的反作用力使铆钉杆变形,形成镦头,这种铆接方法称为反铆法,如图2.53(b)所示。正铆法和反铆法的铆接工序归纳起来大致相同,其铆接的基本工序均是定孔位、钻孔、锪窝(埋头铆钉锪窝)、铆接。

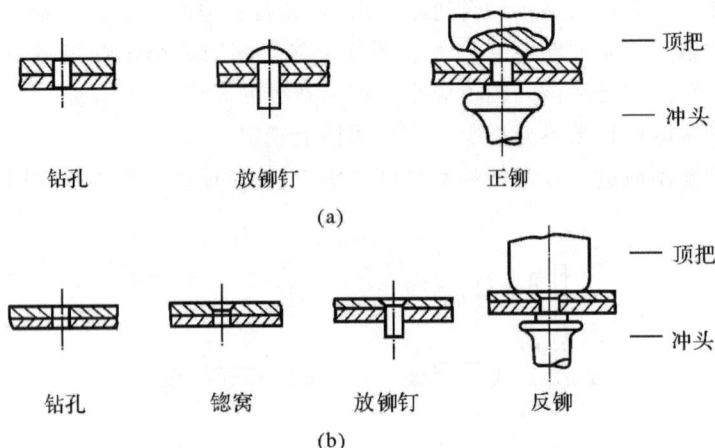

图 2.53　铆接基本工序

(a)半圆头铆钉正铆法基本工序；　(b)埋头铆钉反铆法基本工序

3.正铆法和反铆法的特点

(1)正铆法的特点。

1)正铆法撞击时,因冲击力直接作用于铆钉杆上,在铆钉杆变形到一定程度后,铆接件才开始吸收撞击能量,因此,铆接件变形小,表面质量好。

2)铆钉镦头的形成速度快、效率高,应用较广。

3)正铆可以铆接较厚的铆接件。

4)正铆法所用的顶铁较重,约为反铆用顶铁的 4 倍,同时为防止铆钉头部与蒙皮之间及蒙皮与骨架之间产生间隙,铆接时还要给予较大的顶紧力,因此劳动强度大。

5)正铆法应用范围受结构件的铆接通路限制,对于内部空间小的结构件,不能放入铆枪或较大顶铁,因此,正铆法适用于开敞性好、厚蒙皮多层结构埋头铆钉的铆接。

(2)反铆法的特点。

1)反铆法的应用广泛,能铆接通路差的结构件。

2)反铆所用的顶铁,比正铆所用的顶铁轻,便于操作。

3)反铆时因铆枪的冲击力直接作用在铆钉头部,起到自动压紧铆接件的作用,可减少薄壁结构件正铆时容易产生的夹层间隙的缺陷。

4)反铆时冲击力打在铆钉头上,使冲击力产生的能量,有一部分从铆钉头部传到铆接件上,结构越厚,刚度越大,吸收的能量也越大,铆钉镦头成形越困难。因此,铆枪打击冲头的次数也要增多,这样容易造成铆接零件的变形,铆钉处会产生局部凹陷,同时也产生表面磕伤、不光滑等缺陷。

三、铆枪

在国内目前生产中,广泛地采用各种形式的铆枪。铆枪的形式、尺寸种类繁多,现在正向着结构质量轻、功率大、尺寸小,便于在各种飞机结构内工作的方向发展。

1.铆枪的工作原理

各类型铆枪的结构和工作原理大同小异,以手枪式铆枪为例,了解铆枪的结构和工作原理,如图 2.54 所示。

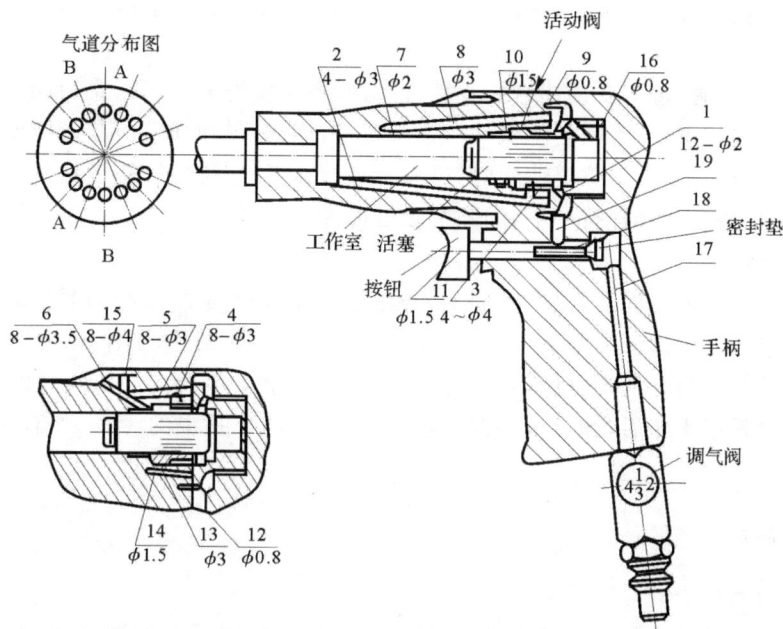

图 2.54 铆枪的工作原理

压缩空气经调气阀进入气道口,在按动按钮后,气体经气道 17→18→19 由气道 1 和气道 16 进入铆枪右腔(左、右腔以活塞为界)。左腔的气体经气道 2→3→4→5 由孔 15 和孔 16 排入大气。由于右腔压力高,左腔与大气接通,因此,活塞左行打击冲头。

活塞左行,将孔 7 堵上,使气道 10 压力升高,推动活动阀右行,使气路改变。一路气体经气道 12→13→14→11 由气道 2 进入左腔。右腔的气体由孔 6 排入大气,这样,活塞右行。

当活塞右行到活动阀孔中,以一定的速度向右行的活塞压缩右腔中的气体时,随着右腔气体积的减小和活塞速度降低,使右腔气体压力升高,此高压气体作用在活动阀右端环形面上,推动活动阀左行,回复到工作行程的起始位置。

这样,活塞、活动阀又处于工作行程状态,进行一次新的冲击。如此反复循环,即可完成快速打击的动作。

2. 铆枪的选择

选择铆枪要根据铆钉的材料和直径、产品结构形式、铆接通路开敞性等。铆枪锤击功和铆钉直径的关系见表 2.20,当铆接件厚度大于铆钉直径 3～4 倍时,若采用反铆,应选用锤击功比表 2.20 规定的大一级的铆枪。

表 2.20 铆枪锤击功和铆钉直径的关系表

铆钉直径/mm	硬铝	2.0～3.0	3.5～5.0	5.0～6.0	7.0～8.0
	钢		3.5	4.0～5.0	
每次锤击功/J		0.5～1.0	2.0～3.0	5.0～7.0	8.0～10.0

3. 铆枪的操作方法

(1)使用铆枪时,右手握住铆枪的手柄,左手把稳铆卡,身体稍向前倾,左腿在前,右腿在后,铆前可轻轻按动扳机,试探对方是否做好准备。从撞击声音可以判断对方是否顶好,确认顶好后则可开动扳机进行铆接。掌握铆枪要对准方向,使铆卡垂直于铆接零件表面,以免压伤或使铆钉打歪。

(2)当握准铆枪时,铆卡要顶住铆接零件,撞击时不能使铆卡上、下、左、右滑动。冲击力中心线与铆接中心线应重合,否则会降低铆钉镦头质量,加长铆接时间,引起铆接零件变形。

(3)当铆接零件之间有间隙要清除时,可先轻轻打一下,使铆钉杆初步镦粗,顶铁紧贴着钉杆根部,铆枪在钉头表面轻轻打一下,间隙清除后再进行铆接。

4.铆枪的维护

铆枪缸体应有良好的润滑,操作前应从铆枪进气孔注入少量黏度小的润滑油或定子油,保持运动灵活。进入铆枪的压缩空气要干净,保证铆枪内各气孔畅通,工作压力不低于0.5MPa,否则达不到铆接最大直径的铆钉所需的冲击力。使用时禁止不插入冲头空打铆枪,以免损坏枪口衬套。铆枪使用半年后,卸掉枪筒部分进行清洗,清洗小孔中的污物,如有条件应送维修单位定期检修。

四、冲头(窝头)

1.冲头的功用

冲头是装在铆枪筒内的不可缺少的铆接工具,用它来传递活塞的冲击力,打击铆钉,以使铆钉冷塑变形而成镦头,完成铆接工作。

冲头由尾杆(套入铆枪筒内的部分)和工作部分组成。工作部分的尺寸和形状,取决于铆钉形状、铆接件的构造及铆接方法。尾杆直径和长度与铆枪的枪筒尺寸相一致,一般孔轴配合,按 H9/f9 精度配合即可,以保证冲头与枪筒之间无明显漏气,否则影响效率。冲头的质量不宜过大,因质量过大会消耗撞击功率。大部分冲头的尾杆直径为10f9mm,冲头尾杆长度有三种:$L=22$mm,$L=32$mm,$L=36$mm。另外还有一种尾杆直径为 14f9mm 的冲头。其尾杆长度 $L=46$mm,但不常用。

2.冲头的材料

冲头应选用低碳合金钢渗碳淬火,硬度 HRC 为 48~52 即可,这种材料价格贵些。用普通碳素工具钢淬火,使用久了容易疲劳折断而打伤铆接零件。

3.冲头的选择

冲头按铆接方法分类,可分两种:一种是正铆法使用的冲头;一种是反铆法使用的冲头。正铆用的冲头结构如图 2.55 所示。

如图 2.33 所示冲头工作面有个小缺口,这主要用于当消除铆接间隙时,用冲头工作面顶住零件,缺口处可使铆钉杆露出,轻铆一下就可消除铆钉周围的间隙。

反铆用的冲头结构如图 2.56 所示。图中冲头上的护套,是为了保护铆接零件表面,以免铆枪拿得不正确而啃伤零件表面。

4.半圆头或扁圆头的冲头

为适应半圆头和扁圆头铆钉的铆接,冲头的工作表面也要相应设计成半圆头或扁圆头,其工作表面的半径应比铆钉头的半径稍大一些。一般

$$R=r+0.1d$$

式中,R 为冲头工作表面凹表面半径;r 为铆钉头半径;d 为铆钉杆直径。

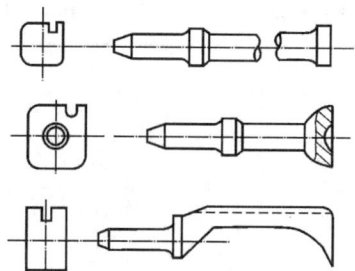

图 2.55 正铆用冲头

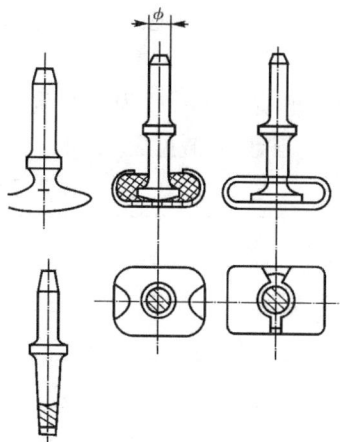

图 2.56 反铆用冲头

5.冲头的使用

铆接时,使用冲头要注意下面几个问题。

(1)使用冲头时,要注意检查冲头与铆枪筒的直径和长度应一致,不一致则不能使用。

(2)冲头尾杆要光滑,孔轴配合应符合规定。尾杆部分的锈蚀等缺陷应予以排除。

(3)冲头的工作表面要光滑,不得有锈蚀凹凸现象。埋头铆钉用平头冲头,半圆头或平头铆钉的冲头选用时,要注意冲头窝深尺寸,应于铆钉头部尺寸、形状相符合,不能相互代用。

(4)冲头质量与铆枪中活塞质量相等为最佳。但一般由于结构形状要求,冲头设计一般较活塞重些。冲头过重时,撞击效率低,这时应更换较大功率的铆枪。

(5)为保证铆接零件表面的光滑质量,铆接时,冲头与铆钉之间应用玻璃纸或塑料布隔垫,保护钉头与工作表面,以免打伤铆钉和零件表面。

(6)采用正铆法时,只能选用正铆冲头;采用反铆法时,只能用反铆冲头,不能互相代替。

五、顶把(顶铁)

1.顶把的用途

顶把是铆接中主要工具之一,使用铆枪离不开顶把。铆接时,依靠顶把重力所产生的反作用力与铆枪的冲击力平衡而使得铆钉杆镦粗形成镦头。

2.顶把的质量

铆接的方法不同,所用顶把的质量也不同,正铆用的顶把质量大,而反铆用的顶把质量较正铆用的顶把轻。正铆和反铆的顶把质量可按表 2.21 所列,选择合适的顶把质量。

表 2.21 顶把的质量选择

铆 接	铆钉材料	铆钉直径	2.5	3	3.5	4	5	6	8
反铆法	铝合金	选用顶把质量 /kg	1.35	1.5	1.75	2.0	2.5	3.0	4.0
	钢		2.5	3	3.5	4	5	6	8
正铆法		选用顶把质量 /kg	5.0	6.0	7.0	8.0	10	12	16

除按表 2.21 选择顶把的质量,也可以按下列公式计算。

$$M = KD$$

式中,M 为顶把质量,kg;K 为顶把质量系数,kg/mm;D 为铆钉直径,mm。

顶把质量系数 K 值见表 2.22。

表 2.22　顶把质量系数值 K　　　　　　　单位:kg/mm

铆钉材料	铆接方式	K
铝合金	反铆	0.2～0.4
	正铆	0.5～0.7
铜	反铆	0.4～0.6
	正铆	0.8～1.0

3.顶把的形状

顶把的形状多种多样,以适应结构件的铆接通路需要而设计各种形状的顶把。顶把的工作表面要求粗糙度较高,一般 $Ra = 1.6\mu m$。一般铆接结构都可以使用的顶把,称为通用顶把,如图 2.57 所示。

在铆接装配件形状复杂铆接通路困难时,须设计专用顶把才能满足铆接通路需要。专用顶把的形状是奇形怪状、大小不一且各式各样。它不能完全符合顶把的理论质量的要求,主要满足形状和通路的要求,如图 2.58 所示为几例专用顶把 。

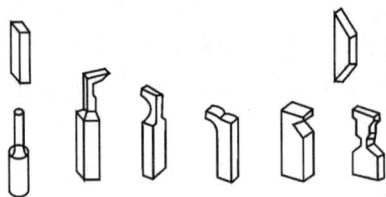

图 2.57　通用顶把　　　　　　图 2.58　专用顶把

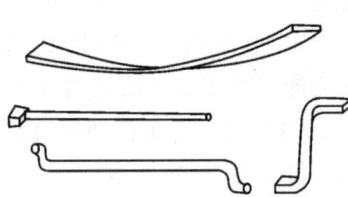

4.顶把的操作要领

(1)根据铆钉的材料和直径,选择适合质量的顶把。根据铆接通路选择合适形状的顶把。

(2)手握顶把时,应注意使顶把的工作表面垂直于铆钉钉杆,以保证不碰伤零件或将镦头打歪。

(3)手握顶把不要握得太紧,但应保持在原地方随活塞撞击频率跳动。

(4)铆接时,握顶把应与铆枪的锤击密切配合,要求不能空打铆枪,以免铆接件变形。

六、锤击铆接的注意事项

锤击铆接的绝大部分工作需要双人配合工作,以保证质量和技术安全,要求两人密切配合,并做到下列几项要求。

(1)工作前应检查铆枪所用的冲头和顶把,不得有裂伤和毛刺。

(2)铆枪安装冲头后,不得将铆枪对着人或对向产品,以免失手打伤人或产品,铆枪用完之后,立即将冲头取下,防止冲头从铆枪上弹出,或将冲头用橡皮绳系牢在铆枪头部。

(3)用铆枪铆接时,不得分散注意力,两人应密切配合,当冲头压紧在铆钉头上,顶把顶在铆钉杆上的时候,方可开动铆枪。

（4）使用冲头时，在冲头和产品表面之间垫上玻璃纸或透明塑料布，以保证产品表面的光滑。

七、自动钻铆技术

自动铆接是指零件在自动铆接系统中，自动完成包括夹紧零件、钻孔、锪窝、送钉、施铆、铣平钉头和松开夹紧件等一系列工序，一个铆钉铆接完成之后自动定位至下一个铆钉位置。自动钻铆系统一般由钻铆机、托架系统、控制软件和相关附件等组成，系统能完成飞机零组件和紧固件孔的坐标定位、钻孔、锪窝、涂胶、零件夹层厚度测量、铆钉选择、施铆和铣削钉头（无头铆钉）等工序。实践表明，与手工铆接相比，采用自动钻铆系统可提高效率7倍以上，并具有节约成本、改善劳动条件、安装质量高等特点，可大大减少人为因素造成的缺陷，改善疲劳性能。

1. 自动钻铆适用的紧固件安装

（1）完成沉头铆钉、凸头铆钉、冠头铆钉和钛合金铆钉的自动钻铆。

（2）完成无头铆钉的自动钻铆，铆接成沉镦头或凸镦头。

（3）完成环槽铆钉、高锁螺栓、抽芯铆钉等由两个元件组成紧固件的自动钻铆或自动安装。

（4）上述紧固件的涂胶铆接或安装。

2. 自动钻铆的典型工艺过程

（1）典型工艺过程。

1）沉头铆钉自动钻铆的工艺过程如图2.59所示。

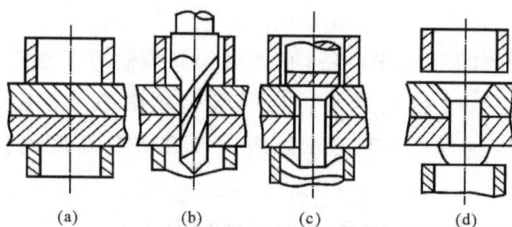

图2.59　沉头铆钉的自动铆接

(a)夹紧零件；　(b)钻孔、锪窝；　(c)放铆钉、压铆；　(d)松开夹紧件

2）无头铆钉的自动钻铆工艺过程如图2.60所示。

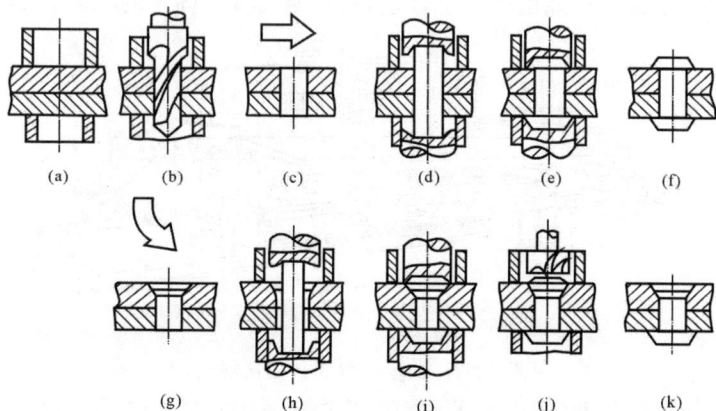

图2.60　无头铆钉的自动铆接

(a)夹紧零件；　(b)钻孔；　(c)不锪窝；　(d)(h)放铆钉；

(e)(i)压铆；　(f)铆成凸头铆钉；　(g)锪窝；　(j)铣平；　(k)铆成埋头铆钉

3)特种铆钉自动铆接,图 2.61 所示是镦铆型的环槽铆钉的自动铆接过程。其中钻孔、锪窝与一般自动铆接相同,但是在送进铆钉以后,必须送进钉套,然后镦铆。

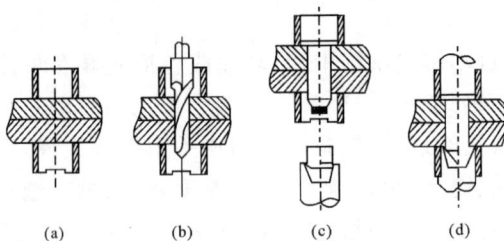

图 2.61 环槽铆钉的自动铆接过程
(a)夹紧零件; (b)钻孔; (c)放铆钉及送钉套; (d)镦铆

(2)主要工序。

1)夹紧零件。

2)钻孔,根据铆钉镦头形状要求锪窝或不锪窝。

3)送进铆钉,根据需要喷涂(或不喷涂)密封剂或防腐剂。

4)压铆。零件向上浮动,同时形成铆钉镦头。铆后零件复位至铆接平面。

5)将沉镦头凸出零件表面的部分铣掉,使之与零件平面齐平。

6)松开夹紧件,准备下一个铆钉的铆接循环。

3. 自动钻铆机

自动钻铆机是一种高效的自动化设备,它通过预先编制好的程序,全部由计算机控制。它能连续完成夹紧、钻孔、锪窝、喷涂密封剂、放钉、铆接和铣平等工序。制孔精度在 0.005mm 以内,窝的深度公差也可控制在 0.025mm 以内。铆钉镦头高度保持一致,不受人为因素影响,因此能确保铆接质量。

自动钻铆机根据铆接产品大小,主要有以下两种形式。

(1)弓臂式自动钻铆机。它又分固定式和可移动式。对于中小型壁板及组合件,一般适合用固定的弓臂式自动钻铆机和移动式的托架装置,如图 2.62 所示,这种形式的钻铆机应用最为广泛。对于尺寸较大的壁板,特别是长度较大的壁板,为了简化大尺寸调平托架装置和节省车间面积,采用自动钻铆机在地面轨道上移动,而托架装置为固定的,如图 2.63 所示。

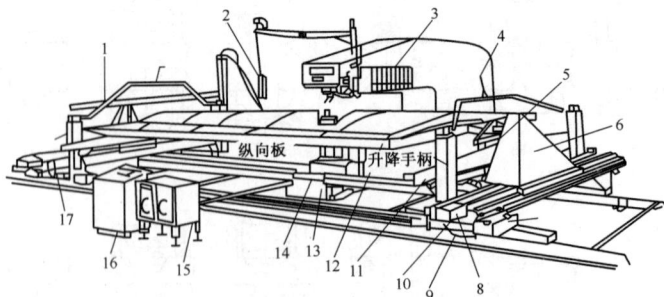

图 2.62 固定弓臂式自动钻铆机
1—横向定位板; 2—操纵盒; 3—快速定位的 8 个盒的铆钉箱; 4—定位指示器; 5—小车;
6—支座; 7—横向压力调节器和针底; 8—横向孔带指令; 9—横向运动气动马达;
10—升降气动马达; 11—曲线导轨; 12—板件托架; 13—纵向驱动气动马达;
14—纵向驱动尺条; 15—纵向孔带指令; 16—控制箱; 17—指示灯

（2）龙门式自动钻铆机。这种结构形式的优点是龙门架刚性好，与弓臂型相比，可以显著减小铆接机的变形量。它适用于宽度很大的壁板，如图 2.64 所示。

图 2.63 移动弓臂式自动钻铆机

图 2.64 龙门式自动钻铆机

4. 自动定位调平托架

在自动铆接机上铆接的零件，大部分是大尺寸带曲度的板件，如图 2.65 所示的机翼板件，翼肋外形的切线和弦平面有夹角 α，每个翼肋上各点的夹角是变化的；长桁外形的切线和弦平面的夹角为 β，β 角也是变化的。

在自动铆接时，如果自动铆接机固定不动，则应将板件安装在能够自动定位和调平的铆接托架上，托架应能实现板件在空间 3 个坐标 (X, Y, Z) 的自动定位，以及 2 个转角 (α, β) 的自动调平，如图 2.66 所示。

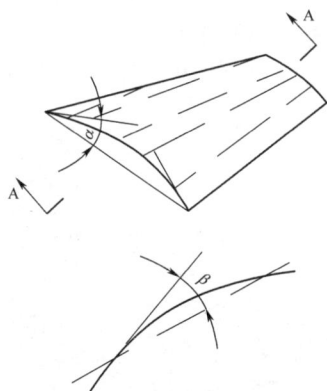

图 2.65 机翼板件外形示意图

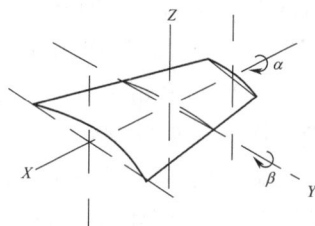

图 2.66 铆接时板件在空间五坐标定位

随着自动铆接机的不断发展，自动定位调平托架也在不断地改进和完善。从最初的靠模式半自动定位调平托架，发展到五坐标的自动定位调平托架。图 2.67 所示是一种弓臂式自动铆接机的自动调平托架，适合铆接单曲度的机翼、尾翼板件。托架包括固定板件的框架 1，框架支撑在两端面的小车 9 上。为了铆接带曲面的板件，小车 9 支撑在外形靠模板 2 上，两端的靠模板还可以做垂直升降运动。托架两端的架车 6 可以沿纵向导轨 7 运动。在架车上有横向导轨，支座 8 可沿导轨横向运动。两端两个支座的横向运动是互相独立的，以铆接长桁不相平行的板件。

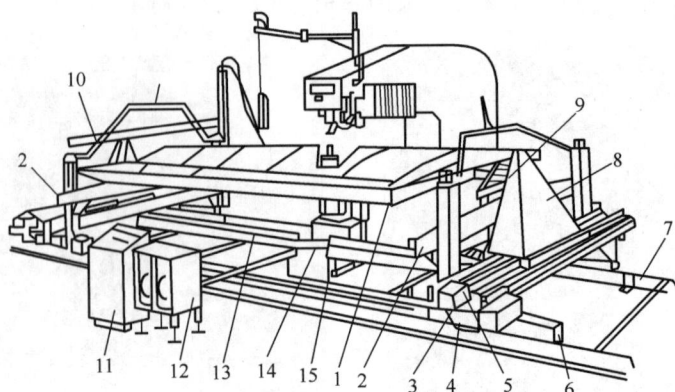

图 2.67　弓臂式铆接机自动定位调平托架

1—框架；　2—外形靠模板；　3—升降运动马达；　4—横向运动马达；　5—横向孔带指令输入；
6—纵向架车；　7—纵向导轨；　8—支座；　9—小车；　10—横向定位板；　11—指控箱；
12—纵向孔带指令输入；　13—纵向定位板；　14—纵向拖动齿条；　15—纵向拖动马达

　　板件上纵向铆缝的铆钉间距，和横向铆缝之间的距离，可用孔带控制。孔带上的孔与板件上的铆钉位置相对应。通常是纵向步进次数比横向的要多，因此控制纵向步进的孔带为主孔带。托架两端支座的横向运动，各用一个孔带控制。

　　对飞机结构中的大型零件，如机翼壁板、机身壁板、发动机进气道等，很难采用人工定位和半自动定位系统，这就需要采用定位与钻铆相结合的全自动托架系统，以便自动地将零件精确地定位在铆接所要求的高度和位置上。

　　图 2.68 为一种五坐标数控的全自动托架系统。这种托架系统提供的五坐标为"X""Y""Z""A""B"。其中"X"和"Y"坐标的运动由钻铆机提供。"Z"和"B"坐标的运动则由托架的两端的两个固定在地坪上焊接立柱构架内的伺服发动机驱动，提供"Z"向垂直运动，而"$Z1$""$Z2$"间的差距提供了"B"的旋转，"A"向旋转则由装在"Z"向构架的直接伺服驱动提供。安装在钻铆机上工作头部位的传感器组成的闭环伺服系统控制"Z""A"和"B"的驱动，确保零件调平，可在托架系统运动范围内使零件的任意点与工作头轴线保持垂直。

　　全自动调平托架系统主要采用计算机数控（CNC），还有边距跟踪装置、垂直传感器和坐标计算等辅助设施，采用全自动调平托架系统既可以保证铆钉间距精度，又可提高制造水平。

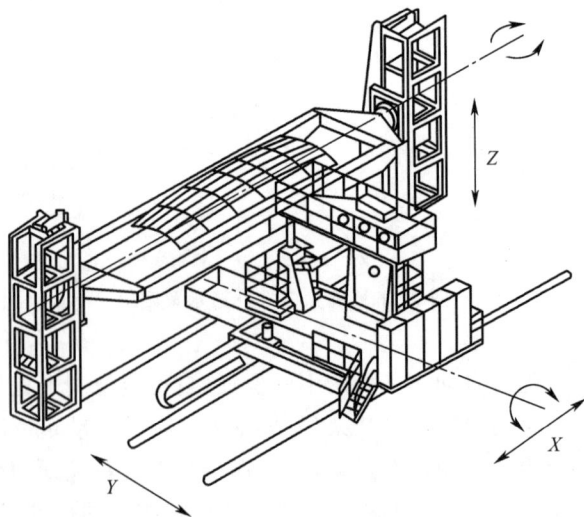

图 2.68　全自动托架系统

第六节 密封铆接

一、密封铆接概述

密封铆接与普通铆接不同之处是堵塞渗漏路径,使结构具有密封性。本节介绍的密封铆接是指在铆接夹层中涂敷密封剂,或者在铆钉处涂加密封剂或装密封元件,或者使钉孔过盈配合的铆接方法。其技术要求和工艺要求除本节所述内容外,其余的与普通铆接的基本相同。飞机在高空飞行,气压随着高度的增加而降低,为了使座舱内有一定的气压,保证乘坐人员有舒适的工作、生活环境,舱体就必须密封,由于飞机经常处于高温、严寒、淋雨、日晒等恶劣环境中,飞行密封要求比较高。密封铆接结构应能承受一定的内外压差。气密座舱在保证一定余压的条件下允许有轻微的泄漏发生,而整体油箱属绝对级密封。密封铆接是铆装钳工的一项重要技术,而对于专门从事密封铆接的铆装钳工来说,它也是一项必须掌握的基本技能。

1.密封铆接的定义及典型工艺过程

密封铆接是指在铆缝处添加密封物或钉孔过盈配合,使铆缝具有密封性的一种铆接方法。其铆接典型工艺过程:预装配→钻孔和锪窝→分解去毛刺→清洗密封贴合面→铺放密封材料→重新装配→放钉→施铆→密封剂的硫化与保护→质量检查和故障排除。

2.密封剂的工艺性

目前,飞机所使用的密封材料种类较多,一般分为硫化型和不硫化型两种,前者称密封胶,后者称腻子,成分为聚硫型橡胶和硅橡胶两种。密封剂的主要工艺性如下:

(1)流淌性是指密封剂涂敷后保持自身形状、自动流淌、填充的能力。

(2)堆砌性是指密封剂施工后定型(维持形状)的能力。

(3)可刮涂性是指密封剂用刮板刮涂的性能。

(4)可注射性是指密封剂用注胶枪在0.5MPa气压情况下的注射性能。

(5)可喷涂性是指密封剂经有机溶剂稀释后可喷涂的性能。

(6)活性期是指密封剂能保持适用于涂覆的时间,即密封剂混合后或暴露于空气适于涂敷的时间。

(7)施工期是指密封剂自配制后算起,保持适用于铆接装配要求塑性的最长时间。

(8)硫化期是指密封剂自配制后算起,达到一定硬度所需要的时间,它不同于正硫化点,仅相对表征密封剂硫化程度。

(9)贮存期是指在规定环境条件下,密封剂各组分所能存放的期限。

3.结构密封性的分类

飞机结构密封性根据防止渗漏的物质种类和应用特性,一般可分为四类:

(1)气密性。飞机的驾驶舱、旅客座舱、辅助间(服务间、卫生间、衣帽间、行李间等)结构一般要求具有防止漏气的性能,使舱内始终保持一定的压力、温度和新鲜空气,因此必须有足够的气密性。

飞机座舱一般保持余压0.029 5MPa。空气温度维持在(20±5℃)范围内。

(2)油密性。现代飞机广泛应用整体油箱装燃油。因此,对结构要求具有防止渗漏燃油的可能,整体油箱要求达到100%的密封,一般成为绝对密封,以保证油箱在不同气温和经受各种载荷的情况下,不漏油、不渗油。

（3）水密性。水上飞机在水中起降和停放，机身下部为水密隔舱，其结构应具有防止渗漏水的性能。水密舱允许有一定的渗水量（但必须是在找不到漏水源的情况下）。

飞机的座舱、设备舱、辅助间以及门窗开口部位等也需要具有一定的水密性，至少要防止雨水的渗漏。特别是客机和运输机，在装配时要求做淋雨实验，这是对飞机水密性的一般要求。

（4）防腐性。飞机结构的某些部分，由于接触油、水、气体等介质，会造成金属构件的腐蚀，如采用表面密封的方法，即在整个结构件表面涂敷密封剂，能起到防腐蚀作用。

在密封结构装配和密封工作完成后，按设计要求，须通过各种试验进行密封检查，即气密舱密封检查、整体油箱密封检查、水密结构密封检查。

4．密封铆接的施工环境要求

密封铆接的施工环境直接影响结构的密封性，一般应符合下列要求。

（1）环境控制。

1）施工的环境温度应控制在 15～30℃ 范围内，空气相对湿度应保持在 40%～80%。

2）工作间应清洁，通风良好。

3）所用的压缩空气应经过过滤处理，不含油、水和其他杂质。

4）施工人员的工作服、手套及工具等不准有油脂和纤维附着。

（2）安全措施。

1）施工现场特别是在狭小空间施工时，必须有通风、排气设施，防止施工人员吸入有机溶剂蒸气。

2）施工现场附近应备有肥皂、去污粉及洗涤设施。

二、预装配、制孔和制窝

（1）涂敷密封剂的零件贴合面应平整、无阶差。对于小于 0.5mm 的阶差允许锉修成均匀过渡的斜坡。

（2）预装配时，在涂敷密封剂的贴合面处一般应铺放与密封剂相同厚度的纸垫。当密封剂的厚度不影响铆钉孔位置或沉头窝深度时，允许预装配时在夹层之间不铺放纸垫，如图 2.69 所示。

（3）不允许用加垫方法消除贴合面处的间隙。当刚性大的零件与刚性小的零件贴合不好时，可以用压紧方法使刚性小的零件紧贴到刚性大的零件上。

（4）夹紧间距。

1）当零件厚度为 5～10mm 时，间距为 80～120mm。

2）当零件厚度在 10mm 以上时，间距为 220～250mm。

3）对于有弧度的零件，间距为 80～100mm。

4）在夹紧的零件之间的间隙，在 100mm 长度以内应不超过 0.2mm。

5）蒙皮对缝、板材对缝、骨架对缝或骨架下陷之间的交叉部位应铺放铝箔，如图 2.70 所示。①用 XY—401 胶将铝箔粘贴在骨架上，使铝箔与骨架零件成为一个整体；②敷设密封带或密封腻子。

（5）钻孔与锪窝。钻孔和锪窝切削产生的切屑进入密封剂中或者附着在待涂敷密封剂的表面上，将影响密封性。因此，预装配时，应把所有孔钻至最后尺寸，制出所有窝；气密结构的密封铆接在预装配时制孔、锪窝，只有少量的用于调整、定位的孔允许在涂敷密封剂后再扩孔、锪窝,其孔的间距不少于 300mm。

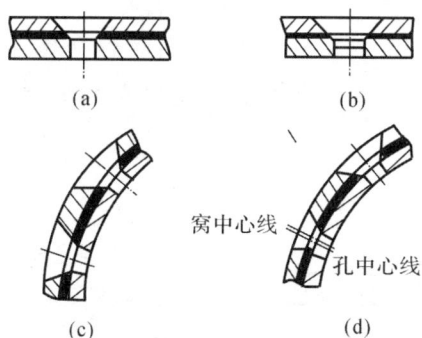

图 2.69　预装配时工艺垫的铺放
(a)(b)正确的(锪窝时垫有纸垫)；(c)(d)不正确的(锪窝时未垫纸垫)

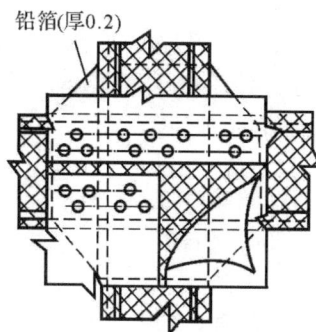

图 2.70　铺放铝箔的密封结构

三、分解去毛刺

(1)按与装配相反的顺序分解所预装配的零件、组合件,依次摆放整齐。对于件数较多或易于混淆安装位置的零件可作标记,避免再装配时搞错。

(2)消除每层零件所有孔边的毛刺,允许因去毛刺在孔边形成深度为 0.05~0.15mm 的倒角。

(3)清除镁合金零件的孔边毛刺时应采用非金属刮板,以免划伤孔窝的表面。

(4)清除零件夹层中的金属屑和杂物。

(5)清除所有孔边缘和零件端面的毛刺,并按规定要求制倒角或倒圆。孔边缘倒角的深度一般在 0.05~0.15mm 为宜。

四、清洗密封贴合面

1. 清洗要求

(1)涂敷密封剂的表面的清洗一般使用汽油、丙酮、乙酸乙酯清洗剂。在危险区可使用不燃性清洗剂,如三氯乙烷。铺设密封腻子且涂有 H06—2 或 XY—401 胶的表面,只允许用汽油擦拭。

(2)清洗宽度应大于涂密封剂的宽度,在两侧各宽出 10mm 以上。

(3)涂敷密封剂前的最后清洗,除铺设密封腻子且涂有 H06—2 或 XY—401 胶的表面外,均应用浸有丙酮或乙酸乙酯的抹布重复更换、擦拭,直至最后一块白细布上无可见的污色(允许有底漆的本色)为止。最后一遍清洗距涂敷密封剂的时间,应不大于 1h,不小于 20min。每次清洗的紧固件,要在 1d 内使用。

(4)清洗干净的表面禁止与不干净的东西接触,不允许手接触或用笔作标志,陈放环境应清洁。

2. 清洗方法

(1)从溶液瓶内倒出清洗剂润湿抹布(见图 2.71)。

(2)当用湿抹布清洗结构表面时,只能顺一个方向擦拭(见图 2.72),同时,用干抹布沿一个方向擦去已溶解污物的清洗剂。不允许清洗剂在结构表面自然干润。每擦洗一遍应更换一块新的抹布。不允许在结构表面喷洒、刷涂清洗剂,否则会造成溢流,致使油污溶解后广为扩散并渗透到缝隙内。

(3)对于油污过多的表面,应先用抹布擦拭,然后用汽油润湿的抹布清洗。

(4)对要密封的孔洞、下陷和小空间部位,应用合适直径的去污布条清洗(见图 2.73)。

(5)铆钉、螺钉等小件的脱脂清洗,应用清洗剂浸泡的方法,并要求将清洗剂更换 1~2 次,浸泡用的容器必须加盖。

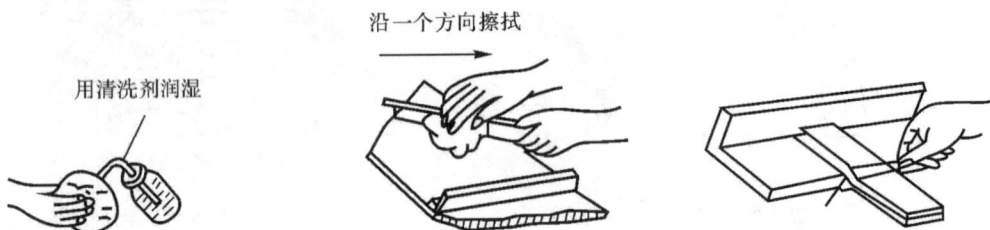

图 2.71　用清洗剂润湿抹布示意图　　图 2.72　用抹布擦拭密封贴合面示意图　　图 2.73　下陷处擦拭示意图

五、铺放密封材料

产品功能(如气密座舱、整体油箱)不同,密封材料不尽相同,故铺放的方法也不同。其密封方法有如下几种。

(1)缝内密封是指在两个零件贴合面之间涂敷密封材料以达到结构密封的密封方法。

(2)缝外密封是指在两个零件相连的接缝处涂敷密封材料的密封方法,是对缝内密封的补充,有时还起整流作用。

(3)表面密封是指将稀释的密封剂涂在密封区表面的密封方法,适用于大面积涂胶。

(4)混合密封是指两种或两种以上密封形式同时使用的密封方法。

(5)紧固件密封是指在铆钉、螺栓等紧固件上附加密封材料或自身能起密封作用,以达到堵住与零件之间缝隙的泄漏。

1.缝内密封法

缝内密封法又称贴合面涂胶法。用刮刀、硬板刷、涂胶辊或齿形刮板、齿形刮棒等,将胶液密封剂涂在贴合面尺寸较小的零件一侧,或刮在刚性较大的零件的贴合面上。刮涂时应顺着一个方向,禁止来回刮抹,以免因卷入气泡而形成空洞(见图 2.74)。在下陷、转角、空洞等处的密封剂,可适当加厚。具体方法如下:

(1)贴合面铺胶膜法。将胶膜顺一个方向铺在刚性较大的零件的贴合面上(见图 2.75)。胶膜长度、宽度不够或有气泡、空眼、局部不合格时,应将胶膜剪齐后搭接。铺设胶膜时,不允许拉伸折叠,胶膜应平整,铺后允许用手压平或覆盖硅胶布,用 1kg 碾辊碾一次。

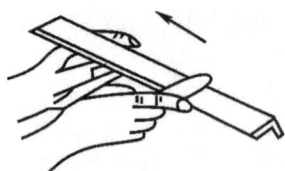

图 2.74　贴合面处涂胶示意图

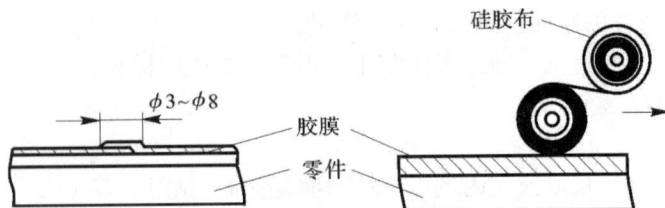

图 2.75　铺设胶膜示意图

(2)贴合面铺密封带方法。将密封带铺在刚性较大的零件贴合面上。若铺放密封带后立即铆接装配,则应将密封带从垫布上取下后再铺放。否则,应将密封带随垫布一起铺放,临铆接装配之前取下垫布。当密封带不能与骨架零件良好定位贴合时,允许用 XY－401 胶将密封带局部粘贴在骨架上。

(3)贴合面铺腻子方法。铺设前用腻子挤出器将腻子制成直径为 2～3mm 的腻子条,铺放在骨架上。当腻子不易挤出时,可将腻子预热,温度不超过 30℃。

(4)可拆贴合面处密封剂涂敷方法。在可拆卸口盖、观察口板件等部位贴合面一侧涂隔离剂,如喷一薄层滑石粉,涂可剥性涂层或用含油脂棉纱擦涂一薄层油脂,如图 2.76 所示。

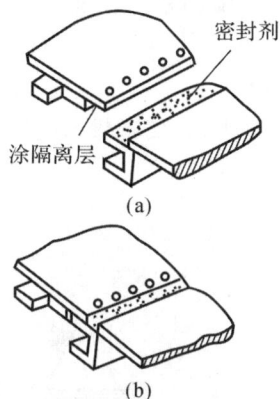

图 2.76　可拆贴合面处涂敷密封剂示意图　　图 2.77　沟槽注射密封胶示意图

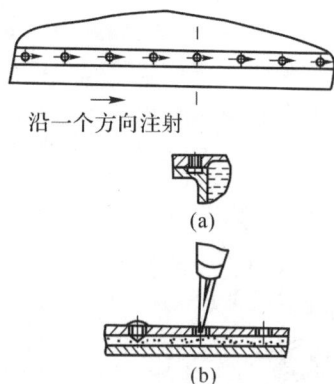

(5)沟槽注胶方法。注胶顺序应沿一个方向进行,如图 2.77 所示。由第二孔开始注射密封胶,待第一孔见胶时,堵住该孔,继续注胶直至第三孔见胶,抽出注胶枪嘴,用螺钉封闭第二孔,继续由第三孔注射密封胶直到第四孔见胶,封闭第三孔,依此类推,一直到全部沟槽注射完毕为止。

注射密封腻子的方法与注射密封胶的方法类似,注射 XM34 密封腻子的压力为 4.41MPa。

(6)结构下陷处的注胶方法。将注胶枪嘴插进注射孔,一次连续完成注射密封胶,亦即当孔道出口见胶时,先将出口堵住,以提高孔内腔的注胶压力,使密封胶渗透到腔内细小的缝隙中,直到完成充满内腔并向外多渗出 2～3mm 为止,用整形工具剔除多余的密封胶并整形,如图 2.78 所示。

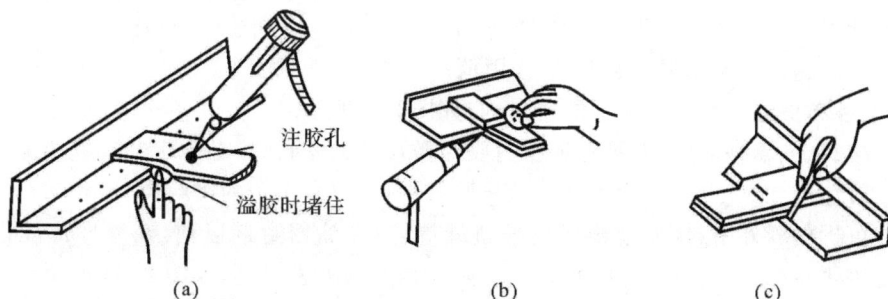

图 2.78　结构下陷处注胶示意图
(a)注胶孔注胶；　(b)用下陷空隙作为注胶孔的注胶；　(c)整形

(7)结构内腔的注胶方法。

1)在结构内腔底部开注胶孔,其位置应保证注胶时不使内腔局部"窝气"而产生死角。

2)用注胶枪由注胶孔注射密封胶,当溢胶孔出胶时边注胶边移出枪嘴,如图 2.79 所示。

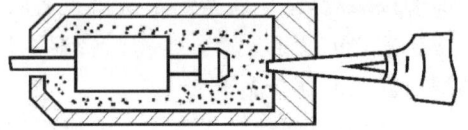

图 2.79　结构内腔注胶示意图

2.缝外密封法

用注胶枪涂敷缝外密封剂的要点,主要包括以下方面。

(1)枪嘴应对准缝隙并使之基本垂直于注胶线路。枪嘴的移动速度应使挤出的密封剂的用量与缝外密封最后尺寸相适合,如图 2.80(a)所示。

(2)枪嘴应紧贴结构表面,不准悬空,如图 2.80(b)所示。

(3)注胶时应始终保证挤出的密封剂超前于枪嘴移动方向,使密封剂向缝隙内有一定挤压力,并使可能裹入的空气自动爆裂,如图 2.80(c)所示。

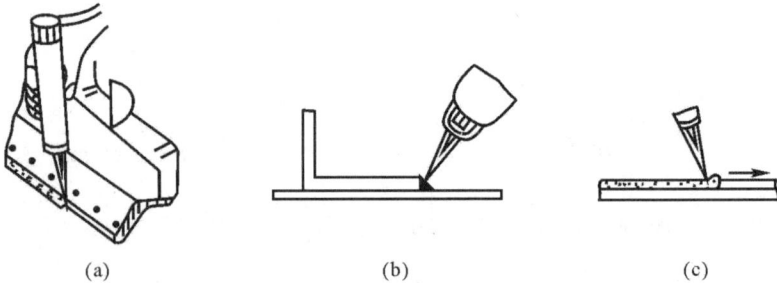

(a)　　　　　　　　　(b)　　　　　　　　　(c)

图 2.80　用注胶枪涂敷缝外密封剂示意图

(4)尺寸较大的缝外密封应分两次进行,待第一道缝外密封整形并达到不黏期(施工期)后再涂第二道。仰面涂胶或垂直面涂胶时,密封剂的涂敷量应适当,避免过量造成流淌或变形。

(5)缝外涂敷的密封剂应在活性期内用整形工具整形,整形时工具应紧压结构表面并沿缝隙均匀、平行地移动,使最终成形的缝外密封剂光滑、流线性好、尺寸正确。不允许使用任何润滑的方法整形,整形时应随时注意用清洗剂湿润的纱布擦除玷污在工具上的密封剂,如图2.81所示。

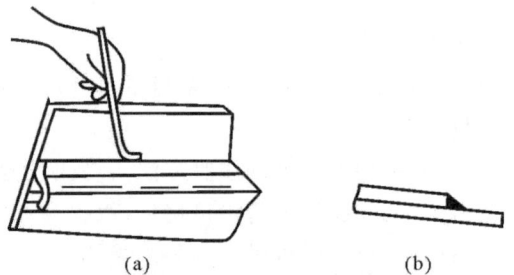

(a)　　　　　　　　　(b)

图 2.81　缝外密封剂整形示意图
(a)整形;　(b)整形后

(6)对接缝、气动整流缝、不易保证密封胶涂敷尺寸的密封缝,在规定的胶缝两侧边缘贴隔离保护胶纸,如图 2.82 所示。涂胶刮平后将胶纸揭掉,铲除多余的密封胶。

(7)对可拆的缝外密封(如地板座椅导轨缝等)应在涂密封剂以前,在缝底部埋设细尼龙线,并将线头露在缝外密封剂的外面,以便拆除时撕开缝外密封剂,如图 2.83 所示。

(8)空洞、嵌缝的堆胶,大的空洞和间隙的密封,应配制流淌性小的密封剂。深的空隙应在涂密封剂之前,先填充软质填料(如铝棉、海绵橡胶)或用密封剂浸渍后填充。

(9)缝外密封完成以后,应在活性期内检查涂敷质量,对缺陷、气泡或有异物夹杂的部位,及时补胶或排除。必要时允许部分铲除并重新涂敷。

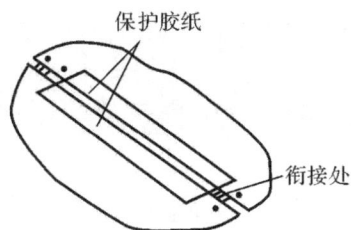

图 2.82　保护胶纸的粘贴　　　　图 2.83　可拆缝外密封剂涂敷示意图

3.表面密封用密封剂的涂敷

(1)结构上已涂缝外密封剂和紧固件密封剂的表面在清洗前,密封剂应达到硫化期。

(2)表面密封用密封剂使用的稀释剂不应使已涂敷的胶层产生龟裂、起皱和脱落。

(3)刷涂密封剂时,应逐渐依次在表面上进行,不允许大面积拉开涂胶,其余的按紧固件头部刷涂密封剂的要求进行。

(4)喷涂密封剂时使用喷枪,喷枪嘴应距结构表面 80～100mm,倾角 70°～80°,移动速度约 1.2m/min。喷涂的密封剂应均匀、连续。

(5)灌涂密封剂时,密封剂灌入结构容积的 10%～15%,封闭灌胶口,在专用摇摆架上晃动或翻转结构,使容积内所有表面浸涂一层密封剂,保持 10～20min,倾倒出剩余的密封剂,通入干净无油的热空气(不高于 50℃),吹除溶剂。

4.紧固件密封

在铆钉、螺栓等紧固件上附加密封材料或紧固件本身密封,以达到堵住紧固件与零件之间缝隙泄漏的作用。在紧固件上附加密封材料密封效果好,但施工复杂。紧固件本身密封是指干涉配合铆接,干涉配合铆接能提高结构密封性的原因在于它的铆钉杆与钉孔之间比较均匀的过盈配合,消除了钉杆与钉孔之间的环形缝隙。

六、重新装配

将分解的零件重新按预装配的位置固定,优先选用胀套式定位销进行固定。根据产品结构形式和装配件的协调性来选择定位销的数量,结构简单、协调性好的装配件可少选一些。定位销间距一般按 150～200mm 为宜。

放钉的过程如下。

(1)放铆钉前,首先清洗铆钉或所需的连接件。

(2)用穿针通过铆钉孔找正零件位置,不允许零件来回移动,将所有零件重新组装并夹紧。

(3)缝内敷设密封带的铆钉孔,在铆钉放入前应使用穿针从铆钉放入方向刺穿密封带,插入铆钉。其中要求:

1)穿针表面要抛光,其直径与铆钉直径相同。

2)允许穿针蘸水穿铆钉孔,当穿针穿过铆钉孔粘上腻子时,应使用蘸丙酮的抹布将腻子擦净再拔出。

(4)缝内涂敷密封胶时,可将铆钉直接插入孔内,并擦去铆钉杆端头上的胶,以保证铆钉镦头的成形质量,如图 2.84 所示。

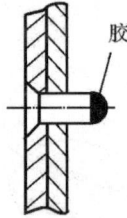

图 2.84 铆钉杆端头黏有密封胶示意图

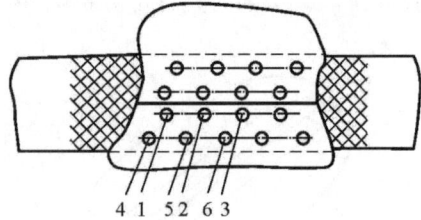

4 1 5 2 6 3

图 2.85 双排铆钉的密封铆接顺序

七、施铆

1.检查零件定位的正确性

在施铆前应插入部分铆钉,检查零件定位的正确性。

2.施铆操作要求

(1)先轻轻点铆,再在靠近铆钉杆的零件表面上轻击,消除零件夹层间的间隙。

(2)应断续施铆,不允许铆枪连击,以防止镦头产生裂纹。

(3)经常擦拭顶把和冲头,清除黏在其上的胶和腻子。

(4)双排铆钉的铆接顺序如图 2.85 所示。先铆内排 3~4 个铆钉(图 2.85 中 1~3 号铆钉),再铆外排 3~4 个铆钉(图 2.85 中 4~6 号铆钉)。

(5)工艺固定用铆钉孔处的最后铆接,要保证孔内有胶(涂胶铆接)。如果没有胶,则应涂胶铆接。

(6)在铆接过程中不允许钻孔。若更换铆钉,可用扁錾把镦头錾去,冲出铆钉杆后,再涂胶铆接。

(7)铆接工作必须在密封胶的施工期内完成。若超过施工期,则要更换新胶。

3.清理铆缝

(1)清除多余的密封带、胶膜、腻子和密封胶。

(2)挤出的胶如在施工期内可用刮刀按缝外涂胶要求制成倒角,并将多余的胶去掉。

(3)将蒙皮表面和非边缘处的余胶擦净。

八、密封剂的硫化和保护

1.密封剂的硫化

(1)密封剂的硫化过程是从混合配制后开始的,除非由于工序衔接上的需要,一般应在室温条件下自然硫化,不需要采取加速措施。

(2)加速硫化必须在密封剂不黏期后按各密封剂硫化规范进行。未规定的一般加速硫化温度不应超过 50℃,处理时间为 24h。加速硫化方法包括以下几种。

1)提高环境(包括结构上)温度。

2)用湿热空气在结构内部环流。

3)用红外线加热结构和涂胶表面。

4)综合使用以上方法。

(3)由于工艺需要,涂敷密封剂的结构件必须在高于 50℃ 温度中处理时,例如,有机玻璃的回火,可以提高处理温度,但不得超过密封剂的工作温度。

(4)结构上一部分密封剂加温硫化后,另一部分密封剂又须加温硫化时,允许重复加温硫化,重复次数以不超过密封剂使用工艺说明书规定次数为限。

2.密封剂涂敷后的保护

(1)在未达到不黏期的密封剂上方,不准进行钻孔、铰孔等操作。当难以避免时,应用聚乙烯薄膜覆盖密封剂。该保护膜的拆除,只能在密封剂不黏期以后进行。

(2)严禁滥用溶剂和清洗剂,不准在未硫化的密封剂上使用溶剂。在硫化的密封剂上涂敷含溶剂的涂料时,必须确认所含溶剂对底层密封剂无损害方可使用。

(3)不准踩踏和重压已硫化的密封剂,受空间限制必须在涂敷密封剂的部位上操作时,应用海绵橡胶板或棉垫覆盖,工作人员应穿软底工作鞋和无扣衣服。来回踩踏区和停留区还应事先将金属屑、污物等用吸尘器清理干净。

在密封结构装配和密封工作完成后,按设计和工艺要求,须通过各种试验进行密封检查。具体密封检查方法详见第八章。

第七节　特种铆接

为了满足铆接件的一些特殊要求,如需要进一步提高结构的强度和疲劳寿命,增强密封性,解决单面不开敞通路区的连接问题,在飞机铆接装配技术中广泛采用特种铆接。特种铆接的种类有环槽铆钉铆接、高抗剪铆钉铆接、螺纹空心铆钉铆接、抽芯铆钉铆接以及钛合金铆钉铆接和干涉配合铆接等。作为铆装钳工,必须掌握各种特种铆接的技能。

一、环槽铆钉的铆接

环槽铆钉又称虎克钉,连接强度高,耐疲劳性能好,被各大主机厂广泛使用。环槽铆钉由带环槽的铆钉和钉套组成。按受力形式分,有抗拉型和抗剪型环槽钉;按铆接方法分,有拉铆型和镦铆型环槽钉。

1.技术要求

(1) 铆钉孔的直径与铆钉直径相同,公差带为 H10,表面粗糙度 Ra 值不大于 $1.6\mu m$。

(2)孔的间距极限偏差为 $\pm 1.0mm$,边距极限偏差为 $^{+1}_{-0.5}mm$。

(3)沉头窝的角度和深度与铆钉头的一致,钉头高出零件表面的凸出量应符合设计技术要求。

(4) 钉套成形后不得松动,表面应光滑,钉套与夹层之间不允许有间隙。

(5) 允许铆钉头与零件表面不完全贴合,其单面间隙应不大于 $0.08mm$。

(6)环槽铆钉适用于在 $7°$ 以内的斜面或半径不小于 $50mm$ 的内、外圆弧面上直接进行铆接,此时将钉套放置在斜面上或圆弧面上。当环槽铆钉安装在大于 $7°$ 的斜面上时,要在钉套一面加垫斜垫片或将端面锪平。

2.铆钉光杆长度的选择

(1) 铆钉光杆的长度应符合公式

$$\sum \delta \leqslant L \leqslant \sum \delta + 1$$

式中,$\sum \delta$ 为被连接件总厚度,mm;L 为铆钉光杆长度,mm。

（2）由于夹层误差而使铆钉光杆露出夹层的长度超过1mm，允许垫上厚度不大于1mm的垫圈，垫圈放置的位置如图2.86所示，垫圈材料参见表2.23。

（3）如果钉套安装在斜面上，则应在垂直于倾斜方向通过钉的轴线用样板检查钉杆凸出量，如图2.87所示。如果钉套底部有垫圈，则钉杆凸出量应从垫圈的顶部算起。

3. **工艺方法**

（1）制孔方法及制孔过程中的孔径见表2.24。

（2）拉铆成形。拉铆型环槽铆钉铆接时使用拉枪和专用拉铆头拉铆成形。施铆过程如图2.88所示。

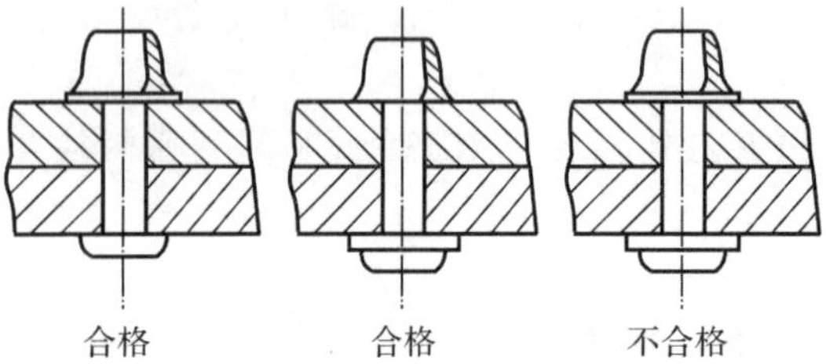

图2.86 环槽铆钉铆接时的垫圈安装位置

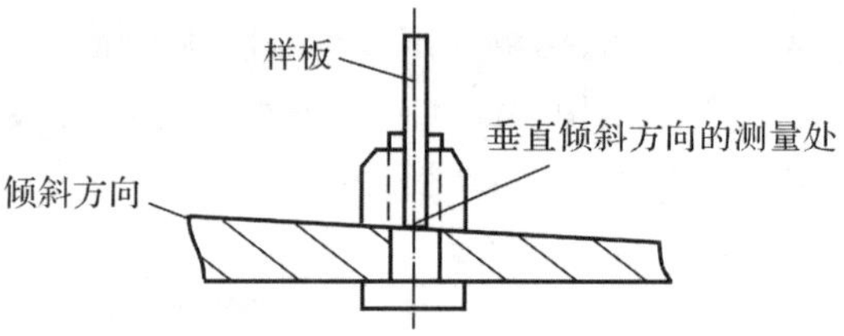

图2.87 环槽铆钉钉杆在斜面上的凸出量的检查

表2.23 环槽铆钉铆接用的垫圈材料

夹层材料		铝合金	合金钢	钛合金	镁合金
环槽铆钉材料	钉杆	合金钢			
	钉套	铝	钢	钢或铝	
垫圈材料		20		1Cr18Ni9Ti	LT21—M

表2.24 环槽铆钉孔的加工　　　　　　　　　　　单位:mm

环槽铆钉直径	初　孔	钻　孔	扩　孔	铰孔(H10)
	孔　径			
4	2.5	3	3.8	4
5		4	4.8	5
6		5	5.8	6

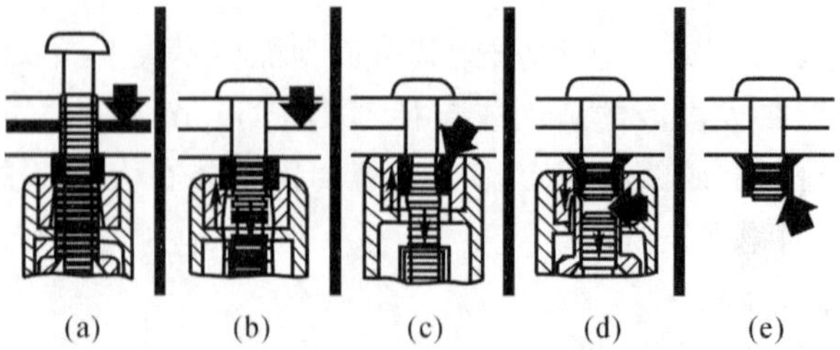

图2.88 拉铆型环槽铆钉施铆过程

(a)放钉和钉套；　(b)铆钉拉入孔中；　(c)钉套形成；　(d)尾杆拉断退出拉铆枪；　(e)检查铆头质量

（3）镦铆成形。镦铆型环槽铆钉铆接采用铆枪或压铆机镦铆成形。施铆过程如图 2.89 所示。

铆枪的锤击功按普通铆接的选择。顶把质量为铆钉直径的 1.5 倍,单位为 kg。

（4）铆接时,模腔相对环槽铆钉轴线的倾斜度不应超过 3°。

（5）铆接后,在钉杆的端头上涂 H06—2 环氧锌黄底漆或密封剂。

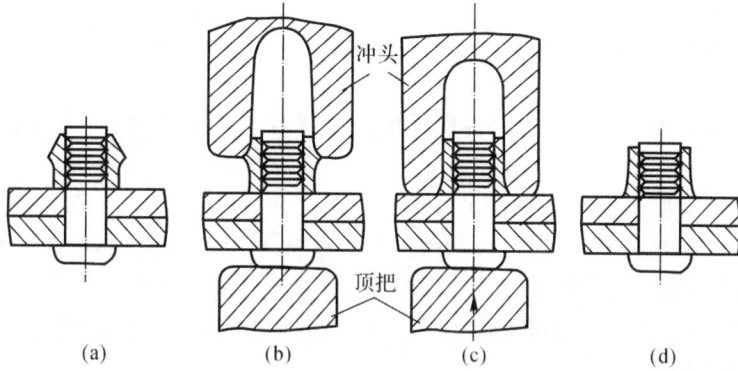

图 2.89 镦铆型环槽铆钉铆接施铆过程
(a)放钉和钉套; (b)冲头和顶把对准铆钉; (c)形成镦头; (d)完成铆接

4.铆钉分解方法

铆钉分解过程为:拆钉套→用锉刀锉掉钉杆上因拆套而产生的毛刺→用铆钉冲将钉杆从孔中冲出。环槽铆钉的分解过程如图 2.90 所示。

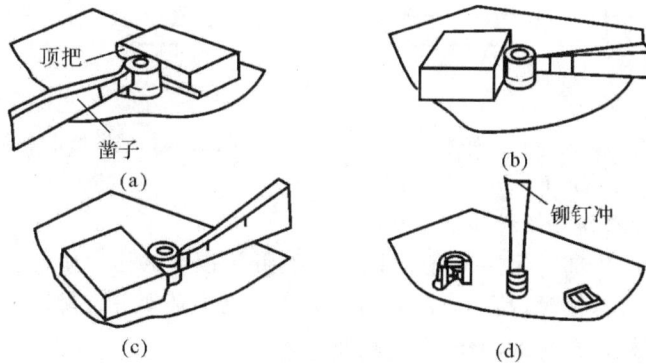

图 2.90 环槽铆钉的分解过程

拆钉套时还可以用手动拆套钳,如图 2.91 所示。将钉套剪开或用空心铣刀(见图 2.92)将钉套铣掉。

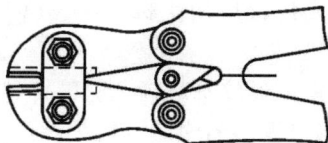

图 2.91 拆套钳

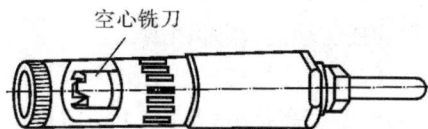

图 2.92 空心铣刀

5.质量控制

(1)环槽铆钉头与铆接件接触表面应贴合,且允许有不大于0.08mm单向间隙存在。

(2)沉头环槽铆钉的凹凸量应符合产品设计技术文件的要求。

(3)钉套不允许松动,与铆接件接触面应贴合,不允许有间隙存在,且表面光滑。

(4)用镦头检验样板的过端和止端,检查钉杆和镦头质量,如图2.93和图2.94所示。

1)用样板的过端检查钉杆。

a.当样板触角接触钉杆、样板端面与工作表面有间隙时,选择的钉杆长度合适,如图2.93(a)所示。

b.当样板触角没有接触钉杆端头,样板端面接触零件表面时,钉杆短,镦头不合适,如图2.93(b)所示。

2)用样板的止端检查钉套和钉杆。

a.当样板触角没有接触钉杆,样板端面接触零件而不接触钉套时,选择的钉杆长度合适,钉套成形合格,如图2.94(a)所示。

b.当样板触角接触钉杆,样板端面离开零件表面并接触到钉套时,钉杆太长,钉套镦制不够长,不合格,如图2.94(b)所示。

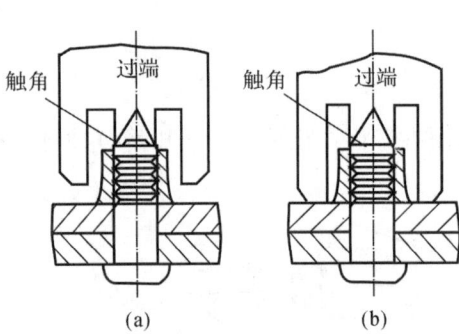

图2.93 用样板过端检查钉杆质量
(a)合格; (b)不合格

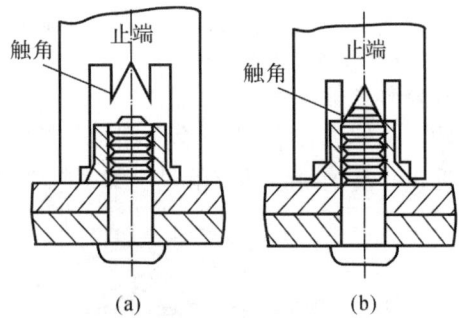

图2.94 用样板止端检查镦头质量
(a)合格; (b)不合格

6.环槽铆钉铆接操作要领和注意事项

(1)拉铆时拉枪的头部要保持垂直于零件表面,并施以足够压力使钉套贴靠零件。

(2)拉铆型环槽钉铆接时,其动力部分的功率及拉枪头必须符合铆钉的规格和形状要求。

(3)铆钉插入或打入孔内的动作,必须轻而稳。

(4)开始拉铆时要将拉枪头部推到底并稳稳地把好拉枪。

(5)拉铆完的铆钉,如果钉头与构件不靠合,绝不允许再将钉头打靠。

二、高抗剪铆钉铆接

高抗剪铆钉铆接是一种适于承受剪切应力的紧固件,它广泛应用于机身、机翼的受剪部位,能提高其疲劳性能,增加强度。

高抗剪铆钉铆接按铆接方法分为采用拉铆法铆接的拉铆型螺纹抽芯高抗剪铆钉和采用镦铆法铆接的镦铆型高抗剪铆钉。不同结构形式的铆钉,其铆接方法不同。

1.螺纹抽芯高抗剪铆钉铆接

(1)技术要求。

1)铆钉孔的直径与铆钉直径相同,公差带为 H11,表面粗糙度 Ra 值不大于 $1.6\mu m$(见表 2.25)。

表 2.25 高抗剪铆钉孔的公差带和表面粗糙度

铆接形式	铆钉光杆公差带	铆钉孔公差带	孔表面粗糙度 $Ra/\mu m$
镦铆型	h11	H11	3.2
	f9	H9	1.6
	r6	H7	0.8
拉铆型	h11	H11	≤1.6

2)孔的间距极限偏差为 $\pm 1mm$,边距极限偏差为 $^{+1}_{-0.5}mm$。

3)螺钉凸出铆钉体头部表面的量不得大于 0.2mm,在非气动表面的部位不得大于 0.5mm;凹进铆钉体头部的表面的量不得大于 0.5mm(见图 2.95)。

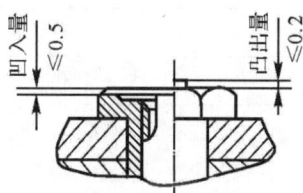

图 2.95 螺纹抽芯高抗剪铆钉铆接后螺钉断面凸凹量

4)铆钉镦头的环圈应呈喇叭形,允许环圈呈双喇叭形,但不得超过铆钉排钉数的 10%;不允许环圈未形成喇叭形,或呈偏喇叭形,或呈反喇叭形,如图 2.96 所示。

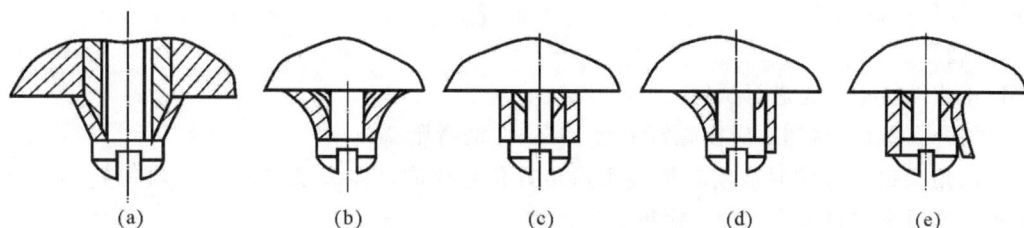

图 2.96 螺纹抽芯高抗剪铆钉铆接后镦头环圈的形状

(a)喇叭形; (b)双喇叭形; (c)未形成喇叭形; (d)偏喇叭形; (e)反喇叭形

5)按铆钉总数的 10%抽检铆钉的铆紧程度。顺时针方向转动转矩扳手,铆钉不应转动的转矩值见表 2.26。注意,不允许逆时针方向转动。

表 2.26 螺纹抽芯高抗剪铆钉铆紧程度检查的转矩值

铆钉直径/mm	5	6	7	8
力矩值/(N·cm)	115	166	217	266
力矩允许误差/(N·cm)	±10			

(2)铆钉长度的选择。按被连接件的夹层厚度选择铆钉的长度,其铆钉体的光杆部分应露

出夹层量不大于 1.0mm,不允许凹入,如图 2.97 所示。

(3)制孔的方法。优先采用风钻铰孔(见表 2.27)。

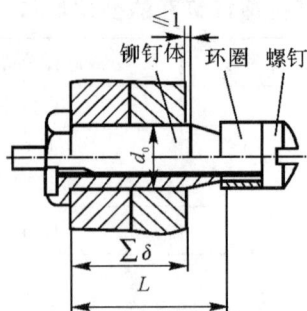

图 2.97 铆钉长度的选择

表 2.27 螺纹抽芯高抗剪铆钉孔的加工 单位:mm

铆钉直径	钻 孔	扩孔钻扩孔	铰孔(H11)
	孔 径		
5	4	4.8	5
6	5	5.8	6
7	6	6.8	7
8	7	7.8	8

(4)螺纹抽芯高抗剪铆钉铆接所使用的工具有手动和风动两类,其原理是将铆钉体固定不动,同时拧螺钉抽拉。

(5)施铆。

1)正式铆接前应先进行试铆。

2)组合高抗剪铆钉时,应在螺钉上涂 ZL7—2 润滑脂。

3)六角头铆钉施铆时应使转接接头六角方孔套在铆钉体头上;120°沉头铆钉施铆时应使转接头改锥对准铆钉体头部的一字槽。

4)铆接工具的转接头应垂直且贴紧零件表面,如图 2.98 所示。

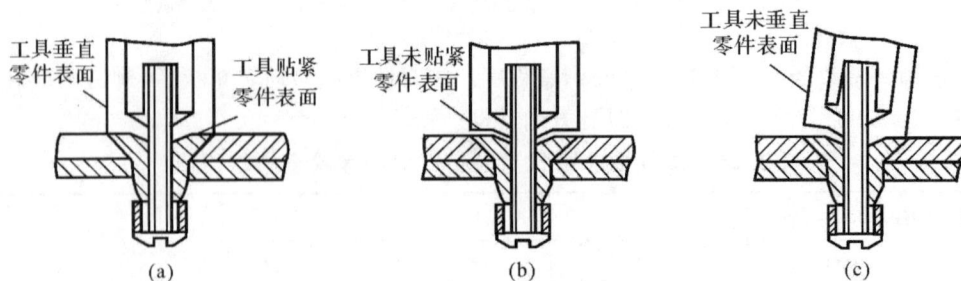

图 2.98 螺纹抽芯高抗剪铆钉铆接工具转接头位置

5)抽铆。①采用风扳机和专用转接器施铆成形,如图 2.99 所示;②可以使用手动螺纹抽铆扳手抽铆,如图 2.100 所示。

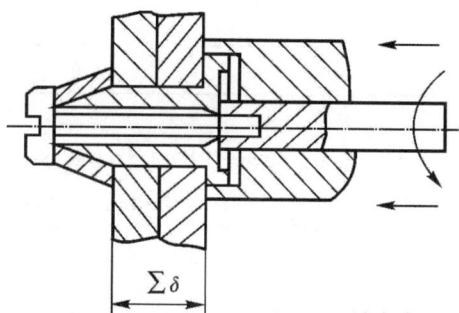

图 2.99 采用风扳机和专用转接器施铆成形

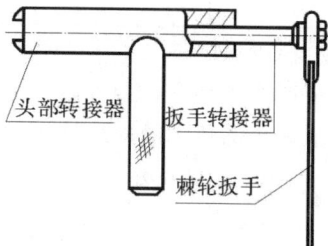

图 2.100 使用手动螺纹抽铆扳手抽铆

6)若尾杆未扭断,则用夹钳或其他工具将尾杆剪断,但不能使铆钉松动。

7)将螺钉尾杆凸出部分铣平或打磨掉。

8)用定力扳手或定力解锥按规定转矩值抽检铆接连接力。顺时针方向扭转铆钉体头,铆钉不转动为合格。

9)在铆钉体和螺钉端头间冲三点保险后,在螺钉断面涂 H06—2 环氧锌黄底漆。

(6)分解铆钉方法。用与螺钉杆直径相同的钻头钻掉钉杆。

2.镦铆型高抗剪铆钉铆接

(1)技术要求。

1)铆钉孔的直径与铆钉直径相同,公差带及表面粗糙度见表 2.28。

2)将铆钉放入孔内后,光杆凸出夹层的伸出量应介于 0.3~1.2mm 范围之内,如图 2.101 所示。

3)铆钉镦头应呈馒头形,其尺寸见表 2.29。

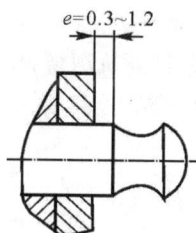

图 2.101 镦铆型高抗剪铆钉铆接时铆钉光杆的伸出量

表 2.28 镦铆型高抗剪铆钉孔的公差带和表面粗糙度

铆钉光杆公差带	铆钉孔公差带	孔表面粗糙度 $Ra/\mu m$
h11	H11	3.2
f9	H9	1.6
r6	H7	0.8

表 2.29 镦铆型高抗剪铆钉的镦头尺寸　　　　单位:mm

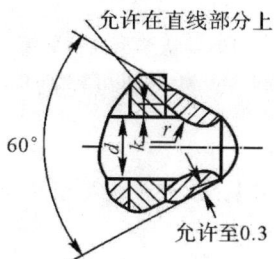

续 表

d	5	6	7	8
k_{max}	0.8		1	

注:k 值由工具保证。

4)形成镦头的环圈,相对铆钉中心的偏移量应不大于 0.5mm,如图 2.102 所示。

5)形成镦头的环圈的周边处被冲头挤出的压边应不大于 0.8mm,环圈在任何方向均不允许呈鼓形,如图 2.103 所示。

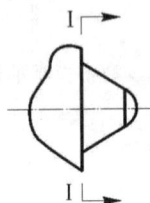

图 2.102 镦头环圈相对钉杆的位置

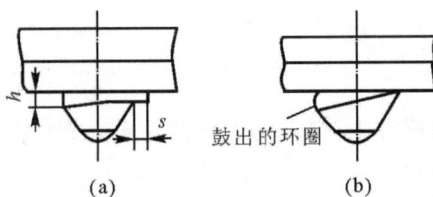

图 2.103 带压边、鼓形的镦头形状
(a)带压边的镦头; (b)带鼓形的镦头

(2)施铆。

1)此种高抗剪铆钉可采用正铆法或压铆法铆接。铆接时须使用带 60°窝的专用冲头。

2)铆枪型号和顶把质量见表 2.30。

表 2.30 镦铆型高抗剪铆钉铆接工具

铆钉直径/mm	5	6	8
顶把质量/kg	6	7	10
每次锤击功/J	4~5		7

3)镦铆型高抗剪铆钉的施铆过程如图 2.104 所示。

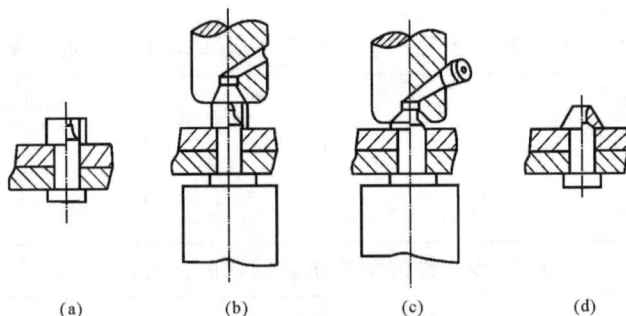

图 2.104 镦铆型高抗剪铆钉
(a)放 铆和环圈; (b)将模腔对准铆钉头并用顶把顶住; (c)施铆; (d)铆完成形

(3)铆钉的分解方法。

1)冲击法。将专用导套放在环圈上面,冲头沿导套引向铆钉尾端,铆钉头那面用空心顶把顶住,铆枪轻叩,将钉冲出,如图 2.105 所示。

2) 钻击法。将钻套放在环圈上面,用与铆钉直径相同的钻头钻铆钉尾端,钻削的深度以钻通铆钉细颈区为限,然后用铆钉冲将铆钉冲出,如图 2.106 所示。

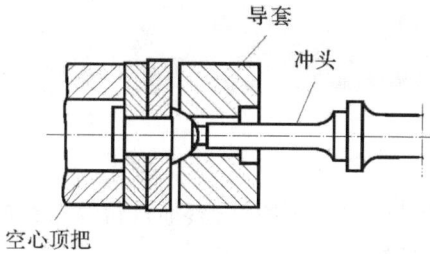

图 2.105　冲击法分解镦铆型高抗剪铆钉示意图　　图 2.106　钻击法分解镦铆型高抗剪铆钉示意图

3)环圈拆除法。用空心铣刀铣切环圈,在铣去足够量的环圈材料后,用铆钉冲将铆钉冲出。

4)环圈劈开法。用小錾子沿纵向劈开环圈,然后用铆钉冲将铆钉冲出。

三、螺纹空心铆钉铆接

螺纹空心铆钉主要用于单面通路和受力较小部位的铆接,如软油箱槽内的蒙皮的铆接。

1. 技术要求

(1)螺纹空心铆钉孔的直径及其极限偏差见表 2.31。孔的其他要求应符合普通铆钉孔的规定。

表 2.31　螺纹空心铆钉孔的直径及极限偏差　　　　　单位:mm

铆钉直径	4	5	6
铆钉孔直径	4.1	5.1	6.1
孔径极限偏差	$^{+0.2}_{0}$		

(2)用于安装凸头铆钉的孔,在铆钉头一侧应制出深为 0.2mm 的 45°倒角。

(3)镦头鼓包位置处的直径见表 2.32。

表 2.32　螺纹空心铆钉的镦头直径　　　　　单位:mm

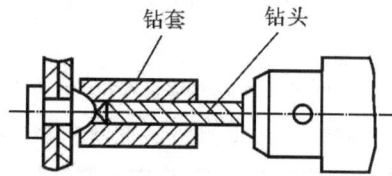

	d	4	5	6
	D_{min}	5.5	6.5	8

2. 铆钉长度的选择

根据夹层厚度选择合适的铆钉长度。可按下列公式确定:

$$L = \sum \delta + 9^{+0.5}_{-0.4}$$

盲螺纹空心铆钉的长度可按下列公式确定：

$$L = \sum \delta + 12^{+0.5}_{-0.4}$$

式中，L 为所需要的铆钉长度，mm；$\sum \delta$ 为连接夹层的总厚度，mm。

3. 工艺方法

(1)采用钻孔方法制铆钉孔。

(2)施铆前，根据铆钉的形状、直径和长度选择抽钉工具，如抽钉枪、抽钉钳等。在产品上施铆前应在试片上试铆，检查工具，并确定工具的使用参数。

(3)安装通孔螺纹空心铆钉时，使工作螺钉稍微凸出铆钉的尾部，如图 2.107(a)所示。安装盲孔螺纹空心铆钉时，使工作螺钉的尾部拧到盲孔底，如图 2.107(b)所示。

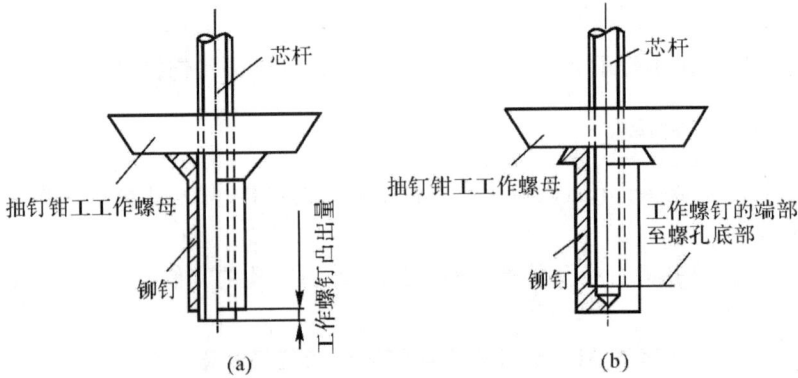

图 2.107　螺纹空心铆钉在抽钉工具上的安装
(a)通孔螺纹空心铆钉的安装；　(b)盲孔螺纹空心铆钉的安装

(4)使用抽钉钳抽铆螺纹空心铆钉时[见图 2.108(a)]，用调节制动螺母和止动块距离来控制工作螺钉的行程；使用长柄抽钉钳时[见图 2.108(b)]，用调节工作头的螺母来控制工作螺钉的行程。

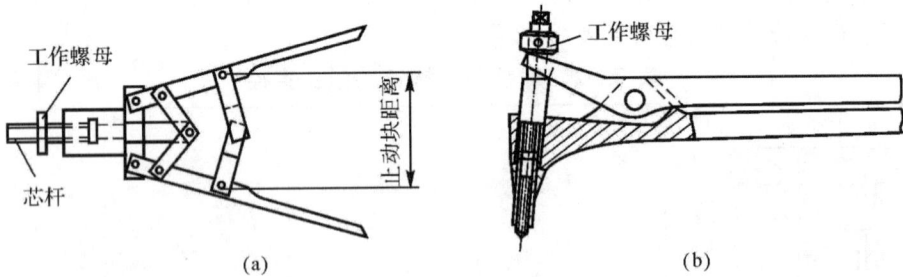

图 2.108　螺纹空心铆钉抽钉钳
(a)抽钉钳；　(b)长柄抽钉钳

(5)抽钉工具的工作头应垂直且贴紧工作表面，如图 2.109 所示。

(6)施铆过程如图 2.110 所示。

(7)当在铆钉的孔内安装螺栓时，一般要在孔内或螺栓的螺纹部分涂一层厌氧胶 GY—

340 或者 Y—150,以防止螺栓松动脱出。

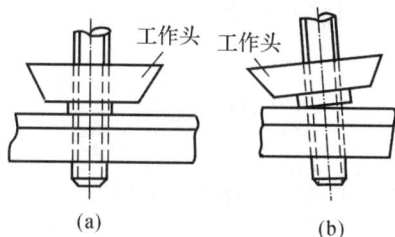

图 2.109 抽钉工具工作头的工作位置
(a)正确; (b)不正确

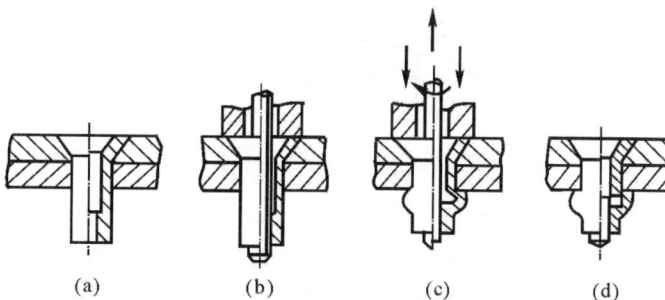

图 2.110 螺纹空心铆钉的施铆过程

四、抽芯铆钉铆接

抽芯铆钉适用于单面通路铆接,它由空心铆钉、芯杆两部分组成。用拉钉钳进行铆接时,它的工作原理是钳头外套顶住铆钉头,钳子内的拉头将芯杆抓住往外拉,直到将芯杆拉断为止,然后把露出钉头外面的多余部分去掉并修平,在修平处涂上防腐剂。这种形式的抽芯钉直到现在仍用于机身和机翼上的非主要受力部位。其主要铆接形式有鼓包型和拉丝型两种。

1.拉丝型抽芯铆钉铆接

拉丝型抽芯铆钉能提高结构的疲劳寿命,保证连接件本身的密封性,使铆钉孔和铆钉杆之间形成干涉配合,适合于夹层较厚的零件铆接。

(1)技术要求。

1)铆钉孔的直径、极限偏差、圆度及表面粗糙度见表 2.33。

表 2.33 拉丝型抽芯铆钉孔的尺寸及表面粗糙度

铆钉直径/mm	4	5
孔的基本尺寸/mm	4.1	5.1
极限偏差/mm	$^{+0.10①}_{0}$	
圆度/mm	在孔极限偏差内	
表面粗糙度 $Ra/\mu m$	1.6	
孔轴线与零件表面不垂直/(°)	≤0.5	

注:当在薄夹层(厚度等于 2.5mm)铆接沉头铆钉时,孔径极限偏差可取$^{+0.15}_{0}$。

2)孔的间距极限偏差为±1mm,边距极限偏差为$^{+1}_{-0.5}$mm。

3)铆接后的芯杆和锁环应平整,芯杆断槽处光滑台肩(B 面)不得高于钉套上表面0.5mm和不低于钉套上表面 0.2mm,如图 2.111 所示。

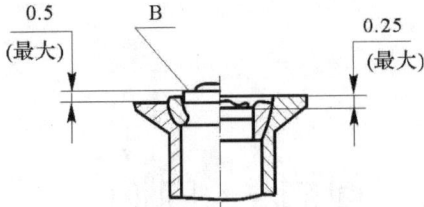

图 2.111　铆接后芯杆断槽处光滑台肩的位置　　　图 2.112　铆接后锁环的位置

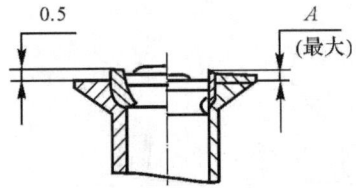

4)当芯杆断槽处光滑台肩（B 面）高出钉套上表面时,锁环不得高于钉套上表面 0.5 mm;如果 B 面与钉套上表面齐平或低于钉套上表面,那么锁环不得高出值 A,如图 2.112 所示,见表 2.34。

表 2.34　锁环铆接位置的凸出量　　　　　单位:mm

抽钉基本直径	4	5
A（最大）	0.5	0.6

5)位于气动外缘表面的芯杆按设计技术要求铣平高出钉套的凸出量,位于非气动外缘表面的芯杆拉断面不需要铣平。

6)拉丝型抽芯铆钉镦头的最小直径见表 2.35。

表 2.35　拉丝型抽芯铆钉镦头的最小直径　　　　　单位:mm

抽钉基本直径	4	5
镦头最小直径	4.55	5.60

7)钉套不允许有开裂和裂纹,锁环不允许有松动现象。

(2)铆钉长度选择。依据抽芯铆钉基本直径和夹层厚度确定铆钉的长度,按抽芯铆钉基本直径和夹层型号选取钉套和芯杆的长度,见表 2.36 和表 2.37。铆接件夹层厚度变化不一,应按各孔最浅处的夹层厚度选择夹层型号。

表 2.36　铝抽芯铆钉芯杆长度的选择　　　　　单位:mm

夹层号				1	2	3	4	5	6	7	8	9	10	11	12
抽钉基本直径 d_0	4	1	用于平锥头钉	4.5	6	7.5	9	10	11	12	13.5				
			用于沉头抽钉		4.5	6	7.5	9	10	11	12				
	5		用于平锥头钉	5.5	7	8.5	10	11	12	13	14.5	16	17.5	19	20
			用于沉头抽钉		4	5.5	7	8.5	10	11	12	13	14.5	16	17.5
抽钉组别				A									B		

表 2.37 钢抽芯铆钉芯杆长度的选择 单位:mm

		夹层号	1	2	3	4	5	6	7	8	9	10	11	12
抽钉基本直径 d_0	4	用于平锥头钉	4.5	6	7	8	9	10	11	12.5				
	1	用于沉头抽钉		4.5	6	7	8	9	10	11				
	5	用于平锥头钉	5.5	7	8	8.5	9.5	10.5	11.5	12.5	14	15.5	17	18
		用于沉头抽钉		4	5	5.5	7	8.5	9.5	10.5	11.5	12.5	14	15.5
抽钉组别			A										B	

(3)制孔、锪窝。

1)抽芯铆钉孔的加工和切削量见表 2.38。

表 2.38 抽芯铆钉孔的加工和切削量 单位:mm

铆钉直径	钻 孔	钻头扩孔	铰 孔
	孔 径		
4	3.1	3.8	$4.1^{+0.10}_{0}$
5	4.1	4.8	$5.1^{+0.10}_{0}$

2)优先选用风钻铰孔方法,铰孔后锪沉头窝。

(4)施铆。

1)将组合好的抽钉放置在拉枪头部的孔内,并夹持住。

2)在试片上调整拉枪行程,保证锁环填充良好,达到固紧力要求和无松环现象。

3)施铆时抽钉拉枪头部应垂直贴紧工作表面,如图 2.113 所示。

4)将芯杆拉入钉套中,扣动扳机,芯杆被拉向上,使芯杆尾端较粗部分进入钉套内,将钉套由下而上地逐渐胀粗,钉套填满钉孔。当拉铆枪继续抽拉芯杆到一定位置时,结构件被紧紧地贴靠在一起,消除了结构件之间的间隙。

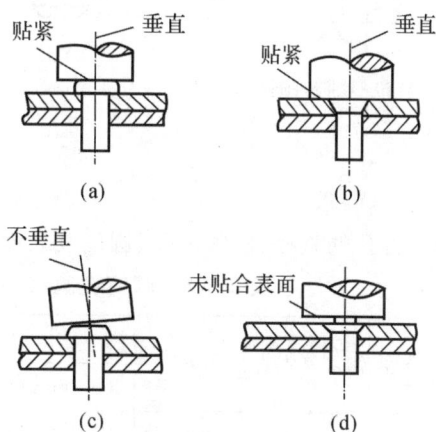

图 2.113 抽钉拉枪头部的工作位置
(a)(b)正确位置; (c)(d)不正确位置

5)继续抽拉抽芯杆,产生了形似拉丝的动作,并完成了孔的填充动作,形成镦头。此时芯杆的断口处已停留在与钉头面齐平处。

6)压入锁环,拉铆枪的第二个动作,将锁环推入芯杆与钉套的锁紧环槽内。

7)芯杆被拉断,完成拉铆。

8)用铣平器铣平芯杆的断口,铣切到符合要求为止,并在断口处涂 H06—2 环氧锌黄底漆。

（5）铆钉的分解。

1）不合格的铆钉,用工作部分与芯杆直径相同的铆钉冲出芯杆。

2）用与铆钉直径相同的钻头钻掉铆钉头,此时的钻孔深度不应超过铆钉头高度。

3）铆接夹层较厚时,用工作部分与钉套外径相同的铆钉冲冲出钉套;夹层较薄时,用与钉套直径相同的钻头钻出钉套。

4）清除结构内部的多余物。

2. 鼓包型抽芯铆钉铆接

鼓包型抽芯铆钉由芯杆、钉套和锁环组成,如图 2.114 所示。鼓包型抽芯铆钉的施铆过程,如图 2.115 所示。

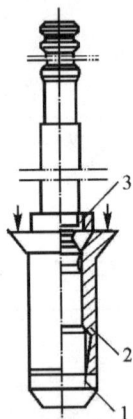

图 2.114　鼓包型抽芯铆钉的组成

1—芯杆;　2—钉套;　3—锁环

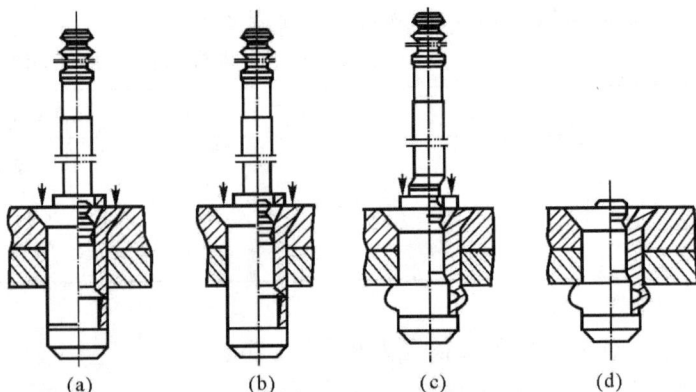

图 2.115　鼓包型抽芯铆钉的施铆过程

(a)放钉;　(b)压紧消除零件间的间隙;

(c)形成镦头,压入锁圈;　(d)拉断钉杆

（1）技术要求。

1）铆钉孔的直径、极限偏差、圆度及表面粗糙度见表 2.39。

表 2.39　铆钉孔直径、极限偏差、圆度及表面粗糙度

铆钉直径号	铆钉基本直径/mm(in)	孔的极限偏差/mm		圆　度	表面粗糙度 $Ra/\mu m$
		min	max		
4	3.175(4/32)	3.277	3.353	在孔的极限偏差范围内	≤3.2μm
5	3.969(5/32)	4.064	4.166		
6	4.763(6/32)	4.877	4.978		

2）孔的间距极限偏差为±1.0mm,边距极限偏差为 5.2mm。

3）沉头铆钉窝与钉孔的中心应同轴,窝的直径应符合要求。

4）铆接后的芯杆和锁环应平整。

5）铆接后,钉套不允许裂纹,锁环锁紧要牢靠,且不允许松动。

（2）施铆。用拉枪拉芯杆,与此同时钉套尾端受压失稳而形成鼓包形镦头,将锁环压入钉套与芯杆之间,防止芯杆松脱。具体施铆过程如下:

1）将铆钉塞入拉铆枪的拉头内,拉头端面应与钉套上的垫圈相贴合,拉头内的卡爪将铆钉

夹住(注意,此时的铆钉不可从拉头内退出,若要退出,必须分解拉头)。将铆钉放入孔内,使拉铆枪垂直于结构件表面并压紧,以消除结构件之间的间隙。

2)将芯杆拉入钉套,扣动扳机,拉头紧顶住垫圈,芯杆被向上抽拉。①放入铆钉;②将芯杆拉入钉套;③继续拉芯杆,剪切环被剪切;④压入锁环,形成镦头。

3)拉铆枪继续抽拉芯杆,钉套尾端失稳,形成鼓包镦头,然后将锁环挤入芯杆与钉套之间的空腔,锁紧芯杆。

4)拉铆枪再继续抽拉,直到把芯杆拉断,被拉断的残尾杆从拉铆枪中自动弹出,并把露在零件外边的多余部分铣掉。

(3)铆钉的分解。由于抽芯铆钉结构较为复杂,有的芯杆和钉套的材料不尽相同,鼓包型抽芯铆钉的干涉量较小,因此,分解铆钉的难度较大,在分解过程中要严格控制多余物。其分解的程序如图 2.116 所示。

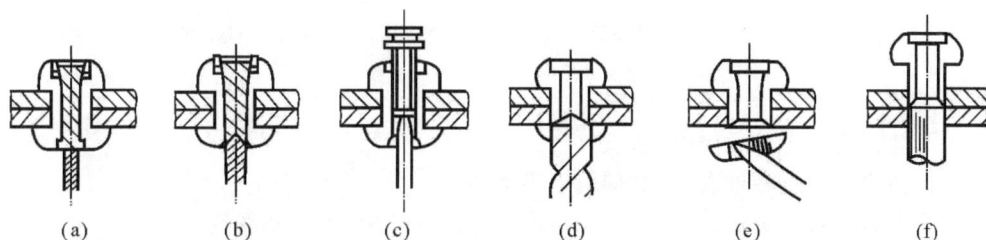

图 2.116 铆钉的分解

(a)用小钻头钻中心孔; (b)用与芯杆直径相同的钻头钻削芯杆; (c)冲出芯杆;
(d)用与钉套直径相同的钻头钻钉头; (e)冲掉钉头; (f)冲出钉套

首先,用小钻头钻出中心点。用与芯杆直径相同的钻头钻削芯杆至锁环深度,将锁环钻掉,专用尖冲头冲出芯杆。然后用与钉套直径相同的钻头钻削钉套的钉头,其深度不能超过钉套的高度,用尖冲头冲掉钉套头,再用柱形销冲掉钉套。

五、干涉配合铆接

干涉配合铆接是指在钉孔的配合间隙中提高精度,有控制地镦粗铆钉杆,填满钉孔间隙使孔胀大,从而形成干涉配合。

它是一种连接强化技术,能显著提高结构的疲劳寿命,并能获得良好的密封性。相对干涉量,即铆接后钉孔直径与铆接前钉孔直径之差同铆接前钉孔直径之比的百分数。根据结构件的材料和铆钉直径的大小来选择干涉量。一般来说,相对干涉量最好在 1%～3% 之间,太大会产生应力腐蚀和铆接件变形,太小达不到预期效果。

干涉配合铆接按所用的铆钉分为普通铆钉干涉配合铆接、无头铆钉干涉配合铆接、冠头铆钉干涉配合铆接。由于铆钉结构不同,其铆接的工艺方法也不相同。

普通铆钉干涉配合铆接典型工艺过程如图 2.117 所示。

1. 夹紧和确定孔位

干涉配合铆接的夹紧和确定孔位除下述要求外,其他的与普通铆接的相同。

(1)普通铆钉、冠头铆钉干涉配合铆接的定位销间距,在曲面上不大于 150mm,在平面上不大于 200mm。

(2)无头铆钉、冠头铆钉干涉配合铆接的边距不得小于2倍铆钉直径,间距不得小于4倍铆钉直径。

(3)无头铆钉干涉配合铆接时必须先用铆钉定位。孔位可按产品图样编制程序,由机床自行完成。

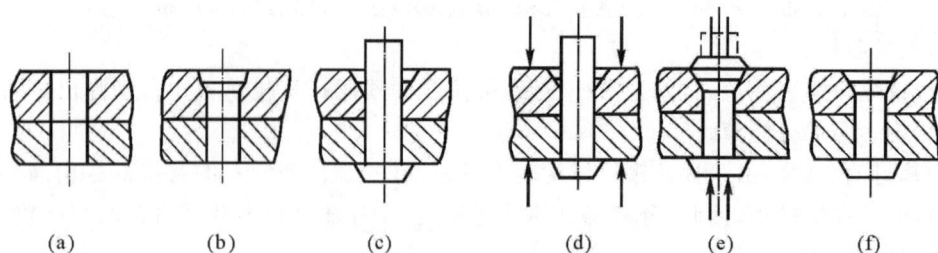

图2.117 普通铆钉干涉配合铆接工艺过程
(a)钻孔和铰孔; (b)锪窝; (c)放钉; (d)夹紧; (e)施铆; (f)铣平

2.普通铆钉干涉配合制孔工艺要求

(1)孔的圆度位于孔径极限偏差以内。

(2)孔轴线应垂直零件表面,其偏斜应不大于2°。

(3)孔表面粗糙度 Ra 值不大于 $3.2\mu m$,不允许有棱角、破边及裂纹。

(4)孔壁上允许的轻微划伤见表2.40。

表 2.40   干涉配合铆接孔壁上允许的轻微划伤　　　　单位:mm

划痕形状		t	
划伤深度不大于0.04,在尺寸t范围内不允许划伤	环形划伤	$\delta \leqslant 15$ $t = 0.1$	$\delta > 15$ $t = 1.5$
	螺旋形划伤	$\delta \leqslant 6$ $t = 0.25$	$\delta > 6$ $t = 1.5$
	纵向划伤	$\delta \leqslant 6$ $t = 0.25$	$\delta > 6$ $t = 1.5$ 划痕长度 $< 0.5\delta$

(5)孔边的毛刺应清除,允许在孔边形成不大于0.2mm深的倒角。

(6)普通铆钉干涉配合铆钉孔的加工方法及加工尺寸见表2.41。

表 2.41   普通铆钉干涉配合铆钉孔的加工方法及加工尺寸　　　　单位:mm

铆钉直径	钻 孔	钻头扩孔	铰孔(H9)
	孔径		
3.5	2.5	3.4	3.58
4.0		3.9	4.08
5.0	3.1	4.9	5.08
6.0		5.9	6.08

（7）优先采用风钻铰孔,铰孔使用的铰刀的主要尺寸见表 2.42。铰刀一般应带前导杆。

表 2.42　普通铆钉干涉配合铆接用的铰刀　　　　单位:mm

铆钉孔直径 （H9）	D		D 磨损后 允许值	d	
	基本尺寸	极限偏差		基本尺寸	公差带
3.58	3.605		3.576	3.4	
4.08	4.105	-0.010^{0}	4.076	3.9	
5.08	5.105		5.076	4.9	f9
6.08	6.105	-0.011^{0}	6.076	5.9	

3.锪窝的技术要求

（1）冠头铆钉的沉头窝角度应与铆钉头角度一致。蒙皮窝的深度应比铆钉头最小高度小 0.02～0.05mm,用铆钉检查时,铆钉头相对零件的凸出量为 0.02～0.10mm。其形状和尺寸见表 2.43。

表 2.43　沉头窝形状和尺寸　　　　单位:mm

铆钉直径	3	3.5	4	5
沉头窝深度	1.07	1.26	1.43	1.80

（2）窝的圆度应在其直径极限偏差内。

（3）窝表面不允许有棱角、划伤、破边及裂纹。

（4）零件表面由锪窝钻套造成的压痕、凹陷和轻微的机械损伤是允许的,但其深度应小于材料包覆层,数量不大于铆钉排内窝数的 3%。

锪普通铆钉沉头窝和冠头铆钉沉头窝时,一般应使用可调锪窝限动器。冠头铆钉沉头窝应使用整体锪钻(即导销和刀刃为一体)制窝。

4.施铆

普通铆钉干涉配合铆接。

（1）铆钉长度的选择。沉镦头形铆钉长度,按下列公式计算:

$$L = \sum \delta + (1.0 \sim 1.1)d$$

平锥镦头形铆钉长度,按下列公式计算:

$$L = \sum \delta + (1.1 \sim 1.2)d$$

式中,L 为铆钉长度,mm;$\sum \delta$ 为铆接件夹层厚度,mm;d 为铆钉直径,mm。

注意:所选取的铆钉长度应能填满镦头窝或以保证镦头尺寸为原则,一般不宜过长,否则会影响干涉量。

（2）铆接工艺方法。

1）优先采用单个压铆机进行压铆或用正铆法进行铆接，如图 2.118 所示与普通铆接不同的是使用了专用的带有凹坑的冲头，沿钉杆轴线方向均匀地胀粗而产生干涉量，有窝孔时冲头上的凹坑又使窝孔得到充分的填充并产生一定的干涉量，从而获得了较为理想的密封性。与无头铆钉铆接不同之处在于干涉量的大小只能通过控制铆接力及镦头的大小来进行间接的控制。

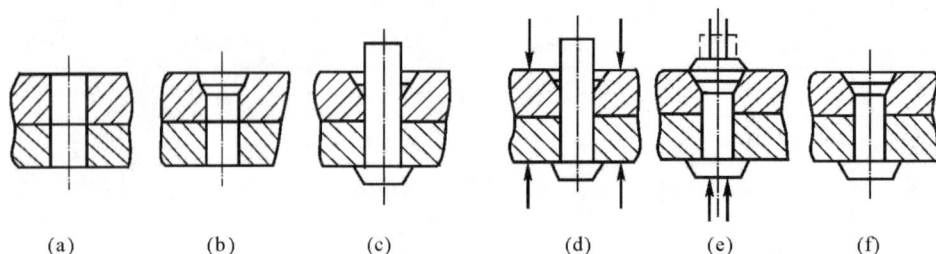

图 2.118　普通铆钉干涉配合铆接方法
(a)正铆法；　(b)反铆法

2）沉镦头普通铆钉干涉配合铆接，沉镦头的凸出部分，可用专用带限制器的铣刀铣平。

3）铆接的干涉量须通过在相应的试片上进行检测。试片的材料、厚度，所用铆钉、工具和工艺方法等参数应与产品相同，并要求试片随同产品一道施工。

5.干涉铆接的要领和注意事项

（1）制孔时注意保证垂直度、精度和孔壁光滑并用孔量规检验。

（2）镦窝为保证窝的尺寸，要使用镦窝限制器，并用窝的量规检验。

（3）铆卡及铆枪必须按文件规定选用，以保证达到预定的干涉量要求。

（4）对于冷冻铆钉，取出后必须在规定的时间内铆接。

（5）铆接之前应做试片，试片及试验方法按有关文件规定。

（6）冠头铆钉铆后，冠头的顶面仍允许有不高于 0.2mm 的凸起部分，能见到一个圆圈。

（7）更换不合格的铆钉时，必须加大一级铆钉。

干涉配合总结：干涉配合所用的铆钉一般为无头铆钉和冠头铆钉。下面分别介绍铆接制孔工艺过程。

1.无头铆钉铆接制孔

无头铆钉是指没有铆钉头的实心销钉，在铆接过程中镦粗顶杆，并同时形成钉头和镦头，然后把突出蒙皮表面的多余部分铣掉。从加工方法上看，与普通铆接没有很大差别。

无头铆钉一般用于自动钻铆，无头铆钉的铆接最好用自动钻铆机，在自动钻铆机上完成由制孔到铣平镦头以及产品移位等全部工序。无头铆钉的孔及其沉头窝是在自动钻铆机上采用复合镦钻一次完成的。

（1）无头铆钉的铆钉长度按下列公式计算：

$$L = \sum \delta + 2d$$

式中，L 为无头铆钉的长度，mm；$\sum \delta$ 为被连接件的总厚度，mm；d 为无头铆钉直径，mm。

（2）利用铆钉伸出夹层的量，可以控制铆接干涉量的大小。铆钉伸出量大，所获得的干涉量大;反之,干涉量小。

(3)铆接前,选取与产品相同的材料和厚度尺寸做试片,进行试铆接,并测出试件的干涉量,如果符合要求,则应锁定设备及各种铆接工艺参数,再铆接产品。

2.冠头铆钉铆接

冠头铆钉与普通沉头铆钉有所不同,主要区别在于钉头端面有一个圆弧球面,钉杆端面带圆角铆钉长度比普通铆钉短小。材料一般为 LY10,主要用在飞机的受拉力、受剪力的具有气密性、油密性的结构上。冠头铆钉常用于气密和油密部位,因为铆头的形状,使铆接时与工具接触面积很小,力量集中在铆钉中心线附近,保证沿钉杆有较均匀的干涉量,且使沉头部分紧密地充填窝孔,具有较好的密封性。

(1)冠头铆钉铆接工艺方法。

1)冠头铆钉铆接一律采用反铆法进行铆接。

2)铆枪的功率和顶把的质量均应比普通铆接高一级。

3)为使零件和铆钉头不受损伤,在平冲头与铆钉之间应垫上玻璃纸。

4)允许单个压铆,不允许成组压铆。

5)产品铆接所达到的干涉量,应作试片检查,其方法与普通铆钉干涉配合铆接检查方法相同。

(2)技术要求。

1)各层相对干涉量一般要控制在 $0.6\%\sim6\%$ 范围内。

2)铆钉头应与窝贴合,不允许露窝,钉头高出零件表面的凸出量应不大于 0.3mm。

3)铆钉的镦头为标准镦头,如图 2.119 所示。

4)铆钉镦头的尺寸按下列公式计算:

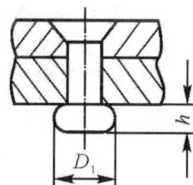

图 2.119　铆钉的镦头形状

$$h_{\min}=0.4d$$

$$D=\begin{cases}(1.6\pm0.1)d, & d\leqslant5 \\ (1.55\pm0.1)d, & d>5\end{cases}$$

式中,$h_{\min}$ 为镦头最小高度,mm;d 为冠头铆钉直径,mm;D 为铆钉镦头直径,mm。

5)铆钉镦头尺寸及其偏差见表 2.44。

表 2.44　冠头铆钉镦头尺寸及其偏差　　　　　　　　　　　单位:mm

铆钉直径	3.0	3.5	4.0	5.0	6.0
镦头直径	4.8	5.6	6.4	8.0	9.3
镦头直径偏差	±0.3		±0.4		±0.5
镦头最小高度	1.2	1.4	1.6	2.0	2.4
镦头对钉杆轴线的同轴度	$\phi0.4$	$\phi0.6$	$\phi0.6$	$\phi0.8$	$\phi1.0$

6)铆钉头、镦头和被连接件表面不允许有机械损伤。

7)铆钉长度的选择。

冠头铆钉长度的选择见表 2.45。

表 2.45　冠头铆钉长度的选择　　　　　单位：mm

铆钉直径 d	3	3.5,4	≥5
铆钉长度 L	$\sum\delta+1.4d$	$\sum\delta+1.3d$	$\sum\delta+1.2d$

注：$\sum\delta$ 为被连接件的总厚度，mm。

（3）工艺方法。

采用反铆法铆接冠头铆钉，要求如下：

1）使用平冲头进行铆接，如图 2.120 所示。

2）铆枪功率及顶把的选择见表 2.46。对于直径为 6mm 的冠头铆钉，当夹层厚度大于 10mm 时，应选择功率大一号的铆枪，顶把质量系数取 0.8kg/mm。

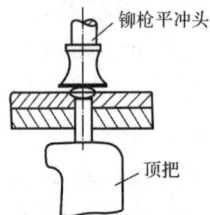

图 2.120　冠头铆钉的反铆法示意图

表 2.46　冠头铆钉反铆需用的铆枪功率及顶把质量

铆钉直径 d/mm	3	3.5	4	5	6
铆枪功率/J	1.48~1.95	1.95~2.95		6.9~7.8	
顶把质量系数 k/(kg/mm)	(0.6~0.7)d				

3）为了使零件和铆钉头不受损伤，在平冲头与铆钉头之间应垫上玻璃纸。

4）允许单个压铆，不允许成组压铆。

5）产品铆接所达到的干涉量应作试片测量。对试片的要求和测量方法参见普通铆钉干涉配合铆接。

因为干涉配合种类很多，工艺过程、连接形式各不相同，因此工艺特点各具特色，现通过表 2.47 做一个归类总结。

表 2.47　干涉配合铆接的种类及其特点

种　类	连接形式简图	典型工艺过程简图	特　点
普通铆钉干涉配合铆接	a.沉镦头　b.平锥镦头	a.钻孔和铰孔 b.锪窝 c.放钉　d.夹紧 e.施铆 f.铣平	干涉量为 0.8%~5%，沿钉杆分布（与无头铆钉铆接相比）不够均匀。具有密封性，可采用单个压铆或正铆法。适用于工厂现有设备

续 表

种 类	连接形式简图	典型工艺过程简图	特 点
无头铆钉干涉配合铆接	a.沉镦头 b.平锥镦头	a.钻孔、锪窝　b.放钉 c.压铆　d.铣平	干涉量为1.5%～3%,沿钉杆分布均匀。耐疲劳性能和密封性能好。必须采用专用的钻铆设备
冠头铆钉干涉配合铆接	100° 	a.铰孔　b.锪窝 c.放钉　d.施铆	干涉量为0.6%～6%,沿钉杆分布比较均匀。耐疲劳性能和密封性能比较好。蒙皮最小厚度应不小于1.5倍沉头窝深度,可采用单个压铆,最好采用反铆,适用于工厂现有设备条件

顶把的工作面采用平面形的或带有与铆钉头相匹配的窝形,顶把的质量相同于普通铆接规定的顶把质量。

6)压铆时铆钉头的铆模按铆钉头尺寸制窝,镦头铆模按正铆法的铆枪冲头窝的形式和尺寸制窝。

7)沉镦头的凸出部分,用专用的带限动器的铣刀铣平。

8)产品上的铆钉孔和窝处的干涉量须通过在相应的试片上进行检验测量。

试片的材料、厚度,以及试片所用的铆钉、工具和工艺方法应与产品的相同,并要求试片随同产品一道施工。

六、钛合金铆钉的铆接

钛合金是一种先进的航空材料,广泛应用于航天领域。但由于钛合金硬度高、塑性差,在常温下铆接难以形成镦头,且钉杆膨胀量小,易产生裂纹等,故宜采用热铆。

1.技术要求

(1)铆钉孔直径及其偏差见表2.48。

(2)钛合金铆钉镦头尺寸见表2.49。

表 2.48　铆钉孔径及其极限偏差　　　　　　单位:mm

铆钉直径		2.5	3.0	3.5	4.0
铆钉孔直径	基本尺寸	2.5	3.0	3.5	4.0
	极限偏差	$+0.15 \atop +0.05$			

表 2.49　钛合金铆钉的镦头尺寸　　　　　　单位:mm

	d	2.5	3	3.5	4
D	基本尺寸	3.8	4.5	5.2	6
	极限偏差	±0.25	±0.30	±0.30	±0.40
	h_{min}	1.0	1.2	1.4	1.6

2. 铆钉长度的选择

形成标准镦头的铆钉长度与普通铆钉相同。但考虑钛合金铆钉硬度高、塑性差,在冷铆时有利于镦头的形成和减少铆接的次数,一般铆钉长度比标准长度少 1mm(取负差)。

3. 铆接工艺方法

(1)热铆法。由于钛合金铆钉在 750～900℃时有良好的塑性,宜采用热铆。通过加热时间控制器将电源电压 220V 变为 2～3V,将控制器的 A 端接在顶把上,B 端接在零件上,其回路由铆枪来控制,在接通铆枪上控制线后,时间在 3～5s,其铆钉的温度瞬时可达 750～900℃,便可扣动铆枪上扳机进行铆接。

(2)采用压铆法能获得较好的铆接质量。

(3)用锤铆法铆接,当铆钉直径为 2.5mm 或 3mm 时,采用与普通铆接相同的工具;当铆钉直径为 3.5mm 或 4mm 时,须使用大功率铆枪和较重的顶把进行铆接,对于较薄的夹层结构,应注意控制铆接变形。

4. 新型钛合金抽芯铆钉

在狭小空间区域进行连接时多选用铆接,但在采用铆接时,则要看其铆接强度、铆接面的平整度是否满足要求。在航空领域,使用的铆钉不仅要满足受拉强度,而且还需铆接平面平整,现有的抽芯铆钉,因无法对断裂面进行控制,存在铆接面不平整的问题,对不平整铆接面则需要进行端面平整打磨,这样不仅容易擦伤基体表面与防护涂层,造成不必要的损失,而且费工、费时、费力。为有效解决这些问题,可采用一种能够提供铆接面平整、铆接强度好、牢靠的新型钛合金抽芯铆钉。新型钛合金抽芯铆钉芯部选用高强度钛合金作为基体材料,这样使其具有质量轻、抗剪强度高的特点,经测试其强度可承受 655MPa 以上的剪切力,外壳采用纯钛更有利于铆接成形;拉断槽的设定能保证铆接后外观平整,无需对外形进行打磨,提高了加工效率,有效地保证了产品铆接的一致性。

(1)结构特点。新型钛合金抽芯铆钉由以下四部分组成:

1)铆钉杆。抽芯铆钉主要受力零件,采用高强度钛合金制作,能承受拉力和剪切力。

2)铆钉套。抽芯铆钉主要变形零件,采用易变形纯钛,起连接压紧作用,铆接后铆钉套的前段发生对折变形,利用对折变形后区域与铆钉套另一端的凸台即可实现两物体的铆接。

3)锁环。抽芯铆钉变形锁紧零件,变形后成楔形卡接在铆钉杆的锁环卡槽内,这样可确保铆钉杆不会轻易滑脱,可增加抽芯铆钉的抗拉、抗剪切强度,采用耐腐蚀不锈钢制作,起锁紧固定作用。

4)移动块。抽芯铆钉的辅助受力零件,由顶环、端环和锁环卡环构成,端环和锁环卡环位于顶环的两端,锁环卡环与锁环嵌套接触,负责锁环的定位,受撞击力后顶环与锁环卡环发生断裂,顶环断面将锁环推入锁环卡槽,根据锁环卡槽的形状,锁环受力变形成楔状卡接在锁环卡槽内,其作用为将锁环推入铆钉杆的锁紧部位,使锁环变形,从而达到紧固的作用。

如图 2.121 所示,铆钉杆 1 前段设有凸起的铆钉头,在铆钉杆 1 的后段上设有防滑凹纹10,防滑凹纹 10 的设置便于铆枪卡接,同时在铆钉杆 1 的中间部位还开设有拉断槽 5 和锁环卡槽 6,拉断槽 5 的深度根据设计的抗拉强度来定。在铆钉杆 1 上套接有铆钉套 2,铆钉套 2的一端(图中为右端)与铆钉杆 1 的前端相接触,具体的为端面与凸起的铆钉头侧部接触,铆钉头可以防止铆接套 2 从其上滑脱。在铆钉套 2 的另一端(图中为左侧)设有凸起的挡圈 11,在挡圈 11 区域的内孔设有锥度 12,挡圈与铆接套接触部位为斜面,在铆钉杆 1 上铆接套 2 的另一端(图 2.121 中为左侧)还依次套接有锁环 3 和移动块 4。移动块 4 由顶环 7、端环 8、锁环卡环 9 构成,端环 8 和锁环卡环 9 位于顶环 7 两端,锁环卡环 9 的内环与锁环 3 相配合,铆接完成后的锁环 3 楔入在锁环卡槽内。

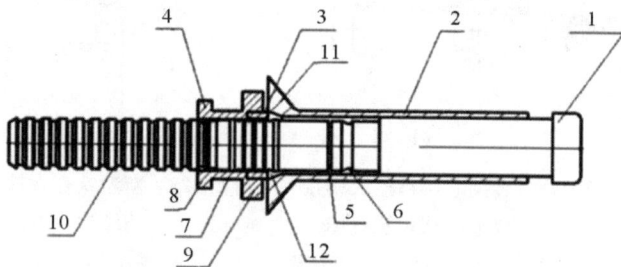

图 2.121　新型钛合金抽芯铆钉结构示意图

1—铆钉杆；　2—铆钉套；　3—锁环；　4—移动块；　5—拉断槽；　6—锁环卡槽；
7—顶环；　8—端环；　9—锁环卡环；　10—防滑凹纹；　11—挡圈；　12—锥度

(2)新型钛合金抽芯铆钉的铆接过程。

1)图 2.122 所示,在铆接前需先在被铆接物上开相应直径的通孔,且在一端需进行扩孔,扩孔的大小与深度与铆接套上的挡圈相匹配;完成上述工序后就可将本抽芯铆钉安装在铆枪上,并将其插入到开设的通孔内,需要注意的是,在选用新型抽芯铆钉时,其长度的匹配要求为,插入铆接物后,铆钉套伸出铆接物的部位的长度不能小于铆接套长度的1/3。

2)图 2.123 所示,在用铆接枪拉铆钉杆时,因铆钉套采用易变形的纯钛制成,这样在受挤压力的情况下,铆钉套伸出铆接物区域就会发生弯曲变形,其变形点根据力学特性处于伸出区域的中点位置,同时为保证其变形发生在该区域,还可在该区域进行退火处理。

3)图 2.124 所示,此时铆接套伸出区域已经对折且贴合在一起,完成最大形变量,其贴合形成的凸起及挡圈分别位于被铆接物的两边,已经能实现铆接固定。其他变化为,移动块受撞击力后顶环与锁环卡环的接触面发生断裂,顶环断面向前运动,将锁环推入锁环卡槽内,同时根据锁环卡槽的形状,挤压变形成楔状卡接在锁环卡槽内,这样可以实现铆钉杆的定位,因铆钉杆位于铆钉套内,这样可以提高新型抽芯铆钉的强度。

4)图2.125所示,此时铆钉杆的尾部已于拉断槽处断裂,铆钉杆的端面与被铆接物的端面齐平。

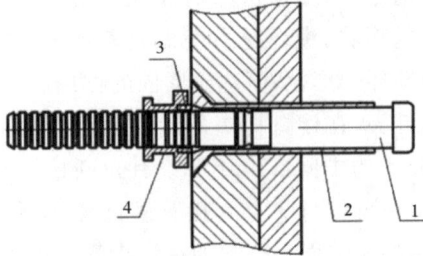

图 2.122　新型钛合金抽芯铆钉插入铆接
　　　　　　体后变形前结构示意图

1—铆钉杆;　2—铆钉套;　3—锁环;　4—移动块

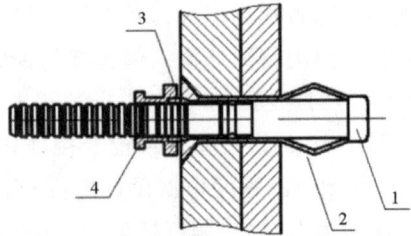

图 2.123　新型钛合金抽芯铆钉插入铆接
　　　　　　体后开始变形结构示意图

1—铆钉杆;　2—铆钉套;　3—锁环;　4—移动块

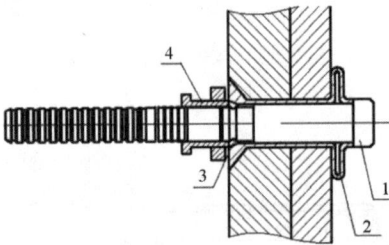

图 2.124　新型钛合金抽芯铆钉插入铆接
　　　　　　体后铆接成形后结构示意图

1—铆钉杆;　2—铆钉套;　3—锁环;　4—移动块

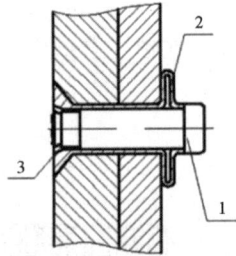

图 2.125　新型钛合金抽芯铆钉完成铆接
　　　　　　的结构示意图

1—铆钉杆;2—铆钉套;3—锁环

七、工具设备的使用和维护

特种铆接所使用的拉枪一般为气动式或气动液压式,各种拉头的结构形式为机械传动式,因此在使用过程中应加以爱护和保养。

(1)定期检查拉枪的动力部分和传动机构,液压油缸内不允许有气泡存在。否则应使用排气装置及时排除,以免影响铆枪的拉铆力。

(2)定期更换拉枪内密封垫圈,使用拉枪时常保持良好的使用状态。

(3)接铆枪的气源,应经过滤,要清洁,且不含水分和杂质,气源的压力在规定范围内。

(4)所使用的拉枪、拉头和冲头等应无故障且在有效期内。

(5)使用拉枪铆进行抽芯铆钉时,拉枪轴线不可对准人,以免被拉断的尾杆弹出击伤人。

第八节　铆接质量检查

铆接过程中出现的各种铆接缺陷,在不同程度上都会削弱连接强度,造成铆接质量不好,使飞机结构的安全系数得不到保证。因此而造成的各种事故的例子是很多的。例如,铆钉孔的毛刺没有认真清除,毛刺上的细微裂纹在飞行中逐渐扩展,到一定程度可能使气密座舱漏气,也可能使防水密封的货舱、顶棚造成漏水;铆钉窝过深,铆钉没有使铆接件铆紧,在飞行中铆钉松动,蒙皮有可能被气动力撕裂;发动机进气道的铆钉孔不垂直或铆钉窝过深,没有铆紧,飞机在飞行时铆钉头可能脱落被吸入发动机,打坏发动机叶片,损坏发动机;有些飞机的铆接结构还没有到使用寿命,大量铆钉发现松动,只好提前停止使用,被迫停飞。此外,在铆接装配中没有严格控制好铆接变形,造成许多不协调现象,使装配困难,影响铆接质量,严重时造成装配件返修或报废。因此,不仅要知道铆接缺陷或故障的所在,还要掌握它们产生的原因和提出预防其发生的工艺措施,必须严格保证铆接质量。

要保证铆接质量,应了解铆接中有哪些常见的缺陷,这些缺陷是怎样产生的,找到预防措施,然后提出处理意见和排除方法,从中总结经验教训,提高铆接操作技能。

一、质量检查

1.铆钉镦头的质量检查

用镦头样板(见图 2.126)检查铆钉镦头高度和直径,如图 2.127 所示。抽检数不少于铆钉排总钉数的 10%。

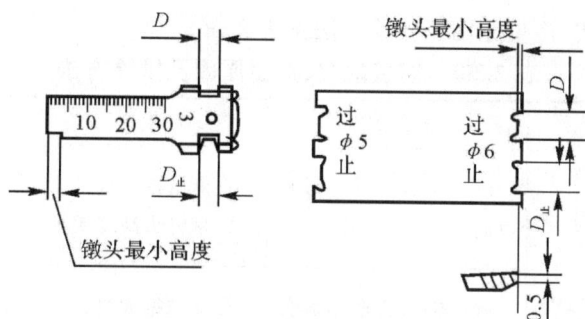

图 2.126 镦头样板形式示意图

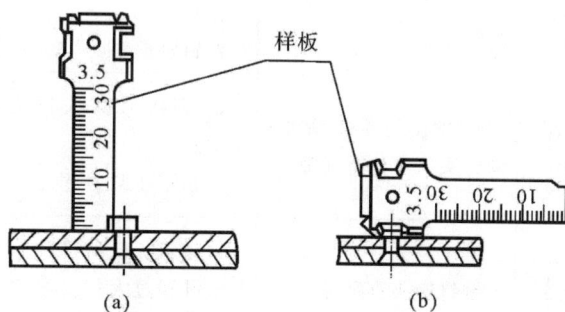

图 2.127 镦头检查示意图
(a)检查镦头高度; (b)检查镦头直径

2.检查沉头铆钉头相对蒙皮表面凸出量及蒙皮划伤深度

(1)用带有辅助支架的百分表检查沉头铆钉头相对蒙皮的凸出量,如图 2.128 所示。

（2）用带有辅助支架的百分表,或用直尺和塞尺检查铆接引起的蒙皮表面凹凸不平量,如图 2.129 所示。

（3）用带有辅助支架的百分表检查蒙皮划伤深度,如图 2.130 所示。

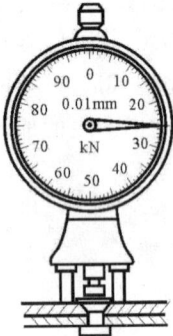

图 2.128　沉头铆钉相对蒙皮
凸出量检查

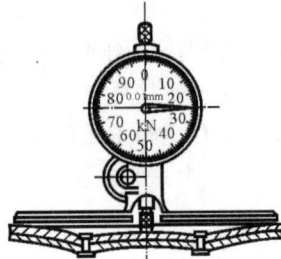

图 2.129　铆接件蒙皮表面
不平量检查

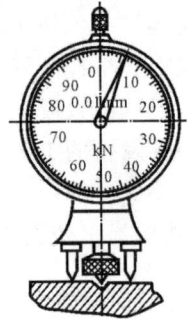

图 2.130　蒙皮划伤深度
的检查

3.各种铆接缺陷

铆接缺陷表现形式、产生原因及排除方法见表 2.50。

表 2.50　铆接缺陷、产生原因及排除方法

序　号	简　图	铆接缺陷	产生原因	排除方法
1		沉头铆钉头凹进零件表面	1.窝锪得太深; 2.铆钉头高度太小	更换铆钉或加大铆钉
2		沉头铆钉头凸出零件表面过大	1.窝锪得太浅; 2.铆钉头高度太高	更换铆钉或重新锪窝
3		铆钉头与钉窝之间有间隙	1.钉头与窝的角度不一致; 2.钉窝偏斜	用大一号铆钉重新锪窝铆接
4		钉杆在钉头下镦粗;铆钉头与零件有间隙	1.铆接时窝头压力不够; 2.顶把压紧力过大	更换铆钉或补铆
5		铆钉镦头直径过小	1.铆钉长度不够; 2.孔径过大; 3.铆接力过大	更换铆钉或补铆
6		铆钉镦头高度过小	1.铆钉长度不够; 2.铆接力过大	更换铆钉

续表

序 号	简 图	铆接缺陷	产生原因	排除方法
7		铆钉头或镦头被打伤、有切痕、有裂纹	1.顶把顶得不正确; 2.铆钉材料塑性不够	更换铆钉
8		镦头呈喇叭形	1.铆枪功率过小; 2.气压不够; 3.顶把太轻	更换铆钉
9		镦头偏移过大	1.铆钉过长; 2.顶把顶得不正确; 3.钉孔偏斜	更换铆钉
10		镦头偏斜	1.顶把面与零件不平行; 2.压铆模工作面歪斜	更换铆钉
11		钉杆在孔内弯曲	钉孔直径过大	用大一号铆钉铆接
12		钉杆在零件间被镦粗	1.铆接时零贴合不好; 2.零件未被夹紧	钻掉铆钉排除夹层间隙,再铆
13		在铆钉头处零件被打伤	1.窝头上的窝过深; 2.铆枪窝头安放不垂直	严重时要更换零件
14		铆钉头周围蒙皮下凹	1.蒙皮与骨架之间有间隙; 2.操作者配合不协调; 3.顶把质量与铆枪功率不匹配	校正敲修
15		蒙皮沿铆缝局部下陷或整个下陷	1.操作者配合不协调; 2.顶把质量与铆枪功率不匹配	轻则敲修,重则分解铆钉加垫排除

二、质量分析

铆接质量可从两方面来分析:一是由于思想上和技术上的疏忽大意造成的各种铆接缺陷;二是因结构设计的工艺性差和工艺方法本身所产生的铆接变形。对于前者只要引起重视是可以避免的,对于后者则应掌握其规律性,使其向不变形或向有利方向变形。

1.铆接缺陷的分析

例如,一个直径为 3mm 的半圆头铆钉所做的正常铆缝与缺陷铆缝在抗拉强度与抗剪切强度的试验中,对铆缝的影响如图 2.131 所示。

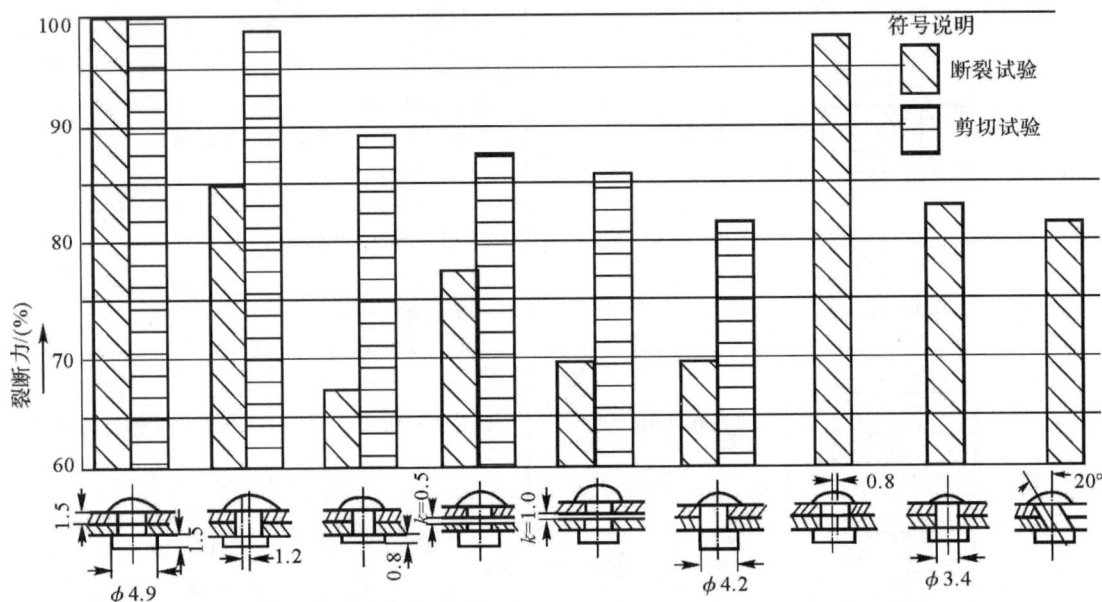

图 2.131　各类铆接缺陷的样品力学性能的试验结果

由图 2.131 看出,镦头过扁会严重降低抗拉强度,铆接件间存有间隙,会降低抗剪强度和抗拉强度。镦头裂纹、钉孔过小、铆钉孔倾斜、钉杆打弯、钉孔打裂、钉孔过大、铆钉未铆紧等缺陷是绝对不允许的。在动载荷作用下,由于铆缝的缺陷造成强度的降低比静载荷下更严重。

制窝过深往往是造成零件之间有间隙的主要原因。零件间的切屑必须清除干净,划铆钉孔位置线时,要仔细看清上下几个零件是否都满足了边距的要求,使用工具必须经过检查等。铆接半圆头铆钉时,铆枪冲头的窝要合适,小了容易把钉头打伤,过大又容易把蒙皮打出凹坑。在结构不开敞处正确地选择顶把形状和质量。一组铆钉若有一两个铆坏了,就不要再铆接下去,要找出产生故障的原因,采取措施后再铆。

2.铆接变形分析及一般预防措施

在装配铆接过程中,从零件组合成组件、部件的铆接,经常会碰到各种程度不同的变形问题。有的零件表现为翘曲,有的组合件几何形状和尺寸变大缩小、变长或缩短。对于翼面类型的外形则表现偏扭;对于薄蒙皮结构件,常出现蒙皮鼓动等。各种变形最终还可能反映到相互连接的接头上,孔位错移,严重影响部件间对合。

例如,某机的减速板,铆接后与机身不贴合,外形弧面超大;某歼击机后机身铆接后和前机身对接框处变大,前后机身对接后造成负阶差。某教练机的襟翼的铆接扭曲变形无法与机翼对合;飞机水平尾翼铆接后,当在精加工台上进行调平时,下翼面向上翼面偏扭,最后拆去后缘条,更换部分铆钉,造成返工报废零件。

某机升降舱,上、下蒙皮经常出现蒙皮鼓动现象,须花费很多工时来排除。

某机后机身由四个壁板组合(上、下壁板,左、右侧壁),在各壁板铆接后,在总装型架上进行四壁对合铆接,出现各壁板接头孔与型架上接头定位件孔严重错移,且壁板外形超差,造成返工报废。

造成这类铆接变形的原因是多方面的,但其中很重要的一个原因是铆接装配引起的。

(1)飞机结构的刚性较差产生变形。飞机结构大多为轻合金的薄壁结构,由于轻合金的弹性模量较低,使得薄壁结构的抗弯刚度及抗扭刚度都要比黑色金属薄壁结构差,因而与一般机械相比飞机结构的刚性就较差。在制造和装配过程中,无论采取哪种连接方式都很容易产生变形,如果不很好地加以控制就会造成超出使用要求所允许的范围而报废。图 2.132 为某直升机尾梁铆接后产生的扭曲变形。

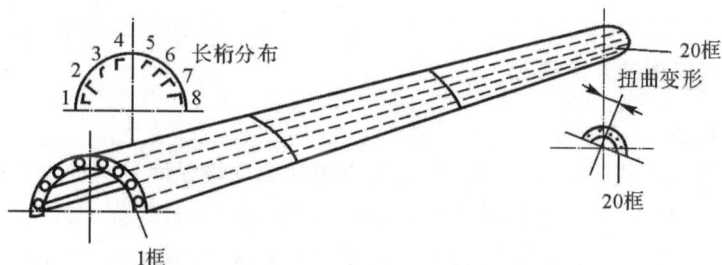

图 2.132　某直升机尾梁上板件铆接后的扭曲变形

特别是现代的一些低速小型飞机,为减轻机体结构的质量,提高商载能力,大多采用了超薄壁结构,即飞机机体结构的蒙皮和骨架(长桁、框和肋等)均是用 0.3~0.8mm 铝合金薄板制成,其工艺方法及工人操作技术都有独特的一面,为区别于一般薄壁结构,而称其为超薄壁结构,如机翼的后缘、襟翼、副翼及舵面等。这种结构的蒙皮很薄,骨架零件亦很弱,往往经不起铆枪的捶击,甚至轻度的捶击就会使铆钉周围的蒙皮连同骨架一起产生局部凹陷。因此,多数采用无冲击力的抽芯铆钉进行铆接。即使如此,如果操作时掌握不当,钉杆断裂时拉铆枪产生的反冲也会将产品冲出一个局部的凹坑。

(2)铆接零件应力变形。在铆接过程中,由于铆钉杆在镦粗时挤压孔壁和钉头,镦头挤压零件表面,从而产生内应力。

(3)定位基准和约束选择的不合理以及工装使用不当而变形。工装除了定位作用外还有控制产品变形的功能。如何正确选择适合产品特点的工装是很重要的。如某型机的外襟翼型架,每隔两个肋给一块卡板,虽然简化了工装,但在铆接过程中对肋的偏摆不易控制,保证不了表面平滑度和后缘直线度的要求。有时尽管有卡板,而操作者若怕麻烦,工作时将多块卡板同时打开,产品就会失去约束,从而很容易产生变形。

(4)零件不协调或零件与定位器不协调而进行强迫装配引发变形。参加装配的零件相互间不协调或零件与工装定位器不协调,如不采取措施就进行强迫装配,势必产生应力而使零件变形。例如,接头在取消约束后产生回弹,致使接头孔偏离定位点过大。

(5)施工过程中装配方法和铆接顺序不合理引发变形。对于薄壁结构应视刚性的强弱采用不同的铆接方法。一般遵循中心法或边缘法,否则材料膨胀无法向外延展而产生鼓动和变形,尤其是蒙皮对缝处的间隙,应经常观察是否相顶,及时加以修锉。一旦两块蒙皮相顶,最易产生鼓动。

(6)铆接工具选用不当,铆接时施力过大引起变形。应根据产品结构的刚度和铆钉直径选用适当功率的铆枪和适当质量的顶把。冲击铆接时如铆枪功率过大,铆钉杆镦粗不均匀,冲击时间长,镦头过扁,都会使铆接件产生过大的内应力而变形,蒙皮表面沿铆缝凹陷,致使平滑度不好。

(7)操作者技术水平低,实践经验少,工作责任心不强和主、副手配合得不好,都容易产生铆接变形。为此,就要求操作者在铆接过程中,要不断地认识、掌握变形规律,提高技能水平,增强责任感和协作精神,及时采取防范铆接变形的措施。

(8)零件不合格,如蒙皮本身就原带鼓动或松动。有的产品鼓动是由于蒙皮本身不合格,在未装配之前,已带有鼓动和松动。尤其是超薄的压梗蒙皮,往往在成形过程中就产生了鼓动。

三、抑制铆接变形的几点措施

1. 在操作方法上

(1)铆接时,镦头形成快,不应过扁,以避免铆钉孔周围接触面材料过分变形。

(2)在装配件定位上,对易变形的零件,最好采用型架或夹具定位,在定位夹紧后再铆接。

(3)参加装配的零、组件之间和定位器之间要保证协调,如果超差,则及时返修。纯属公差积累造成的不协调,应在允许的范围内进行补加工,决不能进行强迫装配。

(4)应尽量采取压铆和正铆法,反铆时,尽量避免捶击时间过长。

2. 在铆接顺序上

(1)先铆蒙皮与长桁,首先保证零件有较好的刚性。

(2)对长宽较大的壁板型组合件,可分段进行铆接,以减少铆接变形。

(3)采用合理的铆接顺序,遵循中心法或边缘法,并注意蒙皮对缝是否相顶,及时加以修锉。

3. 在装配方法上

(1)当骨架刚度比较好时,可采用预应力装配方法,使蒙皮紧贴骨架上,使铆接后的变形减少到最小极限。

(2)当铆钉镦头位置无严格要求和限制时,尽可能使镦头一面在材料厚的或强度大的一面。

(3)对无支撑的零件装配,铆接时应严格控制其间距与排距,以免使材料变形过多,从而引起结构变形。铆钉间距最好不小于 5 倍的铆钉直径。

(4)设计时,应当尽量把镦头的一面放在材料较硬或较厚的一边。

(5)能用铝铆钉时,不要用钢铆钉,能用 LY1 材料的铆钉,就不要用 LY10 材料的铆钉。能用小直径的铆钉就不要用大直径的铆钉,没有必要时就不要随意缩小铆钉间距和增加铆钉数量。

(6)钢铆钉铆在铝件上,镦头下应加一个钢垫圈。镦头在薄或软材料一边时,在镦头下也最好放一个垫圈,以减少变形。

(7)工艺上,为减少和防止变形,也常采取一系列措施。铆钉排列时,尽量地把镦头和钉头交错排列,使两面的变形互相抵消;要估计到各种钣件的特点,使零件事先有一定反变形,如加支撑等。

(8)铆钉长度和镦头高度要加以控制,因为铆钉杆的变形量加大会增加零件变形。装配时若零件间存有间隙,装配后会产生内应力,使零件产生变形。因此,要严格控制结构间的间隙,有间隙应加垫或用其他补偿措施排除。装配件铆接时应严格检查构件之间相互位置,正确后才能进行铆接。

(9)为了克服不可避免的铆接变形对接头孔位置准确度的影响,只有在装配的最后工序才能进行铰孔。但在铰孔前需检查孔的偏移量是否能保证孔的精度、光度和最小边距的要求。

(10)蒙皮在装配之前,应很好地检查其供应状态,如有鼓动和松动现象不能使用。

(11)在薄蒙皮与厚零件或接头连接的反铆中,由于铝铆钉长,铆钉直径粗,铆接中镦头难以成形,捶击时间长,蒙皮很容易变形,铆接后,不能满足技术条件规定的外形。为了解决这一问题,可采用将铝铆钉放在盐炉中,进行热处理(退火)大约 15min,从盐炉中取出后,立即放在清水中冲洗干净,再进行铆接,这样退火的铆钉在自然硬化之前,易使镦头成形,可以减少铆接捶击的时间,避免铆接时间长而产生铆接变形,同时也提高了铆接效率,确保了铆接变形的排除。

除上述外,为了排除变形和鼓动,可将角材铆于鼓动处来增强刚性,但必须符合设计技术要求。另外,薄蒙皮铆接后,敲修外形,排除多余物不要随意敲打,以免敲松铆接件相互间的衔接而产生鼓动。

还有一种情况也应引起注意,结构设计的不合理也是产生各种缺陷的一个不可忽视的原因。如有的飞机电台外罩用 LF2 防锈铝制造,但却选用 LY10 高强度硬铝铆钉铆接,一方面从强度上看没有必要,另一方面铆接时也很难避免缺陷。又如在铝蒙皮上铆钢铆钉,结构又设计得不开敞,顶把不好接近,质量就不易保证。

四、铆钉分解

如果发现有铆接缺陷,在处理上应当更加仔细、认真。因为铆接是一种不可拆卸的连接,所以能够修复而不需拆除的铆钉应尽量不拆。拆除铆钉后铆钉孔一般都有扩大,铆接起来就更加困难。有时零件有损伤,例如有裂纹、破洞时,可以贴补垫板加强,实在不行只有仔细拆除,更换零件,补铆加强。

在铆接装配工作中,拆除不合格铆钉是一项难度较大的操作技能。例如,铆钉头打坏,镦头打歪顶烂,或钉杆形成不良等,这些有缺陷的铆钉必须排除和更换。有时在装配铆接后发现零件间不协调或有故障等取下检查和修正,还有的铆接件定位时用的工艺铆钉要拆除,这些都要对铆钉进行分解。

分解铆钉时,一定要按照分解的程序和方法进行。分解铆钉的方法,先钻脱铆钉头,然后用铆钉冲将铆钉杆轻轻冲出,其程序如图2.133所示。

(1)用同直径的钻头对准铆钉头位置中心线,用手沿顺时针

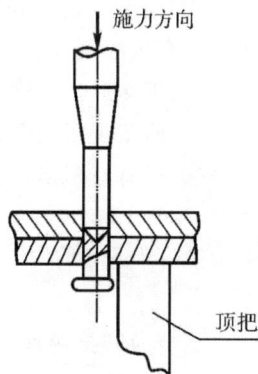

图 2.133 铆钉分解

方向转动风钻钻帽,使钻头在铆钉头上稳定钻心,然后再钻孔,钻孔的深度等于铆钉头的高度。

(2)分解半圆头铆钉时,最好用尖冲在铆钉头上冲一下中心点,防止钻拆时钻头滑动而钻伤铆接件。

(3)用小于铆钉直径 0.2～0.5mm 的铆钉冲轻轻将铆钉杆冲出,冲铆钉杆时,应在镦头一面加用顶把顶住,以免铆接件变形。

安全·小·提示

一、钻孔注意事项

(1)严禁戴手套钻孔,防止钻头绞住手套伤人。

(2)仰卧姿势钻孔,要戴护目镜,防止钻屑进入眼中。

(3)用手拿住零件钻孔,一定要捏紧,手不能置于钻头出口处。

(4)钻孔时零件要夹紧,防止零件松动,旋转伤人。

(5)钻孔过程中,不准用手拉钻头导出的钻屑,以防伤手。

(6)双人在零件的两面工作,一人在对面钻孔时,要防止钻头伤人。

(7)风钻未停止转动,严禁用钥匙装卸钻头。

二、密封铆接环境控制及安全措施

1. 环境控制

(1)施工的环境温度应控制在 15～30℃,空气相对湿度应保持在 40%～80%。

(2)工作间应清洁。

(3)所用的压缩空气应经过滤处理,不含油、水和其他杂质。

(4)施工人员的工作服、手套及工具等不准有油脂和纤维附着。

2. 安全措施

(1)施工现场特别是当在狭小空间施工时,必须有通风、排气设施,防止施工人员吸入过量有机溶剂蒸气。

(2)施工现场附近应备有肥皂、去污粉及洗涤设施。

(3)施工人员应戴手套接触有机溶剂、密封剂。黏在皮肤上的密封剂,应及时擦掉并用水冲洗。有机溶剂及有害物质溅入眼、口腔时,应立即用水冲洗。

(4)工作后离开现场应更换工作服,将手洗净。

(5)施工现场应严禁烟火,必须配备干粉灭火器、灭火砂箱等消防器具。

(6)浸有有机溶剂的废弃抹布和密封剂必须分别投入专用容器中。

思　考　题

1.普通铆接的种类有几种?试举例说明铆钉代号及标志。

2.压铆的优点是什么?如何提高压铆系数?

3.普通铆钉的长度计算公式有几种?

4.制孔的技术要求是什么?

5.钻孔的注意事项是什么?

6.钻孔后如何去毛刺?

7.钻孔工艺要求是什么?

8.铰孔时的注意事项是什么?

9.锪窝钻的组成和分类是什么?

10.制窝的技术要求是什么?

11.典型普通铆接的过程是什么?

12.什么是确定铆钉孔的边距、间距和排距?

13.什么是正铆法、反铆法,各自的特点是什么?

14.冲头如何使用?

15.顶把的质量如何选择?

16.顶把的操作要领是什么?

17.锤铆的注意事项是什么?

18.铆枪的操作方法是什么?

19.密封铆接的定义及典型工艺过程是什么?

20.什么是密封剂的工艺性?

21.密封贴合面如何清洗?

22.涂敷密封剂的方法有哪几种? 各自的定义是什么?

23.密封剂如何硫化和保护?

24.密封铆接施铆时的操作要求是什么?

25.环槽铆接的技术要求是什么?

26.高抗剪铆接的技术要求是什么?

27.干涉配合的定义和特点是什么? 作用是什么?

28.在操作方法上如何抑制铆接变形?

29.如何分解铆钉?

30.干涉铆接的要领和注意事项是什么?

第三章　螺纹连接技术

　　本章主要讲述螺纹连接常用标准、紧固件、工具和设备；螺纹连接的形式、典型工艺过程及螺栓安装的工艺过程、工艺方法、技术要求；螺纹连接质量检查内容及方法等。

教学要求

　　(1)了解螺接和铆接各自的工艺特点；

　　(2)基本掌握螺接紧固件的一般知识，包括种类、材料、标准、标记；

　　(3)掌握螺栓安装的工艺过程和技术要求；

　　(4)了解高锁螺栓安装的技术要求和工艺方法；

　　(5)简单了解其他几种紧固件的安装。

内容框架

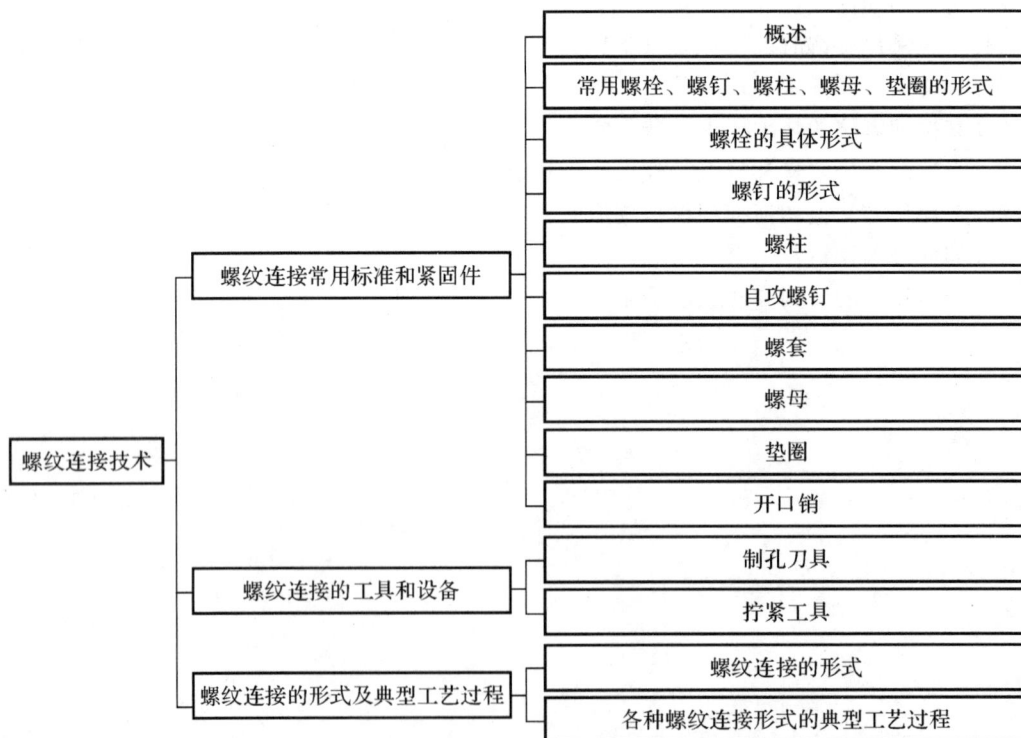

```
                              ┌─────────────────────────────────┐
                              │          螺栓的安装              │
                              ├─────────────────────────────────┤
                              │        高锁螺栓的安装            │
                              ├─────────────────────────────────┤
          ┌─────────────────┐ │      锥形螺栓安装技术要求        │
          │ 螺纹连接工艺过程分析│─┤ 基体零件上制普通螺纹孔的紧固件安装技术要求 │
          └─────────────────┘ ├─────────────────────────────────┤
                              │      钢丝螺套安装技术要求        │
                              ├─────────────────────────────────┤
┌──────────┐                  │      自攻螺钉的安装工艺          │
│螺纹连接技术│                  └─────────────────────────────────┘
└──────────┘                  ┌─────────────────────────────────┐
          ┌─────────────────┐ │      螺栓安装前的检查内容        │
          │ 螺纹连接质量检查  │─┤      螺栓安装后的检查内容        │
          └─────────────────┘ ├─────────────────────────────────┤
                              │        检查内容及方法            │
                              └─────────────────────────────────┘
```

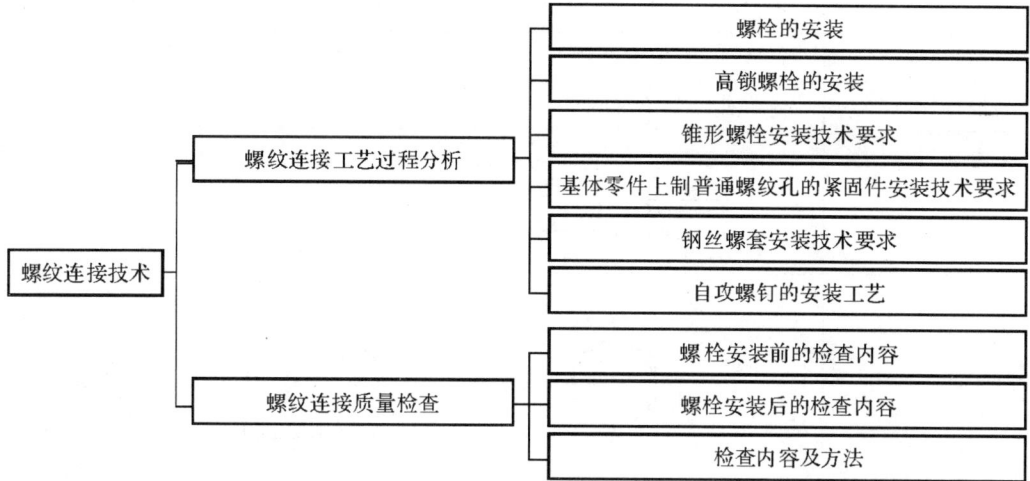

第一节　螺纹连接常用标准和紧固件

一、概述

1.常用螺纹种类

常用的螺纹种类有普通螺纹、梯形螺纹和锥形螺纹等。

2.螺纹零件的标记

螺栓光杆直径公差带、螺栓和螺母的材料直接影响螺纹连接强度,为了便于在管理和使用时辨别,规定在螺栓、螺母上制标记。

(1)螺栓光杆直径公差带的区别标记见表3.1。

表3.1　螺栓光杆直径公差带标记

公差等级	h6	f9	h8	其他公差等级
标志				不制标记

(2)螺栓、螺钉、螺母材料牌号的标记形式见表3.2。

表 3.2　螺栓、螺钉、螺母材料牌号的标记形式

材　料	螺栓和螺钉	螺　母
碳钢和 GH132	不制标记	不制标记
16CrSiNi		
Cr17Ni2	F	用于车制　用于镦制
18Cr2Ni4WA	HC	
30CrMnSiA 1Cr18Ni9Ti		用于车制　用于镦制
38CrA①	H	用于车制　用于镦制

二、常用螺栓、螺钉、螺柱、螺母、垫圈的形式

1. 螺栓、螺钉和螺柱的形式

通常把杆部全部制成螺纹的螺纹紧固件称为螺钉,有光杆部分的称为螺栓,杆的两端均制有螺纹的称为螺柱。

(1)常用螺栓和螺钉的头部形状如图 3.1 所示。

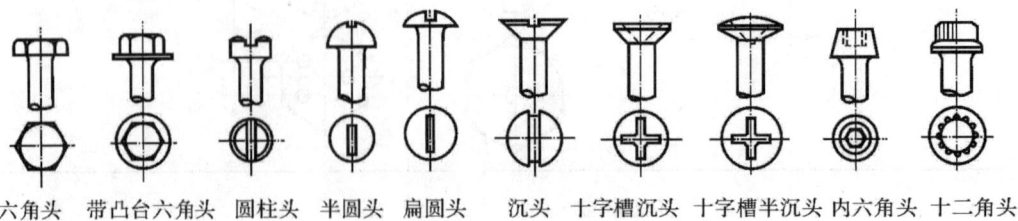

六角头　带凸台六角头　圆柱头　半圆头　扁圆头　沉头　十字槽沉头　十字槽半沉头　内六角头　十二角头

图 3.1　常用螺栓和螺钉的头部形状

（2）螺栓按其光杆部分的形状分,有圆柱、锥形和特制形三种。飞机上使用最广的是圆柱形螺栓。锥形螺栓光杆有 1：20 锥度。特制的圆柱形螺栓仅光杆直径比标准螺栓的加大 0.1～0.9mm,主要用于排除故障和修理。

（3）螺栓、螺钉、螺柱(与螺母连接的一端)的螺纹一般采用普通螺纹标准。

2.螺母的形式

常用螺母的形式如图 3.2 所示。在振动或交变载荷下工作的螺母,一般应考虑锁紧。

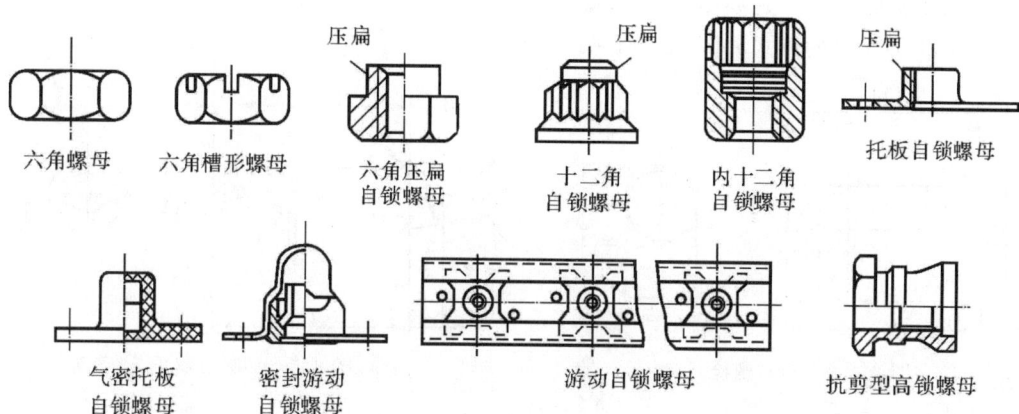

六角螺母　六角槽形螺母　六角压扁自锁螺母　十二角自锁螺母　内十二角自锁螺母　托板自锁螺母

气密托板自锁螺母　密封游动自锁螺母　游动自锁螺母　抗剪型高锁螺母

图 3.2　常用螺母形式

3.垫圈的形式

（1）常用垫圈形式如图 3.3 所示。

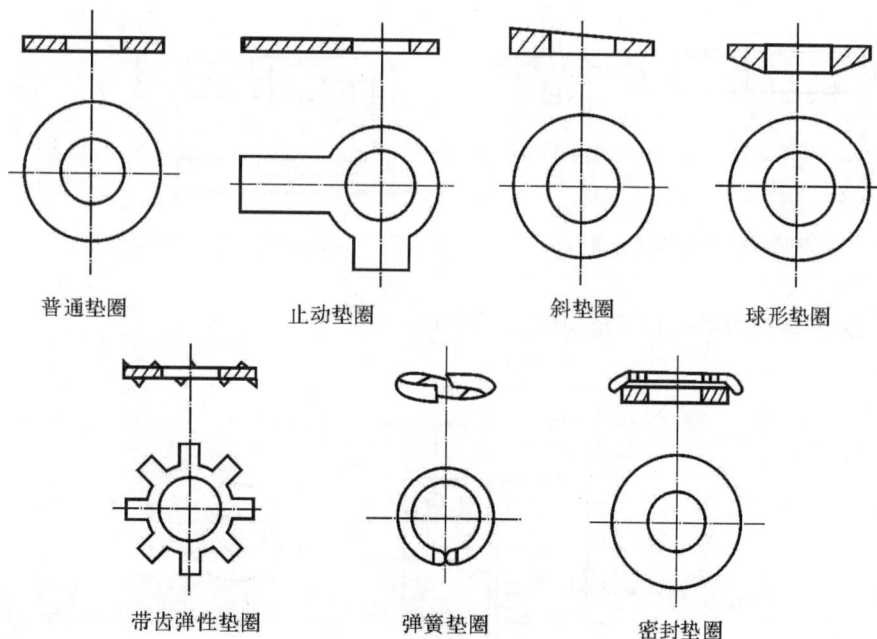

普通垫圈　止动垫圈　斜垫圈　球形垫圈

带齿弹性垫圈　弹簧垫圈　密封垫圈

图 3.3　常用垫圈形式

（2）垫圈的作用。

1)保护被连接件表面在拧紧螺母或螺钉时不被划伤;

2)增大被连接件的接触面积;

3)补偿不平的(圆弧的或倾斜的)接触表面;

4)调整夹层厚度,保证螺母拧紧,改善被连接处的疲劳性能;

5)防松、防腐和提高密封性等。

三、螺栓的具体形式

(1)六角头螺栓的形式如图 3.4 所示。

(2)平圆头螺栓的形式如图 3.5 所示。

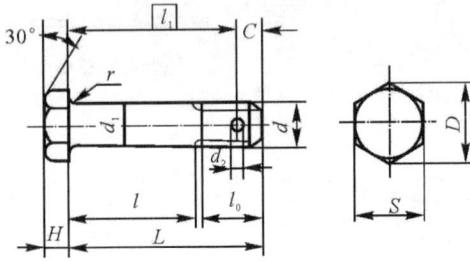

图 3.4　六角头螺栓

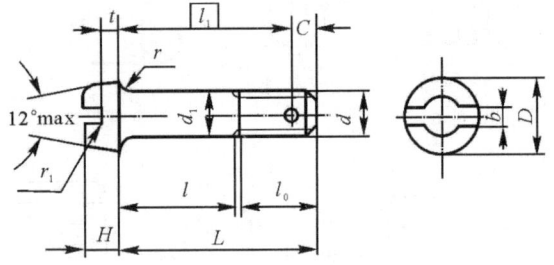

图 3.5　平圆头螺栓

(3)头部带保险孔的圆柱头螺栓的形式如图 3.6 所示。

(4)扁圆头螺栓的形式如图 3.7 所示。

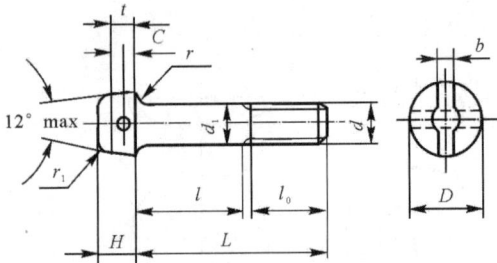

图 3.6　头部带保险孔的圆柱头螺栓

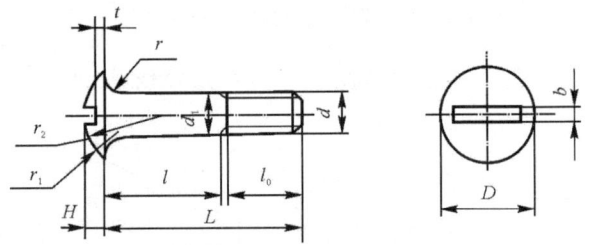

图 3.7　扁圆头螺栓

(5)90°沉头螺栓的形式和规格如图 3.8 所示。

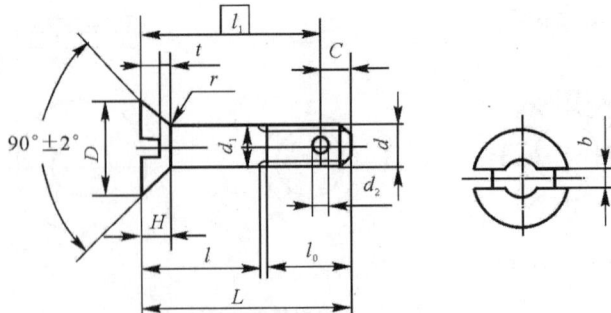

图 3.8　90°沉头螺栓

(6)半圆头螺栓的形式如图 3.9 所示。

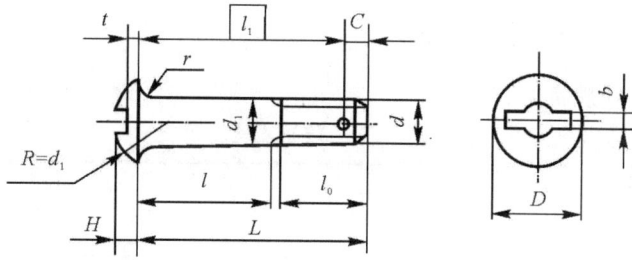

图 3.9　半圆头螺栓

(7)十字槽 120°半沉头螺栓的形式如图 3.10 所示。

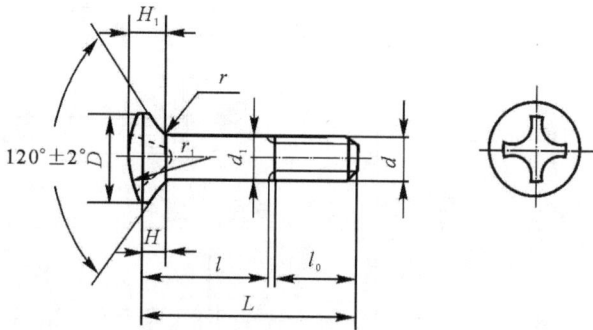

图 3.10　十字槽 120°半沉头螺栓

(8)抗剪型 90°沉头高锁螺栓的形式如图 3.11 所示。

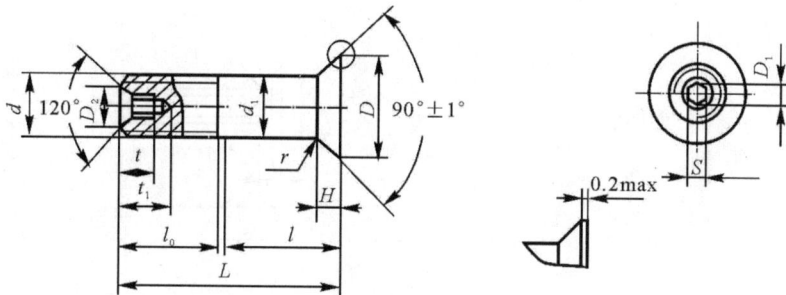

图 3.11　抗剪型 90°沉头高锁螺栓

(9)抗剪型平头高锁螺栓的形式如图 3.12 所示。

(10)锥形螺栓的形式和规格如图 3.13 所示。

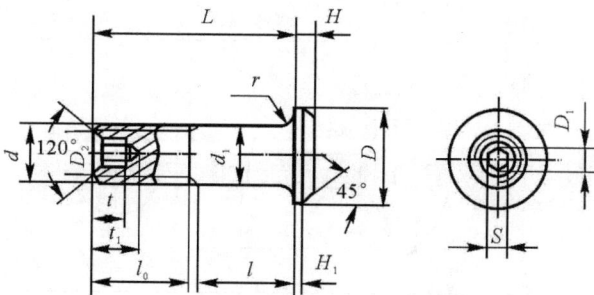

图 3.12　抗剪型平头高锁螺栓

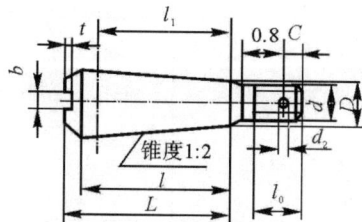

图 3.13　锥形螺栓

四、螺钉的形式

普通螺钉的形式和规格见表3.3。

表3.3 普通螺钉

名　称	代　号	简　图
六角头螺钉	HB1—201—83	
平圆头螺钉	HB1—202—83	
扁圆头螺钉	HB1—204—83	
90°沉头螺钉	HB1—205—83	
十字槽90°沉头螺钉	HB1—206—83	
120°沉头螺钉	HB1—207—83	

续表

名　称	代　号	简　图
十字槽120°沉头螺钉	HB1—208—83	
90°半沉头螺钉	HB1—209—83	

五、螺柱

过盈螺纹螺柱的形式如图 3.14 所示。

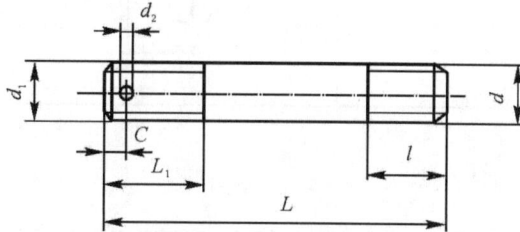

图 3.14　过盈螺纹螺柱

六、自攻螺钉

自攻螺钉的形式见表 3.4。

表 3.4　自攻螺钉

名　称	代　号	简　图
十字槽盘头自攻螺钉	GB845—1985	

续表

名　　称	代　号	简　图
十字槽沉头自攻螺钉	GB846—1985	 90° d_x C型　　F型 K　l　l H型十字槽 m
开槽盘头自攻螺钉	GB5282—1985	r_1 d_x n C型　　F型 t K l　l
开槽沉头自攻螺钉	GB5283—1985	90° d_x n C型　　F型 t K l　l

七、螺套

普通型钢丝螺套如图 3.15 所示。

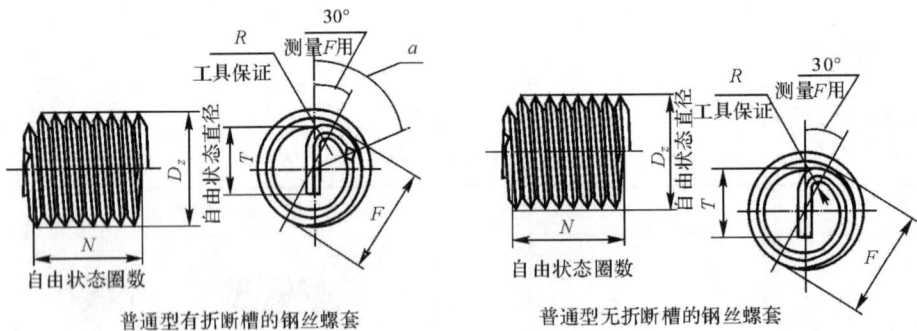

30°
R　测量F用　a
工具保证
D_z T 自由状态直径
F
N
自由状态圈数
普通型有折断槽的钢丝螺套

30°
R　测量F用
工具保证
D_z T 自由状态直径
F
N
自由状态圈数
普通型无折断槽的钢丝螺套

图 3.15　普通型钢丝螺套

八、螺母

(1)六角螺母的形式如图 3.16 所示。

(2)六角槽形螺母的形式如图 3.17 所示。

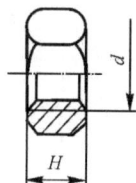

图 3.16　六角螺母

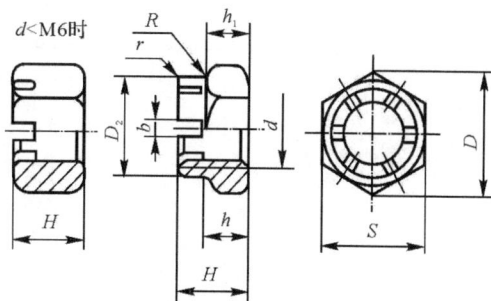

图 3.17　六角槽形螺母

（3）六角自锁螺母的形式如图 3.18 所示。

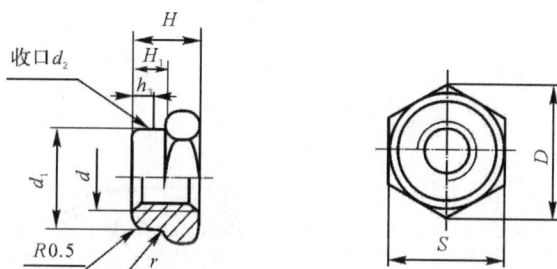

图 3.18　六角自锁螺母

（4）托板自锁螺母。

1）单个托板自锁螺母的形式见表 3.5。

表 3.5　单个托板自锁螺母

名　　称	代　号	简　图
单耳托板自锁螺母	HB1—803—83	

续表

名　称	代　号	简　图
双耳托板自锁螺母	HB1—804—83	
单耳游动托板自锁螺母	HB1—805—83	
双耳游动托板自锁螺母	HB1—808—83	

2)型材游动托板自锁螺母的形式如图 3.19 所示。

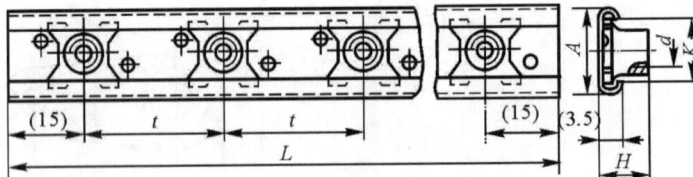

图 3.19　型材游动托板自锁螺母

(5)抗剪型高锁螺母的形式如图 3.20 所示。

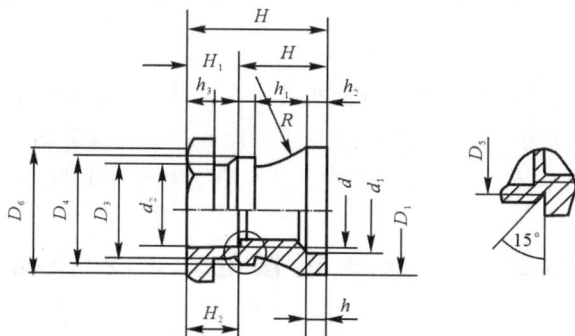

图 3.20　抗剪型高锁螺母

九、垫圈

(1)普通垫圈的形式如图 3.21 所示。

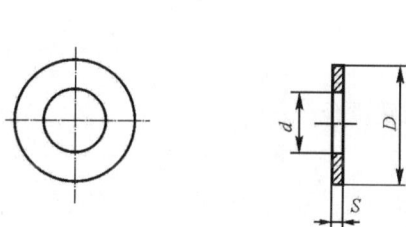

图 3.21　普通垫圈

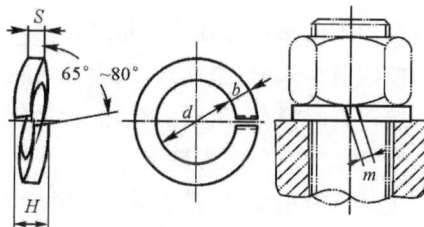

图 3.22　轻型弹簧垫圈

(2)轻型弹簧垫圈的形式如图 3.22 所示。

(3)锥形螺栓用垫圈的形式如图 3.23 所示。

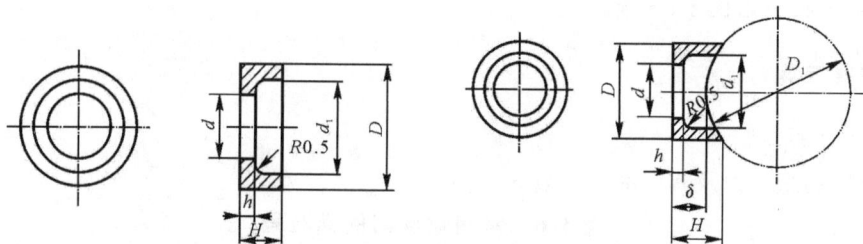

图 3.23　锥形螺栓用垫圈

十、开口销

(1)开口销的形式如图 3.24 所示。

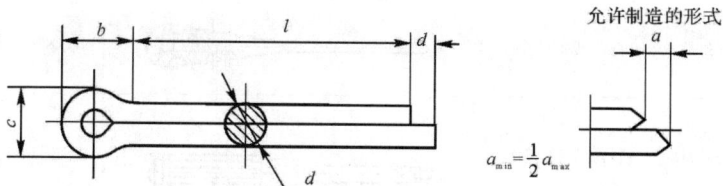

图 3.24　开口销

(2)开口销锁紧螺母的使用方法。一种是将开口销沿螺母径向折弯锁紧;一种是将开口销沿螺栓轴向弯曲锁紧。

(3)开口销长度的选择原则。开口销长度尺寸的选择要根据螺栓的螺纹直径、锁紧螺母的类型确定。沿螺母径向弯折,其开口锁长度应能够保证扣住螺母的凹槽。沿轴向折弯,其长度应能保证超过螺栓端面半径。开口销的长度应为从圆头根部到短的一端的长度。

第二节 螺纹连接的工具和设备

一、制孔刀具

1.钻头、扩孔钻

2.铰刀

(1)按使用方法分:机用、手用;

(2)按加工孔形状分:圆柱、锥度;

(3)按构造形式分:整体式、组合式、阶梯式;

(4)按刀具材料分:碳素工具钢、合金钢、高速钢、硬质合金;

(5)按齿形分:直齿、螺旋齿;

(6)按是否有引导分:带引导的、不带引导的。

3.拉刀

拉刀的基本尺寸是根据被加工材料、孔径、孔深、拉削设备的最大拉力等因素确定的。

4.锪钻及锪钻套

5.制螺纹工具

制螺纹工具包括板牙、丝锥。

二、拧紧工具

1.螺丝刀类

(1)常用的螺丝刀及其标准号见表3.6。

表 3.6 常用螺丝刀的标准号　　　　　单位:mm

序 号	名 称	标准号	简 图	螺 刀	
				厚 度	宽 度
1	防磁螺丝刀	HB3073—89		0.25~1.0	3~7
2	镶炳螺丝刀	HB3074—89		0.8~2.5	6~15
3	开口螺丝刀	HB3075—89		0.25~1.0	4~10

续表

序　号	名　称	标准号	简　图	螺　刀	
				厚　度	宽　度
4	棘轮螺丝刀	HB3077—89		0.8	5

(2)常用一字螺丝刀如图 3.25 所示。

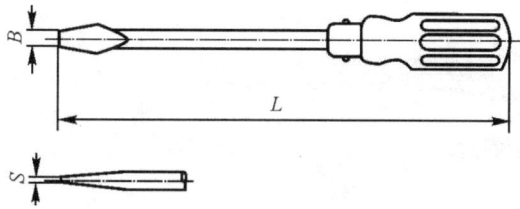

图 3.25　一字螺丝刀

(3)十字螺丝刀如图 3.26 所示。

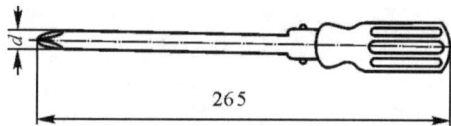

图 3.26　十字螺丝刀

2.扳手

(1)双头开口扳手如图 3.27 所示。

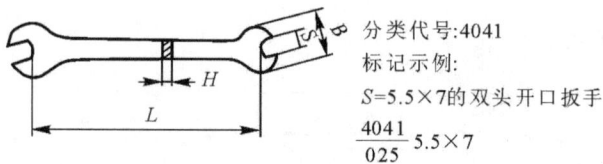

分类代号:4041

标记示例:

$S=5.5\times7$的双头开口扳手

$\dfrac{4041}{025}5.5\times7$

图 3.27　双头开口扳手

(2)曲柄梅花扳手如图 3.28 所示。

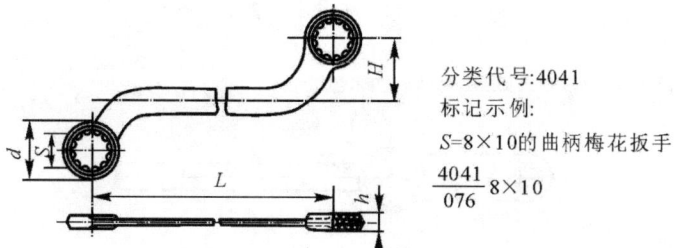

分类代号:4041

标记示例:

$S=8\times10$的曲柄梅花扳手

$\dfrac{4041}{076}8\times10$

图 3.28　曲柄梅花扳手

(3)开口梅花扳手如图 3.29 所示。

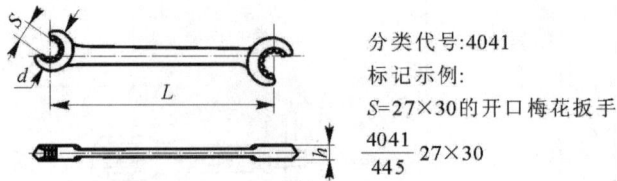

分类代号:4041
标记示例:
$S=27\times30$的开口梅花扳手
$\dfrac{4041}{445}27\times30$

图 3.29　开口梅花扳手

(4)棘轮扳手如图 3.30 所示。

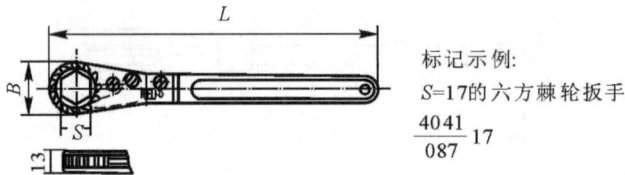

标记示例:
$S=17$的六方棘轮扳手
$\dfrac{4041}{087}17$

图 3.30　棘轮扳手

3.定力扳手

(1)指示式测力扳手如图 3.31 所示。

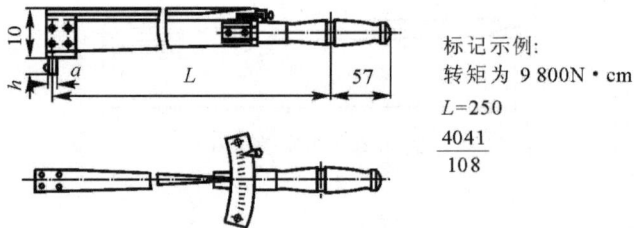

标记示例:
转矩为 9 800N·cm
$L=250$
$\dfrac{4041}{108}$

图 3.31　指示式测力扳手

(2)单臂定力扳手如图 3.32 所示。

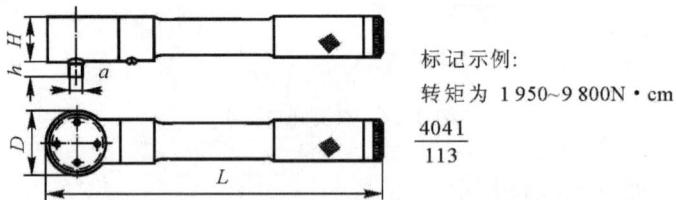

标记示例:
转矩为 1 950~9 800N·cm
$\dfrac{4041}{113}$

图 3.32　单臂定力扳手

(3)带游丝表盒式定力扳手如图 3.33 所示。

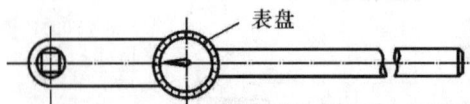

表盘

图 3.33　带游丝表盒式定力扳手

在各种规格中,以力矩范围为 9 800～98 000N·cm、方头尺寸为 28mm×28mm 的一种应用得最为广泛。

4.螺柱安装工具

(1)安装螺柱扳手如图 3.34 所示。

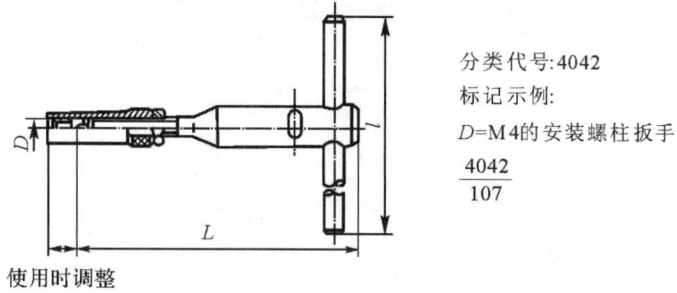

分类代号:4042
标记示例:

D=M4的安装螺柱扳手
$$\frac{4042}{107}$$

图 3.34　安装螺柱扳手

(2)拆卸螺柱扳手如图 3.35 所示。

分类代号:4042
标记示例:

D=5.1,D_1=8.1,D_2=12.1的拆卸螺柱扳手
$$\frac{4042}{114}$$

图 3.35　拆卸螺柱扳手

5.高锁螺栓安装工具

(1)枪式风动安装工具。Hi—Shear 公司带不同转接器的各种型号的枪式安装工具如图 3.36 所示。

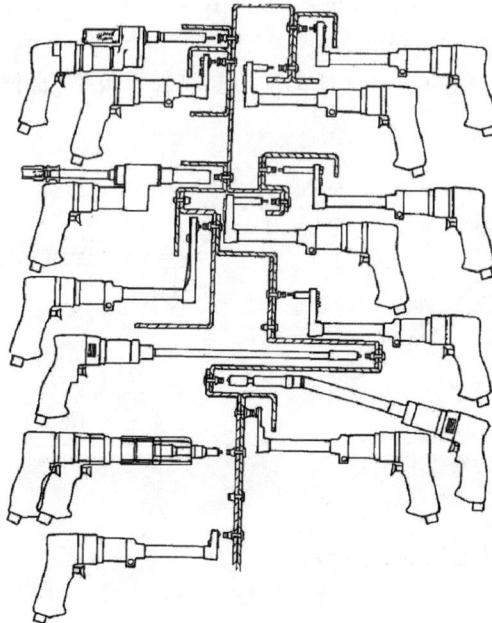

图 3.36　枪式安装工具

（2）棘轮扳手型风动安装工具。Hi—Shear 公司带不同角度的各种型号的棘轮扳手型风动安装工具如图 3.37 所示。

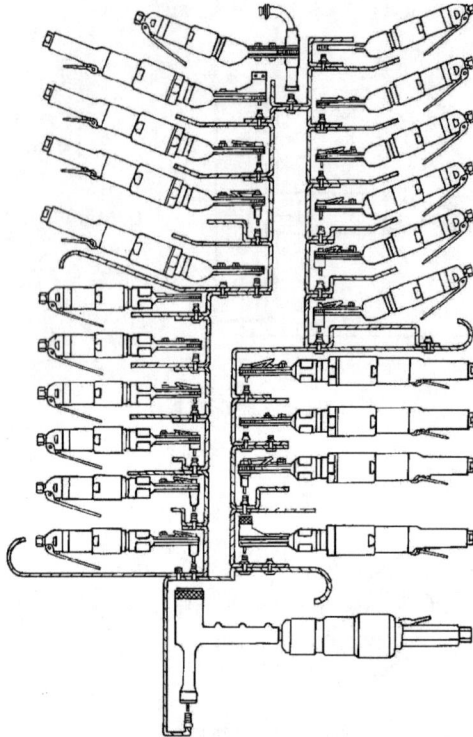

图 3.37　棘轮扳手型风动安装工具

（3）自动供螺母的安装工具。Hi—Shear 公司的直角自动供螺母的安装工具如图 3.38 所示。在此类工具上须另接一软管，软管内一次可装 220 个高锁螺母。用它安装 3/16in 和 1/4in[①]的高锁螺栓的速度为 45 个/min。

（4）手动工具。国内外所用的手动工具都是由套筒棘轮扳手、直把六角扳手和横把六角扳手三组组成的，如图 3.39 所示。

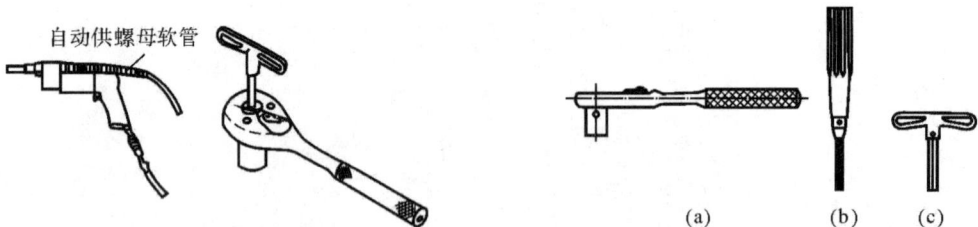

图 3.38　自动供螺母的安装工具

(a)　　　(b)　　(c)

图 3.39　手动工具

(a)套筒棘轮扳手；　(b)直把六角扳手；　(c)横把六角扳手

6.钢丝螺套安装工具

（1）安装钢丝螺套的工具如图 3.40 所示。

---

① 1in＝25.4mm。

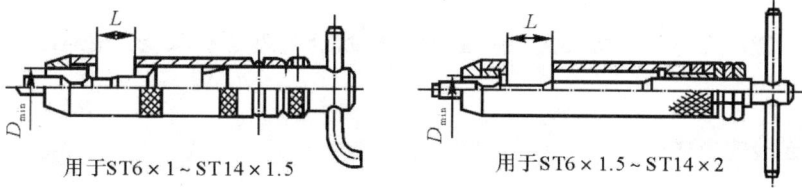

用于ST6×1～ST14×1.5　　　　　　用于ST6×1.5～ST14×2

图 3.40　钢丝螺套安装工具的规格和尺寸

（2）钢丝螺套的冲柄工具如图 3.41 所示。

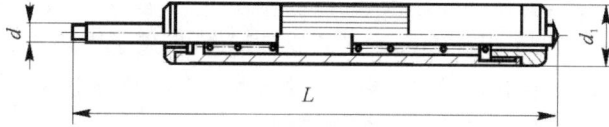

图 3.41　冲柄工具

（3）拆卸钢丝螺套的工具如图 3.42 所示。

7. 风动拧紧工具

（1）风螺丝刀。

1）风螺丝刀分静扭式和冲击式两大类。静扭式风螺丝刀的结构形式如图 3.43 所示。静扭式风

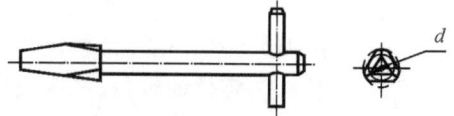

图 3.42　拆卸钢丝螺套工具

螺丝刀工作时作用到操作者手臂上的反转矩等于拧紧力矩，其旋转方向及所需要的转矩值是可以选择的。在发动机启动后，向前推动风螺丝刀，这时螺丝刀头才开始旋转。冲击式风螺丝刀的结构形式如图 3.44 所示。冲击式风螺丝刀的转矩大，但作用到操作者手臂上的反转矩很小。转矩一般不易控制和调节。风螺丝刀的旋转方向是可以选择的。

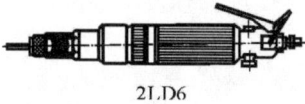

2LD6

图 3.43　静扭式风螺丝刀

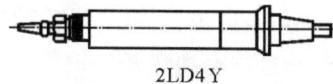

2LD4Y

图 3.44　冲击式风螺丝刀

2）使用注意事项。静扭式 2LD6,2LD6—2 风螺丝刀在拧紧有定力要求的螺钉时，应先用测力器校对限力机构，将限力弹簧调整到所需力矩值。当装卸小于 6mm 的螺钉时，可换成钢丝直径为 2.5mm 的限力弹簧。使用换向开关时，先按下换向开关按钮，并旋动锁片将按钮锁住，可得到反转。若拨回锁片，则按钮便借助弹簧力自动复位，并得到正转。

（2）风扳机。风扳机有静扭式和冲击式两大类。静扭式风扳机如图 3.45 所示。静扭式风扳机可调节转矩。在风扳机前推时，套筒扳手才会转动。静扭式风扳机的其他型号均为 2B8 的改型。冲击式风扳机如图 3.46 所示。

2B5　　　　　　2B8

图 3.45　静扭式风扳机

2B8Y　　　　　　2B14D

图 3.46　冲击式风扳机

第三节　螺纹连接的形式和典型工艺过程

一、螺纹连接的形式

螺纹连接形式的划分方法很多,如果按照工艺特点来分,一般可分为螺栓(钉)与螺母连接、螺栓(钉)与托板螺母连接、螺柱连接、在基体零件上攻丝的螺栓(钉)连接以及自攻螺钉的连接等。在飞机部件装配中,采用最多的螺纹连接形式是以普通螺栓、螺钉连接为主要形式,其余则较少采用。近年来,高锁螺栓连接、锥形螺栓连接、干涉配合螺栓连接和钢丝螺套连接的应用也不断地在扩大。为了提高螺纹连接的疲劳寿命,发展了冷挤压、压印和喷丸等孔的强化技术,以及一些新型的工具和设备,使螺纹连接技术在飞机制造中占有更重要的地位。在螺纹连接形式中,螺栓(钉)、螺母、垫圈是螺纹连接的主要零件。

二、各种螺纹连接形式的典型工艺过程

1. 螺栓(钉)与螺母连接工艺过程
(1)定位——零件的定位、修合及夹紧、排除夹层间隙;
(2)确定孔位——按划线、导孔或钻模等方法确定;
(3)制孔——钻孔、扩孔、铰孔;
(4)锪窝——制沉头窝或端面窝;
(5)倒角——用专用锪钻或大直径钻头进行倒角;
(6)检验——检查孔、窝、倒角的质量;
(7)连接件的准备——检查连接件,除油污后涂润滑油;
(8)安装连接件——顺次安装螺栓、垫圈、螺母,拧紧螺母至有力矩感觉为止;
(9)定力——用经过校正的定力扳手拧紧;
(10)防松——打冲点和装开口销等;
(11)涂漆和涂标记——按一定的要求进行涂漆和涂标记。
2. 螺栓(钉)与托板螺母连接工艺过程
被连接件的各层同时钻孔的工艺过程如下:
(1)定位——零件的定位、修合及夹紧、排除夹层间隙;
(2)确定孔位——按划线、导孔或钻模等方法确定;
(3)制孔——钻孔、扩孔、铰孔;
(4)分解被连接件——拆除夹紧工具,将被连接件分开;
(5)铆接托板螺母——以工艺螺钉定位托板螺母,钻铆钉孔,锪铆钉沉头窝,铆铆钉;
(6)被连接件重新组合——按原螺栓(钉)孔定位、夹紧;
(7)锪窝——用带有台阶导柱的锪窝钻锪沉头窝;
(8)连接件的准备——螺栓(钉)除油污后涂润滑油;
(9)安装螺栓(钉)——按顺序安装螺栓(钉)并拧紧。
3. 螺柱连接工艺过程
(1)定位——零件的定位、修合及夹紧、排除夹层间隙;
(2)确定孔位——按划线、导孔或钻模等方法确定;

(3)制底孔——已确定的孔位、孔径等于螺纹底孔;

(4)攻螺纹——分解零件,在基体零件上攻螺纹;

(5)扩孔——把被连接件上的孔扩至最后尺寸;

(6)检验——检查钻孔、攻丝质量;

(7)连接件的准备——检查连接件,除油污后涂润滑油;

(8)安装螺柱——用专用工具将螺柱拧入基体中;

(9)安装被连接件——装上被连接件,在螺柱上放上垫圈,安装螺母并拧紧;

(10)防松——打冲点和装开口销等。

4.在基体零件上攻丝的螺钉连接工艺过程

(1)定位——零件的定位、修合及夹紧、排除夹层间隙;

(2)确定孔位——按划线、导孔或钻模等方法确定;

(3)制底孔——已确定的孔位、孔径等于螺纹底孔;

(4)制窝——在被连接件上锪沉头窝或端面窝;

(5)攻螺纹——分解零件,在基体零件上攻螺纹;

(6)扩孔——把被连接件上的孔扩至最后尺寸;

(7)检验——检查钻孔、攻丝质量;

(8)连接件的准备——检查连接件,除油污后涂润滑油;

(9)安装被连接件——装上被连接件,按顺序安装螺钉并拧紧;

(10)防松——打冲点和装开口销等。

5.自攻螺钉连接工艺过程

(1)定位——零件的定位、修合及夹紧、排除夹层间隙;

(2)确定孔位——按划线、导孔或钻模等方法确定;

(3)制底孔——已确定的孔位、孔径等于螺纹底孔;

(4)连接件的准备——检查螺钉的质量,涂润滑油;

(5)安装螺钉——直接用螺钉拧入被连接件内。

第四节 螺纹连接工艺过程分析

一、螺栓的安装

螺栓安装的工艺过程依次为夹紧,确定孔位,制孔,锪窝,倒角(倒圆),准备紧固件,安装螺栓,定力,防松,涂漆和作标记。

1.零件夹紧

连接夹层之间应贴合,否则直接影响螺纹连接的质量。如果在零件之间存在间隙的情况下进行孔的加工,将会造成下述后果。

(1)孔壁在零件的贴合面处出现台阶。

(2)切屑进入夹层之间,容易划伤零件表面,而且清除切屑困难。

(3)在有间隙的情况下进行螺栓安装,会使零件变形并产生残余应力,同时也增加了螺栓上的载荷,从而降低了连接强度。

因此,在保证螺栓连接部位协调,尽量采用设计补偿和工艺补偿的方法减小夹层之间的间隙的条件下,夹紧零件是提高制孔质量的重要工序,其夹紧方法见表 3.7。

(4)零件夹紧的要求。

1)工件的刚性越大、连接越重要的部位,贴合度要求就越高。

2)重要部位的贴合要求由设计给出。

3)没有要求的部位,通常情况下按用正常转矩拧紧螺母后,能保证在螺栓周围的零件之间没有间隙,零件边缘局部地方可以有不大于 0.2mm 的间隙。

4)零件的夹紧位置应靠近螺栓孔。

5)夹紧力不应超过该处螺栓所产生的压力。

2.孔位的技术要求和确定方法

(1)按产品图样上示出的螺栓位置确定螺栓孔位置。

(2)螺栓孔边距、间距和排距的极限偏差为 ±1mm。其中,公差带为 H11,H12 的螺栓孔的间距极限偏差为 ±2mm。

(3)孔的最小边距一般为螺栓直径的 1.5~2 倍,具体要求遵照产品图样和设计技术条件的规定。

(4)螺栓孔位置的确定是按图样上所示的螺栓位置确定的。具体的确定方法可选择划线、按导孔、按钻模。

表 3.7 零件夹紧方法

夹紧工具	方法说明	工艺特点
定位销	1.在零件钻孔后实施夹紧。2.一般利用螺栓初孔,也可以利用加工到最后尺寸的孔。	1.夹紧方便,装卸迅速。2.适用于螺栓直径不大于 6mm,夹层厚度不超过 5mm 的夹紧。3.夹紧力较小
工艺螺栓	3.压紧件数量取决于零件尺寸、形状和刚度。一般每隔 1~5 个孔装一个,必要时可以每个孔装一个。4.工艺螺栓可以用标准件,也可以用特制件;可以用低精度的螺栓或螺钉,也可用图样上规定的螺栓	1.装卸不方便。2.不受螺栓直径和连接夹层厚度的限制,它是较常用的夹紧方法。3.夹紧力较大,并可以用定力方法限制压紧力的大小。4.适用于接头等大型零件的夹紧。最适用于螺栓安装工序周转时间长,定位、制孔和安装螺栓不在同一工序进行的夹紧定位
型架压紧件	1.零件制孔前实施夹紧。2.在型架内定位夹紧零件,架外安装螺栓时,可以与前两种夹紧工具同时使用,在制初孔后装定位销或工艺螺栓。	一般与型架定位件配合使用,实现零件定位压紧,其可靠性较好
弓形夹类	3.夹紧的位置靠近螺栓孔,夹紧力的大小不应超过该处螺栓对零件所产生的压力。4.弓形夹类压紧件包括普通弓形夹、夹紧钳、手虎钳等	1.夹紧位置的设置较灵活。2.遇有振动,压紧件易松动,需要检查,保证压紧状态。3.使用范围受弓臂限制。4.夹紧力大

(5)确定孔位的方法有划线、导孔和钻模三种,其特点和适用范围见表 3.8。

表 3.8　确定孔位的方法

种　类	方法与特点	适用范围	孔位误差/mm
划线	1.效率低,准确度较差,钻孔劳动量大。 2.采用通用量具或样板划线	1.试制或单件生产时采用划线,可以缩短生产准备周期并减少工艺装备数量。 2.对于选用导孔、钻模等方法不易保证边距处,划线可以根据实际情况加以补偿	0.5
导孔	1.按导孔确定孔位的效率比较高,机加零件上的导孔除用于确定孔位外,还可以减少装配时的手工钻孔工作量。 2.孔位准确度取决于制导孔的方法	适用于批量生产	
钻模	1.按钻模确定孔位的效率高、准确度好,同时还可以保证制孔质量。 2.按钻模确定孔位时,应注意检查钻模板与零件之间的相对位置及孔的边距	1.成批生产中凡能用钻模的部位应优先选用。 2.特别适用于确定互换部位及垂直度要求高的螺栓孔位	<0.2

3.制螺栓孔

(1)技术要求。螺栓孔的孔径、直径公差等级、圆度、垂直度、表面粗糙度、表面划伤、外观等要求对螺栓强度影响很大,各机型设计对其有明确的规定。

1)高于或等于公差等级 IT8 的螺栓,孔公差等级比螺栓公差等级低一级;低于公差等级 IT8 的螺栓,孔公差等级与螺栓公差等级相同;螺钉孔公差带为 H12。

2)公差带小于 H11 的螺栓孔直径与螺栓直径相同;公差带为 H11,H12 的螺栓孔直径比螺栓(螺钉)直径大 0.2mm。

3)孔圆度在孔直径极限偏差内,即螺栓孔的任意方向的实际直径均不允许大于孔的最大极限尺寸。

4)孔应垂直于安装螺栓头的贴合面,孔的偏斜不大于 $30'$。

5)孔表面粗糙度值与被加工材料和孔的公差等级有关,见表 3.9。

6)孔表面允许有轻微的划伤,深度和部位有一定要求,见表 3.10。

7)孔不允许有毛刺、锈蚀现象。

(2)制螺栓孔的工艺方法。制螺栓孔是螺栓安装过程中的重要工序,首先要考虑的是孔直径公差等级。一般按下列原则进行选择。

1)当螺栓孔公差带为 H12、孔表面粗糙度 Ra 值在 $3.2 \sim 6.3\mu m$ 内时,采用钻孔;

2)当螺栓孔公差带为 H11、孔表面粗糙度 Ra 值在 $1.6 \sim 3.2\mu m$ 内时,采用扩孔;

3)当螺栓孔公差带为 H7～H9、孔表面粗糙度 Ra 值在 $0.8 \sim 1.6\mu m$ 内时,采用铰孔;

表 3.9　孔表面粗糙度值与被加工材料和孔公差带的关系　　单位:mm

夹层零件材料	孔公差带		
	H7	H8,H9	H12
	孔表面粗糙度 $Ra/\mu m$		
铝	≤1.6		≤6.3
钢	≤0.8		
钢、铝混合	钢≤0.8	≤1.6	
	铝≤1.6		
30CrMnSiNi2A	≤0.8		≤1.6
LC4			≤3.2

表 3.10　孔表面允许划伤的深度和部位

划痕形状		距离 t	
划伤深度不大于0.04mm,在尺寸 t 范围内不允许划伤	环形划伤	$\delta\leqslant16$ $t=0.1\delta$	$\delta>16$ $t=1.6$
	螺旋形划伤	$\delta\leqslant6.4$ $t=0.25\delta$	$\delta\geqslant6.4$ $t=1.6$
	纵向划伤	$\delta\leqslant6.4$ $t=0.25\delta$	$\delta>6.4$ $t=1.6$ 且划痕长度不大于 0.5δ

4. 螺栓长度的计算

螺栓长度的计算可分为有开口销和无开口销两类。通常,螺栓的长度是由设计根据理论尺寸计算得出的。在实际生产装配中,当夹层厚度影响螺栓安装要求时,允许按设计规定改变螺栓的长度或垫圈的厚度。

(1)除经常可卸结构处的螺栓外,允许使用比产品图样规定长或短一号的同品种的螺栓。

(2)当螺栓光杆伸出垫圈而不能压紧夹层时,可以更换加厚量不大于1mm的垫圈。

(3)按(2)加厚的垫圈仍不能满足压紧夹层时,允许使用两个垫圈。这两个垫圈安放在螺母处,或在螺栓头和螺母两处。两个垫圈总厚度不大于4mm。

(4)当夹层为正偏差时,厚度小于1mm的垫圈不允许更换成薄垫圈,厚度大于或等于1mm的垫圈允许更换减薄量不大于0.5mm的垫圈。

5. 安装螺栓

(1)螺栓安装前的准备工作。

1)根据产品图样核对待安装紧固件牌号、规格和标记。

2)去除紧固件上的油污。

3)检查紧固件的外观,不允许有毛刺、损伤和锈蚀等缺陷。

4)将螺母在螺栓头螺纹部分试装 1~3 次,自锁螺母仅试装到自锁部分为止。

5)在螺栓光杆部分均匀地涂上一层润滑脂,镁合金零件上的孔的表面须涂 H06—2 环氧锌黄脂底漆。

(2)螺栓安装的技术要求。

1)螺栓安装方向。①一般按飞机航向从前往后、从上往下安装;②蒙皮表面上的一字槽螺栓头,其槽的方向应顺航向。

2)螺栓的螺纹部分在夹层中的位置。①承受拉力的螺栓,其螺纹部分(包括螺纹收尾)在夹层中的长度不限;②承受剪力的螺栓,其螺纹部分(包括螺纹收尾)应尽量与夹层齐平[见图 3.47(a)(b)和图 3.48],允许螺栓光杆部分露出夹层的长度 L 如图 3.47(c)(d)所示,不得大于 1mm。此时垫圈的厚度按下列条件确定:

当螺纹部分有螺纹收尾时

$$S \geqslant L + 1.56P \tag{3.1}$$

当螺纹部分有退刀槽时

$$S \geqslant L + \frac{b}{2} \tag{3.2}$$

式中,P 为螺距,mm;b 为退刀槽宽度,mm。

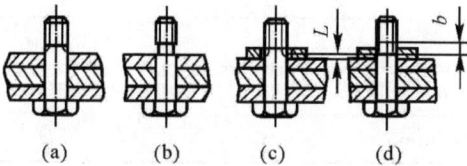

图 3.47　受剪螺栓螺纹露出夹层的位置　　　图 3.48　受剪螺栓螺纹位于夹层的位置

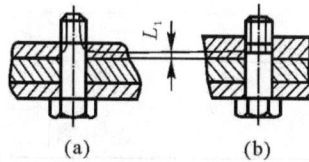

3)螺栓的螺纹旋入端露出螺母的数值。螺栓与螺母连接的各种形式中,不管有锁紧和无锁紧,螺栓的螺纹旋入端(有倒角或无倒角)露出螺母的数值 H 如图 3.49 所示,应尽可能小,但不得小于一个螺距。对于打冲点防松的螺栓连接,端面打冲点露出螺母的螺栓部分的长度为 1~1.5 倍的螺距;侧面打冲点的应大于 1.5 倍的螺距。

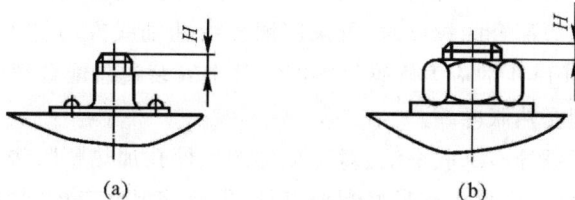

图 3.49　螺栓螺纹露出螺母位置

4)螺栓头、螺母与被连接件表面之间由于螺栓头支承面与螺栓轴线不垂直、螺母支承面与螺纹轴线不垂直以及螺栓孔本身不垂直而会产生单向间隙,如图 3.50 所示。

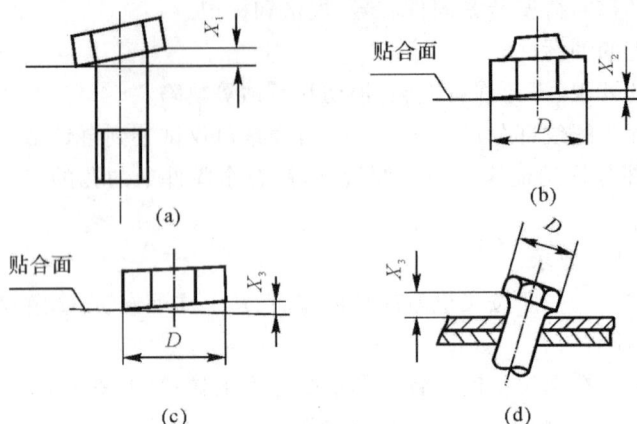

图 3.50　螺栓头和螺母处的单项间隙
(a)螺栓头支承面与螺栓轴线不垂直引起的单向间隙;
(b)(c)螺母支承面与螺纹孔轴线不垂直引起的单向间隙;
(d)螺栓孔本身不垂直引起的单向间隙

a. 由于螺栓头支承面与螺栓轴线不垂直引起的单向间隙 X_1 见表 3.11。

b. 螺母支承面与螺纹轴线不垂直引起的单向间隙 X_2 见表 3.12。

表 3.11　螺栓头支承面与螺栓轴线不垂直引起的单向间隙

螺栓公差等级 IT		X_1/mm
8,9,12		$\leqslant 0.01D$
6,7	$d\leqslant 8mm$	$\leqslant 0.003D$
	$d\leqslant 8mm$	$\leqslant 0.005D$

表 3.12　螺母支承面与螺纹轴线不垂直引起的单向间隙

螺母直径 d	X_2/mm
$d\leqslant 10mm$	$\leqslant 0.1D$
$d>10mm$	$\leqslant 0.01D$

(3)工艺方法。

1)按技术要求或产品图样中规定的安装方向将螺栓沿孔轴线推入孔中。①螺栓应沿孔的轴线推入。安装具有过盈配合的螺栓时,可采用铜棒沿孔轴线方向打入,不允许偏斜;②在材料为 30CrMnSiNi2A 和 LC4 的应力敏感材料的零件上安装过盈配合螺栓时,应采用温差安装法。温差安装法的原理是热胀冷缩。

温差安装方法包括螺栓冷冻收缩法、对装配件的螺栓孔加热膨胀法,以及这两种方法的组合。采用冷冻收缩方法时,应事先测量好螺栓直径,靠冷缩温度来控制冷缩后的实际尺寸。螺栓安装前须做好一切准备,在极短的时间内将螺栓装入孔中,最长时间不超过 15s,使螺栓头支承面与装配件表面紧密贴合。

采用加热膨胀法时应在孔壁上涂一层二硫化钼润滑脂。用液氮冷却时,当液氮表面层无明显的翻腾现象时,则螺栓已冷至接近液氮温度,一般放入液氮中约 15min。

2)依次安装垫圈、螺母。①如果安装定力螺栓,用扳手手工拧紧螺母到有力矩感为止,然后用木槌或铝锤轻击螺栓头,使夹层紧贴,再用定力扳手拧紧。禁止用增大转矩的方法排除夹层间隙;②为了使成组螺栓和被连接件受力均匀,成组螺栓拧紧次序应按一定间隔反复拧紧;拧紧排列成封闭形状的多个螺栓时,应按对角线反复拧紧,如图 3.51 和图 3.52 所示。③过盈配合的螺栓不允许用扳手在螺栓头一边拧紧。④螺母不应拧紧到螺纹螺尾处。

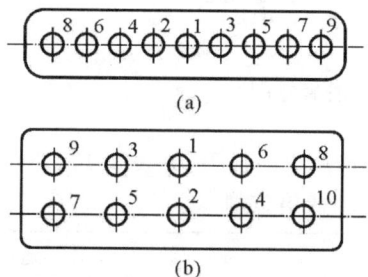

图 3.51　成组螺栓拧紧的顺序

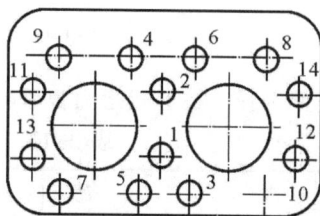

图 3.52　封闭形排列螺栓的拧紧顺序

6. 螺纹连接定力

螺纹连接的定力能提高螺纹连接的可靠性、疲劳强度,并能增强连接紧密性和刚性。螺栓连接在一般情况下,螺栓连接的拧紧转矩 M 须克服螺母与被连接件或垫圈支承面间的摩擦力矩、螺纹副的摩擦力矩、因螺纹斜面受力而产生的阻力矩,以及使螺栓产生的轴向力 Q。其中, M,Q 与螺栓直径 d 的关系为

$$M = kQd \qquad (3.3)$$

式中,M 为螺栓的拧紧转矩,N·mm;Q 为螺栓承受的轴向力,N;d 为螺栓直径,mm;k 为拧紧力矩因数。

k 值与螺纹外角、螺纹副当量摩擦角、螺纹中径、螺母支承面外径,以及被连接件或垫圈孔直径、螺母与被连接件或垫圈接触面的摩擦因数有关系。对于 M10～M68 的合金钢螺栓,当螺纹无润滑时,$k = 0.2$。

(1)定力技术要求。

1)定力螺栓在产品图样上应标出,并注明其定力转矩值。

2)定力转矩值。①在螺栓连接处用定力扳手拧紧螺母,当螺母的工作高度不小于 0.8 倍螺栓直径时,直径 5～33mm 螺栓的最大拧紧转矩值有要求;②当安装间隙配合螺栓时,如果必须用拧紧螺栓头的办法来拧紧螺栓,则螺栓的拧紧转矩值要进行修正;③当槽形螺母与螺栓头开口销孔的相对位置需调节时,转矩值应在规定的转矩值公差范围内变动。

(2)定力拧紧方法。

1)螺栓、螺钉、螺柱的定力拧紧,通常采用定力扳手来拧紧的方法。这种方法易于实施,定力工具品种多,应用范围广,但误差较大,是目前生产中使用的主要方法。预载指示垫圈法是利用特殊结构的垫圈来控制螺栓拧紧转矩的方法,它的使用方便,误差较小,目前在大型飞机上的一些重要螺栓连接已采用。高锁螺栓的拧紧与定力是同时完成的。当高锁螺母的工艺部分在细颈处被拧断时,便自行达到螺栓的定力要求。这种方法可使螺栓获得高而稳定的夹紧

力和锁紧性能,因此,在飞机比较主要的连接部位的应用很广泛。此外,还有螺栓伸长测量法及电阻应变计法等,由于这些方法的工艺复杂,实施困难,因此,只在特殊场合才使用。使用定力扳手拧紧螺栓的定力方法如图3.53所示。

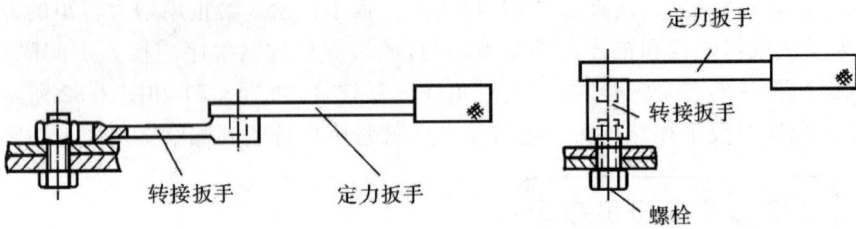

图 3.53　用定力扳手定力拧紧螺栓

2)按类型选择。按各式定力扳手特点、适用范围选择定力扳手,见表3.13。

表 3.13　各式定力扳手的适用范围

类　型	简　图	特　点	适用范围
板式定力扳手	带百分表的板式定力扳手 带指针、刻度盘的板式定力扳手 	1.优点:结构简单、制造方便。 2.缺点:百分表所需的工作空间较大,使板式定力扳手的使用受到产品结构的限制。在定力过程中施力不易掌握	结构开敞、螺栓转矩值较小时选用
盒式定力扳手	带游丝表的盒式定力扳手 带百分表的盒式定力扳手 	1.优点:能承受较大的转矩。 2.缺点:制造的难度大、成本高,使用缺点与板式定力扳手的相同	螺栓转矩值较大(一般大于150N·m)时选用
弹簧式定力扳手	普通弹簧式定力扳手 刻度指示弹簧式定力扳手 	1.优点:外廓尺寸小、使用方便。 2.缺点:在使用中当滑块、槽及弹簧卡住时,扳手转矩值大于要求的转矩值。定力扳手转动的快慢也影响转矩值	在结构不开敞或需定力的螺栓数量较多时选用

（3）定力扳手的使用。

1）一般要求。①校正合格的定力扳手应在校正有效期内使用；②定力扳手轴线应垂直于螺栓中心线；③施力方法与定力扳手校正时的施力方法相同；④在施力过程中应使定力扳手平稳地转动，逐渐地拧紧紧固件，手柄不得弯曲；⑤不允许将定力扳手当作普通扳手使用，如用来拧松螺母（或螺栓）等；⑥右转矩定力扳手不能左旋，而左转矩定力扳手也不能右旋；⑦不能用镀镉的定力扳手和转接扳手接触钛及其合金制的螺栓或产品结构；⑧蜡封已损坏的定力扳手不能使用；⑨施加的转矩不允许超过定力扳手的额定转矩值；⑩弹簧式定力扳手不使用时，一般应将其弹簧调到低转矩值状态。

2）板式定力扳手的使用。①定力扳手上均不允许随意安装加长杆，需要时必须与定力扳手一起校正；②按定力扳手证明书上记录的表针终止刻度值转动定力扳手，以便定力拧紧螺栓；③盒式定力扳手的使用；④带无力臂转接扳手的定力扳手使用时，可以安装加长杆；⑤带有力臂转接扳手的定力扳手使用时，不允许随意安装加长杆；⑥带百分表的盒式定力扳手按定力扳手说明书上记录的表针终止刻度转动定力扳手；⑦带游丝表的盒式定力扳手使用前将指针对零，转动定力扳手直至定力扳手说明书上记录的转矩指示值。

3）弹簧式定力扳手的使用。使用弹簧式定力扳手时，若扳手出现"打滑"现象，即表示螺栓拧紧转矩值达到要求。

7. 螺栓防松

螺栓连接在变载荷、振动和冲击作用下，会引起松动，即引起螺母转矩值下降，使螺母从螺栓上脱落下来，导致发生严重事故。因此，螺栓连接需要采用合适的防松方法。

根据防松原理防松方法可分为靠摩擦力防松、直接锁住防松、破坏螺纹副运动关系防松。

（1）常见的螺栓连接防松方法。

1）用开口销、冲点和铆接防止螺纹连接松动的形式和尺寸见表 3.14。

表 3.14　开口销、冲点和铆接防止螺纹连接松动形式及其尺寸

防松方法	形式	简图	推荐用途
开口销	A		用于座舱内连接以及特别重要处连接的防松
	B	弯端长度应大于螺纹大径之半	用于座舱外连接的防松

续表

防松方法	形 式	简 图			推荐用途
冲点	C	冲点深度 $(1\sim1.5)P$① 冲点中心在螺纹小径处	已冲点的端面 ≈1.5	螺纹公称 直径/mm 3	用 于 任 何 连 接 的 防 松
			120°	4～8	
				>8	
	D	>1.5P①及不能作端面 冲点的情况 冲点深度 $(1\sim1.5)P$① 30°～45°	≥60°	4～8	
			≥60° ≥60°	>8	
		冲点深度$(1\sim1.5)P$① D 1.5			
		冲点深度$h\approx$螺栓(钉)槽深 $\approx2b$② $\approx0.9b$②			
铆接	G	准备铆接处螺栓长度$\approx(1\sim1.5)P$①			用 于 不 拆 卸 连 接 的 防 松

注:①P为螺距。②b为螺栓(钉)螺丝刀宽度。

2)其他常用防松形式见表 3.15。

表 3.15　其他常用防松形式

防松方法			简　图	推荐用途
自锁螺母				用于活动部位以外的任何连接的防松
弹簧垫片				用于非重要连接的防松
止动垫圈				用于高温部位任意连接的防松
双螺母				用于设备连接的防松
保险丝	单股保险丝	固定在螺母上的保险丝		1.适用于小间距排列的螺纹紧固件,其位置为规则封闭形状的防松。2.可达性或频繁更换使保险丝双股扭绞方法不能实现的防松。3.松紧螺套防松
		固定在螺钉头上的保险丝		
		两个螺塞上的保险丝		
		松紧螺套上的保险丝		

续表

防松方法			简　图	推荐用途
保险丝	双股保险丝	一个螺栓上的保险丝		1.适用于螺栓、锥形螺栓与螺母的连接防松。 2.松紧螺套防松
		两个螺栓上的保险丝		
		螺栓头上的保险丝	向后或向下弯曲 	
		薄螺栓头上的保险丝	向后弯曲 	
保险丝	双股保险丝	槽形螺母上的保险丝	向后弯曲 	1.适用于螺栓、锥形螺栓与螺母的连接防松。 2.松紧螺套防松
		带斜孔螺栓头上的保险丝	向下或向后弯曲 	
		不在一条直线上螺栓的保险丝		
		松紧螺套上的保险丝	叉型接头　钢索套环接头　缠绕四周　缠绕四周　镦制接头　钢索套环接头　销钉耳环接头　钢索套环接头　缠绕四周 	

续表

防松方法	简　图	推荐用途
涂胶液	说明:在螺纹连接处涂敷一层胶液,胶液固化后使螺纹配合件相对固定	适用于螺纹孔连接或螺纹直径不大于 5mm 的连接

(2)螺纹连接防松工艺要点。

1)开口销防松的工艺要点。①长的开口销不允许在弯曲前用剪钳剪断,应在弯曲的同时切掉;②螺栓上的开口销孔与槽形螺母的槽口应相对且不高出槽顶面。对于需定力的槽形螺母,允许在规定的转矩值公差内调节相互之间的位置。

2)打冲点防松的工艺要点。①用冲子制冲点,破坏螺栓与螺母的螺纹副关系;②禁止在螺母上冲点,使螺母金属压到螺栓上。

3)铆接防松的工艺要点。①用专用冲头铆接;②铆接时要用顶把顶住紧固件的头部。

4)止动垫圈防松的工艺要点。①弯折止动垫圈的爪片的角度应倾向于锁紧螺母,如图3.54所示。其中,允许的倾斜如图 3.55 所示,不允许的倾斜如图 3.56 所示。②安装螺母后,将垫圈爪片折在螺母侧面上。在垫圈爪片与零件间插入一个金属薄片。用工具撬起垫圈爪片,如图 3.57(a)所示。轻轻地敲击小轴,将垫圈折在螺母侧平面上,如图 3.57(b)所示。

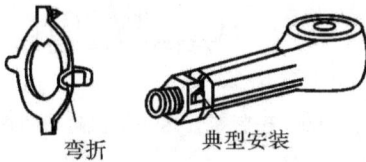

图 3.54　止动垫圈爪片的折弯形式

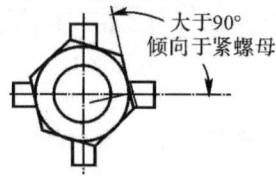

图 3.55　爪片折弯的倾斜角度

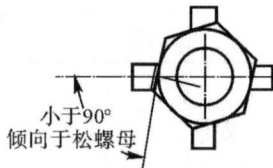

图 3.56　爪片不允许的折弯倾斜角度

5)螺栓与螺母连接类型的保险丝防松的工艺要点。①保险丝的材料和规格应符合图样规定,未规定的按下述规定选用保险丝。保险丝材料为钢丝(Zd,Zg),直径规格为 0.5mm,0.8mm,1.0mm,1.2mm,1.5mm,2.3mm。单股保险丝的直径比保险丝的孔径至少小0.2mm。双股保险丝直径在保险丝孔径的 1/3～3/4 范围内,一般不小于0.8mm。当保险丝孔径不大于 1.0mm 或紧固件间距小于 50mm,且保险丝孔径在 1.0～1.5mm 范围内时,允许使用0.5mm直径的保险丝。②保险丝端头要制出一段 3～6 个扭节的辫子,将其向下或向螺纹紧固件趋向松动相反方向弯曲,如图 3.58 所示。③安装后的保险丝的松紧要适中,不宜拉得过紧或过松。当螺纹紧固件趋向松动时,保险丝被拉紧。④保险丝不能重复使用,避免过度的弯折和绞结。⑤对于大间距螺纹紧固件的防松,每根保险丝最多连接 3 套螺纹紧固件。对于小间距多套螺纹紧固件,可以用一根保险丝防松,但保险丝的长度一般不大于 600mm。

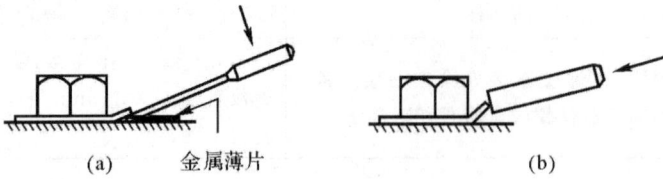

图 3.57　垫圈爪片的折弯方法

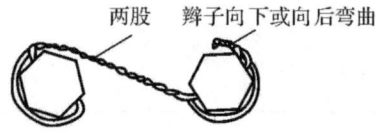

图 3.58　保险丝端头的扭接形式

6)松紧螺套的保险丝防松的工艺要点。①一根保险丝的安装。用一根直径 0.5～1.0mm 的钢丝通过套管的中心孔,将保险丝端头分别向套管的两端弯曲 90°。保险丝的端头穿过松紧螺套耳环 A,D 型接头,绕过耳环 C 型接头或者通过松紧螺套叉形 B 型接头耳片之间,如图 3.59 所示。将保险丝的端头向松紧螺套中心弯曲,并将保险丝的每个端头紧绕接头杆 3～6 圈,如图 3.60 所示。②两根保险丝的安装。将两根保险丝穿过松紧螺套套管的中心孔,并将端头向松紧螺套套筒的相对端头弯曲 90°,保险丝的规格见表 3.16。

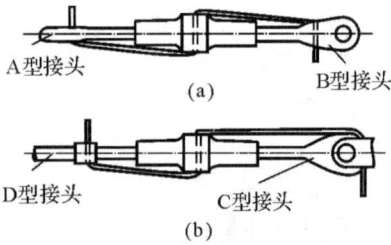

图 3.59　松紧螺套用一根保险丝防松(工序一)

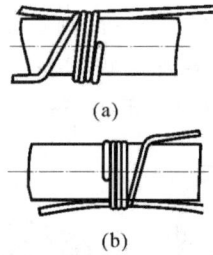

图 3.60　松紧螺套用一根保险丝防松(工序二)

表 3.16　保险丝规格　　　　单位:mm

钢索直径 D	D≤1.5	1.5<D≤3	D>3
保险丝最小直径	0.5	0.8	1.0

保险丝的端头按图 3.61 所示进行安装。

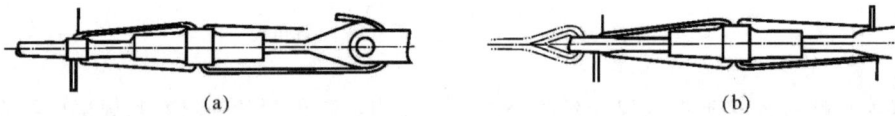

图 3.61　松紧螺套用两根保险丝防松(工序一)

将保险丝的端头向松紧螺套中心弯曲,并将每根保险丝绕接头杆 4 圈,如图 3.62 所示。

图 3.62　松紧螺套用两根保险丝防松(工序二)

7)涂胶液防松的工艺要点。①涂敷的胶液应具有的特性：厌氧性能；金属离子对其固化有催化作用；黏性。②胶液固化条件：与空气隔离；有金属离子；可加热、加速固化。③工艺过程：涂敷胶液前按胶液使用要求清除螺纹部分的表面污浊；用浸入法或滴入法在螺纹部分涂敷胶液；紧固件安装后，按胶液特性停放或加温固化；对于非金属螺纹紧固件，可以使用催化剂。

8. 防腐蚀和涂标记

(1)螺栓安装合格后，在螺栓头、螺母、高锁螺母断裂定力螺栓涂漆后，为了检查螺栓是否松动，在螺栓头或螺母处用红色漆作标记，标记形状可以是圆点，也可以是线条。

(2)高锁螺栓、锥形螺栓、螺钉的螺纹伸出部分涂 H06—2 环氧锌黄底漆；表面氧化处理的 30CrMnSiA 材料的螺栓涂 B02—6 灰色丙烯酸底漆。其中，位于油箱内表面的不涂漆。

(3)当在钛合金螺栓上装镀镉合金钢螺母时，螺栓伸出螺母的部分应涂 H06—2 环氧锌黄底漆。

(4)定力螺栓涂漆后，按下列要求作标记。

1)用 H04—2 红色环氧硝基磁漆作标记。

2)一般将标记涂在螺母上，但在结构不开敞处可以涂在螺栓头上。

3)标记可以是一条红色线条，如图 3.63 所示，也可以是一个红色圆点，如图 3.64 所示。

(5)下述几种情况不作标记。

1)飞机外表面上的沉头螺栓头。

2)整体油箱内表面的螺栓头和螺母。

(6)对于标记有错位现象的螺栓，应重新定力拧紧并作标记线。

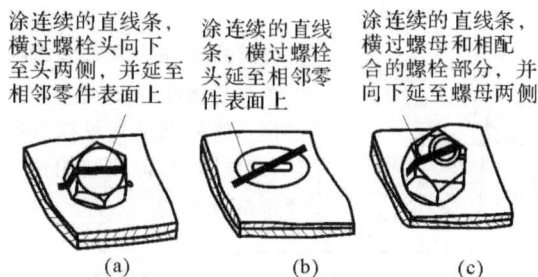

图 3.63　用于检查螺栓连接松动的线条标记

(a)螺栓头处的标记；　(b)沉头螺栓头处的标记；　(c)螺母处的标记

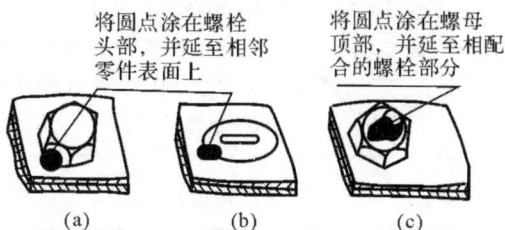

图 3.64　用于检查螺栓连接松动的圆点标记

(a)螺栓头处的标记；　(b)沉头螺栓头处的标记；　(c)螺母处的标记

9. 分解与加大处理

安装的螺纹紧固件不符合要求时应分解。当孔加工或分解紧固件而引起直径超差时，需要安装加大螺栓。各种螺纹连接形式的分解及加大要求见表3.17。

表 3.17 螺纹连接形式的分解

种 类	简 图	分解要点	加大要求
螺栓连接		1.用普通扳手拧松螺母,并取下。 2.用铜棒和手锤敲击螺栓尾部端头,将螺栓打出	1.使用仅光杆尺寸加大的特制螺栓。 2.推荐加大量尾数为 0.5mm,0.8mm
高锁螺栓连接		方法一 1.适用于对应力集中敏感的材料制造的工件。 2.用外六角扳手插入螺栓尾部内六角形孔内,固定螺栓。 3.用专用夹钳将高锁螺母拧松 方法二 1.适用于对应力集中不敏感的被连接件材料。 2.用凿子将高锁螺母沿轴线切开	1.可以用大一号标准高锁螺栓,也可以用特制螺栓加大。 2.高锁螺母、双六角高锁螺母均不能重复使用
锥形螺栓连接		分解螺母,在螺栓端头安装一个工艺螺母,敲打螺母端面冲出。如果螺栓螺纹没有损坏,可以使用,但在使用前需要重新润滑	1.加大螺栓的基本直径(螺纹直径)与原螺栓规格相同。 2.加大的螺栓光杆比原螺栓规格大一个组别,允许加大两次
螺柱连接		1.按直径将螺柱插在卸螺柱扳手机体 3 的孔中。 2.转动偏心轮 2,卡紧螺柱光杆,用螺钉 4 固定。 3.将带方头的扳手插在转轴 1 方孔内,转动卸螺柱扳手,拧出螺柱	
钢丝螺套连接		1.将拆卸工具垂直放于孔内,用手锤轻击,使拆卸工具的刃部卡住钢丝螺套。 2.逆时针旋出钢丝螺套。 3.取出后的钢丝螺套不允许再使用	拆除钢丝螺套后,其基体螺纹孔应清理干净,检查螺纹孔,符合要求的重新安装螺套,孔不符合要求时,扩制螺纹孔,安装大一号的螺套

二、高锁螺栓的安装

1. 高锁螺栓的光杆长度

高锁螺栓的光杆长度应不小于螺接夹层厚度,且不大于夹层厚度1.8mm,即

$$\delta \leqslant L \leqslant \delta + 1.8$$

式中,L 为螺栓光杆长度,mm;δ 为螺接夹层厚度,mm。

2. 高锁螺栓杆相对螺接夹层的凸出量

高锁螺栓杆相对螺接夹层的凸出量如图3.65所示,其具体伸出量见表3.18;MD型高锁螺栓头允许的单向间隙见表3.19。

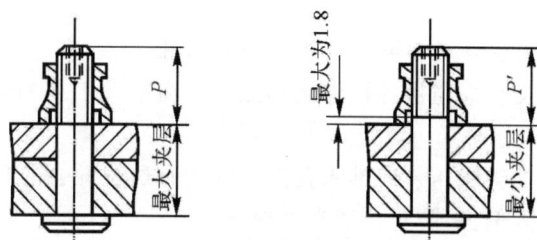

图 3.65　高锁螺栓杆相对螺接夹层的凸出量

表 3.18　高锁螺栓杆伸出夹层量　　　　　　　单位:mm

螺栓直径	凸出量 P	凸出量 P'
5	9	11
6	10	12
8	13	15
10	16	18

表 3.19　MD 型高锁螺栓头允许的单向间隙　　　　　　　单位:mm

直　径	沉　头		凸　头
	一　般	机翼上翼面前缘处	
5/32	0.001 5		0.003
3/16	0.003	0.001 5	0.003
1/4	0.004		0.005
5/16	0.005	0.003	0.005

3. 高锁螺栓装配

高锁螺栓装配完毕,一般不再需要用定力扳手进行定力拧紧。当安装双六角高锁螺母时,如图3.66所示,若需要,可以将下部六角螺母按规定再次拧紧。

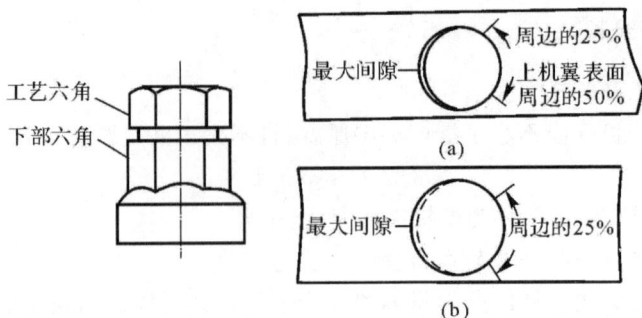

图 3.66　双六角高锁螺母及 MD 型高锁螺栓头处的单向间隙

4.高锁螺栓头、螺母的支承面与被连接件之间的间隙

高锁螺栓头、螺母的支承面与被连接件之间允许存在不大于 0.1mm 的单向间隙。

5.高锁螺栓安装工艺方法

(1)将高锁螺栓沿孔的轴线压入或推入孔内。安装有过盈配合的高锁螺栓时,允许用铜棒沿孔轴线方向打入,不允许偏斜,防止孔壁受到损伤。

(2)将高锁螺母拧在已放入螺栓孔的高锁螺栓上,一般拧上两扣螺纹。

(3)一般不使用垫片。只在没有适合夹层厚度的高锁螺栓时,才允许使用垫片。

(4)手动锁紧高锁螺母。

1)用棘轮扳手套在高锁螺母的六方头上,插杆插入高锁螺栓的六方孔内。

2)左手握住插杆固定螺栓,右手握棘轮扳手拧高锁螺母,拧到高锁螺母上的六角头剪断。

(5)机动锁紧高锁螺母。

1)将风扳机的六方扳套戴在高锁螺母的六角头上,调节风扳机的手持角度,使风扳机上的六角插杆插入高锁螺栓的六方孔内。

2)开动风扳机,拧高锁螺母,拧到高锁螺母上的六角头剪断为止,如图 3.67 所示。

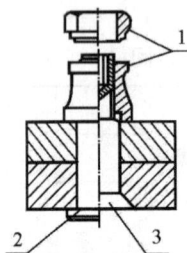

图 3.67　拧紧后的高锁螺栓

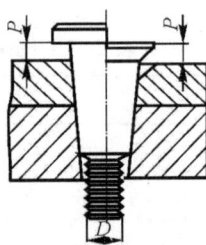

图 3.68　锥形螺栓的初装位置

1—高锁螺母；　2—凸头高锁螺栓；　3—沉头高锁螺栓

三、锥形螺栓安装技术要求

(1)当用手指将锥形螺栓压入孔时,螺栓头部的凸出量如图 3.68 所示。

(2)锥形螺栓的螺纹部分(包括螺纹收尾)不允许位于夹层中。

(3)锥形螺栓头与被连接件表面的单向间隙按公差等级 IT7 螺栓的安装要求执行。

四、基体零件上制普通螺纹孔的紧固件安装技术要求

(1)螺纹孔的螺纹应符合 GB192—2003～GB197—2003 规定。螺纹收尾应符合规定。

(2)螺柱或螺钉安装后,螺柱的螺纹收尾应不低于基体表面;螺柱、螺钉端头不得拧进盲螺纹孔的螺纹收尾部分。

(3)基体零件上制普通螺纹孔的紧固件安装工艺方法。

1)攻螺纹。①在丝锥上或者在螺纹底孔内放入适量润滑液。润滑液的选择应符合规定;②用丝锥攻制螺纹,一般分两刀将螺纹攻至最后尺寸;③当攻丝到手感用力明显增大时,应将丝锥旋出,排除切屑,再继续攻丝;④清除孔内切屑,并擦拭干净。

2)螺柱安装。用螺柱安装专用扳手将螺柱装入孔中,如图3.69所示。

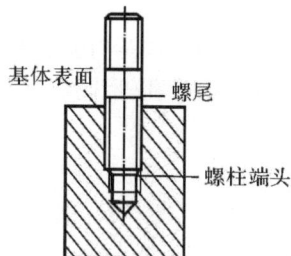

图 3.69　螺柱安装位置

五、钢丝螺套安装技术要求

(1)安装钢丝螺套的螺纹孔的螺纹应符合规定。

(2)螺纹孔最小螺纹长度根据螺纹孔的螺纹深度确定,如图3.70所示。

(3)镁合金基体上的螺纹孔应进行氧化处理,安装螺套时应涂少量不干性密封剂。

(4)钢丝螺套在安装后应低于基体表面 1～1.5 倍螺距,如图 3.71 所示。

(5)钢丝螺套安装后所形成的内螺纹应符合规定。

(6)锁紧型钢丝螺套的锁紧力矩应符合要求。

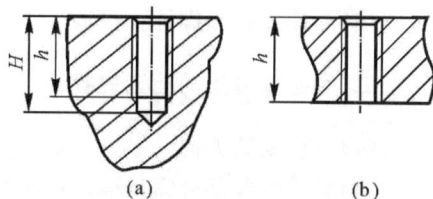

图 3.70　钢丝螺套安装孔的螺纹深度

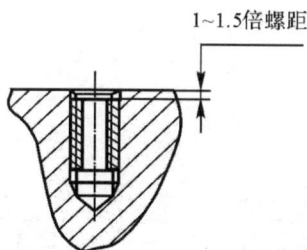

图 3.71　钢丝螺套的安装位置

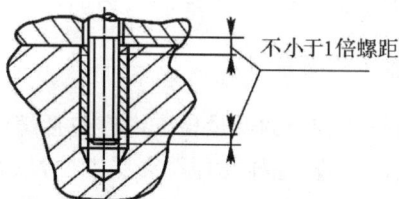

图 3.72　钢丝螺套连接的螺栓安装位置

(7)螺栓(或螺钉、螺柱)安装后,其螺纹部分(包括螺尾)凸出钢丝螺套端面应不小于一个螺距。对于有折断槽的钢丝螺套,螺栓杆端头凸出钢丝螺套端面应不小于一个螺距,如图3.72所示。

(8)钢丝螺套安装工艺方法。

1)钢丝螺套的安装用专用工具进行。①使用简单扳手直接借槽口卡住钢丝螺套;②使用套筒式带锥形螺纹安装口的钢丝螺套扳手,将钢丝螺套从槽口处放入套筒内,芯轴穿过钢丝螺套卡住安装柄,利用导套预先收缩钢丝螺套,将其拧入螺纹孔中;③在安装螺套的过程中,不应施加轴向力,以免钢丝螺套出现跳扣现象。

2) 对于有折断槽的钢丝螺套,用冲柄工具冲去其安装柄。①不允许使用安装工具逆时针方向转动的方法来折断安装柄,以免螺纹端部歪曲引起螺栓等安装困难;②如果螺纹孔是盲孔,应将折断的安装柄取出,避免多余物留在产品中。

六、自攻螺钉的安装工艺

(1)自攻螺钉安装时,夹层之间不允许有间隙,否则夹层不能被螺钉压紧。
(2)沿孔轴线拧入螺钉。

第五节 螺纹连接质量检查

一、螺栓安装前的检查内容

(1)螺栓孔的位置。
(2)螺栓孔的直径、轴线偏斜量及表面质量。
(3)沉头窝和端面窝的窝深和表面质量。
(4)紧固件牌号、外观和标记。
(5)螺栓涂油和螺栓孔涂漆。

二、螺栓安装后的检查内容

(1)螺栓安装方向。
(2)螺栓螺纹部分露出螺母的伸出量。
(3)螺栓头、螺母与被连接件间的间隙。
(4)沉头螺栓头、螺母与被连接件间的间隙。
(5)螺栓定力。
(6)螺栓头、螺母上的涂漆与标记。

三、检查内容及方法

普通螺栓(钉)的质量检查内容包括螺纹露出螺母长度的检查、螺栓光杆在夹层中位置的检查、沉头螺栓头凸凹量的检查、螺栓(钉)的防松检查以及螺栓头或螺母单向间隙的检查。这里主要介绍单向间隙的检查。螺栓头或螺母的安装单向间隙用塞尺检查,如图 3.73 所示。

1. 单向间隙的测量方法

沿结构表面,对螺栓头或螺母与结构之间的单向间隙用塞尺检查,如图 3.74 和图 3.75 所示。

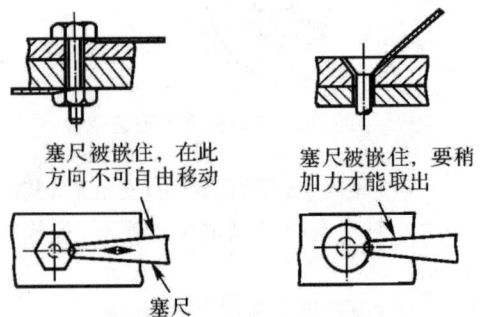

图 3.73 螺栓头、螺母单向间隙检查

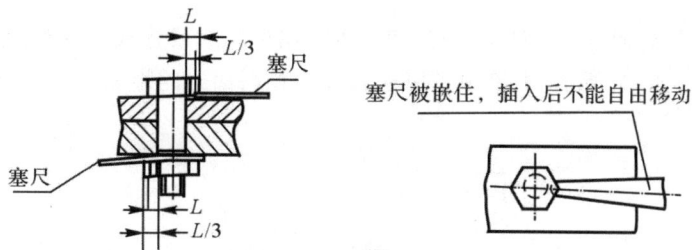

图 3.74　凸头螺栓单向间隙的检查示意图

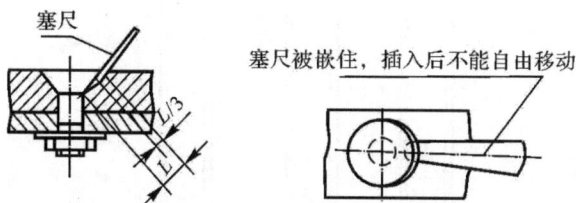

图 3.75　沉头螺栓单向间隙的检查示意图

2. 锥形螺栓安装的质量检查

为确保锥形螺栓安装后的干涉量,在安装过程中要检查螺栓头部凸出量 P 值,凸出量 P 的检查方法如下:

(1)用手指力把螺栓压入孔内。

(2)用卡尺或 TLG 型量规检查凸出量 P 值。

(3)对于沉头螺栓,从螺栓头顶端测量到结构表面。

(4)对于凸头螺栓,从螺栓头部下缘测量到结构表面。

(5)把 TLG 型量规指示器搬到适用的分号,A 点相当于最大允许 P 值,B 点相当于最小允许 P 值,如果螺栓头部处于 A 点和 B 点之间,则 P 值为合格。

TLG 型量规及用法如图 3.76 所示。

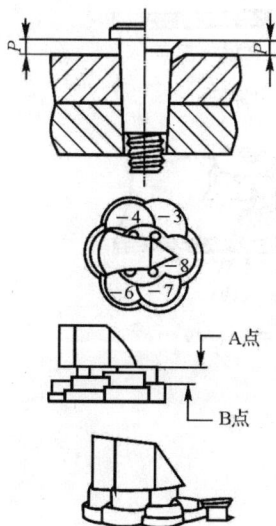

图 3.76　TLG 型量规及用法

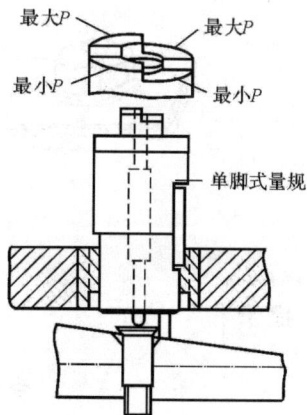

图 3.77　单脚式量规

(6)当钻孔夹具妨碍 TLG 型量规使用时,可采用单脚式或管式量规检查 P 值。单脚式量规和使用方法如图 3.77 所示,本量规可以检查安装在斜面上的螺栓。管式量规和使用方法如图 3.78 所示。

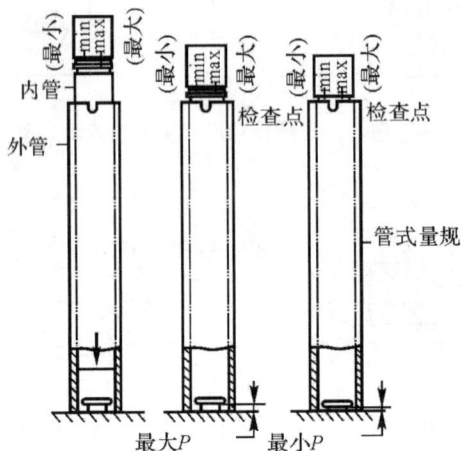

图 3.78　管式量规和使用方法

2.螺栓定力的检查方法

(1)检查前,在螺母和螺栓头与被连接件上用铅笔或特种铅笔画出标记线,如图 3.79 所示。

(2)用普通扳手将螺母拧松半圈,然后重新用定力扳手拧紧。此时,允许螺母或螺栓头上的标记线一般不超过被连接件上的标记线 2mm,如图 3.80(a)所示,或不到标记线 3mm,如图 3.80(b)所示。

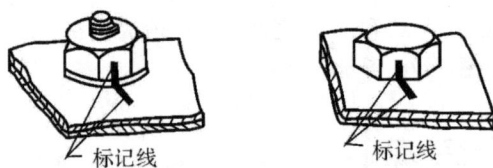

图 3.79　定力螺栓定力检查前的标记线

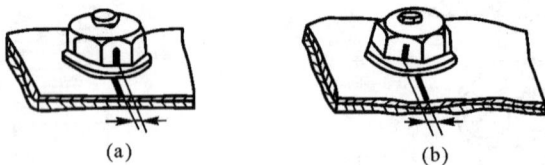

图 3.80　定力螺栓定力检查后的标记线

安全小·提示

定力扳手使用要点

(1)按所需定力数值选择相应的并经校验合格的定力扳手,不准使用没有经过校验的扳手。

（2）要用平衡、缓慢的力扭转扳手，不能急扭，手握住扳手手柄的中间点，垂直于扳手中心线拉动手柄，直到达到所要求的力矩为止，不允许随意手握根部和端点。

（3）不要施加大于定力扳手额定值的转矩，不准用定力扳手拆卸螺栓或螺母，定力扳手只能顺时针转动。

（4）用定力扳手拧紧螺栓时，应尽可能不使用转接器。

（5）不允许将定力扳手当作普通扳手使用，如用来拧松螺母或螺栓等。

（6）右转矩定力扳手不能左旋，而左定力扳手不能右旋。

（7）不能用镀镉的定力扳手和转接扳手接触钛及其合金制的螺栓或产品结构。

（8）施加的转矩不允许超过定力扳手的额定转矩值。

思 考 题

1.常用的螺纹种类有哪些？螺纹零件上为什么要做标记？

2.常用的螺纹连接件有哪些？

3.螺栓、螺母、螺钉、垫圈的形式有哪些？

4.简述垫圈的作用。

5.简述开口销锁紧螺母的方法。

6.制孔刀具有哪些？

7.螺栓拧紧工具有哪些？

8.简述定力扳手的种类。

9.螺纹连接的形式有哪些？

10.简述螺栓与螺母连接工艺过程。

11.简述螺栓安装工艺过程。

12.简述孔位的技术要求及确定方法。

13.简述制螺栓孔的技术要求。

14.安装螺栓的准备工作有哪些？

15.螺栓安装的技术要求有哪些？

16.定力扳手使用的一般要求有哪些？

17.螺栓的防松根据其防松原理有哪几种？

18.简述螺栓防腐和涂标记的方法。

19.简述高锁螺栓安装的工艺方法。

20.简述锥形螺栓安装的技术要求。

21.螺栓安装前的检查内容有哪些？

22.螺栓安装后的检查内容有哪些？

第四章 飞机装配中的补偿

内容提示

本章主要讲述常用补偿方法及其应用；修配工艺过程及注意事项；部件精加工目的、内容及方法等。

教学要求

(1)理解常用补偿方法及其应用；
(2)理解修配的注意事项；
(3)理解部件精加工的方法；
(4)培养学生精益求精的工作作风。

内容框架

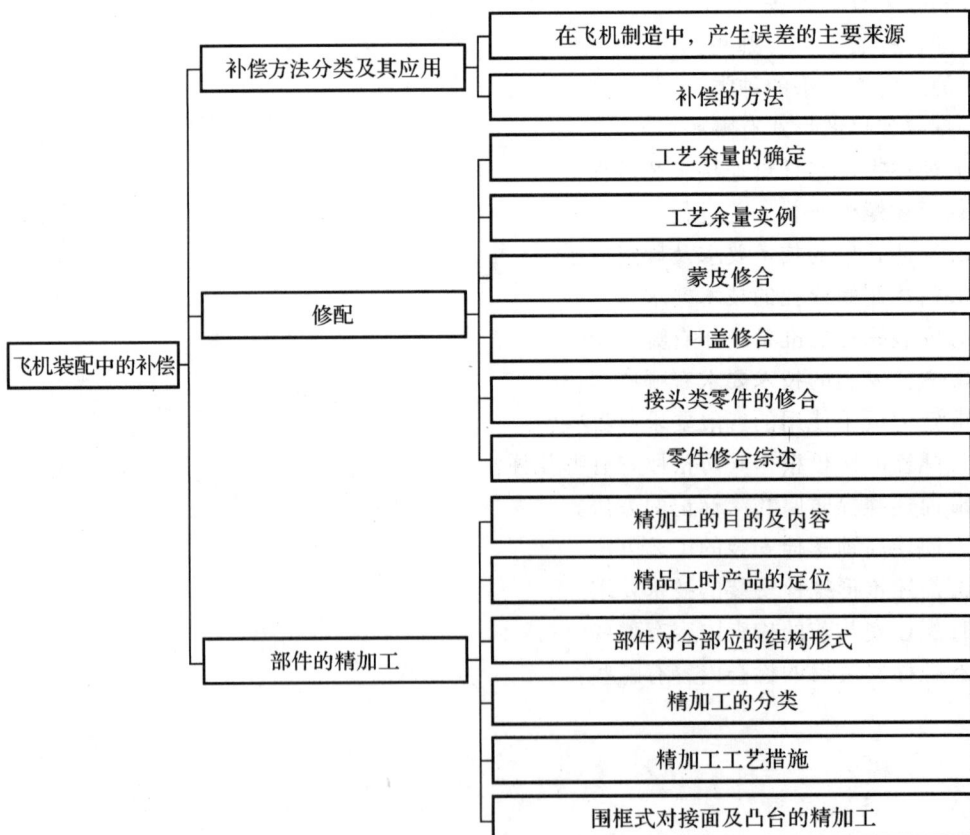

第一节 补偿方法分类及其应用

飞机结构中组成壳体的薄壁钣金件面积大,有些部位的尺寸和外形准确度很高。因此对零件制造和装配精度要求严格。这不仅在技术上难以达到,而且在经济上的代价也很高。另外,零件误差的积累经常会超过一定限度,成为不协调的主要原因之一。采取补偿的方法,可以合理地在零件、组合件上分配容差,以满足产品最终的精度要求。

一、在飞机制造中,产生误差的主要来源

1. 按误差的来源分

(1)方法误差。它是指与加工、装配和检测的方法有关的误差。

(2)工具、设备、量具仪器的误差。

(3)环境误差。它是指与加工装配或检测的周围环境条件有关的误差。

(4)对象误差。因被加工、装配或被检测的产品的几何形状不规则,内部存在着内应力等因素而引起的加工、装配或检测的误差称为对象误差。

(5)人为误差。与工作者的技术知识和经验有关的,以及感觉器官能力有限等主观原因而产生的误差称为人为误差。

2. 按误差的性质分

(1)过失误差。它是指操作者人为因素引起的误差。

(2)系统误差。在指定条件下(时间、温度、重力、外力和湿度等)其误差不变或按一定规律变化的误差称为系统误差。

(3)偶然误差。在一定的条件下,由许多尚未被认识的,或微小的因素所造成的随机性变化的误差称为偶然误差。

基于上述误差的存在,在飞机设计和制造过程中采取了补偿的方法,以提高飞机装配准确度。

二、补偿的方法

1. 补偿的定义

补偿就是零件或配件某些准确度要求高的尺寸,在装配过程中或装配后,通过修配补充加工或调整,部分消除零件制造和装配误差,最后达到所要求的准确度。

2. 补偿的作用

产品制造时如果要求有很高的互换性,这样在经济上不合理,在技术上也难以做到。在飞机装配中,对某些准确度要求很高的配合尺寸,采用各种补偿方法,可以达到最后所要求的准确度。

采用补偿方法时,虽然飞机装配的工作量有所增加,但从整个制造过程来看,将取得更好的经济效果。

3.飞机装配中采用的补偿方法

飞机装配中采用的补偿方法可以分为两类:一类是从工艺方面采取的补偿措施,称为工艺补偿;一类是从结构设计方面采取的补偿措施,称为设计补偿。

(1)工艺补偿。在零件加工中留一定余量,在装配中进行适当修合,来保证最终的精度要求,这种余量就叫工艺余量。工艺余量常见的有三种形式:周边余量、孔壁余量、厚度余量。

1)周边余量。机翼、机身各段蒙皮的边缘,长桁、缘条的端头,舱门、口盖蒙皮周边等都是靠装配中修合来保证最终状态的。

2)孔壁余量。大多数紧固件孔在零件状态都不加工到最后尺寸,而是在最终的装配中进行精加工,使孔达到规定的精度尺寸。

3)厚度余量。长桁根部、缘条根部、受力大的部位要求贴合度较高,而零件很难加工到需要的状态,所以也可留余量,在装配时可用机械或手工的方法进行刮削,使之充分贴合。

(2)设计补偿。设计补偿就是飞机设计者通过对结构的适当设计,达到消除误差、提高装配精度的作用。常用的设计补偿方法有两种。

1)补偿件。补偿件中最常见的是垫片和垫圈。垫片有等厚垫片、可剥垫片。它是由工艺人员和工人根据需要在其允许的范围内选择厚度和数量,消除间隙,保证零件之间的贴合度。

2)补偿结构。常见的补偿结构有以下几种:①螺纹调整:主要用于改变长度;②球面补偿:主要用于补偿角度;③锥度补偿:用锥形接头和游动螺母来保证中心对准;④长圆孔补偿:用于调整结合孔中心位置;⑤重叠补偿:把整体零件分为两部分搭接,借以提高外形准确度、简化协调关系;⑥其他补偿:如偏心补偿、游动补偿、刚性补偿和弹性补偿等。

第二节　修　配

在铆接装配过程中,首先要进行零件、组合件的修合,这对装配质量有很大的影响。铆接装配后要保证被连接件之间紧密贴合,对接处要符合一定的间隙要求。由于有的零件难以达到互换要求,因此,根据装配需要留一定的工艺余量,在装配时按实际情况修合。修合是一种工艺补偿的方法,即去除工艺余量的过程。

一、工艺余量的确定

1.余量补偿的应用范围

(1)装配过程中由于零件制造误差、装配定位误差而积累形成的闭环尺寸误差,在该处安装的零件上需要留出余量,以补偿误差积累。如梁在装配过程中由于梁缘条的外形定位误差,梁缘条的厚度误差,在闭合尺寸"L"处安装的接头需要留出余量,如图4.1所示。

(2)在装配中有些准确度要求高的配合尺寸,当零件

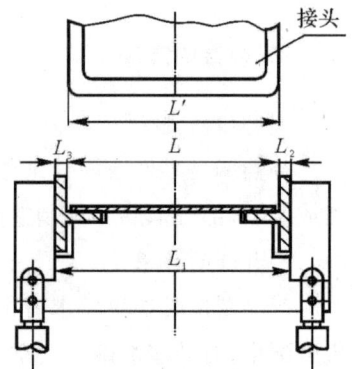

图 4.1　在尺寸链闭环尺寸处余量补偿示意图

加工中用一般加工方法难以达到要求时,必须在装配中采用修配方法来达到技术要求。此时需要在一个零件上留有余量进行补偿。如蒙皮对缝间隙要求为 0.5～1mm,由于蒙皮刚性小、尺寸大,蒙皮加工很难达到互换要求,需要在蒙皮对缝边留余量,装配时对蒙皮边缘进行修配,达到对缝间隙要求。

(3)为了消除装配中的定位误差和变形误差以及零件制造误差,达到组件或部件的协调互换,需要在对接面、对接孔或叉耳接头孔、叉耳侧面等处留余量,经过精加工,达到协调或互换要求。

(4)有些部位,通过一定的协调方法或正常提高零件的制造准确度,便可达到装配技术要求。但当飞机研制、试制或批量不大时,由于考虑经济性而留余量,通过修配达到其协调要求。

2.工艺余量的确定原则

(1)余量补偿是飞机装配中必不可少的一种手段,但会增加工作量并延长装配周期。因此,必须对不同的装配方法和各种措施进行综合技术经济分析,只有当其他方法不能满足给定的准确度或经济性不合理时,才采用余量补偿。

(2)采用余量补偿方法,不得影响产品的性能。如强度、质量、表面保护等。修锉后的表面应采取防护措施。

(3)合理确定留余量的零件和余量部位,以方便修配,或便于机械化施工。

1)余量尽量留到修锉零件的外侧。如图 4.1 中余量留在接头上而不留在梁缘条上。

2)余量尽量留在易于加工材料的零件上。如对接孔需要余量补偿时,若是铝件上压装有钢衬套,最好余量留在衬套底孔上。

3)孔加工比面加工的修合容易,有时孔的加工还可以实现机械化。因此,在同时有孔位和面配合要求的零件上,可通过孔留余量而保证面的配合要求。如图 4.2 所示为在机翼后梁上安装活动面悬挂接头,要求孔的位置正确,同时保证接头与梁贴合且不允许加垫。为此可采用孔径留余量,在接头与梁修合连接后,再通过夹具上的钻套对孔进行精加工。

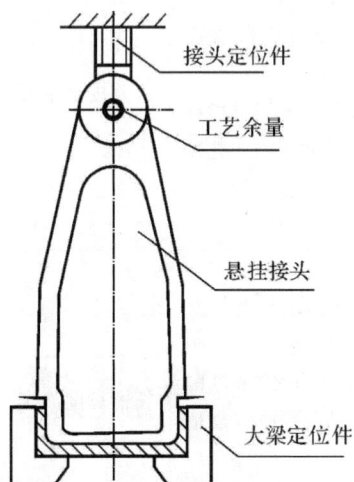

图 4.2　孔径留余量保证接头的安装位置

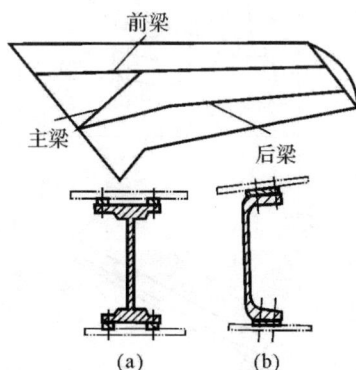

图 4.3　机翼翼梁铝条布置示意图

(a)主梁剖面;　(b)前梁剖面

(4)合理确定余量大小,保证以最小劳动量达到准确度要求。

1)通过误差尺寸链计算或生产实践经验确定余量大小。

2)余量大小与加工方法、零件材料、机械化加工程度等因素有关。例如,当采用剪切、锯割时,余量可以留得大些。采用刮削、铣切时,余量应留得小些。

3)研制试制时,余量应适当大些。通过试制考验、生产逐渐稳定和协调方法趋于完善,可逐步减少余量。

(5)修配工作量与飞机结构设计的工艺性有很大的关系。如封闭尺寸环用垫片补偿;转动接头采用关节轴承补偿;蒙皮对缝采用大间隙用填缝胶补偿;规定合理的公差及技术要求等。如图4.3所示为采用易于加工材料进行补偿的典型实例:某机机翼主梁及前梁为钢件,外缘为双曲度表面。设计时其缘条上布置了留有余量的硬铝条,待梁装配完成后,在精加工台上用靠模铣切加工硬铝条,从而改善了加工工艺性。

二、工艺余量实例(见表4.1)

表4.1 几种工艺余量实例

类 型	简 图	说 明	余 量
单曲度蒙皮或曲率不大的双曲度蒙皮	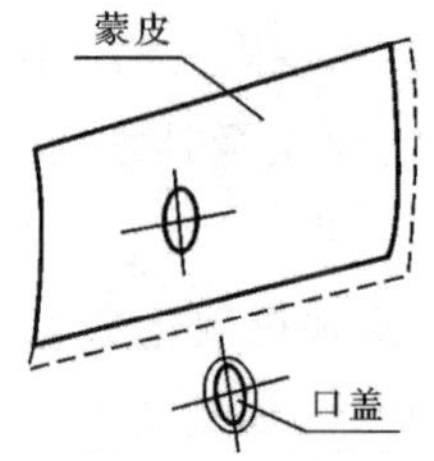	1.其中两边留余量,另两边作为装配时的定位基准; 2.位置要求不严的口盖孔一般不留余量,口盖留余量	蒙皮周边余量大小见表4.2
双曲度蒙皮	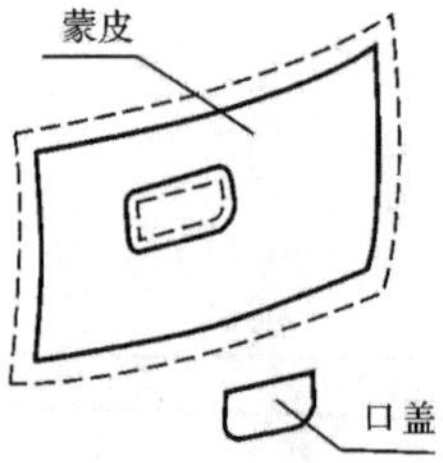	1.蒙皮四周留余量; 2.口盖孔留余量或口盖孔不开出; 3.口盖孔按夹具上开口样板开出时,口盖留余量。口盖孔按口盖划线时,口盖不留余量	蒙皮余量按要求
长桁	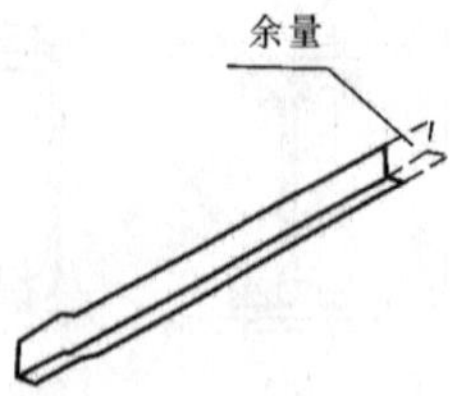	1.适用于曲度大、长度长及对接的长桁; 2.两端都有下陷时,余量留在两端。一端有下陷时,余量留在无下陷一端	余量为10~20mm,视长桁长度而定

续表

类　型	简　图	说　明	余　量
非闭合部位的接头连接	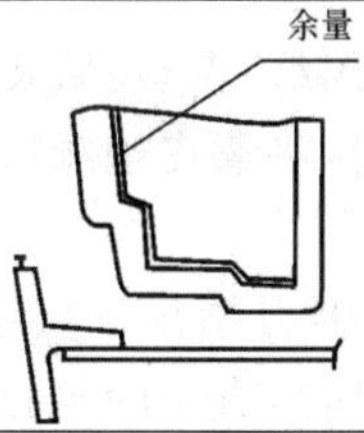	修合接头。余量留在外形面上或壁厚的内形面上均可。如果接头上有其他位置要求的孔面时,余量应留在壁厚的内形面上,如简图所示	余量为 0.5～1mm,平面配合处余量小一些,斜面配合处余量大一些
三面配合的套合件	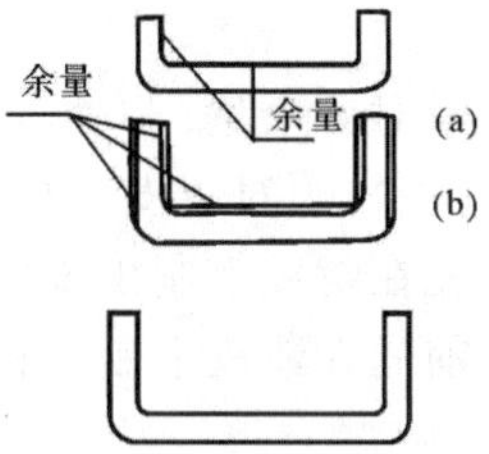	1. 当侧面允许加垫时,在壁厚的内形面上留余量,如图(a)所示; 2. 当侧面不允许加垫时,在接头侧面外形上也须留余量,如图(b)所示	
活动面悬挂接头	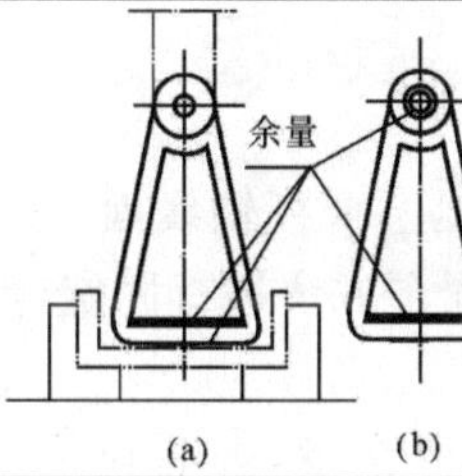	1. 方案Ⅰ:在接头与梁平面连接的配合面上,内、外均须留余量,如图(a)所示; 2. 方案Ⅱ:在孔及配合面内(或外)留余量,如图(b)所示; 3. 方案Ⅱ优于方案Ⅰ	面留量为 0.5～1mm;孔径余量为 2～4mm
舱门接头	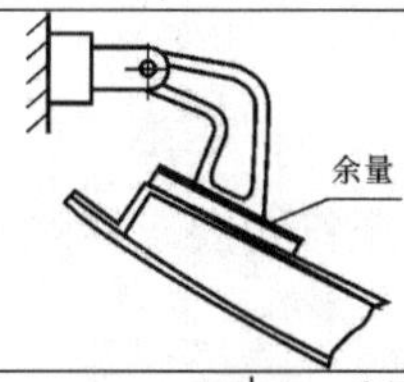	1. 在接头配合面壁厚的反面留余量,如简图所示; 2. 接头与舱门之间允许加垫时不留余量	余量为 1～1.5mm
带衬套的孔	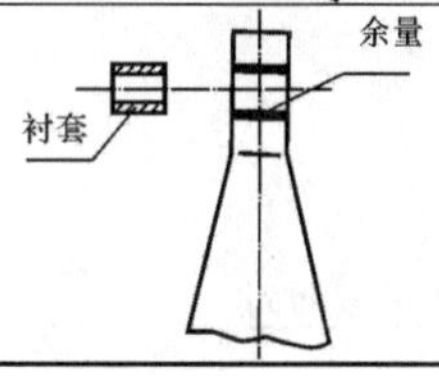	带衬套的接头孔需要精加工时,最好加工衬套的底孔,因为底孔一般为铝件,且能保证衬套更换后孔位正确	直径上余量为 2～4mm

表 4.2　蒙皮、口盖余量[①]　　　　　　　　单位:mm

加工方法 ＼ 类型 余量值	单曲度蒙皮边缘	双曲度蒙皮边缘	蒙皮口盖孔	口盖
剪切、锯割	10～30	20～40		10～20
修锉、铣切	2～4		10～20[②]	2～4

蒙皮余量尺寸系列:2,3,5,10,15,20,…,以 10 递增。

注:①本表只供参考;②指用钻头钻掉余量后,进行修锉。

三、蒙皮修合

1. 蒙皮修合工艺过程

(1)将蒙皮预装定位在骨架外形或型架卡板工作面上,按图纸、卡板、蒙皮切割标尺划出切割线。若以原结构的边沿为基准,可用专用划线器沿基准移动,将蒙皮边缘线移到要修合的蒙皮上。

(2)使蒙皮离开骨架、卡板,用剪刀或铣刀去除余量,并用锉刀精修蒙皮边缘、去毛刺。尽可能一次剪切、锉修合格,对于曲面蒙皮允许反复进行定位、修合,直至间隙符合要求。

2. 蒙皮修合的注意事项

(1)蒙皮定位时,就要保证其边缘有足够的铆钉边距及对合余量。

(2)蒙皮以长桁、隔框定位时,应考虑长桁、框的弯曲偏斜,须对蒙皮进行调整。

(3)当有接头等零件穿过蒙皮时,应在定位该蒙皮前先在蒙皮上制出零件缺口。

(4)当蒙皮与带铰链的口盖相配时,应在定位该蒙皮前先在蒙皮上制出铰链缺口。

(5)对接蒙皮修配时,应以一面为基准锉修另一面。

(6)蒙皮修合时应防止被划伤。

3. 蒙皮定位、修锉方法

(1)按工艺文件所述将蒙皮或壁板以骨架外形或型架上卡板轴线面、边缘刻线、挡块或定位孔进行定位,用工艺铆钉、弹簧夹子、弓形夹子等暂时固定方法进行固定,然后按切割线划出余量。

(2)取下蒙皮或壁板,将它放在铺有橡皮的钳台上锉修余量,去毛刺并在外露边或按图纸所规定的一边制出倒角。

(3)重新固定蒙皮或壁板检查锉修余量。

(4)若外形不符合要求,按上述方法反复进行锉修,直至符合要求,然后等待装配铆接。

四、口盖修合

典型的口盖结构形式如图4.4所示。

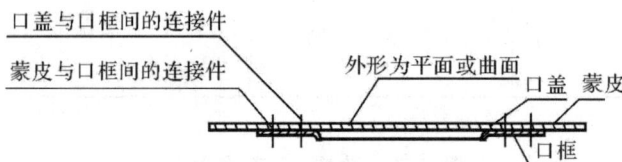

图4.4 典型口盖结构简图

1. 口盖无余量、蒙皮的口盖孔有余量或无孔的口盖修合

(1)按产品图样用划线方法在口框、蒙皮上确定口盖定位线,或者按型架定位件确定口盖的安装位置。

(2)在口盖上划出与口框、蒙皮对应的定位线,以及紧固件位置线。

(3)将口盖安装在口框上,用夹紧工具夹紧,一起钻安装连接件的初孔。

(4)将口框定位安装在蒙皮上。

(5)按连接件的初孔,用定位销将口盖定位安装在蒙皮、口框上。

(6)按口盖的边缘在蒙皮上划线。

注：按型架定位件确定口盖位置的，按定位件在蒙皮上划口盖孔边缘。

(7)按口盖孔边缘线修合蒙皮口盖孔的余量。

(8)将口盖、口框定位安装在蒙皮上。

(9)检查蒙皮与口盖的对缝间隙。

2.口盖有余量、蒙皮的口盖孔无余量的口盖修合。

(1)当蒙皮刚性强或外形比较平直时，按蒙皮的口盖孔在口盖上划边缘修合线，修合口盖余量。

(2)蒙皮的刚性弱且外形复杂或施工不开敞，常采用下述方法修合口盖。

1)按产品图样和蒙皮口盖孔的位置将口框安装在蒙皮上，定位、夹紧并铆接。

2)按图4.5所示在蒙皮上划线，距边缘线截得定长 L，L 应大于口盖的余量。

3)将口盖按外形放置在蒙皮口盖孔处，压紧、固定，按图4.6所示将蒙皮口盖边缘线划在口盖上。

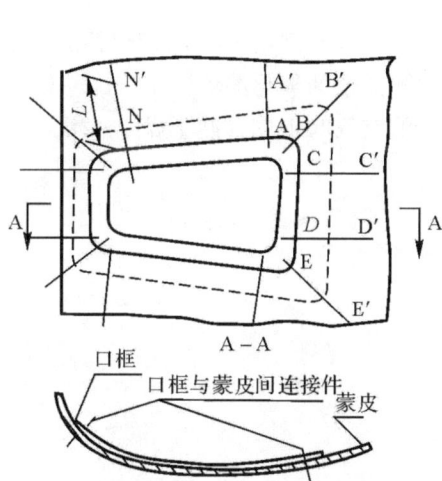

图 4.5　距口盖孔划的等宽线

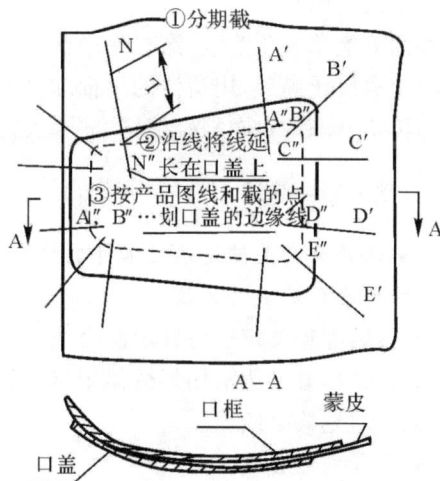

图 4.6　按等宽线确定口盖的切割线

4)按图样尺寸和口盖边缘线上的点划口盖初步修合余量线，按余量线修合口盖，一般按线留 1～2mm 余量，凹型口盖要适当多留一些余量。

5)由口盖的一边或一角开始精修口盖，直至对缝间隙符合要求。

五、接头类零件的修合

1.接头类零件的特点

接头类零件的制造误差、装配误差、零件协调关系比较复杂，如既有孔的连接，又有多个面的连接，在孔和接合面处留有工艺余量，待装配时修合。接合面处余量的修合又称接合面的刮削。

2.刮削的方法

(1)对被刮削零件的修合部位，检测与刮削有关的实际尺寸，如厚度、角度、垂直度、长度和平度等，依据产品图样和留的工艺余量确定零件最大可刮削量。

1)对于可预装的零件,检查零件与定位基准的相对位置、定位孔的同轴度、零件间的间隙等,依据零件最大可刮削量和安装位置确定零件的刮削位置、范围和刮削量。

2)例如,两个零件安装后,修合面间的最大间隙为 0.7mm,被刮削零件有 1.0mm 余量,被刮削零件的最小可供刮削量为 0.3mm。

3)对于不可预装零件的刮削量,应按图样标注的尺寸和零件的检测实际尺寸通过计算来确定。

(2)余量在 0.3mm 以上时,用铣刀、锉刀、刮刀交叉进行加工,直至刮削量不大于 0.2mm,用红铅粉涂在零件上,将零件重新定位、安装检查、确定刮削位置,进行少量刮削,重复定位检查,直至刮削符合要求。

(3)在修合的贴合面处应涂上原牌号的同色漆。对于耐腐蚀性能差的镁合金零件,在涂漆前必须及时进行局部氧化处理。进行局部氧化处理时,防止氧化液溅在飞机及其他零件上或人身皮肤上。局部氧化工艺过程如下。

1)用蘸有汽油的布块擦拭镁合金零件待氧化表面上的油污、杂质,并用清洁柔软的白布擦拭除过油的表面。

2)用毛笔蘸氧化溶液,涂在除净油污的表面上,均匀往复涂刷约 15s,然后保持 2~3min。

3)生成氧化膜后,用清洁的湿棉球轻轻擦拭,以去除残余的氧化溶液。

4)再用干净的白布轻轻擦拭 2~3 次,然后再用压缩空气吹干或自然干燥 1~2h。

六、零件修合综述

1.零件修合的关键是确定零件的修合位置和修合量

2.零件修合的常用方法。

(1)按装配型架定位件确定修合线;

(2)按结构基准边沿用划线器划修合线;

(3)直接划修合线;

(4)投影划修合线。

第三节 部件的精加工

一、精加工的目的及内容

1.目的

为了消除装配过程中由于定位和装配变形等原因形成的积累误差,采用余量补偿的方法,即在部、组件装配工作完成后,对对接部位的面、孔、槽、蒙皮边缘等按专用的工艺装备进行再加工,以满足部件之间的互换协调或某些功能要求。

2.主要内容

(1)平面加工。如机翼、机身上的围框式对接面的平面精加工,对接面的凸台精加工,某些配合精度较高的叉耳侧面的精加工。

(2)槽口加工。如机翼围框式对接面上、下壁板上的对接螺栓槽口的精加工。

(3)孔的加工。如围框式对接面上的对接孔,叉耳对接孔,以及起落架安装孔、阻力板安装孔等部位的精加工。

（4）蒙皮边缘加工。如机身设计分离面处的蒙皮边缘的精加工，机翼上起落架护板舱、副翼舱、襟翼舱蒙皮边缘的精加工。

二、精加工时产品的定位

1. 产品在精加工台上的定位方法

（1）以产品的理论外形为定位基准，由设在精加工型架（或称精加工台）上的外形卡板定位。

（2）以产品上的某些孔、面为定位基准。如对接面及对接孔、叉耳对接孔、工艺接头孔等（用做定位的孔或面，也可以是待加工的孔或面），由设在精加工型架上的专用定位件或精加工用的钻模孔定位。

（3）以产品上的水平测量点作为定位基准，由设在精加工型架内的测量点指示器定位，或直接用水平测量的方法确定产品的位置。

2. 定位基准的选择原则

（1）所选用的定位基准应具有较高的位置和尺寸准确度，具有较好的刚性，能保证精加工后满足互换协调及技术要求。

（2）所选用的定位基准的定位方法应简单、方便，并能使工装简化、提高加工效率。

三、部件对合部位的结构形式

部件之间对接接头的结构形式主要有两种：叉耳式接头和围框式接头。

1. 叉耳式接头

叉耳式接头之间的配合要求比较严格。

（1）各对叉耳上的螺栓孔和螺栓之间一般是采用无公称间隙的高精度配合（对主要的叉耳接头，其余各对叉耳的配合面则用有公称间隙的配合或加补偿垫片）。

（2）为避免强迫连接在结构上产生过大的残余应力，对各对叉耳上的螺栓孔的同轴度有严格的要求。

（3）为保证对接后各部件之间相对位置的准确度，要求各部件装配时保证叉耳接头与部件外形之间相对位置的准确度。

2. 围框式接头

（1）为保证各部件相对位置准确度，对各部件的对合面与部件外形的相对位置应有严格的要求。

（2）为保证对接强度，对合面之间的接触面积一般应不少于总对合面积的70%，只允许局部存在0.1～0.2mm的间隙。

（3）对接孔一般采用有公称间隙的配合。

四、精加工的分类

根据生产批量和部件结构，部件精加工可分为以下几种。

（1）直接在装配型架内进行精加工。部件装配完后，按部件装配型架对合接头定位件进行铰孔或铣端面，以完成接头孔和端面的精加工。

（2）在专用的精加工型架上进行精加工。在精加工型架上进行对接孔铰孔、对合端面和槽口铣切及蒙皮余量的铣切工作。

（3）工序间的精加工。有时根据实际情况在工序间进行铰孔、铣切或其他工作。

五、精加工工艺措施

（1）不论采用哪一种定位基准定位后，都必须进行综合检查。有关部位或项目的检查数据均应在允许的偏差之内。如个别处不能满足，可在技术条件允许的范围内对部件作适当调整。

（2）产品在定位夹紧过程中，应使产品处于无应力状态。因此，以孔定位时，应插入比孔基本直径小的销棒。型架上的夹紧装置应是可调试的，可随产品移动。

（3）产品在精加工时应夹持牢靠，防止在加工过程中产品振动或使产品结构产生变形。

（4）当选用待加工孔作为定位基准时，为了定位可靠，可将其中的部分孔按钻模先加工到中间尺寸，用精度较高的销棒定位后，再开始精加工工序。

（5）加工多个接头孔时，未加工的孔应用工艺销棒将产品固定，每加工一个孔后，随即插入与孔同直径的配合销棒。

（6）为了保证孔和面的加工质量，加工前，应按加工依据对孔和面上的有效余量进行检查。孔壁上的最小余量不小于 0.25mm；面上的余量应不小于 0.2mm。

（7）对于线性尺寸长、配合精度高的同组接头的精加工，应考虑温度变化引起的误差，在该种情况下应使精加工场地的环境温度变化控制在一定的范围以内。

（8）根据一般机械加工要求，合理选择冷却润滑液，禁止使用会腐蚀产品结构的冷却润滑液。

六、围框式对接面及凸台的精加工

1. 围框式对接面的加工

（1）适用范围及加工方法。适用于对接面为连续平面的加工。加工方法是通过专用机床的连续铣切或利用型架平板手工刮削研修。如图 4.7 所示为机翼部件在精加工型架内用专用机床进行端面铣切的示意图。如图 4.8 所示为机身部件与平尾对接面按型架平板研修的示意图。

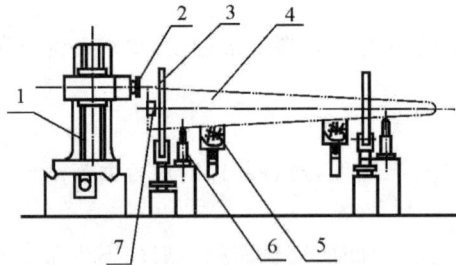

图 4.7　机翼对接面的精加工

1—精加工机床；2—铣切头；3—夹紧卡板；4—机翼；5—托架；6—测量点指示器；7—对刀块

（2）加工工艺参数。机翼对接面端面铣切的工艺参数见表 4.3，仅供工艺设计时参考。

手工研修时工艺余量应视对接面大小及协调准确度、变形情况确定，一般取 0.5～1mm。

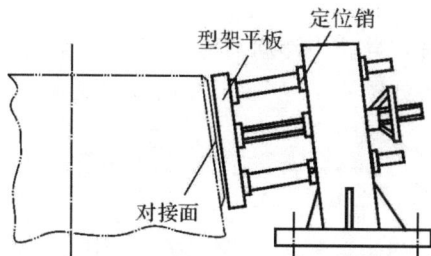

图 4.8 机身部件与平尾对接面按型架平板研修示意图

表 4.3 机翼对接面铣切的工艺参数

工艺余量/mm	铣刀直径/mm	主轴转速/(r·min⁻¹)		走刀速度/(mm·min⁻¹)		切削深度/mm	
		粗 铣	精 铣	纵 向	垂 直	粗 铣	精 铣
2～3	150	1 450	2 860	300	44	≤0.8	≤0.3

注:被加工材料为铝合金。用煤油冷却。

(3)加工要点及质量检测方法。

1)加工要点。加工时应从端面最高点开始,且沿一个方向铣切。铣光后的平面应符合型架上的对刀块。若对接面位置公差较大时,可以铣平为止。

2)质量检测方法。以机床加工时,将千分表装在机床主轴上,沿整个铣切面检查对接面的平面度,如图 4.9 所示。手工研修时,以型架平板为基准涂红丹粉检查。机翼对接面的垂直度可用直尺和象限仪检查,如图 4.10 所示。

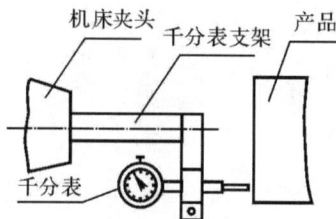

图 4.9 用千分表检查端面的平面度

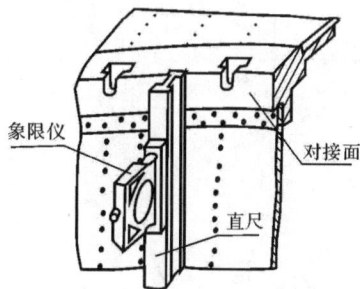

图 4.10 用直尺和象限仪检查端面的垂直度

2.围框式对接面凸台的加工

(1)适用范围及加工方法。适用于围框式对接面螺栓连接处凸台平面的加工。如图 4.11 所示为某机机身凸台连接的结构形式,加工部位为垫片端面。

加工方法可采用磨削(钢件)和铣削(铝件)。如图 4.12 所示为某机机身围框对接面加工装置示意图。通过动力头对凸台平面、对接孔和蒙皮边缘加工。无钻模平板时,可以回转连续铣削凸台端面;有钻模平板时,可以对单个平面逐一加工,凸台平面的平面度和位置可由平板上的钻套端面控制。这种方法也可以用大功率风钻进行加工。

3.围框式对接面上孔、槽口及端面窝的加工

围框式对接面上的对接孔、槽口及端面窝的结构示意图如图 4.13 所示。

(1)加工方法。孔的加工是通过钻模平板上的可换钻套钻孔、扩孔和铰孔。孔的加工方

法、质量检查与叉耳接头孔的相同。

槽口的铣切用棒铣刀通过在导轨中滑动的滑块进行。槽口位置由钻模平板保证,槽宽及圆弧由刀具保证。槽口的加工如图 4.14 所示。窝的加工是通过平板上可换钻套或滑块上的衬套用反锪钻锪制端面窝。

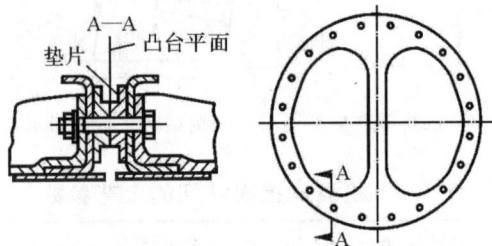

图 4.11　某机机身凸台连接结构形式

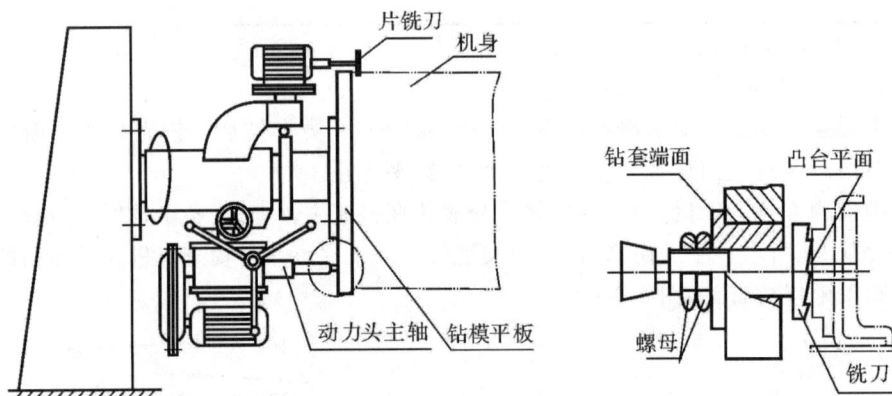

图 4.12　机身围框对接面加工装置示意图

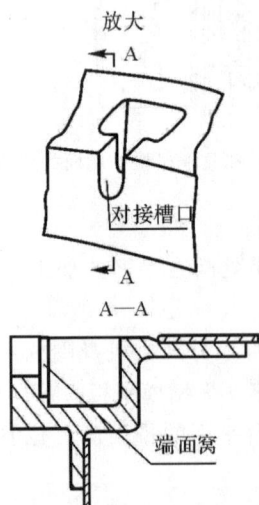

图 4.13　围框式对接面上的对接孔、槽口及
　　　　端面窝的结构示意图

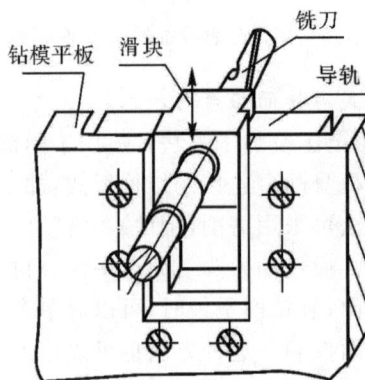

图 4.14　对接槽口的加工

（2）钻模平板的固定方式。

固定式：将平板固定在型架的叉子上。用此法加工的部件对接时，水平测量的误差小，但部件之间的外形对接阶差大。此法适用于翼面部件的加工。

随动式：将平板固定在产品的对接孔上，优缺点与固定式相反。此法适用于机身类部件的加工。

4.加工要点及质量检测方法

（1）加工要点。

1）为保证槽口的加工精度和避免出现"灯泡"形槽口，应提高滑块与导轨的配合精度，减小刀具悬臂长度，加大刀具导向段直径。

2）锪制端面窝时，用限位衬套保证孔（槽）的壁厚，如图 4.15 所示。

（2）质量检测方法。

1）用槽口检验样板以对接孔为基准检查槽口的位置。

2）用窝量规检查窝直径及窝平面的正确性，槽口处的窝平面相对对接面的平行度用千分尺检查。

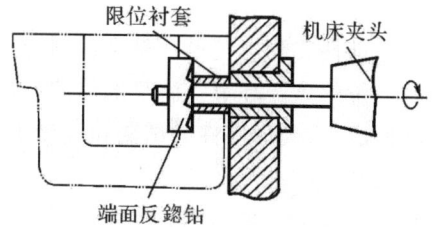

图 4.15　用限位衬套控制孔或槽的壁厚

思　考　题

1.什么是飞机装配准确度？

2.飞机装配的准确度对飞机的各种性能有什么影响？

3.什么是补偿？

4.简述补偿的作用。

5.飞机装配中采用了哪些补偿方法？

6.简述工艺余量的确定原则。

7.蒙皮修合的注意事项有哪些？

8.简述部件精加工的目的。

9.精加工的种类有哪些？

第五章　飞机装配中的互换与协调

部件装配工艺设计是飞机制造工艺准备工作的一项主要内容,是保证飞机部件装配质量和产量的重要环节。满足部件的设计技术要求和装配的互换协调,可以缩短生产准备的周期、降低成本、确保部件的试制和批量生产的顺利进行,这些都与部件装配工艺设计有着极其密切的关系。

内容提示

本章主要讲述互换与协调的基本概念、关系与要求;模线样板的概念、类型及用途;标准工艺装备的种类、特点、用途;保证互换协调的基本方法、原理及应用等。

教学要求

(1)掌握互换、协调的基本概念和相互关系;
(2)了解模线样板、标准工艺装备;
(3)掌握保证互换、协调的基本方法;
(4)掌握标准工艺准备方法的应用;
(5)培养学生的协作能力和创新精神。

内容框架

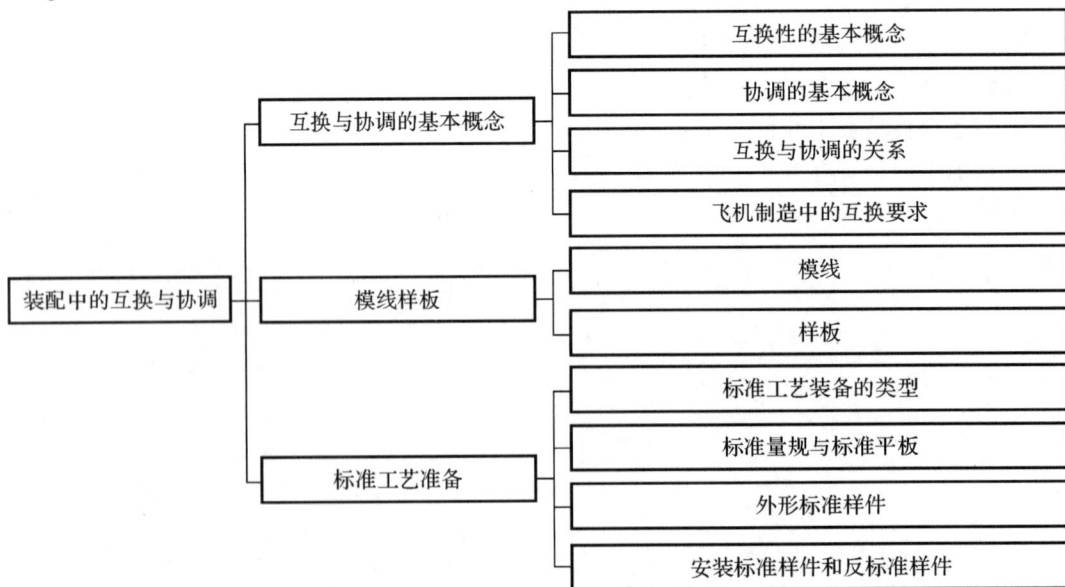

```
                                          ┌─────────────────────────────────┐
                                          │      飞机制造的基本协调方法       │
                                          ├─────────────────────────────────┤
                                          │     各种协调原则的原理及其应用    │
                                          ├─────────────────────────────────┤
                                          │  用不同装配方法时保证工件的协调过程 │
┌──────────────┐  ┌──────────────────┐  ├─────────────────────────────────┤
│装配中的互换与协调│──│保证互换协调的基本方法│──│ 应用计算机辅助设计与制造技术的协调系统│
└──────────────┘  └──────────────────┘  ├─────────────────────────────────┤
                                          │   飞机装配协调准确度的具体内容     │
                                          ├─────────────────────────────────┤
                                          │       装配协调方案的制订         │
                                          ├─────────────────────────────────┤
                                          │       装配协调方案的内容         │
                                          └─────────────────────────────────┘
```

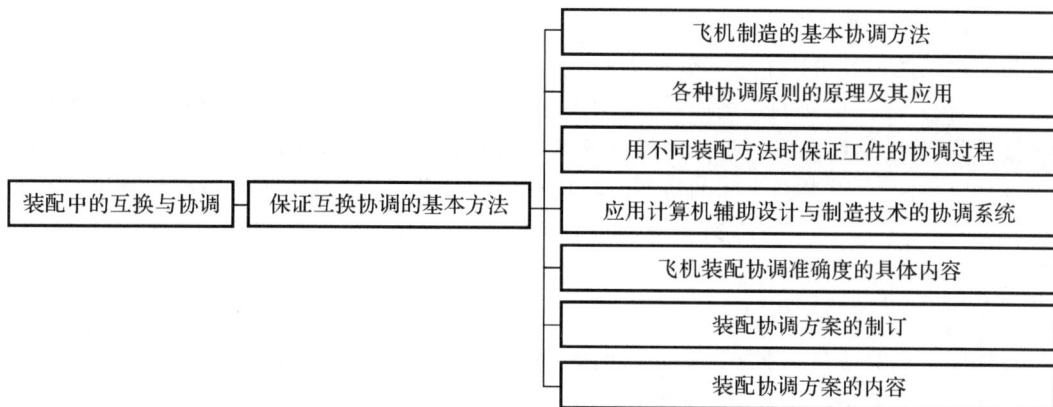

第一节　互换与协调的基本概念

一、互换性的基本概念

1.互换性的定义

互换性是指进入装配的零、部件是单独制造的,在装配及安装过程中,不需要再补充加工或修配就能顺利地装配,以达到规定的技术要求。具有互换性的零件或螺栓,不只是所有尺寸、公差要在规定范围内,而且它的材料、机械性能、物理性能和处理状态都要一样,只有这样才具有互换性。

2.互换的分类

(1)按互换程度分类。

1)互换(完全互换)。结构件在装配和安装中,要求互换的内容不需要任何选配和补加工,就能达到设计的要求,这类结构件就叫作互换或完全互换。例如,具有互换性的零件、组合件应能从一架同型号的飞机上卸下来,换装到另一架飞机上,而不需要选配、强迫装配、加垫、成形、切割、钻孔等补加工。

2)替换(不完全互换)。结构件在装配和安装中,只有部分参数具有互换性,其余参数通过选配或补加工才能达到设计要求,这类结构件就叫作替换或不完全互换。

(2)按互换性质分类。

1)生产互换。在组织生产过程中要求参加装配的结构件有互换性叫作生产互换。飞机批生产中许多机械加工零件,如支架、缘条、接头和许多钣金件都属于这种性质,在装配中不需要选配和补加工就能满足技术要求。

2)使用互换。飞机在外场使用维护中,需要更换结构件的互换性叫作使用互换。例如舱门、口盖、操纵面、前缘等。工厂为使用单位提供这类结构件的备件,这种互换也可称为备件互换,可以使飞机上的易损结构件在损坏后能迅速得到更换。

二、协调的基本概念

1.协调性的定义

协调性是指两个相互有联系的对象,在相同的技术条件下,其相应的几何尺寸与形状的一致性。

2.装配协调的内容

装配协调的内容由以下三部分构成。

(1)结构件之间的协调。例如,前缘蒙皮外形与前缘肋板外形、梁缘条外形的一致性;梁缘条与接头外形流线性;缘条与接头接触面的贴合性等处存在着协调问题。

(2)结构件与工艺装备之间的协调。结构件之间是协调的,但还要使用型架来完成装配,所以,结构件还必须和工装协调。例如,前缘蒙皮的外形必须和装配型架上的卡板的外形贴合。

(3)工艺装备之间的协调。

1)标准工艺装备与标准工艺装备之间的协调。

2)标准工艺装备与产品工装之间的完全一致性。

工艺装备之间的协调性是保证产品协调的关键,是提高产品精度、结构件与结构件之间相互协调的途径。

3.飞机生产中的不协调问题示例

(1)当两段隔框框板装配时,在下陷搭接区,可能出现较大的间隙。

(2)机翼前段装配,当前段翼肋和前梁在型架定位时,卡板关不严。

(3)机翼与机身对接时,连接螺栓插不进对接接头的螺栓孔,或者螺栓虽然可以插进去,但是机翼的空间角度(安装角、上反角)不符合技术要求。

4.飞机部件装配中协调互换的方法与一般机械制造协调互换的异同

(1)相同的部分都是应用公差配合的方法。

(2)不同的部分是飞机装配有它特殊的工艺方法和工艺装备。这个特殊性在于除飞机结构本身具有制造准确度要求外,还有赖于保证结构元件能够顺利进行装配所使用的工艺装备。因此,工艺装备的制造准确度直接影响飞机部件装配的协调互换。

三、互换与协调的关系

在飞机制造中,互换是对一种产品而言的,协调是对两种或两种以上不同产品和制造该产品用的工艺装备而言的。

1.制造准确度

制造准确度是指工件的实际尺寸和基本尺寸的符合程度。符合程度越高,则制造准确度越高,互换性就越好。

2.协调准确度

协调准确度是指两个相互配合的工件间尺寸和形状的一致程度。一致程度越高,协调性就越好。

3.互换与协调的关系

(1)示例。图 5.1 为某型机中翼和外翼的接头互换与协调的关系。图样设计的前、后接头间距为 L_0,中、外翼制成后的实际尺寸分别为 L_1 和 L_2,两者制造误差分别为 $\Delta_1 = L_1 - L_0$,$\Delta_2 = L_2 - L_0$。把中翼和外翼对接在一起,接头间协调误差 $\Delta = L_1 - L_2 = \Delta_1 - \Delta_2$。若 Δ_1 与 Δ_2 都等于零,则 Δ 必等于零。当 Δ 等于零时,而 Δ_1,Δ_2 不一定等于零。

(2)互换与协调意义虽然不同,但关系紧密。具有互换性的结构件必然是协调的,协调是互换的基础。

（3）由于飞机结构的特点,在装配中,首先考虑的是协调问题,只有在解决协调问题的基础上,才有可能解决好互换性问题。

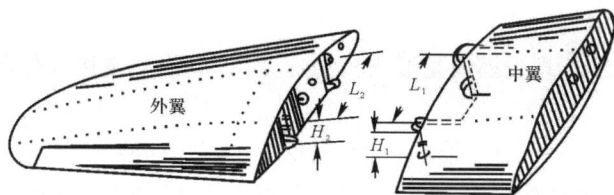

图 5.1　中、外翼设计分离面

四、飞机制造中的互换要求

1.气动力外形的互换要求

（1）气动力外形的互换是飞机产品的特殊要求,因为空气动力性能是评价飞机产品性能的一个极为重要的内容,而飞机的大部分零件都是与气动力外形有关的。

（2）由于飞机结构形面复杂、尺寸大、刚度小,以及在装配连接时容易产生变形,使飞机在制造中保证气动力外形比较困难,需要采用一些特殊的方法来保证这一要求。

（3）气动力外形互换包括两项内容。

1)组合件与部件本身的气动力外形达到互换要求。

2)组合件、部件安装在飞机上后,达到与相邻组合件及部件相对位置的技术要求。

2.部件对接接头的互换要求

要求互换的组合件或部件,当与相邻的组合件或部件对接时,应当不需任何修配或补充加工即能结合在一起,而且对接后能达到规定的技术要求。以飞机中翼和外翼对接为例,对对接接头的互换要求做简要介绍。

（1）对接接头叉耳间的配合要求,以及对接螺栓孔的同心度要求。

（2）对接处蒙皮对缝的间隙要求。

（3）对接处两个部件端面的切面外形的吻合性要求。

（4）两个部件内各种导管、电缆等在对接面处连接的技术要求。

3.强度互换要求

零件、组合件和部件,它们的物理机械性能及加工尺寸,应保持在一定的误差范围内,以保证产品的强度和使用可靠性。

4.质量互换要求

飞机的质量及质心对飞机的性能有重要影响。因此,要求生产出的组合件和部件的质量及质心应符合技术条件的规定。

第二节　模　线　样　板

一、模线

1.模线的定义

模线是按飞机产品图样将飞机的实际外形以及与外形有关的零件、内部结构,按1∶1的尺寸划在平板上,精确地表达飞机部件、组合件及零件形状的一种特殊图样。

2. 模线的种类

模线按其绘制内容和用途不同,可以分为理论模线和结构模线。

(1)理论模线。

1)理论模线的定义。理论模线是按飞机的理论图,以绘制飞机部件的气动外形和结构轴线为主要内容的模线。

2)理论模线的作用。①用以确定飞机的理论外形,使其外形光滑准确、流线性好,并保证外形的协调;②用以绘制结构模线;③用以制造和检验外检样板、反外检样板和检验图板。

(2)结构模线。

1)结构模线的定义。按飞机结构图和理论模线,划有理论外形和结构轴线、内部结构图形的模线为结构模线。

2)结构模线的作用。①能保证飞机内部结构的协调;②为制造样板、装配型架、模具等工艺装备量取尺寸。

3)结构模线上绘制了各种工艺孔,如基准孔、定位孔和销钉孔等,为了保证零件和装配件的尺寸协调。

二、样板

1. 样板的定义

样板是按模线或数据制造的,表示飞机零、组、部件真实形状的,刻有标记并钻有工艺孔的专用刚性量具。

2. 样板的种类

样板可分为三大类:基本样板、生产样板、标准样板。

3. 各种生产样板的用途

(1)外形样板。外形样板是表示零件结构表面形状的样板。

(2)内形样板。内形样板是表示有弯边零件结构平面内形的样板。

(3)展开样板。展开样板是零件的展开形状。

(4)切面样板。切面样板表示零件切面形状。

(5)钻孔样板。钻孔样板一般用于平面零件的钻孔或冲孔。

(6)夹具、样件样板。它们主要按工艺装备设计单位提供的样板图及技术要求制造。

(7)机加样板。按机加单位提出的样板申请单和技术条件制造。

(8)毛料样板。选用有余量的下料样板,即为毛料样板。

(9)铣切样板。按展开样板或毛料样板制造,专供零件的划线铣切及检验。

(10)专用样板。凡不能归属上述种类,在生产中具有专门用途的样板,统称为专用样板。

第三节　标准工艺装备

在飞机制造中,采用了大量的工艺装备保证产品的制造准确度和协调准确度。这些工艺装备根据它们的功用可以分成两类:标准工艺装备和生产工艺装备。

标准工艺装备是具有零件、组合件或部件的准确外形和尺寸的刚性实体,它是制造和检验生产工艺装备外形和尺寸的依据。生产工艺装备直接用于制造和检验飞机零件、组合件或部件。生产工艺装备之间的外形和尺寸是通过标准工艺装备来保证它们互相协调的。

一、标准工艺装备的类型

在飞机制造中,根据保证互换与协调的内容,标准工艺装备可归纳为以下三类。

(1)保证对接分离面协调的标准工艺装备,如标准量规和标准平板,如图5.2和图5.3所示。

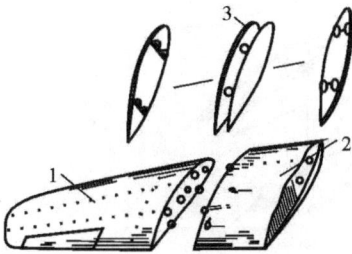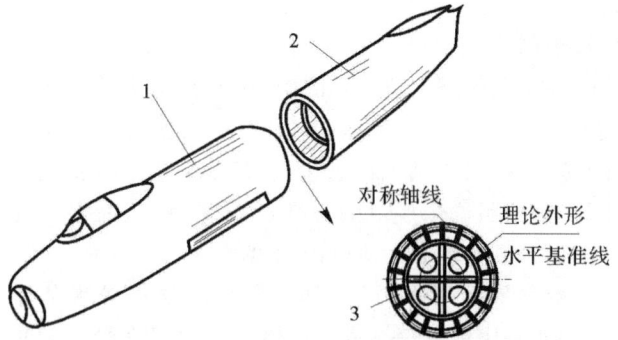

图 5.2　中、外翼对接接头标准量规

1—外翼；　2—中翼；　3—标准量规

图 5.3　前、后机身分离面标准平板

1—前机身；　2—后机身；　3—标准平板

(2)保证外形协调的标准工艺装备,如外形标准样件,如图5.4所示。

(3)保证对接分离面与外形综合协调的标准工艺装备,如安装标准样件和反标准样件,如图5.5所示。

当按相互联系制造原则进行协调时,标准工艺装备是保证生产工艺装备之间相互协调的重要手段。因此,标准工艺装备在重要协调部位,应具有较高的制造精度。

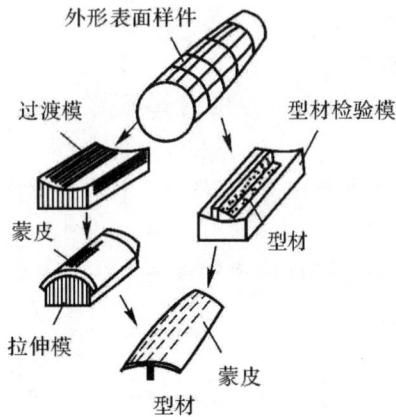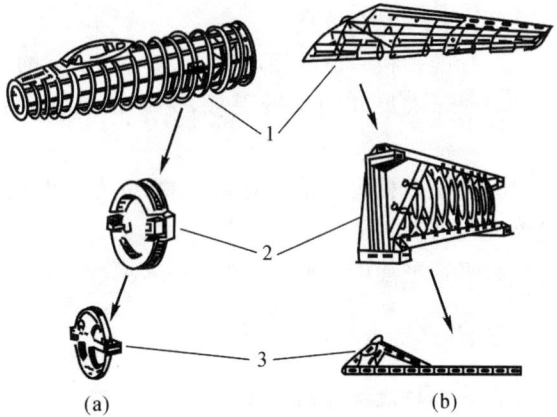

图 5.4　外形标准样件协调作用示意图

图 5.5　标准样件的协调

(a)机身样件协调；　(b)机翼样件协调

1—安装标准样件；　2—反标准样件；　3—组合件标准样件

二、标准量规与标准平板

飞机各部件间的连接有两种形式:叉耳式连接和围框式凸缘多孔连接。为了保证对接分离面的互换协调,分别采用标准量规和标准平板。

1.标准量规

如图 5.2 所示,标准量规是组合件或部件间一组叉耳式对接接头的标准样件,它们是成对制造的。

由于接头之间必须保证非常高的协调准确度,因此,成对的标准量规不宜分别按图纸单独制造,而是采取配合制造,即首先根据对接接头的结构图纸制造其中一个,与其成对的另一个则按照已制造好的那一个量规制造,如图 5.6 所示。

在工艺装备制造中,凡是与这对接头有关的工艺装备,如标准样件上的接头,用于安装各装配型架上接头定位件以及精加工台上的接头定位件的安装量规等,都按照这个成对的标准量规安装,从而保证在分离面处具有较高的协调准确度。

标准量规是协调的依据,其结构要有较大的刚度,一般是用钢管焊接成立体构架作为标准量规的骨架,以避免标准量规在使用中或存放时变形。

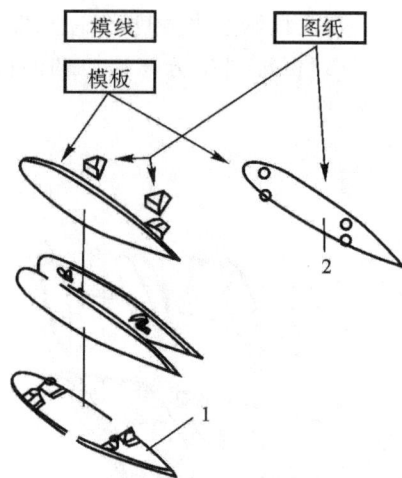

图 5.6 成对标准量规制造过程
1—中翼标准量规; 2—外翼标准量规

2.标准平板

(1)标准平板的定义。标准平板是部件围框式凸缘多孔对接面的标准样件。

(2)用途。

1)在平板上有准确的对接孔,用来协调对接零件的钻孔夹具、组合件装配夹具、板件和部件装配型架上的型架平板以及部件精加工台的钻模等。

2)标准平板带有所在对接面处的外形,可以保证孔相对于分离面处气动外形之间的协调,如图 5.3 所示。

(3)基本结构、特点。

1)标准平板一般采用厚度为 20~30mm 的低碳钢板制成。

2)对于大尺寸的标准平板,为保证其平面刚度,将平板固定在用钢管焊接成的加强框架上。

3)标准平板也应是成对制造的,事先可以把两块平板重叠在一起钻出孔,然后再分别压入经淬火的衬套。

4)平板平面度一般为 ±0.1mm,标准平板上的孔相对于平面的不垂直度为 0.2/100。

三、外形标准样件

1.外形标准样件的定义

外形标准样件是保证飞机部件上外形比较复杂的部位的有关工艺装备、曲面外形协调的标准工艺装备。

2.外形标准样件的种类

根据形面复杂程度与协调方案不同,采用正外形标准样件或反外形标准样件。

3.外形标准样件的基本结构

外形标准样件的结构形式决定于它的尺寸,一般是固定框架式和固定平台式。

(1)固定框架式用于尺寸较大的外形标准样件。它由底座、样板构架、表面层及表面划线所构成,如图5.7所示。

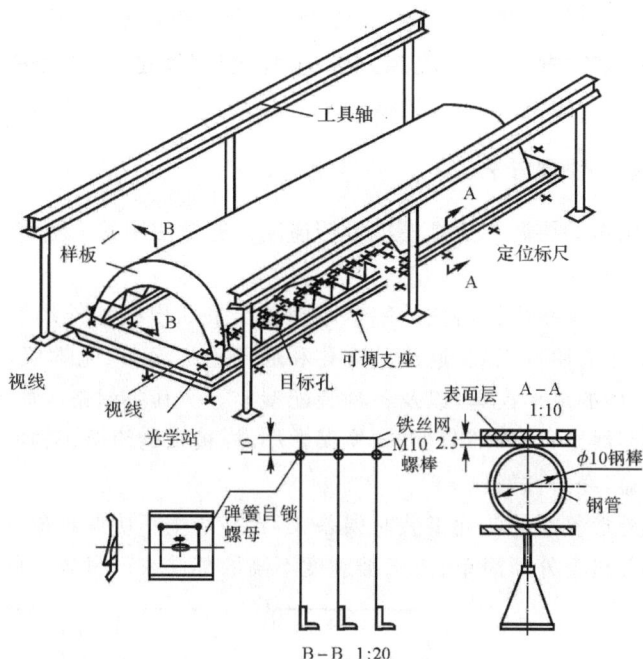

图5.7　固定框架式外形标准样件

(2)平台固定式外形标准样件主要用于中等尺寸的外形标准样件。底座多为铸铝平台,也可用钢管和钢板焊接而成,并用千斤顶支撑,如图5.8所示。

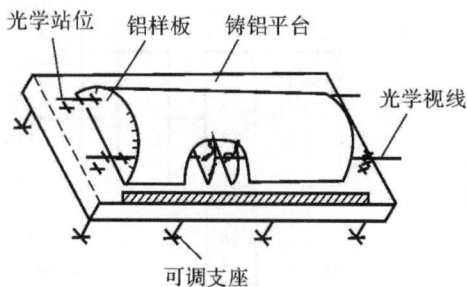

图5.8　铸铝平台固定式外形标准样件

四、安装标准样件和反标准样件

1.安装标准样件

(1)性质。安装标准样件是用于安装装配型架的,它带有组合件或部件的外形和接头,在装配件的纵、横向骨架处加工出实际外形。

(2)用途。安装标准样件是模线样板工作法中保证互换协调的重要工艺装备,用于安装装配型架,并保证有关装配工艺装备之间的协调,如图5.5所示。

2.反标准样件

(1)性质。反标准样件是保证部件标准样件与其组合件标准样件之间相互协调的标准工艺装备。

(2)应用。为了保证组合件样件和部件安装样件的协调问题,在生产中常常根据部件安装样件制造一个部件反标准样件,以此制造组合件标准样件。由于采用相互联系制造的原则,因此,部件安装标准样件与组合件安装标准样件之间具有较高的协调准确度。

对于大尺寸的飞机部件,要制造部件安装标准样件比较困难,无法保证样件的制造准确度,同时也不便于使用。因此,不再采用大尺寸的部件安装标准样件和反标准样件,只针对结构和形状比较复杂的组合件采用组合件标准样件。

第四节　保证互换与协调的基本方法

一、飞机制造的基本协调方法

长期以来,飞机制造的协调方法是模拟量传递法。通常使用的方法有以下几种。

1. 模线样板工作法

(1)协调基本原理。模线样板协调的基本原理是以平面模线和外形检验样板作为总的协调依据。用各类样板作为协调工具,通过基准孔和通用坐标设备、光学仪器,协调制造与外形有关的各类平面或立体的成形模具,以及各种装配型架等。其协调路线如图 5.9 所示。

(2)优点。协调路线短,协调环节少,转换误差小,样板结构简单、易加工,工装制造可平行进行,生产准备周期短,经济性好。

(3)缺点。制造外形复杂的曲面工装时误差大,容易产生不协调现象。

(4)应用。适于飞机上外形简单、要求准确度不高的部件或产量较小的飞机。

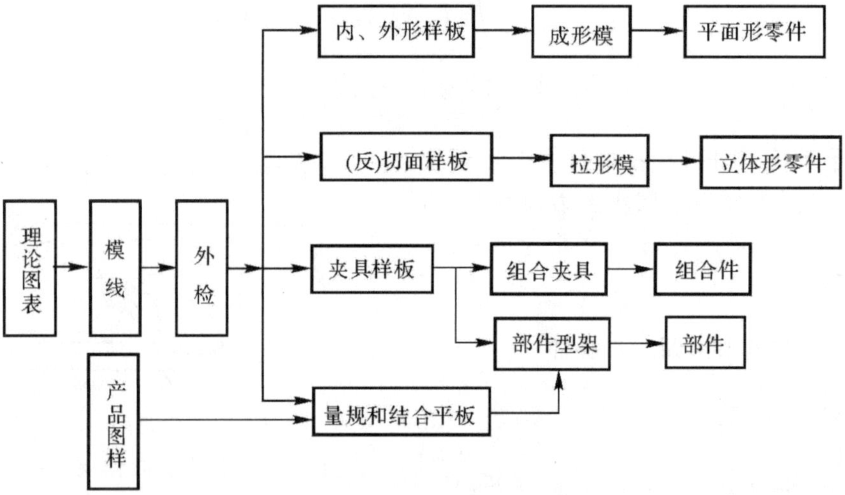

图 5.9　模线样板工作法协调路线

2. 标准样件工作法

(1)协调基本原理。标准样件的协调原理是以模线样板为原始依据,以外形表面样件为总的协调依据。样件的有关部分都进行了对合检查,并以此为主要的移形工具,协调制造与外形有关的各类工艺装备,如图 5.10 所示。

(2)特点。

1)相互联系制造的环节增多,能够减少尺寸形状转换、移形环节误差,提高协调准确度。标准样件包括了全部要协调的外形接头,外形上的所有点都是连续的,任何要控制的部位和切面及接头空间位置都由样件保证。

2)制造、复制、检修比较简单方便。例如,按样件上的外形面塑造装配型架上的卡板工作面,不仅准确度高,而且光滑、流线性好;用样板塑造接头定位件,不仅位置准确,而且与外形等其他定位件的协调精度高。

(3)应用。它适于产量大的小飞机及形状复杂、协调要求高的大飞机上的小部件。

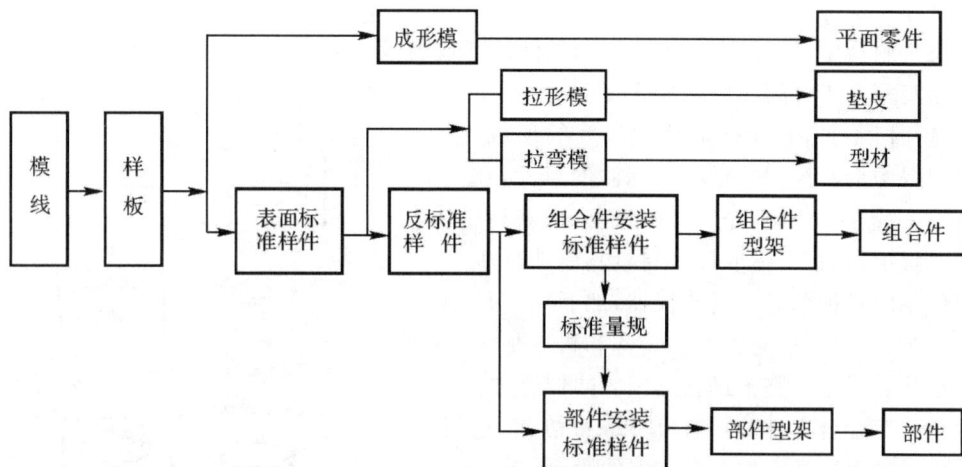

图 5.10　标准样件工作法协调路线

3.综合工作法

(1)协调基本原理。综合工作法协调原理是在模线样板的基础上,结合局部样件,通过型架装配机、划线钻孔台、光学仪器来保证工艺装备的协调性,如图 5.11 所示。

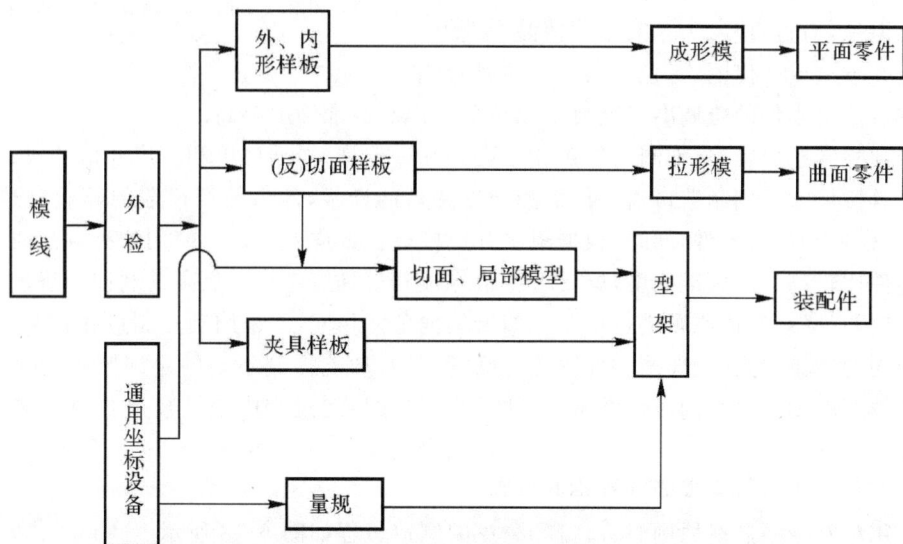

图 5.11　综合工作法协调路线

(2)特点。这种方法兼有模线样板法和标准样件法的优点。对于简单的平面零件,广泛地配合样板制造成形模具;对于复杂的立体结构件可采用局部样件法制造,并可用来协调型架。

这样能够平行作业,缩短生产周期。

二、各种协调原则的原理及其应用

1.各种协调原则的原理

采用飞机制造中的模线-样板方法达到产品的互换性,其基础都是保证产品准确度——制造准确度和协调准确度。

在飞机制造中,保证零件、组合件和部件的互换性,除了要保证其制造准确度外,更重要的是保证相互配合工件间的协调准确度。

制造任何零件,其几何形状和尺寸的形成,一般都是根据图纸所绘制的形状和标注的尺寸,在生产中通过一定的量具、工艺装备和机床而获得的。在这一过程中,先根据标准尺度与量具制造出生产过程中使用的各种测量工具或仪器,然后用它们制造各种工艺装备,最后通过工艺装备和机床加工出工件的形状和尺寸。整个过程是尺寸的传递过程。

两个相互配合零件的同名尺寸取得协调,它们的尺寸传递过程之间必然存在一定的联系。

(1)按独立制造原则进行协调。相互配合的零件,当按独立制造原则进行协调时,协调准确度实际上要低于各个零件本身的制造准确度。以口盖与蒙皮的协调为例,如图 5.12 所示。

口盖与蒙皮开口之间的间隙要求比较小,而且要均匀。但是,口盖直径 D 的偏差即使是几毫米,在使用上并不造成任何困难,也不会对飞机性能有任何影响。两个零件的协调准确度要求比每个零件制造准确度要高。

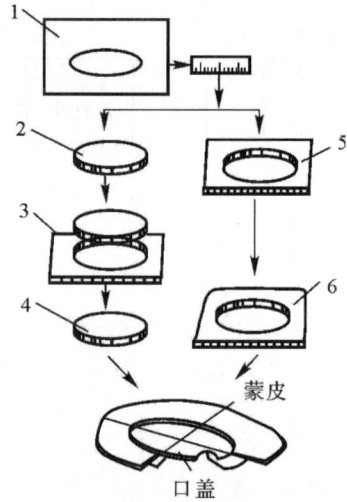

图 5.12 按独立制造原则制造口盖与蒙皮
1—设计图纸与尺寸; 2—口盖样件; 3—口盖冲模;
4—口盖; 5—蒙皮开口样板; 6—蒙皮

按照独立制造原则,分别制造口盖和蒙皮。其过程是,根据口盖和蒙皮开口的设计尺寸通过测量工具按尺寸分别制造口盖的样板和蒙皮开口的样板,然后按照口盖的样板制造口盖的冲模,用冲模冲制口盖零件,同时,根据蒙皮开口样板在蒙皮上开口。使用这种方法时,为了保证两个零件比较高的协调准确度,就要求各个样板和模具等应具有更高的制造准确度。

(2)按相互联系制造原则进行协调。如果其他条件相同,当采用独立制造和相互联系制造这两种不同的协调原则时,即使零件制造准确度相同,却能得到不同的协调准确度,而按相互联系制造原则能得到更高的协调准确度,并且,在尺寸传递过程中公共环节数量越多,协调准确度也就越高。

以口盖与蒙皮协调来说明这种协调原则。

当采用相互联系制造原则时,口盖和蒙皮的制造过程如图 5.13 所示。

首先通过测量工具按图纸上设计尺寸加工出口盖样板,这块样板就作为加工口盖和蒙皮的共同标准,即按它加工口盖冲模和蒙皮开口样板。然后,由冲模制出口盖,按样板在蒙皮上制出孔。此时,口盖样板加工的准确度只影响零件的制造准确度,而不影响零件之间的协调准确度。

（3）按相互修配原则进行协调。这种协调原则比按相互联系制造原则能够达到更高的协调准确度。

当采用相互修配原则进行协调时，协调准确度仅决定于将一个零件的尺寸传递给另一个零件时，这一环节的准确度。

以口盖和蒙皮为例，说明相互修配原则的应用，如图 5.14 所示。

根据口盖设计尺寸制造口盖样板，按样板加工冲模，由冲模制造口盖，然后，按口盖零件加工蒙皮上的开口。或是，先按口盖样板加工蒙皮上的开口，再按开口的实际形状加工口盖。采用这种方法可以保证较高的协调准确度。但是，应当指出，相互修配的零件不能互换。

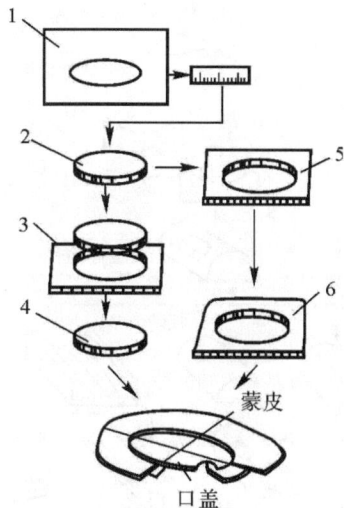

图 5.13　按相互联系制造原则制造口盖与蒙皮
1—设计图纸与尺寸；　2—口盖样板；　3—口盖冲模；
4—口盖；　5—蒙皮开口样板；　6—蒙皮

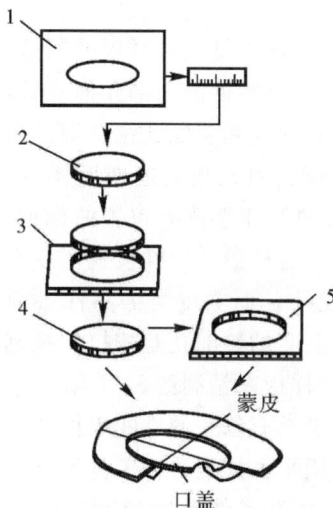

图 5.14　按相互修配原则制造口盖与蒙皮
1—设计图纸与尺寸；　2—口盖样板；
3—口盖冲模；　4—口盖；　5—蒙皮

2. 三种不同的协调原则在飞机制造中的应用

（1）根据飞机构造和制造的特点，对于与飞机气动外形有关的零件，要达到较高的制造准确度比较困难，或者是经济上不合理。但是，为了保证互换，首先必须保证协调准确度。实际上，在飞机生产中出现的问题大量是协调方面的问题。若采用独立制造原则，为达到协调准确度要求，就必须对零件制造准确度提出更高的要求，用目前常规的制造方法是难以做到的。

（2）形状复杂的零件采用相互联系制造原则。在制造过程中，将那些技术难度大、制造准确度不可能达到的环节，作为尺寸传递的公共环节，这样就能显著提高了零件之间的协调准确度。由于飞机构造上的特点，采用这种原则保证协调具有特别重要的现实意义。而独立制造原则只适用于那些形状比较简单的零件，如起落架、操纵系统等机械加工类零件。

（3）采用独立制造原则便于组织生产，能够平行、独立地制造零件、组合件或部件，以及各种工艺装备，扩大了制造工作面，有利于缩短生产准备期，也便于开展广泛的协作。当采用相互联系制造原则时，生产中所用的工艺装备都必须按一定的协调关系依次制造，显然，使生产准备期拖长。

（4）按相互修配原则进行协调，虽然能够保证零件之间有很好的协调性，但不能达到零件互换性的要求。同时，修配劳动量大，装配周期长。只有当其他协调原则在技术上和经济上都不合理,而且不要求零件具有互换性时,才采用这一协调原则。一般在飞机成批生产中尽量少用,在飞机试制中应用较多。

三、用不同装配方法时保证工件的协调过程

1. 按装配孔装配的协调过程

(1)在模线样板工作法下,平面组合件、板件和直线形表面的板件是借助成套样板来协调的,利用这些样板制造或检验零件和工艺装备。

外形检验样板是生产样板的制造依据,它画有该部位所有零件的全部几何参数,如构造轴线、零件外廓线和装配孔位置等。由于零件按装配孔装配,因此当制造外形样板时,应复制外形检验样板上装配孔位置的标记,并镶上装配孔钻套,这样的外形样板就用于在零件上钻制出装配孔。而蒙皮类的零件必须用拉伸模制造,它上面的装配孔是按拉伸模制造的蒙皮外形铣切样板来钻制的。

(2)对于具有复杂的空间表面的组合件和板件,仅仅用平面样板协调工件形状和尺寸是不可能的,这类零件要用标准样件或表面模型,作为协调工件形状和尺寸的原始依据。由蒙皮、半框和纵梁组成的双曲面板件,可以作

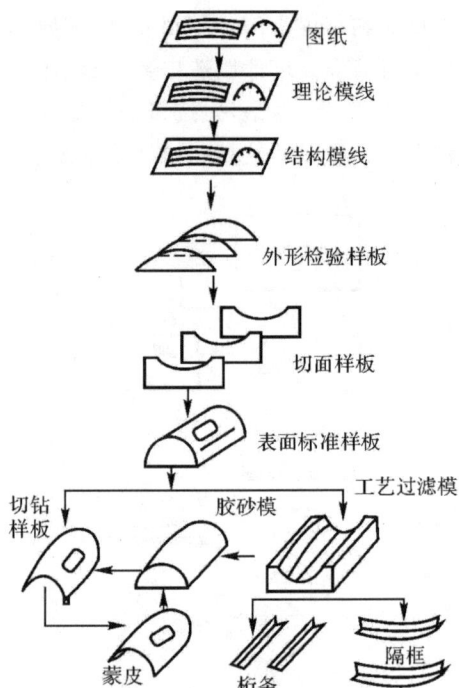

图 5.15 双曲度板件协调过程

为这类构造的典型例子,其形状和尺寸的协调过程如图 5.15 所示。

2. 在装配夹具内以骨架和蒙皮表面为基准装配时的协调过程

在装配夹具内当以骨架或蒙皮表面为基准装配时,产品形状与尺寸协调过程的特点是确定安装在装配夹具上基准定位件距离的必要性。对于装配以蒙皮外表面为基准的机翼,卡板定位件按机翼切面几何尺寸制造,如图 5.16 所示的以蒙皮表面为基准装配机翼时形状与尺寸的协调过程。这里协调的原始依据是理论模线和外形检验样板,由外形检验样板制造夹具样板,然后通过夹具样板制造型架卡板定位件和中翼与外翼对接分离面的带对接孔的结合样板,用型架装配机和划线钻孔台安装装配型架,以此保证型架卡板、型架平板和其他定位件彼此协调。

四、应用计算机辅助设计与制造技术的协调系统

1. 协调系统存在的主要问题

在飞机制造中,过去传统采用的模线样板-(局部)标准样件协调系统,它的特点是采用相互联系制造方法,通过实体的模拟量(模线、样板、标准样件)在制造过程中传递产品的形状和尺寸,来达到生产工艺装备之间的协调性和零件、装配件及部件的互换性。这种协调系统的主要问题有以下几个方面。

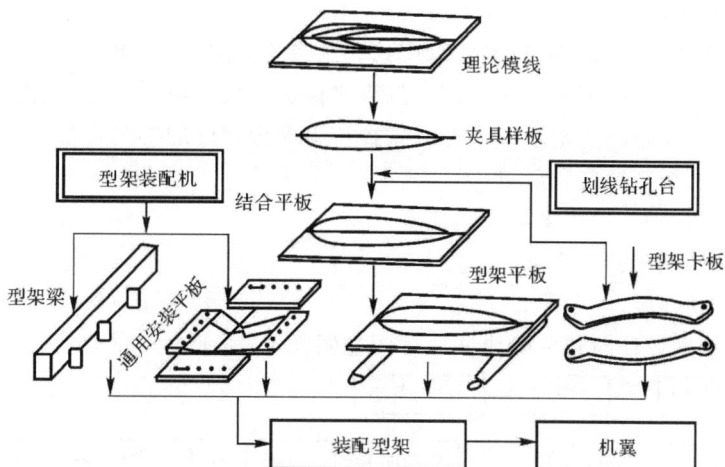

图 5.16　机翼部件以蒙皮表面为基准装配时的协调过程

（1）工艺装备的制造应严格按协调路线规定的先后次序进行,平行作业受到很大限制。

（2）模线、样板、标准样件和生产工艺装备制造中,手工劳动量占很大比例,生产准备周期很长,制造费用很大。

（3）生产工艺装备和零件制造的尺寸传递过程的环节多、路线长,每个环节的移形误差大,难以提高产品的制造准确度。

2.在飞机制造中迫切需要采用新的技术以改变这种状况

计算机和数控技术一出现,它们就在飞机制造中展示出广阔的发展前景,同时,由于飞机制造技术的发展又推动了数控技术的发展,先后研制出为飞机制造用的数控铣床、数控绘图机和数控测量机等。

在计算机和数控技术发展的基础上,计算机辅助设计与计算机辅助制造(CAD/CAM)技术在飞机制造中得到了很快的发展和应用,并带动了其他制造业采用计算机辅助设计与制造技术。

计算机辅助设计与制造技术在飞机制造中已用于许多方面,归纳起来有以下几个方面。

（1）用计算机建立飞机外形和内部结构的几何模型,以及作为飞机制造过程中各个环节应用的统一的几何数据库,并通过绘图机绘制理论模线、结构模线和飞机生产图纸,大大提高了理论模线、结构模线和飞机生产图纸的质量和效率。在计算机内存储的飞机外形和内部结构的精确的几何模型成为飞机制造的原始依据。

（2）在工艺装备制造方面,形状和协调关系复杂的组合件的标准样件、钣金零件制造用的大量成形模具、装配型架上内形板和外形卡板等,可以采用数控加工和数控测量。工艺装备数控加工所需要的有关形状和尺寸的几何数据,可以直接从飞机的几何数据库中提取,而不再需要经过模线和样板等尺寸传递过程。这样可以大大提高工艺装备的制造准确度和协调准确度,提高加工的效率,缩短生产准备周期。

（3）在零件制造方面,由于现代飞机上采用了很多整体结构件,这些重要的飞机零件,包括整体框、整体肋、整体梁和整体壁板等,也采用数控加工和数控测量,大大提高了零件加工的制造准确度和协调准确度,减少了尺寸传递的许多中间环节。

3.采用计算机辅助设计与制造技术的优点

采用计算机辅助设计与制造技术可以用独立制造的方法,通过建立统一的、精确的飞机几何数据库,将飞机外形和内部结构的几何信息直接传递给数据设备,进行飞机零件和工艺装备的数控加工。因此,在新的协调系统中可以省掉许多样板和标准工艺装备。

(1)可提高飞机制造精度和质量。

(2)可缩短研制周期,加快飞机研制速度。

(3)可节约大量工装制造成本。

(4)可减轻劳动强度。

采用计算机辅助设计与制造的协调原理图如图 5.17 所示。

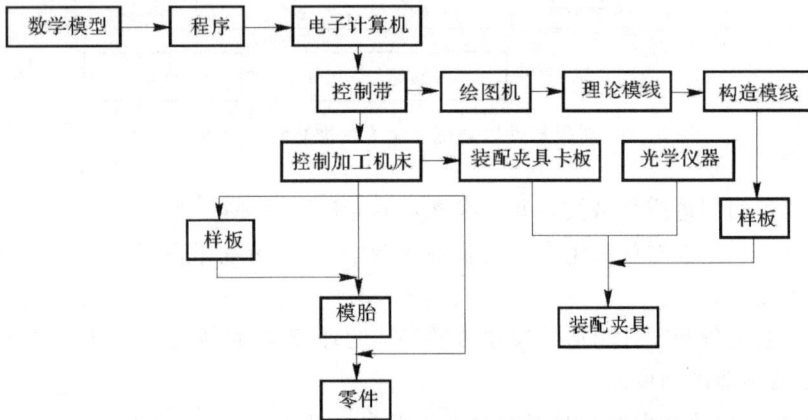

图 5.17　采用计算机辅助设计与制造的协调原理图

采用计算机辅助设计与制造的协调系统示意图,如图 5.18 所示。

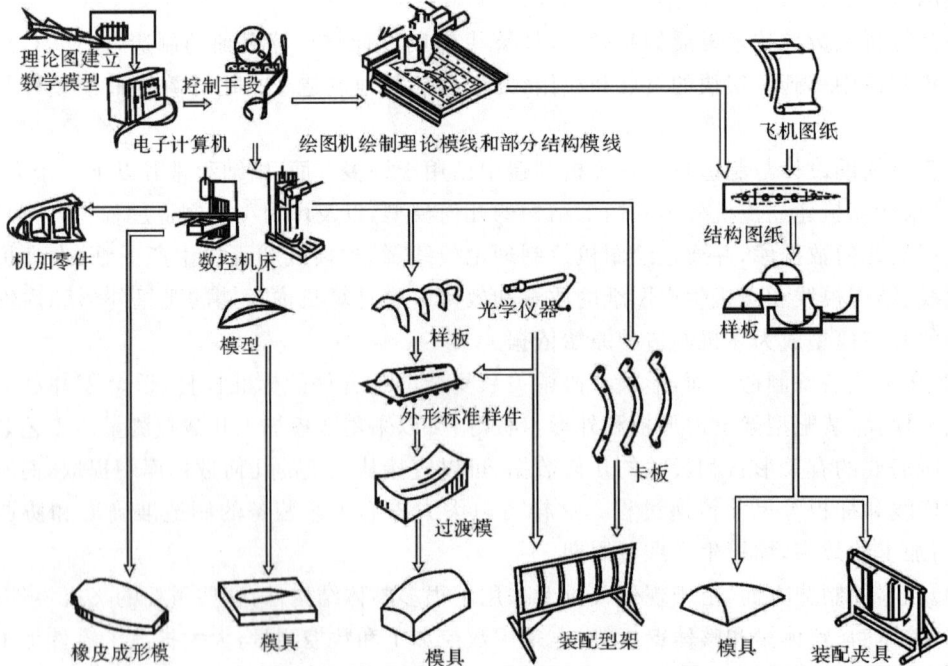

图 5.18　采用计算机辅助设计与制造的协调系统示意图

五、飞机装配协调准确度的具体内容

1. 气动外缘准确度

(1)外缘型值要求,如蒙皮对缝间隙及阶差的极限偏差。

(2)外缘波纹度要求。

(3)表面平滑度要求,如紧固件钉头对气动外缘的凸凹量偏差。

2. 部件相对位置准确度

(1)机翼、尾翼位置要求。例如,机翼、尾翼水平测量公差,机身水平测量公差,部件对称性水平测量公差。

(2)操纵面位置要求。例如,在操纵面处于中立位置时,操纵面前缘相对定翼面后部后缘外形的凸凹量;操纵面后缘相对定翼面后缘的剪刀差。

3. 内部结构件位置准确度

基准轴线位置要求。

4. 结构件间配合准确度

(1)不可卸零件间配合要求。

(2)叉耳对接接头配合要求。

(3)围框式对接接头配合要求。

5. 部件功能性准确度

部件功能性准确度主要内容包括质量、质心、质量平衡、清洁度、密封性、接触电阻、表面保护和操纵性等。

六、装配协调方案的制订

1. 工艺总方案

(1)研制或批生产规划。它包括批架次、总产量、最高月(年)产量以及总进度或总周期。

(2)互换协调原则。它包括保证互换协调的方法、达到互换的批次。

(3)工艺装备选择、设计、制造原则。它包括各类工艺装备的控制数、系数、比例数以及对工装材料、结构、繁简等方面所做的原则要求。

(4)零组件交接状态确定原则。它包括装配孔、定位孔、导孔、余量的选用原则。

(5)新技术、新材料、新工艺的试验规划。它包括研究项目、分工、进度安排。

(6)新标准的贯彻原则。

2. 产品图样和技术条件

(1)设计分离面的划分。它包括分离面的部位、结构形式、设计补偿形式及对接技术要求。

(2)工艺分离面的划分。它包括划分部位、连接形式、补偿形式、施工通路,以及形成装配单元的工艺刚性和完整性。

(3)飞机外形技术要求。它包括理论外形型值偏差和波纹度,以及气动表面的对缝间隙和阶差的偏差。

(4)部件相对位置公差。它包括活动面相对固定面的吻合性偏差、全机水平测量公差及部件水平测量公差。

(5)全机互换、替换项目和互换、替换技术要求。互换项目包括厂内和厂际(主机厂与辅机

厂、主机厂与复制厂);技术要求包括互换替换基准、互换替换内容(几何尺寸、气动外形、强度、质量、质心和运动行程等)、互换替换容差和补偿方法等。

(6)其他功能技术要求。例如平衡、清洁度、气密性和油密性等。

3.工厂生产技术基础和工艺技术水平

(1)工厂生产技术基础。

1)基础设施及加工设备能力。

2)装配厂房的面积、高度、跨度及吊运能力。

3)装配设备能力。例如精加工设备、压铆、钻铆设备。

4)工艺装备生产能力。例如型架装配机、数控加工机床等设备的精度及最大加工范围。

(2)工艺技术水平。

1)装配工艺、零件制造工艺、工装制造与安装工艺、一体化技术等所具备的水平和能力。

2)新工艺、新技术的发展及所达到的水平。

(3)传统的工艺方法。工厂具有优势的、能保证准确度并习惯使用的工艺方法及保证互换协调的方法。

七、装配协调方案的内容

装配协调方案的内容包括结构介绍、装配方案、协调方案三部分。

1.结构介绍

(1)部件外廓尺寸。例如机身的长、宽、高,机翼的翼展、最大厚度和最大弦长等。

(2)结构件布置。例如部件的结构形式,框、肋、梁、门和盖的布置等。

(3)部件对接分离面的构造、连接形式、对接技术要求。必要时画出对接面结构示意图。

2.装配方案

(1)装配单元划分。

1)工艺分离面的选取位置。

2)装配单元目录。它包括装配单元名称、图号、数量。

3)部件划分出的装配单元的立体示意图。

(2)指令性装配顺序图表。重点表示装配过程中各装配单元、不构成装配单元的设计组件(即散装进入总装)逐级进入总装或进入架外的先后顺序。

装配顺序图表自下而上表示组件装配—架内装配—架外装配—部件的装配过程。平级的装配顺序从左至右排列。方框内横线上为工作内容,横线下为产品图号。装配顺序图表的格式如图5.19所示。

(3)主要零件、组件、分部件的定位基准及定位方法。

1)装配基准的选择。确定以骨架为基准或以蒙皮为基准的装配。

2)定位基准的选择。以协调、互换及装配准确度考虑,确定主要零件进入组件、分部件、部件装配时的定位基准;主要组件、分部件进入部件装配时的定位基准以及分部件进入部件装配时的定位基准。指出主要定位基准、辅助定位基准及重要基准定位件的公差带和补偿间隙。

3)定位方法的选择。确定装配元件定位基准的定位方法,如划线、装配孔、基准零件和工装定位件等。

(4)主要工序的内容、安排和要求。

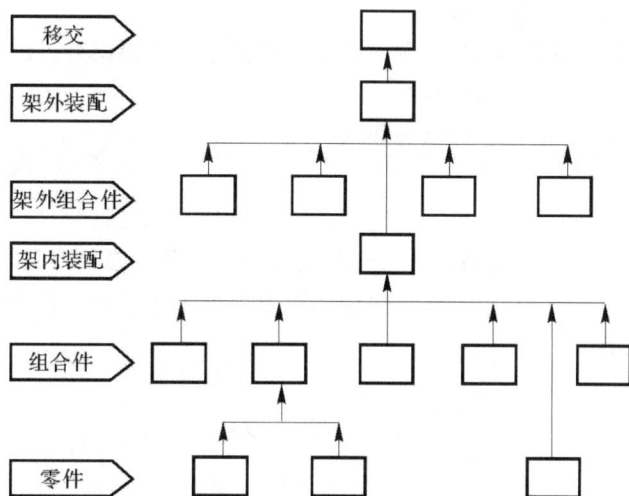

图 5.19 装配顺序图表格式

1)确定主要装配工序,如精加工、外形检查、水平测量点标制、重要对接接头的检查、部件水平测量、分部件对接等。

2)主要工序的安排。

3)主要工序的内容及完成顺序。

4)主要工序的工艺容差、检测方法和工具设备。

(5)零件、组件、分部件、部件的交付技术状态。

1)零件的配套交付要求。

2)零件、组件、分部件、部件协调互换部位的余量大小及容差。

3)重要部位在移交或下架前的检验内容、检验方法、检验所需的设备及检验容差。

4)各种检查、试验工序的内容及技术要求。

5)组件、分部件、部件完成状态和需要明确的工艺分工。

6)其他需要明确的技术状态。

(6)主要装配工艺装备目录。目录应包括装配型架、精加工型架、对合型架、检验台、试验台及主要的铆接夹具等较大型工装。目录栏目有产品图号、工装名称和工装数量等。

3.协调方案

(1)互换协调部位及协调方法。

1)互换协调部位包括:①设计分离面;②互换件与基准件的互换部位;③协调关系复杂的工艺分离面;④多台型架重复定位的同一接头或型面;⑤复杂理论外形部位;⑥装配工装与零件工装需要统一协调依据的部位;⑦采用数值量协调的部位等。

2)协调内容包括明确协调要素、协调容差及协调控制环节。

3)协调方法即达到协调的手段,包括使用标准工装协调、标准实样协调、利用设计补偿与工艺补偿协调,或采用数值量协调。

(2)协调依据的技术要求。

1)所选标准工装的名称、结构功能、用途、特殊容差要求。

2)标准工装的制造依据及标准工装之间协调关系(协调制造或对合检查),对合检查时的对合基准、协调检查内容及协调容差。

3)采用数值量协调方法的范围、协调内容及与模拟量传递协调方法的衔接关系。

4)标准实样的协调内容及取制条件。

(3)重要协调关系零件的指令性状态要求。

1)零件的协调控制部位。

2)零件检验工艺装备(或制造检验工艺装备)的协调制造依据。

3)零件在检验工装内的定位基准、检查部位、检查方法及检验容差。

(4)标准工艺装备目录。它包括保证协调的主要标准工艺装备。目录栏目包括产品图号、标准工装名称和数量等。

思 考 题

1.互换性的定义是什么?

2.互换的分类有哪些?

3.什么是协调性?

4.装配协调包括哪些内容?

5.飞机制造中有哪些互换要求?

6.标准工艺装备的内容有哪些?

7.什么是外形标准样件?

8.飞机制造的基本协调方法有哪些? 各自有怎样的协调原理?

9.简述不同装配方法所采用的协调过程。

10.简述计算机辅助设计与制造技术在飞机制造中的应用。

11.部件气动外缘准确度包含哪些内容?

12.部件功能性准确度包括哪些内容?

13.简述装配协调方案制订的过程。

第六章　飞机装配型架

　　装配工艺装备(简称装配工装)是指在飞机装配过程中,特别是在完成飞机产品从组件到部件装配或总装配过程中,用以保持产品的空间位置,控制产品的几何参数,具有支撑、定位、压紧等功能,为操作者提供良好工作条件的专用装备。

　　装配工装的种类多种多样,根据其用途大致可分为铆接装配类工装、检测类工装和精加工类工装等主要类型。铆接装配类工装又可分为装配型架、装配夹具、安装夹具、安装量规、钻模、钻孔样板和补铆夹具等。其中,装配型架是用于飞机机体的组件、部件等装配单元,在铆接过程中,对飞机产品零件、组件进行定位夹紧的工艺装备,它是目前飞机装配行业中最主要的,也是数量最多的工艺装备。在飞机装配厂房里,到处都可以见到各式各样的装配型架。

内容提示

　　本章主要讲述装配型架的功用、一般要求和种类;装配型架构造形式及其主要作用;装配型架制造、安装的过程和方法;装配型架的使用、维护及常用地面设备;装配型架的发展等。

教学要求

　　(1)掌握型架的用途和种类;
　　(2)了解型架制造、安装的过程和方法;
　　(3)了解型架的使用、维护及常用地面设备。

内容框架

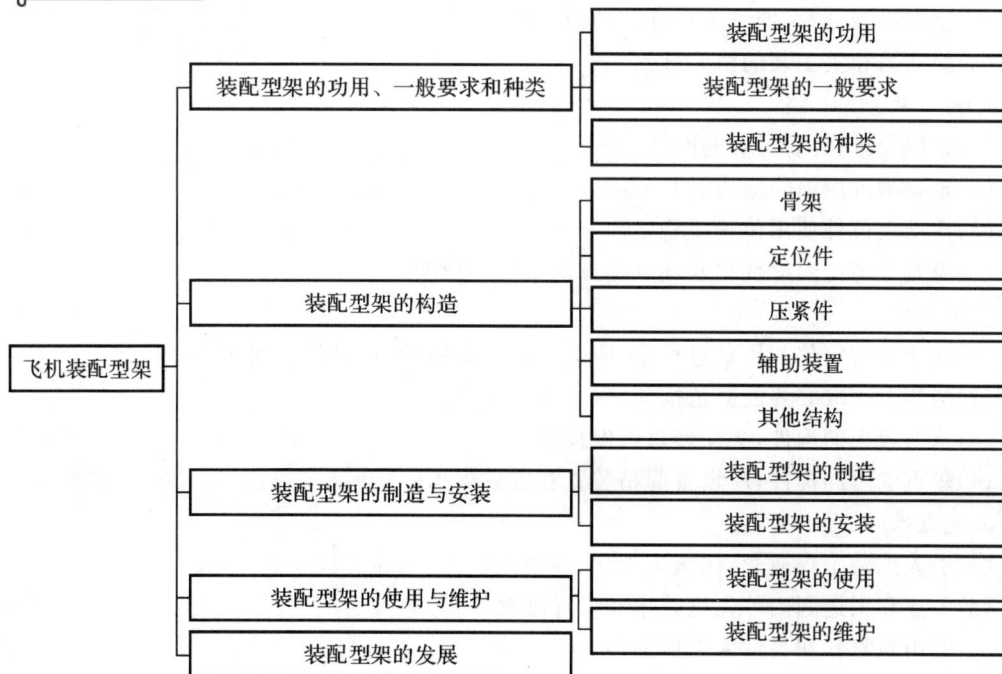

第一节　装配型架的功用、一般要求和种类

装配型架具有独立的定位系统,而不依靠另一工装或产品来完成本工艺阶段的定位装配。装配型架和装配夹具没有严格的定义上的区分,习惯上将外廓尺寸较大的称为装配型架,外廓尺寸较小的称为装配夹具。

一、装配型架的功用

1. 保证产品的质量

通过对飞机产品的主要零、组件进行支撑、定位、压紧,保证各产品零、组件处于正确位置,符合产品图纸和技术要求,满足产品的协调和互换要求。

2. 提高工作效率

便于操作者实施铆接、螺接等装配连接,改善劳动条件,提高劳动生产率。

二、装配型架的一般要求

1. 使用性
(1)满足产品的装配工艺要求,使装配工作在最有利的工作姿势下进行。
(2)定位合理、压紧可靠、操作简单。
(3)工作开敞,便于操作人员施工。
(4)便于产品的上架和出架。
(5)便于制造安装和定期检修。

2. 协调性
(1)符合产品装配协调方案。
(2)基准设置合理,便于各个环节的协调统一。
(3)保证与相关工装的协调性。

3. 稳定性
(1)结构合理,具有足够的刚性。
(2)重要构件应消除应力。
(3)活动定位件使用位置应稳定。
(4)应充分考虑温度变化及地基变形对工装的影响。

4. 安全性
(1)在产品的定位和压紧过程中,应有必要的保护措施,以防止划伤产品。
(2)结构上采取必要的防范措施,保证人员安全。
(3)承力较大的构件,必须经过强度校核。
(4)较重的可卸构件,应设置起吊装置和置放支承。

5. 先进性
(1)引入工装工程概念,注重工程化、美观化。
(2)关注和引进国内外先进技术和设计理念。
(3)使用新材料和高性能的成品件。

（4）采用先进的结构和工艺方法。

6.经济性

（1）在满足使用要求的前提下,工装结构应尽量简单,降低制造成本。

（2）选择合理的制造公差,并具有良好的制造工艺性。

（3）优先选用常用材料和有储备的标准件。

（4）标准化、模块化,最大限度地采用标准元件。

三、装配型架的种类

1.按装配产品类型分类

（1）机翼类装配型架。如机翼壁板装配型架（见图6.1）、垂尾总装型架（见图6.2）、副翼装配型架（见图6.3）、机翼前后缘装配型架（见图6.4）、前后梁装配型架（见图6.5）、翼尖装配夹具（见图6.6）等。此外还包括翼盒总装型架、平尾总装型架、扰流板装配夹具、方向舵装配型架、升降舵装配型架、前缘与前梁对合型架、内外襟翼装配型架、缝翼装配型架、后缘与后梁对合型架等。

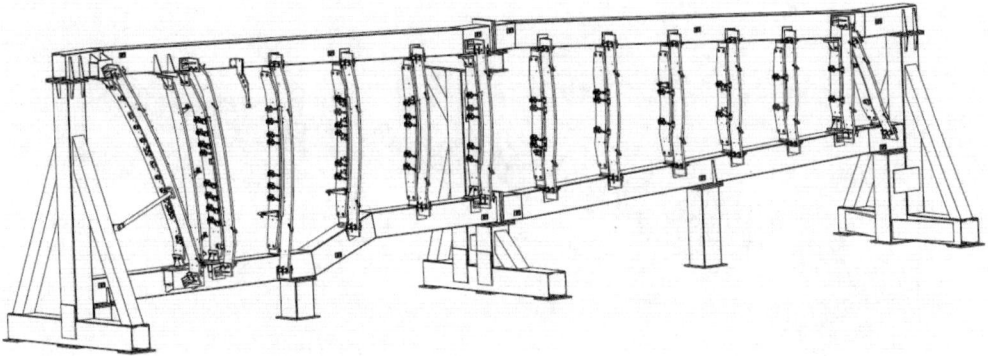

图6.1 机翼壁板装配型架

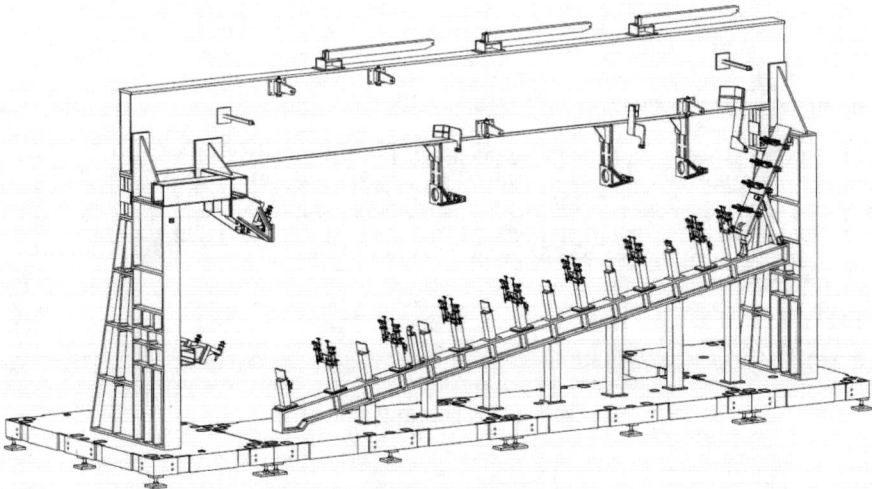

图6.2 垂尾总装型架

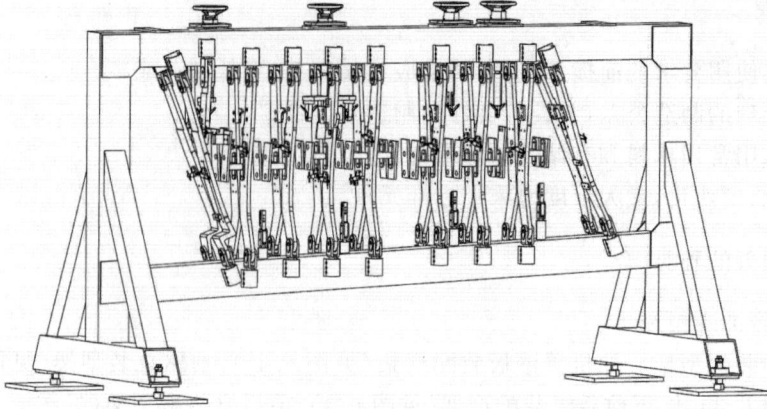

图 6.3　副翼装配型架

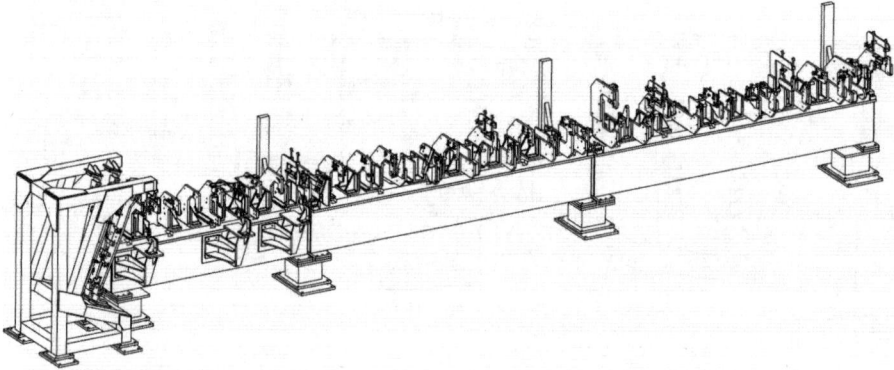

图 6.4　机翼前后缘装配型架

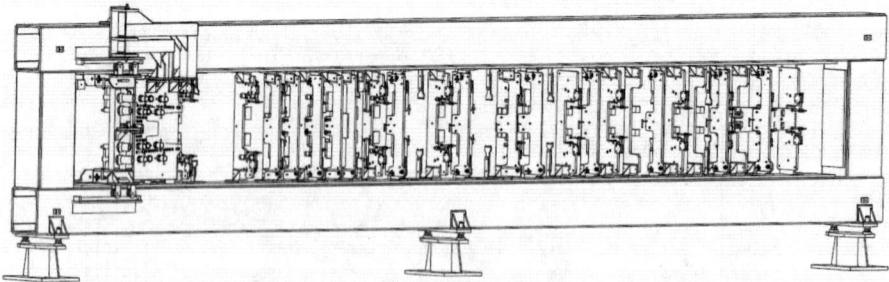

图 6.5　垂尾前梁装配型架

（2）机身类装配型架。如框装配型架（见图 6.7）、门装配型架（见图 6.8）、门框装配型架（见图 6.9）、机身中段总装型架（见图 6.10）等。此外还包括整流罩装配型架、壁板装配型架、地板装配型架、天窗骨架装配型架、雷达罩装配型架、尾罩装配型架、机身上部装配型架、机身下部装配型架、机身上下部对合型架、机身前段总装型架、机身后段总装型架、机身总装型架、口盖装配型架、梁装配型架等。

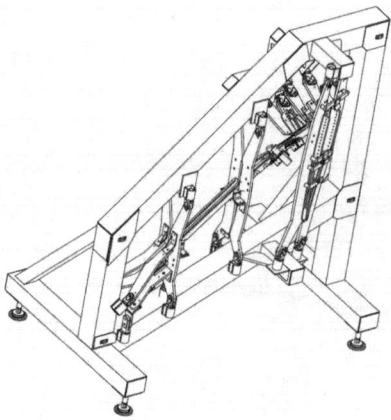

图 6.6 翼尖装配型架

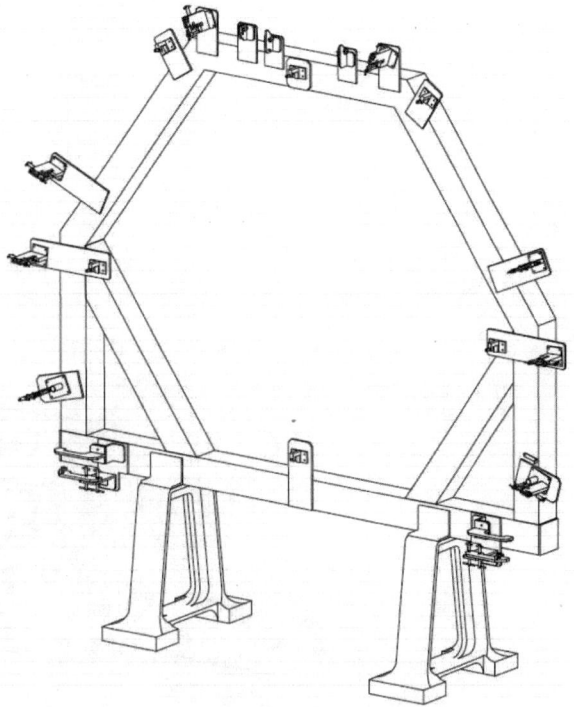

图 6.7 框装配型架

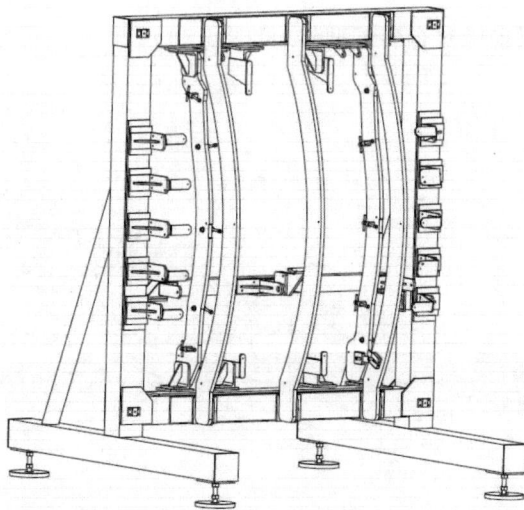

图 6.8 门装配型架

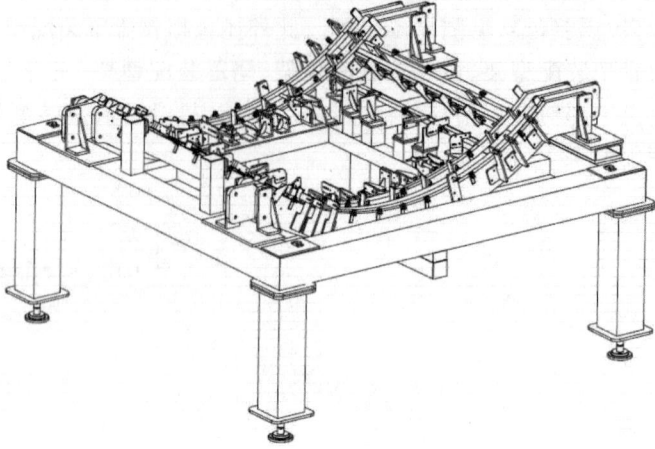

图 6.9　门框装配型架

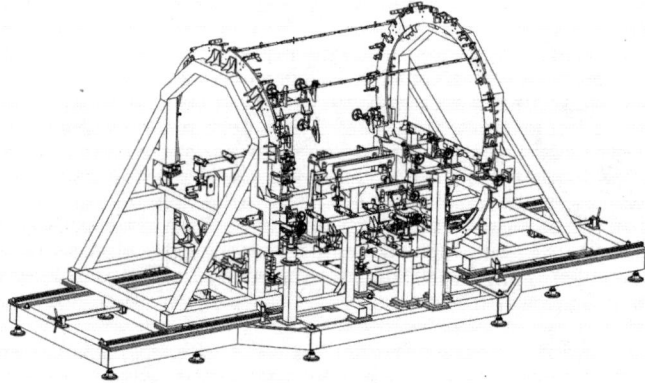

图 6.10　机身中段总装型架

2.按工作状态分类

(1)固定式,机翼前梁前缘对合装配型架(见图 6.11)。

图 6.11　机翼前梁前缘对合装配型架

（2）转动式，缝翼装配型架（见图 6.12）。

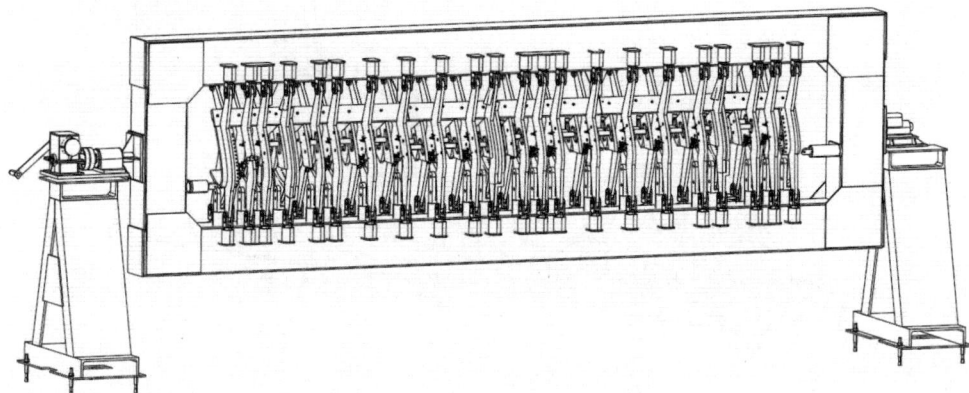

图 6.12　缝翼装配型架

3.按骨架类型分类

（1）单梁式，梁装配夹具（见图 6.13）。

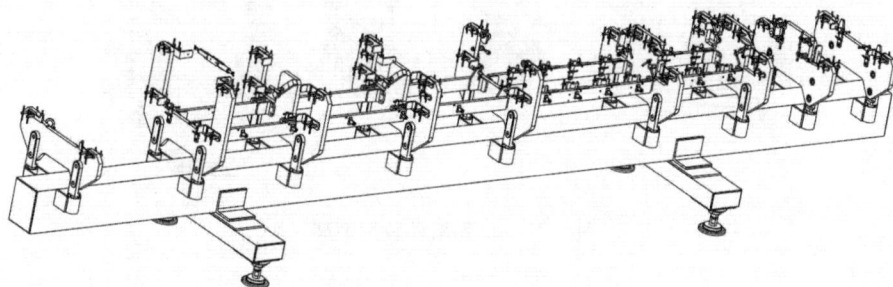

图 6.13　梁装配夹具

（2）框架式，机身地板装配型架（见图 6.14）。

（3）组合框架式，机翼总装型架（见图 6.15）。

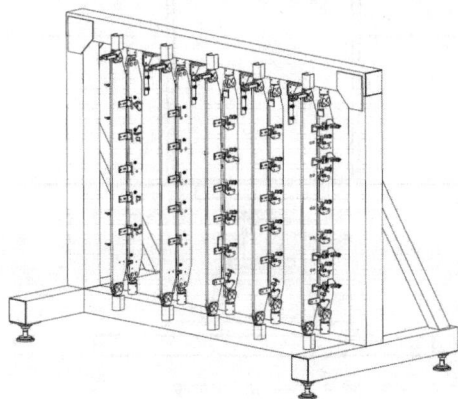

图 6.14　机身地板装配型架

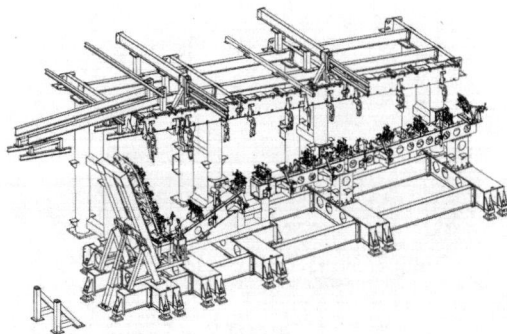

图 6.15　机翼总装型架

（4）整体底盘式，机身前段装配型架（见图 6.16）。

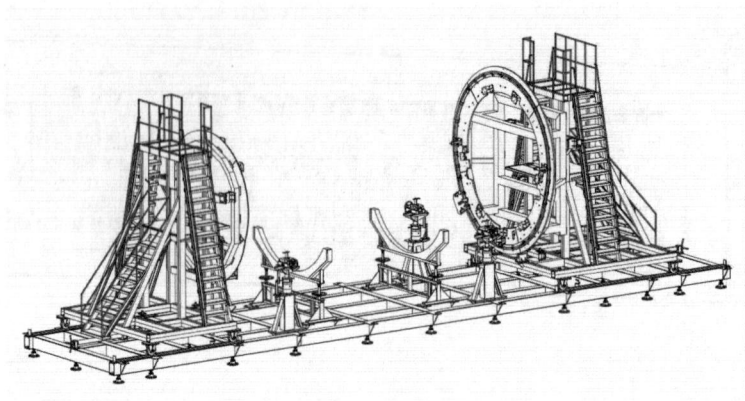

图 6.16　机身前段装配型架

（5）分散式，机翼架外装配型架（见图 6.17）。

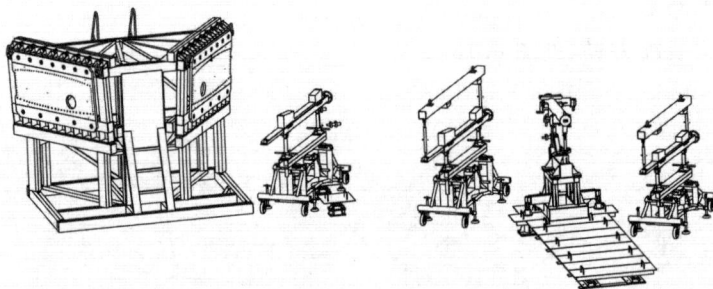

图 6.17　机翼架外装配型架

4.按支撑方式分类

（1）固定支撑。用地脚螺栓固定在厂房地坪上，如图 6.18 所示。

（2）可调支撑。采用可调机构，直接置于厂房地坪上，可以进行高低调平，如图 6.19 所示。

（3）一般支撑。直接放置在厂房地坪上，不需要进行调平，如图 6.20 所示。

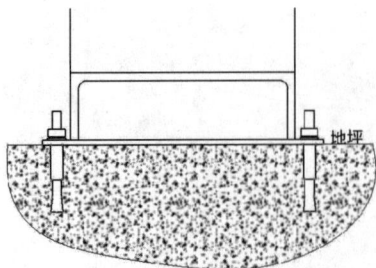

图 6.18　地脚螺栓

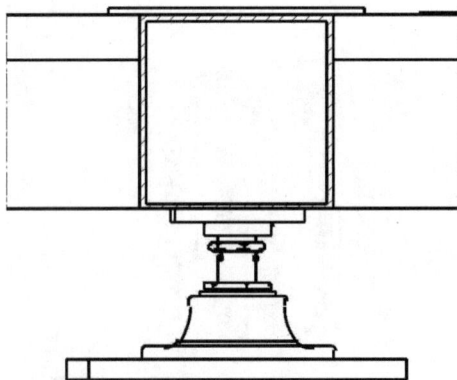

图 6.19　可调支撑

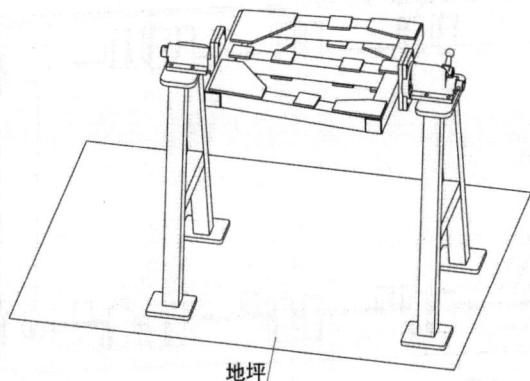

图 6.20　一般支撑

第二节　装配型架的构造

装配型架主要由骨架、定位件、压紧件和辅助装置等几部分组成。例如，机身壁板装配型架属于最典型的装配型架，如图 6.21 所示。

一、骨架

装配型架的骨架，即框架，是安装定位件、压紧件和其他结构的基体，使各个结构件之间具有正确的相对位置。为了保证定位系统的稳定性，骨架应具有足够的刚性。小型装配型架一般采用整体框架，大型装配型架一般采用组合框架。常用的骨架结构形式主要有以下几类。

（1）框架式骨架如图 6.22 所示。

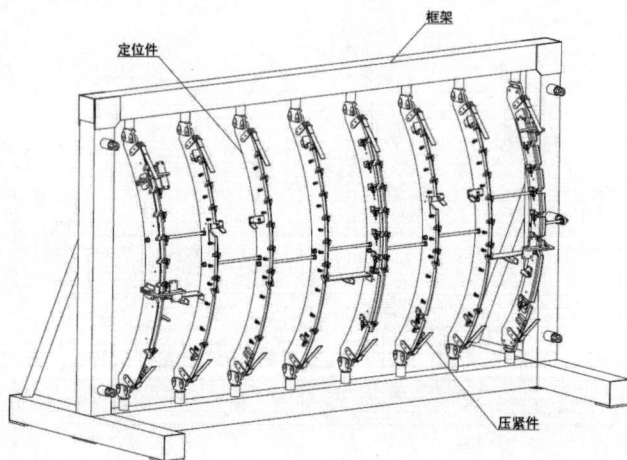

图 6.21　机身壁板装配型架

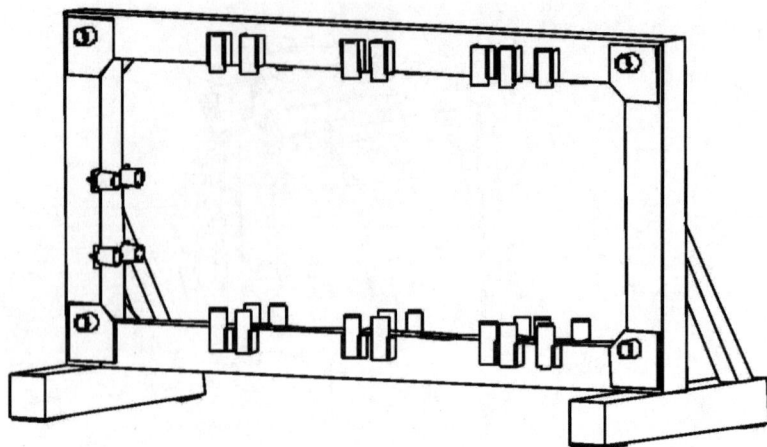

图 6.22　框架式骨架

（2）单梁式骨架如图 6.23 所示。

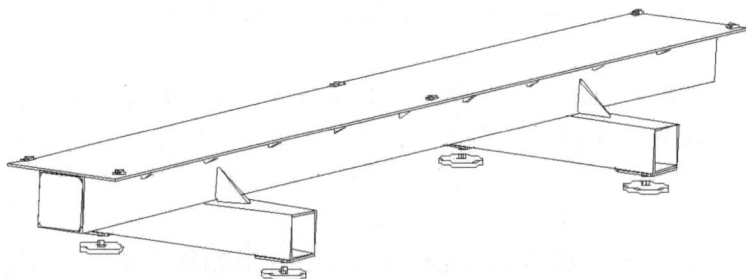

图 6.23　单梁式骨架

（3）组合式骨架如图 6.24 所示。

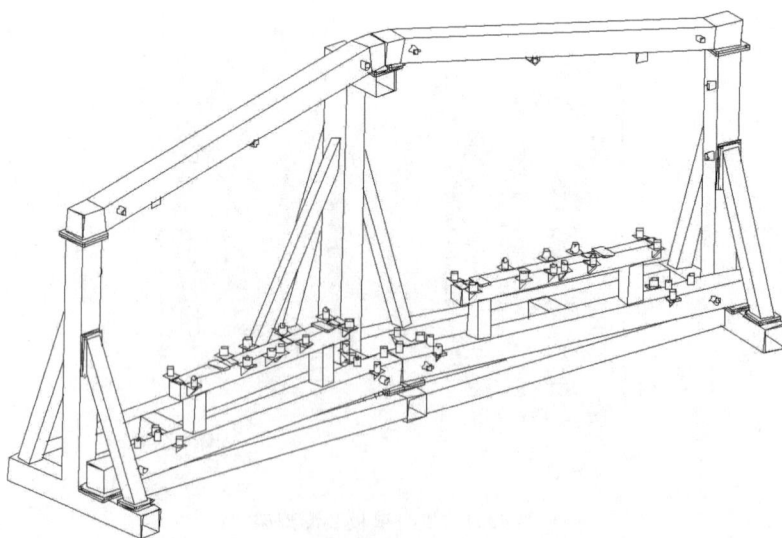

图 6.24　组合式骨架

（4）旋转式骨架如图 6.25 所示。

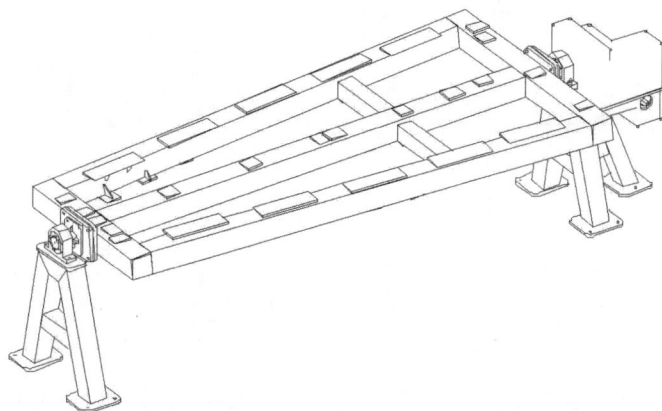

图 6.25　旋转式骨架

（5）分散式骨架如图 6.26 所示。

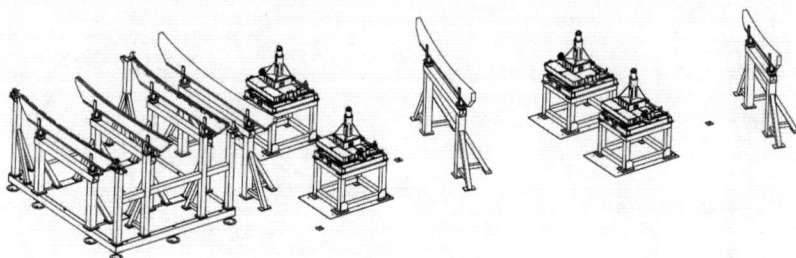

图 6.26　分散式骨架

6.整体底盘式骨架如见图 6.27 所示

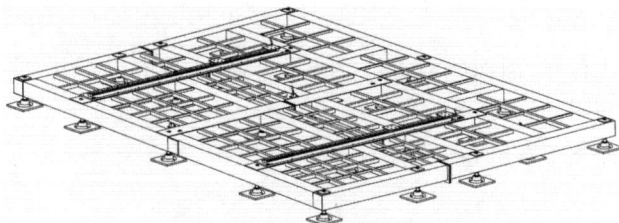

图 6.27　整体底盘式骨架

二、定位件

装配型架中的定位件是确定产品几何参数或几何要素的元件。根据产品的类型和特点，定位件形式多种多样。

1.外形定位件

外形定位件用于曲面类产品零件的定位，如卡板、托板、包络式定位件等。

（1）卡板是装配型架中最常用的定位件，主要用于保证飞机气动外形的准确度和协调性，并能控制铆接变形。卡板一般分为两类：外形卡板和内形卡板。外形卡板（见图 6.28）的形面可以是飞机蒙皮外形,也可以是飞机蒙皮内形即飞机骨架外形。内形卡板(见图6.29)一般取飞机蒙皮内形,并在卡板上开有缺口,便于长桁通过。

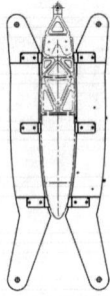

图 6.28　外形卡板

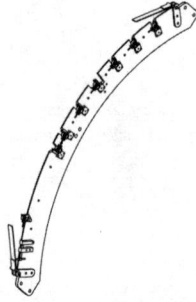

图 6.29　内形卡板和蒙皮拉紧带

(2)托板位于装配件下方,起支撑作用,如图6.30所示。

(3)包络式定位件的工作外形为产品零件的全部外形,如图6.31所示。

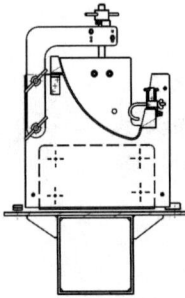

图 6.30　托板和压紧卡板

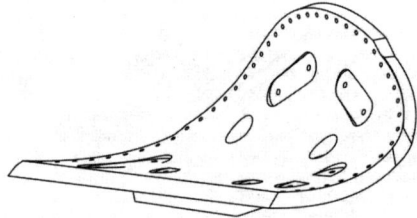

图 6.31　包络式定位件

2.专用产品零件定位件

飞机产品零件各式各样,因而此类定位件种类繁多,主要有以下几种。

(1)型材定位件,如图6.32所示。

(2)腹板定位件,如图6.33所示。

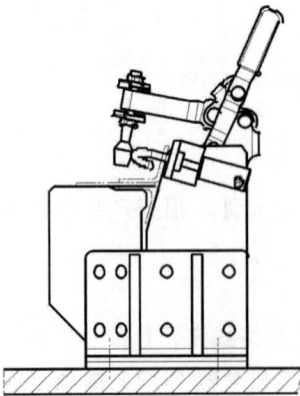

图 6.32　型材定位件

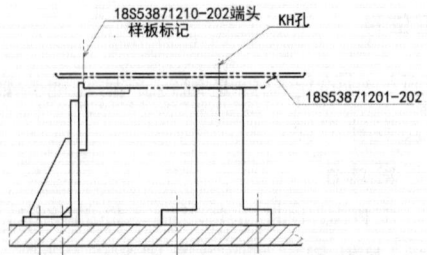

图 6.33　腹板定位件

（3）长桁定位件，如图 6.34 所示。

3. 接头定位件

接头定位件用于保证飞机部件对接接头的互换协调，多为叉耳式，如图 6.35 所示。

4. 型架平板

型架平板主要用于两个产品部件的对接部位，如图 6.36 所示。型架平板的对接孔和基准孔一般按标准平板协调制造，其工作面一般选用 20～30mm 厚的钢板制成，为保证其刚度，又将其连接在钢管焊成的加强框架上，钢板上带有和产品部件围框式接头协调的相对应的对接孔。

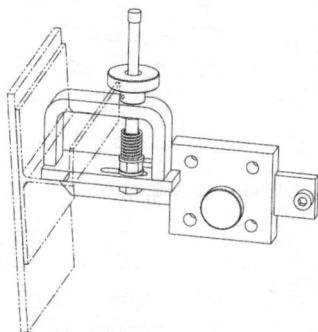

图 6.34　长桁定位件

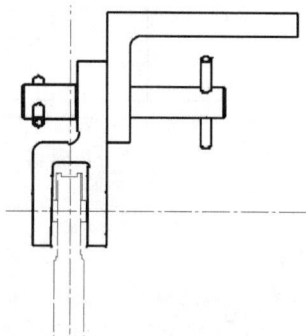

图 6.35　叉耳式接头定位件

5. 工艺接头

工艺接头是为了装配时定位和夹持飞机产品零部件的需要而加在飞机结构的较强部位上的工艺性临时接头，如图 6.37 所示。它可以突出于产品气动外形表面，在飞机装配完成后即可拆除，它既可以起到定位作用，又可以起到支撑作用，甚至承载整个大型产品部件的重力，因而工艺接头应具有一定的精度和足够的刚度和强度。工艺接头可以在产品组件装配、部件装配和部件对接等各个阶段共同使用，从而更好地保证了定位基准的统一性和协调性。

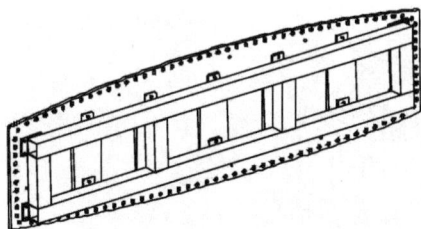

图 6.36　型架平板

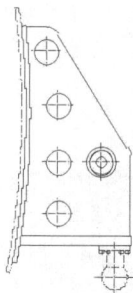

图 6.37　机身工艺接头

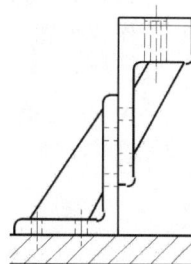

图 6.38　定位孔定位件

6. 定位孔定位件

直接利用产品自身的孔来定位。例如，利用腹板类零件和部件装配中的产品定位孔，如图 6.38 所示。

三、压紧件

装配型架中的压紧件主要作用是压紧产品零件，并配合定位件完成其他定位功能。主要有以下几种。

(1)螺旋压紧器如图 6.39 所示。

(2)连杆机构压紧器如图 6.40 所示。

(3)压紧卡板如图 6.41 所示。

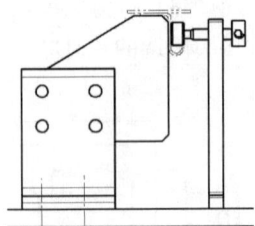

图 6.39　螺旋压紧器　　　　　　　图 6.40　连杆机构压紧器

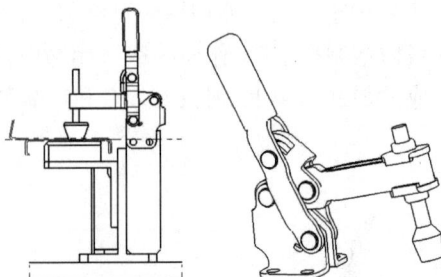

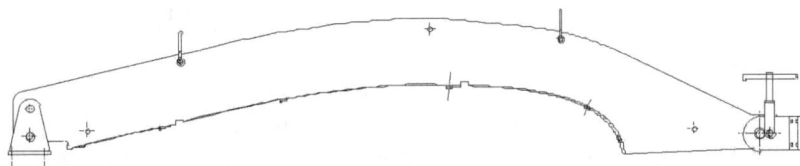

图 6.41　压紧卡板

(4)外形压紧器。外形压紧器包括橡皮绳、帆布带和棘轮拉紧带等。

四、辅助装置

装配型架的辅助装置一般包括产品的支撑、调整装置；为产品进出架而设置的附属于型架的吊运装置；为操作者工作方便而设置的放置架、工作梯；工作时需要的照明系统和压缩空气管路工具送风系统等。

(1)工作梯如图 6.42 所示。

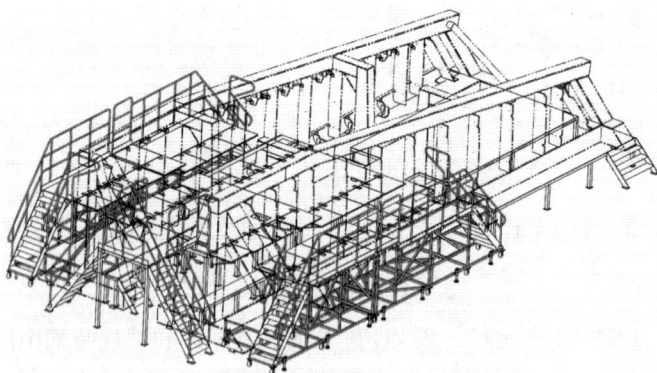

图 6.42　工作梯

(2)托架如图 6.43 所示。

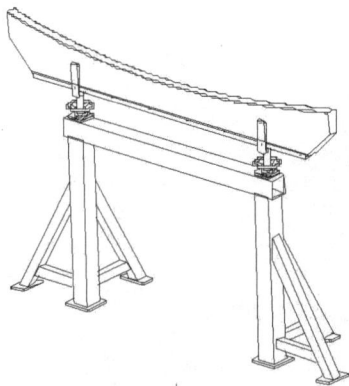

图 6.43 托架

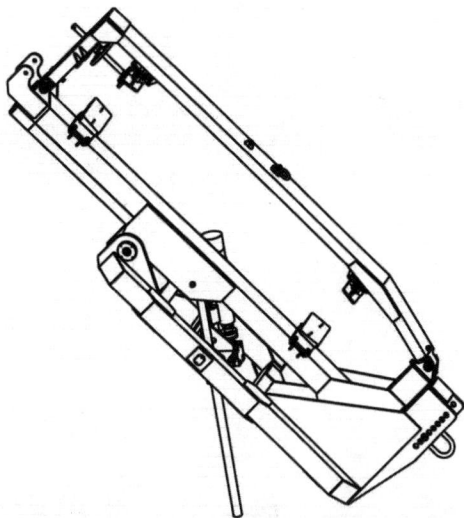

图 6.44 机翼翻转吊挂

（3）机翼翻转吊挂，如图 6.44 所示。

（4）导轨移动结构，如图 6.45 所示。

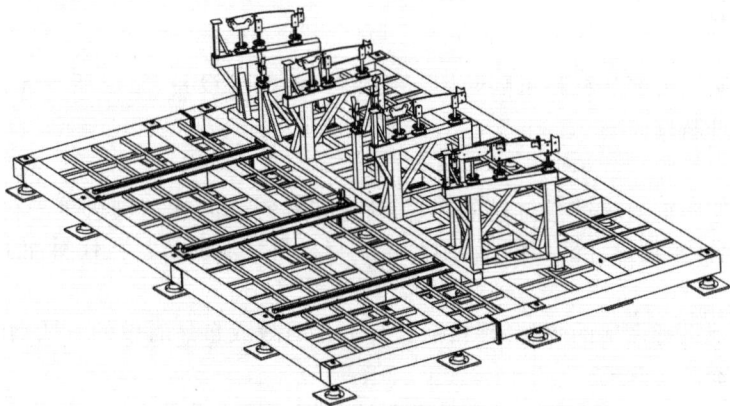

图 6.45 导轨移动结构

五、其他结构

装配型架的元件除了以上的基本结构外，还包括大量的连接件、标准件和成品件等。其中，成品件根据其功能分类，各式各样，无论从选型采购，还是安装维护都非常方便实用。例如，气动旋转设备适用于转动式装配型架结构；生命安全系统用于操作者高空作业的安全保护，操作者工作时系上安全带，把安全带的另一端与速差防坠器相连，速差防坠器上的滑块可沿着钢丝绳在展向移动；高性能运动轮组可以完成移动结构的全方位运动。自动控制全方位移动轮组，如图 6.46 所示。

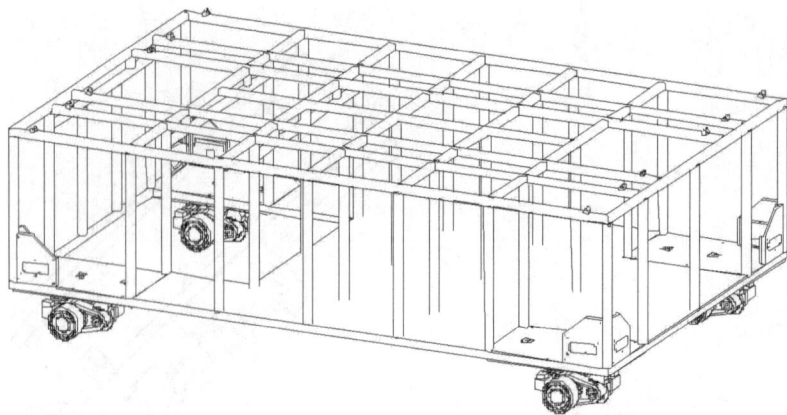

图 6.46　自动控制全方位移动轮组

第三节　装配型架的制造和安装

飞机装配时采用了大量的装配型架,为了保证飞机装配的准确度,首先要保证装配型架的准确性。通常装配型架的精度是产品精度的 $1/2 \sim 1/3$。

装配型架的制造和安装过程一般分为两个阶段:首先是构成型架的各类元件的准备和生产制造阶段;其次是最终总体安装阶段。

一、装配型架的制造

装配型架的制造需要从材料采购开始,利用专门的加工设备,完成所有元件的准备工作,为最终的安装打好基础。

1. 材料准备

根据装配型架图纸要求进行材料采购,并利用切割锯或激光切割机等进行下料。当没有要求的材料时,允许经过设计部门同意,用高于原有材料性能的新材料代料加工。

2. 框架焊接

按照焊接规范进行框架的焊接,焊接后经过人工时效或自然时效的方法消除应力。

3. 型架零件加工

装配型架的精度要求确定了制造方法和需要采用的加工设备。

(1)选择合适的加工设备,确定合理的加工基准。

(2)需要时进行原材料的组合焊接,焊后消除应力。

(3)机械加工。平面大多采用铣床和刨床加工,当平面较大时采用龙门刨和立车加工,精度要求高的平面需要使用高精密磨床;孔的加工采用钻床,尺寸较大的孔可以利用铣床加工,精度要求高的孔需要采用精密镗床加工;型面的加工大多采用数控机床。目前在机械加工制造过程中,数控机床的应用越来越多,它可以加工双斜平面、法向孔、复杂型面等,同时它也能够大大提高工作效率。

4. 组件装配

为了方便后续的安装过程,需要将部分型架零件预先装配到一起,最终以组件的形式整体参加最终的安装。

5. 其他元件的准备

型架的安装还需要用到大量的紧固件、标准件和成品件等。

6. 标识标记

对于加工好的型架零件、组件需要正确标记,包括对称件、航向、上下、左右等,容易混淆的零组件,还要特别进行防错标记,如图 6.47 所示。

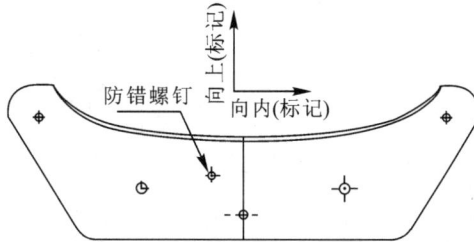

图 6.47 安装防错螺钉的外形托板

二、装配型架的安装

装配型架的安装方法是由产品公差要求、装配协调方案、型架设计图纸、常用安装设备等几个方面确定的。

1. 常用型架安装方法

型架安装方法和安装公差一般在型架设计图纸中已经标记说明。其中,常用的标注尺寸公差的符号如下:

使用划线钻孔台、型架装配机、光学工具坞保证的尺寸公差,如 100*;使用光学仪器、长杆千分尺保证的尺寸公差,如 100▲;使用样板或标准工装协调的尺寸不标注尺寸公差,如 100■。

(1)按模线样板安装,如图 6.48 所示。

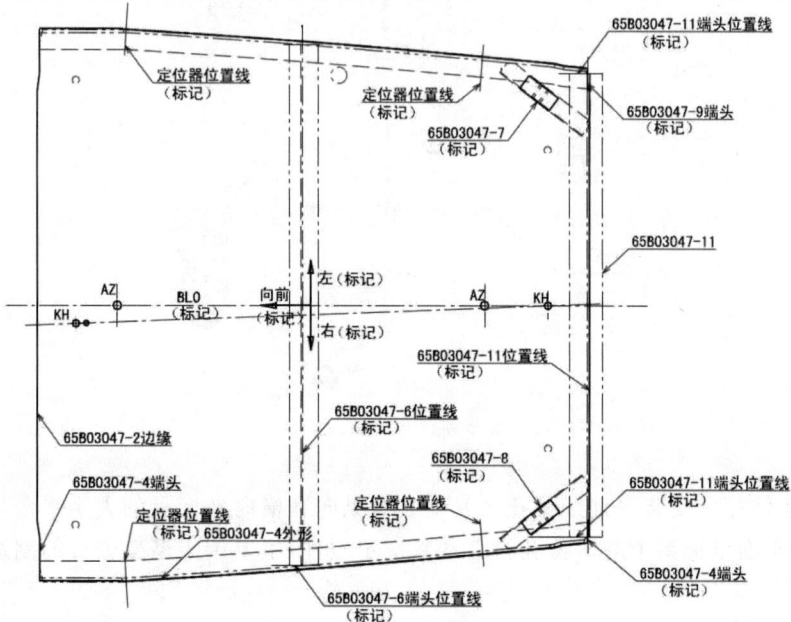

图 6.48 样板

（2）按标准工装安装。为了保证产品接头孔位和型面的互换性和协调性，利用标准工装进行装配型架的安装。型架上带有支撑标准工装的标高板或定位装置。根据定位好的标准工装，进行接头孔的安装和型面的塑造，如图 6.49 所示。

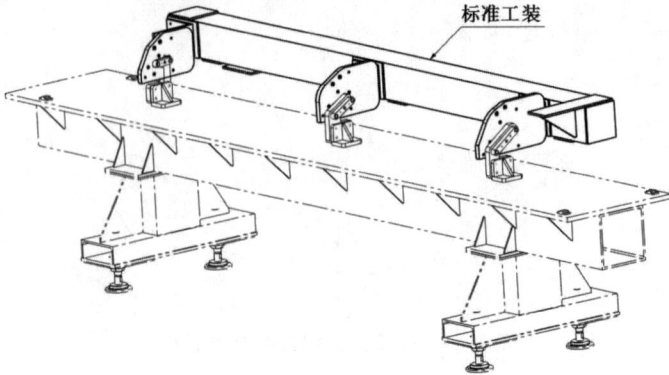

图 6.49　按标准工装安装型架

（3）按光学仪器安装。通过光学仪器及附件或长杆千分尺等，建立空间直角坐标系，控制空间六个自由度，确定型架元件在空间中的准确位置，然后再通过支撑调整机构把型架元件调整到准确位置并加以固定，如图 6.50 所示。

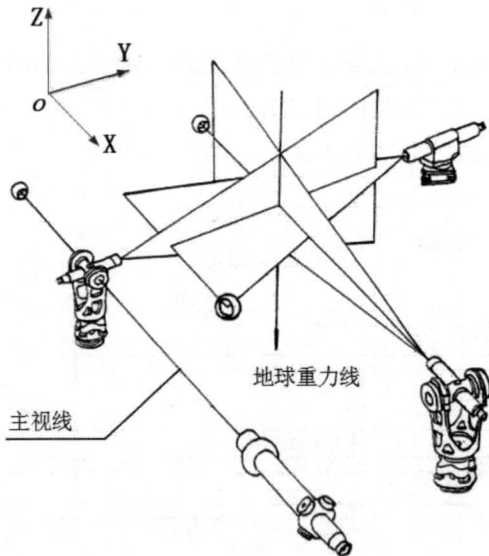

图 6.50　光学仪器

（4）按划线钻孔台安装。划线钻孔台是安装有纵向和横向坐标尺的大型平台，可用于准确定位和安装在平面坐标系中的定位孔衬套和其他定位件，主要用于型架卡板的制造，如图 6.51 所示。

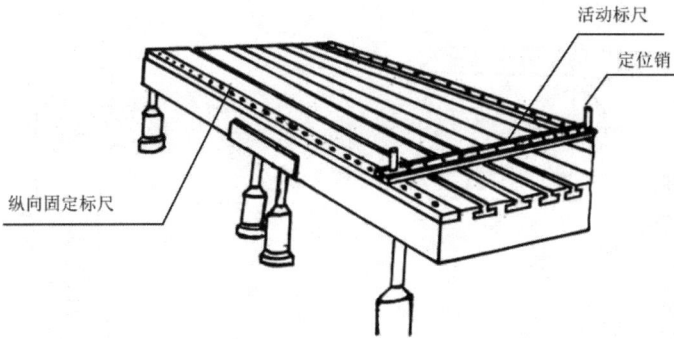

图 6.51 划线钻孔台

(5)按型架装配机安装。型架装配机具有三组相互垂直的精密坐标尺,每个坐标尺上均有孔距为 200mm 的精密孔,如图 6.52 所示。利用型架装配机上的三组座标尺和变距板、金具等附件,可以准确地确定型架定位件在空间的任意位置,如图 6.53、图 6.54 和图 6.55 所示。

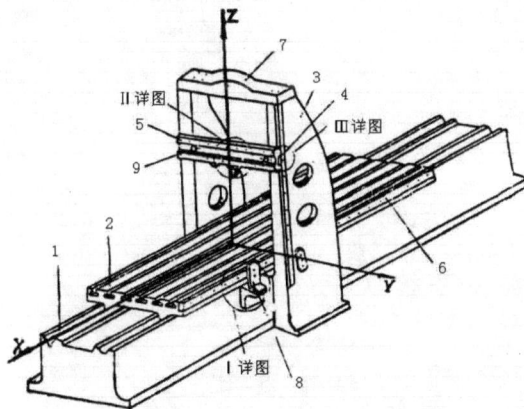

图 6.52 型架装配机

1—底座; 2—工作台; 3—立柱; 4—垂直标尺; 5—横标尺; 6—纵标尺;
7—横梁; 8—纵向定距支座; 9—横标尺锁紧装置

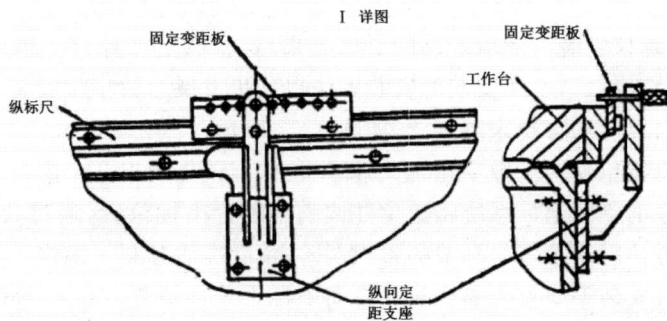

图 6.53 纵标尺和变距板

Ⅱ 详图

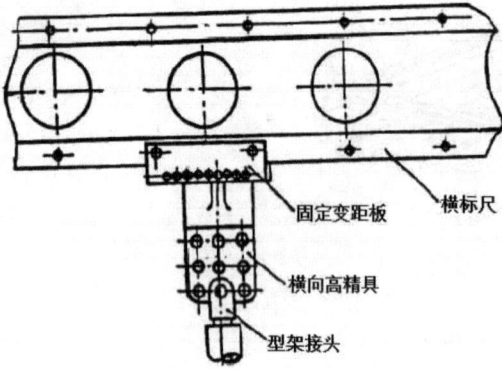

固定变距板
横标尺
横向高精具
型架接头

图 6.54　横标尺和变距板

Ⅲ详图

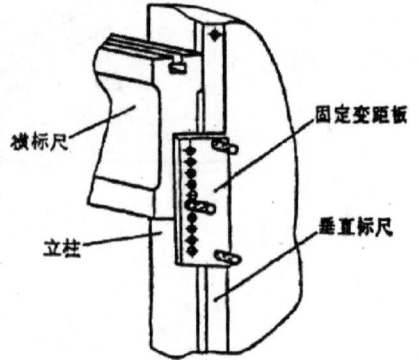

横标尺
立柱
固定变距板
垂直标尺

图 6.55　垂直标尺和变距板

（6）利用光学工具坞安装，如图 6.56 所示。

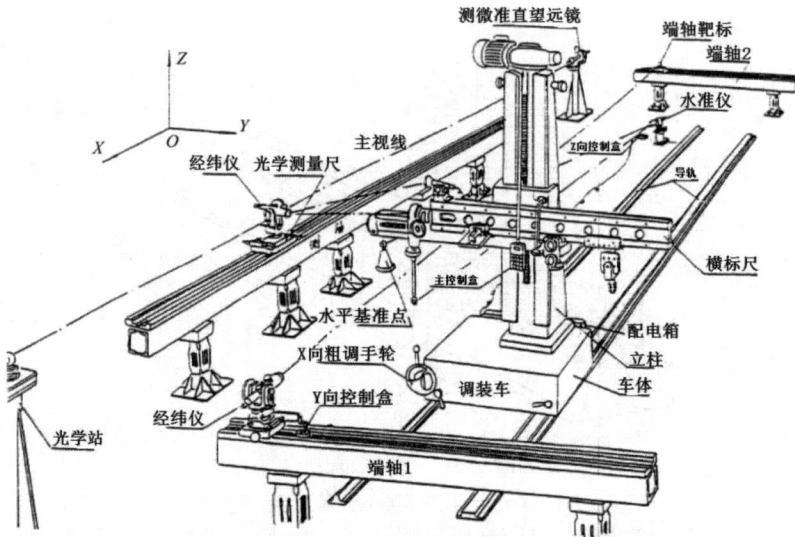

测微准直望远镜
端轴靶标
端轴2
水准仪
Z向控制盒
导轨
主视线
经纬仪　光学测量尺
横标尺
主控制盒
配电箱
水平基准点
X向粗调手轮
立柱
车体
经纬仪
Y向控制盒
调装车
光学站
端轴1

图 6.56　光学工具坞

（7）利用激光跟踪仪安装。随着产品的要求越来越高，以上几种方法越来越难于适应；同时数控加工的应用越来越广，型架安装的安装方法也逐步发展为数字化安装，因而利用激光跟踪仪安装装配型架已经应用得越来越广泛，如图 6.57 所示。

装配型架的所有定位件均按数字化定义，即定位件上预先制出几个高精度目标孔位，然后利用激光跟踪仪建立的空间坐标系将定位件调整至理论坐标位置，通过数字定义完成整个型架的安装。这种方法省略了多个环节的累积误差，精度高而且利于检修。

利用激光跟踪仪安装型架首先需要建立空间坐标系即增强基准参考系统，保证建立的坐标系统的包容性和稳定性，它是型架坐标系和飞机坐标系的基础，如图 6.58 所示。

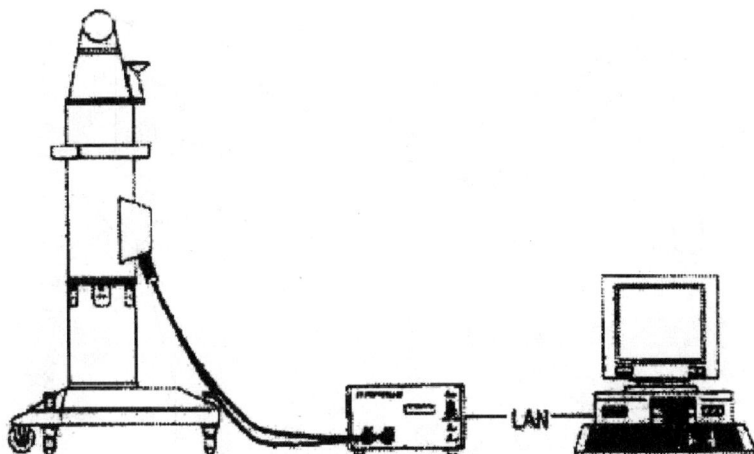

图 6.57 激光跟踪仪

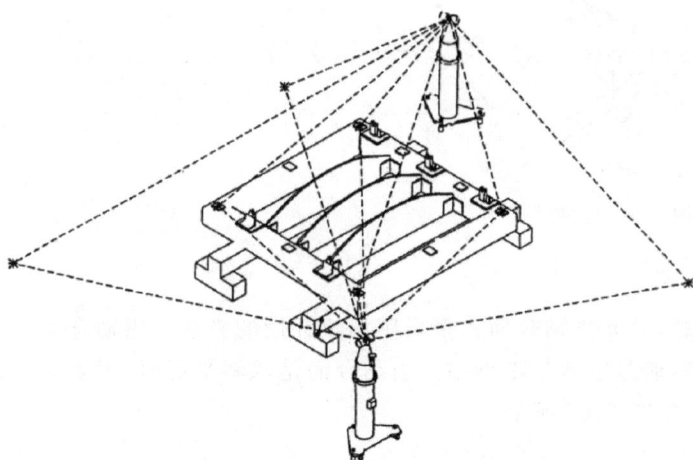

图 6.58 激光跟踪仪建立型架坐标系

3125或5000(偏移量)

图 6.59 激光靶球

　　激光跟踪仪使用时需要用到目标靶球(见图 6.59),靶球的位置(见图 6.60)和测量范围(见图 6.61)如下。

　　激光跟踪仪需要测量的型架元件通常需要目标孔,即 OTP 点,如图 6.62 所示。激光跟踪仪的工作原理是在建立的型架坐标系内,将激光靶球直接放置在型架元件的目标孔位置,利用激光反射和激光干涉原理,得到该位置的 X,Y,Z 共三个坐标数据。通常每个型架元件包含三个 OTP 点,因而共得到九个坐标值,由于任何物体只包含六个自由度,因而通过调整型架元件的位置,这九个坐标值也随之变化,只需其中六个值调整到理论位置,该型架元件也就被固定到正确的位置。当然在九个坐标值中选择合理的六个坐标值,还需要符合"三二一原则",即第一个 OTP 点保证三个坐标值正确,第二个 OTP 点保证两个坐标值正确,第三个 OTP 点保证一个坐标值正确,正好得到六个坐标值,其余三个坐标值仅作为参考值。

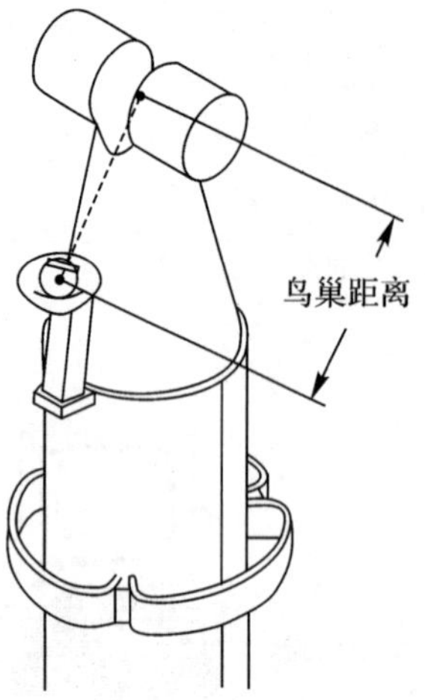

图 6.60　靶球存放位置

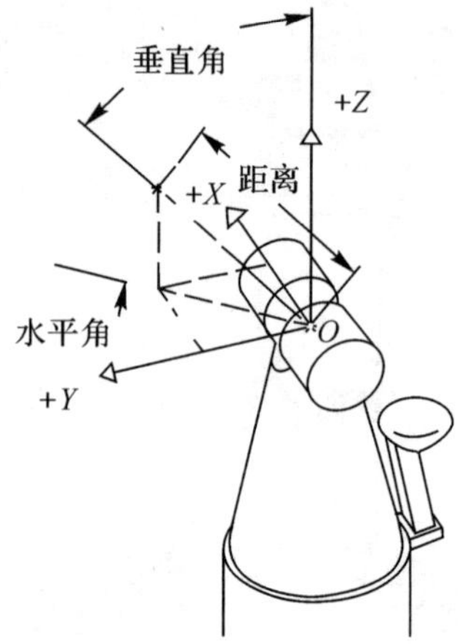

图 6.61　测量范围

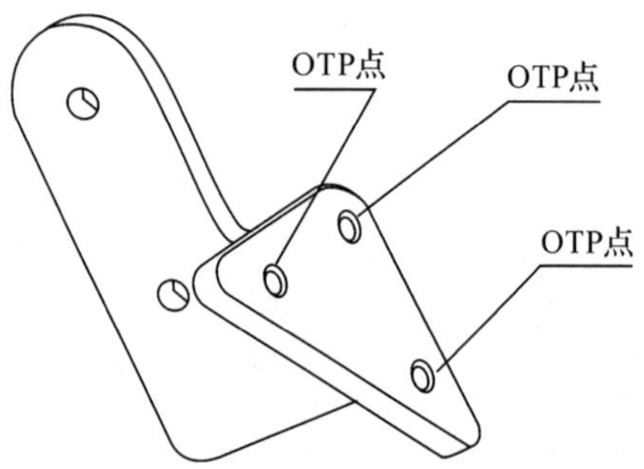

图 6.62　典型目标孔

2.安装过程的补偿方法

装配型架安装过程中需要经常调整,各元件贴合面大多采用加垫补偿的方法。当贴合面为平行的精加工平面时,采取增加钢垫,通过磨床加工钢垫。当贴合面是双斜平面时,大多采用快干水泥或环氧水泥进行填充补偿,如图 6.63 所示。

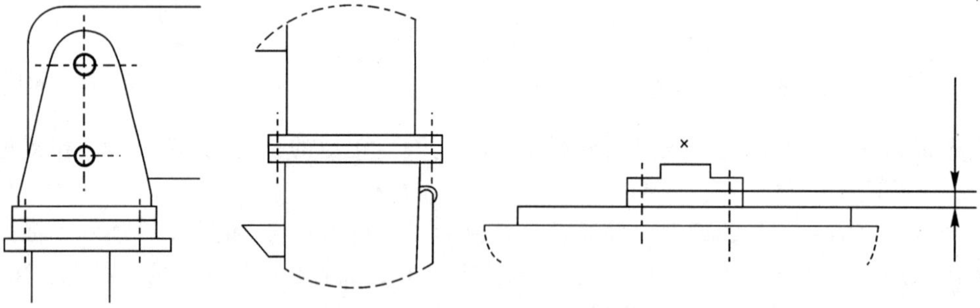

图 6.63　水泥填充补偿方法

3.可卸件

对于产品装配过程中或上架、出架过程中需要拆卸的型架元件应当特别标记。尺寸较小的应当保存在存放箱中,连接螺栓或定位销应用细铁丝拴在连接部位或定位部位附近。

第四节　装配型架的使用和维护

飞机装配过程是一项长期和重复性的周期性生产过程,为了装配性的准确性和稳定性,必须正确地使用和维护装配型架。

一、装配型架的使用

正确使用装配型架可以使它保持良好的状态,延长其寿命,这对保证产品质量,提高生产率是很重要的。

(1)初次使用的型架一定要先熟悉型架的性能、使用要求和操作方法,特别是型架的工作原理、关键定位件的作用、产品的放置状态、上下架形式和使用注意事项等。

(2)工作前应检查型架上的定位件、压紧件等是否处于良好的工作状态;卡板型面有无损伤;活动部位是否灵活;以前的故障是否排除等。

(3)使用中不允许强迫装配。例如,定位件与接头孔在定位夹紧或松开的过程中,一般用手进行,如果确实很紧,允许用木榔头轻轻敲打;工作中为了保证施工通路,打开一块卡板,铆接一个肋,铆完后合上卡板,再打开另一块卡板进行铆接,目的是保证产品外形,卡板要轻取轻放,防止变形;当使用转动夹具时,产品零件应定位可靠,翻转后立即锁紧夹具;压紧件应压在产品零件的中间部位,压紧后使产品零件与定位面贴合,不允许产品零件单边接触,压紧要牢固,在钻孔铆接过程中不会因振动而松动,但也不能力量过大,以免使飞机零件产生变形。

(4)工作梯上不得随意放置工具,防止高空坠物伤及产品和操作人员。

(5)产品上架、出架过程中,注意松开产品部件的全部约束,确保畅通无阻,防止撞伤产品或其他意外事故发生。

(6)初次使用的型架需要经过产品的试用验证、稳定性验证,并经过现场返修和完善更改后,方能进行产品正式生产的装配制造。

二、装配型架的维护

(1)型架应指派专人负责。

(2)基准元件如工具球座等应安装保护罩。

(3)注意保证型架上的元器件完整无损,可卸件应有钢丝拴在型架机体上。

(4)不允许擅自拆卸型架上任何元件或敲打定位件、卡板型面或水泥固定部位。

(5)型架上不准堆放杂物,表面不得随意涂写;对于活动部位如钢索、滑轮、压紧件、千斤顶、导轨等应涂有润滑剂或油封。

(6)按照工装证明书或工装合格证上的要求申请定期检修。

(7)型架定期检修需要如实记录,并打出标记及下次定期检修的时间,保持型架的周期性维护。

第五节　装配型架的发展

随着不同飞机机型产品设计的特殊要求和快速发展,装配型架也不是一成不变的。例如,某些产品为了达到连接孔的高强度、长寿命和气密性,产品部件对接区设计采用的是高干涉紧固件连接,数量多,夹层厚度大。如果仍采用传统的手工制孔方式,对接孔与壁板的垂直度和孔径精度不能保证。同时,为满足长寿命连接的需要,人工用铆枪压入大直径高干涉量的螺栓近乎不可能,必须采用自动化加工设备进行制孔和压钉工作,因此对应的装配型架设备化的倾向也越来越明显。另外对于大型飞机,装配时采用工艺分离面,需要对部件进行姿态调整,达到设计参数要求后,才能制孔并连接。由于各部件尺寸大、质量大,对接协调部位较多,对接时需要监测的点位较多,采用传统的对接型架的调整定位方式难以实现。传统工装调整方式效率极低,主要靠操作者的水平和经验,难以保证生产进度。因此,必须要求装配型架设计成为包括对接面自动制孔设备、对接支撑设备、激光跟踪仪、控制系统等部分组成的自动化系统,使部件姿态的调整在可监测、可控制的条件下进行,既能提高机身部件姿态调整的精度,又能提高生产效率,同时还能降低操作者的劳动强度。基于以上几种主要原因,为了适应自动化制孔要求,打破常规工装的限制,出现了机电一体化工装。

机电一体化工装是在航空产品制造过程中,为了实现数字化、自动化生产制造,确保产品质量、提高生产效率而设计制造或采购的,在产品制造中以支撑、定位、夹紧、成型和部件加工等功能为主,包含辅助的机械、电器、自动控制、设备、照明、动力(装备用的风、水、电、气连接部分)等集成一体的装备。

目前先进的航空制造公司如波音、空客等均采用了大量的数字化、柔性化等机电一体化工装,已经彻底改变了传统的手工装配工艺方法,提高了飞机的整体装配质量和寿命。例如欧洲空客公司某机型机身对接系统采用了典型的机电一体化工装,包括调姿系统(见图 6.64)和自动制孔系统(见图 6.65)。

图 6.64　机身对接调姿系统

图 6.65　自动制孔系统

采用数字化装配技术,其制造工艺装备相对于传统型架,优点在于需求数量少、结构简单、体积小、精度高、稳定性好、工艺可达性好、占地面积小、具有较高的柔性,有利于飞机改型改装,是当今工艺装备特别是装配型架发展的方向。

思　考　题

1. 装配型架的功用是什么?

2. 对装配型架的一般要求是什么?

3. 装配型架主要由哪几部分组成?

4. 装配型架中常用的定位件有哪些?

5. 简述装配型架制造流程。

6. 简述激光跟踪仪的工作原理。

7. 如何进行装配型架的维护?

8. 如何正确使用装配型架?

第七章　飞机结构装配图基本识读知识

内容提示

本章主要讲述飞机图样编号的格式、含义及方法;图样分页和分区;结构装配图的主要内容及其作用;读结构装配图目的及方法;看安装图的方法与步骤等。

教学要求

(1)能够识别飞机图样编号;

(2)了解图样分页和分区;

(3)了解结构装配图的主要内容及其作用;

(4)会看结构装配图与安装图。

内容框架

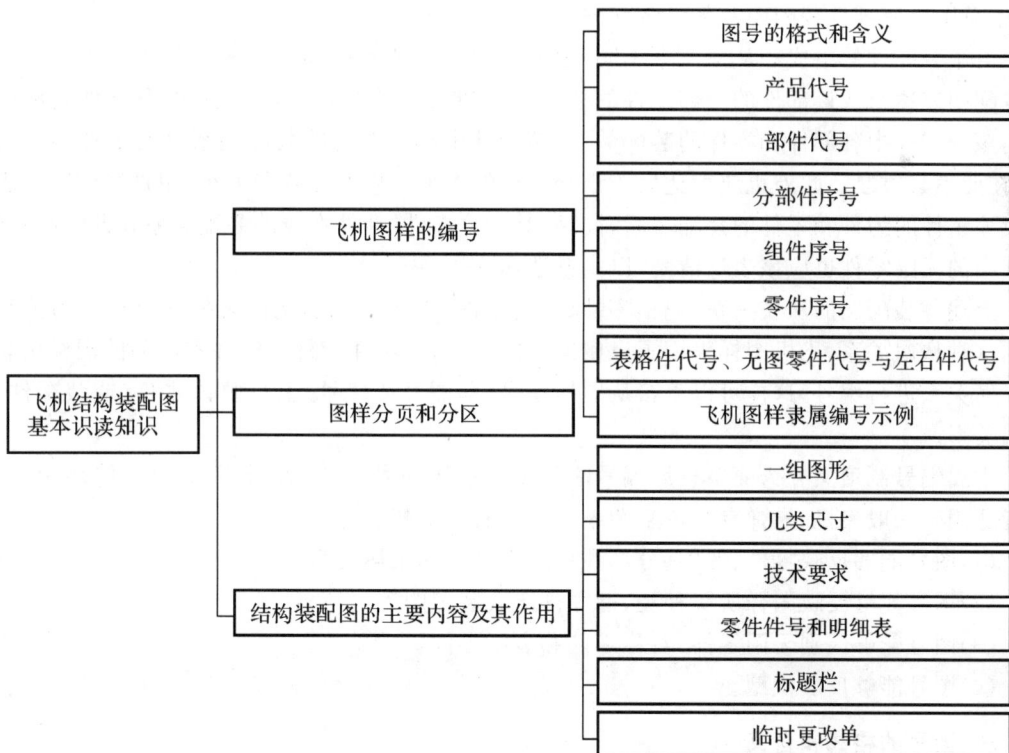

```
                                    ┌─────────────────────────────┐
                           ┌────────┤   读飞机结构装配图的目的      │
              ┌──────────┐ │        ├─────────────────────────────┤
              │读结构装配图├─┼────────┤ 读结构装配图前应掌握的基本知识 │
              └──────────┘ │        ├─────────────────────────────┤
┌──────────┐               └────────┤  读结构装配图的方法和步骤     │
│飞机结构装配图│                      └─────────────────────────────┘
│基本识读知识 ├───┐        ┌─────────────────────────────┐
└──────────┘   ┌─┴──────┐ │      安装图的概况及特点       │
               │ 识安装图 ├─┤─────────────────────────────┤
               └────────┘ │     看安装图的方法与步骤       │
                          └─────────────────────────────┘
```

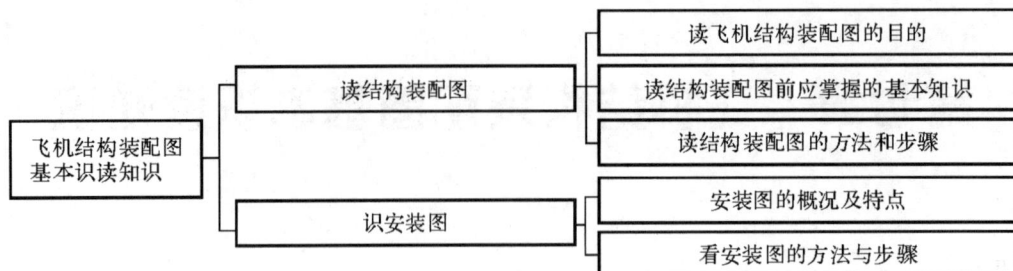

第一节　飞机图样的编号

现代飞机的结构很复杂,且全部由图样表达,因此,图样的数量极为可观。飞机的结构按装配顺序可分为组件、分组件、部件和零件等。

部件是指参加总装配的装配件,如机身(前段、中段、尾段)、机翼、水平安定面、垂直安定面、方向舵、起落架等。

分部件是组件的组成部分,如机翼中的翼肋等。

组件则又是分部件的组成部分,如某翼肋中的中段肋等。飞机装配图通常指组件装配图(包括总图)、分部件装配图和部件装配图。

由于装配件的组成和从属关系不同,因而它们的复杂程度和重点表达的内容也不同。部件装配图表达组成该部件的全部零件的装配关系和无图零件的形状大小;而分部件装配图则表达该分部件中各部件和零件的装配关系,至于其中部件本身的装配关系已有部件装配图表达,在此不必重复。此外也应表达属于该分部件的无图零件的形状和大小;组件装配图则表达组成该组件的组件和零件的装配关系,同理,其中分部件、部件本身的装配关系在此不必重复。组件中的无图零件也应该表达清楚,以供制造用。

上述各装配图的从属关系(包括零件、无图零件)直接反映了飞机装配的过程。为清楚地表明这种从属关系,飞机图样采用了隶属编号制度,即把零件、部件、组件和产品的图样按装配的隶属关系进行编号,这样可以直接从图样编号(即图号或代号)上反映该零件(或装配件)的隶属关系。

隶属编号制度又分为简单隶属编号法与复杂隶属编号法,前者适用于附件、降落伞专业,后者适用于一般飞机、导弹专业。复杂编号法具有以下特点:

(1)图号能够反映零件、部件、分部件和组件之间的隶属关系。

(2)图号能够反映图样所属种类,即零件图或装配图等。

(3)图号能够区别无图零件、对称零件和表格零件。

(4)图号能够反映机型。

一、图号的格式和含义

复杂隶属编号法的基本代号由产品代号和组成部分的隶属序号两部分组成,格式如下:

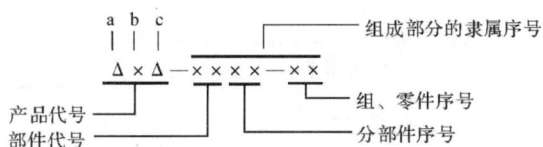

注:△ a 用字母代号表示机种;
　　× b 用数字代号表示机种序号;
　　△ c 用罗马数字表示改进、改型代号;
　　其余×用数字表示。

二、产品代号

产品代号由机种代号、机种序号以及改进、改型代号三部分组成,原型机由前两部分组成。

1. 机种代号

机种代号用字母表示,各机种的代号见表7.1。

表 7.1　机种代号

机　种	歼击机	强击机	运输机	轰炸机	教练机	直升机	客　机
代　号	J	Q	Y	H	L	Z	K

2. 机种序号

机种序号用数字 $1,2,3,\cdots$ 表示。

3. 改进、改型代号

对原型机的重大改进或不同方案者用罗马数字 Ⅰ,Ⅱ,Ⅲ,⋯表示。

例如,"L6Ⅲ"表示教练机,机种序号为6,为改进型的教练机。

例如,"H5"表示机种序号为5的原型轰炸机。

三、部件代号

部件代号在产品范围内编定,用 HB0—80—73 统一排定的两位数字表示飞机各组成部分的部件,组件代号(摘录)见表7.2。

表 7.2　组件代号(摘录)

部　分	组件代号	组件名称
总体	00	三面图、总体布置图、机外喷漆标记图、水平测量图、理论图等
机身	01	总图、机身机翼结合
	02	机身前段
	03	机身后段(适用小飞机)
	04	机身中段
	08	机身尾段
	09	其他
中翼	10	中翼总图
	16	机身机翼、整流罩
	17	襟翼舱
	19	其他

续 表

部　分	组件代号	组件名称
机翼	20	机翼总图
	25	副翼舱
	27	襟翼舱
	28	翼尖
	29	其他
尾翼 （操纵面）	30	尾翼总图
	31	水平安定面
	32	升降舵
	33	方向舵
	34	垂直安定面
	35	副翼
	36	前缘襟翼
	37	后缘襟翼
	38	前翼
	39	其他
起落装置	40	总图
	41	主起落架
	42	前起落架
	47	尾撑
	48	起落架舱门,护板
	49	其他
操纵系统	50	总图
	51	前机身操纵
	52	中机身操纵
	53	后机身操纵
	54	副翼操纵
	55	液压系统
	56	冷气系统
	58	液压冷气附件
	59	其他
动力系统	60	总图
	61	燃油系统
	62	滑油系统
	63	冷却、进排气、吹附

续表

部　　分	组件代号	组件名称
动力系统	64	发动机安装
	65	发动机操纵
	66	防火、灭火系统
	67	启动、助推器
	68	发动机短舱整流罩
	69	其他
特设	70	电气系统
	71	电气系统
	72	电气系统
	73	电气系统
	74	无线电通信
	75	无线电导航、着陆
	79	其他
军械	80	总图
	89	其他
高空防护,地面设备	90	舱内设备
	91	座椅
	92	救护设备
	93	座舱盖
	94	空调系统
	95	防冰、防水系统
	96	氧气系统
	97	地面设备
	98	地面设备
	99	随机工具

其中,各部件第一个组件代号如 01,10,20,30,…用于该部件的总图。

在组成部分的隶属序号中,部件代号以后各数字均必须为 0,以表示其为部件。例如 L8—2000—0,表示机翼总图。

四、分部件序号

分部件或分部件内还有一级、二级分部件的序号在所属部件范围内编定,在横线后(即部、零件序号)的数字应为 0,以表示其为分部件,如 L8—2039—0 表示隶属于 L8—2000—0 的分部件。

五、组件序号

组件序号在所属部件或分部件范围内按 10 或 10 的整倍数顺序编定,例如 L8—2036—10 表示隶属于 L8—2036—0 的组件。

当组件范围内又有分组件时,则组件的序号应按 100 或 100 的整倍数顺序编定,而分组件序号按 110,120,…或 210,220,…的顺序编定,分别隶属于组件序号 100 和 200。因此,组件、分组件的序号也都以 0 结尾。

六、零件序号

零件序号在所属产品、部件、分部件、组件或分组件范围内按顺序编定,但不得以 0 结尾,当序号超过 9,19,29,…时,应跳过 10,20,30,…后再按顺序编。

七、表格件代号、无图零件代号与左右件代号

第六章介绍了表格件、无图零件及左右件的含义,并说明了它们在飞机结构装配图上的代号形式。这里将作进一步说明。

1. 表格件

表格件零件图表达多种零件(形状相同、尺寸不同的零件),因此,表格件零件图应占用相应数量的零件序号,其形式如 J6Ⅱ—0201—51～53,即各零件序号分别为—51,—52,—53。当序号不连续时,应分别写出,如 J6Ⅱ—0201—41,—43,—45。应注意,装配图上某个属表格件的零件,其零件序号仍为一个。

2. 无图零件

无图零件在零件序号后加尾注符号"W",如 J6Ⅱ—0210—07W。允许无图零件不用零件序号而由所属装配图的基本代号加附属序号"—1,—2,—3,…"组成,如 J6Ⅱ—0210—00—1 等。奇数附属序号表示右件或单件,偶数附属序号表示左件。

3. 左右件

左、右件应单独编号。允许由同一零件序号加尾注符号"Y"(右),"Z"(左)组成,如 L8Ⅱ—1007—12Y,L8Ⅱ—1007—12Z。

八、飞机图样隶属编号示例

示例仅表示飞机图样隶属编号的上下关系,以及零件、无图件(无图件的左右件)、装配件图号的区别,如图 7.1 所示。

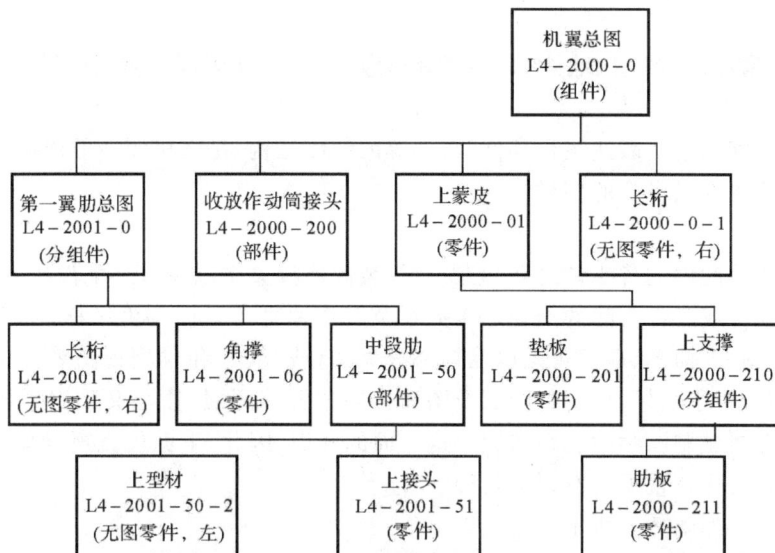

图 7.1　飞机图样隶属编号示例

第二节　图样分页和分区

画复杂的分部件或部件图时,常常由于图形过长和过多,需要将表达装配件的全部视图分别画在几页图纸上。图样分页后,每页都有完整的标题栏和同一图号,在标题栏中注明共几页和第几页(或用较大的字体写在标题栏上方),并将主视图、技术要求和明细表置于第一页上。

图 7.2 在图纸边框区设置图区,称为图样的分区。横向从左到右划分,区间长为 210mm或 420mm,并用数字表示名称。纵向从上到下划分,用拉丁字母表示名称。允许仅沿横向分区。

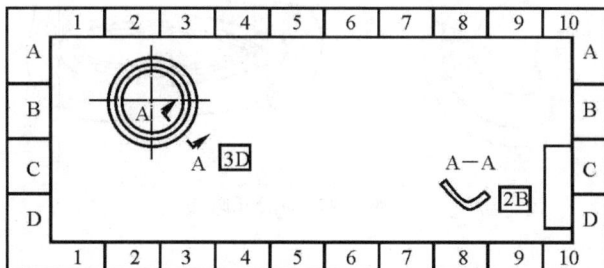

图 7.2　图样分区及标注区号

图区代号由横向区号和纵向区号组成,如 1C,2A,5B 等。图区代号写在 8mm×8mm 细实线框内,方框位于剖切位置或剖面图名称字母的右下方,以便于查找。

图样分页后,第二页的横向区号应接在第一页区号的后面编写,不能重复。

第三节　结构装配图的主要内容及其作用

飞机结构装配图用于表达飞机部件、组件等的装配结构，是飞机制造的依据。飞机结构装配图是飞机图样中数量极多的图样。

1. 一组图形

表示组成该装配件的各零件之间相互位置、装配连接关系以及该装配件在飞机上的位置、与周围其他装配件或零件之间的配合连接关系及工作原理等。同零件一样，结构装配件也用三面视图、剖视图、剖面图、局部视图以及局部放大图（或详图）和典型视图等方法来表示。而绘制这些视图时，为了更好、更清楚明了及图面合理布置等原因，往往又采用了各种不同的规定画法。由于在机械制图学中已经掌握了这方面的知识，因此，下面仅就规定画法做些介绍。

各种规定画法比较常见的有以下几种。

(1) 折断画法，如图 7.3 所示。

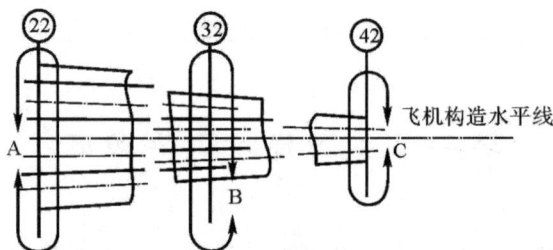

图 7.3　板件的折断画法

(2) 视图的展开画法如图 7.4 所示。在主视图中剖切平面 A－A 为一圆柱面，剖视图 A－A 展开被展开成平面。

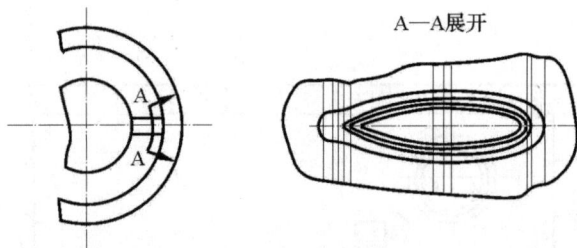

图 7.4　视图的展开画法

(3) 假想画法如图 7.5 所示。图中机身门框、机身整流罩以及偏转后的动翼都采用假想画法画出。

(4) 简化画法如图 7.6 所示。图中为结构孔的简化画法。由于简化画法各种各样，且随各单位的习惯不同而有所变化，因此无法一一列举。

(5) 视图旋转画法，如图 7.7 所示。

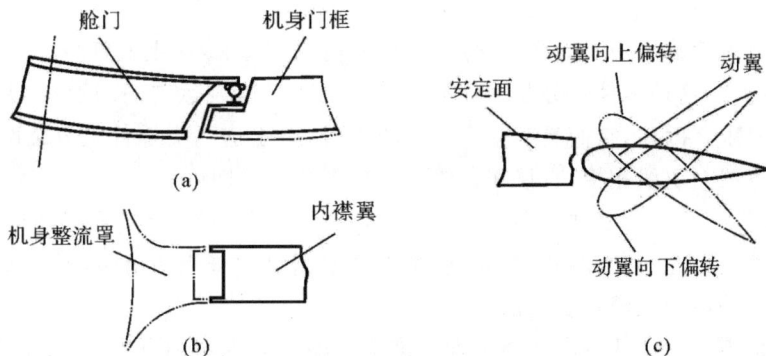

图 7.5　假想画法

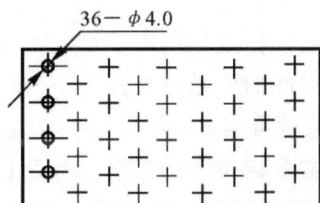

图 7.6　相同结构孔的简化画法

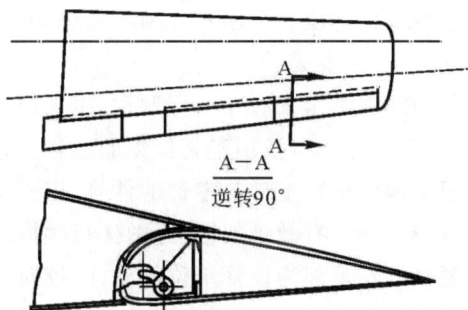

图 7.7　视图的旋转画法

2.几类尺寸

与一般机械制造的装配图样不尽相同,飞机结构装配图上要反映装配件的以下几个方面的尺寸。

(1)外形尺寸及安装尺寸;

(2)工作性能的规格尺寸;

(3)各零件安装位置尺寸及它们之间的配合关系尺寸;

(4)一些主要零件,特别是无图零件的外廓及结构尺寸;

(5)其他尺寸。

3.技术要求

说明装配件装配、试验及验收的要求。需要阐明的内容有以下方面。

(1)装配件及其零件在制造过程中应遵循的一系列技术文件;

(2)装配之后应进行的试验、调整内容及其应遵循的技术条件;

(3)装配件完工之后应达到的质量标准及技术标准。

一般来说,给出产品外形验收技术条件,但它不是所有装配件都有的,往往是以一个部件,如机身、中翼、外翼和尾翼等为单元给出的。

图样注解通常可分为总注解和分部位注解两种形式:

总注解——一般写在标题栏及明细表的上方或左侧,逐条以文字形式叙述。

分部位注解——对某一局部结构的特殊要求,直接写在某视图或零件号旁边。

4.零件件号和明细表

在零件的可见轮廓上用引线引出,分下列两种情况,写上或编上其件号。

(1)有图零件。这种零件及分装配件都另有一份图样以表达它们的形状、大小、构造以及应达到的技术要求。因此,它们具有一个固定的件号,对于这一类零件及分装配件,再用一小段水平线或垂直线与引线相接,直接在该线上方写上其件号即可。

(2)无图零件。这一类零件大多数是与飞机理论外形有关的零件,或者是与另一些零件有配合关系的零件。因此,它们的几何形状就难以全部用尺寸来表达清楚,而只能通过模线-样板将加工成立体的模型或模具表示出来。

另外一些是零件的尺寸及制造要求均在该装配图的某视图中已示出,或者在该装配图图面的某个位置另绘视图予以表达,原因是这些零件大多数是比较简单的薄板零件,如垫板等零件。

由于这些零件都没有采用零件图单独进行表达,因此,统称为无图零件。

5.标题栏

每一份图的右下角都有一个标题栏,用来说明本装配件的名称、图号、版次、有效批架次、单机质量、图形的比例以及用于某机型的型号。这些栏目位于标题栏的右下部。标题栏的右上部各栏用来说明该装配件各零件的件号、用于下一个装配件的件号以及用于下一个装配件上的数量,还有一栏"有效批架栏"是图样每次换版之后的有效批架次。

在标题栏的左下部为设计单位的设计、校对、审核、审定及标审者的签字。标题栏的左上部为本份图样的发送栏,发送栏内记录有图样的版次、更改单号及发送者的签字,见表7.3。

6.临时更改单

如果发现图样的上述五个部分存在错误需要进行更正,或由于工艺、冶金等方面的因素需要对设计进行更改时,可采取图样换版或签发临时更改单对图样进行更换。

表7.3　标题栏(示意)

版次	更改标记	更改单号	签字	单机件数	装配图号	有效批架次	零件号		
设计			名称			架/批	自	架起	
校对							至	架止有效	
审核			图号			第　版	单件质量/kg	比例	型号
审定									
标审			材料			原用图号			
						发图代号			

第四节　读结构装配图

一、读飞机结构装配图的目的

(1)该结构位于飞机上哪个部位,它与周围的构件或零件间的连接关系及配合关系,以及它最终应达到的技术性能要求。

（2）该装配件由哪些主要构件及零件所构成，以及各元件的形状、大小及其基本特性。

（3）各个零件、组合件的装配及安装位置、连接形式及所使用的连接元件，以及这些连接元件的特性。

二、读结构装配图前应掌握的基本知识

1. 结构图的设计基准

一架飞机的设计基准，通常以飞机的构造水平线为 X 轴，飞机的翼展方向为 Y 轴，而高度方向为 Z 轴，飞机的三面视图就是以此参考坐标系为基准绘制出来的，各个部件的位置也是以此参考坐标系为基准确定下来的。图 7.8 为某型机的三面视图及其参考坐标系。

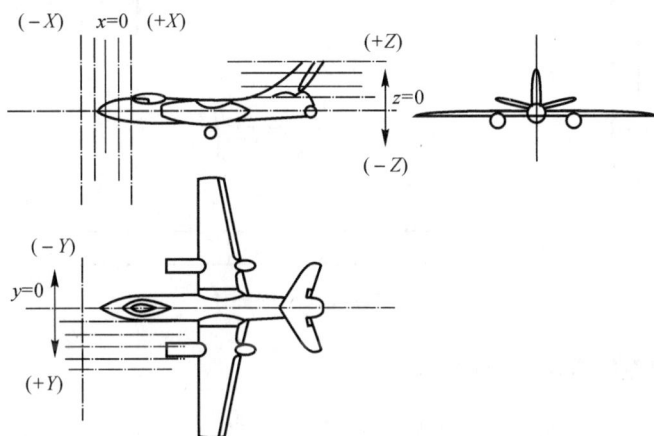

图 7.8　飞机的三面视图及其参考坐标系

当对飞机进行部件设计时，为了适应各部件自身的特点，又都采用了一套参考坐标系，但这些坐标系的某几个轴可能会与飞机坐标系的某几个轴相重合，至少其原点可在飞机坐标系上找到位置。

2. 视图的比例

绘图时所采用的比例是图形的大小与实物大小之比，有下列三种情况。

（1）图样与实物大小相同，标注为 1：1。

（2）图样按实物以一定的比例缩小，有 1：2，1：5，1：10 等几种比例。

（3）图样按实物以一定的比例放大，有 2：1，5：1，10：1 等几种比例。

3. 图样的区域

结构装配图一般幅面较大，有的需分画在几张图样上，而需要绘制的各种剖面图、局部放大图及局部视图等又比较多，不能都紧挨被剖切及放大视图而放置。甚至要绘制在另一张图样上，因此，为了看图者寻找所需视图方便起见，将图样划分成若干个区域——在图样的长度方向上，从左到右以阿拉伯数字标注在图框线之外，间隔约为一个或两个 A4 的宽度，在图样的横向，从上到下以大写的汉语拼音字母标注在图框线之外，间隔为一个或两个 A4 的宽度。

这些小区域以 1A、2A、5D 等来称呼，但没有边界划线，而须靠边框外的数字及字母找到它们的位置。

在图样的图面区域划分之后，每个视图或放大图的位置就被确定下来，同时相应的剖切位置、被放大位置也被确定了下来。这样，只要在被剖切处及被放大处的视图名称旁，标注上该视图的图区代号,就可以很快地找到该视图。同样地,在该视图名称旁也标注上被剖切或被放大部位的图面区,因此,同样可以很快地找到该视图在被剖切或被放大视图上的位置所在。

对于一份两张或两张以上图样的装配图来说,图面区的顺序号是一张接一张地编排的。因此,它不必表示区域所在的页次。

图 7.9 为视图区域代号的标注方法的图例。

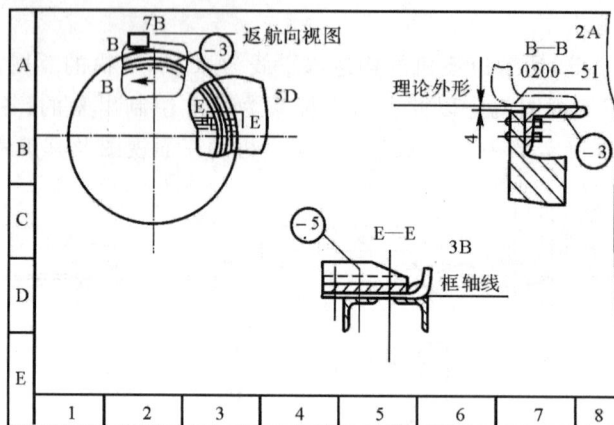

图 7.9　区域代号的标注

三、读结构装配图的方法和步骤

同一般机械制造一样,飞机结构装配图同样具有装配图的共性,即它是由多个零件装配在一起,汇合成一个装配件。因此,看装配图时就要设法将它们相互分开,弄清楚每一个零件的大小、形状及结构特点,进而从装配图上弄清楚其装配位置和它们之间的连接关系。具体的方法和步骤如下。

1. 了解概况

拿到装配图后,首先看标题栏,了解这个装配件的名称、数量、装在哪个部件上等;然后再看明细表,了解该装配件由哪些零件和组件所组成,并大致上对有图零件、组件的形状、构造等做粗略的概貌性了解,尽可能对这些零、组件在图面上的装配位置,相对于各基准的尺寸距离,以及各零、组件之间的连接情况及连接件的形状和装配关系做初步的了解。

2. 分析主要视图,看构件总体布置

读装配图首先要找到装配件的基本视图,即描述装配件全貌的三面视图。但是应该注意到,装配件的三面视图不一定都需要绘制这一特点。读装配图就要从主要视图开始,这个视图将装配件的全貌比较清楚地展现出来。因此要抓住主要视图,从它着手分析。

首先,从所给出的设计基准,初步想象出它位于飞机的部位,以及在这一部位上飞机外形应有的特征,从而初步估算出它外廓尺寸的大小。

在此基础上,在视图上找出其主要构件及这些构件的分布情况。所谓主要构件,一般来讲,是指主要受力构件,如接头、整体梁、整体壁板、隔框、翼肋、大梁、承力墙以及蒙皮、梁缘条、框缘、腹板等均为主要零件,这些零件有的为纵向构件,有的为横向构件。

在找到主要构件之后,要从图面上将各主要构件的件号找到,为了便于记忆可以绘制一示意图,这样可以省去来回翻阅装配图的麻烦。

3.分析零件

分析零件也要从主要零件开始。在分析主要视图中,已经从主要视图上查到主要零件的件号,在这里从件号的书写方式很快就能分清哪些是有图零件,哪些是无图零件。然后,根据主要零件的件号,将所有有图零件、组件的图样取来,一个零件一个零件地弄清其名称、尺寸大小、形状、材料及数量等情况,并对照主要视图来看该零件有什么结构特点,这些特点与其装配位置有什么关系等。

在对所有主要零件分析过之后,要对一般零件进行分析,具体方法可借助于明细表。首先从明细表中捡出这些一般零件的图号,同样也很容易分出有图组件与无图组件。对于有图零、组件,同样先熟悉其零、组件图样,弄清其名称、尺寸大小、形状、材料及数量等情况,然后,从明细表的图区栏找到该零、组件件号出现的图区位置,再从图面上找到该零件的图形,弄清它的装配位置及其与周围零件的关系。对于那些无图零件,可直接从明细表内找出它的图区号,将图样调整到该图区位置去寻找该零件图形,并从相应的一些其他视图上弄清其形状、尺寸大小以及装配位置等情况。

4.再分析视图,看装配连接关系

先从主要视图上找出表达主要构件相互之间连接以及它们与蒙皮相连接的各种视图,然后结合上面分析零件的内容,一个零件一个零件地对这些视图逐个地进行分析,从而弄清构件之间是如何连接的,特别是纵向构件与横向构件之间是如何连接的,支架与接头是如何与构架连接的,以及蒙皮与骨架又是如何连接的。

在熟悉主要构件的连接形式之后,一般零件的连接形式就可迎刃而解。一般来说,这些零件大多是依附于主要构件而存在的,有的是一些小连接件(连接角片、连接片),有的是起补偿作用的连接件,有的则是一些起调整补偿作用的垫片、垫板等。因此,它们大多已经在分析主要构件的视图中出现过,且已把它们弄清楚了。

另外,还有一部分结构是属于可卸的机械部分,例如舱门等的操纵机构,是由操纵拉杆和锁机构等部分所组成的,这些构件大多有各自的组合件图样,因而比较容易从装配件上分离出来,分析视图时,只要注意它们各个部分的安装与连接用的支架、接头等与装配件骨架的连接关系就可,至于机构的拉杆等可卸部分,往这些支架上安装只是一些比较简单的螺栓连接及调整工作而已。因此,对这一部分机构的视图分析,重点要放在机构的最终安装要求以及支架或接头与骨架的连接关系方面上。

5.分析尺寸与技术条件

分析尺寸时主要应该注意各种尺寸的公差要求,从公差要求的高低来分析工艺方法选择是否合理,以及如何来达到。一般来讲,要求高的尺寸,必须采用精度高的工艺装备来保证;要求低的尺寸,可以采用比较简单的方法来达到。例如,采用装配孔来安装没有位置精度要求的一些角材,或者甚至使用一般的量具来划线安装这些角材。而对于一些有协调要求的尺寸,例如,舱门与门框上铰链支架及铰链的距离,安定面与舵面转轴的连接交点,机尾翼与机身的对接接头等,这是一些涉及飞机互换性的要求。但是这些尺寸在图面上往往不标注公差,只能凭借掌握的飞机制造工艺方面的知识来帮助做好对尺寸的分析工作。在对这一类尺寸分析的同时,还应该考虑到这些接头或支架安装时给没给设计补偿。例如,有些支架安装时采用长圆形的连接孔,同时还有锯鏊板及可拨垫片来做前后、高低位置的补偿,以保证支架或接头安装在旋转中心的正确位置上;又如,接头的轴承内圈的两侧允许调换不同厚度的垫圈,以保证中心距的正确与协调等。如果没有给出设计补偿，那么应该考虑到将如何来保证协调或安装的正确性，是否要留一定的工艺余量，在装配时进行补加工，或者采用精加工的方法来保证最终的互换协调要求。这一切都必须从其精度要求的高低来着手考虑。还有一些尺寸，如隔框、翼肋的距离，在装配图面上仅给出了它们的站位，也不标注它们的距离公差，但是在技术条件中却给出了它们的位置精确度要求，因此，分析尺寸时要以技术条件上规定的要求来分析。

有些尺寸虽然给定了公差，但这些公差要求实际上是没有意义的，以机身左、右侧板件为例，它给了隔框的公差要求，但是它上面的隔框还要与上、下板件上的隔框相连接成一个整体，因此，主要的应该从协调上来考虑，从工艺装备来采取措施进行保证，而对所规定的公差已没有什么重要性了。

在对尺寸及技术条件分析之后，可以得出哪些尺寸以及哪些要求必须采用工艺装备来保证的结论、工艺装备应该是什么样子、它应该有哪些定位面。例如，接头采用什么样的定位器，各框、各肋及长桁怎么定位等，从而做到心中有数。

6. 熟悉有关图样，看横向配合关系

在对装配件的结构有了比较全面的了解之后，还必须参阅一些有关图样，特别是在标题栏内提到的"装配图号"栏中所指出的装配到下一个装配件上的装配件图号，因为在那里能看清所分析的这个装配件装到该装配件上之后的部位，以及它与该装配件上周围的零、组件的配合连接关系，对全面地看懂装配件图样很有好处。例如，一张表示机身左、右侧板件的装配图，板件的四周边是如何与别的装配件相连接的，在这张图里没有表达，为了进一步深入地了解板件的全貌，必须要看机身总装配图样。

7. 全面总结、研究装配方法

在对整个装配件的结构、技术要求以及与周围的构件的配合连接关系弄清楚之后，也就是说，对装配件由哪些零、组件所组成，零、组件的分布及相互配合、连接关系，各构件之间相互位置的准确性高低，装配件装配时应遵循的技术要求以及它周围构件或零件的配合连接关系等，都已全面、无误地弄清，加上积累的已具有的飞机制造工艺方面的知识，就可以拟定出合理的装配顺序，从而装配出符合图样及技术条件规定的装配件。

第五节　识　安　装　图

一、安装图的概况及特点

1. 安装图的概况

安装图一般是指一些可卸部件或成品部件，为了要安装在飞机的某个部位而绘制的图样，以表达它们的安装位置及连接形式。

可卸部件本身属于机体结构的一个部分——活动部分或称活动面，如机翼上的襟翼（内襟翼、外襟翼等）、副翼、前缘缝翼、刹车襟翼等，尾翼上的升降舵、方向舵，以及它们的调整片及补偿片，为了表达它们在机翼、尾翼上的安装情况，分别绘制了机翼安装图及尾翼安装图。另外一类为成品部件，它们以各种不同的连接形式安装到飞机机体结构上。它们之中有的很大，结构也很复杂，例如发动机、起落架、炮塔等；有的就比较小，构造也比较简单，例如，各种电气、液压成品。在这里要讨论的安装图，主要是飞机上动部件的安装。

2.安装图的特点

安装图主要是在各个连接交点处详细地绘制了各种剖视图或放大图,来表达它们的安装连接关系以及所使用的连接元件,并表达了各活动面与操纵系统的连接关系及连接元件,同时图样上还示出了这些活动面与固定面之间,以及活动面之间应保持的一些间隙尺寸值,如襟翼与机身整流罩之间的间隙,内、外襟翼之间的间隙,外襟翼与副翼之间的间隙,副翼与翼尖之间的间隙,各种舵面与机身整流罩之间的间隙,以及各种舵面与翼尖罩之间的间隙等,图7.10为典型机翼安装图,图中表示出了内、外襟翼及副翼在机翼上的安装情况及各处的间隙要求。

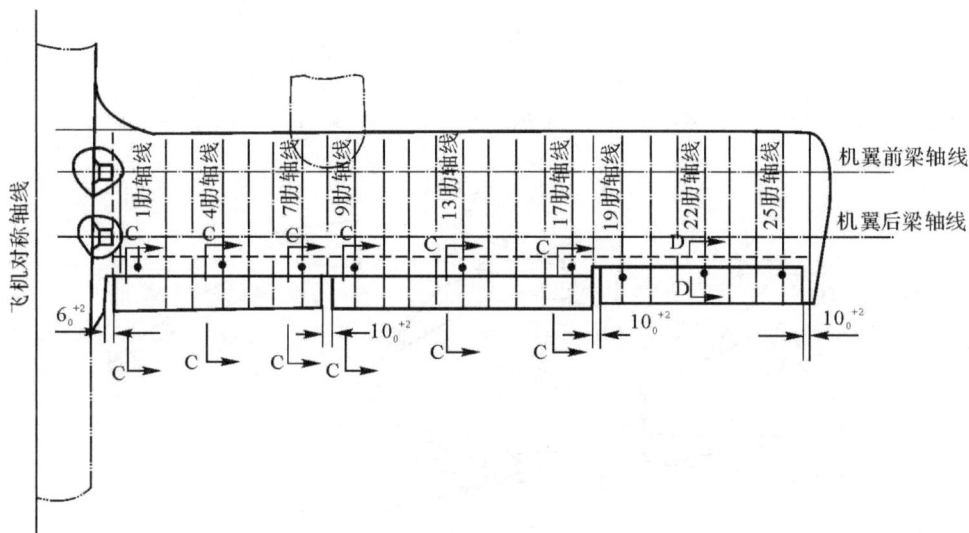

图 7.10　机翼安装图

在安装图图样的注解中还给出了活动面安装之后应符合的技术条件,要想弄通及掌握好活动面,必须仔细、全面地消化技术条件。这是因为,在这里面既规定了中立状态下活动面的安装要求,例如,各种活动面装上固定翼后与固定翼之间的吻合性要求——活动面的外形高出或低于固定翼的数值(见图7.11),以及活动面与固定翼之间各处的间隙数值要求(见图7.12);还有,如各处的剪刀差允许数值。同时在技术条件内还规定了活动面处于各种偏转位置时,它们与固定翼之间的配合要求,例如,前缘与固定翼之间的间隙数值。图7.13为各种活动面在偏转时的间隙要求。

二、看安装图的方法与步骤

(1)看清有几个动部件安装在该固定翼面上。

(2)按安装图所标注固定翼及动部件的图号,找到它们的图样,看各个连接部位上双方的结构情况,以及翻阅动部件的图样,看清楚其连接接头的构造以及连接孔孔径大小及精度等内容,同时还要看操纵接头的构造等内容。

(3)从安装图的总图上找出各个连接交点处的局部放大图或剖视图等,看各交点的连接关系以及使用的连接元件。例如,内襟翼及外襟翼各有三个交点与机翼相连,其

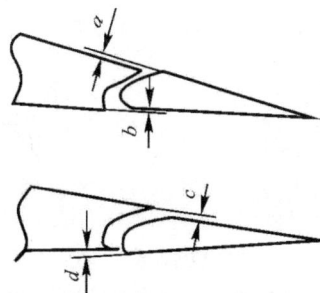

图 7.11　活动面的吻合性要求

连接形式及连接用元件相同(见图7.14)。

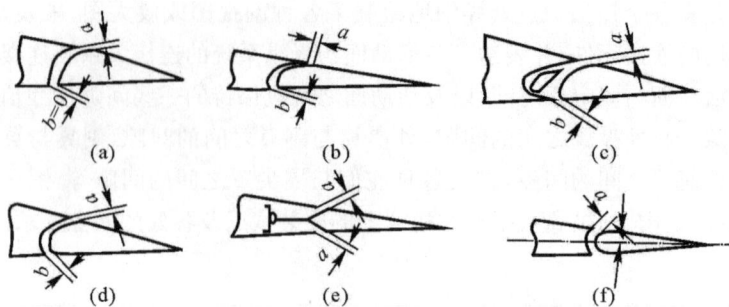

图 7.12　活动面的间隙要求

(a)开缝襟翼；　(b)后退襟翼；　(c)双缝襟翼；　(d)副翼；　(e)带内补偿的副翼；　(f)升降舵、方向舵、补偿片及调整片

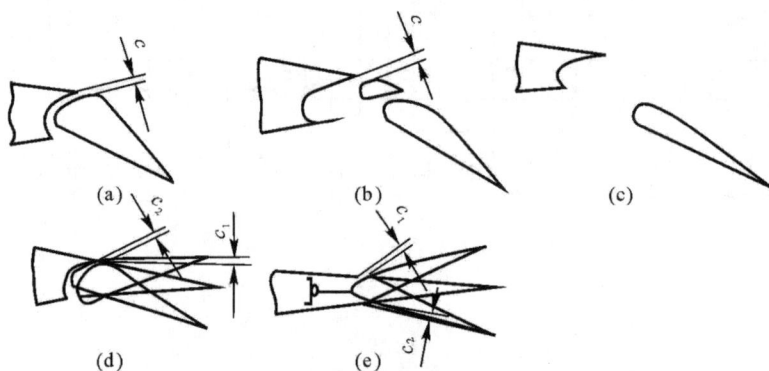

图 7.13　活动面偏转时的间隙要求

(a)开缝襟翼；　(b)双缝襟翼；　(c)后退襟翼；　(d)副翼；　(e)带内补偿的副翼

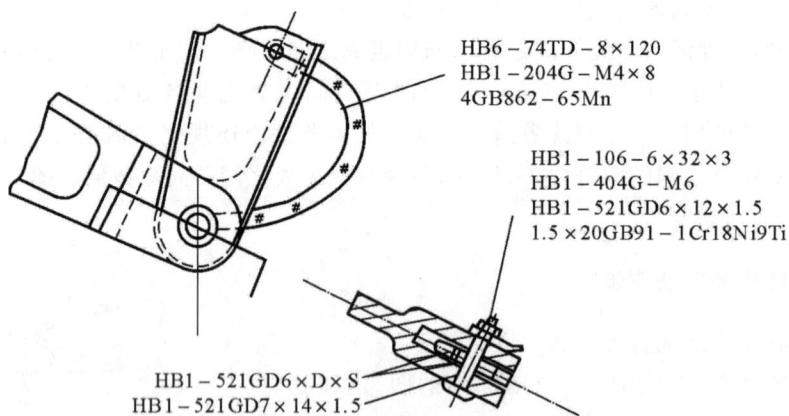

HB6 – 74TD – 8×120
HB1 – 204G – M4×8
4GB862 – 65Mn

HB1 – 106 – 6×32×3
HB1 – 404G – M6
HB1 – 521GD6×12×1.5
1.5×20GB91 – 1Cr18Ni9Ti

HB1 – 521GD6×D×S
HB1 – 521GD7×14×1.5

图 7.14　襟翼的典型连接

　　副翼也有三个交点与机翼相连,其连接形式及所使用的连接元件相同(见图7.15)。从图7.14和图7.15中可以看出它们的连接形式是相同的,襟翼、副翼都以叉形接头与机翼后梁上伸出的耳子相配合,为了保证交点距离相协调,采用了可选择不同厚度的垫圈进行调整,也就

是给出了一定量的设计补偿。使用的连接元件——螺栓、螺母、垫圈及开口销——也都相同。

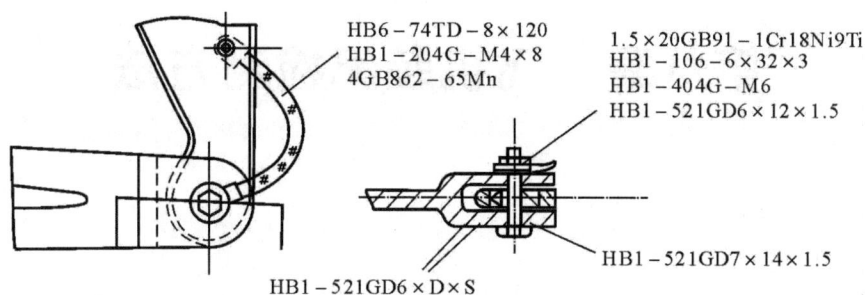

图 7.15　副翼的典型连接

(4)从安装图上看连接点以外的其他部位的配合要求,这些要求一般来说是指动翼在中立位置时的配合要求。例如,襟翼与机身整流罩、襟翼与发动机舱、副翼与襟翼、副翼与机翼翼尖罩等处的配合间隙要求。

(5)看安装图上的注解,从中找出有关技术要求,特别是外形验收技术条件,对安装要求作全面、详细的分析——除了上面提到的活动面与固定翼之间的各种配合要求(如吻合性、活动面前缘的配合间隙、剪刀差等),还有带有这些活动面时固定翼的外形验收要求。只有深入理解和领会了这些要求,才能制订出一套完整、正确的加工工艺,保证满足活动面的安装要求以及整个翼面符合技术条件规定的要求。

思　考　题

1. 结构装配图的主要内容有哪些?

2. 飞机结构装配图上要反映装配件的哪些尺寸?

3. 简述读飞机结构装配图的目的。

4. 读结构装配图前应掌握的基本知识有哪些?

5. 读结构装配图的步骤有哪些?

6. 什么叫作安装图? 它有什么特点?

第八章　飞机装配检测方法

内容提示

本章主要讲述结构件装配前检查的内容及要点；零件、组合件位置准确度及配合准确度的检查内容及方法；气动外缘偏差检查内容及方法、工艺特点、适用范围；部件相对位置准确度、力学性能、密封性、多余物和清洁度等检查内容与方法等。

教学要求

(1)了解拉形成形的基本原理；
(2)了解拉形设备的工作原理和结构；
(3)了解拉形模的种类、结构和所用材料；
(4)掌握拉形成形的工艺过程。

内容框架

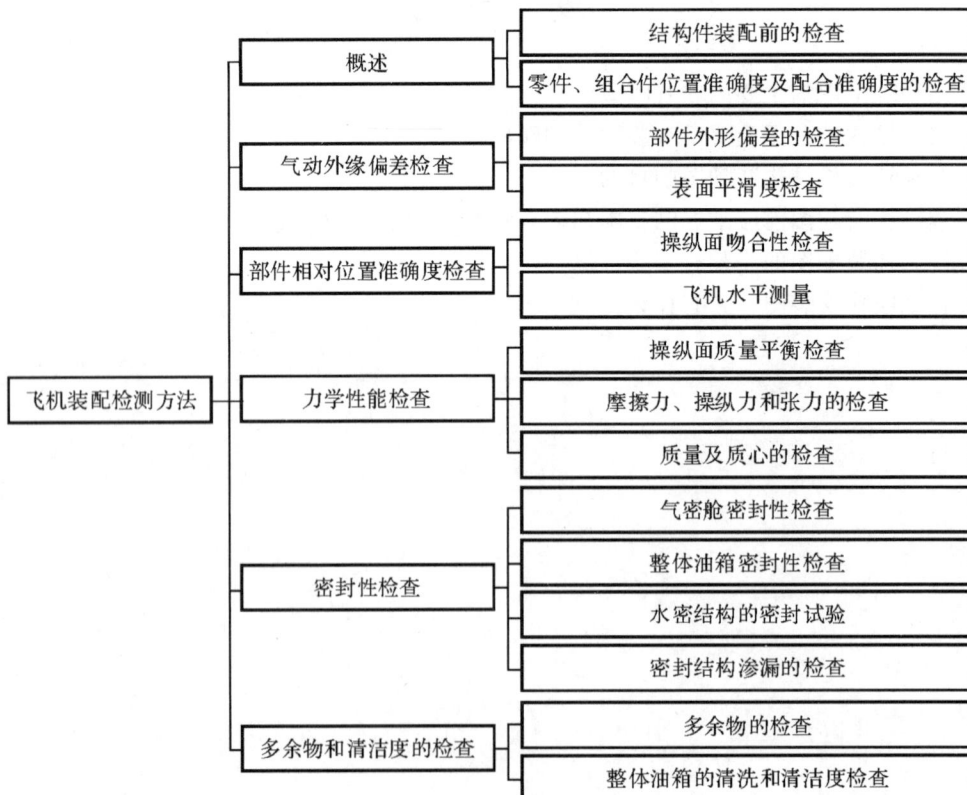

第一节　概　述

一、结构件装配前的检查

结构件包括标准件、零件、组合件、成品及成品附件等。为了保证装配质量，在装配前，工人和检验人员应对结构件的外观、标志等进行检查，其检验内容及要点见表 8.1。

表 8.1　结构件装配前的检查内容

检查项目	检查内容	检查要点
质量文件	1.产品合格证。 2.成品出厂合格证、履历表、复验调试记录或合格证。 3.拒收单、表面质量记录表等	文件必须齐全并与实物相符，拒收单内容与超差情况相符
标志	1.产品图号及版次号、批架次号、材料牌号、炉批号。 2.关键件、重要件标志及编号。 3.超差品处理标志。 4.标准件的材料、精度等标志。 5.图样规定的特定标志	实物上的标志与文件相符
检印	按质量文件检查检印是否齐全。例如，合格检印、首件三检合格印、拒收印、硬度合格印、铅封印及各种特种检查印（X 光检印、磁力探伤检印、超声波检印）	
外观质量	1.表面应清洁无污，漆层无脱落、无碰伤、无压坑、无划伤、无变形、无锈蚀。 2.薄壁零件无鼓动和松缓现象	
交接状态	零件、组合件应符合交接状态的要求，如对余量、导孔、装配孔、定位孔和配套件的要求及其他要求	对照交接状态表逐项检查
主要尺寸	1.检查关键件、重要件的特性尺寸及对形成关键、重要特性尺寸有影响的尺寸。 2.检查对装配协调及部件精加工有重大影响的尺寸	按关键件、重要件及关键、重要工序目录对照检查
保存期	1.对非金属件的保存期进行检查。 2.对成品、成品附件的油封期进行检查	核对制造日期、生产批次
其他	1.核对零件规格、数量及左、右件是否正确。 2.检查玻璃制品有无超出规定允许的折光、波纹、银纹和杂质点等缺陷	

二、零件、组合件位置准确度及配合准确度的检查

零件、组合件位置准确度的检查，是一个综合性检查，它对研制机的装配和首件装配特别重要，不仅要检查零件、组合件定位基准的位置是否准确、可靠，还要对已完成定位的零件、组合件上未作为定位基准的要素，如轴线、基准线、气动外形（或与气动外形有关的骨架外形）及

连接面贴合间隙等要素进行检查,以确保零件装配位置的准确性和零件与零件之间、零件与装配工装之间的协调性。

1. 叉耳接头位置准确度的检查

检查耳子接头、叉子接头位置准确度,包括接合孔及耳片工作面位置的准确度。耳子接头和叉子接头一般用型架上的叉形和耳形定位件来定位其工作面,同时用销棒定位接合孔,如图8.1所示。

检查接合孔位置准确度时,先撤去定位销棒,再用不同直径的检验销棒检查接合孔与定位件孔轴线的偏离程度。

检验销棒通过被测接合孔及定位件孔时,接头不允许有应力,销棒应能灵活转动。接合孔公称直径与能通过的检验销棒的直径之差即为接合孔与定位孔轴线的偏离值。检验销棒是直径间隔为0.1mm的一组特制销棒,销棒端头不制倒角,公差带为h7,表面粗糙度 Ra 值不大于0.08μm,如图8.2所示。

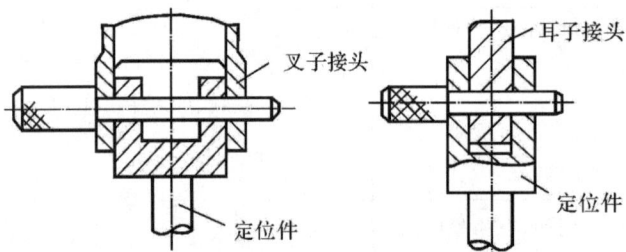

图8.1　叉形、耳形接头的定位　　　　　　图8.2　检验销棒

检查叉、耳接头轴线相对定位件轴线的偏移误差时,应将定位件退出接头,然后用塞尺测量接头接合面与定位件工作面之间的偏移距离,如图8.3所示。对难于保证轴线位置又不易检查其偏差的叉耳接头,定位件与叉耳接头之间留出间隙(如每边2mm),定位时加上相同厚度的垫片。在这种情况下,要测量接头的轴线偏差,应撤去定位用的垫片,用塞尺测量耳子两侧的实际间隙 J_1 和 J_2,如图8.4所示。

这时,接头轴线相对定位件轴线的偏移值为

$$\Delta = \frac{J_1 J_2}{2} \qquad (8.1)$$

式中,Δ 为接头轴线偏移误差,mm;J_1、J_2 为接头与定位件之间的实际间隙,mm。

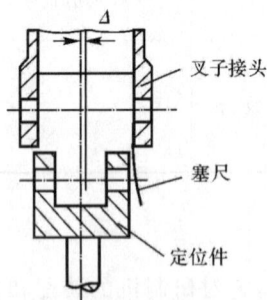

图8.3　叉、耳接头轴线位置准确度测量　　图8.4　定位件留有间隙时,接头轴线偏差的测量

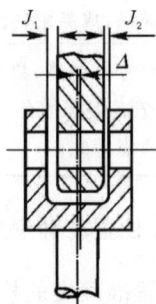

2.接头相对位置准确度的检查

组合件、部件交付前应对其各接头位置准确度进行检查,如机身、机翼接合接头,起落架安装接头,武器挂架接头等。

接头相对位置一般采用检验量规进行检查。检验量规的叉(耳)定位件与被测耳(叉)之间左、右均应留出公称间隙(间隙一般取2mm)。使用检验量规时必须用托架支撑,使其重力不落在被测产品上。调整量规,使两端的接头孔定位销棒能灵活转动,并使一对作为基准的叉耳之间的左、右间隙均匀,然后按叉耳接头位置准确度的检查方法检查其他接头孔的同轴度及轴线位置。

3.接头和外形的准确度检查

当组合件、部件的对接部位要求接头协调且外形吻合时,应采用模型对接头和外形进行综合检查,如副翼、襟翼与机翼的对接部位,机体上各舱门的安装部位等。

如图8.5所示,是用前舱盖模型检查机身前舱口的接头及外形。

4.零件、组合件轴线位置准确度的检查

(1)按卡板检查肋、框、隔板的轴线面。当卡板轴线面与肋、框、隔板轴线面重合时,可用直尺和塞尺检查轴线面位置,如图8.6所示。当卡板轴线面与肋、框、隔板轴线面不重合时,用直尺或游标卡尺测量卡板轴线面与肋、框、隔板轴线面的距离。至少应测量三个位置,以确认被测件轴线面与卡板轴线面是否平行。

(2)以卡板上的翼梁、长桁轴线的标记为基准测量翼梁、长桁的轴线位置。将直尺工作面与卡板上的标记线对齐,用塞尺和直尺测量出翼梁、长桁轴线的偏差,如图8.6所示(见A放大图)。

5.零件、组合件间配合准确度的检查

零件、组合件间配合准确度的内容很多,一般都采用常规的检查方法,这里仅介绍经修合的贴合面间接触程度的检查方法。贴合面的接触程度用显示剂进行检查。在基准零件接合面上涂一层0.003mm厚的显示剂,将被刮修零件的接合面按装配位置与基准零件结合,分解后,检查贴合面上的接触点应均匀分布,一般每平方厘米不少于一个点为接触良好。贴合面接触程度检查用的显示剂的粒度要细腻,对接触点的显示要真实而清楚,对零件无腐蚀作用,对操作者健康无害。显示剂的选用参考表8.2。

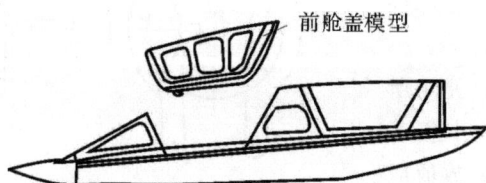

图8.5　用前舱盖模型检查机身前舱口

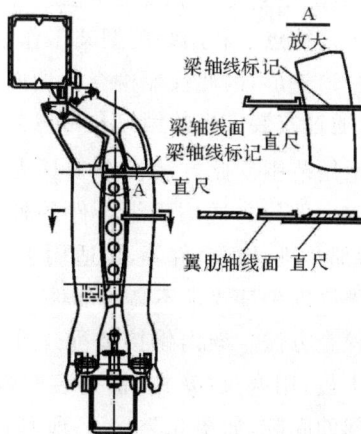

图8.6　以卡板轴线面和标记线为基准测量
零件轴线面位置

表8.2 贴合面接触检查用显示剂

种 类	成 分	特 点	应用范围
红丹粉油	氧化铁粉加入机油和少量柴油或煤油	呈红褐色,接触点清楚,无腐蚀性,价格低,对操作者无害,但粒度较粗	广泛用于铸铁和钢件的刮削
铅丹粉油	氧化铅粉加入机油和少量柴油或煤油	呈橘黄色,粒度细腻,接触点真实,无腐蚀性,但颜色较淡,有反光刺激,有毒	用于一般零件和精密零件的刮削
普鲁士蓝油	普鲁士蓝粉和适量机油和蓖麻油混合	呈深蓝色,接触点小而清楚	用于精密零件和有色金属的刮削
烟墨油	烟墨与机油混合	呈墨色,接触点小而清楚	用于表面呈银白色金属的刮削

第二节 气动外缘偏差检查

飞机的气动外缘准确度直接影响飞机的飞行性能。飞机部件气动外缘偏差检查是指对飞机接触气流的表面的制造质量检查,有时也称飞机表面质量检查。检查工作一般是在部件装配工作全部完成以后,或部件架内总装工作完成之后进行。在组合件(前缘、梁、翼尖、壁板、舱门等)和部件骨架装配工作完成后,也应对其气动外缘偏差进行检查。

气动外缘偏差分为两类:其一是部件切面型值偏差和纵向、横向波纹度偏差,一般称为部件外形偏差;其二是蒙皮对缝间隙和阶差的偏差,以及铆钉、螺钉、焊点等相对蒙皮表面凸凹量的偏差,一般称为表面平滑度偏差。不同的机型、部件乃至部件的不同部位,其准确度的要求是不同的,因此气动外缘准确度的检查方法及其工具也是不一样的。

一、部件外形偏差的检查

1.部件切面型值偏差的检查

(1)装配型架工作卡板检查法。

1)工艺特点。利用装配型架工作卡板检查装配件外形(不另设检验卡板);卡板工作面为装配件理论外形,因此仅能检查各切面气动外缘的负偏差;装配件产生正偏差时,工作卡板上有应力,通过安装卡板的销钉孔可以判断。

2)适用范围。此方法检查工具为塞尺和塞柱(用于曲度较大部位),适用于组合件的外形检查,如机翼前缘、后部及机身组合件等,也适用于小型飞机分部件及气动外缘准确度要求不高的部件。

3)检查方法。架内铆接装配工作已完成,关闭所有工作卡板;用塞尺(塞柱)检查装配件外形与卡板工作面之间的间隙,如图8.7所示;所测量的间隙数值应不大于设计技术条件规定的气动外缘型值负偏差。

(2)装配型架等距检验卡板检查法。

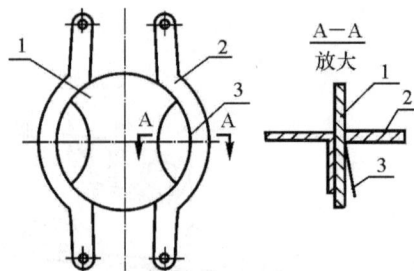

图 8.7 工作卡板检查法
1—部件; 2—卡板; 3—塞尺

1)工艺特点。等距检验卡板设置位置应遵守部件设计技术条件的规定;检验卡板与部件被检查处的理论外形之间等距间隙一般取 3mm,5mm,10mm;检验卡板应具有足够的刚性,其横截面形状如图 8.8 所示;等距检验样板可以代替检验卡板检查部件外形,检验样板形式如图 8.9 所示。

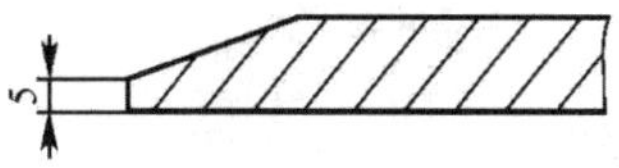

图 8.8　检验卡板横截面形状 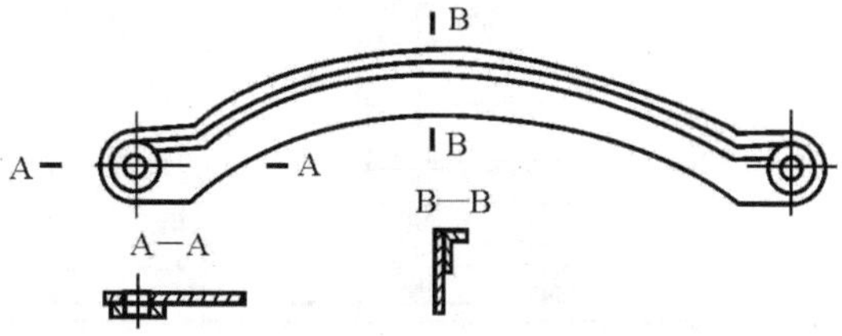　　　　图 8.9　检验样板

2)适用范围。此方法检查工具为间隙塞尺,如图 8.10 所示,能检查机体各切面外缘型值的正负偏差,是生产中广泛采用的方法。如机翼、安定面、机身分部件及进气道等部件的外形宜用此方法检查。

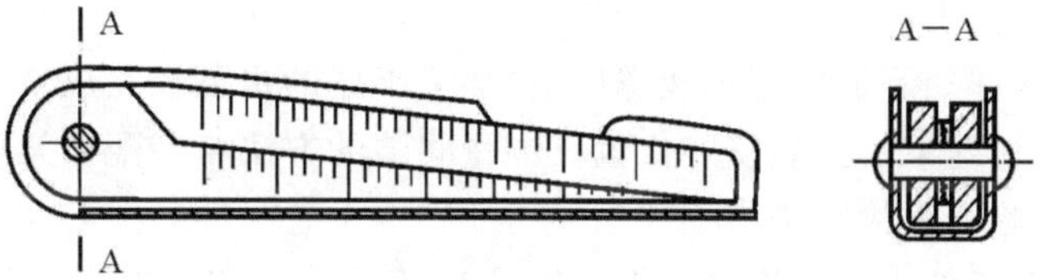

图 8.10　间隙塞尺

3)检查方法。①组合件或分部件的架内铆接装配工作已经完成。卸下的组合件应重新安装,以保持外形的完整性;②安装检验卡板方法有两种:一种是卸去工作卡板,换装相应的检验卡板,其余工作卡板全部关闭,检查部件切面的型值偏差;另一种是部件以对接接头定位,换装检验卡板,打开其余工作卡板,检查部件切面型值偏差,同时可以检查其扭转情况;③用间隙塞尺按技术条件规定,检查等距检验卡板工作面与部件外形之间的间隙;④检查时间隙塞尺与外形表面相切,其轴线必须平行外形面等百分线,测量间隙的方向应垂直于部件表面被测点的切面。用等距检验卡板检查机翼外形如图 8.11 所示;⑤将实测间隙换算成型值

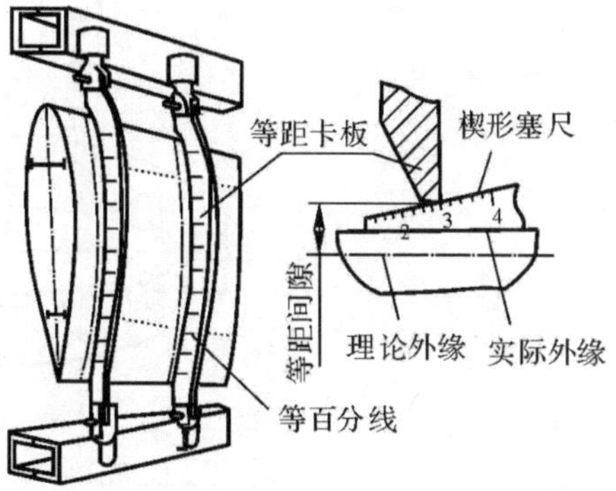

图 8.11　用等距检验卡板检查机翼外形

实际偏差,型值实际偏差应不大于设计技术条件中规定的气动外缘型值偏差。

(3)检验型架检查法。

1)工艺特点。检验型架能检查部件的切面型值的偏差,同时还能检查部件的扭转变形和外形相对接头位置的实际偏差;检验型架的结构类似装配型架,其结构元件的刚度应适当增大;在检验型架上,部件应以对接分离面和接头为定位基准,即应与在飞机上的安装形式相似。图 8.12 为某垂直安定面以与机身对接接头为基准的定位情况,检验型架卡板即检验卡板的设

置位置和截面形状均与装配型架等距检验卡板相同;操纵面(升降舵、方向舵、副翼)平衡夹具(台)设置检验卡板时,能起到检验型架的作用。

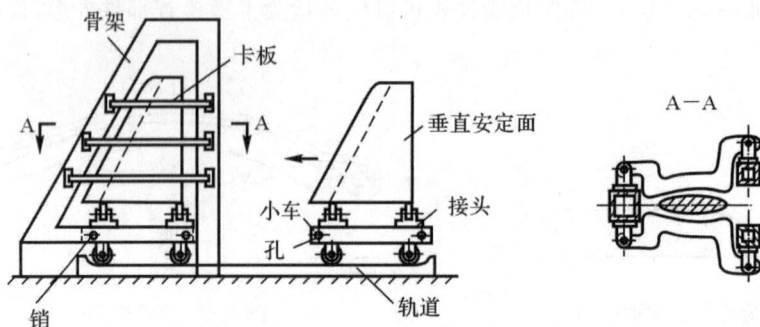

图 8.12　用检验型架检查垂直安定面

2)适用范围。成批生产及部件外形尺寸较小,气动外缘准确度要求高,或有互换要求时,一般宜采用检验型架检查法。

3)检查方法。部件处于最后完工状态(有精加工工序的也已经完成)。在接头位置检查合格后,使部件处于不受约束的正确安装位置。测量间隙的方法与装配型架检验卡板的相同。

(4)架外等距检验样板检查法。

1)工艺特点。在架外用等距检验样板只能检查部件单个切面的气动外缘型值偏差;部件各切面的相对扭转和外形相对接头位置的实际偏差不能被检查出来;检验样板一般以梁轴线和梁缘条处外形为定位基准,如图 8.13 所示;检验样板外形距部件理论外缘的等距间隙为5mm 或 10mm。

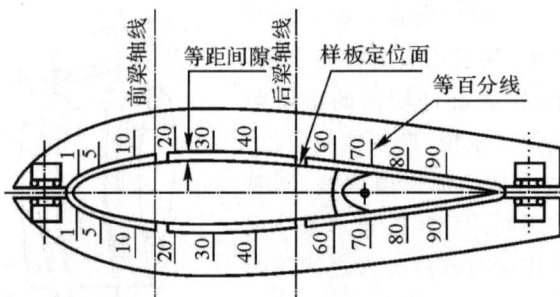

图 8.13　某机水平尾翼架外等距检验样板

2)适用范围。此方法适用于气动外缘准确度要求较低,只检查单个切面外形的中型飞机的机翼、尾翼和小型飞机的机身等部件。

3)检查方法。部件处于最后完工状态;以方便工作为原则,可以在专用托架、对合台、水平测量台上进行检查;等距检验样板的安装位置应符合定位基准,在等距间隙均匀的情况下,允许有微量的调整;升降舵、方向舵、副翼等活动面应调整到中立位置,即与切面翼型相吻合的位置;在检查各切面过程中不允许再调整活动面的位置;测量间隙的方法与装配型架检验卡板的方法相同。

2.波纹度偏差的检查

波纹度偏差是飞机部件纵向和横向气动外缘流线光滑程度的偏差。采用实际外缘波深（H）与波长（L）之比值来度量。部件的纵向、横向划分：机身沿水平基准线方向为纵向，沿框轴线方向为横向。机翼沿展向为纵向，沿翼弦方向为横向。

（1）横向波纹度检查。在用等距检验样板检查气动外缘型值实际偏差的同时来测量波纹度，具体检查方法如下。

1）按检验样板测出波峰、波谷并测量实际外形与检验样板之间的间隙（Y_n，Y_{n+1}，Y_{n+2}），如图 8.14 所示。

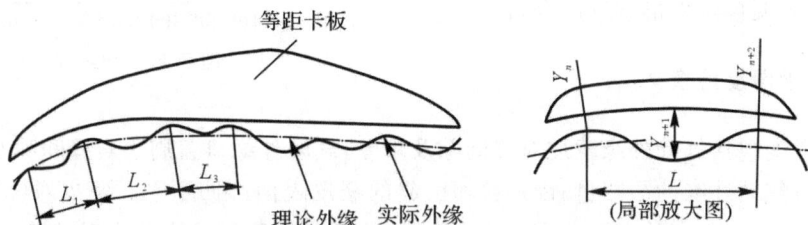

图 8.14　按检验样板检验横向波纹度

2）测量波长，即相邻两波峰的距离（L_1，L_2，L_3，…）。

3）按下列公式计算出波深（H）和波纹度的实际偏差。

$$H = Y_{n+1} - \frac{Y_n + Y_{n+2}}{2} \tag{8.2}$$

式中，H 为波深，mm；Y_n，Y_{n+2} 为波峰与样板的间隙，mm；Y_{n+1} 为波谷与样板的间隙，mm。

$$\Delta = \frac{H}{L} \tag{8.3}$$

式中，Δ 为波纹度；H 为波深，mm；L 为波长，即相邻两波峰间的距离，mm。

（2）纵向波纹度检查。用直尺检查部件外形的平直部分，如机翼、尾翼多为单曲度外形，沿等百分线进行检查；机身的等切面段也采用直尺检查。用样条检查部件曲度较小的外形，曲度较大的外形可采用样板进行检查。用直尺和样条测量出的波深就是实际波深，如图 8.15 所示。

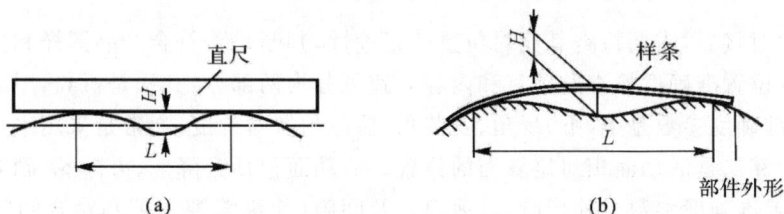

图 8.15　用直尺和样条检查波纹度

(a)用直尺检查；　(b)用样条检查

直尺的结构形式如图 8.16 所示，长度有 600mm，800mm，1 000mm，1 200mm，2 000mm 几种。

图 8.16　直尺

由于波纹度极限偏差给出的形式和具体要求不同,有两种判别偏差是否合格的方法:

1)当给出波纹度极限偏差时,计算出的波纹度实际偏差在其规定范围内为合格。

2)当给出波深和波长的极限偏差时,可以绘制成波纹度曲线,如图 8.17 所示。如果实测的波长和波深的坐标点在波纹度曲线之下为合格。图 8.17A 点表示实测波长为 480mm,波深为 0.8mm 时的波纹度,表明该段外形波纹度合格。

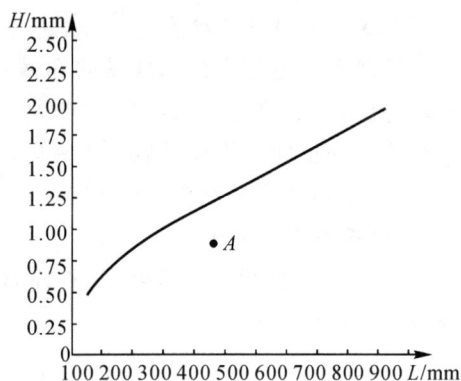

图 8.17 波纹度曲线

二、表面平滑度检查

表面平滑度包括气动外缘蒙皮对缝间隙及阶差,气动外缘口盖周边对缝间隙及阶差;沉头螺钉及铆钉对气动外缘的凸凹量;因铆接而引起的蒙皮表面凸凹不平。蒙皮对缝阶差值可用塞尺、游标卡尺和有刻度的指示器进行检查。图 8.18 为用塞尺检查蒙皮对缝阶差;如图 8.19 为用有刻度的指示器检查蒙皮对缝阶差。铆接引起的蒙皮表面不平度用千分表进行检查,如图 8.20 所示。

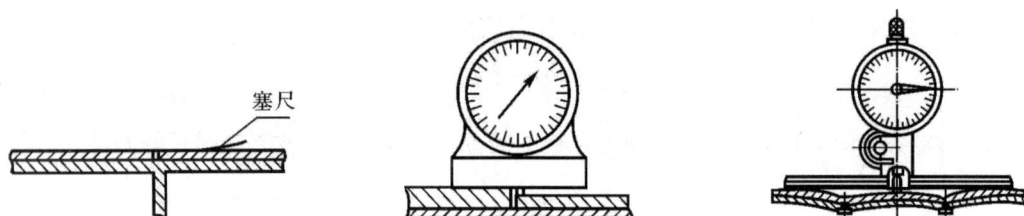

图 8.18 用塞尺检查蒙皮对缝阶差　图 8.19 用指示器检查蒙皮对缝阶差　图 8.20 蒙皮表面不平度的检查

第三节　部件相对位置准确度检查

飞机部件对接后,需要检查其相对位置的正确性,判断是否符合产品图样和技术条件的要求。部件相对位置准确度检查的项目和内容大致可分为两部分:其一是机翼、尾翼相对机身的位置,其位置准确度参数是上(下)反角、安装角、后掠角及对称度,通常是采用水平测量的方法进行检查的。其二是活动面相对定翼面的位置。活动面包括升降舵、方向舵、副翼、襟翼、前缘缝翼等,其位置准确度参数是外形阶差、剪刀差及间隙(前缘缝隙间隙和对合间隙),这一部分的检查内容称为活动面相对定翼面的吻合性检查。它的检查方法很多,有些与部件气动外缘偏差检查有关。

飞机水平测量的项目,除机翼、尾翼、机身相对位置外,还有发动机短舱、发动机、起落架的安装位置也需进行水平测量。此外,操纵面的偏转角度也可以通过水平测量方法检查。本节主要介绍部件和全机水平测量的各种方法。

一、操纵面吻合性检查

操纵面吻合性是指操纵面处于中立位置时相对定翼面及相邻操纵面相互之间的外形和间隙的吻合程度。因此,应正确选择确定中立位置的方法,使相关的各操纵面同时处于中立位置。必要时还应做出记录,用以调整操纵系统时,确定操纵面的中立位置。

1.操纵面中立位置的确定方法

(1)用水平测量方法确定操纵面中立位置。用水平测量法将翼面(含操纵面)的弦平面调整到相当于全机水平状态的位置,其方法是将翼面置于可调节高度的托架上,用水准仪测量定翼面上各水平测量点之间的高差,使其安装角和上(下)反角符合水平测量图的要求。用水准仪测量位于操纵面尾缘上的水平测量点 C 的高度,使水平测量点 C 与定翼面上水平测量点 A 或点 B 的高差符合水平测量图或水平测量数据的要求,此时操纵面处于中立位置,如图 8.21 所示。

用水平测量的方法将定翼面的理论弦平面调节到水平状态,然后再将操纵面上的理论弦平面调节到水平状态,此时操纵面相对于定翼面位于中立位置。用水平测量方法确定中立位置,适用于较大部件的操纵面中立位置的确定。将翼面弦平面调节到水平状态的方法,常用于方向舵中立位置的确定。

(2)用架外等距检验样板确定操纵面的中立位置。按架外等距检验样板外形调整操纵面中立位置,如图 8.22 所示。采用这种方法检查操纵面吻合性时,应与气动外缘检查同时进行。检验样板的安放位置及要求与部件气动外缘检查的相同。此方法适用于采用架外等距检验样板检查气动外缘偏差的中、小部件,如升降舵、方向舵和调整片的中立位置的确定。

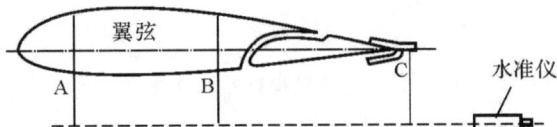

图 8.21 用水平测量方法确定操纵面中立位置

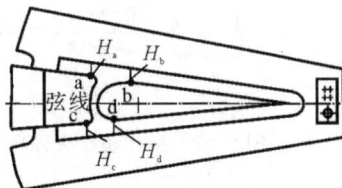

图 8.22 用架外等距检验样板确定操纵面中立位置

(3)用角度测量卡板确定操纵面中立位置。将操纵面后缘调整到零刻度时,操纵面处于中立位置,如图 8.23 所示。此方法适用于中、小部件上操纵面中立位置的确定。

(4)在夹具上确定操纵面的中立位置。调整操纵面,使其翼型与定位件的翼型吻合,操纵面即处于中立位置,如图 8.24 所示。此方法适用于制造、检验过程中有对合台、平衡台、专用综合检验夹具的部件。此时可在夹具上设置操纵面中立位置定位件,如鱼形件。

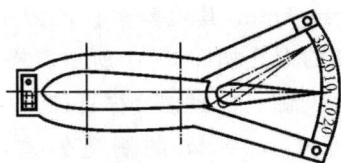

图 8.23 用角度测量卡板确定操纵面中立位置

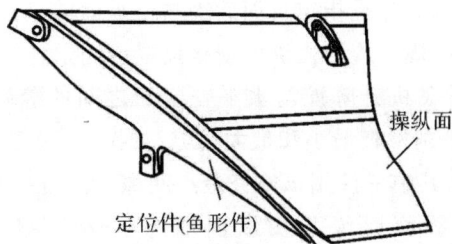

图 8.24 在夹具上确定操纵面的中立位置

2.操纵面与定翼面外形阶差的检查

(1)翼弦方向外形阶差的检查方法。翼弦方向外形阶差是操纵面前缘 b,d 两点分别与定翼面后缘 a,c 两点的阶差(凸凹量),如图 8.22 所示。检查外形阶差时,首先应使操纵面处于中立位置,然后选择下列方法之一进行检查。

1)用等距检验样板检查外形阶差。在操纵面中立位置确定之后,接着用楔形塞尺测量各切面处 a,b,c,d 点的实际间隙。H_a,H_b,H_c,H_d 如图 8.22 所示。实际间隙 H_a 与 H_b 之差,H_c 与 H_d 之差分别为操纵面相对定翼面的上、下翼面的外形阶差。

2)用吻合性检验样板检查外形阶差。一种吻合性检验样板以定翼面和操纵面外形作为基准,仅吻合性部分制成等距外形,以便测量实际间隙,如图 8.25 所示。另一种吻合性检验样板仅以定翼面外形作为定位基准,其余部分制成等距外形,如图 8.26 所示。

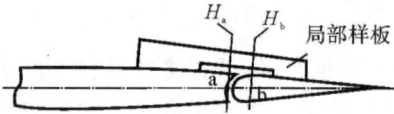

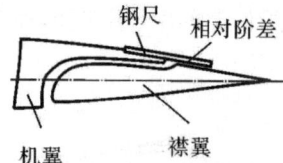

图 8.25　用吻合性检验样板检查外形阶差　　　图 8.26　以定翼面为基准的吻合性检验样板

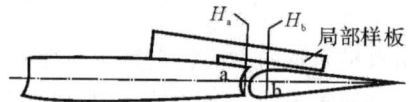

3)用样条或直尺检查外形阶差。样条沿部件外形曲面放置,用塞尺测量 a 点或 b 点的间隙,此间隙值即是外形阶差,如图 8.27 所示。外形平直的翼面,可以用直尺代替样条检查外形阶差,如图 8.28 所示。

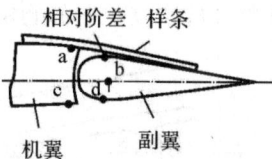

图 8.27　用样条检查外形阶差　　　　图 8.28　用直尺检查外形阶差

(2)翼展方向外形阶差的检查方法。

1)当操纵面处于中立位置时,将直尺沿翼面等百分线方向立放于外形较高的翼面上,用塞尺测量直尺与外形较低的翼面之间的间隙。测量所得到的间隙值为定翼面与操纵面或两个相邻操纵面在翼展方向的阶差。

2)沿着尾缘条后缘线测出的阶差值即操纵面与定翼面或两个相邻操纵面之间的剪刀差,如图 8.29 所示。

3.缝隙间隙的检查

缝隙间隙是指定翼面后缘与操纵面前缘之间的间隙。检查缝隙间隙时,应按产品设计技术条件的规定旋转操纵面或将操纵面固定在某个位置上。缝隙间隙用极限检验轴进行检查。例如,某飞机升降舵与水平安定面之间的缝隙间隙为(6±2)mm,其检验轴直径为 4mm 和 8mm,分别检查最小和最大间隙,如图 8.30 所示。检验轴的形式如图 8.31 所示。检验轴每套两件,其中一件用以检查最小间隙,另一件用以检查最大间隙。检验轴公称直径 d_T 和 d_z 分别为定翼面后缘与操纵面前缘的最小和最大允许间隙,d_T 和 d_z 的制造偏差分别为 $d_{T0}^{+0.05}$ mm,$d_{z-0.05}^{0}$ mm。

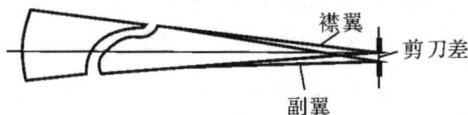

图 8.29 尾缘剪刀差

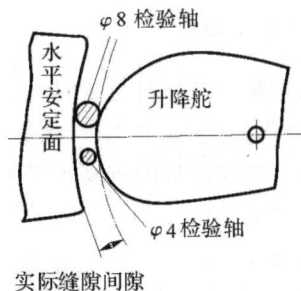

图 8.30 缝隙间隙检查

4.操纵面偏转角度的检查

(1)采用专用量角器检查偏转角度。常用专用量角器有吸盘式量角器和夹紧式量角器,如图 8.32 所示。这两种专用量角器是利用铅垂原理设计的。使用时,把吸盘或夹子固定在操纵面后缘处,调整量角器使刻度"0"对准指针,当操纵面转动时,量角器也随着一起转动,而指针连着重锤始终保持铅垂,此时量角器指示的角度即操纵面的偏转角度,如图 8.33 所示。

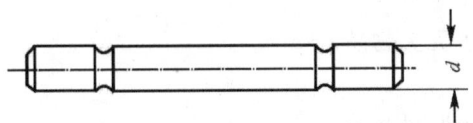

图 8.31 检验轴

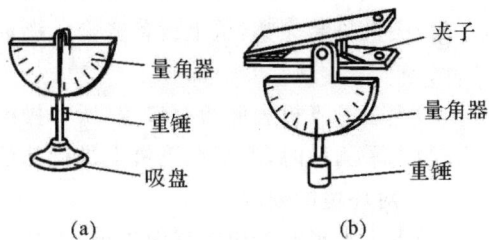

图 8.32 操纵面转角量角器

(a)吸盘式量角器; (b)夹紧式量角器

(2)采用卡板式量角器检查偏转角度。卡板式量角器的构造和使用方法如图 8.23 所示。

(3)利用平衡台、对合台或水平测量台上的量角器测量偏转角度。量角器设置在确立操纵面中立位置的"鱼形件"上,如图 8.34 所示。

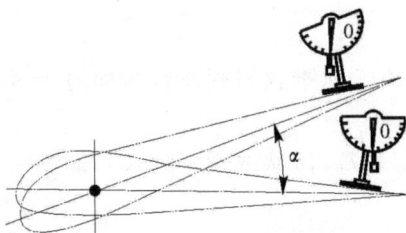

图 8.33 用吸盘式量角器测量操纵面偏转角度

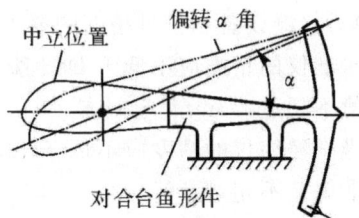

图 8.34 用鱼形件上的量角器测量操纵面偏转角度

(4)当操纵面偏转角度换算成线性尺寸时,可以直接用钢尺或卷尺测量。

(5)在飞机水平测量过程中,通过后边条上的测量点测量操纵面的偏转角度。

各操纵面偏转角度的水平测量数据,在飞机水平测量图上给出。

二、飞机水平测量

飞机水平测量是飞机总装时对飞机各部件相对位置准确度进行检验和调整的工序。对于由非互换性部件总装成的飞机,水平测量是对部件对接时相对位置准确度的测量和调整工序。飞机各部件对接完成后的重复水平测量,以及使用维护和返修后的水平测量,都是检验工序,是对飞机各主要几何尺寸或参数的误差(飞机总装质量)的最后总检测。

1. 一般要求

(1)对飞机支撑状态的要求。

1)飞机要按水平测量图规定的三点支撑状态,调到水平状态。

2)在飞机调平中,保险托架与机身表面蒙皮之间应保持 10~30mm 间隙。

3)在飞机调平中,升、降千斤顶之后,都应将千斤顶的保险螺母锁紧,并将千斤顶内的液压压力卸载后,方可进行工作。

4)飞机水平测量时,起落架应放下并锁住,机轮离地面约 50~100mm(水平测量图中另有规定除外)。

(2)全机水平测量时对飞机状态的要求。

1)飞机总装完整,机上设备齐全。燃油箱内无燃油,滑油箱内无滑油,不带装载(货物、食品、水等)。

2)应盖上飞机表面所有口盖,所有操纵面要置于中立位置。

3)水平测量时,严禁在飞机上进行其他工作和放置无关物品。

(3)对环境的要求。

1)飞机水平测量应在室内进行,无各种干扰,如振动、风吹等。

2)室外测量时的要求。应避免大风影响,风力必须小于 3 级,机头迎着风向;光学仪器应避免风吹和阳光照射;在水平测量开始前 1h 到工作结束整个工作过程中,机体应避免阳光的直接照射;测量场地要坚硬平整。

3)清理现场和清除机下周围障碍物。

4)水平测量应连续进行。中间间断 2h 以上时,必须重新复查飞机调平情况,然后才能继续测量。

(4)对仪器设备和量具精度的要求。

1)水准仪的精度应不低于 DS3 级(按 JB2123—1977 水准仪系列参数),即每千米往返测高差中值不超过±3mm。

2)光学经纬仪的精度应不低于 J6 级(按 JB820—1977,J6 级光学经纬仪),即测一回水平方向标准偏差不超过±6″。

3)500~1 000mm 的钢直尺,在全长上的误差应不超过±0.2mm。

4)2 000mm 的钢卷尺,在全长上的误差应不超过±1mm。

(5)对水平测量的精度要求。

1)光学仪器调平误差。在精密水准仪调平和使用中,其管状水准器的水泡应居中对合,转动照准部,在 360°范围内水泡刻度值偏差应不超过 2 格;精密经纬仪调平和使用中,其安平水准器的水泡应居中,转动照准部,在 360°范围内水泡刻度值偏差应不超过 1 格或不超过圆水准器内圈。

2)飞机横向和纵向调平的误差一般为 0±0.5mm(水平测量图、技术条件规定者除外)。

3)水平测量点的标尺读数值,精确到小数点后一位数(单位:mm)。

4)各部件相对位置的几何参数的测量结果,其误差应符合飞机水平测量图和技术条件的要求。水平测量图未规定时,则应符合 HB/Z103—86《飞机水平测量公差》的要求。

2.水平状态的确定方法

飞机水平状态的确定方法即飞机调平方法。飞机调平是指以飞机轴系为基准,借助光学仪器和水平测量尺,通过千斤顶,将飞机横向和纵向的调平基准点调至水平状态。飞机轴系如图 8.35 所示。飞机调平的操作程序为横向调平→纵向调平→复查飞机调平情况。

飞机调平方法。

(1)经验调平法。经验调平法是指飞机调平中根据经验估算,渐次消除飞机横向和纵向调平基准点标尺读数差值的调平方法。经验调平法一般适用于批生产的飞机调平,其缺点是费时和工人劳动强度大。

(2)计算调平法。该调平方法以纵向调平为例加以说明,横向调平与纵向的类似,故不予赘述。

1)计算出调平量 Δh,如图 8.36 所示。

$$\Delta h = KA \tag{8.4}$$

$$K = \frac{l_1}{l_1 \pm l_2} \tag{8.5}$$

式中,A 为前后调平基准点 c 和 d 调平前的初始标尺读数之高度差,mm;K 为调平系数;l_1,l_2 为分别为前后调平基准点 c 和 d 到主千斤顶顶头中心的距离,mm;$l_1 \pm l_2$ 为当主千斤顶位于纵向两个调平基准点之间时(见图 8.36),取"+"号;当主千斤顶位于纵向两个调平基准点的前面或后面时,取"—"号。

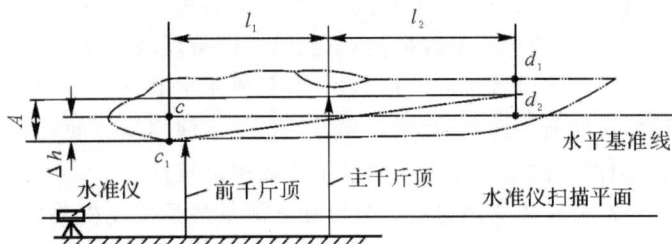

图 8.35　飞机轴线　　　　图 8.36　飞机纵向调平示意图

2)按计算出来的调平量 Δh 调平飞机。

(3)吊线、标杆调平法。该调平方法以横向调平为例加以说明,如图 8.37 所示,分别在左、右机翼翼尖上的横向调平基准孔内,悬挂铅锤吊线到地标板上,通过微调千斤顶,使吊线的测量头(铅锤锤尖)对准地标板上的十字刻线中心即可。其调平误差应在地标板上的十字中心线圈内。

3.部件相对位置的测量方法

(1)飞机水平测量方法的分类(见表 8.3)。

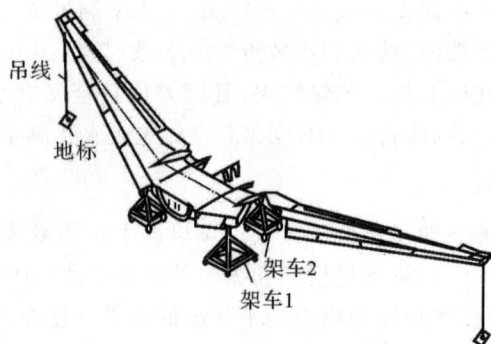

图 8.37　横向调平示例图

表 8.3　飞机水平测量方法的分类

分类方法		分类名称		备　注
从设计上分		分项水平测量法		
		分点独立测量法		
从工艺上分	按飞机姿态分	飞机调平状态下的水平测量法		
		飞机不调平状态下的非水平测量法		
	按仪器设备分	常规光学仪器测量法	水准仪测量法	
			经纬仪测量法	
		双经纬仪三维测量系统测量法		可在飞机停放处于任何状态下进行水平测量

（2）分项水平测量法和分点独立测量法。

1）分项水平测量法。分项水平测量法是按飞机各部件相对位置的几何参数（如机翼的安装角、下反角、机身的同轴度、垂尾的倾斜角等）的测量要求，逐项测量有关测量点相对测量基准的距离，通过测量数据的对比处理，即可反映有关几何参数的误差。分项水平测量法对光学仪器安置的位置没有严格的要求，只要一次测量能反映部件相对位置的全部测量点即可。这种方法的通用性好，在内厂和外厂条件下使用均方便，测量数据反映被测几何参数的直观性较好，但测量的重复精度和测量工作效率都较低。

2）分点独立测量法。分点独立测量法是按飞机整体外形及其对称度等的水平测量要求，对飞机上全部测量点顺序逐点测量。通过测量数据与理论数据的对比处理，确定整体外形及其对称性误差。采用分点独立测量法的飞机，其水平测量公差的制订原则是以全机的理论外形数学模型或模线为基础，用飞机整体的外形综合公差在飞机的三面图上定出水平测量公差的极限偏差包络面，然后在上、下极限包络面内确定分布在飞机外形上各测量点处的水平测量公差，同时兼顾对称性的要求。分点独立测量法采用测量基准同飞机设计基准一致的原则，在飞机水平测量图上规定光学仪器相对飞机的准确位置。因此，测量前的调整工作较繁，但测量的重复精度较高，测量方法便于实现自动扫描和计算机辅助测量数据的记录和处理。但测量结果不能直观地反映几何参数的误差，只能反映部件截面测量点处的外形误差、该截面在部件中的平移和扭转误差、部件对接后的相对位置误差、飞机结构自重的影响等误差在测量点处的总和，从而也可反映对称性误差。

3)水平测量误差修正。部件测量点的外形误差和部件水平测量的原始数据要记录下来,随部件移交给飞机总装车间,供飞机水平测量数据的修正处理用。当在非水平状态下进行水平测量时,所有测量点的测量值均应按基准测量点的测量值修正,所有支撑飞机的部位均不应改变,当飞机的倾斜所引起的重力改变对测量值影响很小时,非水平测量法也是可靠的。

(3)常规光学仪器测量法。

1)操作程序。用常规光学仪器进行飞机水平测量的操作程序为水平测量前的准备工作→水准仪(或经纬仪)的调平→飞机调平→全机水平测量→数据整理→填写飞机水平测量合格证书(随机文件)。

2)光学仪器使用注意事项。在使用过程中,应保持仪器支架的稳定,仪器安置应能扫描到全机水平测量点;在使用过程中,应始终沿一个方向转动,避免反向转动。锁紧螺旋不要拧得过紧,以免引起其变形;仪器调平后,应使仪器保持水平状态并在使用中随时检查,当发现仪器的水准气泡偏离超过规定值时,应重新将仪器调平;原则上,各微调旋钮在最后调整时,应按顺时针方向旋转,这样可以减少螺纹间隙的影响;在平时不用时,应注意防尘、防潮、防震。

3)全机水平测量。在飞机调平的基础上进行全机水平测量;按飞机水平测量图,事先绘制出各测量点标尺读数的记录简图;对飞机上全部水平测量点,按部位顺序逐点逐项进行测量,并记录好各测量点的标尺读数;按测量的标尺读数,整理出各部件相对位置的几何参数的实测值,误差应符合规定。

(4)双经纬仪三维测量系统测量法。双经纬仪三维测量系统测量法,是用相距为 l 的两台精密电子经纬仪 T_1 与 T_2 同时瞄准空间任意一点 P,通过多路数据采集器和微型计算机测量应用软件,获得经纬仪 T_1 与 T_2 的水平方向夹角 α_1,α_2 及垂直方向夹角 β_1,β_2,再利用一根已知长度的标准尺(热膨胀系数为零的碳素纤维基准标尺),求得 A 与 B 两点之间的距离 l,从而建立起测量系统空间坐标系,作为测量基准,如图 8.38 所示。系统空间坐标系一经建立,就可求得观测到的任意被测点的三维坐标值(空间位置),如图 8.38 所示的点 P 相对于由经纬仪 T_1,T_2 所建立的空间坐标系的三维坐标值 x,y,z 分别为

$$x = l(\sin\alpha_2 \cos\alpha_1 / \sin\alpha) \tag{8.6}$$

$$y = l(\sin\alpha_2 \sin\alpha_1 / \sin\alpha) \tag{8.7}$$

$$z = l(\sin\alpha_2 \tan\alpha_1 / \sin\alpha) \tag{8.8}$$

双经纬仪三维测量系统测量法可在飞机处于任何支撑状态下,测量飞机各部件相对位置的几何参数,并通过微型计算机测量应用软件来实现测量数据的记录、计算和处理。其进行飞机水平测量的情形如图 8.39 所示。

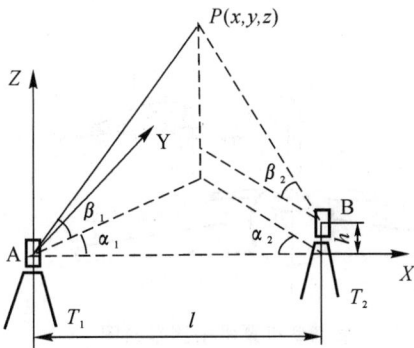

图 8.38 双经纬仪三维测量系统建立的空间坐标系　图 8.39 双经纬仪三维测量系统测量法测量示意图

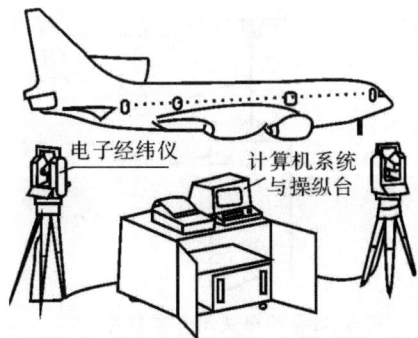

(5)飞机水平测量注意事项。

1)全机水平测量时,必须从机翼和机身上的调平基准点开始进行测量。

2)水平测量尺应对准测量点,并保持铅垂位置。当用螺纹接头的测量标杆时,测量标杆应拧到底;当用粘贴测量标志时,标志中心应与测量点中心重合。

3)铅垂吊线时应注意所有铅垂投点应稳定,铅垂尾线与锤尖应在一轴线上,拉线应张紧。

4. 部件水平测量

部件水平测量是在部件装配完成后,通过工艺装备,使部件处于飞机水平状态的条件下,对部件的姿态(如机翼的安装角、下反角等)进行测量。在部件精加工和对接时也采用水平测量的方法进行定位。部件水平测量的项目内容与飞机水平测量中相应部件的测量项目内容相同。但同一部件,在部件水平测量时的测量点比全机水平测量时的测量点多。部件水平测量的偏差要求比全机水平测量的要求高。部件安装在水平测量台上或安装在对合台上进行水平测量。部件水平测量,除了专用工艺装备外,所用的其他测量仪器设备、工具和测量方法都与飞机水平测量的相同。

部件水平测量的基本工艺过程:

(1)在部件装配中,在部件表面规定的位置上,按型架指示器作水平测量用的标记,称为水平测量点。

(2)将部件安装在水平测量台或对合台上,使部件处于全机水平状态的位置。

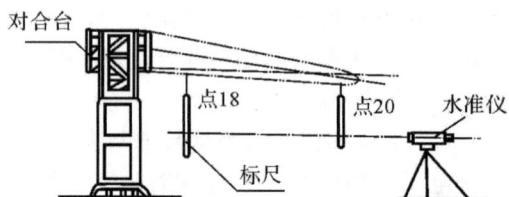

图 8.40 部件水平测量

(3)测量时把测量标尺悬挂在测量点处,通过水准仪得到水平测量点的高度,如图 8.40 所示。简单式水平测量尺构造及使用方法如图 8.41 所示。

(4)计算测量点高度差,检查是否符合图样的规定。产品的水平测量图规定了有关测量点的高度差及其极限偏差。如图 8.42 所示为某机翼测量安装角的测量点 13 与点 14 位置距机身水平基准线的高度差为(40±2)mm。

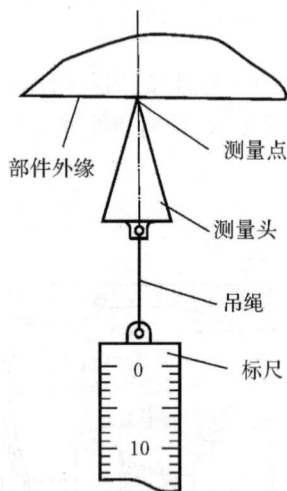

图 8.41 简单式水平测量尺

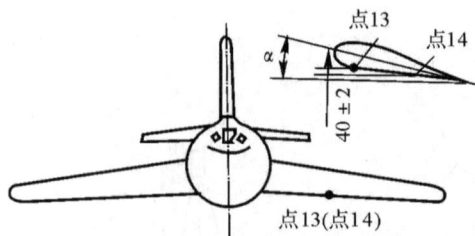

图 8.42 某机型机翼水平测量简图

第四节 力学性能检查

一、操纵面质量平衡检查

操纵面的质量及其质心位置会影响飞机操纵性能。为了防止结构发生颤振,操纵面的质心位置一般设计在操纵面转轴上或在转轴前(一般要求操纵面的质心位于转轴之前,两者之间的距离通常用力臂"a"来表示,不同的机型对"a"值有不同的要求)。装配完工的操纵面需要检查它的质心位置是否符合设计技术条件的要求,这种检查称为质量平衡检查。操纵面平衡检查的目的就是检查并调整操纵面的质心的位置,使其符合设计技术条件的要求。升降舵、方向舵、副翼以及某些调整片一般需要进行质量平衡检查。

1. 操纵面质心位置的判断

操纵面悬挂在平衡台上,其弦平面处于水平静止状态的位置时,称其处在平衡状态。在平衡检查试验中,操纵面质心位置用下列公式判断,如图 8.43 所示。

$$ma = m_f l \qquad (8.9)$$

式中,m 为操纵面实际质量,kg;a 为操纵面质心至转轴的力臂,mm;m_f 为砝码质量,kg;l 为砝码质心至转轴的力臂,mm。

2. 操纵面平衡的判断

根据设计技术条件给的不同参数,操纵面的质量平衡有以下几种判断方法。

(1)当设计技术条件给出质心至转轴的力臂 a 的许可范围并给定砝码质量 m_f 时,在平衡检查试验中,测出 l 值,通过式(8.9)计算出力臂 a 的实际值介于最大许可值 a_{max} 和最小许可值 a_{min} 之间,则操纵面质量平衡是合格的。

(2)当设计技术条件给出砝码质量 m_f 的许可范围并给定砝码质心至转轴的力臂 l 时,若在平衡检查试验中,测出砝码质量 m_f 的实际值在最大许可值 $m_{f,max}$ 和最小许可值 $m_{f,min}$ 之间时,则操纵面质量平衡是合格的。

(3)当设计技术条件给出力臂 l 的许可范围并给定砝码质量 m_f 时,若在平衡检查试验中,测出力臂 l 的实际值在最大许可值 l_{max} 和最小许可值 l_{min} 的范围内,则操纵面的质量平衡是合格的。

(4)考虑到操纵面支点有一定的摩擦,在检查试验中,使操纵面平衡的砝码质量 m_f 或力臂 l 不是唯一的,而是在一个范围内,此时可采用下列方法确定 m_f 和 l。

1)当减小砝码质量到 m_{f_1} 时,操纵面后缘有向上运动的趋势;当增加砝码质量到 m_{f_2} 时,操纵面后缘有向下运动的趋势。此时砝码的实际质量按下式计算,如图 8.44 所示。

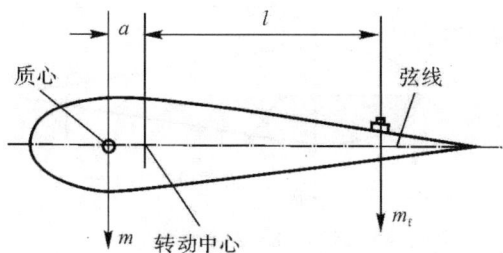

图 8.43 平衡条件

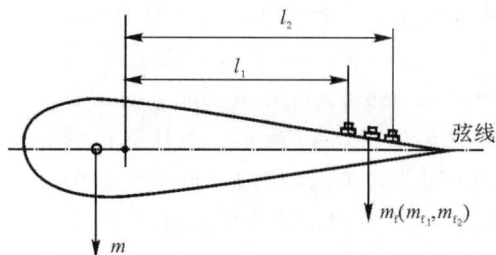

图 8.44 支点有摩擦时,m_f 和 l 的确定

$$m_{\mathrm{f}} = \frac{m_{\mathrm{f}_1} + m_{\mathrm{f}_2}}{2} \tag{8.10}$$

式中，m_{f} 为砝码质量，kg；m_{f_1} 为后缘有向上趋势时的砝码质量，kg；m_{f_2} 为后缘有向下趋势时的砝码质量，kg。

2）当缩短砝码至转轴的力臂到 l_1 时，操纵面后缘有开始向上转动的趋势；当加大砝码至转轴的力臂到 l_2 时，操纵面后缘有向下转动的趋势。此时力臂 l 按下式计算，如图 8.44 所示。

$$l = \frac{l_1 + l_2}{2} \tag{8.11}$$

式中，l 为砝码至转轴的力臂，mm；l_1 为后缘有开始向上的趋势时，砝码至转轴的力臂，mm；l_2 为后缘有开始向下的趋势时，砝码至转轴的力臂，mm。

3.平衡方法

（1）平衡前的准备。

1）平衡前应检查操纵面的完整性，操纵面应符合产品图样，是经检验合格的最后完工状态（包括外表面喷漆），并按平衡技术条件要求装全所有该装的零件（包括成品和标准件），不允许多装或少装零件。

2）称量操纵面质量，应符合 HB5519—89《飞机零组部件称重公差》或各机型称重技术条件，并做好记录。

3）操纵面在平衡夹具上转动时应平稳，无冲动，无紧涩现象。

（2）在平衡台上的平衡方法。质量平衡检查方法有很多种，本节仅介绍在平衡台上进行的两种平衡方法，即调距法和调重法。平衡台亦称平衡夹具，属于专用工艺装备，无通用性。平衡台平衡法的操作方便，同时还能用于气动外缘型值、缝隙间隙和剪刀差的偏差检查。各类型飞机、各种操纵面都可以使用，是一种广泛应用的平衡方法。

1）调距法。当设计技术条件规定力臂 a 的许可范围时，采用本方法进行操纵面质量平衡。① 将操纵面悬挂在平衡台上；② 沿砝码放置线移动平衡砝码，使操纵面处于平衡状态；③ 测量砝码至转轴的力臂 l；④ 当操纵面支点的摩擦使平衡状态的砝码力臂 l 不是唯一确定值时，测出力臂 l_1 和 l_2 并按式（8.11）计算力臂 l；⑤ 按下列公式计算力臂 a 的实际值。

$$a = \frac{m_{\mathrm{f}} l}{m} \tag{8.12}$$

式中，a 为质心至转轴的实际力臂，mm；m_{f} 为砝码质量，kg；l 为砝码质心至转轴的力臂，mm；m 为操纵面实际质量，kg。⑥ 如果计算出的实际力臂 a 在设计技术条件规定力臂的许可范围内，操纵面质量平衡合格，否则应调整操纵面的可调节配重，重新按上述过程进行平衡试验，直到符合要求为止。当力臂 $a < a_{\min}$ 时，需要增加调节配重的质量；当力臂 $a > a_{\max}$ 时，需要减少可调配重的质量。用下列公式计算可调配重的调节量 Δm，如图 8.45 所示。当计算出的调节量为正值时，应增加可调配重的质量；当计算出的量为负值时，应减少可调配重的质量。

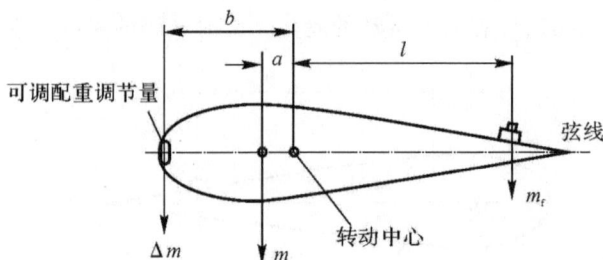

图 8.45　计算 Δm 的示意图

$$\Delta m = \Delta a \frac{m}{b} \qquad (8.13)$$

$$\Delta a = a_0 - a \qquad (8.14)$$

式中，Δm 为可调配重调节量，kg；m 为操纵面实际质量，kg；b 为可调配重至转动轴线的力臂，mm；Δa 为需要调整的力臂，mm；a_0 为设计技术条件规定的质心至转动轴线的力臂中间值，mm；a 为质心至转动轴线的力臂实测值，mm。

2）调重法。当设计技术条件给定 l 值并给出 m_f 的许可范围时，采用本方法进行操纵面质量平衡。① 将操纵面悬挂在平衡台上；② 放置砝码，砝码质心至转轴的力臂 l 始终保持不变；③ 调整砝码质量，使操纵面处于平衡状态；④ 检查砝码质量，若砝码质量在设计技术条件许可范围之内，则操纵面质量平衡合格。否则应调整操纵面可调配重，重新进行平衡试验，直到合格为止。当 $m_f < m_{f,min}$ 时，须增加可调节配重的质量；当 $m_f > m_{f,max}$ 时，须减少可调节配重的质量，即

$$\Delta m = \Delta m_f \frac{l}{b} \qquad (8.15)$$

$$\Delta m_f = m_{f_0} - m_s \qquad (8.16)$$

式中，Δm 为可调配重调节量，kg；l 为砝码质心至转动轴线的力臂，mm；b 为可调配重至转动轴线的力臂，mm；Δm_f 为需要调整的砝码质量，kg；m_{f_0} 为设计技术条件规定的砝码质量的中间值，kg；m_s 为砝码的实际质量，kg；⑤ 当操纵面支点的摩擦使平衡状态的砝码质量 m_f 不是唯一确定值时，应测出 m_{f_1} 和 m_{f_2} 并按式(8.10)计算砝码质量 m_f。

(3)平衡台应满足的要求。

1)平衡台的转轴应尽可能减小摩擦，转轴应采用滚动轴承。

2)悬挂操纵面的定位件，应与产品悬挂操纵面的支架相似，即定位部分的形状和尺寸应相同。

3)应设有确定操纵面平衡状态的定位件，如鱼形件。

4)操纵面的转动轴线应处于水平状态。

5)设有画砝码放置线的卡板。

二、摩擦力、操纵力和张力的检查

摩擦力是影响飞机操纵系统性能的重要因素，因为摩擦力是与运动方向相反的，不论是推杆还是拉杆都会使杆力加大。在操纵过程中，摩擦力过大或不均匀，将使驾驶员在操纵时得不到真实的感觉，并影响操纵动作的柔和与准确。因此，操纵系统的摩擦力在飞机试飞前必须按规定进行检查。摩擦力的大小可通过操纵面开始偏转时所需要的杆力来测定。

检查操纵力时，应先来回扳动操纵杆几次，排除可能出现的卡滞点，然后将测力计置于操纵杆手柄中部，并推、拉操纵杆。检查时应平稳扳动操纵杆：从中立位置到正、反极限位置，再回到中立位置，在整个操纵循环过程中操纵力应满足技术条件的要求。

在软操纵系统中，适当的钢索拉紧（张力）是保证飞机钢索长距离传递载荷和正常工作的重要因素。钢索系统在正常工作载荷下，不应有松垂现象，否则系统就会出现死区和响应滞后。由于钢索和机体之间热膨胀系数不同，当温度变化时，钢索载荷变化范围很大。环境温度升高时，系统的张力增加而使摩擦力加大，影响系统的正常工作。环境温度降低时，张力减小，

会导致系统跟随性变差,出现死区或无响应的情况。因此钢索张力应经常随环境温度变化而进行检查调整。钢索张力的检查和调整应按以下要求进行。

(1) 钢索传动的操纵面应处于中立位置,且不附加任何外力。

(2) 对应的(或配成对的)钢索张力值应调整一致。

(3) 测量张力时应正确选择测量点,测量点应在离开滑轮、导向件、松紧螺套较远的地方。为了提高测量准确度,在每个测量点上要连续测量 3~5 次,并取其平均值。

(4) 张力的调整,应按飞机所处的环境温度范围并参考钢索张力随温度变化的曲线来进行,应以当日大气的平均温度为准。如果在机库内调整,则按机库内温度检查张力,以保证温度变化后,钢索张力不至于变化太大。

(5) 一般春夏交接时,钢索张力按设计规定数值取下限,秋冬交接时取上限。

三、质量及质心的检查

质量及质心检查的目的是获得飞机及其零、组、部件的实际质量,防止超重,控制制造中的尺寸界限,以确保飞机性能的实现;全机称重能测定空机质量及质心位置,确保飞行安全。

部件称重包括对飞机部件、分部件及组合件的称重。称重应在图样技术文件规定的状态下进行。称重时如果带有工艺余量,记录时应扣除余量的质量。

全机称重及质心测定的基本要求是应在地面平整的机库或厂房内进行,且须关闭大门,防止风力影响;飞机应为空机状态,空机状态应符合各型号飞机的规定。一般为飞机使用要求的起飞状态,除去乘员、可用燃油、防冰液、氧气、弹药、可投放的外挂物等,还应包括冷气、液压油、发动机正常运转用的滑油;缺装的或多装的构件、成品应记录其项目、件数、单件质量及质心位置坐标(x,y),并填入记录表中。缺装构件、成品也可在缺件的质心处用配重代替;准备必要的安全防护设备,如托架、轮挡等;各操纵面呈中立位置,襟翼收起,关闭舱门和减速板,起落架放下并固紧缓冲支柱;清除多余物。

全机称重的基本过程是飞机停放在带有升降机构的地秤或台车式秤上直接称重;用单轴千斤顶式秤和传感器——千斤顶式秤按设计文件规定的三点将飞机顶起并称重;用水平测量的方法,将飞机调整至水平状态、抬头状态、低头状态三种状态,飞机抬头或低头的倾斜角度一般不大于 5°;在以上各种状态下测出三个称重点的坐标(x,z),读出各点的质量读数;各称重点的质量应称重三次,并取其平均值;计算飞机空重。

确定飞机质心位置,是新机试飞前为保证飞行质量和安全的一项不可少的地面试验工作。质心位置可用图解法(固体在任何位置时重力合力都穿过的点就是固体的质心。根据这个力学原理,把飞机顶置在 2~3 种俯仰姿态,称重和测量有关尺寸,用图解法求取这些重力合力的交点,该点即为飞机质心)和解析法(将全机称重和测量的有关数据代入公式可计算出质心在全机坐标系中的坐标值)来确定。

第五节 密封性检查

气密座舱、整体油箱、系统管路在装配和密封工作完成后,须进行密封工艺质量检查和工艺性密封试验,以确定结构密封程度是否符合设计技术要求。

一、气密舱密封性检查

气密舱在部件装配阶段应进行的密封性检查有抗压试验、气密性试验和淋雨试验,而在总装阶段和试飞阶段仅进行气密性试验。水上飞机舱身还须进行浸水试验。

1. 抗压试验

抗压试验的目的在于检查结构的抗压强度。试验工作一般在专门的试验间进行,其环境温度为 15～30℃。

(1)试验前的准备。

1)检查试验设备工作状态是否正常,并将其压力调节装置调整到规定的压力。

2)用工艺堵盖封闭气密舱上的工艺孔或系统通孔。

3)关闭舱盖,锁闭牢靠,并套上防护网。

(2)试验。

1)按一定的压力和充压速度向密封带充气,密封气密舱。

2)打开试验设备上气源开关,向舱内充气,一般压力为最大工作压力的 1.3～1.5 倍,保压 1～10min,此时检查气密舱结构有无变形或其他异常现象,并做记录。

3)按规定的降压速度或时间逐渐地卸掉舱内压力。

4)检查密封舱是否有诸如舱壁鼓动变形、玻璃裂纹、密封物破裂之类的残余变形和结构破坏。如果无故障且充到最大抗压压力时无明显的鼓动和声响,则气密舱的抗压试验是合格的。结构有破坏或变形时应排除,排除故障后不再做试验。

2. 气密性试验

抗压试验完成后,方可进行气密性试验,其目的在于检查气密舱的密封性,并查找渗漏的部位。

(1)试验前的准备。准备工作与抗压试验相同,所不同的只是无须套保护网。

(2)试验(以降压时间测量法为例)。

1)按一定的压力和充压速度向密封带充气,密封气密舱。

2)按规定的充气压力和充压速度向舱内充气,在舱内余压达到规定值,且稳定 1～2min 后,关闭向舱内充气的开关。

3)查看舱内压力下降情况及所需时间。当压降时间满足设计要求时,则气密性试验合格,否则,应进一步查找漏源,排除后再重做试验直至合格为止。

二、整体油箱密封性检查

整体油箱密封性检查在部件装配结束后进行,检查方法有气密性试验、无压油密性试验、充压油密性试验、振动试验和晃振试验。

1. 气密性试验

整体油箱的气密性试验目的在于检查油箱的气密性,以判断能否对油箱进行油密性试验。试验的环境温度为 15～30℃,试验使用的压缩空气应无油、无水和无其他杂质。

(1)试验前的准备。

1)整体油箱装配全部完工,密封剂已完全硫化,油箱内表面擦洗干净。

2)用工艺堵盖堵塞所有系统或工艺通孔。

3)在油箱外表面的孔、铆钉、螺栓、对缝等渗漏可疑处涂上中性肥皂水。

(2)试验。

1)接通试验设备,按产品技术要求规定的压力向油箱内充气。

2)在余压达到规定值后,关闭充气开关。

3)在持续一定时间后,其压力不变,则认定气密性试验合格,否则应查找漏源,排除故障重新试验,直至合格为止。

2. 无压油密性试验

无压油密性试验目的在于检查油箱承受油压的油密封性。方法为在油箱外表面涂白垩水并冻干,然后向油箱内注满煤油,停放一定时间,检查渗漏油情况,当白垩粉有显湿现象发生时,则表示此处有渗漏。否则判定为合格。若有渗漏故障,则应排除,排除后须重做气密性试验和无压油密性试验。

3. 充压油密性试验

充压油密性试验目的在于检查油箱在使用状态下的密封性。方法为无压油密性试验合格后,放掉20%的煤油(即油箱内载入80%的煤油),接通试验设备,向油箱内充气,当压力达到一定值时,保持一定时间,检查有无渗漏现象。若有渗漏应排除故障,并重做气密性、无压油密性和有压油密性试验,直到合格为止。

4. 振动试验

振动试验的目的在于检查油箱振动对其密封性的影响。试验在气密性、油密性试验后进行。具体试验方法如下:

(1)用工艺堵盖堵住油箱工艺孔、系统孔,将油箱安装在振动试验台上(见图8.46)。

(2)向油箱内注入煤油,按产品规定的振幅、振动频率、振动时间分级加载进行振动。

(3)涂白垩粉检查渗漏情况,如有渗漏,应予以排除,并按上述各种试验方法重复各项有关试验。

5. 晃振试验

整体油箱的晃振试验的目的在于较真实地模拟油箱在使用条件下的振动环境,验证燃料油箱的结构的完整性、可靠性和使用性能。晃振试验是一种在同时晃动与振动的条件下进行的复合试验,其试验方法如下。

(1)将油箱装在晃振试验台上,如图8.47所示。晃振试验台由一个摇晃台架和一个激振器组成,它能使油箱横卧时相对水平基准线倾斜15°,同时可以使油箱按2 000次/min的频率或者模拟飞机飞行时的最大损坏频率振动。晃动和振动分别由两个液压油缸驱动,整个试验台绕一个转动轴产生晃动。

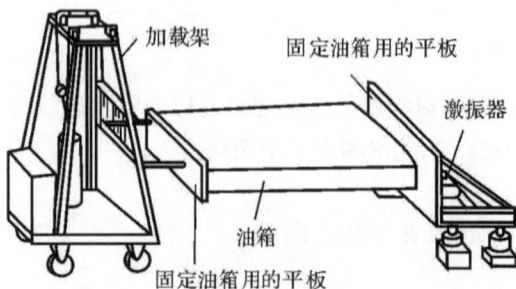

图 8.46　整体油箱振动试验台

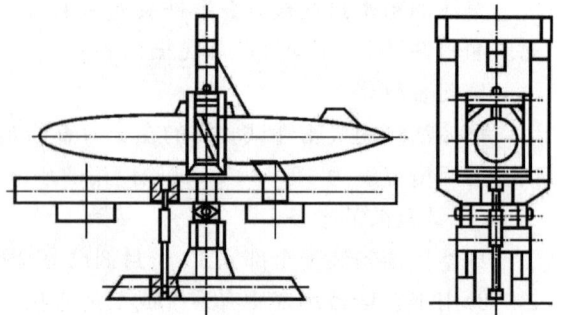

图 8.47　带外挂副油箱的晃振试验台

(2)向油箱内注入 2/3 容积的水或其他试验液,按规定进行晃振。

(3)试验后油箱要去水干燥,打开油箱检查是否有结构损坏。无泄漏和结构损坏的油箱,其晃振试验为合格。有渗漏故障和结构损坏的应排除,并在排故后重做气密性、油密性试验。

三、水密结构的密封试验

1.浸水试验

水上飞机的密封舱身部分需要进行浸水试验,以检查其水密性程度。试验分两个阶段。

(1)机身初装后的浸水试验。

1)用工艺堵盖堵住所有的工艺孔、结构孔,将机身放置在支撑架上。

2)对每个机舱依次分别注入水,注水深度以达到吃水线为准。

3)检查漏水量,不符合要求的需排故,排故后重做试验,直至合格为止。

4)试验后清除机内积水,并将飞机表面擦拭干净。

(2)飞行浸水试验。

1)水上飞机首次下水,应检查舱身部分的进水情况。

2)至少在正常总重状态下的 10 个起落后,使飞机舱身停留在水中 1h,在每个水密舱吃水线以下部位的进水量不应超过总排水量的 0.5/10 000。

2.淋雨试验

淋雨试验的目的在于检查有水密要求的部位(如舱门、窗口、特设舱口盖)的水密程度。试验在人工降雨模拟装置的专门场地上进行,具体方法如下。

(1)试验前的准备工作。

1)拆除怕潮的装置和怕湿的结构,不便拆除的用防水布加以保护。

2)检查漏水的工作人员进入座舱,关闭所有门窗,安装所有口盖。

3)座舱内按设计技术条件增压。

(2)试验。

1)按规定的淋雨时间和水流速度,向须做淋雨试验的部位喷水。

2)目视检查有无漏水现象和排漏水系统是否通畅。

3)淋雨时允许用密封腻子堵漏,淋雨后用规定的密封材料排故。

4)排故后还须重做淋雨试验,直至合格为止。试验结束后用棉纱或抹布擦拭飞机表面并清理可打开部位的积水。淋雨试验装置示意如图 8.48 所示。

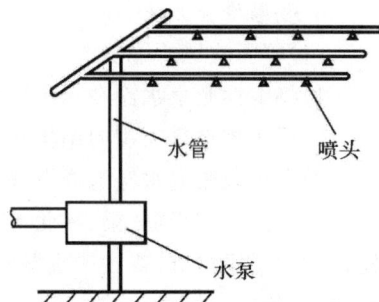

图 8.48　淋雨试验装置示意图

四、密封结构渗漏的检查

1.渗漏程度的分类

(1)气密漏气分为轻微漏气和明显漏气两类。在向密封结构承压面施加0.019 5~0.024 5MPa 的气压时,若在涂有中性肥皂水的承压面外侧形成气泡,则这种漏气称为轻微漏气,如图 8.49 所示;手掌能感觉到的或不能形成气泡的漏气为明显漏气,如图 8.50 所示。

(2)油密结构渗漏分为微渗(渗油湿润的范围不超过38mm,如图8.51所示)、渗漏(渗油湿润的范围介于38～100mm)、严重渗漏(渗油湿润的范围介于100～150mm)和漏油(渗油湿润的范围超过150mm,或者从表面滴油)四类。油密结构渗漏检查时,在油箱内装满油,将油箱外表面渗漏部位擦拭干净后15min检查。

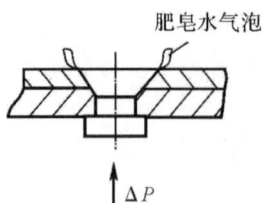

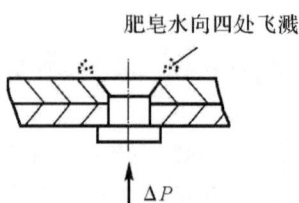

图 8.49　轻微漏气　　　图 8.50　明显漏气　　　图 8.51　渗油湿润范围的测量方法

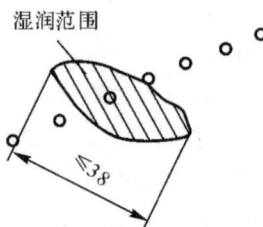

2.渗漏的原因

结构密封性能与选用的密封剂、所设计的结构形式、结构的刚度、密封缝隙的尺寸大小和形状以及施工方法有密切关系。

(1)在施工中应尽量减少接缝的宽度,例如,适当增加结合面的紧固力或提高被连接件的平整度,控制钉与孔间的配合公差等。

(2)密封面清洗不彻底,如表面残存蜡、油脂、灰尘、杂物、金属屑等。

(3)密封面准备不正确,如底漆黏结不良,阳极氧化层陈化。

(4)密封剂调制不当或储存超期、密封性能下降和施工不佳等造成密封失效。

(5)实施密封工序的操作不正确,致使密封层有空穴、针眼、间隙或虚涂、分层等。

(6)紧固件松动引起密封剂脱胶、开裂。

(7)密封剂在沟槽或下陷处未充满,通道内留有空间,造成无效密封。

(8)密封剂未按规定保护,造成压伤、变形、刺穿、磨胶、剥落等,引起渗漏。

3.渗漏检查方法

(1)单面吹风检漏法。

1)将中性肥皂水涂在承压面外侧。

2)用压缩空气喷嘴向结构承压面密封部位吹压缩空气,如图8.52所示。

3)在出现肥皂水气泡或者使肥皂水溅起的部位有漏点。

此方法适用于框、梁、翼肋等组合件及形状复杂的局部密封部位的渗漏检查,查找漏点;结构密封的工序检查;查找严重漏气的漏点。

(2)负压检漏法。

1)用真空检漏器检查。①在结构承压面外侧对须进行密封性检查的部位涂中性肥皂水,然后放上真空检漏器,如图8.53所示;②按规定的负压抽真空,出现肥皂水气泡或者使肥皂水溅起的部位有漏点。

此方法适用于平面型壁板、梁、翼肋、框等组合件的局部密封部位的渗漏检查;查找轻微漏气的漏点。

2)用超声波空气检漏仪检查。①将整体油箱与气密性试验台(气密性试验台上必须配备自行排气装置,以便在超过规定压力时自动泄压)的充压管和测压管相连,并将压力表装在油箱上或者压力调节阀门的管路上;②检查人员进入整体油箱内;③油箱上应设有安装有机玻璃制的工艺观察窗;④抽气并保持 0.010 4～0.013 8MPa 负压差;⑤用超声波泄漏探测器查找渗漏部位。

此方法适用于查找油箱渗漏、严重渗漏和漏油的漏源。

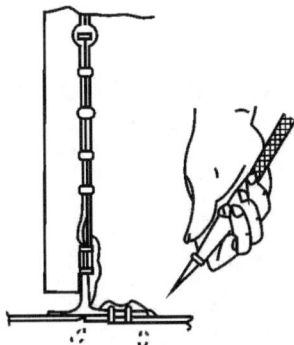

图 8.52　单面吹风检漏法示意图　　　　图 8.53　用真空检漏器检漏示意图

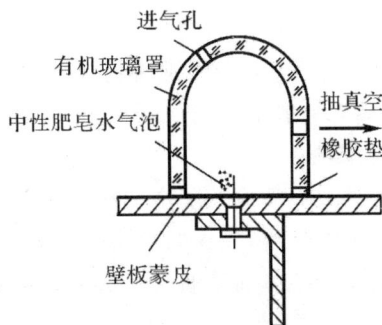

(3)听诊器检漏法。听诊器检漏法与负压检漏法相似,不同之处如下:

1)以每分钟不大于 0.001 1MPa 增压速度向密封结构内充气,一般充压至 0.02MPa,在个别情况下对经过耐压试验后的结构允许将压力充到 0.03MPa。

2)用听诊器查找泄漏部位,听到有风声的部位即是漏源。

3)进入增压密封结构的检查人员,每次停留的时间不得多于 30min。降压速度为每分钟不大于 0.002 2MPa。

此方法适用于查找整体油箱、气密舱的各种渗漏的漏源。

(4)化学检漏法。

1)用氢氧化氨作为工作介质的检查方法。①在密封结构内部放置一个前后贯通的容器,内装大约 65cm^2 脱脂棉,按油箱容积每 0.028m^3 用大约 3mL 氢氧化氨浸润;②贯通容器可以用一个约 1L 容积的带盖的罐头筒制成,在盖上钻穿约 50 个直径为 3.2mm 的孔;③通过气密性试验台向结构内部充气;④将细布浸泡在酚酞溶液中,拧出溶液使细布保持刚好不滴水的湿度,将细布平铺在结构外表面上,约保持半分钟,若出现红色斑点,即是漏点;⑤试验完毕,取出试验用的容器,并更换结构内的气体。

此方法适用于检查油箱的渗漏,能查找微渗点。

2)用氨气作为工作介质的检查方法。①通过气密性试验台直接向密封结构充入空气与氨气的混合气体,并保持一定压力。其中氨气纯度为 99.95%,整体油箱的氨气质量分数不超过 12%,气密舱的氨气质量分数不超过 1.0%;②整体油箱检漏,采用浸酚酞的细布,所用检漏方法同于用氢氧化氨作为工作介质的检查方法。气密舱的检漏,则采用浸有硝酸汞(硝酸汞的含量为 50%)的细布,并将其贴在密封缝隙处,当硝酸汞与含氨的混合气体相遇时,即会出现黑斑。

此方法适用于在整体油箱或气密舱进行气密性试验时探查漏点。

(5)荧光检漏法。

1)将荧光检漏液体由漏点向结构内压注,如图 8.54 所示。

2)用紫外线灯照射结构内表面,发光部位即为漏源。

此方法适用于在漏点已知的条件下查找漏源。

(6)嗅敏检漏法。

1)先向密封结构内充入少量卤素(如氟利昂气体)后,再通过气密性试验台将结构内的压力增压至约0.02MPa。增压后用检漏仪查找漏点。

2)用检漏仪进行卤素密封性检查。用检漏仪检查时探头移动速度为 0.33×10^{-3} m/s。

此方法适用于探查用中性肥皂水难以发现的漏点。嗅敏检漏法的特点是其探漏的灵敏度极高,只要有漏源一般不会漏探,但也有远离漏源即发信号的误探现象。

(7)涂粉检漏法。

1)在结构外表面喷涂一层白垩粉或滑石粉。

2)向结构内充油后,喷涂的粉层变黄的部位即有漏点。

此方法适用于整体油箱油密性试验时查漏点。

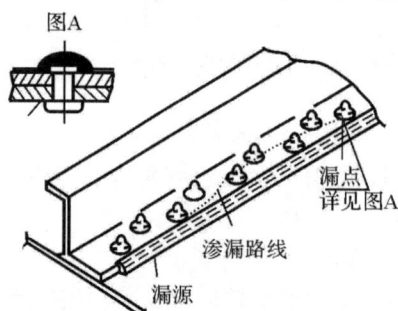

图 8.54　荧光检漏液的渗漏示意图

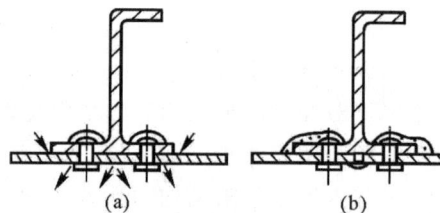

图 8.55　轻微渗漏的修补
(a)修补前;　(b)修补后

4.渗漏排除方法

(1)渗漏排除的一般要求。

1)对任何渗漏应分析渗漏原因,查找漏源。

2)修理用的密封剂必须同旧密封剂相容。

3)铲除失效密封层时,不应损伤结构。结构表面的氧化膜损伤时,应用冷氧化液处理后再进行密封。

(2)缝内密封渗漏的修理。

1)渗漏范围不大,在贴合面密封可能渗漏的位置增加铺设缝外密封胶,使损坏的贴合面密封层与密封介质隔离,如图 8.55 所示。

2)排除缝内密封较大渗漏故障,须分解已密封的结构,清洗贴合面,重新密封。分解的方法和步骤如下。①清除缝外密封胶。用刀将原密封剂切至距零件表面约 3mm。用浸泡过脱胶剂的白布或脱脂棉覆盖在密封胶上,待胶起皱后将其清除;②分解紧固件。分解铆钉时可钻掉铆钉头,冲出钉杆,分解螺栓时,应先拧下螺母,用脱胶剂溶解螺栓孔和结合面上的密封剂,打出螺栓;③用刮刀分解零件;④用脱胶剂将所用的密封胶清除干净,允许结合面上有密封剂的斑点状痕迹。

3)采用注射 XM34 密封腻子的沟槽密封形式的油箱进行补漏修理时,可在载油情况下,用装有新 XM34 腻子的高压注射枪直接注射,将泄漏的那段沟槽内的旧 XM34 腻子从沟槽中挤出,油箱即可使用。

4)结构下陷处的渗漏,可用钩状铁丝或小的切割工具,清除旧密封剂,将残胶清理干净,然后重新注射密封剂。

(3)缝外密封渗漏的修理。

1)对尺寸不够的缝外密封剂的表面应进行清洗,补涂密封剂并重新整形。

2)局部密封不良的部位,如果密封层黏结良好,可以只进行局部切割清除,然后补涂密封剂,并将其与原密封剂搭接处加以整形。

3)如果密封层的黏结不良,未黏在密封面上,则用锋利的塑料或硬木工具清除密封不良的密封剂,直到露出结构金属表面,两端的密封剂应切成斜面,涂覆密封剂使新旧密封剂连续搭接,整形应光滑,避免截面突然改变,如图 8.56 所示。

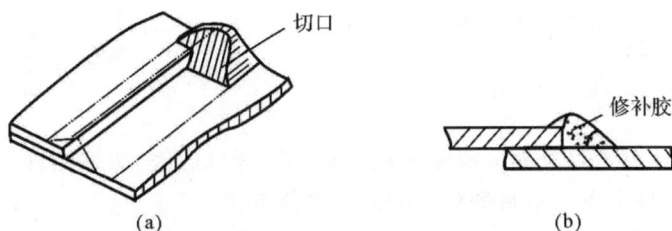

图 8.56　缝外密封剂清除修补的形状
(a)切口形状;　(b)补胶后的外观

(4)紧固件密封修理。

1)不严重渗漏进行修理时,可以使用专用压胶工具,由结构外侧钉孔周围注射密封剂。压注工具可采用铆压注胶式或螺旋注胶式。具体方法如下。①铆压注胶式排漏方法。用浸有清洗剂的纱布清除漏钉周围的漆层,清洁注胶结构表面。用 A 类密封剂加满压胶工具内腔,将其活塞冲杆端部插入铆枪。将压胶工具上的 O 形密封圈罩住漏钉,保证工具始终垂直于结构表面,压紧后用

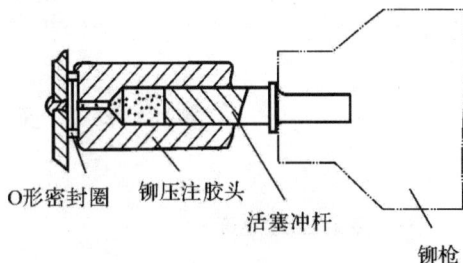

图 8.57　铆压注胶示意图

铆枪锤铆活塞冲杆,连续压注几分钟,如图8.57所示;②螺旋注胶式排漏方法。用清洗剂润湿的纱布清除漏钉周围的漆层,清洁表面和注胶工具底座表面。用棉球棍浸快速冷固化胶液(如 α-氰基丙烯酸胶液)薄涂在底座结合面上,然后以漏钉为中心将注胶工具底座压在结构表面上,经数十秒钟后松手,等胶液固化,如图 8.58 所示。

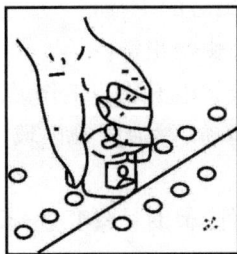

图 8.58　螺旋注胶工具的安装

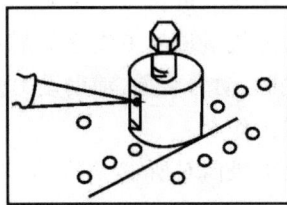

图 8.59　向注胶工具注密封剂

将注胶工具放气口螺钉拧松到只剩一扣即可取下的位置,由加胶口注入稀释的密封剂,直到放气口溢出密封剂为止,如图8.59所示。

拧紧注胶口和放气口螺钉,以49N·cm的力矩拧紧压力螺栓,并保持5min,如图8.60所示。

用木槌轻敲底座的侧面,取下注胶工具,如图8.61所示,清除漏钉周围多余的密封剂。

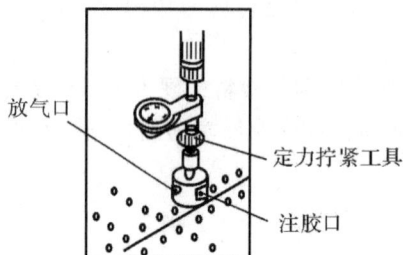

图8.60　螺栓注胶示意图

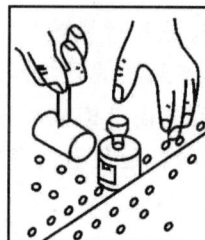

图8.61　取下注胶工具

2)紧固件端头注胶密封渗漏应清除包裹紧固件的密封剂层,使紧固件与结构金属表面完全露出(黏牢在紧固件上少量密封剂可不除去),重新密封。

3)密封罩密封渗漏应用切割工具切开罩盖下部及周边,与结构完全分离,用钳子取下密封罩,切除紧固件上剩余密封剂,重新密封。

(5)注射排漏法。当结合零件的剩余强度较大、漏源清楚而且集中部位少时,可采用注射排漏法,方法如下:①在渗漏部位钻孔;②清洗后往孔内注射密封胶。

第六节　多余物和清洁度的检查

一、多余物的检查

多余物是指遗留在飞机内一切不属于产品技术资料规定的物体。飞机上的多余物是飞机安全的重大隐患,必须彻底清除。

1.防止多余物的措施

(1)在装配过程中,工序结束后应及时清除多余物,不让多余物流至下一工序。封闭区封闭前应严格检查有无多余物,确认无多余物时,再进行封闭。

(2)严格物源管理。

1)工作人员使用的工具统一编号、注册登记,严禁没有编号的工具带入生产现场使用。

2)定期检查工作人员及工具室对工具的保管情况,做到账物相符。

3)工作人员上机不带与工作无关的物件,包括工作服口袋内不装与工作无关的物件。

4)进入驾驶舱、动力装置、辅助动力装置、电子电气设备舱、燃油箱等区域应穿着无口袋、无纽扣的扎带式工作衣。

5)工作人员上机前对所带工具、量具、仪器、仪表、零组件、辅助材料要进行清点,同时检查工作服上的纽扣、拉链是否齐全。

6)凡在飞机部件、整机上工作后应做好下列工作。①完工后拆除有关工艺夹具;②清点工艺标准件;③清点工具、仪器;④清理工作现场,清除多余物;⑤检查自身衣物。

(3)对容易进入多余物的孔、缝隙、口窗,应事先采取保护措施,如用胶布封口、工艺口盖堵塞、胶皮遮挡等,对于进入多余物后难以清除的部位更应特别预防。

(4)安装导管时,导管端头打开后应及时安装,若不能连成回路,则应在导管的敞开端加堵盖。禁止将包装纸、塑料布塞入导管内腔来代替导管端头的包扎。

2.多余物的检查和排除方法

(1)多余物检查方法的种类和所用工具见表8.4。

表8.4 多余物的检查方法的种类和所用工具

种 类	检查工具	检查方法	适用范围
观察法	1.工作灯、手电筒。 2.反光镜。 3.光纤工业内窥镜	1.借助工作灯、手电筒的照明,用肉眼观察。 2.若结构限制或遮挡而不能直接观察到时,则可借助反光镜来观察。 3.若采用反光镜也观察不到时,则可采用光纤工业内窥镜观察	非封闭部位,可直接或间接观察到的区域
音响法	1.橡胶槌。 2.橡胶板。 3.永久磁铁。	1.用橡胶槌或橡胶板分区逐步敲打装配件,使多余物产生振动并发出撞击声,借此来判断有无多余物或多余物所在位置。 2.移动永久磁铁,使磁性多余物移动,并靠其移动时发出的响声来判断多余物的位置。 3.摇动装配件,听其中有无多余物的碰撞声	无观察通路的封闭结构及半封闭结构
特种检查	X光设备	拍摄X光胶片,并根据对胶片的观察分析来判断多余物的存在及种类	小型封闭组件,如调整片、舱门等
分解检查		分解口盖或打开舱盖进行观察,必要时可分解部分结构进行检查	有可卸口盖、舱盖、舱门的封闭部位

(2)多余物排除方法的种类和使用工具见表8.5。

表8.5 多余物排除方法的种类和使用工具

种 类	多余物种类	排除方法及工具	适用范围
吸取法	各种材料的碎屑、尘埃等体积小、质量小的多余物	用电动吸尘器HX—24或压缩空气吸尘器吸取。 注意:禁止用压缩空气吹拂;有可燃性液体或气体时禁止用电动吸尘器;使用电动吸尘器时必须严格检查电动吸尘器及电线的绝缘性	适用于有通路、吸尘器吸力能作用到的部位

续 表

种　类	多余物种类	排除方法及工具	适用范围
擦洗法	油污、碎屑、尘埃等	可用毛刷、脱脂棉、绸布擦洗，必要时可蘸酒精、汽油、洗涤剂擦洗	对结构内、外表面清洁度要求较高的部位，如座舱、设备舱等
磁吸法	磁性多余物	用永久磁铁将磁性多余物吸出	通路较差、只能使磁铁进入的内部结构
钩取法	较大的多余物，如铆钉、螺母、边角余料	用自制的钩子、夹子将多余物钩出	通路较差、用手够不着的部位
胶黏法	较轻较小的多余物．如铆钉头、垫圈、熔丝头等	在细长棒上蘸少量 XY—401 橡胶液或其他黏性腻子，将多余物黏住取出	有通路但手无法接触的部位
拍击法	各种多余物	将产品倾斜或吊起，用橡胶槌或橡胶板沿一定方向逐步拍击、摇动产品，将多余物排出	有杂物排出通路，但无法接触到的半封闭结构
杂物排除架法	各种多余物	将产品固定在杂物排除架上，杂物排除架可以使产品倾斜、翻转各种角度，在倾斜翻转过程中，用橡胶板拍击产品使杂物排出	
吹出法	装配之前的导管中的多余物	用干燥的冷气或氮气将多余物从导管中吹出，禁止使用未经净化、干燥的压缩空气吹导管	导管中的多余物
分解法	用上述方法无法取出的多余物	打开可卸口盖、舱门等结构，乃至部分分解全封闭结构，以便取出多余物	全封闭部位

二、整体油箱的清洗和清洁度检查

整体油箱内部可能留有污物、油脂、切屑和胶末等杂质，须清洗干净，并达到一定的清洁度；否则，会影响使用安全。飞机的型号不同，其清洁度技术要求也不同，因此，清洗方法有些不同，常用方法有擦洗、冲洗和摇摆清洗三种方法。

1.擦洗法及清洁度检查方法

（1）擦洗。整体油箱的擦洗工作在整体油箱的装配工序间进行。在未安装可卸壁板及工艺口盖之前，去除油箱内多余胶膜，再用吸尘器清除油箱内较大的多余物，然后用麂皮、白细布蘸煤油或丙酮擦洗油箱内部。

（2）检查。擦洗干净后，先目视检查油箱内各处有无杂物，对角落、缝隙等隐蔽区域用反光镜检查，不允许有多余物，接着用新的白细布擦拭检查油箱壁，当白布上没有杂物附着，布没有变色时，认为擦洗合格。

2.冲洗法及清洁度检查方法

整体油箱的充油加压清洗工作，必须在整体油箱气密性、油密性试验合格后进行。

（1）冲洗。向油箱注满清洁燃油，然后将油箱中的燃油通过滤油器全部放出，反复注油、放油，同时目视检查油滤网上有无杂物。为加快放油速度，在放油过程中可用经过滤的清洁压缩空气向油箱增压。

（2）检查。向油箱内注满燃油，随后将燃油经过装有油滤器的管路全部放出。先检查油滤网上杂质的颗粒直径及纤维长度，其颗粒直径及纤维长度不应超过技术条件的要求。再收集全部杂质，装入医用注射器内，挤出燃油，测量杂质的总体积。

3.摇摆清洗法及清洁度检查方法

摇摆清洗法也是在整体油箱密封性检查合格后进行。

（1）清洗。将油箱固定在专用的清洗台上，清洗台可使油箱做纵向和横向摆动，从储油罐中向油箱注油，储油罐和油箱构成循环油路，清洗时油箱不断摆动，燃油冲洗油箱，然后经过油滤网回到油罐，如图 8.62 所示。

（2）检查。更换清洗时的回油油滤网，确保油滤网上无杂质、无污染，然后按上述方法对油箱按规定的时间清洗，检查油滤网上的杂质。

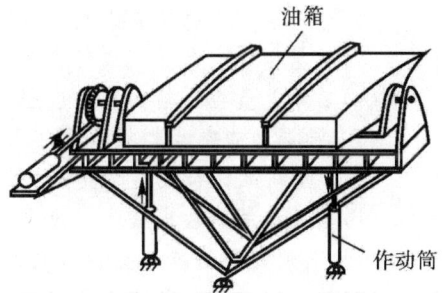

图 8.62　整体油箱摇摆清洗示意图

安全小·提示

一、气密舱密封性检查的抗压试验和气密性试验的注意事项

（1）当进行抗压试验或采用降压时间测量法进行气密性试验时，非工作人员不得留在工作场地，工作人员不应留在座舱内。

（2）当舱内压力超过气密性试验压力后，工作人员不得靠近座舱。

（3）用充气密封带密封的舱盖，当其关闭时，必须先关好并锁紧以后，才允许给密封带充气；在要打开座舱盖前，必须先泄掉密封带内的气体，然后才能开盖。

（4）当舱内有剩余压力时，禁止打开舱盖，禁止取下堵盖和排除故障。

二、检漏的注意事项

1.涂肥皂水检查渗漏时应注意的事项

（1）不允许中性肥皂水涂在整体油箱的内表面上。

（2）在检查后，卸压前用清水擦洗去除所涂的中性肥皂水。

2.检查人员进入密封结构内应注意的事项

（1）进入密封结构内检查的人员必须是经过医生检查身体合格者。有耳病、心脏病、高血压病的人员禁止进入。

(2)当密封检查人员进入有压差的密封结构内时,在结构外面必须安排监视空气供应、内部通话联系及压力阀开关的控制等。

(3)检查整体油箱渗漏时,机体和试验台应静电接地,飞机电池及其他任何与飞机连接的电源均应断开,任何产生火花的设备(电气工具、真空吸尘器等)均应撤离机体,在飞机周围和油箱内部的照明只能使用防爆灯。

(4)油箱内的油应排空,积油应去除干净。用通风或吹洗方法更换油箱内的空气,直到油箱的空气含油蒸气的浓度小于最低可燃点的 20% 为止。吹洗只能使用大容积低压空气,不允许使用压缩空气。

(5)吹洗或通风的管道在使用之前应检查其清洁度,所用设备应带有过滤器,以免污染油箱。

(6)在油箱内所使用的仪表能够确定爆炸量级,观察窗口可以不用任何工具打开。

(7)必须测量油箱内的空气含油蒸气浓度,符合要求的才允许检查人员进入油箱,每隔3~4h测量一次油箱内空气是否符合要求。

(8)进入油箱内的检查人员应穿带暗扣或拉链的棉布衣服,不得穿容易产生静电的衣服,如丝绸、尼龙和含有大量合成纤维纺织物等制的衣服。

(9)工作人员在油箱内工作应根据空气含油蒸气量确定是否使用防毒面具。

(10)渗漏检查前后均须清点工具,以防工具遗留在结构内。

3. 用氢氧化氨和氨气检查漏气注意事项

(1)氢氧化氨能放出有毒易燃蒸气,能引起猛烈燃烧、爆炸,并会刺激呼吸道系统,因此,在工作场地必须设置通风设备和灭火装置。

(2)排出的氢氧化氨蒸气不允许与人的皮肤和眼睛接触,一旦接触了,应及时用水彻底清洗。检查完毕后将手和脸清洗干净。

(3)检漏所使用过的、装有氢氧化氨的容器要保存在密封容器内。

(4)氨气是易燃气体,使用时要做好防火防爆措施。

(5)已装过油的油箱,尽量不使用氢氧化氨和氨气进行漏气检查。

思 考 题

1.简述结构件装配前的检查内容。

2.贴合面接触检查用显示剂有哪些?各自特点是什么?

3.气动外缘偏差分为哪几类?

4.部件切面型值偏差的检查方法有哪些?各自工艺特点是什么?

5.何谓波纹度偏差?横向波纹度和纵向波纹度如何检查?

6.部件相对位置准确度检查的项目和内容大致可分为哪几部分?

7.何谓操纵面吻合性?操纵面中立位置的确定方法有哪些?

8.飞机调平方法有哪些?

9.飞机质量平衡检查常用方法有哪几种?

10.飞机淋雨试验的目的是什么?具体方法是什么?

11.何谓多余物?防止多余物的措施有哪些?

12.整体油箱常用清洗方法有哪几种?

第九章　飞机装配准确度

本章主要讲述飞机装配准确度要求及概念,分析各种装配方法的装配准确度、装配误差及提高装配准确度的补偿方法等。

教学要求

(1)掌握飞机装配准确度基本概念及各种装配方法的装配准确度分析;

(2)理解装配误差中各环节的误差;

(3)掌握提高装配准确度的补偿方法。

内容框架

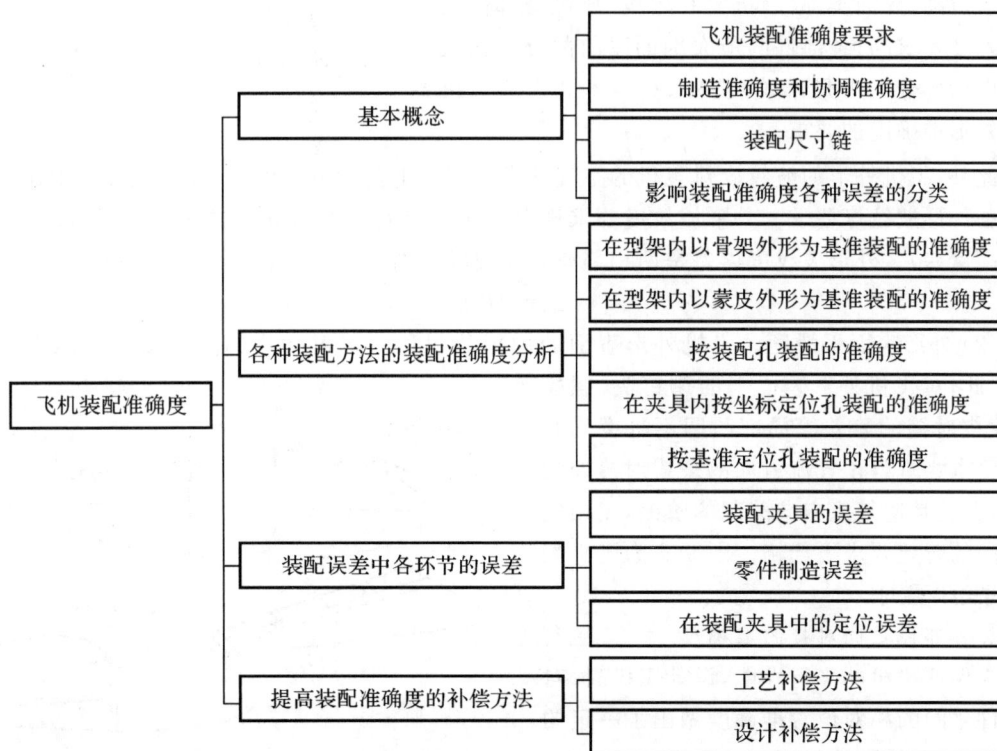

第一节　基 本 概 念

一、飞机装配准确度要求

飞机装配好以后应达到对其规定的各项性能指标，其中包括飞机的空气动力性能（飞机零件的尺寸、刚度）、飞机的各种操纵性能、飞机结构的强度和耐久性能等。飞机装配的准确度除了对飞机的各种性能有直接影响外，还会影响产品的互换性能。为保证飞机产品的质量，对飞机装配的准确度提出了以下几个主要方面的要求。

1. 飞机空气动力外形的准确度

飞机空气动力外形的准确度包括飞机外形准确度和外形表面平滑度。

（1）飞机外形准确度。飞机外形准确度是指飞机装配后的实际外形偏离设计给定的理论外形的程度。一般来说，飞机的最大飞行速度愈高，对飞机外形的准确度要求愈高；翼面类部件（机翼和尾翼）比机身部件的外形准确度要求高；各部件的最大剖面以前部分又比最大剖面以后部分的外形准确度要求高。图 9.1 为飞机各部件外形准确度的要求。

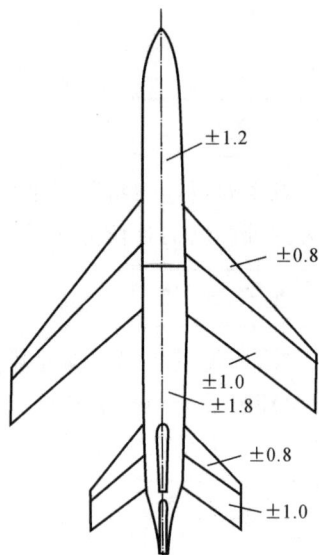

图 9.1　飞机各部件外形的准确度要求

此外，飞机外形的波纹度对飞机的空气动力性能有重要影响。因此，在飞机设计中还专门规定了外形波纹度要求。外形波纹度要求规定了在一定波长上所允许的波幅值（即波峰与波谷的高度差）。外形波纹度误差是两相邻波峰与波谷的高度差 H 和波长 L 的比值，即

$$\Delta \lambda = H/L$$

（2）外形表面平滑度。飞机外形表面的局部凸起和凹陷对飞机的空气动力性能也有影响，因此，对飞机外形表面上的铆钉头、螺栓头、蒙皮对缝的阶差等局部凸凹不平度均有一定要求。垂直于气流方向的蒙皮对缝处的阶差，尤其是逆气流方向凸起的阶差，比顺气流方向的阶差要求更严格。图 9.2 为飞机表面的平滑度要求。

2. 各部件之间对接的准确度

为保证飞机的飞行性能，设计飞机时，对各部件之间的相对位置准确度做出了一定的技术规定，具体要求如下：

（1）机身各段的同轴度要求。

（2）机翼和尾翼相对于机身的安装角 α、上反角（下反角）β 和后掠角的准确度要求，如

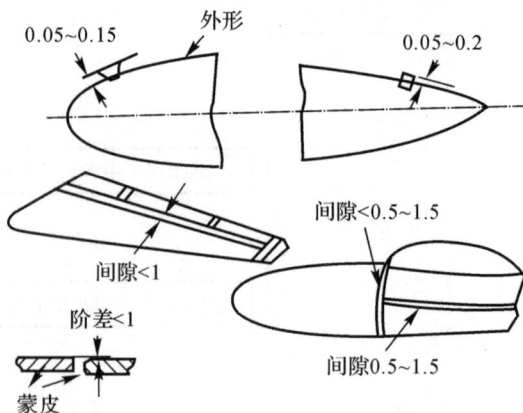

图 9.2　飞机表面的平滑度要求

图9.3所示。允许的误差一般是将角度尺寸换算成线性尺寸,通过飞机的水平测量进行检查。

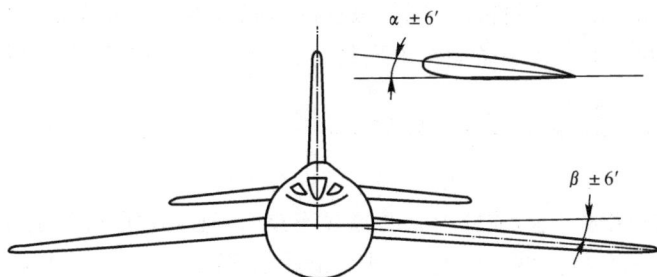

图9.3　机翼相对于机身的位置准确度要求

(3)对于飞机的各操纵面,包括副翼、升降舵和方向舵等,为了保证操纵灵活,除对多支点转轴的直线度提出准确度要求外,还规定了固定翼面和舵面外形之间须保证一定的间隙和外形阶差要求,如图9.4所示。

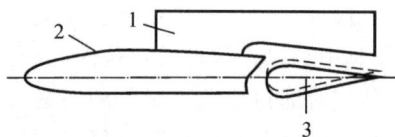

图9.4　舵面相对于固定翼面的外形要求
1—检验样板；　2—固定翼面；　3—舵面外形

(4)各部件之间对接的准确度取决于各部件对接接头之间和对接接头与外形之间的协调准确度。为了保证各部件的互换性,以及部件对接时因接头之间尺寸不协调用强迫连接而在结构中产生过大的残余应力,对各部件对接接头的配合尺寸和对接螺栓孔的协调准确度提出了比较严格的要求,如图9.5和图9.6所示。

3.部件内各零件的组合件的位置准确度

部件内部各零件和组合件的位置准确度一般容易保证,如大梁轴线位置允差和不平度允差一般为±(0.5~1.0)mm;翼肋和隔框轴线位置允差一般为±(1.0~2.0)mm;长桁轴线位置允差一般为±2.0mm。

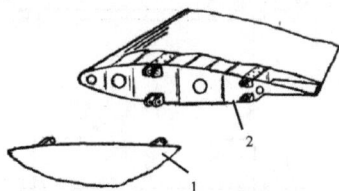

图9.5　叉耳式接头

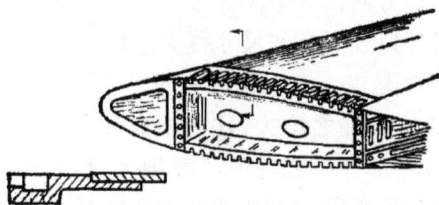

图9.6　凸缘式接头

二、制造准确度和协调准确度

1.制造准确度

飞机零件、组合件或部件的制造准确度是指它们的实际形状和尺寸与飞机图纸上所定的公称尺寸相符合的程度,符合程度越高,则制造准确度越高,即制造误差越小。

2.协调准确度

协调准确度是指两个相配合的零件、组合件或部件之间配合部分的实际形状和尺寸相符合的程度,这种相符合的程度越高,协调误差就越小。

在飞机制造中,首要的是保证协调准确度。为保证零件、组合件和部件之间的协调准确度,通过模线、样板和立体标准工艺装备(如标准量规和标准样件等),建立起相互联系的制造路线。在零件制造和装配中,零件和装配件最后的形状和尺寸的形成过程是,以飞机图纸为依据,通过模线、样板和标准工艺装备制造出模具、装配夹具,然后制造零件和进行装配等一系列形状和尺寸的传递过程。

3. 在飞机装配中,对装配协调准确度的要求

(1)工件与工件之间的协调准确度。如果工件与工件之间配合表面的协调误差大,在配合表面之间必然存在间隙或过盈,或螺栓孔的轴线不重合,连接时形成强迫连接,连接后在结构中产生残余应力,影响结构强度。因此,工件与工件之间配合表面的形状和尺寸有一定的协调准确度要求。

(2)工件与工艺装配夹具之间的协调准确度。为保证飞机装配的准确度,重要的组合件、板件、段件和部件一般是在装配夹具(型架)中进行装配的。进入装配的各零件和组合件在装配夹具中是以定位件的定位面(或孔)定位的。如果工件和定位件的定位面(或孔)的协调误差大,装配时通过定位夹紧件的夹紧力使工件与定位件的定位面贴合,则在工件内同样要产生内应力。在装配完并松开夹紧件后,结构中的内应力重新分布而形成残余应力。为控制和减少结构中的残余应力和结构变形,需要对工件和装配夹具之间的协调准确度提出一定的要求。

要达到工件与工件,以及工件与装配夹具之间的协调准确度,还要保证有关工艺装备之间的协调准确度。

三、装配尺寸链

所谓尺寸链就是在零件或装配件上,各零件表面及其轴线之间的一组尺寸(或角度)按一定次序首尾相接形成的封闭的链。描述装配件中各零件尺寸相互关系的尺寸链称为装配尺寸链,如图 9.7 所示。

在尺寸链中,将零件加工或装配完毕以后形成的尺寸称为封闭环,如图 9.7 所示中的 L_Σ。除封闭环以外所有的尺寸称为组成环。

在尺寸链中,当一部分组成环的尺寸增大时,封闭环的尺寸随之增大,这些组成环称为增环;而当另一部分组成环的尺寸增大时,封闭环的尺寸随之减小,这些组成环称为减环。

如果尺寸链中所有的尺寸是相互平行的,这种尺寸链称为线性尺寸链,如图 9.7 所示即为线性尺寸链。如果全部和一部分尺寸相互不平行,但都在一个平面或平行的平面内,形成封闭的多边形,这种尺寸链则称为平面尺寸链。

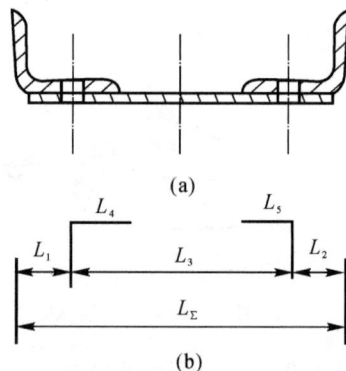

图 9.7 翼肋按装配孔装配时装配尺寸链的形成图
(a)翼肋; (b)装配尺寸链

四、影响装配准确度各种误差的分类

影响装配准确度的各种误差可以分成两大类:一类是与装配时所采用的定位方法有关的各种误差,另一类是与定位方法无关的各种误差。

1.与定位方法有关的各种误差

(1)进入装配的零件、组合件的制造误差。其中包括装配时各定位面的尺寸误差。

(2)装配夹具的误差。其中包括装配夹具的制造误差和使用时产生的变形误差。

(3)工件和装配夹具之间的协调误差。其中包括零件、组合件之间的协调误差,零件、组合件与装配夹具定位面和定位孔之间的协调误差,各种装配夹具之间的协调误差。这些协调误差的存在,必然引起强迫装配,使工件产生弹性变形,在装配以后产生变形误差。

2.与定位方法无关的各种误差

(1)由于连接引起的变形误差。铆接时,由于钻孔力、铆接力以及铆钉沿全长膨胀不均匀等各种因素,均会使结构产生变形,并在结构中产生残余应力;焊接时,由于零件各处受热不均匀,以及焊缝在冷却时局部收缩会引起焊接变形误差。

(2)由于车间温度变化引起的变形误差。飞机部件尺寸大,飞机零件、装配件与工艺装备的材料不同,因而热膨胀系数不同,并且车间的温度随季节和时间变化而异,必然使工艺装备和工件产生变形误差。

第二节　各种装配方法的装配准确度分析

一、在型架内以骨架外形为基准装配的准确度

当采用以骨架外形为基准装配时,产品装配的准确度主要取决于骨架装配的准确度。骨架装配的准确度又取决于骨架零件和组合件的准确度以及装配夹具(型架)的准确度。因此,以骨架外形为基准装配的准确度取决于以下几方面的误差:

(1)装配夹具的制造误差;

(2)骨架在装配夹具中的定位误差;

(3)蒙皮在骨架上的定位误差;

(4)蒙皮厚度的误差;

(5)由于连接和其他原因引起的变形误差。

二、在型架内以蒙皮外形为基准装配的准确度

当采用以蒙皮外形为基准进行装配时,可以显著提高飞机外形的准确度。装配后产品外形的准确度主要取决于以下方面:

(1)装配夹具的制造误差;

(2)蒙皮的定位误差;

(3)装配过程中产生的变形误差。

三、按装配孔装配的准确度

当按装配孔装配时,是以产品中的一个零件作为基准零件,其余零件则按装配孔在基准零件上进行装配定位。按装配孔装配的准确度取决于以下方面:

(1)基准零件的制造误差;

(2)在基准零件上定位的其他各零件的制造误差;

(3)由于装配孔轴线不可能完全重合而形成的协调误差;

(4)蒙皮厚度的误差;

(5)蒙皮在骨架上的定位误差;

(6)装配变形误差。

四、在夹具内按坐标定位孔装配的准确度

在夹具内按坐标定位孔装配的方法适合用于骨架零件和组合件刚度大的结构。这种装配方法的准确度取决于以下方面:

(1)装配夹具中坐标定位孔位置的误差即夹具的误差;

(2)骨架零件的制造误差;

(3)在骨架零件和装配夹具的坐标定位孔之间的协调误差;

(4)蒙皮厚度的误差;

(5)蒙皮在骨架上的定位误差;

(6)装配变形误差。

五、按基准定位孔装配的准确度

当按基准定位孔装配时,是以一个或几个组合件为基准组合件的。基准组合件应是结构刚度最大,定位后不会改变其本身的几何形状,并与其他组合件联系最多的组合件。其他组合件则按基准定位孔在基准组合件上定位。按基准定位孔装配的误差取决于以下方面:

(1)装配夹具的制造误差;

(2)基准组合件装配夹具与产品装配夹具之间的协调误差;

(3)其他组合件和基准组合件之间基准定位孔的协调误差;

(4)组合件外形相对于组合件上基准定位孔的误差;

(5)蒙皮的制造误差;

(6)装配变形误差。

综上所述,通过对各种装配方法、装配准确度的分析可知:决定产品最后形状和尺寸准确度的各种误差中有系统误差和偶然误差;定位误差取决于装配夹具定位面和有关零件表面之间形状和尺寸的协调误差;装配过程中的变形误差对装配件最后的准确度有很大影响。

第三节　装配中各环节的误差

一、装配夹具的误差

装配夹具的准确度对产品装配的准确度和两个装配件配合面之间的协调准确度有很大的影响。对装配夹具制造准确度的要求,主要是参照飞机的最大飞行速度来确定的。一般来说,飞机的最大飞行速度越高,对飞机装配的准确度要求就越高,因而对装配夹具制造的准确度要求也就越高。在实际生产中,对飞机装配的准确度要求和装配夹具制造准确度的要求,是按飞机的速度分成几个级别,如按低速飞机、亚声速飞机、超声速飞机和高超声速飞机几种类型分别制订对装配夹具制造准确度的要求。

装配夹具制造和安装的准确度还与装配夹具的制造和安装方法有关。在飞机制造中所采用的装配夹具的制造和安装方法及其所能达到的准确度可归纳如下:

(1)按平面样板安装装配夹具定位件的准确度为±(0.3~0.5)mm。

(2)按安装标准样件安装定位中的准确度为±(0.3~0.5)mm。

(3)用划线钻孔台和型架装配机安装定位件的准确度为±(0.3~0.7)mm。

(4)用光学仪器安装定位件的准确度为±(0.15~0.25)mm。

(5)用激光准直仪安装定位件的准确度为±(0.05~0.15)mm。

上面提到的装配夹具定位件的安装准确度是有一定范围的,因为在实际生产条件下所能达到的安装准确度取决于很多因素。因此,提高装配夹具制造准确度需要付出很大的劳动量和采取特殊的工艺措施。由于提高装配夹具的安装准确度所需增加的费用是一次性的,因此,为提高飞机装配的准确度和质量,在制造装配夹具时花费较大的一次性费用在经济上是合理的。

装配夹具的误差在装配总误差中属于系统误差。装配夹具制造好以后,通过测量装配夹具各定位件的实际尺寸,可以确定装配夹具误差的实际大小。在这种情况下,通过调整定位件可使其误差达到最小,还可以根据在装配夹具中装配出来的产品实际尺寸统计数据来调整装配夹具的定位件,以一批产品误差的平均值作为调整的修正值。

根据以上所述,可以得出以下结论:

(1)装配夹具的制造误差在装配误差中属于系统误差,它可通过实际测量和调整使其显著减少,从而提高飞机装配的准确度。

(2)为了便于提高装配夹具的准确度,在装配夹具的结构中,定位件应便于调整。

(3)通过夹具的调整可以部分消除装配夹具误差以及其他系统误差,但对偶然误差没有多大影响。

为进一步分析装配夹具的制造误差,需要根据装配夹具的制造路线和协调路线,详尽列出装配夹具制造过程中尺寸传递的所有环节及其误差。将尺寸传递过程中各环节的误差均看作是相互独立的偶然误差,用累积误差的计算公式估算装配夹具制造的预期准确度。

二、零件制造误差

零件制造误差是装配误差中的重要成分,它对装配准确度有重要影响。

零件的几何形状和尺寸的误差以及零件上的定位孔和外形之间的相对位置误差在装配误差中属于偶然误差。

零件制造误差本身又取决于形成零件最后形状和尺寸的尺寸传递过程中各个环节的误差大小。在飞机的钣金零件制造中,获得零件最后形状和尺寸的尺寸传递过程,一般是模线—样板—模具—零件。对一些形状复杂和协调准确度要求高的钣金零件,还需要经过更多的立体形状的移形环节。有重要配合关系的零件之间的协调误差,则取决于有关零件之间的制造与协调路线。

钣金零件成形模具的误差与装配夹具的误差性质相同,属于系统误差,在零件制造的总误差中为固定的值。为提高零件制造的准确度,应力求减少模具制造的误差。模具制造误差的计算方法与装配夹具制造误差的计算方法相类似。

零件制造误差除取决于模具的制造误差外,还取决于零件成形时的很多因素。即使采用同样的成形方法和成形模具,也不可能获得形状和尺寸完全相同的零件。例如,用橡皮成形方法获得的零件,其外形准确度除取决于模具的制造准确度以外,由于零件成形后有回弹,使零件的内表面不可能完全与模具的工作表面相贴合而出现间隙。而回弹量又取决于很多因素,如材料的性能差异、材料的各向异性、材料厚度的差异、成形时各种工艺参数等。

　　此外,零件外形最后的准确度还取决于零件毛料中的初始内应力和成形过程中产生的内应力综合的影响,这种影响会使零件产生扭曲变形。零件成形后的热处理还将产生热处理变形等。

　　因各种零件材料不同、成形方法不同、模具制造路线不同,以及零件的几何形状和尺寸大小不同,各种零件的制造准确度有很大的差异。当对零件制造误差进行理论分析时,需要对不同类型的零件按尺寸传递过程中各环节的允差或统计数据进行累积误差的计算。要做到这一点,需要对零件制造中各环节的误差进行大量的实验研究,取得所需要的各种数据。

三、在装配夹具中的定位误差

　　在装配夹具中进行装配时,零件按装配夹具的定位基准面定位。因为零件的定位表面与装配夹具的定位基准面的形状和尺寸都有误差,零件表面和定位夹具基准面之间不可能完全贴合,必然存在一些间隙,需要通过夹具夹紧件施加一定的夹紧力,迫使零件定位表面与夹具定位基准面相贴合。但在装配件装配连接完成并松开夹紧件后,由于结构内存在内应力,装配件将产生回弹变形,使装配件的形状相对于装配夹具定位基准面产生一定的误差。

　　例如,由蒙皮、长桁和翼肋组成的板件在装配夹具内装配时,假设在中间某个卡板处,零件表面与卡板定位基准面之间存在一定的协调误差 Δ_i,如图9.8所示,需要通过夹紧力 Q_i 使零件表面与卡板定位基准面相贴合。

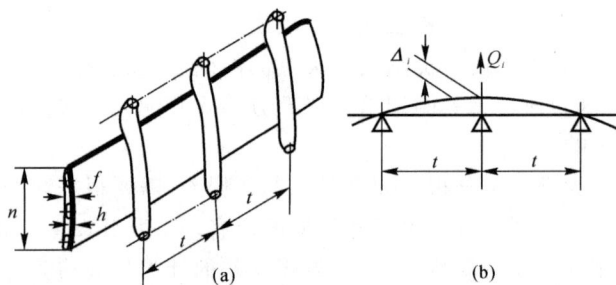

图 9.8　板件装配时在装配夹具内定位蒙皮
(a)板件；　(b)简化模型

　　由于零件定位时施加了夹紧力,因此,在零件中将产生内应力。而在板件装配好并松开夹紧件后,结构中的内应力将重新分布,形成残余力 $P_{残余}$。残余力肯定小于所施加的夹紧力 Q_i,而且残余力 $P_{残余}$ 应小于一定的允许值,以免在结构中存在过大的内应力而影响到结构的强度。同时,在松开夹紧以后,板件将产生回弹变形。残余力 $P_{残余}$ 和回弹变形的大小取决于板件的刚度。

第四节　提高装配准确度的补偿方法

　　为使飞机装配能够顺利进行,希望进入装配的零件和组合件具有互换性。

　　所谓互换性是指零件和装配件的几何形状、尺寸及物理机械性能在一定的误差范围以内,装配时不需要经过修配、补充加工或调整,在装配以后能够完全满足规定的技术要求。具有互换性的零件和装配件对装配工作是十分有利的。因在装配过程中,不需要对进入装配的零件和装配件进行试装和修配,能减少手工修配工作量,缩短装配周期,故便于组织均衡的、有节奏的生产。实际上,在飞机成批生产中,许多钣金零件、机械加工件、装配件都是可以互换的,即在装配时不需要进行修配和补充加工。

　　但对一些复杂结构中准确度要求很高的某些重要尺寸,为了保证装配后能达到所要求的准确度,过分提高零件和装配件的制造准确度,在经济上不合理,在技术上也做不到。因此,在飞机装配中,对某些准确度要求很高的配合尺寸,则采用各种补偿的方法,以便最后能达到所要求的准确度。

所谓补偿方法就是零件或装配件中某些准确度要求高的尺寸,在装配时或装配后,通过修配、补充加工或调整,部分消除零件制造和装配误差,最后达到所要求的准确度。

采用补偿方法时,飞机装配的工作量将有所增加,但从整个制造过程来看,将取得更好的经济效果。

飞机装配中采用的补偿方法可以分为两类:一类是从工艺方面采取的补偿措施,称为工艺补偿;另一类是从结构设计方面采取的补偿措施,称为设计补偿。

一、工艺补偿方法

工艺补偿是从工艺方面采取的补偿措施,如装配时进行相互修配,或装配后进行最后精加工。

1. 装配时相互修配

在飞机制造中,有些准确度要求高的配合尺寸,在零件加工中,当用一般的加工方法难以达到要求时,或者在零件加工时虽能达到要求,但在装配过程中由于有装配误差,在装配后难以达到给定的要求时,可以在装配时采用相互修配的方法来达到。由于修配工作一般是手工操作,相互修配时,有时要反复试装和修配,所以工作量比较大。而且,相互修配的零件或部件不具有互换性。因此,在成批生产中应尽量减少采用修配的方法。

例如,飞机外蒙皮之间的对缝间隙有时要求比较严格,甚至有时要求对缝间隙小于1mm。机身和机翼蒙皮的尺寸一般比较大,有的长达 5~6m,如果单靠零件制造的准确度来保证这些蒙皮对缝间隙要求,在技术上是很难做到的。

解决方法。在蒙皮制造中,在蒙皮的边缘处留下一定的加工余量,当装配时,对蒙皮的边缘进行修配,最后达到蒙皮对缝间隙的要求。修配时,通过试装,按蒙皮对缝间隙要求确定修配余量大小,然后去掉加工余量。为使整个蒙皮对缝能达到要求的间隙,有时需要多次反复试装和锉修。

扩展应用。起落架护板、舱盖和舱门的边缘、长桁端头等,为了保证配合或间隙要求,有时也采用相互修配的方法。为了保证组合件或部件之间相对位置准确度要求,在试制或小批量生产时,有时也采用相互修配的方法。

2. 装配后精加工

在飞机装配过程中,对准确度要求比较高的重要尺寸(一般为封闭环尺寸),由于零件加工和装配过程中误差积累的结果,因此,在装配以后达不到所要求的准确度。若采用相互修配的方法,不仅手工劳动量大,而且还满足不了互换性要求。为了减少手工修配工作量并使产品达到互换要求,则应采用装配后进行精加工的工艺补偿方法。装配后精加工所用的设备属于专用设备,精加工设备的造价高、占用生产面积大,精加工工序增加了装配周期。因此,应设法改善飞机结构的工艺性,尽量避免采用装配后精加工的工艺补偿方法。

例如,歼击机的前机身与机翼和前起落架用叉耳式接头进行连接,各部件上这些叉耳式接头螺栓孔的位置尺寸准确度和配合精度要求都比较高,并且要求部件之间具有相互性。

解决方法。在零件加工和装配过程中,各叉耳接头上的螺栓孔均留有一定的加工余量,在部件装配好以后再对接头螺栓孔进行最后加工,以消除零件加工和装配过程中产生的积累误差。

装配后的精加工一般是在专用的精加工设备上进行的。图 9.9 就是上面提到的前机身上的各接头最后精加工用的设备。在前机身装配好以后,在前机身精加工台上进行定位,然后通过扩孔头上的扩孔刀和铰刀,按导向支架上的导向衬套导向,对各接头上的螺栓孔进行最后精加工。

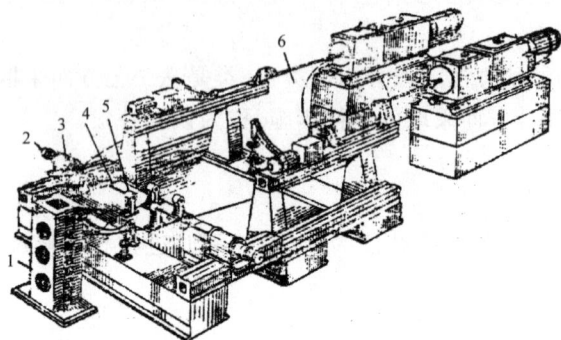

图 9.9　前机身对接接头精加工台

1—定位器支架；　2—扩孔头电机；　3—扩孔头；　4—扩孔刀加长杆；　5—带导向衬套的导向支架；　6—前机身外轮廓

对于部件之间为凸缘式的连接接头,如果凸缘接头的刚度较大,对接平面之间的贴合度要求又比较高,为保证对接面的准确度和部件的互换性,需要对部件上的凸缘对接面进行最后精加工。如果各对接螺栓和螺栓孔之间的公称间隙比较小(如在 0.2mm 以内),还需要对各螺栓孔进行最后精加工。

图 9.10 为中翼凸缘对接接头精加工台,图 9.11 为中翼凸缘对接接头精加工详图(在精加工台上对凸缘接头的对接面、螺栓头贴合面、螺栓槽和螺栓孔进行精加工等详图)。

扩展应用。为了保证机翼与起落架护板、副翼和襟翼之间对缝间隙和互换要求,机翼上的起落架护板舱、副翼舱和襟翼舱处的蒙皮边缘预先留有加工余量,在机翼装配好以后,在精加工台上按靠模板对蒙皮边缘进行最后的精加工。

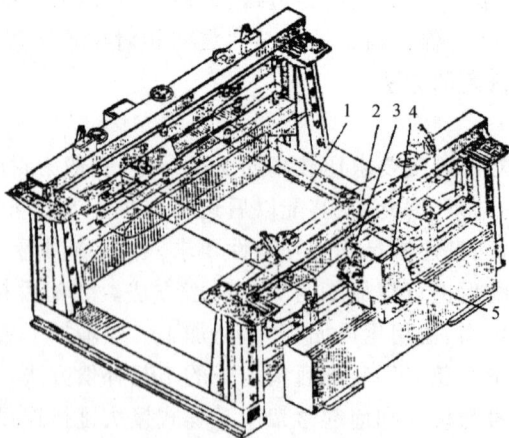

图 9.10　中翼凸缘对接接头精加工台

1—中翼外轮廓；　2—定位板；　3—铣切头；　4—铣切头移动座；　5—导向底座

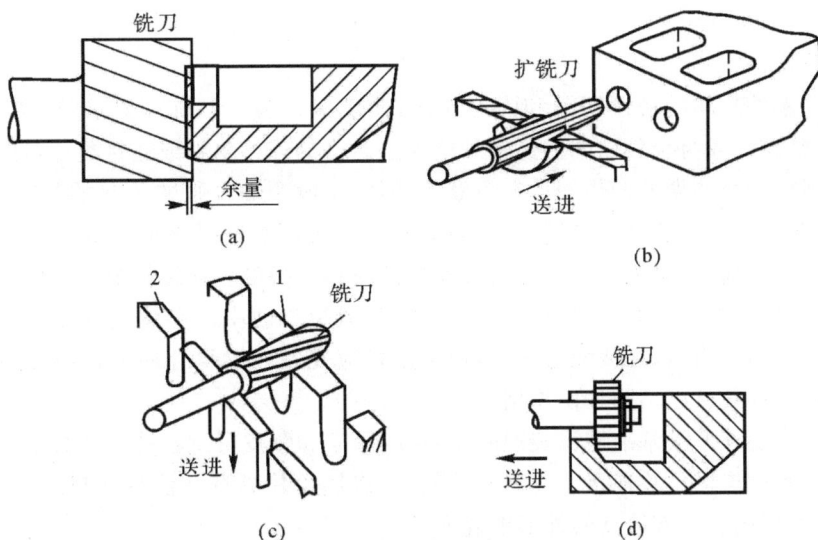

图 9.11　凸缘对接接头精加工详图

(a)铣端面；　(b)扩孔和铰孔；　(c)铣螺栓槽；　(d)铣螺栓头贴合面

1—凸缘接头；　2—靠模板

二、设计补偿方法

设计补偿是从飞机结构设计方面采取的补偿措施，以保证产品的准确度。如在飞机结构中采用垫片补偿、间隙补偿、连接补偿件以及可调补偿件等。

1.垫片补偿

垫片补偿是飞机制造中经常使用的补偿方法，用以补偿零件加工和装配过程中由于误差累积偶然产生的外形超差，或用以消除零件配合表面之间由于协调误差所产生的间隙。

例如，当以骨架为基准进行装配时，在骨架装配好以后，通过检验检查出骨架上某些局部外形超差，或骨架零件之间相交处的外形出现阶差。

(1)解决方法。为了消除局部外形超差或阶差，在飞机设计中允许在骨架和蒙皮之间按实际需要加一定厚度的垫片。当然，为了控制结构的质量和结构的强度，对每个部件都规定有允许加垫的数量、面积和厚度。

(2)拓展应用。对于在零件制造和装配过程中难以保证零件配合表面之间很好贴合的情况下，为了不致产生强迫连接，在结构设计中，有时有意在配合表面之间留有公称间隙。装配时，根据实际存在的间隙大小加一定厚度的垫片，以补偿协调误差。允许加垫的部位和厚度在飞机图纸上予以规定。垫片材料有铝合金、不锈钢，或图纸上规定的其他材料。为了便于根据实际需要选择一定厚度的垫片，可采用可剥的多层胶合垫片。

2.间隙补偿

间隙补偿也是在飞机制造中常用的补偿方法。间隙补偿常用于叉耳对接配合面，或用于对接螺栓和螺栓孔。保证飞机各部件之间对接的协调准确度和互换性，是飞机制造中的关键技术问题。为了便于保证对接的协调准确度和互换性，对叉耳接头的配合面，对凸缘式对接接头的对接螺栓和螺栓孔之间往往是采用有公称间隙的配合。这样可以减少装配后精加工的内容,甚至可以不用精加工。

3. 连接补偿件

为了减少零件之间的协调问题和强迫连接,便于保证装配准确度要求,在飞机结构设计中,往往在重要零件或组合件之间的连接处增加过渡性的连接角材或连接角片,这些连接角材或角片可起到补偿协调误差的作用。在机翼上,翼肋中段两端若通过弯边直接与前、后梁相连接,当装配时在翼肋弯边和前、后梁腹板之间必然会出现间隙或紧度而形成强迫装配。因此,机翼的翼肋中段与前、后梁之间一般是通过连接角材相连接的。连接角材一方面有加强前、后梁腹板的作用,另一方面又有补偿协调误差的作用,避免翼肋中段和前、后梁之间出现不协调和强迫装配的问题。当然,在装配过程中,连接角材应先装在梁组合件上,而不能先装在翼肋中段上,否则,连接角材起不到补偿作用。

当部件以蒙皮外形为基准进行装配时,结构的骨架和蒙皮分别在装配夹具中定位,在骨架和蒙皮之间则通过连接角片连接。在这种情况下,连接角片具有补偿零件制造和装配误差的作用,保证部件装配后具有较高的外形准确度。

4. 可调补偿件

以上所述各种工艺补偿和设计补偿方法,是在装配中用来补偿各种误差的,在装配好以后一般不能再进行调整。而可调补偿件的特点,是在飞机装配好以后或在使用过程中,仍然可以方便地进行调整。

某些部件之间的相对位置准确度要求很高,在部件装配时很难达到这些要求,而且在飞机使用过程中,由于结构产生了永久变形,使这些重要的部件间相对位置超差。在这种情况下,在飞机结构设计中需要采用可调补偿件,以便对部件间的相对位置进行调整,达到技术条件所规定的要求。这些重要部件的相对位置包括发动机相对于机身的位置、机翼或水平尾翼的安装角、机关炮和照相舱相对于机身位置等。

根据需要可调补偿件可采用各种结构形式,如螺纹补偿件、球面补偿件、齿板补偿件、偏心衬套以及综合采用各种补偿形式的补偿件等。

图 9.12 为发动机与机身连接接头的示意图,在主接头上装有球面衬套,以补偿机身接头和发动机接头间的不同轴度,并用辅助接头上的可调螺杆调整发动机相对于机身的位置。

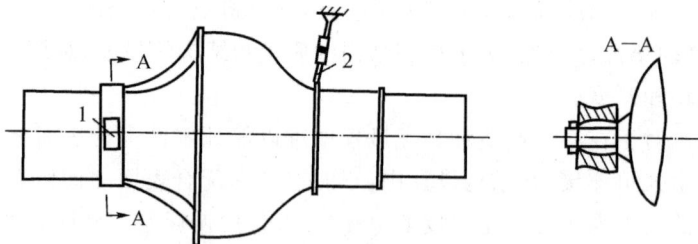

图 9.12 发动机与机身连接接头的示意图

1—主接头; 2—辅助接头

图 9.13 是发动机通过发动机架与机身相连接,通过偏心球面衬套 4 及可调螺杆 7 调整发动机相对于机身的位置。

图 9.14 为水平安定面与下垂直安定面的连接,前接头是带有长圆孔的齿形板的可调补偿件,用以调整水平安定面的安装角。

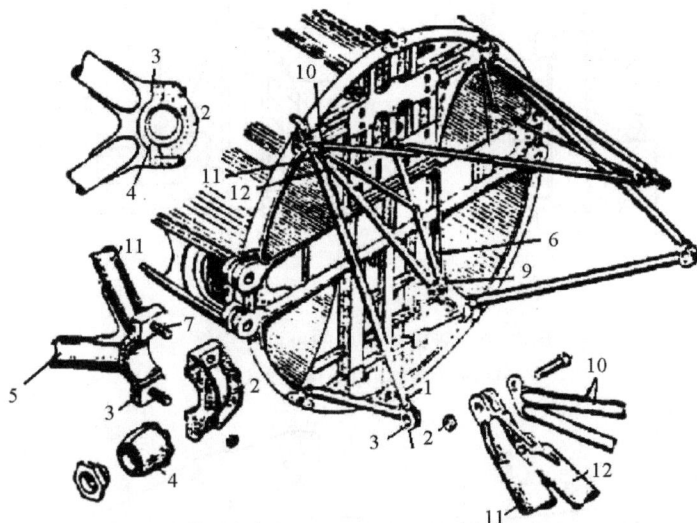

图 9.13　发动机通过发动机架与机身相连接

1,6,9,10,11,12—发动机架及其附件；　2—接头盖；　3—主接头；

4—偏心球面衬套；　5—叉形接头；　7—可调螺杆；　8—锁紧螺帽

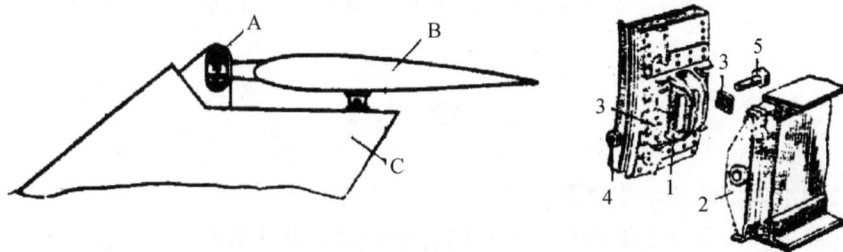

图 9.14　水平安定面与下垂直安定面的连接

A—齿型垫；　B—水平尾翼；　C—下垂直安定面

1—带齿形板的接头；　2—水平安定面前接头；　3—带齿形面的垫片；　4—螺母；　5—对接螺栓

　　图 9.15 为带锥面配合的可调补偿件（锥面配合的两种连接接头）。图 9.15(a)所示是在锥座下面按实际需要加一定厚度的垫片，以调整两部件接头间的距离，对接螺栓和螺栓孔间有公称间隙，故螺栓只承受拉力，剪力则由锥面传递。图 9.15(b)的结构形式与图1.15(a)相似，只是锥座通过下面的螺纹连接可按需要调整锥座的高度。

　　图 9.16 为一种结构更为复杂的可调补偿件，曾用于发动机与机身的连接。这种可调补偿件是利用带内螺纹的接头和带球头的螺杆间的螺纹连接调整轴线尺寸，调整好以后用锁紧螺母固定，并利用球面配合补偿轴线间的角度误差。

　　可调补偿件一般主要用在飞机使用过程中需要调整的部位，并在飞机设计中规定只允许在使用过程中进行调整。允许在制造过程中调整的可调补偿件，一般在飞机图纸上明确限定在制造过程中允许调整的范围，给使用过程中保留一定的调整余量。

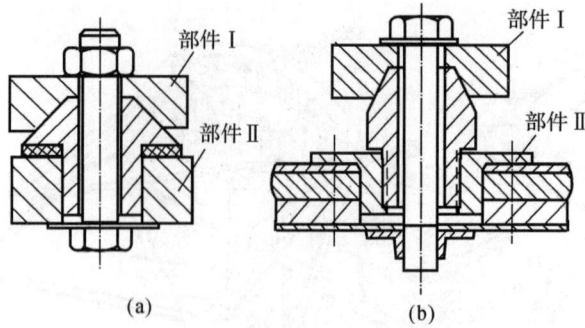

图 9.15　带锥面配合的可调补偿件

(a)用垫片调整；　(b)用螺纹调整

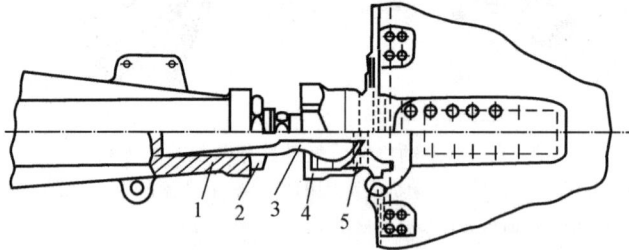

图 9.16　发动机与机身连接用的可调补偿件

1—带内螺纹的接头；　2—锁紧螺母；　3—带球头的螺杆；　4—固定螺母；　5—球形座

思　考　题

1.飞机装配准确度的要求主要包括哪些内容？

2.制造准确度和协调准确度的定义及它们之间的联系是什么？

3.在型架内以骨架外形为基准装配的准确度主要取决于什么？

4.对不同的装配方法,装配误差中包括哪些环节的误差？影响各环节误差的主要因素有哪些？

5.试述工艺补偿和设计补偿的区别和特点,工艺补偿的类型、特点和适用情况,设计补偿的类型、特点和适用情况。

第十章　胶接与胶接结构装配

本章主要讲述金属胶接特点、金属结构胶接件及结构胶黏剂的分类、金属胶接工艺流程、磷酸阳极氧化的特点及操作程序、加温加压设备与胶接夹具、胶接质量检测与控制等。

(1)掌握胶接接头的形成和特性；

(2)了解胶黏剂、金属胶接、工艺磷酸阳极、氧化加温加压设备与胶接夹具；

(3)了解胶接工艺过程、胶接质量检测与控制；

(4)培养学生积极向上的工匠精神。

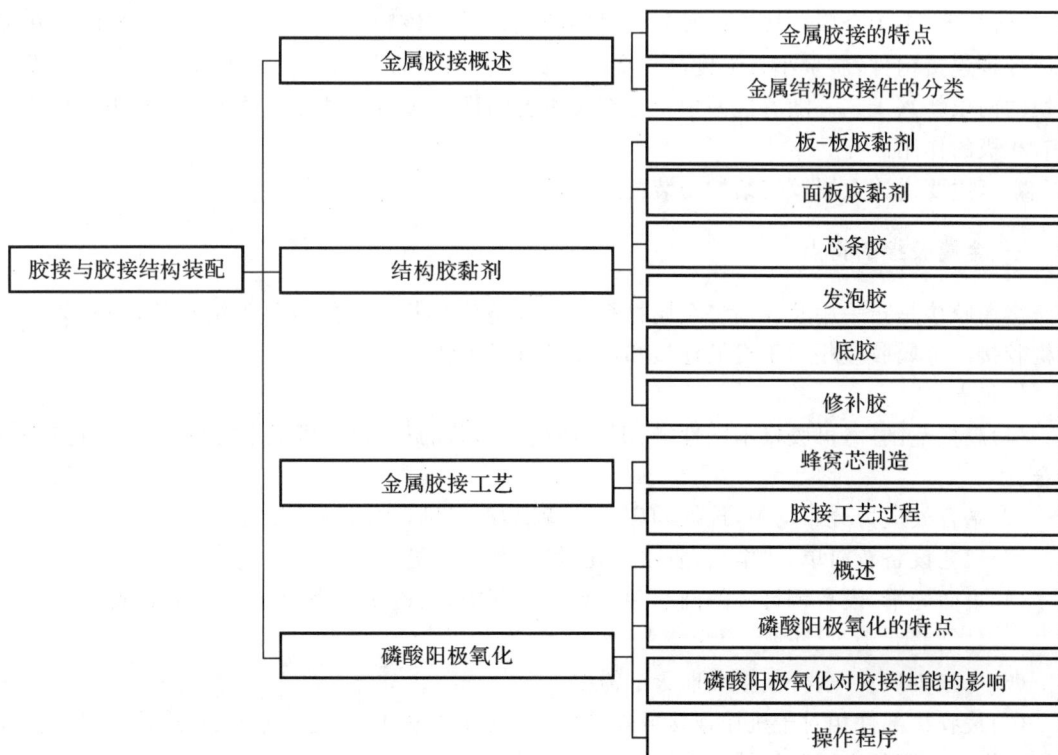

```
                                              ┌─────────────────────┐
                                          ┌──→│       热压罐          │
                                          │   └─────────────────────┘
                                          │   ┌─────────────────────┐
                        ┌──────────────┐  ├──→│        烘箱          │
                   ┌───→│加温、加压设备  │──┤   └─────────────────────┘
                   │    │与胶接夹具     │  │   ┌─────────────────────┐
                   │    └──────────────┘  ├──→│   热压罐和烘箱的要求   │
┌──────────────┐   │                      │   └─────────────────────┘
│胶接与胶接结构 │───┤                      │   ┌─────────────────────┐
│装配          │   │                      └──→│       胶接夹具        │
└──────────────┘   │                          └─────────────────────┘
                   │    ┌──────────────┐      ┌─────────────────────┐
                   └───→│胶接质量检测   │──┬──→│     胶接质量检测      │
                        │与控制         │  │   └─────────────────────┘
                        └──────────────┘  │   ┌─────────────────────┐
                                          └──→│    胶接生产质量控制    │
                                              └─────────────────────┘
```

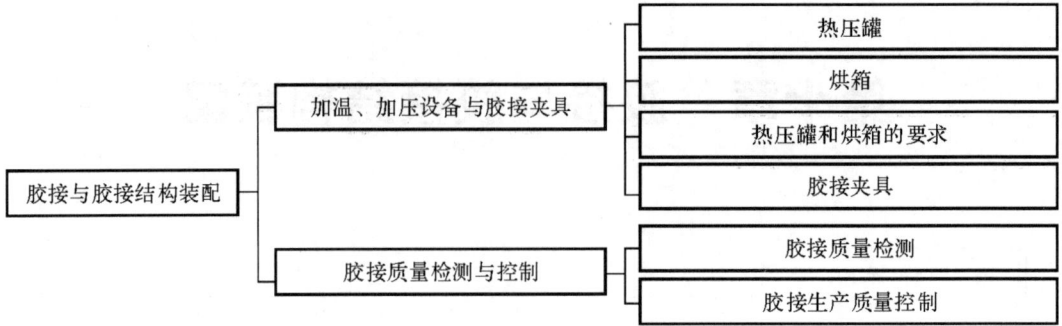

第一节 金属胶接概述

飞机生产中的装配连接主要有机械连接（铆接、螺接）、焊接和胶接。胶接是通过胶黏剂将零件连接成装配件，是现代航空新产品中常用的装配连接方法之一。胶接又分为结构胶接和非结构胶接两种。

非结构胶接通常是指在飞机上安装的非承力构件，如垫片、嵌件、包敷物等的黏结。该胶接主要是通过胶黏剂分子间的内聚力及其与被粘物表面的黏附力，形成牢固的胶接连接。

结构胶接通常是指在飞机上安装的次承力或承力构件，如机翼后缘壁板、垂尾前缘、调整片、扰流板等，多为金属胶接构件和复合材料胶接构件。该胶接主要是通过加温、加压固化成型成各种连接构件，质量小且强度高。金属胶接工艺与复合材料工艺是飞机生产近年来发展较快的两项新兴工艺。随着这两项工艺在飞机上的推广使用，对提高飞机性能，减小飞机质量具有积极的作用。

本章主要讲述金属胶接结构与装配。

一、金属胶接的特点

金属胶接是指采用胶黏剂将金属材料黏结成整体。若黏结的对象为结构件，则称为金属结构胶接。金属胶接相对于机械连接和焊接具有以下特点。

1. 优点

（1）胶接范围广，可胶接不同性能、不同厚度与形状的材料，并可根据材料和受力特点进行结合。

（2）结合处应力分布均匀，抗振动疲劳性特别好，特别适合薄片的结合。

（3）工艺设备较简单，成本低，省去钻孔、铆接紧固件等工序。

（4）表面光滑，没有铆钉头的凸起和点焊点的凹陷，结构变形小，空气动力性能好。

（5）黏结兼有密封、防腐、绝缘能力。

（6）可减小质量，适合航空和航天的需要。

（7）被胶接部件相对于机械连接或焊接而言，其疲劳强度高、应力分散、止裂性能好。例如飞机上推广使用的金属胶接结构蜂窝壁板，具有较高的比强度和比刚度。

2. 缺点

（1）采用胶接的部件适用的温度范围相对较窄，使用温度一般能达到 150℃ 左右，极少数可在 200℃ 以上工作,随着温度上升,强度明显下降。耐低温在 −50℃ 左右。

(2)胶接接抗不均匀,剥离强度差。胶接的抗拉、抗剪强度是靠整个结合面保证的,但端头局部一点或一条线受力时强度不高。

(3)性能稳定性差,可靠的非破坏性检查方法有待提高。胶缝强度的稳定性差,例如胶缝的抗剪强度可在 ±15% 范围内变动。

(4)胶黏剂有老化问题,贮存保管条件较严格。

(5)胶接过程中影响胶接性能的因素较多,易产生胶接缺陷。

(6)维修困难。

二、金属结构胶接件的分类

金属结构胶接件一般分为两大类:板-板胶接构件与板-芯胶接构件。

板-板胶接的典型零件有机身地板、机翼后缘上壁板、后缘蒙皮组件、平尾前缘、垂尾前缘、翼尖、口盖等,如图 10.1 所示。

板-芯胶接结构多为楔形件、蜂窝壁板等,典型零件有副翼调整片、扰流板、升降舵和方向舵调整片等,如图 10.2 所示。

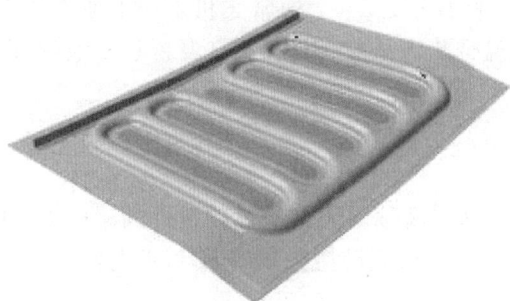

图 10.1　板-板胶接典型零件(口盖壁板)　　　　图 10.2　板-芯胶接典型零件(扰流板)

第二节　结构胶黏剂

结构胶黏剂一般以热固性树脂为基体,采用热塑性树脂作增韧剂,还有固化剂等成分。有的还配有溶剂、稀释剂、抗腐蚀剂、载体和填料等。结构胶黏剂大多以环氧树脂为基体,此外,还有以酚醛树脂、聚氨酯等为基体的胶黏剂。胶黏剂的性能主要取决于各成分的组成、配比及相容性。

按照胶黏剂的使用特点,胶黏剂可分为板-板胶黏剂、面板胶黏剂、芯条胶黏剂、发泡胶黏剂、底胶和修补用胶黏剂等。

一、板-板胶黏剂

板-板胶黏剂主要用于板与板的胶接。它主要具有较高的剪切强度、抗剥离强度、抗疲劳强度,以及良好的耐高低温性能。通常飞机生产上使用的板-板胶黏剂主要有黑龙江石化所生产的 J116B 与北京航空材料研究院生产的 SY14C 等国产胶黏剂,以及进口的 AF163 等胶黏剂。

二、面板胶黏剂

面板胶黏剂主要用于面板与芯材的胶接。除了要满足板-板胶接要求外,还应能在蜂窝芯端面形成圆角。其固化挥发物含量一般小于 1.5%。通常飞机生产上使用的面板胶黏剂主要有黑龙江石化所生产的 J116B 与北京航空材料研究院生产的 SY14 系列国产胶黏剂,以及进口的 FM73 等胶黏剂。

三、芯条胶

芯条胶主要用于制造蜂窝芯。除了满足板-板胶接要求外,还应具有足够的韧性和耐热性,使蜂窝芯具有满足技术要求的高温节点强度、剪切强度和压缩强度。通常飞机生产上使用的芯条胶主要有北京航空材料研究院生产的 SY13-2 胶黏剂。

四、发泡胶

发泡胶也称泡沫胶,主要用于蜂窝芯拼接,以及蜂窝芯四周边缘胶接及填角。发泡胶的发泡工艺参数应与面板胶匹配,其固化挥发物含量一般小于 1.5%。通常飞机生产上使用的发泡胶主要有北京航空材料研究院生产的 SYP1 高温带状泡沫胶、SYP3A 高温粉状发泡胶,以及进口的 FM410 和 AF3024 泡沫胶等。

五、底胶

底胶主要用于保护被胶接表面不受污染。采用抑制腐蚀底胶可提高胶接件的耐应力,即环境性能。通常飞机生产上使用的底胶有北京航空材料研究院生产的 SYD4、黑龙江省科学院石油化学研究院生产的 J117,以及进口的 BR127 和 EC3960 底胶等。

六、修补胶

修补胶主要用于结构件产生缺陷时的修补。为适应修补环境的需要,修补胶应具有较低的固化温度和较小的固化压力,以及较低的胶接表面要求。通常,飞机生产上使用的修补胶有北京航空材料研究院生产的 SY20C 胶黏剂,以及进口的 BMS8-201 和 EC2216 胶黏剂等。

第三节　金属胶接工艺

金属胶接结构主要包括板-板胶接结构和板-芯胶接结构两类,虽然结构形式不同,但工艺流程基本相同。板-芯胶接结构的胶接工艺流程覆盖了板-板胶接结构的工艺流程,只是在涉及蜂窝芯时的工艺内容及参数不同,其余基本相同。下面以板-芯胶接结构的胶接工艺流程为例来介绍金属胶接的工艺流程。

板-芯胶接结构的胶接工艺流程如下:

生产准备(胶接夹具、蜂窝芯、金属面板等)→预装配→磷酸阳极化→喷底胶→铺胶膜、装配→封装、制袋→固化→清理胶梗→胶接质量检测→缺陷修补(必要时)→胶接结构件。

一、蜂窝芯制造

目前,国产飞机选用的铝蜂窝芯材料为 LF2Y 型铝箔、SYD2 底胶和 SY13－2 芯条胶。LF2Y 型铝箔经过磷酸阳极化处理后,涂敷上底胶和芯条胶,经压制固化成叠层板,再通过拉伸法成型为正六边形的耐久型铝蜂窝芯。其制造工艺如下。

1. 铝箔清洗

铝箔清洗一般都经过碱洗槽除油、热水槽喷淋、冷水槽漂洗及喷淋、硝酸槽酸洗、冷水槽漂洗及喷淋、磷酸阳极化、烘干、收卷这一连续生产过程。

(1)碱洗槽液的配制。碱槽液配制及质量控制:氢氧化钠浓度为(5±1)g/L,磷酸三钠浓度为(40±5)g/L,硅酸钠浓度为(10±2)g/L;槽温为 60～85℃;处理时间为 0.5～2.0min。一般地,该槽液一次处理约 150 kg 铝箔后即更换,若铝箔污染严重,可酌情缩短更换槽液的周期。

(2)硝酸槽液的配制。硝酸槽液的配制相对比较简单,只要控制硝酸浓度为 300～500g/L 即可。槽温为室温,因铝箔是连续清洗的生产过程,故处理时间与碱除油时间相同。此外,在正常生产状况下,硝酸槽每个月更换一次槽液。

(3)磷酸阳极氧化槽液的配制。铝箔在酸洗并经冷水漂洗和喷淋后要进行磷酸阳极氧化。其槽液的配制和质量控制:磷酸浓度为 140～300g/L;阳极化直流电压为 20～30V;阳极化温度为 25～35℃;阳极化时间为 0.5～1.5min。

(4)热、冷水槽的控制。热水槽的水温一般不低于 50℃,最好在 80℃左右。冷水槽中的冷水为室温,其水质为去离子水。

(5)烘干。经磷酸阳极氧化的铝箔应通过烘箱烘干处理才能完成清洗过程。一般烘箱的烘干温度控制在 120～140℃范围,烘干时间与碱除油时间相同。

2. 铝箔涂敷底胶

经清洗并磷酸阳极氧化的铝箔应在 3 天内浸渍底胶并烘干。目前,铝箔生产所涂敷的是北京航空材料研究院生产的 SYD2 底胶。SYD2 底胶使用状态的浓度为 0.9%～1.1%,采用无水乙醇稀释。底胶在使用前应充分搅拌均匀。经浸涂底胶的铝箔应通过 80～100℃的烘箱温度烘干。

3. 铝箔涂芯条胶

铝箔所涂的芯条胶牌号为 SY13－2,属双组份胶黏剂。芯条胶应在使用前进行配制,配制比例为甲组份：乙组份＝1:3(质量比),经配制后用于涂芯条的胶黏剂的黏度用涂—4 黏度计测量为 100～150s。若黏度偏大,可用乙酸乙酯进行稀释。经配制的胶液的适用期为 1 个月。涂胶时铝箔运行的速度可控制在 1～3m/min。涂敷芯条胶的铝箔通过温度为 120～140℃的烘箱烘干。涂胶机在涂芯条胶的同时完成烘干、冲孔及裁剪工序。因此,应将经烘干后裁剪下的铝箔对准位置后叠合,用于压制蜂窝叠层板。叠层板在压制与固化前应按照要求生产的铝蜂窝芯的大小进行叠合。铝箔叠合层数按下式计算:

$$N = 2W/\sqrt{3} \times a + n$$

式中,N 为铝箔叠合层数,张;W 为拉伸成型后的蜂窝芯横向长度,mm;a 为蜂窝芯格名义边长,mm;n 为工艺余量的补偿层数,张,一般取 $n = 10$。

4. 压制与固化叠层板

叠层板应经过常温预压,加温压制固化,降温取件过程。常温预压的工艺参数:压力为 1.5～6MPa(表压);时间为 30～60min;温度为室温;压机型号为 250 T 液压机。加温压制固化的工艺参数:以(2～3)℃/min 的速率从室温升至(75±5)℃,保温 30～40min,加压至 3～6MPa(表压),再以(2～3)℃/min 的速率从(75±5)℃升至(180±5)℃,保温保压(180±5) min 后,以不大于 5℃/min 的速率从(180±5)℃降至 80℃以下卸压取件。

5. 拉伸成型

经压制固化的叠层板采用带锯按所需要高度锯切并铣切后,经黏结拉伸条带后放入蜂窝拉伸机进行拉伸成型。拉伸长度按下式计算:

$$L = \sqrt{3}\,a \times N/2$$

式中,L 为拉伸后蜂窝芯横向长度,mm;a 为芯格边长,mm;N 为铝箔叠合层数,张。

制取的蜂窝芯应进行节点强度与外观的检验。经检验合格的蜂窝芯才能用于生产。

6. 蜂窝芯的加工

蜂窝芯的加工包括外形的加工与高度方向的加工。

(1)外形加工。蜂窝芯外形加工相对比较简单,一般采用普通的手工刀按样板或模胎形状切取即可。切制时应注意不要损伤蜂窝芯格壁以及撕裂黏结面,也可采用数控加工。

(2)高度方向加工。蜂窝芯高度方向的加工一般分 3 种类型:等高平面、斜平面和曲面。等高平面与斜平面的加工方法基本一样,即加工斜面时将一侧倾斜至适当角度即可。加工的方法一般采用圆盘无齿铣刀于多坐标数控铣床上铣切。铣切工艺参数如下:铣切速度为 60～70 m/s;进给速度为不大于 0.5m/min;吃刀深度为不大于 1mm。蜂窝芯的固定一般采用聚乙二醇,小面积的蜂窝芯也可采用双面压敏胶带固定。曲面的加工难度比较大,其加工方法与平面类似,但曲面要靠数控编程确定。此外,两侧尺寸与位置的协调难度也较大。目前,飞机上较复杂的双曲面蜂窝芯的加工尚处于试验、攻关阶段。

(3)蜂窝芯周边压制成型。这是飞机生产上常用的一种蜂窝芯加工方法,采用模胎将等高的蜂窝芯周边压制成一定宽度的、带斜面的、用于金属蜂窝壁板件的芯子。其方法是将铝蜂窝芯按样板或模胎切制外形后放在专用模胎内,采用加压的方法将芯子周边压缩变形成为斜面而成的。以该方法制成的铝蜂窝芯的斜面部位的稳定性、抗压性较好,与模胎的协调性也较好。

二、胶接工艺过程

金属胶接件分为板-板胶接件和板-芯胶接件两类。板-板胶接件一般由面板(蒙皮)、垫板、长桁、长梁等组成。板-芯胶接件也就是通常所说的蜂窝夹层结构件,一般由面板(蒙皮)、铝蜂窝芯、垫板、封边件等组成。按其外形可分为平板件、曲面件及楔形件 3 种。飞机生产上常用的板-芯胶接件主要有金属蜂窝壁板与楔形件两种。蜂窝夹层结构件制造工艺过程如下。

1. 预装配

金属胶接件的预装配工序将对胶接件固化后的外形及胶接质量起到极为关键的作用。所有用于蜂窝夹层结构件制造的零件,包括面板、垫板、封边板、铝蜂窝芯等均应进行预装配。检查各相关胶接零件之间的配合质量及间隙,加以必要的修配,以保证胶接零件表面黏结良好,胶接固化后能获得合理的胶层厚度。

只有经过预装配协调的零件才能用于组件的胶接。各零件在预装配中的配合间隙及质量要求如下。

(1)预装配时,在自然状态或手指压力下检查胶接面的配合间隙,一般要求为板-板胶接的配合间隙不大于0.2mm;板-芯胶接的配合间隙不大于0.08mm,具体的间隙要求以设计技术文件为准。

(2)蜂窝芯侧边与边缘件之间的最大间隙不超过0.76mm;蜂窝芯端面高于边缘件的阶差不大于0.30mm,具体的间隙及阶差要求以设计技术文件为准。

(3)垫板周边与蜂窝芯下陷周边间隙不大于1.00mm;垫板与蜂窝芯压皱区下陷,蜂窝芯端面高于垫板0.20~0.40mm,具体的要求以设计技术文件为准。

(4)板-板胶接胶缝厚度为0.18~0.20mm,板-芯胶接胶缝厚度为0.05~0.08mm,具体的要求以设计技术文件为准。

(5)当要求胶接件具有较高的性能时,应采用校验模检查技术。该技术是利用专用的校验模来模拟结构胶膜,经装配和模拟固化后,再加以分解,检查胶接面之间的装配质量。

2.待胶接件表面处理

胶接表面质量是获得优良胶接质量的前提。除表面处理方法应先进、可靠外,还应保证以新鲜、洁净的胶接表面状态进入后续的底胶涂敷和胶接装配工序。

(1)待胶接金属件表面处理。所有金属件均应按要求进行磷酸阳极氧化处理。经氧化处理的零件应在2h内转入清洁间内,并于8h内喷涂底胶。经处理的金属件的黏结表面严禁赤手接触。

如果已阳极氧化的零件未涂底胶而被油、油脂、脱模剂等污染,则重新处理前要求清洗,干燥后72h内涂底胶。

(2)铝蜂窝芯的处理。用于胶接的铝蜂窝芯的待胶接面应清洁,无目视可见的油污、杂质、灰尘或其他污染物。被污染的铝蜂窝芯可用丙酮或三氯乙烷清洗。

3.铝蜂窝芯的机加与填充发泡胶

(1)铝蜂窝芯的拼接。铝蜂窝芯面积不够时,允许采用与制造铝蜂窝芯所用相同的芯条胶或带状发泡胶拼接。

(2)蜂窝芯的固定。将要铣切的铝蜂窝芯采用聚乙二醇固定。即先将铝蜂窝芯用压敏胶带临时固定在铣切夹具上,然后将聚乙二醇粉末均匀地灌入铝蜂窝芯的芯格内,高度约10mm。通过加热铣切夹具至88~110℃并保持30~60min,使聚乙二醇完全融化,待夹具冷却后即可固定铝蜂窝芯于夹具上。

(3)按要求铣切铝蜂窝芯至图纸尺寸。

(4)去除聚乙二醇。通过再加热夹具至88~110℃并保持30~40min,使聚乙二醇融化,极其小心地取下加工完的铝蜂窝芯,再以热水冲、漂、洗的方法去除聚乙二醇。最后将铝蜂窝芯在75~85℃的烘箱内干燥1~3h。

(5)铝蜂窝芯填充发泡胶。蜂窝壁板上使用的铝蜂窝芯经压制成型的周边需填充SYP3A发泡胶。填充发泡胶的工艺:抽真空0.03MPa后加压,当罐压达到0.05MPa时,真空管路通大气,加罐压至(0.14±0.02)MPa,同时以(1~5)℃/min的速率将温度从室温升至(178±3)℃,保温保压(50±10)min,以不大于4℃/min的速率将温度从(178±3)℃降至60℃以下,卸压出罐取件。

4.金属件喷涂底胶

底胶喷涂质量对胶接质量的优劣具有举足轻重的影响,用于胶接的金属件都应喷涂底胶。底胶喷涂时的环境控制及喷涂要求如下:

(1)底胶喷涂应在胶接环境控制区(清洁间)进行,控制温度为 18～32℃,相对湿度为 55%±10%。

(2)底胶喷涂前的准备。从低温箱中取出的底胶,在打开容器之前应调温至 18～30℃,以免湿气冷凝。放回低温箱之前应重新密封。使用前,将每个容器在搅拌器上充分混合,至少混合 15min。喷涂设备应在容器中提供连续搅拌,如果停止搅拌,则再次使用前应再搅拌至少 2min。

(3)喷涂零件。以适当的方式支撑被喷涂的零件,喷涂连续的涂层。在可能的情况下应使底胶覆盖区比实际胶接区周边均大出至少 3mm。零件喷涂的胶量不足或过多,或目视有流淌,或超过膜厚要求是不合格的。在底胶干燥之前,可用丁酮去除过喷的底胶。小心不能让溶剂损伤胶接区的底胶。

(4)底胶固化。

1)SYD4 底胶。空气干燥底胶至少 30min,或在红外线灯下(最高 93℃)烘烤至无黏性。在(120±5)℃下干燥至少 30min。固化后的底胶厚度应为 2～8μm。

2)J117 底胶。空气干燥底胶至少 30min。在(80±5)℃的烘箱内干燥至少 20min。固化后的底胶厚度应为 5～10μm。

(5)检验。已喷底胶的非胶接表面必须有上述要求的最薄的底胶层,正常的喷过底胶的零件应呈现光泽。不允许有流痕、漏喷。允许在非胶接面上喷上底胶,厚度不作要求。

在底胶烘烤前,如底胶厚度低于规定的最小厚度要求时可再次喷涂,使其厚度符合要求。但第二次喷涂的底胶也应在第一次喷涂底胶后的 120h 内固化。

已喷有底胶并固化的零件,在控制污染区内贮存少于 30d(喷涂 J117 的零件贮存时间应少于 20d),可以不进行处理而直接用于胶接。

5.铺贴胶膜、封装、制真空袋

将准备好的喷涂底胶及烘干的金属件、铝蜂窝芯等进行贴胶膜、装配组合、封装并制真空袋。在被胶接的零件上铺贴胶膜时应遵循以下原则。

(1)一般地,一个胶接接头仅在一个待胶接表面上铺贴一层胶膜。若配合稍差部位需增加铺贴一层胶膜,也必须铺贴在同一待胶接面上。

(2)暴露在大气一侧的胶膜要暂时保留隔离膜。

(3)在铺贴胶膜中夹裹的气泡应采用辊子碾赶或用针刺破的方法排除气泡。

(4)胶膜须拼接时,SY14C 与 J116B 应尽量采用对接,且对接间隙不大于 1mm;若施工困难则允许搭接,但搭接宽度最大为 5mm。其他胶膜拼接时应采用搭接,搭接宽度最大为 12.7mm。胶膜接缝与蒙皮接缝应错开至少 30mm,距胶接区边缘 50mm 内不应拼接。

(5)所铺贴的胶膜不应小于净尺寸,不准以任何方法使胶膜拉伸变薄。

(6)胶膜应比零件胶接面的四周大 4～5mm。被胶接零件为长桁-垫板时,胶膜应铺贴在长桁上;被胶接零件为大梁垫板-加强板时,胶膜应铺贴在大梁垫板上;被胶接零件为后墙垫板-加强板时,胶膜应铺贴在后墙垫板上;被胶接零件为蒙皮-铝蜂窝芯时,胶膜应铺贴在蒙皮上;被胶接零件为蒙皮-其他零件时,胶膜应铺贴在其他零件上。

(7)在将要组装零件时才除去隔离膜。铺贴完胶膜装配好后可进行封装、制真空袋,用于进罐固化。典型制袋示意如图 10.3 所示。

图 10.3　典型制袋示意图

(8)制好真空袋后进行气密检查。对板-板胶接件,抽真空至少为 0.08MPa;对金属蜂窝夹层组件,抽真空至少为 0.035MPa;断开真空管路,5min 内压力降不大于 0.017MPa。

6.固化及清理

固化是胶接件实现连接的最重要的工序,其关键是封装制袋质量和固化参数。完成封装、制袋的金属胶接件应在胶黏剂适用期内尽早进罐固化。

将制好袋的零件送进热压罐,接通真空管路,按第二节要求进行气密检查。气密检查合格后方可开始固化。

(1)SY14 胶膜的固化要求。

1)当用于蜂窝夹层件时,在真空压力达到 0.03～0.04MPa 时升温并向热压罐内加压,当罐压达到 0.03～0.04MPa 时,将真空袋通大气,直至罐内温度升到 110℃时再继续升罐压至部件所需的 0.15～0.35MPa 压力,并升温至(178±5)℃时保温。升降温速率不大于 3.0℃/min,固化时间为(2±0.5)h。温度降至 60℃以下时卸压出罐。总固化周期不超过 8h。

2)当用于板-板胶接件时,在真空压力达到 0.08MPa 时升温并向热压罐内加压,当罐压达到 0.03～0.04MPa 时,将真空袋通大气,继续升罐压至部件所需的 0.20～0.70MPa 压力,并同时升温至(178±5)℃时保温。升降温速率不大于 3.0℃/min,固化时间为(2±0.5)h。温度降至 60℃以下时卸压出罐。总固化周期不超过 8h。

3)若在胶层温度达到 120℃之前产生真空袋漏气等故障,允许中断固化程序开罐排故。

(2)J116B 胶膜的固化要求。在真空压力达到 0.08MPa 时,向罐内加压,当罐压达到 0.1MPa 时,真空管路通大气。继续升压至(0.3±0.02)MPa(特殊要求下允许达到 0.5MPa,但应经工艺试验确定,并规定在制造指令中)时保压。从向罐内加压时起以不大于 3.0℃/min 的速率升温至(180±5)℃时保温。在胶接部件温度达到 175℃时开始计算固化时间,固化(2.5～3.0)h。固化结束后在保压下以不大于 3.0℃/min 的速率降温,降至 60℃以下时卸压出罐。

(3)清理胶梗。固化后,对外蒙皮和有外观要求的零件采用去胶剂除去不应有的胶痕,然后用清水漂洗,再用碱性清洗液中和,最后用丁酮擦拭。清理时应注意防止去胶剂侵蚀胶缝的正常溢胶部分(即胶梗)。

(4)外形检查。固化后的组件表面应平整,楔形件除了目视检查外,还要求用检验卡板检验外形。外观目视检查要求如下:

1）检查胶缝边缘溢胶的连续性，边缘是否缺胶，并检查胶接件是否错位；

2）检查胶接件的表面质量，包括包铝层划伤或腐蚀、凹坑或鼓包尺寸、凹痕深度、相邻缺陷间距等；

3）检查胶接零件外形及变形量是否超过技术文件规定的要求。

7. 胶接质量检测

固化后的零、组件需要进行专门的胶接质量检测，检测后有缺陷的胶接件需经过设计部门处理，并经过修补后方可使用。

注：胶接件在后续周转过程中需用中性牛皮纸进行保护。

第四节　磷酸阳极氧化

一、概述

为获得可靠而耐久的胶接，除了正确选用胶黏剂以外，最重要的是正确选择表面制备方法，改进胶接表面结构。由于胶接主要借助于胶黏剂对胶接材料表面的黏附作用，因此，表面处理就成为决定胶接强度和耐久性的主要因素，并成为整个胶接过程中最重要的工序之一，也是胶接成功与失败的关键之一。

对于铝及铝合金，常用的表面处理方法是阳极氧化。经过阳极氧化的铝及铝合金的表面，会形成一层多孔状的、与基体金属结合牢固的氧化膜，其增加了金属表面的表面能和表面积，有较好的吸附性和浸润性，能够获得较好的胶接强度。由磷酸阳极氧化得到的氧化膜具有较大的孔径和较厚的孔壁，成为胶接牢固而且吸附性强的基体，因此被广泛地用于胶接前的表面处理。

二、磷酸阳极氧化的特点

磷酸阳极氧化形成的氧化膜为 $\alpha - Al_2O_3 \cdot H_2O$，氧化膜的形貌是在多孔的筒式结构上，有开放的纤维结构。氧化膜的防护层（即氧化膜底层）非常致密，无裂纹，防潮。其疏松多孔的氧化层有较高的强度，并与防护层结合牢固，而且两者都能被胶黏剂或底胶充分湿润，牢固地结合。

磷酸阳极氧化膜的厚度和性质随电压、温度、槽液浓度和时间不同而变化，在一定范围内，氧化膜越厚、越致密，耐腐蚀性越好。但与其他阳极氧化膜层比较，磷酸阳极氧化膜层较薄。

磷酸阳极氧化表面更稳定、更耐久。磷酸阳极氧化的抗应力腐蚀性最佳，其改善胶接耐久性归因于生成的氧化膜比铬酸阳极化的膜较开放和较耐水合作用。磷酸阳极氧化表面的防腐蚀性较差。

三、磷酸阳极氧化对胶接性能的影响

磷酸阳极氧化工艺参数在一定范围内波动对胶接性能影响不大，容易保证胶接表面质量稳定。

阳极氧化后至漂洗的间隙时间延长会导致胶接性能下降。水中不溶解固体微粒和氟、氯

等离子的存在对胶接不利,配制槽液用水应采用去离子水或蒸馏水。漂洗后的零件烘干温度不应高于70℃,以免生成不利于胶接的膜层。

四、操作程序

1. 一般要求

(1)本工艺仅适用于结构胶接用铝合金的磷酸阳极化。

(2)操作过程中严禁赤手接触零件表面,拆卸、搬运处理完的零件应戴一次性手套。

(3)阳极化期间不能搅拌溶液。

(4)漂洗时,可搅拌浸渍漂洗水,并打开进水及喷淋水。

(5)阳极化后,涂底胶前,零件不允许用任何溶液清洗或溶剂擦洗。

(6)由于水滴或工艺溶液滴痕导致表面小的暗色,干燥期间仅允许低压去离子水喷洗一次,以除去暗色。

(7)阳极化时应保证零件及挂架不接触阴极。

(8)零件的装卡应以尽量少的接触面传导足够的电量。

(9)零件装挂时,应尽量装卡在零件的耳片或非胶接区。

(10)特殊的零件,可以装卡在工作面上,但是由装卡造成的裸露点的直径应小于2.38mm,仅有一个接触点时其直径可以达到3.175mm。

(11)装卡时应防止零件互相接触、拉伤变形、打折和截留气体,便于溶液循环和排液。

(12)对于0.5mm以下的薄板用夹板固持后,再装挂。

(13)压缩空气的控制满足下列要求:

1)在压缩空气的管路上必须安装油水分离器,并定期清洗。

2)对用于搅拌槽液的压缩空气应进行过滤,符合无油、无水、无杂质的要求,每天应对压缩空气进行检查并做记录。

3)采用一个专用试板(或镜子)检查压缩空气的清洁度。检查方法是在试板上喷涂压缩空气后,目视检查应无油、无水、无杂质。

2. 制造控制

制造控制按以下流程进行。

(1)零件接收。检验零件质量、外观。

(2)临时保护。需要时进行临时保护。

(3)准备。准备有机溶剂、槽液过滤、液面、搅拌、升温。

(4)手工除油。用丁酮去除油污、标记、铝屑等表面严重污物。

(5)装卡。

(6)碱清洗:L8410:30～60g/L。

温度:60～71℃。

时间:10～15min。

(7)水洗:室温时清洗时间为5～10min。

(8)检验:零件表面应清洁,水膜应连续。

(9)脱氧:$Na_2Cr_2O_7 \cdot 2H_2O$:30～90g/L。

H_2SO_4:288～310g/L。

温度:65.6～71℃。

腐蚀速率:0.005 6～0.008 6mm/(单面·h)。

时间:10～20min。

(10)淋洗:室温。

时间:5～10min。

(11)漂洗:室温。

时间:5～10min。

(12)检验:水膜连续。

(13)阳极氧化:H_3PO_4:97.4～119.8g/L。

氯化物:$\leqslant 35 \times 10^{-6}$。

氟化物:$\leqslant 75 \times 10^{-6}$。

温度:(25±2.8)℃。

电压:(15±1)V。

升压速率:2～7.5V/min。

时间:20～25min。

任何零件从中断电流到漂洗开始的时间间隔不应超出 2.5min。

(14)逆流漂洗:室温。

第一次漂洗时间:2～2.5min。

第二次漂洗时间:5～10min。

(15)干燥。

温度:40～45℃。

时间:15～30min。

(16)检验。

(17)进入清洁间:阳极化后的零件必须在 2h 内送入清洁间。

3.维护及质量控制

(1)重配工艺槽再次确认试验要求。任何碱清洗剂、脱氧剂或磷酸阳极氧化槽,重配后都要按规范要求制造组合试片。当一次更换的槽液超过 1/3(含 1/3)时,可认为是进行了重配。在生产零件之前,应满足规范规定的试验要求。当常规添加化学药品时,不需要再次确认。

(2)烘干炉(箱)内不能用作零件的贮存或保存区。

(3)当零件从容易探测的颜色变化到一个较难看的颜色时,显示着遮蔽或不良的电接触,应马上采取措施。

(4)不合格的零件仅允许重新处理一次。

(5)零件表面由于标记油墨腐蚀、机械加工、打磨、去毛刺等造成的表面粗糙,或由零件形状造成颜色变化检查困难时,在夹挂架上或相反表面上,或未受干扰的表面上的颜色变化,可作为阳极化合格依据。

第五节　加温、加压设备与胶接夹具

金属胶接生产中用到的加温、加压设备主要有热压罐和烘箱等。

一、热压罐

1. 热压罐的基本结构

热压罐是一种加温、加压固化设备,如图10.4所示,能满足任何形状部件的固化要求。它由罐体和各种系统组成,具体如下:

(1)罐体包括壳体、罐门和开门机构、尾部封头及内部隔热层等;

(2)加热系统包括加热管、热电偶控制仪、记录仪等;

(3)压力系统包括充气和排气用薄膜调节阀、远传压力表、电磁阀、安全阀、减压阀等;

(4)真空系统包括真空泵、截止阀、真空罐、控制阀门、记录仪或检测仪表等;

图 10.4　热压罐

(5)鼓风系统包括鼓风机、电机、冷却及润滑系统、导风板等;

(7)冷却系统包括冷却器、进水及加水截止阀、电磁阀、预冷装置等;

(8)控制系统包括温度、压力记录仪、真空显示仪及记录仪、各种按钮、指示灯、超温超压报警器和电子计算机系统等;

(9)其他:如拖车、贮气罐、导轨及桥架等。

2. 热压罐固化法的基本原理

热压罐固化法的基本原理是将密封在真空袋中的复合材料坯件或金属胶接组件移入热压罐中,经过加温、加压,完成材料的固化反应,使制件成为所需的形状和质量的工艺方法。

3. 热压罐固化法的工艺特点及适用范围

热压罐固化法是最常用的固化成型方法之一。目前,承载要求高的绝大多数复合材料结构件和金属胶接构件依然采用热压罐成型。热压罐可成型夹层结构件和层压板制件,也可成型固化组合制件和胶接制件。热压罐固化法的工艺特点如下。

(1)压力均匀。由于用压缩空气向罐内充气加压,罐内各处压力相同,因此制件在均匀压力下固化。

(2)温度均匀。由于罐内装有风扇和导风套,热空气高速循环流动,因此罐内各点温度较均匀。

(3)适用范围广。适用于结构和型面复杂的大型制件,如各种整流罩、机翼蒙皮壁板等。

(4)效率高。由于热压罐容积大,一次可安放两层或多层模具,多种制件一起固化。

(5)一次性投资大。热压罐价格昂贵,使用过程中需要耗用大量的水、电。

二、烘箱

1. 烘箱的基本结构

烘箱是一种加热容器(无压),它由箱体、真空系统和加热系统组成。真空系统由真空泵、真空管路、缓冲器、阀门和真空表组成。加热方式为电加热。

2. 烘箱适用范围

烘箱主要用于固化低压或有真空压力要求的复合材料制件、金属胶接制件,以及工装预热、蜂窝芯干燥、胶黏剂固化等。

三、热压罐和烘箱的要求

1. 设备定期检查

使用鉴定合格的设备,并进行定期检查。

2. 技术要求

(1)一般要求。

1)热压罐/烘箱内部应干净,没有污垢、油脂或对结构成型有损害的物质。

2)热压罐应安装超压和超温预警装置。

3)如果在热压罐里使用了易燃材料,或固化温度高于120℃的时候推荐加压时注入 CO_2 或 N_2。

4)在热压罐满载的情况下,加压、加热以及冷却能力应满足适用工艺规范中的固化要求。正常的压力操作范围为 $-0.08\sim1.04$MPa,升温速率为 $0.16\sim5$℃/min。

(2)温度控制要求。

1)热电偶的校验精度为±1.1℃。热电偶的绝缘体应无孔,并且具有良好的耐压性能。

2)热压罐通常使用 16~32 个用于控制、监测和记录温度的热电偶,具体需要热电偶的数目应参照适用的工艺规范。

3)温度应在整个固化过程中连续记录。至少每 6min 记录一次,可以多点记录。在正常的试验操作过程中,导线、接连盒以及记录仪的系统精度应在±3℃之内。

4)热压罐在加热的情况下,罐内任意两点的温度差不应超过 10℃。

(3)压力控制要求。

1)在整个固化过程中应保证固化零件的真空袋内压力和正压得到监控。

2)真空袋内压力在 $-0.09\sim0.2$MPa 范围内的精度要求如下:

$-0.09\sim0$MPa:±0.005MPa;

$0\sim0.2$MPa:±0.007MPa。

3)在整个固化过程中,需要使用一个或者两个压力记录仪器连续记录热压罐内压力,其记录精度要求如下:

$0\sim0.69$MPa:±0.014MPa;

0.69MPa 以上为整个读数的 2%。

压力刻度值每格不应超过 0.035MPa。

4)热压罐内的袋内真空压力系统应保持气密、无渗漏,并且有单独接通大气的管路。

(4)安全控制要求。

1）热压罐内应安装有照明灯及红色应急开门手柄,以保证被误关入罐内人员的安全。

2）罐门与加压机构应有互锁装置。罐门未关闭锁紧时,罐内加不上正压,而罐内压力未降至零时,罐门将无法打开。

（5）时间记录要求。在整个固化周期中,升温、恒温以及降温时间都应监控和记录。记录的精度应在实际固化时间的±2%之内。

（6）温度-压力曲线。温度-压力曲线上应标注热压罐、烘箱编号,固化炉批号,零件图号,路线卡片号及对应的热电偶编号和真空管路编号等。

四、胶接夹具

1.胶接夹具的用途

胶接夹具用于金属胶接时,参与胶接的各个零件之间的定位及胶接固化成型。

2.胶接夹具要求

（1）胶接夹具应根据制件的复杂程度、结构状况、装配要求、产品表面质量及生产批量的大小选用合适的材料进行制造。

（2）因加温、加压和抽真空固化的需要,胶接夹具应保证气密性,且应具有良好的热态刚度、传热效果和温度均匀性,并留有足够的制袋余量。

（3）胶接夹具必须考虑原材料的热膨胀系数,保证工装与制件之间有尽可能小的膨胀差异。

（4）胶接夹具和零件之间应相互协调,保证在所有的胶接面上形成的胶层处于规定的限度内。

（5）金属蜂窝及各组件在胶接夹具上的固定,应保证在升温和降温过程中能自由地伸长和缩短,不得有所限制。

（6）对于形状复杂或精度要求高的零件,其胶接夹具应采用数模一体化和数控机床加工。

（7）胶接夹具应符合工装图纸要求,应具有制造合格证,并进行渗漏检查和热分布测试。

第六节　胶接质量检测与控制

一、胶接质量检测

胶接质量检测主要是胶接件的无损检测及随炉试板的力学性能检测。每个金属胶接件都必须通过无损检测,合格后方可装机使用。

1.金属胶接件的无损检测

金属胶接件的无损检测通常选用适用的无损探伤仪器检验胶接内部质量。根据产品结构情况采用适合的检测方法检查,无损检测通常有敲击法、超声法、声阻仪、涡流仪和福克仪等。

（1）敲击检查。

1）将制件用两点或者三点支撑,悬空放置,或者放置于专用夹具上。使用专用敲击锤检查零件。

2）连续敲击胶接区域。胶层连续且没有空腔的部分敲击时声音清脆,有空腔或者有夹杂的部位声音沉闷。

3)连续敲击时,声音变化意味着发生下列 3 种情况:

a.胶层厚度有变化;

b.组件结构形式(尺寸、装配状况等)有变化;

c.胶层内有杂质或者空腔。

(2)超声波检测。金属胶接结构件的超声波检测需要使用专门的胶接结构检测声阻仪和胶接检测仪器来检测金属胶接结构的内部胶接质量。

1)声阻仪的测试原理。发射换能器将低频声能脉冲波束重复施加到待检构件上。在材料内传播的能量是由同一探头组合件内的同样的换能器接受的。探头在结构件表面扫查时,连续测量这些传播振动的振幅或者相位差。受检结构上表现出已经测量过的标定缺陷相等同的传声变化的区域,有表头数值偏移、声信号,以及探头上的灯光指示出来。该仪器适用于检查胶接叠层材料(木头、塑料、橡胶),蜂窝结构,泡沫塑料,混凝土等材料的分层、气泡和不均匀性。

2)胶接检测仪器(SONIC BONDMASTER)。该仪器是一种小的、轻便的、数字控制的胶接检测仪器。它可以检测的结构包括金属、KERLAR 纤维、碳纤维、硼纤维、玻璃纤维等。也可检测金属或 NOMEX 蜂窝芯与面板材料的胶接。使用该仪器可采用 4 种检测方法进行检验。①谐振检测方法。超声谐振探头放在涂有耦合剂的样件上,并且以它的谐振频率激励探头。分析传感器电阻抗的变换量来检测出脱粘;②吸发扫频检测方法。吸发扫频检测方法使用双晶片、点接触、非耦合剂的低频超声波探头。一个晶片将声波发射入被检件,另一晶片接收在探头两触头之间的试件以板波模式传播的声波,处理返回的信号,并检测出声程上良好区与较差区效应的差异;③吸发脉冲检测方法。吸发脉冲检测方法使用双晶片、点接触、非耦合剂的低频超声波探头。一个晶片将一个个骤发声波发射入被检测件,另一晶片接收在探头两触头之间的试件中的声波。以此检测出路程上良好区域与较差区域声波振幅/相位的差异;④机械阻抗检测方法。机械阻抗检测方法使用单触头的双晶片超声波探头。一个晶片发射可闻声波,另一晶片检测出试件胶接变化引起探头负载变化的结果。在设置期间,保持频率在 $2.5\sim10$ kHz 进行扫描以确定检测频率。

当胶接构件存在空穴、气泡、脱胶分层、疏松、弱胶层等内部缺陷,且超过技术文件规定的要求时,应予拒收。对于允许修补的缺陷,应在修补后重新进行无损检验。

2.随炉试板的力学性能检测

(1)随炉试板是指与构件的材料、工艺过程相同,并在同炉固化成形的一种试板,用以评定构件质量,对工艺过程进行监控。

(2)金属胶接的随炉试板与胶接零件同步生产,通常的力学性能试验项目见表 10.1,具体的试验项目及验收标准以胶接件的检验及验收要求为依据。对于板-板胶接生产,测试项目见表 10.1 中的 1,2 项,对于板-芯胶接生产,需要完成表 10.1 中所有测试项目。

表 10.1 随炉试板的力学性能测试项目

序 号	试验项目	试样数量	测试方法	检验标准
1	搭接剪切	5	HB 5164	按相应的设计验收要求
2	板-板 90°剥离	5	GJB 446	同上
3	滚筒剥离	3	GJB 130.7	同上
4	平面拉伸	5	GJB 130.4	同上

二、胶接生产质量控制

胶接件的生产环节众多,易受人为因素影响,产品胶接质量不稳定。因此,必须针对胶接生产的特点,对生产过程的各个环节,制订严格的质量控制要求,加强全面质量控制。胶接生产质量控制要求如下。

1.人员的要求

从事胶接的工人和检验人员应按要求通过培训和鉴定,经过考核合格的人员,须持有岗位资格证方可上岗操作。

(1)在生产过程中,严格执行工艺文件,执行工序检验和首件三检制度,遵守工艺纪律,做好产品原始记录。对在生产过程中出现的质量问题,不弄虚作假,及时向工(组)长反映,避免重复问题发生。

(2)坚持文明生产,做好经常性的整理、整顿、清扫和定置管理。

(3)积极参加工段(班组)的质量预防和质量改进活动。

(4)操作工应严格按相应的工艺规程、FO、图样要求喷涂底胶,装配零件及铺贴胶膜。在操作过程中,认真填写"胶膜使用记录卡""底胶使用记录卡"和"胶接件质量控制记录",并对其工作质量负责。

2.材料的要求

金属胶接生产中不论是胶黏剂、胶膜还是工艺辅助材料,都有明确的贮存管理要求。特别是对胶膜的贮存条件和贮存期有着严格的规定,超期和不合格的材料禁止使用。

(1)胶膜的贮存。

1)胶膜必须是工程图样或工程文件规定的并经检验合格的材料。

2)应在密封防潮袋中存放未使用的或已部分使用及预切割配套的胶膜卷料,在铺贴前不得揭去原来的背衬材料。配套的胶膜不允许折叠,可以平放或卷起来贮存。胶膜应记录冷藏及非冷藏的累积时间,同时袋中须附有标签,该标签上应标明材料的牌号、生产厂的名称、批号、卷号、生产日期等。

3)从低温库中取出的胶膜应保存在密封的防潮袋中,直到包装袋外面不再有冷凝水才可启封使用。

4)每种胶膜的贮存期(冷藏及非冷藏的时间)和复验要求等按相应材料规范或说明进行。

(2)蜂窝芯和已预固化的蜂窝芯组件的贮存。

1)要以不引起损伤或避免水、油脂、污物或其他有害于胶接的外来材料污染的方法贮存和包装蜂窝芯。

2)一旦芯子或芯子组件已经切割到净尺寸,应按图样规定做标识。

(3)其他材料。如果工程图样规定使用其他材料,则材料的贮存及复验均应按材料规范或说明的要求执行。

(4)工艺材料的贮存。工艺材料按供应商的要求说明贮存,贮存中应避免污染和其他损伤。

3.工艺过程的要求

胶接工艺过程的质量控制见表10.2。

表 10.2　胶接工艺过程的质量控制

胶接工序	质量控制内容及要求
胶接零件预装配	1.所有工艺装备和待预装配的零件应有合格证或质量证明。 2.工艺装备的零件位置线应清晰准确,检查配合间隙,超差时允许局部修配,但不准随意修改模具与工艺装备。 3.预装配时应特别防止零件变形或损坏
胶接表面处理	1.所用表面处理生产线应经过鉴定合格。 2.表面处理槽液的配制、调整与维护应按相应工艺标准的规定进行。 3.表面处理的工艺方法及参数应严格按照相应工艺标准进行。 4.胶接零件的随炉试片应与产品零件同时经过所有的处理步骤。 5.表面处理后的零件,按相应规定妥善运送和保存,在涂底胶或胶黏剂前避免污染
喷涂底胶	1.对不同材质的零件,表面处理后按规定的时间喷涂底胶。 2.喷涂底胶前应充分搅拌,不得有明显沉淀物。 3.底胶厚度应用仪器测定,也可用比色法测定,应符合相应的技术文件规定。 4.底胶的烘干或固化应有完整的记录。 5.已经喷涂底胶的零件严禁再进行不利于后续胶接的补充加工。 6.完成喷涂底胶的零件应尽快组装固化,否则按规定封存
涂胶或铺贴胶膜	1.按零件的工艺要求涂胶或贴胶膜,胶膜允许拼接,缝隙或搭接宽度应符合工艺规定,胶膜铺贴后需用辊压、针刺等方法排除气泡,对于大面积胶接特别应注意将气泡排除干净。 2.胶膜允许采用热贴法,应严格控制加热温度,防止将胶膜拉薄或凝胶。 3.应杜绝把隔离膜夹入胶接缝。 4.工作完毕后应彻底擦拭与胶黏剂接触过的工具及工作台,保持清洁
组装及固化	1.固化模具工作表面应保证清洁无杂物,脱模剂涂敷正确。 2.胶接件的组装应与预装配状态相符,隔离层、透气及吸胶织物等辅助材料的种类及用量应与首件鉴定合格时的状态一致,注意排气及溢胶通道的畅通。 3.按相应的工艺规定放置、连接真空嘴及热电偶。 4.胶接件组装完成并制备真空袋后,应进行泄漏检查,保证气密性良好。 5.胶接件的固化必须在规定的工序时间间隔内完成。 6.固化工艺参数应符合相应工艺规程的要求,并应与首件鉴定合格时一致。 7.至少每隔 20～30min 检查一次真空袋的密封情况。 8.在多步法胶接中,要避免对后续的胶接表面造成污染,也应避免对已经固化的零件产生损害影响

4.环境控制要求

(1)控制污染区。金属胶接生产中胶膜的切割、配套和铺贴等胶接操作必须在控制污染区进行,以保证胶接界面及胶黏剂不受环境污染。控制污染区又称清洁间或净化间,该区域主要控制温度、相对湿度、空气清洁度,并保持室内有正压力差。

1）温、湿度要求。控制污染区温度应控制在 18～30℃；相对湿度不大于 65％。温、湿度必须进行 24h 连续记录和打印。

2）正压要求。控制污染区内部相对于外部应有 10～40Pa 的正压力差。

3）粉尘数量要求。对进入控制污染区的空气应进行三级过滤，保证控制污染区内 10μm 和大于 10μm 的粉尘数量不多于 4 个/L。用设置在控制污染区内尘埃粒子计数器进行粉尘统计，控制污染区的粉尘数量应每天进行检测（电脑自动显示），每周检查并记录一次。

4）压缩空气的要求。压缩空气源应通过油水分离器进行过滤，去除油、水、粉尘或其他污染物。

5）清洁要求。控制污染区允许的清洁方法有水拖洗、擦洗、溶剂清洗和真空吸尘等。

6）人员进出控制要求。人员应从风淋室进出控制污染区。进入风淋室前，应穿戴个人保护装备；在风淋结束后方可走出风淋室，进入控制污染区。

7）允许在控制污染区内实施的操作如下：

a. 真空袋制备。

b. 渗漏检查。

c. 胶膜的晾置调温、下料（剪裁）、切割、铺贴、工艺组合、装配和固化准备。

d. 芯子的胶接和灌封。

e. 底胶厚度检验。

f. 组装金属胶接件时要求在使用胶膜之前对零件实施预装配，允许在控制污染区内修整金属零件，使组件符合图样要求。典型的操作是用铁皮剪和锉刀修整金属零件；用砂磨块降低芯子厚度。不应在组件上修整、砂磨，应远离组件，典型的操作是在废料容器上面修整、砂磨。如果在厚零件（厚度≥2mm）上修整，则边缘应用阿洛丁处理。打磨时应远离那些没有覆盖的预浸料或未固化的胶膜至少 15m，打磨的粉尘应抽真空除去。

8）控制污染区内禁止的行为，其具体如下：

a. 禁止混合交叉作业（金属胶接操作和复合材料操作的混合交叉）。

b. 禁止吃（包括咀嚼口香糖和烟草）或喝东西、吸烟，在控制污染区外面张贴相应的禁止吃喝和吸烟的标志。

c. 禁止使用蜡、滑石粉、手膏、液体脱模剂、导电涂层和含未固化硅树脂的化合物及任何其他对胶接不利的材料。

d. 禁止使用未经批准的清洗溶液和清洗程序。

e. 禁止运转内燃机。

f. 禁止在控制污染区里进行能产生大量粉尘的操作，如机加、打磨、钻孔、砂磨、铣切。

（2）底胶喷涂间。

1）底胶喷涂间是胶接专用区，设置在控制污染区内，并与控制污染区和表面处理间隔离封闭，除进出外，门始终关闭。其地板要求、照明要求、正压要求和压缩空气要求等同控制污染区要求一致。

2）排风要求。建议采用上部送风、地沟排风或侧面排风的形式。侧面排风时可设置水帘吸附装置；地沟排风时，地沟中应设置水吸附装置。

5. 设备控制要求

烘箱、热压罐等设备均应定期校验并处于合格有效状态，所有温度、压力、真空等仪器仪表也应定期校验并处于合格有效状态。

6. 维护控制要求

(1)所有施工用的工具、工装、工作台等在使用前后均应清理干净。当清除工装上的胶液斑痕时,不得划伤工装的工作面。

(2)定期检查所使用的设备、电源和电气系统,经常清除尘埃、污染物及胶斑。

7. 质量控制要求

质量控制贯穿于整个胶接生产的全过程,除制造过程的各工序检验、完工产品检验外,还应进行专门的无损检测及性能测试等。

安全·小·提示

1. 热压罐为压力容器,罐门关闭前必须仔细检查,确保罐内无人方可关门,开罐门前必须仔细检查罐内无余压后方可开门。

2. 非热压罐操作者严禁乱动热压罐设备上的各类按钮、开关和阀门。热压罐工作区严禁有易燃、易爆物品。

3. 严格按规范操作热压罐,发现问题和故障,及时找有关人员解决,严禁设备带故障运行。

4. 烘箱必须绝缘良好、接地可靠,开启烘箱门时,必须停风机及加热系统。

5. 烘箱周围 10m 内不准放置易燃、易爆物品。用汽油、丙酮、酒精等易燃液体清洗过的零件应放置 15～30min,将易燃物挥发后方可进入烘箱。

6. 工作时,注意烘箱吊门安全,工作后应关闭电源打扫卫生。

7. 阳极化操作工必须严格执行"五不准":①不准站在槽沿上操作;②不准一人同时操作多台设备;③不准超标排放;④不准把槽液挪作他用;⑤不准在现场堆放易燃易爆及有毒材料。

阳极化操作工"五必须":①工作前必须打开抽、送风装置和有关电器设备;②工作后必须关闭所有风机、电器和风、水、汽阀门;③工作现场的有机溶剂和其他物品必须放置在规定的地点;④工装夹具必须摆放整齐,保持信道畅通;⑤集体操作必须有专人指挥,统一协调。

当进入冰箱中存储或搬运胶膜等低温材料时,必须穿好专用防寒服,防止冻伤。

思 考 题

1. 金属胶接有哪些优点和缺点?

2. 常用的结构胶黏剂有哪些种类? 各自有什么用途?

3. 以板-芯胶接结构为例,简述金属胶接的工艺流程。

4. 简述蜂窝芯的加工方法。

5. 当在被胶接的零件上铺贴胶膜时,应遵循哪些原则?

6. 磷酸阳极氧化一般有哪些操作要求和程序? 简述磷酸阳极氧化的工艺流程。

7. 胶接夹具有哪些技术要求?

8. 请从人、机、料、法、环等几方面来简述胶接生产的质量控制要求。

第十一章 复合材料结构与制造

本章主要讲述复合材料特点、结构组成及分类;成型工艺方法及特点、选用原则;玻璃钢零件与复合材料结构件成型工艺;复合材料机械加工的技术要求、复合材料质量检测与控制相关要求等。

(1)了解复合材料的界面与界面理论;
(2)了解增强材料——纤维、无纬布制造、复合材料结构件成形工艺;
(3)了解复合材料结构件的机械加工、复合材料的质量检测。

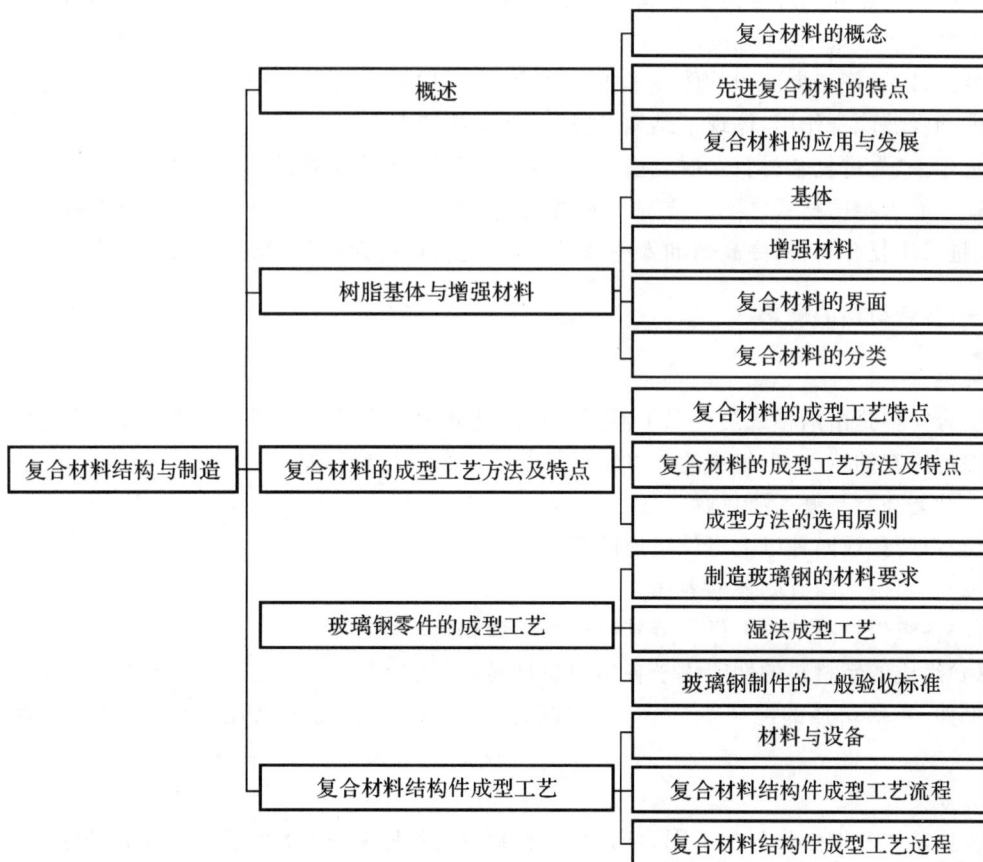

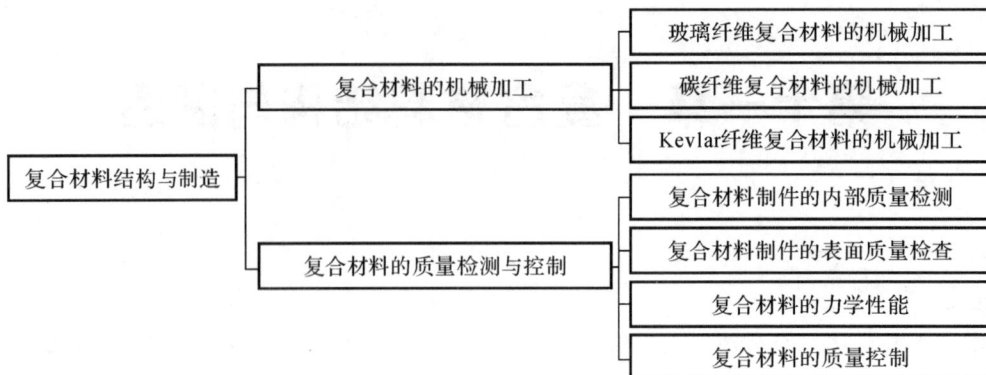

```
                                              ┌─────────────────────────────┐
                                              │ 玻璃纤维复合材料的机械加工      │
                              ┌─────────────┐ ├─────────────────────────────┤
                              │复合材料的机械加工│─┤ 碳纤维复合材料的机械加工        │
                              └─────────────┘ ├─────────────────────────────┤
               ┌──────────────┤               │ Kevlar纤维复合材料的机械加工    │
               │复合材料结构与制造│               └─────────────────────────────┘
               └──────────────┤               ┌─────────────────────────────┐
                              │               │ 复合材料制件的内部质量检测      │
                              ┌───────────────┐├─────────────────────────────┤
                              │复合材料的质量检测与控制├复合材料制件的表面质量检查     │
                              └───────────────┘├─────────────────────────────┤
                                              │ 复合材料的力学性能            │
                                              ├─────────────────────────────┤
                                              │ 复合材料的质量控制            │
                                              └─────────────────────────────┘
```

第一节　概　　述

　　复合材料是由两种或两种以上性质不同而互补的材料所组成的并被赋予新特性的材料结构。它具有比组成材料更优越的综合性能。在复合材料中,所有组成材料相互依赖,处于不可分割的状态,同时发挥着各自的作用。复合材料在国民经济中已发挥出重大作用。

　　先进复合材料是指由高弹性模量纤维组成的新材料。先进复合材料在航空、航天、电子、兵器、舰艇、交通和能源等诸多领域取代了金属材料成为一种不可缺少的特种工程材料。先进复合材料具有质量小、比强度高、比刚度高、可设计性强、抗疲劳断裂性能好、耐腐蚀性好、尺寸稳定性好,以及便于大面积整体成形等独特优点,采用特殊的增强相和基体,还具有特殊的电磁性能和吸波隐身作用,体现了结构/功能一体化的特点。

　　近年来,先进复合材料在航空航天领域的应用日益广泛,继铝、钢、钛之后,已迅速发展成四大航空航天结构材料之一。波音人强调,要想"领跑"飞机设计技术,就要大幅度减轻结构质量,大量采用复合材料,提高燃油效率(20％),称复合材料为"航空航天结构的未来"。

一、复合材料的概念

1.概念

复合材料是由两种或两种以上不同材料通过某种方式结合而成的新材料,其中各组份材料仍保持原有的特性,但组成的新材料的性能优于各单组份材料。

2.对复合材料概念的理解

(1)由两种或两种以上组份组成的新材料。

(2)各组份之间有明显的界线。

(3)各组份材料基本上仍保持其固有的物理和化学性能。

(4)组成的新材料的性能优于各单组份材料。

例如,麦草增强的泥砖——草＋泥;钢筋混凝土——钢筋＋水泥;复合地板——木材＋树脂。

3.分类

根据基体和增强材料的不同,可将复合材料分为树脂基(聚合物基)、金属基、陶瓷基、玻璃基、碳基等复合材料；根据使用的目的不同，可将复合材料分为结构复合材料和功能复合材料；根据性能高低，可将复合材料分为先进复合材料和常用复合材料。

二、先进复合材料的特点

1. 比强度高、比模量高

复合材料的突出特点是比强度及比模量（强度与密度之比及模量与密度之比）高，从表 11.1 可以看出，高模量碳纤维/环氧复合材料的比强度为钢的 5 倍，为铝合金的 4 倍。因此，复合材料制件在强度和刚度相同的情况下，结构质量可以大为减轻。几种结构材料的力学性能对比见表 11.1。

表 11.1　几种结构材料的力学性能对比

材　料	密度 g/cm^3	拉伸强度 GPa	拉伸模量 10^2 GPa	比强度 GPa	比模量 10^2 GPa
钢	7.8	1.03	2.1	0.13	0.27
铝	2.8	0.47	0.75	0.17	0.26
钛	4.5	0.96	1.14	0.21	0.25
玻璃纤维复合材料	2.0	1.06	0.4	0.53	0.20
高强碳纤维/环氧树脂	1.45	1.5	1.4	1.03	0.97
高模碳纤维/环氧树脂	1.6	1.07	2.4	0.67	1.5
有机纤维/环氧树脂	1.4	1.4	0.8	1.0	0.57
硼纤维/环氧树脂	2.1	1.38	2.1	0.66	1.0
硼纤维/铝	2.65	1.0	2.0	0.38	0.5

2. 耐疲劳性能好

金属材料的疲劳破坏是没有明显预兆的突发性破坏，而树脂基复合材料中纤维与基体的界面能阻止裂纹的扩展，因此，耐疲劳性能好。其疲劳破坏总是从纤维的薄弱环节开始，逐渐扩展到结合面上，破坏前有明显预兆。此外，纤维复合材料还显示出结构的良好破损安全性，即使过载造成少量纤维断裂，其载荷也会迅速分布到未破坏的纤维上，这样在短期内不会使整个构件丧失承载能力。

3. 各向异性及可设计性

复合材料的另一大特点是各向异性，且是非均质的，与之相关的是性能的可设计性。复合材料的力学、物理性能除了由纤维和树脂的种类及体积分数而定外，还与纤维的排列方向、铺层顺序、层数和密度相关。因此，可根据工程结构载荷分布及使用条件的不同，选取相应的材料及铺层设计来满足既定的要求。复合材料的这一特点可以实现制件的优化设计，做到安全可靠、经济合理，获得最佳的结构效率。

4. 材料与结构的统一性，易于大面积整体成型

在制造复合材料的同时，也能获得制件。复合材料成型工艺的最大特点是容易成型任意型面的零件，能成型整体式的结构。复合材料的这一特点使部件中的零件数目、紧固件及接头

数量明显减少,有利于提高工效、降低生产成本,提高结构的承载能力。

5. 减振性好

复合材料的纤维与基体的界面有吸收振动能量的能力,因此,复合材料的振动阻尼很高。

6. 耐高温烧蚀性好

树脂基复合材料的组份有较高的比热、烧蚀热、绝热指数以及较低的热传导率。在高温下,它们能吸收大量的热,而在其内部保持较低的温度,因此,常用树脂基复合材料作载入大气层的飞行器的耐烧蚀材料。

7. 赋予了许多新功能

复合材料组成的多样化与设计的随意性赋予了复合材料除具有力学性能之外的许多新功能,还使复合材料具有吸波、导电、半导、发热、耐热、记忆、阻尼、摩擦、吸声、阻燃、透析、隔热、磁阻和透光等功能,还赋予了先进复合材料新的内涵,开拓了它在生物、能源、环保、测量、机械、建筑、军事工业中的新的应用领域。

8. 缺点

树脂基复合材料的抗冲击性能低,横向强度和层间剪切强度不够高,材料性能分散性大,工艺质量不够稳定,长期耐高温及耐老化性能不好。另外,价格过高也是制约复合材料应用推广的重要因素。当然,复合材料的抗冲击性能问题,通过改进树脂基体的韧性和改进复合材料工艺等措施,已经得到了较好的解决,出现了一批高韧性复合材料。

三、复合材料的应用与发展

复合材料有三大应用领域:航空航天、体育休闲用品及工业应用。其中,航空航天应用占18%,如军机、民机、直升机、无人机、导弹、火箭、卫星、宇宙飞船、兵工、舰船、电子和陆军等;体育休闲用品占37%,如高尔夫球拍、网球拍、羽毛球拍、钓鱼竿、自行车、赛艇、赛车、弓箭、滑雪板和杆等;工业应用领域占45%,如基础设施领域、沿海油气田、汽车领域、风力发电和防弹产品等。

1. 先进复合材料在军机上的应用

先进复合材料在飞机结构上的应用大致分为 3 个阶段,30 多年来走过了一条由小到大、由弱到强、由少到多、由结构到功能的发展道路。其 3 个阶段具体如下:

(1)第一阶段。先进复合材料用于舱门、口盖、整流罩以及襟、副翼、方向舵等操纵面上,受力较小、规模较小,于 20 世纪 60 年代末至 70 年代初完成。

(2)第二阶段。先进复合材料用于垂尾、平尾等受力较大、规模较大的尾翼一级部件,自 20 世纪 70 年代初始,至今仍在延续,此时复合材料用量一般不超过结构总质量的 5%。

(3)第三阶段(代表了近况)。先进复合材料用于机翼、机身等主要受力结构上,受力很大,规模也很大。自 20 世纪 80 年代初至今,世界各国较新研制的性能先进的军机机翼一级部件已几乎无一例外地都用到了复合材料,机身也不同程度地采用了复合材料。目前,军机上复合材料用量占结构总质量的 20%~50%。最具代表性的是欧洲的大型军用运输机 A400M,复合材料为 35%~40%,A400M 的复合材料的机翼翼盒已于 2006 年装配下线,长为 23m,宽为4m,质量达 3t,为空客迄今为止最大的复合材料制件。

2. 先进复合材料在民机上的应用

民机既强调安全性、经济性,也强调先进性,继军机之后亦早于 20 世纪 70 年代初就开始了应用先进复合材料的进程。

(1)大型民机。大型民机又称商用干线客机,在先进复合材料问世之初的 20 世纪 70 年代就开始了其研究应用,以美国而言大致可分为 4 个阶段:

第一阶段:受力很小的构件,例如前缘、口盖、整流罩和扰流板等,该阶段约于 20 世纪 70 年代中期结束。

第二阶段:受力较小的部件,例如升降舵、方向舵和襟副翼等。1975 年,美国的 NASA 开始执行 ACEE 计划(飞机节能计划),即减重、节油和增加商载等。该阶段于 20 世纪 80 年代初结束。

第三阶段:受力较大的部件,例如平尾和垂尾。仍在 ACEE 计划下执行,该阶段约于 1985 年前后完成。

第四阶段:在生产型飞机上正式设计应用,例如 B757,B767,B737,B747 等。B777 共用复合材料 9.9t,占结构总质量的 11%。波音的"音速巡航者"(Sonic Cruiser)拟用复合材料 60%。目前,A380 客机复合材料用量 20% 左右,B787 飞机上复合材料用量 50% 以上,空客 A350 飞机复合材料用量达到 52%,甚至超过 B787 的水平。

(2)支线客机、公务机。中等商用运输机称支线客机,与干线客机一样也开始大量应用先进复合材料,典型的如法、意合作研制的 ATR—42,机翼、尾翼等处共用 10% 左右的复合材料,其改型 ATR72 采用了复合材料机翼,用量达 20% 左右,这是客机上的第一个复合材料机翼。

公务机一般载客 6~25 人,介于轻型飞机与支线客机之间,但性能要求很高,其应用复合材料较多。典型的如 JETCRUZER500 型公务机机身,Premier I 机身等。

(3)轻型飞机、通用航空。小型民机又称轻型飞机,一般乘员不超过 9 人,该类飞机用复合材料量最大,有许多全复合材料飞机(90% 以上),如 Lear Fan2100,AVTEK400,Lancair320,Starship 1,Voyager 等,其中,Starship 1(星舟 1 号)是第一个获得 FAA 合格证的全复合材料飞机;Voyager(旅游者号)于 1986 年创下了不加油、不着陆连续环球飞行 9d,40 252km 的世界纪录。

通用航空是指除军用航空和民用运输航空以外,为国民经济各行各业服务的所有航空活动的总称,该领域多与轻型飞机相关,在我国具有较大的发展空间。

(4)直升机。直升机包括军用直升机、民用直升机和轻型直升机。在各种直升机上,先进复合材料的用量均较大,超过军机、民机的用量。

美国有 ACAP(Advanced Composite Application Plan)计划。在此计划下研制的 H360,S—75,BK—117,V—22 等均大量应用了复合材料。典型的 V—22,可垂直起落、倾转旋翼后又能高速巡航,用复合材料 3 000kg,占结构总质量的 50% 左右;RAH66(50%);欧洲的 Tigre 虎式武装直升机,其复合材料用量高达 80%。

(5)无人机。各种无人机,包括无人侦察机和无人作战飞机(Uninhabited Combat Aerial Vehicle,UCAV),作为一种新型航空作战武器是当前发展研究的一个热点。

无人机具有低成本、轻结构、高机动、大过载、长航程、高隐身、低使用寿命、长储存寿命的鲜明技术特点。这些特点决定了其对减重有迫切的需求,从而对复合材料有迫切的需求。故各种无人机上复合材料的用量较有人机的要大,一般在 50%~80% 之间,有的甚至是全复合材料飞机。

3.国内复合材料应用情况简介

国内复合材料结构在一些军机型号的部件上取得了一定的经验。30多年来生产制造了多种型号的飞机复合材料构件,主要有前机身、垂尾、平尾、鸭翼、带整体油箱的机翼上、下壁板等,全机结构复合材料的用量最高达到9.6%。总体来说,国内民机复合材料的用量不高,用量不到10%。目前在研的大客飞机复合材料用量拟达到15%以上。

国内30多年的研究发展已有了一定的规模和水平。主机生产厂均已建设了生产线,完成了相应的技术改造,研究院所也有了较大发展,设备有了较大改造;国内从材料、设计到加工工艺有了一支配套的研发队伍,各重点高校均有一定研究力量,培养了大量人才,军民用复合材料研究应用受到了一定重视。但与国外相比,国内在应用的规模与水平、材料的基础和配套、制造工艺和设备、设计方法和手段上还有较大的差距,有待进一步提高。

4.复合材料的发展

(1)向自动化制造技术发展。随着自动化设备和自动化技术引入复合材料加工行业,复合材料制造质量上了一个新台阶。预浸料的下料、定位/铺贴以及制件的切割、制孔等操作工艺稳定性明显提高。

(2)向先进复合材料制造技术发展。复合材料已从常规的湿法成型玻璃钢向高温、高压固化的高强高模碳纤维、芳纶纤维复合材料发展。手工湿法裱糊玻璃钢工艺已很落后,存在毒性大、力学性能低、产品质量受人为因素影响大、严重污染环境等缺点。其将随着复合材料原材料和制造技术的发展逐渐被淘汰,国外目前已基本不使用此种材料和工艺。

(3)向结构复杂化、尺寸大型化发展。随着复合材料制造技术的提高和复合材料设计水平的提高,整体式复合材料主承力构件愈来愈多,尺寸也愈来愈大,例如,空客A310飞机全复合材料垂尾,长8.3m,宽7.8m。

(4)向低成本制造技术发展。要使高性能复合材料得到更广泛的应用,选择和发展低成本成型技术,降低高性能复合材料的加工成本是必经之路。复合材料工艺多元化是复合材料扩大应用的发展趋势,与相关工艺对应的专用设备是生产的基本手段。

(5)向数控复合材料工装制造技术延伸。由于热膨胀系数的差异,对于大尺寸、型面精度要求高的先进复合材料制件,采用普通的金属工装已满足不了使用要求,因此,复合材料工装、殷瓦合金工装应运而生。近几年,引入和推广低温固化、高温使用的复合材料工装,取得了一定的效果,外形尺寸精度问题基本得到解决,但对于碳纤维复合材料制件的问题,还须引入数控加工的复合材料标准工艺装备和碳纤维复合材料成型模,以及殷瓦合金工装的新思路,这样才能真正使复合材料工装制造技术上水平。

(6)发展复合材料修补技术。复合材料制件在制造和使用过程中,不可避免地会出现缺陷或损伤,以致影响产品的正常使用,甚至造成报废。一些发达国家已掌握了复合材料修补技术并达到实际应用,而我国尚处于研究和试制阶段。

第二节 树脂基体与增强材料

复合材料是由增强材料和树脂基体复合而成的新材料,通常将复合材料中构成连续相的组份称为基体,非连续相的组份称为增强材料。因此,复合材料的定义也可以说成是由增强材料和树脂基体复合而成的新材料。复合材料结构如图11.1所示。

在复合材料结构中,增强材料的作用是承力,界面的作用是传力,基体材料主要起黏结作用。

一、基体

1.基体含义

基体是复合材料中用于黏结增强材料的胶黏剂。在复合材料成型过程中,基体材料经过一系列复杂的物理化学变化,把增强纤维黏结成具有一定形状的整体。

2.基体的作用

(1)力学上:黏结纤维、保护纤维、传递应力。

(2)物理上:耐热性、电性能(极性基团)等。

(3)化学上:耐溶剂性、耐水性、老化性能。

3.基体分类

(1)聚合物(树脂)基体(热塑性、热固性)。

(2)金属基体(铝基、钛基、金属间化合物)。

(3)陶瓷基体(Si_3N_4,SiC,Al_2O_3)。

(4)碳基体。

4.常用的聚合物基体

(1)传统的树脂体系:环氧树脂、酚醛树脂、聚酯树脂。

(2)新型热固性树脂体系:双马来酰亚胺、聚酰亚胺、多官能团环氧树脂。

(3)新型热塑性树脂体系:PEEK 聚醚醚酮、PPS 聚苯硫醚。

基体材料的特性直接影响着复合材料的性能,而它的工艺性则直接关系到复合材料的成型方法和工艺参数的选择。

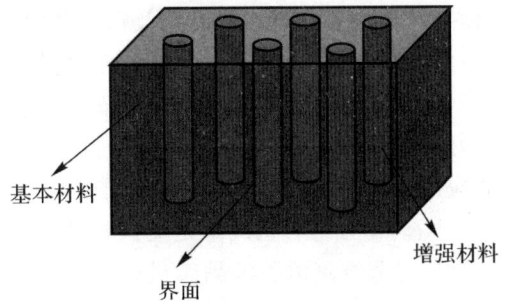

图 11.1　复合材料结构示意图

二、增强材料(也称增强体或增强相)

(1)增强体:加入基体中能提高其力学性能的物质。

(2)增强体类型:纤维状、片状、颗粒状、晶须状、粉末状。

(3)增强形式:单向纤维预浸料、织物(2D 织物、3D 织物、针织)。

(4)增强纤维:玻璃纤维、碳纤维、硼纤维和芳纶纤维等。

常用作先进复合材料的增强材料有碳纤维和芳纶纤维。

(1)玻璃纤维:强度高(层间剪切强度高),具有良好的抗损伤性,但因刚度低(抗拉强度低、抗疲劳性差),只使用于次要结构。另外,纤维密度相对较高。

(2)碳/石墨纤维:最广泛地使用在主要结构中,强度和刚度都比较高,抗拉、抗压强度高、层间剪切强度好,纤维类型和规格多,铺贴性优良。

碳纤维增强材料是 20 世纪 60 年代研制成功的一种新型高强度、高模量材料。碳纤维一般用人造纤维(黏胶纤维、醋酸纤维或聚丙烯脂纤维)制造。它也可以用沥青纤维、木质素纤维等制造。目前,各国生产碳纤维多采用聚丙烯腈为原料来制造。

碳纤维是一种密度较小的材料,密度为 $1.5\sim2.0g/cm^3$。用碳纤维增强的复合材料,其强度和模量均较高,是很有发展前途的结构材料。

碳纤维的抗拉强度超过一般 E-玻璃纤维的抗拉强度,其抗拉强度与高强 S 玻璃纤维的相近。碳纤维的弹性模量比玻璃纤维的高 $3\sim5$ 倍。用碳纤维和合成树脂胶黏剂制成的复合材料,其抗拉强度超过玻璃钢及铝合金的抗拉强度,与钛合金的相近。其抗拉弹性模量也大大超过玻璃钢和铝合金,并超过钛合金的拉伸弹性模量。

(3)Kevlar 纤维。与碳纤维/石墨相比,Kevlar 纤维质量小,成本低,具有特殊的抗磨性,良好的抗冲击性、化学性及抗疲劳性。但因 Kevlar 芳纶的抗压强度低,对树脂的黏结性差,因此应用受到限制。另外,Kevlar 纤维加工很困难,不能用普通刀具精加工,对刀具要求高。

Kevlar 芳纶有机纤维是美国杜邦公司开发的一种高强度、低密度的芳香族聚酰胺纤维。它是通过芳香聚酰胺液晶态进行纺丝,得到分子取向度很高的纺丝纤维。商品名为 Kevlar,有 Kevlar—29 和 Kevlar—49 两种。目前生产 Kevlar 纤维较为成功的纺丝工艺是杜邦公司的干喷湿纺法。

Kevlar 纤维分子中存在苯环结构,而且密度很大,因此,整个分子链变得非常刚直。经过液晶纺丝后,分子具有很高的定向性。在分子链方向,Kevlar 纤维是靠化学键结合的。因此,在该方向强度很高。但在分子之间,是靠很弱的分子间力结合的,因此,与之相关的抗压强度和抗扭剪性能较低。

(4)硼纤维。硼纤维具有高强度、高刚度的特点,但抗冲击性差,成本太高,加工困难,仅用于要求高强度和高刚度的部件。

(5)几种纤维的密度。 $\rho_{玻璃纤维}(1.9g/cm^3)>\rho_{碳纤维}(1.5g/cm^3)>\rho_{硼纤维}(1.4g/cm^3)>\rho_{芳纶纤维}(1.3g/cm^3)$。

三、复合材料的界面

1.界面

不同组份相复合共存的系统,各组份相之间存在着的分界面称为界面。复合材料界面是在热、化学及力学等环境下形成的体系,具有极为复杂的结构。

2.复合材料的界面理论

复合材料的综合性能不仅与增强相和基体相关,更与两相间的界面有着重要的关系。界面是复合材料极为重要的微结构,它作为增强纤维与基体连接的"纽带",对复合材料的物理、化学及力学性能有着至关重要的影响。

第一,界面影响到纤维与基体之间的应力传递,从而决定复合材料的强度,尤其是偏轴向强度;第二,界面影响到复合材料损伤累积及裂纹的传播历程,从而决定复合材料的断裂韧性;第三,界面直接影响到复合材料的耐环境、介质稳定性,甚至影响到复合材料的功能性。

3.纤维增强复合材料界面

(1)与增强纤维本体性能不同的纤维表面过渡区。

(2)具有一定形貌及化学特性的纤维表面层。

(3)纤维表面吸附层。

(4)纤维表面上浆剂或涂层。

(5)与本体基体性能不同的基体表面过渡区等众多层次。

四、复合材料的分类

1. 按基体不同分类

按基体不同分类，复合材料可分为树脂基复合材料、金属基复合材料、陶瓷基复合材料、碳-碳复合材料。

(1)树脂基复合材料(树脂基体＋增强材料)。树脂基复合材料为目前国内外使用的最广泛的复合材料，所用的基体为热固性树脂和热塑性树脂，如改性环氧、改性双马、改性氰酸酯、改性聚酰亚胺等。所用的增强材料包括碳纤维及其织物、芳纶及其织物、玻璃纤维及其织物。所用芯子材料有铝蜂窝、芳纶纸蜂窝、玻璃布蜂窝等。树脂基复合材料在航天、航空领域中起着举足轻重的作用，由于其具有高强度和高模量，以及优良的耐热性、耐烧蚀性和工艺性能等特点，它被广泛用作航天器、飞机等产品的结构材料。

树脂基复合材料与航空产品中常用的金属材料相比，其比强度高 3～5 倍，比模量高 4～6 倍，使航空结构件有很好的减重效果，使其他性能得到明显改进和提高。树脂基复合材料代替金属材料所显示出的优越性，使复合材料迅速扩大了使用范围，在地面设备中的部件也大量地采用复合材料。

树脂基复合材料可以用作航空航天飞行器的结构材料，工作温度在 500℃ 以下，密度为 1.5～1.6g/cm³。

1)环氧树脂基复合材料：80～120℃工作环境。

2)双马来酰亚胺树脂基复合材料：180℃以下工作环境。

3)聚酰氰胺树脂基复合材料：400℃以下工作环境。

(2)金属基复合材料(金属基体＋增强材料)。金属基复合材料问世至今已有 30 多年，耐温性能高，力学性能(特别是刚度)比一般金属的力学性能好，此外，它还具有导电性以及在高真空条件下不释放小分子的特点，克服了树脂基复合材料在航空领域中使用时存在的缺点，但是，其不仅用量很小，不足以推动发展，而且成本偏高，缺乏与金属等其他传统材料竞争的优势。

金属基复合材料工作温度在 1 100℃ 以下，主要有以下几种类型：

1)铝基复合材料(B/Al，SiC/Al)。

2)钛基复合材料(SiC/Ti，SiO/Ti)。

3)镁基复合材料。

4)铜基复合材料。

5)SiC/Al，SiC/Ti 用于航空高强承力结构。

6)C/Mg，Cu 用于宇航结构材料。

(3)陶瓷基复合材料(陶瓷基体＋增强材料)。陶瓷基复合材料用于高性能航空发动机和宇航器高能结构件，工作温度为 1 650℃ 以下。

1)C/SiC 密度为 1.8～2.1g/cm³。

2)SiC/SiC 密度为 2.4～2.6g/cm³。

(4)碳/碳复合材料(碳基体＋增强材料)。碳/碳复合材料用于导弹、航天飞机热结构及热防护结构件，工作温度为 1 800～2 000℃。

1)密度：1.9g/cm³。

2）推比 10：1 580～1 715℃。

3）推比 15～20：1 980～2 080℃发动机热端部件结构材料。

2.按增强材料不同分类

按增强材料不同分类,复合材料可分为玻璃纤维复合材料、碳纤维复合材料、硼纤维复合材料和芳纶纤维复合材料等。

3.按使用的目的不同分类

按使用的目的不同分类,复合材料可分为结构复合材料、功能复合材料。

4.按性能分类

按性能高低分类,复合材料可分为先进复合材料和常用复合材料。

5.按结构分类

按结构分类,复合材料可分为层压结构和夹层结构复合材料。

6.按成型工艺分类

按成型工艺不同分类,复合材料可分为手糊湿法成型、预浸料干法成型、液体成型(RTM,RFI,VARI,Z-Pin 技术等)等。

第三节 复合材料的成型工艺方法及特点

一、复合材料的成型工艺特点

复合材料是在形成制件的过程中成为材料的。或者说,复合材料的成型过程也是制件的制造过程。因此,成型工艺对材料性能和制件质量的影响,就成为直接而重要的因素之一。复合材料的原材料是多样性的,因此,成型方法也多种多样。

二、复合材料的成型工艺方法及特点

1.手糊成型

手糊成型法是在模胎上铺覆增强材料,用手工方法涂刷基体树脂,并铺层至规定厚度,然后固化的一种成型方法。

手糊成型的特点是常温、常压下固化成型。容易用加强筋等方法加强制件,设备投资少、模具费用低、制件强度低、性能分散性大、生产效率低、劳动强度大、条件差,适合受力小和生产数量少的产品。

2.袋压成型法

袋压成型法是通过柔韧袋(如橡胶袋、尼龙袋等)在袋中产生均匀真空,以热压罐内充入的气压或压机压力使置于刚/硬模具上(或模具内)的材料压实成型的一种方法。

袋压成型法的特点是制品较致密,强度较高,一般采用加热固化。该方法制造周期较短、设备费用较低、操作较复杂、环境条件较差,适用于性能和尺寸精度不太高的零部件、夹层结构件等。

3.热压罐成型法

热压罐成型法是在热压罐中利用电、蒸气或其他介质加热、加压固化的一种袋压成形方法。

其特点是制件的纤维含量控制较精确,孔隙率低、强度高、制件表面平整、光洁,固化周期短,操作复杂,制件质量因操作人员不同而有差异;设备造价高、能耗大。该工艺适用于性能要求高的各种薄壁结构件、薄壁加筋结构件、夹层结构件制造。

4.模压成型法

复合材料的模压成型工艺是将一定量的模压料在金属制作的模腔内,在一定的温度和压力下压制成制品的一种成型工艺方法。它属于加压成型方法之一,主要用于异型制品的成型。它在各种成型方法中占有重要地位,近年来受到普遍重视,也得到较快的发展。

模压成型工艺的主要特点是,模压料在压力作用下充模的过程中,不仅树脂流动,而且增强材料也随树脂流动,使树脂和纤维同时充满模腔的各个部位。若模压料中纤维含量较大,所用纤维又较长,纤维的流动将很困难。只有当树脂黏度足够大,黏性又很强,与纤维紧密的黏结在一起的情况下,才能产生树脂与纤维的同时流动。这一特点决定了模压成型工艺所用的成型压力比其他工艺方法要高,因此也带来了模压成型工艺的复杂性。

模压成型工艺分为压制前的准备和压制成制品两个阶段。

模压成型工艺的特点是制件表面光洁、质地致密、尺寸精确、零件互换性好;强度高,性能分散性小;生产效率高、环境污染小、设备投资大、模具造价高;适用于中小型大批量的零件制造。

5.压注成型法

压注成型法的特点是制件表面光洁、尺寸精度高、纤维含量易于控制、制件孔隙率低、性能分散性小、环境污染小;生产周期长、模具制造难、造价高;适用于制造形状尺寸精度要求高的零件。

6.缠绕成型法

将连续纤维经过浸胶后,按照一定规律缠绕到芯模上,然后在加热或常温下固化,制成一定形状制品的工艺方法叫作纤维缠绕成型工艺。国外已将其广泛用于飞机进气道、机身筒体、直升机旋翼、起落架、水平安定面、尾梁、斜梁、发动机短舱、外涵道和风扇机匣等。

根据缠绕时树脂基体所处的化学物理状态的不同,缠绕成型法可分为干法、湿法和半干法3种。

(1)干法。在纤维往芯模上缠绕前由专门设备制成预浸渍带,卷在特制的卷盘上。使用时使预浸带软化,缠绕到芯模上。干法缠绕的制品质量较稳定,能严格控制纱带的含胶量和纱带的尺寸,可以得到高质量的制品。

(2)湿法。湿法缠绕是将纤维集束,浸胶后在张力控制下直接缠绕到芯模上,然后固化成型的工艺方法。此法所需设备简单,对原材料要求不严,比较经济。由于纱带浸胶后马上缠绕,对纱带的质量不易控制,生产条件比较差,在缠绕过程中对胶辊等转动部分要不断清理,否则纤维在辊上黏结,影响缠绕过程进行。

(3)半干法。这种工艺与湿法比较,增加了烘干工序;与干法相比,缩短了烘干时间,降低了胶带的烘干程度,使缠绕过程可以在室温下进行。通过这种工艺,既除去了溶剂,又提高了缠绕速度;既减少了设备,又提高了产品质量。

缠绕成型的特点是纤维分布方向及数量的可设计性好,可以制造纤维含量高、强度高的制件,制件内部应力集中小,生产效率高,受制件结构形状的制约,设备投资大,适用于回转体制件的制造。

7.挤拉成型法

挤拉成型是一种自动化连续生产纤维增强复合材料的工艺方法,它是将连续的增强纤维进行浸渍后,牵引经过成形模具,在模具内固化成形为规定形状,脱模后成为最终制品的加工方法。

挤拉成型法的特点是制件表面光滑,形状尺寸精确,可以制造单向高强度的制件;连续生产效率高、质量稳定、环境污染小、设备较贵。它适用于制造各种截面形状的型材。

8.热膨胀模成型法

热膨胀模成型法的特点是制件表面平整光滑,形状尺寸精确、制件孔隙率低、性能分散性小、设备简单、造价低、能耗小;刚体阳模要求高,芯模设计难度大,毛坯组合要求严格。它适用于蒙皮与梁、肋的共固化成形。

9.液体成型(RTM,RFI,VARI,Z-Pin 技术等)

(1)液体成型概述。在正压和负压下,树脂克服预制件织物的阻力,排除织物间的空气,浸润纤维并实现致密化,加温固化成形产品。

1)树脂黏度(温度)+压力。

2)工艺仿真与优化设计一个流动模型。

3)确定树脂的注入位置、数量、路径、排气孔。

(2)复合材料构件缝合预制体制备技术。复合材料缝合是将干态纤维织物按照一定的铺层顺序铺叠好,然后用特制的针织线在垂直于铺层平面的方向(Z 向)上,按照一定的缝合工艺参数,将多个取向层用缝线联结为一个整体,形成预型件,最后采用 RTM,RFI 或 VARI 工艺方法成型。几种缝合方式如图 11.2～图 11.5 所示。

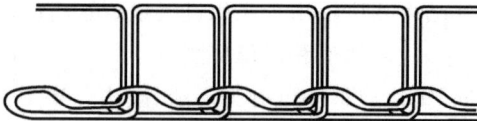

图 11.2　链式缝合方式

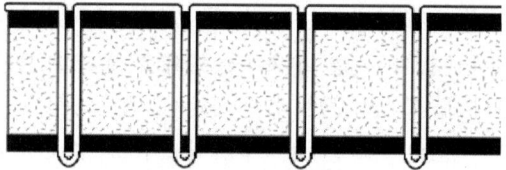

图 11.3　Tufting 缝合方式

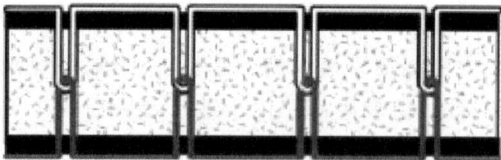

图 11.4　锁式缝合方式

图 11.5　改进后的锁式缝合方式

(3)RTM 成型工艺。

1)RTM 成型工艺是树脂转移模塑成型方法,它是指向装有三维织物、缝编织物或缝合织物预成型体的模具内借助一定压力转移具有合适黏度的树脂,使其充填在织物间,并在其中固化成型。这种方法成型的构件尺寸精度高,可用来制造机体隐身结构和其他高精度复合材料构件。预成型体加 Z 向纤维增强,提高了构件层间强度,使其抗损伤容限大幅度增加;提高了复合材料结构效率,进一步减小了结构质量。此外 RTM 方法减少了预浸料制造、贮存、铺叠以及热压罐固化的封装和成型后的机械加工工序,大大降低了复合材料制造成本。因此,RTM 成型技术在国外已得到普遍应用。波音公司已用三维织物/RTM 工艺制造 J 型机身骨架;道格拉斯用编织缝合物研制了大型运输机机翼结构;F—22 战斗机采用 RTM 方法生产了100 多个复合材料结构件。

2)RTM 成型技术适用于梁肋构件、尾翼盒形件。RTM 成型技术主要包括以下几个方面:①封闭的阴模内放置预制件和固定好芯模;②用 RTM 设备注射树脂到阴模内;③压力、温度;④工艺参数、注射;⑤模具要有足够的刚度;⑥优化的注入路径。

(4)RFI(树脂渗透)成型工艺。

1)RFI 树脂渗透成型工艺与 RTM 成型工艺类似。RFI 成型工艺是将干态缝合织物的预成型件置于已安放好树脂膜的模具中,在热压罐内抽真空加温、加压,固化成型。这种工艺能生产出高质量和接近无余量的零件(只需进行有限的修整)。和 RTM 一样,RFI 不采用预浸料铺层方法。采用树脂渗透由织物缝编的预制体成型,避免了预浸料带来的一些问题。缝合又提高了复合材料抗损伤能力。RFI 与 RTM 方法比较,它更适合成型大型壁板结构件。RFI 成型工艺是一项非常有发展前途的复合材料结构成型技术。

2)RFI 成形技术适用于大型壁板主承力结构的液体成型。RFI 成型技术主要包括以下几个方面:①胶模置于预制件下面;②预制件和芯模放置在单面模具上用真空袋系统与模具密封;③系统置于热压罐中升温、充压、抽真空;④树脂渗透到预制件顶部。

(5)VARI(真空辅助)成型工艺。

1)VARI 成型工艺是在真空状态下排除纤维增强体中的气体,通过树脂的流动、渗透,实现对纤维及其织物的浸渍,并在室温下进行固化成型的工艺方法。

2)VARI 成型技术适用于制造室温和中温成型的特大型复合材料构件。VARI 成型技术主要包括以下几个方面:①预制件置于模具上;②真空袋与模具密封,形成预制件真空环境;③胶桶、吸胶管与真空袋相连;④在真空与大气压力下树脂注入预制件;⑤可在室温下固化;⑥模具成本低。

3)VARI 成型工艺的特点如下:①无需热压罐,设备投入及使用费用低廉;②产品质量高,零孔隙含量、纤维体积分数可达 60%,力学性能好;③容易实现整体成型、降低制造难度、降低连接工作量、大大降低成本;④可以结合纤维缝合技术和泡沫缝合技术。

4)VARI 成型法的关键技术如下:①满足 VARI 工艺用树脂基体;②树脂通道设计;③复合材料成型质量控制;④树脂通道材料渗透率控制;⑤提高纤维体积分数;⑥低成本气密模具。

10. 自动铺带技术

自动铺带技术是针对机翼、壁板构件等大尺寸、中小曲率的部件在 20 世纪 60 年代开发的一项采用预浸带快速自动铺放的复合材料自动化制造技术。

11. 纤维铺放技术

纤维铺放技术是 20 世纪 70 年代结合缠绕与铺带技术的各自优点开发的一项适合复杂型面快速成型的自动化制造技术。

三、成型方法的选用原则

成型方法的合理选择可以得到高性能的制件,而成型方法选择不当就会影响制件的质量,或造成经济上的浪费。

针对一个特定的复合材料制件应从增强材料和基体对成型方法的适应性,制件的结构、外形尺寸和精度要求,制件的性能要求,制件的生产批量,工序少、操作简便、周期短、劳动强度低、环境污染小,满足设计指标和使用,制造成本最低等方面选择成型方法。

在原材料、成型方法及工艺参数确定后,操作者的技术熟练程度和责任心直接影响着制件的质量。

第四节　玻璃钢零件的成型工艺

玻璃钢主要由玻璃纤维和热固性树脂组成,把不同的树脂和各种玻璃纤维制品复合就可制成各式各样的玻璃钢制品。常用的玻璃纤维制品有无碱玻璃布、中碱玻璃布、无碱无捻玻璃纤维布(方格布)、无碱无捻玻璃纤维纱等。常用的树脂有环氧树脂、酚醛树脂、不饱和聚酯树脂、聚酰亚胺树脂以及双马来酰亚胺树脂等。我国目前大量生产的都是热固性玻璃钢。

一、制造玻璃钢的材料要求

1. 主要树脂

(1)环氧树脂。环氧树脂是一类含有两个或两个以上环氧基 $—CH\overset{O}{\overset{}{\diagup\diagdown}}CH_2$ 的聚合物。由于活泼环氧基的存在,环氧树脂可与多种类型固化剂发生交联反应形成三元网状结构的不溶、不熔体型高分子化合物。环氧树脂的品种很多,目前制造玻璃钢用得最普遍的环氧树脂是双酚 A 型环氧树脂,种类有 618,6101,648 号等。

由于环氧树脂分子内具有极性很强的脂肪族羟基、醚键和化学活性很强的环氧基,因此,它具有比其他树脂都优越的粘附性。加上它硬化时无低分子挥发物产生,收缩率小,为 0.1%～0.95%,故用它制成的玻璃钢具有很高的机械强度。

由于环氧树脂固化时没有副产物产生,因此,用它制备玻璃钢制品可在低压下成型;并且,根据所选用的固化剂不同,可在室温、中温(80～100℃)、高温(140～180℃)下固化。这对于制造大型壳体制件极为有利。特别是室温固化的环氧树脂,可采取廉价的工艺装备,可在木模、石膏模或水泥模上加工成型。

此外,由于环氧树脂的介电性、耐水性、耐酸碱及耐有机溶剂性能都好,并且在未加固化剂前能长期贮存,故环氧树脂及其玻璃钢在各行业中得到广泛的应用。

但是,环氧玻璃钢的主要缺点是耐热性不高,以及常用的胺类、酸酐类固化剂均存在不同程度的毒性,使用时应注意防护。

(2)酚醛树脂。酚醛树脂可分为热塑性酚醛树脂和热固性酚醛树脂两大类。由于它硬化后交联密度大,结构紧密,故它的耐热性比一般树脂要高。它的强度、耐水性、介电性能也比较好。但它的性质比较脆,对玻璃纤维的粘附性也不够理想。特别是使用酚醛树脂的制品,在成型过程中,需要高的压力。这是由于树脂硬化时有低分子挥发性副产物生成,加上树脂硬化的速度很大,所以,这些副产物来不及从玻璃钢中驱除出来。为避免玻璃钢制品的起泡或分层,施加的压力必须超过挥发性副产物的压力。因此,当生产酚醛玻璃钢制品时,必须在加压和抽真空下进行。

（3）不饱和聚酯树脂。不饱和聚酯树脂是用不饱和二元酸、饱和二元酸与二元醇反应，然后溶解在苯乙烯之类的活性单体中制成的。二元酸和二元醇的种类很多，使用不同的种类、不同的组合、不同的配比就可以得到各种性质的树脂。不饱和聚酯固化是将游离基聚合，通常使用有机过氧化物作催化剂，使不饱和聚酯和苯乙烯单体交联固化，成为体型网状结构。固化反应属加聚反应。

常温固化时，除了要采用过氧化物作催化剂外，还要用环烷酸钴或二甲基苯胺等促进剂。必须注意，催化剂和促进剂不可直接接触，直接接触会引起剧烈反应甚至爆炸。树脂加了促进剂后需要搅拌均匀才可加催化剂，否则，仍会引起爆炸。

使用过氧化物催化剂时，还要注意只能使用非金属器具。如使用铁铲刀、铁棒等粉碎已结块的过氧化物都是不允许的，因为这些金属器具都容易产生微小的火星而引起过氧化物爆炸。

与环氧树脂比较，聚酯树脂韧性较好，但它对玻璃纤维的粘附性差，且固化时收缩率大约为5%。因此，用它制成的玻璃钢，强度不如环氧树脂好，特别在潮湿环境下，强度明显下降。

2. 增强材料

玻璃钢用的增强材料主要是玻璃纤维及其制品。玻璃纤维是由熔化的玻璃液以极快的速度抽拉成的细丝状玻璃。它质地柔软，可并股、加捻成玻璃纤维纱，再纺织成玻璃带、玻璃布等纤维制品。

（1）玻璃纤维的结构。大量的研究证明，玻璃纤维的结构与玻璃结构相同，主要有两种，即微晶结构和网络结构。总的说来，玻璃纤维是一种无定型离子结构。

微晶结构假说认为，玻璃是由硅酸盐或二氧化硅的微晶子所组成的。这种微晶子是结构上高度变形的晶体。在微晶子之间由无定型中间层隔离，即硅酸盐过冷溶液所填充。

网络结构假说认为，玻璃是由二氧化硅四面体、铝氧四面体、硼氧多面体相互连成的不规则的三维网络。网络间的空隙由 Na,K,Ca,Mg 等阳离子所填充。

（2）玻璃纤维的制备。生产玻璃纤维应用最广的方法有池窑拉丝和拉丝炉拉丝两种。池窑拉丝的优点是省掉了制球工序。

拉丝炉内熔化成液态的玻璃，借助自重从拉丝炉底部的漏板中流出，在迅速冷却的过程中，借助 $1\,000\sim3\,000\mathrm{m/min}$ 高速拉丝机拉制成直径很细的玻璃纤维。从拉丝炉中拉出的玻璃纤维叫单丝，单丝经过浸润剂槽集束而成原丝。

浸润剂在拉丝和纺织过程中的作用很大。它主要是使纤维黏合集束、润滑耐磨、消除静电等，保证拉丝和纺丝工序的顺利进行。

（3）玻璃纤维纱及其制品的规格。

1）玻璃纤维纱常用的几个结构参数。①原纱支数 β：每1g原纱的长度(m)为原纱支数 β，支数越大表示构成原纱的单丝越细；②合股数 N：合股纱的原纱股数；③合股纱支数（公制支数）：每1g合股纱的长度(m)，等于原纱的支数除以合股数。目前，国际上还使用"TEX"（公制称号）法来定纱的支数，它是指 $1\,000$ m长的原纱的质量(g)；④捻度：每单位长度纤维的加捻数。

2）玻璃纤维制品的品种、规格。①玻璃布：玻璃纤维经各种纺织方法织成；②玻璃布带：与玻璃布的结构、性能相似，仅编织的宽度较窄；③表面毡：用胶黏剂将定长纤维黏结成较薄的毡材。

3)玻璃布的品种规格及性能特点。①平纹布:由经纱和纬纱互相交替编织而成。这种布的经、纬两个方向的性能较接近。由于玻璃纤维弯曲较大、强度较低,成型时,布的柔软性较差。适用于简单形状的产品;②斜纹布:每个经纱都是从两根纬纱下面通过,然后压在另外两根纬纱上面,布面呈现斜纹。这种布的强度和敷设性都比平纹布好;③缎纹布:经纱或纬纱均由一根纱下面通过,然后压在另外三、五或七根纱上面,布面几乎只见经纱或纬纱。其强度和铺覆性优于前两种布;④单向布:在经向或纬向(一般在纬向)采用强纱,而在另一向用弱纱,且在弱纱方向编织稀疏。这种布在单方向具有较高的强度,适用于特定方向需要较高强度的产品;⑤无捻布:用无捻粗纱按平纹编织的布,俗称方格布;⑥特殊编织物:根据特殊要求编织的织物,如雷达罩用编织套,正交三向增强的三向织物等。

(4)玻璃纤维及其制品的性能。玻璃纤维是一种无机纤维,它是以坚固的硅氧键为主体的网状三元结构。它与棉、麻、人造丝、合成纤维等有机纤维相比较,具有以下特点:

1)不燃烧,防火,隔热;

2)拉伸强度高,延伸率小;

3)弹性模量较低;

4)无碱玻璃纤维电绝缘性能特别好;

5)除了热的氢氟酸、磷酸外,耐化学腐蚀性好;

6)防霉,防蛀,耐潮湿。

二、湿法成型工艺(玻璃钢零件的成型)

湿法成型工艺是复合材料工艺生产中最早采用的一种基本成型工艺方法。湿法成型是将浸渍树脂的增强材料成层地裱糊在模具上,再在一定的温度和压力下固化成制品的一种成型方法。湿法成型工艺可分为无压固化和低压固化两大类。属于前者的有简单手糊法和喷射成型法等;属于后者的有压力袋法和真空袋法等。

1.湿法成型工艺的优缺点

其优点是操作简便,容易掌握;工装、设备费用低,容易制造;不受产品尺寸和形状的限制;可根据产品设计要求,铺制成不同品种和厚度的增强材料。

其缺点是生产效率低,劳动条件差,劳动强度大;产品质量不易控制,性能稳定性差;产品强度较其他方法低。

综上所述,湿法成型工艺特别适合于制作尺寸大、形状复杂、数量少的复合材料制品。

2.湿法成型工艺选择的原则

成型工艺的选择关系到提高产品质量、降低成本、简化工艺等各方面的因素,一般来讲,应从以下几方面考虑:

(1)根据产品的性能要求,合理地选择纤维的种类、树脂的配方及铺层方法。

(2)根据产品几何尺寸和强度要求,正确选择模具材料和成型方法。

(3)根据气候条件、任务的缓急,确定固化方式,15℃以上的常温固化,要经过24h才能脱模,因此,冬季施工或任务紧迫,就必须采用热固化工艺。

(4)树脂含量高的产品采用无压手糊成型,含胶量为50%~80%;低压成型含胶量只有35%~50%。

3.湿法成型工艺过程

（1）胶液配制。准备胶液时，应根据工艺要求按配比配制胶液，有的胶液还应该用规定的溶剂调配成规定的黏度。黏度过高不易涂刷及浸渍增强材料，黏度过低容易引起流胶，使制品产生缺陷。

（2）增强材料的准备。增强材料预先应经过表面处理，在使用前保持不受潮湿，不沾染油污。增强材料的剪裁设计很重要，对于结构简单的零件，可按模具形面展开图制成样板，按样板裁剪。对结构形状复杂的制品，可将制品的形面合理地分割成几部分，分别制作样板，再按样板下料即可。剪裁时应注意以下几点：

1）注意布的方向性。必须按照设计图样规定的纤维方向进行布的剪裁。

2）加放搭接和零件边缘的工艺余量，当制品尺寸较大，需要两块甚至三块才能拼成一层布的用量时，布层间就出现对接或搭接接头。对一些要求壁厚均匀的制品，可采用对接接头方式，但对一些强度要求高的制品，则需要采用搭接接头。不管是搭接还是对接，剪裁时必须考虑到搭接缝或对接缝的错开。

3）对一些形状复杂的制品，有时必须在布的局部剪开，这可以在布裁剪时或在裱糊时剪开。剪开的数目应尽量少，而且每层的剪开部位要错开。

4）当裱糊圆环制品时，将布剪成圆环形是比较困难的。可沿布的经向45°的方向剪成布带，利用45°方向布的良好的变形能力，裱糊成圆环形。对于圆锥形制品，要将布裁剪成扇形进行裱糊。

5）剪裁布的大小要根据制品的性能要求和操作方便酌情处理。如制品机械性能要求高，就尽量采用整块布，这样纤维无断开，强度较高；而有些制品力学性能要求不高，且用大块布裱糊有困难，就可剪成小块裱糊。

（3）增强材料的浸渍与裱糊。随增强材料浸渍胶液的情况不同，可分为干法裱糊和湿法裱糊两种。

干法裱糊是将布浸渍胶液，经烘干制成胶液布，然后进行裱糊。裱糊前，将胶布按样板下料。裱糊时稍微加热，使树脂软化，增加材料柔性，以便于很好地贴模。此法仅适用于含大量溶剂并需要加热固化的树脂配方，多数为酚醛树脂胶液。用干法裱糊时，工人便于操作，劳动条件较好，但材料刚性大，不易贴模，因而只适用于形状比较简单的制品。

湿法裱糊应用较广。它是一边用胶液浸渍增强材料，一边在模具上进行裱糊。一般采用刷胶和刮胶方法，使胶料浸透增强材料，并使增强材料与模具贴合。

裱糊看起来是简单的手工操作，但操作者的熟练程度对制品质量影响很大。裱糊时须快速、准确，严格控制含胶量，排除气泡，使制品不接触模具的一面也比较平整。

裱糊完成后，在最后一层表面上覆盖玻璃纸、聚氯乙烯薄膜或聚乙烯薄膜（视胶液性质而定）。覆盖薄膜有双重作用。一方面，对于固化时要加压的制品，薄膜起到制品表面与加压袋或模具的隔离作用，便于脱模，保证制品表面质量；另一方面，它可使制品表面与空气隔开，这对于不饱和聚酯树脂胶液尤其重要，避免了空气中氧气对不饱和聚酯树脂胶液的阻聚作用，从而防止了因固化不完全而出现的发黏现象。

（4）固化。玻璃纤维复合材料中树脂胶液固化，除了与树脂本身的结构及其他组份如固化剂、交联剂等有关外，外界条件如温度、压力、时间对复合材料的成型及制品的质量起着重要的作用。

温度、压力的大小除了与树脂胶液在一定温度下的凝胶时间和固化反应速度、放热峰值温度等有关外,还与制品的厚薄、大小及性能要求、设备条件等其他一些因素有关。保持时间主要与材料的固化速度、制品形状和厚度有关,而温度对它的影响就更为突出。一般当提高温度时,保持的时间就相应地缩短。因此,当制订固化工艺规范时,这三者密切相关,相互依赖。

如果采用室温固化的胶液,裱糊完后便在室温放置一定时间使制品固化。为了提高模具使用效率,通常只使制品固化到脱模后不致变形便进行脱模。对于薄壁制品,脱模后须将它放在辅助的校形模上继续固化,以防止制品脱模后变形。

常温固化的制品,如果能增加一次热处理,则其机械强度将会有所提高。热处理可以在加热炉中进行,或用红外线加热罩加热。

用裱糊法成型的制品,如果固化时不施加外压,则这种方法叫作接触成型法。其通常为冷固化的不饱和聚酯树脂或环氧树脂体系。由于此法简单,又不受制品尺寸的限制,因而广泛用来制造大尺寸制品。但由于不加压,制品的强度和均匀性较差。如果采用的胶液,必须加热固化,尤其在固化时还有挥发物产生(溶剂或副产物),制品就必须加压固化才能保证质量。

裱糊成型制品固化时加压的作用是为了使制品密实,防止产生气泡和分层,控制含胶量以及制品冷却时不变形等。

压力的控制包括压力的大小、加压次数和加压时机等。压力的大小主要取决于树脂的特性,并且与胶布中不溶性树脂含量的高低有关。加压的次数与加压的大小和树脂胶液的初始黏度有关。如果压力较小,胶液黏度较大,则裱糊成型后一次施加全压,以便使各层布的位置相对固定和贴合好,并使胶液在填料中均匀分布。如果压力较大,而胶液在室温或在加热时黏度较小,便容易流胶,使制品中含胶量不易均匀控制,因此,常采用二次加压。加压时机(加压点)的选择很重要,加压过早会使树脂流失过多;加压过晚,树脂已凝胶或黏度过大,压力就起不到作用,制品压不密实,使性能降低。一般加压时间选择在树脂即将流胶,即树脂发生抽丝的情况下较妥。

目前,生产中常用的加压方法有真空袋加压法和热压罐加压法。

真空袋加压法可以给制件加 1atm(1atm＝101.325kPa)以下的压力,同时能很好地排除挥发物,以保证得到结构较密实、强度较高的制品。

热压罐加压法与真空袋加压法不同的是,除制品能得到真空压力外,还能得到热压罐内压缩空气的压力。一般罐压在 0.1～1.4MPa 内可调。

(5)脱模和修整。制品在模具上固化时会发生收缩。用凹模成型的制品由于收缩易脱模,用凸模成型的制品常常会绷紧在模具上较难脱模。为了便于脱模,制品裱糊时,常留有一定的工艺凸边,脱模时就靠此凸边承受脱模力。脱模以后,放置一定时间,制品便可用机械加工方法去除毛边和不必要的部分。如果大型制品是分几部分成型的,那么加工后要进行装配。装配时必须在装配夹具(型架)上进行,连接方法可用机械连接和胶接两种。

三、玻璃钢制件的一般验收标准

1. 玻璃钢制件的验收标准

完工的玻璃纲制件按工程图样和相应验收技术条件进行验收。检验方法如下:

(1)目视法。用目视(采用强光有助于目视检验)或低倍放大镜对制件的气泡、胶瘤、皱纹、印痕、压伤、划伤和表面凹陷等缺陷进行检验。

(2)敲击法。用敲击法对制件的脱胶、裂纹、气泡和分层等缺陷进行检验。

(3)尺寸检验。用钢卷尺、直尺、游标卡尺、螺旋测微仪等量具对制件的长度、厚度和直径等外形尺寸进行检验。

(4)当上述方法无法满足对制件的检验时,可根据需要,按 GJB1038.1 进行超声波检验,以及按 GJB1038.2 进行 X 射线检验。

2.技术要求及缺陷允许范围

玻璃钢制件的技术要求及缺陷允许范围详见表11.2。

表 11.2　玻璃钢制件的技术要求及缺陷允许范围

序　号	缺陷名称	允许范围	
		结构件	非结构件
1	气泡	距制件边缘大于 20mm 的范围内,在 200mm×200mm 的面积上,允许有 $\phi3\sim\phi5mm$ 的气泡不多于 3 个,气泡间距不小于 30mm。小于 $\phi3mm$ 的气泡允许零星分散存在	距制件边缘大于 20mm 的范围内,在 200mm×200mm 的面积上,允许有 $\phi3\sim\phi5mm$ 的气泡不多于 3 个,气泡间距不小于 30mm。小于 $\phi3mm$ 的气泡允许零星分散存在
2	胶瘤	有气动外形要求的制件表面不允许有胶瘤存在。若有胶瘤,允许打磨消除,但不准损伤纤维	制件表面允许有高度不大于 0.5mm 的胶瘤存在。但应圆滑过度,并不得影响装配
3	皱纹	表面允许有高度(或者深度)不大于 0.5mm、长度 100mm 的皱纹存在,相邻两条皱纹的最小距离在 200mm 以上	表面允许有高度(或者深度)不大于 0.5mm、长度不超过 100mm 的皱纹存在
4	印痕	表面允许有印痕存在,但必须浸透胶液	表面允许有印痕存在,但必须浸透胶液
5	脱胶	夹层结构的蒙皮与芯层之间不允许有脱胶现象。若有不大于 50mm×50mm 的脱胶,允许补胶,但在 1 m² 的面积上不得多于 5 处	夹层结构的蒙皮与芯层之间不允许有脱胶现象。若有不大于 50mm×50mm 的脱胶,允许补胶,但在 1 m² 的面积上不得多于 5 处
6	压伤划伤	不允许有压伤或损伤玻璃纤维的划伤	不允许有压伤或损伤玻璃纤维的划伤
7	裂纹	不允许	不允许
8	纤维断裂	不允许	不允许
9	分层	不允许	在任何尺寸范围、任何方向不大于 25mm,其缺陷相距应大于 300mm

续表

序　号	缺陷名称	允许范围	
		结构件	非结构件
10	夹杂物	夹杂物直径应小于 $\phi1.5$mm，且在 3 000mm² 内只允许有 1 处	夹杂物直径应小于 $\phi1.5$mm，且在 3 000mm² 内只允许有 1 处
11	表面凹陷	对于制件的贴模面的要求：小于 0.13mm 的凹陷是允许的；大于 0.13mm 深度的凹陷，在 300mm×300mm 的面积内，不得多于 1 处。每个凹陷边缘必须离开孔或板的边缘至少 150mm。凹陷不得损伤玻璃纤维	按图样要求

第五节　复合材料结构件成型工艺

随着复合材料的发展，复合材料的成型工艺方法也在不断地发展和改进，传统的湿法成型工艺逐渐被预浸料干法成型工艺所取代。目前，复合材料结构件常用的成型工艺方法主要是预浸料干法成型，采用的固化工艺是热压罐固化工艺。因此，热压罐成型是复合材料结构件最主要的成型方法，对复杂制件具有较高的成型能力，适合于大型部件的生产。

一、材料与设备

1. 材料

复合材料结构件成型常用的材料有主材料和工艺辅助材料，所有材料必须合格有效方可投入使用。

(1)常用的主材料有预浸料、胶膜、填充胶、蜂窝芯、胶黏剂、装饰膜和表面膜等。

1)预浸料：如国产的环氧预浸料 EW100/X98 - 14、酚醛预浸料 EW230/HD01、碳纤维预浸料 5222A/T300 和芳纶纤维预浸料 5222A/914 以及进口的 BMS8 - 79/120，BMS8 - 79/1581，BMS8 - 226，913C - 926 - 40％预浸料等。

2)胶膜：如 SY - 14C，BMS5 - 10 和 DAN1234 - 01 等。

3)填充胶：如 EPOCAST1629。

4)蜂窝芯：如国产的 NH/NRH 蜂窝芯及进口的 BMS8 - 124 蜂窝芯。

5)胶黏剂：如 METALSET A4，BMS8 - 201，EC2216。

6)装饰膜：如 AF - HLR5056/10452/680THE/52″/HA211。

7)表面膜：如 BMS8 - 341 等。

(2)常用的辅助材料有隔离膜、撕下层、压力垫、透气层、真空袋、密封胶带、压敏胶带、纸胶带、双面胶带、丙酮或丁酮、砂纸、刮板和手套等。

1)隔离膜(分有孔和无孔隔离膜)：如 A4000 和 A4000P3。

2)撕下层:如 RELEASE PLYA,PLYB,PLYC 等。

3)压力垫:如 AIRPAD 压力垫和 AIRCAST3700。

4)透气层:如 AIRWEAVE N10,AIRWEAVE N4,产业布 XF-340。

5)真空袋:如 WRIGHT 7400,WRIGHT 7500。

6)密封胶带:如 GS213,SM5144。

7)压敏胶带:如 FLASHBREAKE。

8)纸胶带:如 AIRMASK250。

9)双面胶带:如 AIRHOLD 1CBS,AIRHOLD 10CBS。

2.设备和设施

复合材料结构件成型常用的设备和设施主要有热压罐、烘箱、低温库、数控下料机、激光投影铺层定位仪、自动铺带机、控制污染区(清洁间)和环境监控区等。所有设备和设施都应定期检查、校验并合格有效。

二、复合材料结构件成型工艺流程

生产准备(材料、工装等)→下料→铺贴→制袋→固化→脱模修整→无损检测→缺陷修补(必要时)→复合材料结构件。

三、复合材料结构件成型工艺过程

1.预浸料、胶膜准备

预浸料、胶膜应在密封防潮袋中存放,未使用的或已部分使用及预切割配套的预浸料卷或胶膜卷料,在铺贴前不得揭去原来的背衬材料。配套的预浸料、胶膜不允许折叠,可以平放或卷起来贮存。预浸料、胶膜应记录冷藏及非冷藏的累积时间,同时袋中须附有标签,该标签上应标明材料的牌号、生产厂的名称、批号、卷号、生产日期。

从低温库中取出的预浸料、胶膜应保存在密封的防潮袋中,直到包装袋外面不再有冷凝水才可启封使用。每种预浸料、胶膜的贮存期(冷藏及非冷藏的时间)和复验等按相应材料规范或说明进行。

2.工装准备

(1)用汽油、丙酮或酒精擦洗工装工作面,以确保工装表面清洁、无油脂。

(2)检查工装是否符合要求,有无缺陷,划线是否准确。

(3)对于工作面平直或形状不复杂的工装,可铺贴脱模布,对于形状复杂的工装工作面,根据需要可使用脱模剂。

(4)脱模剂的使用方法。

除在工装上涂脱模剂期间外,液态脱模剂应贮存在密封容器中,吸收水分有害于其性能。

脱模剂 Frekote 44NC,Frekote 55NC 或 Frekote 700NC,按下述方法涂敷:

1)新工装或返修后的工装首次使用脱模剂 Frekote 44NC,Frekote 55NC 或 Frekote 700NC 时,工装工作面温度应在 15℃以上。先在工装工作面至少涂 3 遍薄的涂层,铺层开始前烘干或在环境温度下干燥脱模剂,Frekote 44NC 在(121±5)℃下烘干 30~60min,Frekote 55NC 在环境温度下应至少干燥 30min,Frekote 700NC 在 15℃或以上空气干燥至少 15min。

2)对重复使用的工装,工装工作面温度应在 15℃ 以上。可将 Frekote 44NC,Frekote 55NC 或 Frekote 700NC 在工装工作面涂一遍或一遍以上,铺层开始前进行干燥,Frekote 55NC 在环境温度下干燥至少 30min,Frekote 44NC,Frekote 700NC 则在(15~49)℃下干燥 30~60min。

3)除 Frekote 55NC 涂层间至少间隔 5min 外,其余脱模剂各涂层间要求至少间隔15min。不要将脱模剂倾倒在工装上,而要用干净的不脱毛的抹布蘸取脱模剂擦涂或用不掉毛的刷子刷涂。

3.蜂窝芯的准备

(1)蜂窝芯贮存。

要以不引起损伤或避免水、油脂、污物或其他有害于胶接的外来材料污染的方法贮存和包装蜂窝芯。一旦芯子或芯子组件已经切割到净尺寸,应按图样规定做标识。

(2)蜂窝芯清洗。

1)用真空吸尘或用已干燥的过滤压缩空气吹掉芯子上可见灰尘。

2)当芯子表面有油脂或其他目视可见的污染物时,用干净的抹布蘸丙酮擦洗表面,最后放入(65±5)℃的烘箱中干燥至少 15min。

(3)蜂窝芯的拼接。蜂窝芯的拼接方法主要有机械拼接和胶接拼接。

1)机械拼接(仅适用于玻璃布芯子)。①当芯子的密度允许时,在两个蜂窝芯块上搭接 2~4个格子宽的方法挤压拼接芯块;②当挤压拼接 25mm 或更厚的芯子时,接头可以斜削;③可以用同种类的第三块芯子作销子,交叉拼接把芯块拼接在一起。

2)胶接拼接。①泡沫胶法拼接。蜂窝芯清洗干净,在拼缝处铺一层泡沫胶,将芯块放置到一起并使其在固化过程中牢固地保持在一起;按相应的胶黏剂固化工艺参数进行固化。为防止挤压并保持芯子紧靠在一起,在整个固化过程中,可以使用 0.05~0.06MPa 的真空压力;②灌封料法拼接。先将蜂窝芯清洗干净,然后将芯块放置在一起,并在固化过程中使芯块牢固地保持在一起,按图样将灌封材料仔细加入芯格中;按相应的材料固化工艺参数进行固化。可以使用 0.05~0.06MPa 的真空压力。

以上两种方法在拼接缝处可以使用剥离保护层予以保护。在靠袋面的拼接缝处应加上盖板。

(4)蜂窝芯预灌封。当工程图样规定用灌封材料填充蜂窝芯时,在规定的芯子区域处填充灌封混合物,填充深度按工程图样的要求执行。当填充灌封材料时,可以用纸胶带进行保护。

(5)蜂窝芯的干燥。适用时,为保证胶接质量可在芯子机加前对芯子干燥。首件完成后干燥的温度、时间应规定在零件工艺规程或 FO 中。

(6)蜂窝芯的机加。将蜂窝芯加工至图样要求的尺寸。机加时,可使用双面胶带或抽真空方式固定蜂窝芯。机加过程中蜂窝芯不能被影响其随后胶接质量的物质污染。

(7)蜂窝芯的工艺稳定。为防止蜂窝芯与蒙皮一起在固化的过程中发生收缩,在蜂窝芯机加前或与蒙皮固化前,可以采取胶膜法、摩擦带法和玻璃纤维系紧法等方法对其进行稳定化处理。

4.其他材料

工程图样规定使用的其他材料和工艺辅助材料贮存及复验均应按材料规范或供应商说明

的要求执行。

5.下料

下料操作必须在控制污染区（清洁间）内进行，基本要求如下：

(1)预浸料等下料的工作台不能用金属材料制作，可以用玻璃、复合材料层板、聚氨酯板、聚乙烯板和橡胶垫等材料制作。

(2)根据图样要求按样板或使用数控下料机剪裁预浸料。预浸料与保护膜一起剪裁，层贴时才能揭掉保护膜。

(3)剪裁后的预浸料背衬上应标记图号、方向和层号。如果料片面积不足以做以上标记，每个零件下料时按铺层顺序，第一层和最后一层必须标记图号、方向和层号；其余各层面积足够时标记图号、方向、层号，面积不足时允许只标记方向和层号。

(4)把剪裁好的预浸料按顺序叠放在一起，并做标记。若不是马上铺贴，则密封后放入低温库中待用，尽量缩短暴露时间，确保预浸料在适用期内使用。

6.铺贴

铺贴操作必须在控制污染区（清洁间）内进行，基本要求如下：

(1)取出准备好的预浸料，对照工程图样检查预浸料片的取向和数量。

(2)按工程图样要求，在准备好的工装上按顺序逐层铺贴预浸料。铺贴时，从基准线开始，向边缘铺贴，使其完全与工装贴合，并排除夹在里面的气泡。不允许有皱褶、纤维屈曲和夹杂物存在。除非工程图样另有规定，否则单向带纤维铺层方向容差为±3°，织物方向容差为±5°，蜂窝芯方向容差为±5°；铺层位置及芯子位置容差为±2.5mm。

(3)对于形状复杂，有台阶、拐角的地方，当铺贴预浸料时，应特别注意与工装完全贴合和层间贴合。

(4)应一层一层地铺贴，不允许一次多层铺贴。预浸料拼接时相邻层拼接缝错开至少25mm，每5层可以重复错开排列。在型面特别复杂的区域，预浸料难以铺贴平整时，允许尽量沿纤维方向剪缺口，使其平整贴胎，然后用同一种材料、同一种角度以搭接方式补齐缺口，搭接量为13～25mm。

(5)无论单向带还是织物，垫片层中都不允许搭接，对接间隙不超过1.5mm。

(6)胶膜拼接时的最大搭接量为6.5mm，对接最大间隙不超过1.5mm。

(7)当铺贴预浸料时，每铺1～3层，用临时真空袋进行抽真空压实一次。压实应在真空袋下放置透气材料，并在预浸料上放有孔隔离膜，不允许透气材料与预浸料直接接触。压实时，真空度不小于0.08MPa，时间至少为15min。

(8)为便于铺贴，可对预浸料加热，但材料的温度不应超过60℃。

7.制袋并接偶

(1)制袋用工艺辅助材料种类很多，应根据使用的成型工艺方法、原材料和对制件的质量要求等，选择必需的工艺辅助材料。

(2)按图11.6所示的典型制袋工艺组合图进行制袋。

(3)制袋后零件应再进行真空渗漏检查。渗漏检查前应对零件抽真空至少15min，真空度不低于0.08MPa，对高度大于25mm的芯子蜂窝夹层件真空度可降低，最低可降至0.034MPa。关闭真空，真空渗漏率不超过0.017MPa/5min。

(4)接偶。在每个零件余量或零件工装上的领先、滞后位置处,至少各放一支热电偶,监控整个固化周期。当不在零件余量处,而在工装上放置热电偶时,应按照热分布试验情况在热电偶上放置隔热垫。当单位载荷的热电偶数目超过热压罐的监控能力时,为减少热电偶的数量以适应热压罐的容量,至少应对 5 个升温最快的加热零件,监控"领先"热电偶,对 5 个最慢的加热零件,监控"滞后"热电偶,具体要求如下:

1)固化开始前,检查每个热电偶线路。

2)带故障的热电偶(如指示的温度曲线反复无常)应扣除。

3)升温和降温速率等于单个热电偶测量的温度区间的温度差除以测量所经过的时间。

注:FL1 边缘吸胶层的使用是任选的。

FL2 当使用边缘吸胶层时,表面透气层应接触边缘吸胶层,但不能直接与预浸料接触。

FL3 隔离膜应延伸出铺层的边缘至少 25.4mm,但不要到达表面透气层的边缘。

FL4 在层压件或夹层件上可使用压力板或压力垫。

FL5 可使用胶带将隔离膜固定在工装表面。

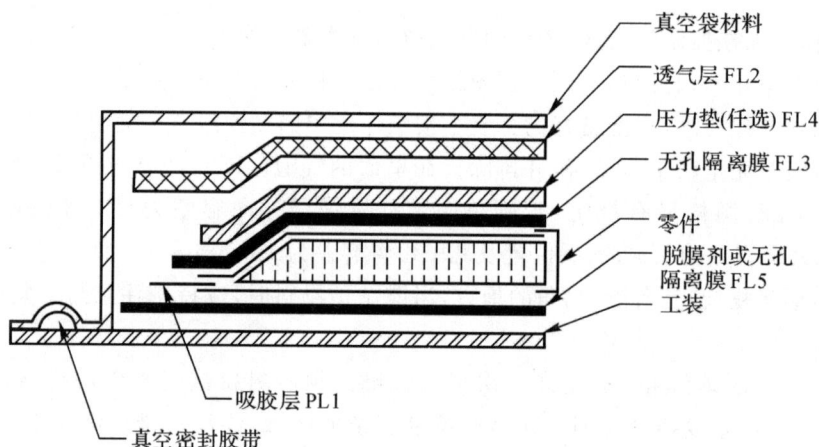

图 11.6 典型制袋工艺组合图

8.固化

固化工序是复合材料成型过程中的最重要的工序之一。复合材料制件的形状、物理机械性能及电气性能等都在此工序中形成。固化基本要求如下:

(1)按零件材料所适用的规范要求进行固化。

(2)零件整个固化过程应持续记录温度、压力、时间、袋内压力。

(3)每个真空袋应连接到真空/通气导管中,而不是连接到其他的真空袋中。允许将两个真空袋的软管连接到一个 T 型接头上,然后将接头与真空/通气总管相连接。

(4)在整个固化过程中,真空袋内的压力不应超过+0.035MPa,不允许抽真空以保持袋内压力+0.035MPa。如果袋内压力未使用连续记录仪记录,固化过程中的袋内压力读数应按下述要求记录:

1)热压罐达到满压时;

2)固化阶段开始时;

3)固化阶段结束时。

(5)零件可根据具体情况一次或多次预固化,固化进行共胶接或二次胶接。

9.脱模修整

应以不损伤零件和模具表面的方式脱模,脱模后去除毛边和多余的胶梗。

第六节　复合材料的机械加工

飞机上常用的复合材料构件主要有玻璃纤维复合材料、碳纤维复合材料以及芳纶纤维复合材料等。本节主要讲述玻璃纤维、碳纤维及芳纶纤维等复合材料的钻孔、锪窝、外形切割等机械加工工艺及方法。

一、玻璃纤维复合材料的机械加工

1.玻璃纤维复合材料的机械加工技术要求

(1)防止过热。因为玻璃纤维增强复合材料的导热性差及在加工中有分层趋势的缘故,所以加工时应以防止过热或损伤的方法来加工。

1)混杂、细纹编织的玻璃纤维增强层压件有较好的可加工性能,而粗纹编织的玻璃纤维层压件却极难加工。当选择适当的加工方法或工具时,应考虑防止热损伤等因素。

2)玻璃纤维增强层压件对工具的磨损非常严重,长时间切削时应使用金刚石或硬质合金工具。工具应当锋利,并无毛刺和缺口,以减少摩擦热。在机加过程中应使用压缩空气或强力的吸出装置,以吹散产生的热量,并吹去切下的废料。

(2)尺寸稳定性。当零件实际厚度允许时,层压件机械加工应从正、反两面对称加工,以减少残余应力引起的变形。

(3)外观要求。目视检查所有机加表面,应无裂纹、无过烧、无碎片、无破损、无纤维拔出和分层的痕迹。零件机加边缘缺陷的接收限、返工限与返工程序按相应零件的制造要求执行。

2.玻璃纤维复合材料的外形加工

(1)采用手工切割或数控铣切的方法来加工复合材料的外形。

(2)手工切边时使用标准的圆盘锯或组合锯切割,按照复合材料制件的厚度以及材料中所夹的填料来确定锯齿的数目、锯进速度及锯齿转动速度。

(3)必须在零件双侧采用支撑以避免分层。

(4)对玻璃纤维层压板进行干切削时,推荐采用下列参数:

1)材料厚度低于 2.5mm 时,进给速度约为 1 500mm/min;

2)材料厚度为 2.5~5mm 时,进给速度约为 1 000mm/min;

3)材料厚度大于 5mm 时,进给速度约为 500mm/min。

(5)推荐采用的切边加工工艺参数见表 11.3,推荐采用的外形铣削加工工艺参数见表 11.4。

表 11.3　切边加工工艺参数

加工材料	刀具材料	钻头(刀具)类型	进给速度 $m \cdot min^{-1}$	切削速度 $m \cdot s^{-1}$
玻璃纤维增强层压件	硬质合金,中等粒度	硬质合金刀具	1.5~4.5	6~25
	金刚石,粒度为 60~80	金刚石涂层切边刀具	1.5~4.5	6~25
	硬质合金	硬质合金刀具	0.9~3	2.5~10

表 11.4 外形铣削加工工艺参数

加工材料	刀具材料	进给速度	切削速度 m·s⁻¹	切削深度 mm
玻璃纤维增强层压件	金刚石,粒度为 60～80	$0.1～0.2/(m \cdot min^{-1})$	3～5	0.35～1.2
	硬质合金	$0.05～0.13/(m \cdot r^{-1})$	0.2～0.4	0.35～1.2

3.玻璃纤维复合材料的制孔

(1)应使用镀铬(或抛光)并带有排屑槽的高速工具钢或硬质合金钻头。钻头顶尖应留有70～90mm 的槽和宽切削间隙。

(2)钻孔、扩孔或铰孔的尺寸按工程图样规定的尺寸或精度要求。当工程图样或技术文件无要求时,可考虑使用比要求直径大 0.050 8～0.076 2mm 的钻头和合适的钻头转速。

(3)镗孔时,按所要求的终孔直径先加工一个初孔:一般初孔直径要小于终孔直径 1mm 左右。

(4)推荐采用的钻孔、锪沉孔加工工艺参数见表 11.5。

表 11.5 钻孔和锪沉孔加工工艺参数

加工材料	钻头材料	钻头类型	进给量/(mm·r⁻¹)	转速/(m·min⁻¹)
玻璃纤维增强层压件	金刚石	金刚石空心钻	0.04～0.08	20～25
	硬质合金	硬质合金平钻	0.04～0.08	50～100

(5)使用木制、塑料垫板或铝垫板,以防止背面划伤或破裂,如图 11.7 所示。钻孔时应不断地退出钻头,以清除钻屑和防止过热。

4.玻璃纤维复合材料的锪窝

(1)推荐锪窝转速为 500～1 000r/min 范围内。

(2)锪窝时,应确保刀具在接触层压板前是旋转的,以免产生碎片。

(3)尽可能采用同一把钻孔和锪窝组合刀具同时进行钻孔和锪窝加工。

(4)进行锪窝加工时,建议使用引导以确保孔轴线与所用刀具轴线同轴。

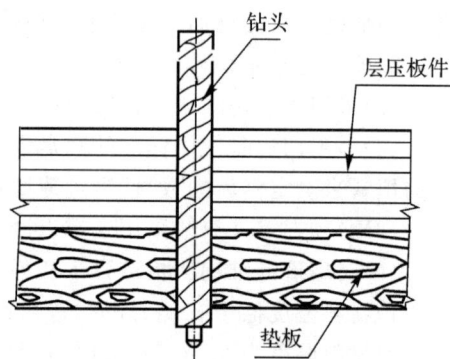

图 11.7 玻璃纤维复合材料制孔

(5)推荐采用的锪窝加工工艺参数见表 11.6。

表 11.6 锪窝加工工艺参数

加工材料	钻头材料	进给速度/(m·min⁻¹)	切削速度/(m·s⁻¹)
玻璃纤维增强层压件	高速钢	0.2～0.3	≤5
	硬质合金	0.2～0.3	10～30

5.去毛刺

边缘毛刺可以用粒度为 60~80 的氧化铝砂布或碳化硅防水砂纸打磨去除。松散的纤维可以用带式打磨机或打磨盘首先向下打磨,然后向上打磨的方法去除。

二、碳纤维复合材料的机械加工

1.碳纤维复合材料的机械加工技术要求

(1)一般要求。

1)根据待加工碳纤维复合材料层压结构的大小和形状,边缘机械加工方式主要包含有金刚石砂轮切割、铣削、带锯锯切和磨削。

2)为了更好地按照工程图样要求对碳纤维复合材料层压结构进行机械加工,加工时应采用切割模或加工工装。

3)加工时应采用真空吸尘系统收集粉尘,以减少碳纤维粉尘的扩散,避免因碳纤维粉末的污染致使周边电气系统的短路。

4)加工碳纤维复合材料层压结构过程中应进行冷却。冷却材料应为不含油的过滤空气、二氧化碳和鲸蜡醇或水。

5)当加工时如有异响声,切削刃过分磨损或出现缺口,复合材料表面出现分层、劈裂等情况时,应更换刀具或修磨刀具。

(2)质量要求。

1)分层范围。对于复合材料结构修切后表面,每 25mm 内最多只能出现 4 个破损和分层,每两个间距应不小于 0.76mm。破损和分层尺寸限制见表 11.7。

表 11.7　破损或分层极限值

	单向带(单方向性的)/mm(in)	织物(编织)/mm(in)
深	一层达 0.254(0.01)	一层达 0.356(0.014)
宽	0.76(0.03)	0.76(0.03)
长	0.254(0.010)	2.54(0.10)

注:1in=25.4mm。

2)外观颜色。机械加工时复合材料表面应无过热现象,复合材料表面不能变为棕黑色。

3)粗糙度要求。复合材料构件机械加工的切口表面粗糙度 Ra 不低于 3.2,水切割切口表面粗糙度 Ra 不低于 10.0。

2.碳纤维复合材料的外形加工

(1)金刚石砂轮切割。采用金刚石砂轮片(粒度为 40 目)切割碳纤维复合材料层压件时,刀片切割速度应在 1 520~1 830m/min 之间,进给速度的选择只要不使砂轮片发生过载或被切件发生过热情况即可,在砂轮片出口端应使用垫板予以支撑来防止劈裂,加工过程中应进行冷却。

(2)铣削。当采用数控机床铣削碳纤维复合材料层压件时,应选用金刚石涂层或硬质合金刀具,进给速度的选择只要不使砂轮片发生过载或被切件发生过热情况即可,并应在加工过程中进行冷却。

（3）带锯锯切。用带锯机切割碳纤维复合材料构件应使用涂有粒度为 60～80 的金刚石锯片，切割速度应在 2 000～12 000r/min 间。在锯片出口侧需予以支撑，以防止分层和劈裂，锯切过程中应进行冷却。

（4）磨削。当制件边缘有一定曲率时，可采用磨削进行加工，一般推荐采用盘磨机，转速不低于 3 000r/min，切割进给深度不超过 0.5mm，切割过程中应进行冷却处理。

3. 碳纤维复合材料的制孔

当仅在碳纤维复合材料构件上钻孔时，应使用下述分步程序，如图 11.8 所示。

（1）钻 $\phi3 \sim \phi12$mm 的通孔应使用硬质合金麻花钻。推荐转速为 800～2 800r/min，进给量为 0.01～0.06mm/r，为了避免出口面分层，一方面当接近钻透时应放慢进给速度；另一方面应在出口面加垫板（硬塑料板、夹布胶木板或铝板）、粘贴可剥布或固化胶层。

（2）为了达到孔的公差要求，也可用硬质合金铰刀铰孔。铰孔时，先按上述要求钻初孔，钻孔时应留出铰孔余量为 0.15～0.4mm，然后用硬质合金铰刀铰至最后尺寸，推荐转速为 500r/min。为防止劈裂和分层，需要在铰刀出口面加垫板。

4. 碳纤维复合材料的锪窝

（1）使用金刚石或硬质合金锪窝钻，如图 11.9 所示，钻速为 2 000r/min。

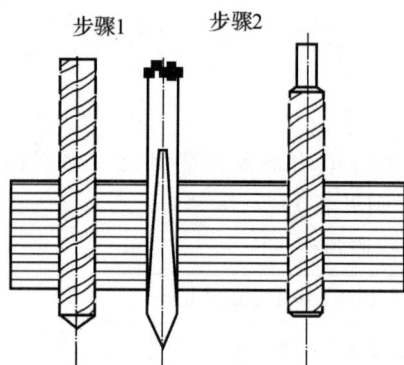

图 11.8　碳纤维复合材料制孔　　　　图 11.9　碳纤维复合材料锪窝钻

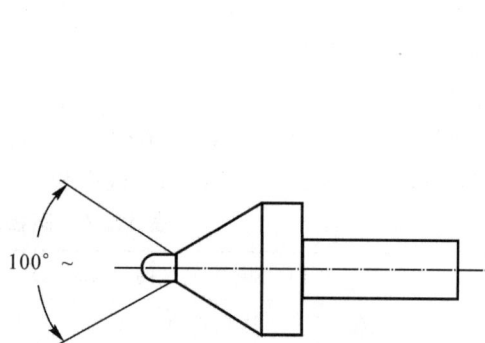

（2）锪窝钻应安装有窝的深度限制器。

5. 去毛刺

（1）边缘毛刺可以用粒度为 240 的砂纸打磨去除。

（2）在碳纤维复合材料上用过的砂纸不应再用于金属上，同样，已用于金属上的砂纸也不应再用于碳纤维复合材料上。

三、Kevlar 纤维复合材料的机械加工

Kevlar 纤维结合了质量小、强度高的优点，比普遍使用的玻璃纤维直径更小且拉伸强度更高，易于在切割前变形和弯曲。当使用传统刀具时，这些现象就混合出现。鉴于上述原因，应使用新型的切割刀具来加工 Kevlar 纤维零件。

1. 刀具

剪切镗孔槽钻头，如图 11.10 所示刀具由波音/Vertol 公司研制，并且是波音公司的专利产品。剪切镗孔槽钻头是单槽、单终点钻。由于设计的缘故，能够通过内、外部剪切动作切断

单纤维,因此减少纤维上的压缩应力而生成干净并精确的孔。钻头切割时不产生过量的摩擦热量以确保良好的孔的内部质量,同时降低树脂机体软化的机会,能够保持产生良好孔质量的轻微的进给压力。此类钻头直径范围为 $0.062''\sim0.890''$。小于 $3/8''$ 的钻头为整体硬质合金,而大于 $3/8''$ 的钻头为镶嵌式硬质合金,钻头的有效长度为总长 $4''$ 的 $3/4$。

2.在 Kevlar 纤维层压件上钻孔

(1)钻 $\phi2\sim\phi12$mm 的通孔。推荐转速为 $800\sim40\,000$r/mm,进给量为 $0.01\sim0.06$mm/r。在钻孔前,为防止分层,在钻出面放一个木质、玻璃纤维层压件或同样的垫板。

(2)对于 Kevlar 纤维层压件不适用于铰孔。孔精度取决于钻头本身。

注:上述钻头直径必须是用于铆接和螺栓/螺钉的安装。

3.在 Kevlar 纤维层压件上锪窝

(1)当在 Kevlar 纤维层压件上锪窝时,为防止分层和磨损,可用 YPM9197 医用白胶布或 YPM3021 压敏胶带遮蔽到需锪窝的孔表面上。

注:为了消除钻孔操作带来的分层、劈裂或磨损等钻孔缺陷,应尽可能在钻孔的钻出面锪窝。

(2)使用特制的硬质合金锪窝钻,如图 11.11 所示,钻速范围为 $1\,000\sim4\,000$r/mim。

图 11.10　剪切镗孔槽钻头/硬质合金麻花钻　　　图 11.11　Kevlar 纤维层压件的锪窝钻

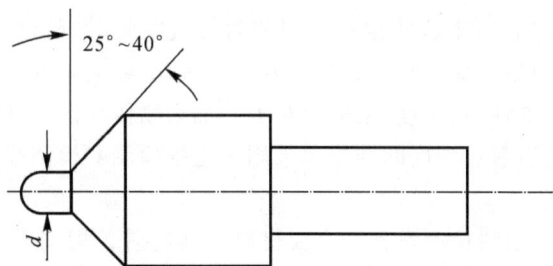

(3)为了防止因工具与零件接触时间长,增加层压件的磨损,锪窝钻在锪窝时进给量要快,锪好后迅速移开。

第七节　复合材料的质量检测与控制

复合材料制件的质量分为内部质量和外观质量两个方面。内部质量包括气孔、空腔、分层、夹杂物、裂纹以及蜂窝芯格的压塌、断裂、破损和节点开胶等,通过无损检测,即超声波和射线来检测和控制。外观质量包括表面划伤、表面凹坑、表面胶棱、贫胶、富胶等,通过目视来检查。

一、复合材料制件的内部质量检测

1.超声波检验

超声波检验是检测复合材料层压件和蜂窝夹层件内部缺陷最广泛使用的方法。超声波检验是将高频率的声波传入受检零件,并整理返回信号以确定是否存在气孔、空腔、分层等内部缺陷。检验复合材料零件所使用的超声检验方式基本有 3 种。

(1)回波脉冲。这种方式中,超声波能量是使用同一个发生器发射并接受的。声能在超声波仪器上将时间和距离与波幅(反射的能量)联系在一起显示。始波被发射进入受检零件,又从内部的发射表面反射回来。如果没有遇到有效的反射层,始波即穿透受检零件的背面,而反射回到发射器上,同时吸收到的信号会显示在超声波的显示器上。这样,当进行适当的调整时,显示器即可显示前表面的信号、背面信号,以及来自前、后表面之间的任何状态的信号。

(2)穿透法。穿透法是超声能量由一个发生探头发射,而由另一个探头接受的,这个探头一般放在受检件的背面。

超声波的显示器显示一个来自接收器的信号,看不到来自零件内部的反射,显示器仅仅显示通过零件的波信号。如果受检零件的内部没有分层存在,则信号将会保持原定的高度。如果声波有一些不规则的中断,那么所吸收到的信号就会减弱,蜂窝结构只能用穿透法进行检验(某些回波脉冲也能对蜂窝结构进行检验,但一般仅限于层板蒙皮)。

(3)发射的穿透发射法。此法与穿透发射法是一样的,但只是在受检件的背面使用一个反射体而不是用接收器。目前,国内主要是使用回波脉冲法和穿透发射法进行复合材料的检查。使用的仪器有 USL 48 型超声波探伤仪、SUD 15SX 超声波探伤仪及 M—500 型 C 扫描系统。

2.射线检测

(1)射线检测基本原理。当射线入射到物体上时,射线的光量子将与物质原子发生一系列相互作用,由于这些相互作用使射线被吸收、散射,导致投射射线强度减弱,低于入射射线强度,即射线在穿过物体时强度发生衰减,射线衰减的程度除了与射线的能量相关外,还与被透照物体的性质、厚度、密度等相关。如果物体局部区域存在缺陷,它将改变物体对射线的衰减,引起投射射线强度的变化。采用一定的检测器检测投射射线强度,就可以判断物体中是否存在缺陷。

(2)射线检测设备和主要材料。其包括 X 射线机,X 光胶片,显影粉和定影粉。

(3)检测对象及缺陷。

1)夹芯件:检查蜂窝芯格的压塌、断裂破损及节点开胶等;

2)层压件:检查纤维扭结皱褶、夹杂物、裂纹等。

二、复合材料制件的表面质量检查

复合材料制件表面质量通过目视来检查,表面质量的通用验收要求如下:

(1)表面划伤。若没有纤维损伤,表面树脂划伤是可以接受的。

(2)靠工装面与靠袋面的表面凹坑。

1)表面深度小于或等于 0.005in 不管其位置或数量都是允许的。

2)凹坑深度大于 0.005in 而小于或等于 0.009in,长度小于或等于 1.0in 是允许的。

3)凹坑深度大于 0.009in 并小于或等于 0.020in,且最小宽度大于 0.2in 和长度小于或等于 1.0in 是允许的。

(3)表面胶棱。

1)靠工装面(非配合表面)从 0.00～0.01in 高的所有胶棱或皱折是允许的。

2)靠袋面(非装配表面)小于或等于 0.020in 高的所有胶棱或皱折是允许的。

3)装配表面从 0.000~0.003in 高的所有表面胶棱或皱折是允许的。

(4)可见的材料夹杂,夹杂材料长度一般要求不大于 12.7mm。

(5)表面含胶(包括针孔),没有纤维暴露的任何表面含胶是允许的。

(6)富胶区,靠袋面或靠工装面的富胶区没有裂纹、针孔或空腔时可以接受。

(7)零件表面不允许有纤维铺层皱褶。

(8)零件变形,在至少 12in 间隔处用 10lbf(1lbf=0.453 6kgf)的力测量,一般允许零件和检验夹具(装备)之间有 0.76mm 的变形间隙。

(9)零件表面不平整,除了图样上允许的拼接或铺层终端引起的台阶,表面不平整应在 0.254mm 以内。

(10)圆角处架桥,小于或等于 0.5in 长的圆角处架桥是允许的。

(11)靠工装表面的印痕,从工装表面印过来的深度小于 0.127mm,并且在表面处理后可以消除的印痕是允许的(如由于剥离层搭接引起的印痕)。

三、复合材料的力学性能

复合材料的力学性能主要通过测试随炉试板的性能来体现。

随炉试板必须与零件同批材料、同一工艺方法、同时在热压罐或烘箱内固化制造。原则上,随炉试板和零件在同一工装上制造,允许用传热效果等同的工装制造随炉试板。

按工程图样及验收技术条件规定制造随炉试板并进行相应的性能测试。

四、复合材料的质量控制

复合材料的生产环节众多,易受人员、环境、设备、材料和工艺过程等诸多因素影响,产品质量不稳定。因此,必须加强制造过程全面质量控制来保证复合材料的产品质量。复合材料生产质量控制要求如下。

1.人员质量控制要求

(1)从事复合材料生产的工人和检验人员应按要求通过培训和鉴定,经过考核合格的人员持有岗位资格证方可上岗操作。

(2)在生产过程中,严格执行工艺文件,执行工序检验和首件三检制度,遵守工艺纪律,做好产品原始记录。对在生产过程中出现的质量问题,不弄虚作假,及时向工(组)长反映,避免重复问题发生。

(3)坚持文明生产,做好经常性的整理、整顿、清扫和定置管理。

(4)积极参加工段(班组)的质量预防和质量改进活动。

(5)操作工应严格按工艺文件和图样要求,注意铺贴层数及铺贴方向,热电偶的安装是否符合温度分布图,真空袋是否漏气。同时应认真填写"复合材料制造质量控制记录",并对其工作质量负责。

2.设备质量控制要求

(1)烘箱、热压罐、下料机、投影仪等设备均应定期校验并处于合格有效状态,所有温度、压力、真空等仪器仪表也应定期校验并处于合格有效状态。

(2)设备操作人员需要经过培训考核并取得操作证方可操作设备。

(3)设备操作人员应准确掌握"三好四会"基本技能(三好:管理好、用好、维护修理好;四会:会使用、会保养、会检查、会排除故障)。做好设备日常保养与维护工作,保持设备的清洁、润滑、安全和良好的使用状态。

(4)操作人员应正确使用设备,严格遵守操作规程,熟练掌握所使用设备的性能。不得擅自变更设备使用范围,不得私自拆卸设备及备件,不得违章操作设备。每班班前要认真阅读上一班交班记录,检查设备及备件完好情况,确认设备完好无故障后,方可启动设备。班中认真按操作规程操作设备,同时做好设备润滑、冷却及切削清理工作。设备运转过程中,不得离开工作岗位。

3.工装质量控制要求

(1)工装一律由工具室统一保管,操作人员需要借用时,凭工艺规程或零件制造指令办理借用手续。工艺装备使用完毕,当班返回工具室。工装的每次使用及返修情况应填入"工装使用记录卡"。

(2)使用工艺装备前,操作者要对所用工艺装备进行检查。工艺装备标志漆、鉴定期应该符合规定。工具应该完好无损、无锈蚀和变形。量具刻度线应该对零。

(3)操作者应该按使用要求正确、合理地使用工艺装备,防止磕伤、碰伤、划伤。不得随意拆卸工艺装备零部件;不得改变工艺装备形状尺寸,不得改变工艺装备使用性能。

(4)操作者发现工艺装备损坏或报废,应该按规定办理修理或报废手续。报废工艺装备不得在现场存放和使用。

4.材料控制要求

(1)进入生产现场的材料,应经过有关检验部门人员进行技术鉴定和检验,并在材料合格证或零件过程卡上加盖检验印章。未经检验的材料不得进入生产现场。

(2)复合材料生产中用到的材料主要有主材料和工艺辅助材料。它们都有明确的贮存管理要求,特别是低温料的贮存条件和贮存期有着严格的规定,所有超期和不合格的材料禁止使用。

1)低温材料应存储在冷库中,标识要清晰且合格有效。使用材料时要及时填写低温材料使用记录卡,确保低温材料始终处于受控状态。

2)工艺材料按供应商说明贮存,贮存中应避免污染和其他损伤,带有腐蚀性的辅助材料应隔离存放。

(3)易燃、易爆物品及毒品等,要妥为保管,悬挂明显标志,不得接近热源、火源和电源。

5.环境控制要求

(1)控制污染区。复合材料生产中预浸料和胶膜等的切割、配套和铺贴等操作必须在控制污染区进行,以保证预浸料和胶膜等不受环境污染。控制污染区又称清洁间或净化间。该区域主要控制温度、相对湿度、空气清洁度,并保持室内有正压力差。

1)温、湿度要求。控制污染区温度应控制在 18~30℃,相对湿度不大于 65%。温、湿度必须进行 24h 连续记录和打印。

2)正压要求。控制污染区内部相对于外部应有 10~40Pa 的正压力差。

3)粉尘数量要求。对进入控制污染区的空气应进行三级过滤,保证控制污染区内 $10\mu m$ 和大于 $10\mu m$ 的粉尘数量不多于 4 个/L。用设置在控制污染区内的尘埃粒子计数器进行粉尘统计,控制污染区内的粉尘数量应每天进行检测(电脑自动显示),每周检查并记录一次。

4)压缩空气的要求。压缩空气源应通过油水分离器进行过滤,去除油、水、粉尘或其他污染物。

5)清洁要求。控制污染区允许的清洁方法有水拖洗或擦洗,溶剂清洗,真空吸尘等。

6)人员进出控制要求。人员应从风淋室进出控制污染区。进入风淋室前,应穿戴个人保护装备;在风淋结束后方可走出风淋室,进入控制污染区。

7)允许在控制污染区内实施的操作。①真空袋制备;②渗漏检查;③预浸料或胶膜的晾置调温、下料(剪裁)、切割、铺贴、工艺组合、装配和固化准备;④芯子的胶接和灌封;⑤允许从已固化的零件上去除剥离层,去除剥离层时应远离未覆盖的预浸料/未固化的胶膜至少 3m。

8)控制污染区内禁止的行为。①禁止混合交叉作业(金属胶接操作和复合材料操作的混合交叉);②禁止吃(包括咀嚼口香糖和烟草)或喝东西、吸烟,在控制污染区外面张贴相应的禁止吃、喝东西和吸烟的标志;③禁止使用蜡、滑石粉、手膏、液体脱模剂、导电涂层和含未固化硅树脂的化合物及任何其他对胶接不利的材料;④禁止使用未经批准的清洗溶液和清洗程序;⑤禁止运转内燃机;⑥禁止在控制污染区里进行能产生大量粉尘的操作,如机加、打磨、钻孔、砂磨、铣切。

(2)环境监控区要求。

1)环境监控区可以作为一个单独的房间封闭起来,或者是厂房内部的一个区域,用墙壁、围栏等隔离 2m,没有正压要求。封闭区应有良好的通风装置。

2)温、湿度要求。温度:15~35℃;相对湿度:不大于 75%。

3)环境监控区允许进行芯子加工,室温胶接,湿法铺层,芯子拼接、稳定、灌封和配套,泡沫胶使用,嵌件封装,一般性密封,芯子、表面处理过的零件和预固化的非金属零件的贮存等。

4)环境监控区内禁止的行为。①吃(包括咀嚼口香糖和烟草)或喝东西、吸烟;②存放和使用蜡、滑石粉、手膏、液体脱模剂、导电涂层和含未固化硅树脂的化合物;③在材料和零件上产生对胶接不利的污染,如灰尘、油和脂。

6.维护控制要求

(1)所有施工用的工具、工装、工作台等在使用前后均应清理干净。

(2)定期检查烘箱、热压罐、真空设备、通风设备、电源和电气系统,经常清除尘埃、污染物及胶斑。

7.质量控制要求

质量控制贯穿于整个复合材料生产过程,除制造过程中的各工序检验、完工产品检验外,还应进行专门的无损检测及性能测试等。

安全·小·提示

1.严禁乱动烘箱、热压罐等设备上的各类按钮、开关和阀门,特别严禁乱动超温、超压等报警系统,以免造成爆炸等安全事故。

2.复合材料机械加工时,操作人员应严格佩戴个人保护装备(防护口罩、护目镜、防护服等),以防止粉尘对裸露的皮肤和呼吸道的损害。

3.复合材料制造中,有危害性材料的废料处理,应采取正确的处理方法,不能随便丢弃,污染环境。

4.当操作人员使用预浸料时,应戴批准的手套,不要赤手接触预浸料,防止污染材料,同时保护双手皮肤不受损害。

5.不饱和聚酯树脂常温固化时,除了要用催化剂外,还要用促进剂。必须注意,催化剂和促进剂不可直接接触,直接接触会引起剧烈反应甚至爆炸。树脂加了促进剂后需要搅拌均匀才可加催化剂,否则,仍会引起爆炸。

6.当使用过氧化物催化剂时,注意只能使用非金属器具,因为金属器具容易产生微小的火星引起过氧化物爆炸。

思 考 题

1.什么是复合材料? 复合材料有哪些优点和缺点?

2.什么是增强材料和树脂基体? 它们各自有什么作用?

3.纤维增强复合材料界面包括哪几个方面的内容? 简述复合材料的界面理论。

4.简述复合材料的成型工艺方法及特点。

5.湿法成型工艺有哪些优点和缺点? 以玻璃钢零件的湿法成型为例,简述湿法成型的工艺流程。

6.简述复合材料结构件成型工艺过程。

7.预浸料、胶膜等低温材料有哪些贮存控制要求?

8.以 Frekote 700NC 脱模剂为例,简述脱模剂的使用方法。

9.复合材料结构件成型时,预浸料铺贴有哪些技术要求?

10.画出复合材料结构件典型制袋工艺组合图。

11.玻璃纤维复合材料和碳纤维复合材料机械加工有哪些技术要求?

12.请从人、机、料、法、环等几方面来简述复合材料生产的质量控制要求。

第十二章 点焊和胶焊结构装配

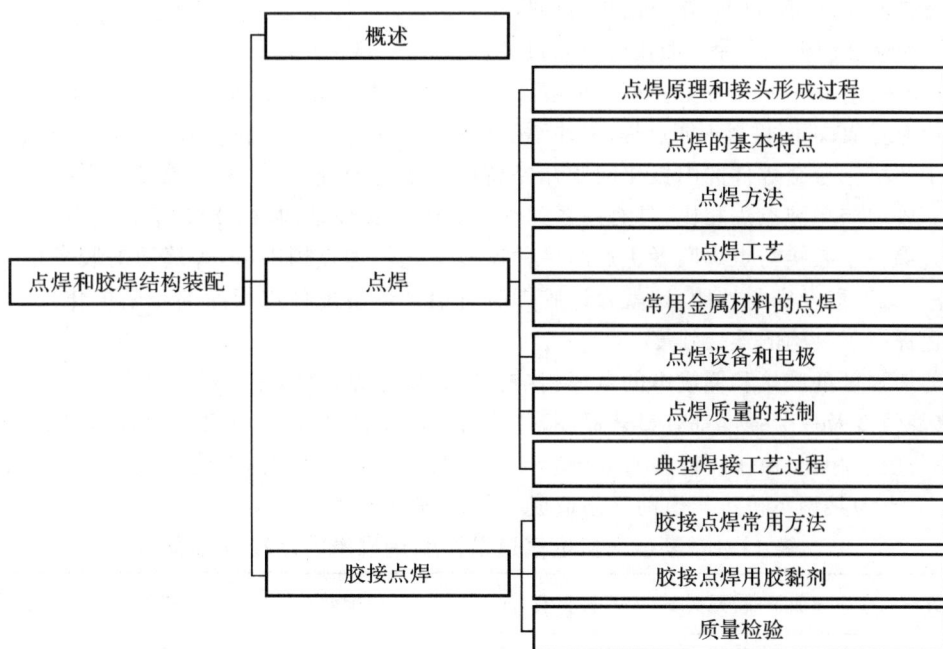

第一节 概 述

飞机薄壁结构的连接方法除铆接及胶接外，还有点焊以及由点焊与胶接组成的混合连接——胶接点焊(一般简称为"胶焊")。

铆接仍然是飞机机体的重要连接方法,铆接技术已经有了许多新的发展,但它固有的缺点依然存在。这主要表现为钉孔对材料的削弱和铆钉头的附加质量使结构质量较大;钉孔会引起应力集中,使疲劳强度降低;劳动量较大,特别是密封铆接比普通铆接的劳动量要大几倍;难以避免的手工铆接的强烈噪声和冷风造成铆接工人的职业病;阳极化膜因钉孔而受到破坏以及孔边的裂纹会引起腐蚀等。

胶接是一种先进的连接方法,其优点几乎正是克服了铆接的缺点。胶接应力集中最小,疲劳强度高,因而可以减轻结构质量;密封性好,表面光滑;劳动量显著低于铆接;成批生产时,成本也低于铆接。其主要缺点是剥离强度低;胶接质量的稳定性尚不如铆接,因而特别需要重视质量控制。

薄壁钣金零件用点焊连接,与用铆接及胶接相比较,具有生产率高、成本低的显著优点,比铆接结构质量小,表面也光滑些,显著地改善了劳动条件。但单纯的点焊虽然其静强度与铆接差不多,而疲劳强度却比铆接低约20%。这可能是由于点焊接头有最大的应力集中系数,以及点焊周围热影响区内材料塑性显著降低,存在宏观裂纹等原因造成的(见图12.1)。对铝合金材料来说,焊前和焊后都不能进行阳极化处理。因为焊前阳极化会使表面接触电阻过大,

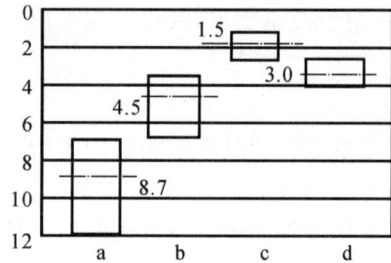

图 12.1　几种连接方法的应力集中系数
a—点焊；　b—铝铆钉；
c—胶接；　d—高强度干涉配合

焊后进行阳极化,板材间隙中必然残留电解液,会造成腐蚀。此外,硬铝合金可焊性较差;质量检验方法较为复杂;不同材料不能点焊;零件厚度相差太大或三层以上的结构都不能进行点焊。

为了解决铝合金焊件的阳极化问题并提高点焊结构的强度,发展了胶接点焊这一混合连接方法。胶焊与单纯点焊相比,具有一系列优点。由于胶焊结构的焊缝内有一层胶黏剂,故胶焊连接是综合了胶接与点焊两者优点的一种连接工艺。焊点周围,即焊缝间的胶黏剂具有良好的耐酸、碱性能及密封性能,这就允许胶焊后对铝合金装配件进行除油及阳极化处理,同时胶黏剂也提高了结构的连接强度。

高剪切强度的胶接和低成本的点焊相结合的胶接点焊,应用在飞机铝合金结构上,与点焊相比,其静强度及疲劳强度都有显著提高,并改善了耐腐蚀性能;与铆接相比,能降低成本和结构质量;与胶接相比,由于可以节省部分胶接夹具及基本设备投资,因此在成本上也会低于胶接。表12.1为某型飞机进气道前段制造成本的比较对照表。

表 12.1　某型飞机进气道前段制造成本的比较对照表

连接方法	加工费/元	材料费/元	装配费/元	平均单件成本/元[①]
手工铆接	4 560	1 191	2 040	7 791(为基准)
自动铆接	4 560(0%)	1 179(−1%)	1 685(−17%)	7 424(−5%)
手工胶接	4 560(0%)	1 204(+1%)	2 226(+9%)	7 990(+3%)
胶接点焊	4 435(−3%)	1 326(+11%)	1 182(−42%)	6 943(−11%)

注:①以批量为300件计的平均单件成本。

胶焊方法的研究始于 20 世纪 50 年代初期。为保证焊点质量,合理使用现有的点焊机设备,零件的表面准备要同单纯点焊一样,需进行酸蚀处理,以除去氧化膜,降低表面接触电阻。点焊后再注入胶液,胶液固化后进行阳极化处理。因此,焊缝内金属表面是靠胶层来保护的,焊缝外表面则靠阳极化膜来保护,这就是"先焊后胶"的方法,又称苏式胶焊法。

后来,胶焊方法得到欧洲各国的承认,也引起了美国的重视。自 1962 年起,美国经过 15 年的研究,成功地掌握了"先胶后焊"的方法,即美式胶焊法,并用于批量生产飞机。

在我国,1959 年开始研究胶焊方法,1964 年开始在飞机上进行试用。某教练机采用了 70 项 104 件共 5 000 焊点,其中包括原为铆接后改为胶焊的蒙皮-桁条结构;某型轰炸机有 232 项胶焊件,约 30 000 多焊点,减少铆接工作量 15%～17%,改善了外形光滑度,减少了变形,提高了协调性。

第二节　点　焊

一、点焊原理和接头形成过程

点焊原理如图 12.2 所示。焊接时,将零件放入两电极之间,电极施加压力压紧零件后,电源通过电极向零件通电加热,在零件内部形成熔核。熔核中的液态金属在电磁力作用下发生强烈搅拌,熔核内的金属成分均匀化,结晶界面迅速消失,断电后在电极压力作用下凝固结晶,形成点焊接头。同时,在接头周围形成一个尚未达到熔化状态的环状塑性变形区,称为塑性环。塑性环的存在可防止周围气体侵入和液态熔核金属沿板缝向外喷溅。

可见,点焊是在电极压力作用下,通过电阻热来熔化金属,断电后在电极压力作用下结晶而形成焊接接头的。每完成一个接头称为一个点焊循环。普通的点焊循环包括预压、通电加热、冷却结晶和休止 4 个相互衔接的阶段,如图 12.3 所示。

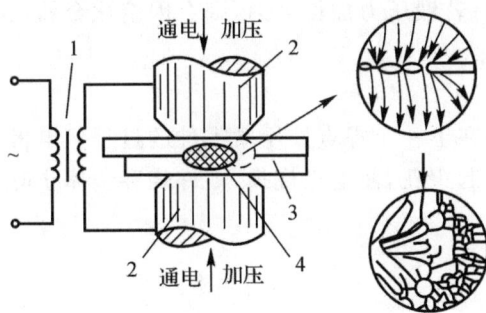

图 12.2　点焊原理
1—阻焊变压器；2—电极；
3—零件；4—熔核

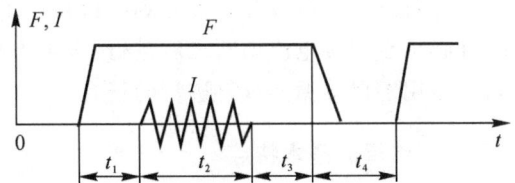

图 12.3　点焊时的焊接循环
F—电极压力；I—焊接电流；
t_1—预压阶段；t_2—通电加热阶段；
t_3—冷却结晶阶段；t_4—休止阶段

1.预压阶段 t_1

从电极开始下降到焊接电流接通这段时间为预压阶段。预压的目的是使零件间紧密接触,并使接触面上凸点处产生塑性变形,破坏表面的氧化膜,以获得稳定的接触电阻。若预压力不足,可能只有少数凸点接触,形成较大的接触电阻,产生较大的电阻热,接触处的金属很快熔化,并以火花的形式飞溅出来,严重时甚至可能烧坏零件或电极。当零件较厚、结构刚性较大或零件表面质量较差时,为使零件紧密接触,稳定焊接区电阻,可以加大预压力或在预压阶段施加辅助电流。此时的预压力通常为正常压力的 0.5~1.5 倍,而辅助电流则为焊接电流的 1/4~1/2。

2.通电加热阶段 t_2

焊接电流通过零件并产生熔核的时间即为通电加热阶段。在预压力使零件紧密接触后,即可通电焊接。当焊接工艺参数合适时,金属总是在电极夹持处的两零件接触面上开始熔化,并不断扩展而逐步形成熔核。熔核在电极压力作用下结晶(断电),结晶后在两零件间牢固地结合。

通电加热阶段最易发生的问题是熔核金属飞溅。产生飞溅时,溢出了熔化金属,削弱了焊点强度,从而降低了接头的力学性能;同时还会使零件表面产生凹坑,污染工作环境,因此应力求避免飞溅的产生。形成飞溅可能有两种情况:一种是加热前期飞溅,它往往是加热速度过快或电极压力不足引起的,这时在熔核周围来不及形成保持熔核金属的塑性环,熔化金属在压力作用下就容易向外飞出;另一种是在加热后期发生的,若通电加热时间过长,熔化金属量过多,零件未熔化部分的厚度太薄,金属表面就会下陷,在熔核内产生过大的压力,使塑性环或金属表面破裂,熔核金属产生外溢而产生飞溅。

3.冷却结晶阶段 t_3

此阶段是指焊接电流切断后电极压力继续保持的一段时间,也称为锻压阶段。当熔核达到合适的形状与尺寸后,切断焊接电流,熔核在电极压力作用下冷却结晶。

熔核结晶是在封闭的金属膜内进行的,结晶时不能自由收缩,用电极挤压就可使正在结晶的金属变得紧密,使之不会产生缩孔和裂纹。因此,电极压力要在焊接电流断开、熔核金属全部结晶后才能停止作用。当焊接较厚零件(δ>1.5~2.5mm 铝合金,δ>5~6mm 钢)时,因熔核周围的金属膜较厚,常采用在切断电流经间歇时间 0~0.2s 后加大锻压力的焊接循环。如果锻压力施加得过早,就会挤出熔化金属而产生飞溅;若锻压力加得太迟,则会因熔化金属已凝固而失去作用。

4.休止阶段 t_4

此阶段是指电极开始提升到电极再次下降,准备在下一个焊点处压紧零件的过程。电极提升必须在焊接电流切断之后进行,否则电极间将引起火花,使电极烧损,零件烧穿。休止时间只适用于焊接循环重复进行的场合。

二、点焊的基本特点

1.点焊的基本特点
(1)零件间靠尺寸不大的熔核进行连接,熔核均匀、对称地分布在零件的贴合面上。
(2)点焊具有大电流、短时间、压力状态下进行焊接的工艺特点。
(3)点焊是热-机械(力)联合作用的焊接过程。
2.对点焊接头质量的一般要求
点焊的质量要求,首先体现在点焊接头要具有一定的强度,而强度主要取决于熔核尺寸(直径和焊透率)、熔核本身及周围热影响区的金属微组织及缺陷情况。为了保证点焊接头的质量,点焊接头的设计应能使焊接时具有尽可能好的焊接性。推荐点焊接头尺寸见表 12.2。

表 12.2　推荐点焊接头尺寸

| 薄件厚度 δ/mm | 熔核直径 d/mm | 单排焊缝最小搭边 b/mm | | 最小工艺点距 e/mm | | 备　注 |
		轻合金	钢、钛合金	轻合金	低合金钢	不锈钢、耐热钢、耐热合金	
0.3	2.5^{+1}	8.0	6	8	7	5	
0.5	3.0^{+1}	10	8	11	10	7	
0.8	3.5^{+1}	12	10	13	11	9	
1.0	4.0^{+1}	14	12	14	12	10	
1.2	5.0^{+1}	16	13	15	13	11	
1.5	6.0^{+1}	18	14	20	14	12	
2.0	$7.0^{+1.5}$	20	16	25	18	14	
2.5	$8.0^{+1.5}$	22	18	30	20	16	
3.0	$9.0^{+1.5}$	26	20	35	24	18	
3.5	10^{+2}	28	22	40	28	22	
4.0	11^{+2}	30	26	45	32	24	
4.5	12^{+2}	34	30	50	36	26	

三、点焊方法

点焊分类方法有多种,点焊按所用焊接电流波形可分为工频点焊、电容贮能点焊、直流冲击波点焊、三相低频点焊和次级整流点焊;点焊按电极馈电方向在一个点焊循环中所能形成的焊点数可分为双面单点焊、单面双点焊、单面单点焊、双面双点焊、多点焊,如图 12.4 所示。

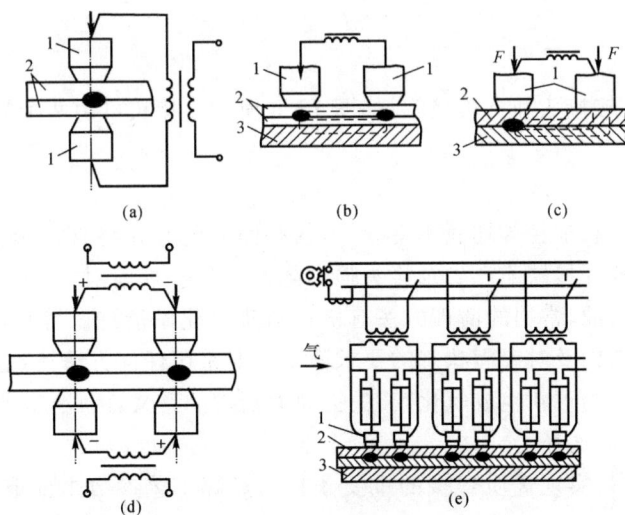

图 12.4　点焊方法示意图

(a)双面单点焊;　(b)单面双点焊;　(c)单面单点焊;　(d)双面双点焊;　(e)多点焊

1—电极;　2—零件;　3—铜垫板

1. 双面单点焊

如图 12.4(a)所示,两个电极从零件上、下两面接近零件进行焊接。这种焊接方法能对零件施加足够的电极压力,焊接电流集中通过焊接区,因而可减小零件的受热范围,提高接头质量,应优先选用。

2. 单面双点焊

如图 12.4(b)所示,两电极位于零件一侧,同时能形成两个焊点。这种方法能提高生产率,能方便地焊接尺寸大、形状复杂和难以进行双面单点焊的零件。此外,还有利于保证零件的一面光滑、平整、无电极压痕。但此法焊接时,部分电流直接经零件形成分流。为给焊接电流提供低电阻的通路,通常采用在零件下面加铜垫板的措施,使焊接电流能均匀地通过上、下两零件,熔核不产生偏移。

3. 单面单点焊

两电极位于零件一侧,不形成焊点的电极采用大直径和大接触面以减小电流密度,仅起导电块的作用,如图 12.4(c)所示。这种方法主要也是用于不能采用双面单点焊的结构上。

4. 双面双点焊

如图 12.4(d)所示,两台焊接变压器分别对上、下两面的成对电极供电。两台变压器的接线方向,应保证上、下对准电极,在焊接时间内极性相反。这样,上、下变压器的二次电压成顺向串联,形成单一的焊接回路。在一次点焊循环中,同时形成两个焊点。这种方法的特点是分流小,焊接质量比较好,主要用于零件厚度较大、质量要求较高的构件。

5. 多点焊

这种方法是将零件压紧后同时焊接多个焊点的方法。最常用的是采用数组单面双点焊组成,如图 12.4(e)所示。在个别情况下,也可用数组双面单点焊或双面双点焊组成。多点焊的生产效率高,在大批量生产中应用广泛。

四、点焊工艺

1. 点焊接头设计

点焊通常采用搭接接头和折边接头,如图 12.5 所示。接头可由两个或两个以上等厚或不等厚度的零件组成。

2. 焊前清理

零件表面的氧化膜、油污等均属不良导体,这些因素的存在将直接影响热量析出、熔核形成及电极寿命,并导致焊接缺陷产生及接头强度降低,因此,焊前对零件表面进行清理是十分关键、重要的工序。目前,常用的清理方法有机械清理与化学清理。各种清理方法的选择,可按产量、材料、厚度、结构及对表面状态的要求而定。对采用任何方法清理过的零件,其存放时间都有一定限制,否则会重新生成氧化膜,失去表面清理的意义,因此,应严格规定存放时间。

3. 点焊工艺参数的选择

合适的工艺参数是实现优质焊接的重要条件。点焊工艺参数主要取决于金属材料的性质、板厚、结构形式及所用设备的特点(能提供的焊接电流波形和压力曲线)。点焊工艺参数主要包括焊接电流、通电时间、电极压力、电极工作端面的形状和尺寸,通常是根据零件的材料和厚度,并参考该种材料的焊接规范来选择的。

(1)焊接电流。焊接电流是点焊最主要的焊接参数。焊接电流的大小对接头力学性能的影响如图 12.6 所示。

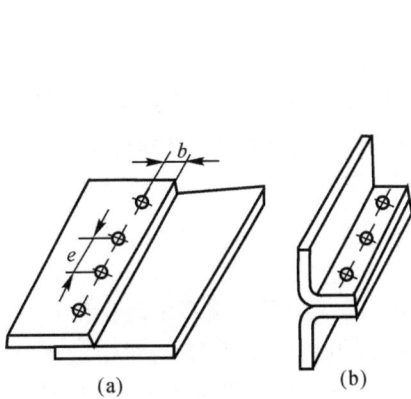

图 12.5　点焊接头形式

(a)搭接接头；　(b)折边接头

e—点距；　b—边距

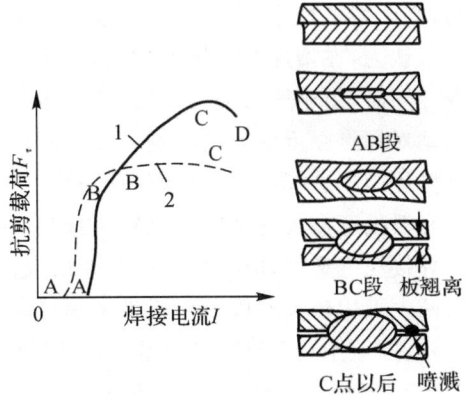

图 12.6　接头抗剪载荷与焊接电流的一般关系

1—板厚 1.6mm 以上；　2—板厚 1.6mm 以下

　　曲线 AB 段是陡峭形。由于焊接电流小,不能形成熔核或熔核尺寸过小,因此,焊点抗剪载荷较低且很不稳定。曲线 BC 段平稳上升。随着焊接电流的增加,熔核尺寸稳定增大,抗剪载荷不断提高;临近点 C,由于板间翘离限制了熔核直径扩大,因而抗剪载荷变化不大。点 C 以后,由于焊接电流过大,加热过于强烈,引起金属过热、喷溅、压痕过深等缺陷,接头性能反而降低。图 12.6 所示还表明,焊件越厚,曲线 BC 段越陡峭,即焊接电流的变化对焊点抗剪载荷的影响越敏感。

　　点焊时焊接电流一般在数万安(A)以内。在实际生产中,由于电网电压的波动,多台点焊机同时通电焊接的相互干扰,分流及磁性零件伸入二次回路等原因,均可导致焊接电流的变化,有时变化率还相当大。目前,解决这一问题的最积极措施就是采用质量监控装置。例如,在采用 CU4800A 点焊微机控制器后,尽管存在以上各种干扰,但仍可保证焊接电流的波动在 2% 以内。

　　(2)通电时间(也称焊接时间)。通电时间对接头力学性能的影响与焊接电流相似,如图 12.7 所示。但应注意两点:第一,点 C 以后曲线并不立即下降,这是因为尽管熔核尺寸已达到饱和,但塑性环还可有一定扩大,因此一般不会产生喷溅;第二,通电时间对接头塑性指标影响较大,尤其对承受动载荷或有脆性倾向的材料(可淬硬钢、铝合金等),较长的通电时间将产生较大的不良影响。点焊时通电时间一般在数十周波(cyc)以内。

　　(3)电极压力。点焊时,通过电极施加在零件上的压力,一般要数千牛(N)。电极压力也是点焊的重要参数之一。电极压力过大或过小都会使焊点承载能力降低或分散性变大,尤其对拉伸载荷影响更甚。当电极压力过小时,由于焊接区金属的塑性变形范围及变形程度不足,造成因电流密度过大而引起加热速度大于塑性环扩展速度,从而产生严重的喷溅。这不仅使熔核形状和尺寸发生变化,而且还会污染环境和不安全,

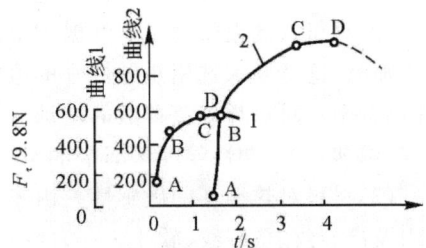

图 12.7　接头抗剪载荷与通电时间的关系

1—板厚 1mm；　2—板厚 5mm

这是绝对不允许的。电极压力大使焊接区接触面积增大,总电阻和电流密度均减小,焊接区散热增加,因而熔核尺寸下降,严重时会出现未焊透缺陷。

一般认为,在增加电极压力的同时,适当加大焊接电流或通电时间,以维护焊接区加热程度不变。同时,由于压力增大,可以消除零件装配间隙、刚性不均匀等因素引起的焊接区所受压力波动对焊点强度的不良影响。此时不仅焊点强度不变,稳定性也大大提高。

电极压力的选择还应考虑以下因素:

1)高温强度愈大的金属,电极压力应相应增大。

2)焊接规范愈大,电极压力应相应增大。

为减少采用较大电极压力所带来焊接区的加热不足,可以采用马鞍形压力变化曲线。

(4)电极工作端面形状和尺寸。图 12.8 所示为锥台形电极端面直径 d_e 对熔透率 A 和熔核直径 d_s 的影响。d_e 增大时,由于电极与零件接触面积增大,使电流密度减小,散热效果增强,焊接区加热程度减弱,因而熔核尺寸小,焊点强度低。

上述讨论是单一点焊参数对焊点强度的影响。点焊时,应考虑焊接工艺参数(主要指焊接电流、通电时间及电极压力)相互之间的制约关系,从而合理选择焊接参数,以求获得最佳的点焊质量。

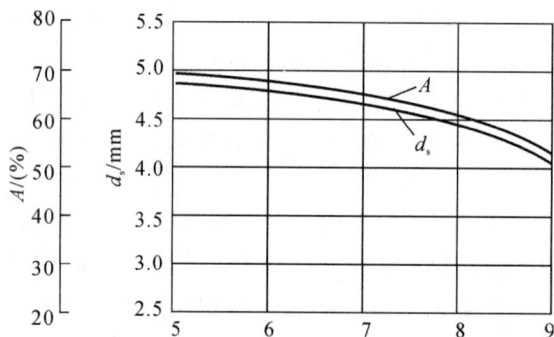

图 12.8 电极端面直径 d_e 对熔透率 A 和熔核直径 d_s 的影响

五、常用金属材料的点焊

1.常用金属材料的点焊焊接性

焊接性是用来衡量金属材料在一定焊接工艺条件下,实现优质接头难易程度的尺度。判断金属材料点焊焊接性的主要标志如下:

(1)材料的导电性和导热性。电阻率小而热导率大的金属材料其焊接性较差。

(2)材料的高温塑性及塑性温度范围。高温屈服强度大的材料,点焊时塑性变形困难,易产生喷溅,这就要求选用热硬性好的电极和能提供大压力的设备。塑性温度区间较窄的材料(如铝合金),对点焊规范参数的波动非常敏感,这就对设备及其控制装置提出较高的要求。因此,高温塑性差、塑性温度区间窄的金属材料其焊接性较差。

(3)材料对热循环的敏感性。由于点焊热循环的作用,接头中出现某些焊接缺陷(如淬硬组织及冷裂纹、热裂纹、软化……)使接头承载能力降低,故易生成与热循环有关的焊接缺陷的金属材料,其焊接性较差。

另外,熔点高、线胀系数大、硬度高等的金属材料焊接性一般也差。

2.低碳钢的点焊

低碳钢点焊焊接性良好,无需特别的工艺措施,即可获得满意的焊接质量。

(1)焊前冷轧板表面可不必清理(允许有防锈油膜);热轧板应去掉氧化皮、锈。

(2)建议采用强规范。

(3)当板厚大于3mm时,建议选用带锻压力的压力曲线,带预热电流脉冲的点焊方式。

(4)低碳钢属于铁磁性材料,当零件尺寸大时应考虑分段调整规范参数,以弥补因焊接回路过多而引起的焊接电流减弱。

3.可淬硬钢的点焊

从焊接性看,可淬硬钢的点焊性较差。由于含碳质量分数增加及合金元素加入,提高了碳当量。因此,淬硬钢点焊时焊接接头中喷溅、缩孔、裂纹等缺陷几乎很难避免。

(1)单脉冲软规范的应用条件及特点。焊前为退火、厚度小于3mm的可淬硬钢,允许采用单脉冲软规范进行点焊。规范要点是用较长的焊接时间,电极压力、焊接电流均比低碳钢时要小得多。

(2)缓冷双脉冲规范的应用条件及特点。焊前状态为退火的母材,推荐采用缓冷双脉冲规范进行点焊,其焊接质量优于单脉冲软规范。

(3)回火热处理双脉冲规范的应用特点及条件。焊前状态为调质的母材,可以采用焊后随机回火热处理双脉冲规范进行点焊。

4.不锈钢的点焊

从焊接性能看,不锈钢点焊焊接性良好,尤其是电阻率高,热导率低,以及不存在淬硬倾向和不带磁性,因此无需特殊工艺措施,简单焊接循环即可以获得满意的焊接质量。

(1)可用酸洗、砂布打磨或毡轮抛光等方法进行焊前表面清理,但对用铅锌或铅锌模成型的零件必须采用酸洗方法。

(2)采用强规范、强烈的内部和外部水冷却,可显著提高生产率和焊接质量。

(3)由于高温强度大、塑性变形困难,应选用较高的电极压力,以避免产生喷溅、裂纹和缩孔等缺陷。

5.铝合金的点焊

铝合金点焊结构应用在航空、航天工业中,焊接质量要求较为严格。铝合金的点焊焊接性较差。

(1)表面清理。焊前必须对零件表面进行化学清洗,并规定焊前存放时间,以保证焊前零件表面具有较小的、稳定的接触电阻(一般不超过$120\mu\Omega$)。

(2)电极。一般选用镉青铜合金,对较软的LF21,LF2铝合金也可以用T2冷崖紫铜;电极端头端面一律采用球形并注意经常清理;电极应冷却良好。

(3)采用强规范。这是由于铝合金具有良好的导电、导热性决定的,因此,功率强大的点焊机是焊接铝合金的基本条件。

(4)铝合金点焊循环特点。焊接电流应具有缓升、缓降的特性,使其起到预热和缓冷作用;电极压力应具有阶梯形或马鞍形的变化曲线。这样的曲线对防止喷溅、缩孔及裂纹等是至关重要的。

6.钛合金的点焊

由于钛合金具有高比强度,良好的腐蚀性、热强度及低温性等宝贵性能而获得广泛的应用,钛合金的热物理性质与奥氏体不锈钢相近,其点焊焊接性良好。

（1）表面清理。焊前对零件表面应进行仔细的化学清洗。

（2）电极。由于钛合金高温强度大,应选用热硬性良好的材料,点焊过程中可采用强烈的内部和外部水冷却。

（3）采用强规范并配以相应的电极压力,以避免产生凸肩、深压痕等外部缺陷。

（4）钛合金点焊时,由于熔核和热影响区冷速很大,会得到片状的钛马氏体组织,使接头的硬度提高、塑性降低和疲劳强度减小。因此,对钛合金采用退火处理,或者采用电极间回火热处理双脉冲点焊工艺,以提高接头塑性。

（5）钛合金点焊变形较大且不易矫形,因此要注意焊接顺序的合理性。原则上应由中间向两边焊或者采用对称刚性固定等方式。

7.镀锌钢板的点焊

镀锌钢板主要有镀锌板、镀铅板、镀铝板和镀锡板等。生产中常用到的是镀锌钢板和镀锌零件的点焊。镀锌板与普通钢板点焊相比,由于镀锌层的存在,不仅使焊接区的电流密度降低,而且使电流场的分布不稳定。焊接过程中容易造成电极粘损和镀层的破坏。同时,低熔点的镀锌层使熔核在结晶过程中产生裂纹和气孔。因此,镀锌钢板的合适点焊规范范围窄,接头强度波动大、焊接性较差。镀锌钢板点焊时应注意对焊接场地进行有效的通风,因为点焊时产生的烟尘对人体健康有害,大量吸入烟尘会出现热病和体温升高。

六、点焊设备和电极

1.点焊设备

点焊的设备应能以一定压力压紧零件,并向焊接区传送电流。它由机座、焊接变压器、加压机构及控制箱等几部分组成,如图 12.9 所示。

点焊机的种类很多,可按下列特征进行分类:

（1）按用途分为通用型、专用型和特殊型。

（2）按安装方式分为固定式、移动式或轻便式(悬挂式)。

（3）按焊接电流波形分为交流型、低频型、电容储能型和直流型。

（4）按加压机构传动方式分为脚踏式、电动凸轮式、气压式、液压式和复合式。

（5）按活动电极移动方式分为垂直行程式、圆弧行程式。

（6）按焊点数目分为单点式、双点式和多点式。

典型点焊机主要技术参数见表12.3。

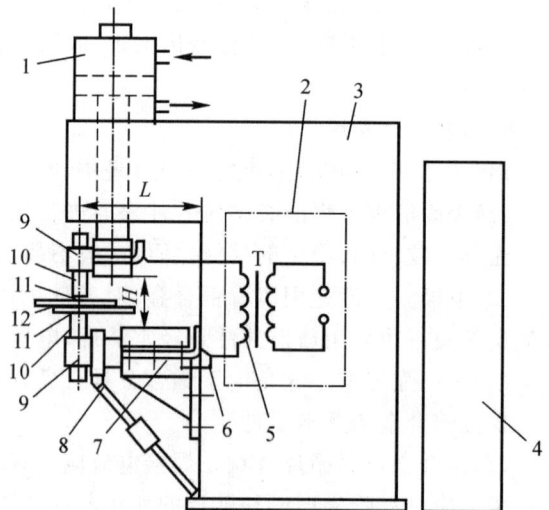

图 12.9 点焊机

1—加压机构; 2—变压器; 3—机座; 4—控制箱;
5—二次绕组; 6—柔性母线; 7—支座; 8—撑杆;
9—机臂; 10—电极握杆; 11—电极; 12—零件

表 12.3　典型点焊机的主要技术参数

焊机类型	型　号	特性	额定功率 kV·A	负载持续率 %	二次空载电压 V	电极臂长 mm	零件厚度 mm
摇臂点焊机	DN2 – 75	工频	75	20	3.16～6.24	500	钢 2.5+2.5
	SO432 – 5A		31	50	2.5～4.6	250～500	钢 2.5+2.5
直压点焊机	SDN – 16		16	50	1.86～3.65	240	钢 3+3
	DN – 63		63	50	3.22～6.67	600	钢 4+4
	DN2 – 100		100	20	3.65～3.70	500	钢 4+4
	DN2 – 200		200	20	4.42～8.85	500	钢 6+6
移动点焊机	C130S – A2	工频	150	50	14～19	200	钢 3+3
	KT – 826		26	50	4.7	170	钢 3.5+3.5
	KT – 218		2.5	50	2.3	115	钢 2.5+3
摇臂点焊机	DZ – 63	整流	63	50	3.65～7.31	500	钢 3+3 铝 1+1
直压点焊机	P260CC – 10A		152	50	4.52～9.04	1 000	钢 6+6 铝 3+3
三相点焊机	P300DT1 – A	低频	247	50	1.82～7.29	1 200	铝合金 3.2+3.2
储能点焊机	DR – 100 – 1	储能	100J	20	充电电压 430	120	不锈钢 0.5+0.5

2. 电极

(1)电极材料。电极的作用是对零件施加压力并向焊接区传输电流,因此,电极材料应满足如下要求:

1)高的电导率和热导率,以延长电极的使用寿命,改善零件表面受热状况。

2)高温下的强度和硬度要高,以具有良好的抗变形和抗磨损能力。

3)高温下与零件形成合金的倾向小,物理性能稳定,不易黏附。

4)材料成本低,加工方便,变形或磨损后便于更换。

选择电极材料时,上述要求不必都满足。例如,高温下硬度高的材料,往往导电性能和导热性能都较差。电极材料主要是铜和铜合金,或钨、钼等。

(2)电极结构。点焊电极由 4 部分组成:端部、主体、尾部和冷却水孔。标准电极(即直电极)有 5 种形式,如图 12.10 所示。

为了满足特殊形状零件点焊的要求,有时需要设计特殊形状的电极,如图 12.11 所示。图 12.11(a)为普通弯电极;图 12.11(b)为尾部和主体刻有水槽的弯电极,目的是使冷却水流到电极的外表面,以加强电极的冷却,这种电极常用于不锈钢和高温合金的点焊;图 12.11(c)为增大横断面的电极,目的是加强电极端面向水冷部分的散热。

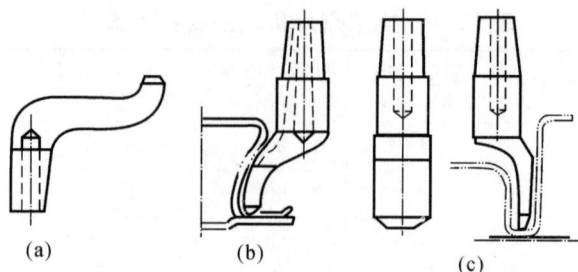

图 12.11　特殊形状的电极

(a)普通弯电极；　(b)刻有水槽的弯电极；　(c)增大横断面的电极

七、点焊质量的控制

1.技术要求

(1)零件表面状态的检查,包括零件表面酸洗电阻、零件材料、零件表面状况、零件表面划伤情况等。点焊前要检查零件或试片的接触电阻,总的接触电阻应小于或等于 $120\mu\Omega$。

(2)检查焊点的分布情况,焊点间距有无较大的间距偏差,并严格地控制间距偏差不大于±2mm;边距偏差不大于±1mm。

(3)全部焊点区域应符合电极的标准形状。

(4)焊点的凹陷深度不超过被焊零件单个厚度的15%。

(5)焊点的焊透率为40%～80%(不同的机型要求不同)。

2.点焊接头的分级

一级:承受很大静载荷、动载荷或交变载荷,接头的破坏会危及人员的生命安全。

二级:承受较大静载荷、动载荷或交变载荷,接头的破坏会导致系统失效,但不会危及人员的生命安全。

三级:承受较小的静载荷或动载荷的一般接头。

三个等级的接头反映了不同的使用要求,因而也具有不同的质量检验标准。

3.点焊接头的主要质量问题及改进措施

点焊接头的质量要求首先体现在接头应具有一定的强度,这主要取决于熔核尺寸(直径和焊透率)、熔核和其周围热影响区的金属显微组织及缺陷情况。多数金属材料的点焊接头强度仅与熔核尺寸有关。点焊主要质量问题及改进措施参见表12.4。此外,由于毛坯准备不好、组合件装配不良、焊机电极臂刚性较差等原因会造成点焊焊接结构缺陷,这种缺陷也会带来质量问题,甚至出现废品,见表12.5。

表 12.4　点焊接头的主要质量问题及改进措施

名称	质量问题	产生的原因	改进措施
熔核尺寸缺陷	未焊透或熔核尺寸小	电流小,通电时间短,电极压力过大	调整规范
		电极接触面积过大	修整电极
		表面清理不良	清理表面
	焊透率过大	电流过大,通电时间过长,电极压力不足	调整规范
		电极冷却条件差	加强冷却,改换导热好的电极材料

续 表

名称	质量问题	产生的原因	改进措施
外部缺陷	焊点压痕过深及表面过热	电极接触面积过大	修整电极
		电流过大,通电时间过长,电极压力不足	调整规范
		电极冷却条件差	加强冷却
	表面局部烧穿、溢出、表面喷溅	电极修整得太尖锐	修整电极
		电极压力不足或电极与零件虚接触	提高电极压力,调整行程
		电极或零件表面有异物	清理表面
	焊点表面径向裂纹	电极压力不足,锻压压力不足或加得不及时	调整规范
		电极冷却作用差	加强冷却
	焊点表面粘损	电极材料选择不当	调换合适电极材料
		电极端面倾斜	修整电极
	焊点表面环形裂	焊接时间过长	调整规范
外部缺陷	焊点表面发黑,包覆层破坏	电极、零件表面清理不良	清理表面
		电流过大,焊接时间过长,电极压力不足	调整规范
	接头边缘压溃或开裂	边距过小	改进接头设计
		大量喷溅	调整规范
		电极未对中	调整电极同轴度
	焊点脱开	零件刚性大且装配不良	调整板件间隙,注意装配;调整规范
内部缺陷	裂纹、缩孔、缩松	焊接时间过长,电极压力不足,锻压力加得不及时	调整规范
		熔核及近缝焊区淬硬	选用合适的焊接循环
		大量喷溅	清理表面,增大电极压力
	核心偏移	热场分布相对贴合面不对称	调整热平衡
	结合线伸入	表面氧化膜清理不良	高熔点氧化膜应严格清除并防止焊前的再氧化
	板缝间有金属溢出(内部喷溅)	电流过大、电极压力不足	调整规范
		板间有异物或贴合不紧密	清理表面、提高压力或用调幅电流波形
		边距小	改进接头设计
	脆性接头	熔核及近缝焊区淬硬	采用合适的焊接循环
	熔核成分宏观偏	焊接时间短	调整规范
	环形层状花纹	焊接时间长	调整规范
	气孔	表面有异物(镀层、锈)	清理表面
	胡须	耐热合金焊接规范过软	调整规范

表 12.5　焊接结构缺陷

缺陷种类	产生的原因	改进措施
焊点间板件起皱或鼓起	装配不良、板间间隙过大	精心装配、调整
	焊序不对	合理焊序
	机臂刚度差	增强刚性
搭接边错移	没定位点焊或定位点焊不牢固	调整定位点焊规范
	定位点焊点距过大	增加定位点焊点
	夹具不能保证夹紧零件	更换夹具
接头过分翘曲	装配不良或定位点焊距离过大	精心装配、增加定位点焊点数量
	规范过软,冷却不良	调整规范
	焊序不对	合理焊序

4.允许点焊缺陷及数量

焊点修补要求见表 12.6。

表 12.6　焊点修补要求

缺陷名称		允许的缺陷点数	修补方法
内部缺陷	1.未焊透或局部未焊透（焊点核心直径不够）	不得超过制件焊点总数的 5%	1.在缺陷点原位置补焊一次;2.钻掉缺陷点补铆铆钉
	2.焊点内部裂纹或孔穴	缺陷范围未超过焊点核心直径的 1/3,且未扩展到表面时,这样的点数不限;缺陷范围超出焊点核心直径的 1/3 的点数不能大于制件点数的 3%	缺陷范围小于焊点核心直径的 1/3 者不排除;缺陷范围大于焊点核心直径的 1/3,补铆铆钉
	3.内部飞溅或外部飞溅	缺陷点在型材面上的不得超过制件总数的 5%,缺陷点在蒙皮面上的不得超过制件总数的 3%;均不准有连续的缺陷点,内部飞溅算型材面上的缺陷	如果超出指标时,必须钻掉缺陷点补铆铆钉,补铆的铆钉数目不得超过焊点总数的 10%
外部缺陷	4.焊点外部裂纹	不得超过制件总数的 3%	钻掉缺陷点,补铆铆钉
	5.核心表面出现铸造组织	不得超过制件总数的 5%	在离开缺陷点左右半个点距外补铆钉
	6.焊点表面发暗（黑）	不得超过制件总数的 10%	机械打磨光
	7.焊点边缘处基本金属裂开	不得超过制件总数的 2%	用氩弧焊补焊
	8.烧穿	单个制件上不得出现 2 处,直径不大于 20mm	机械清理孔边氩弧焊补焊
	9.焊点脱落	单个制件上不得出现 3 点	钻掉缺陷点补铆铆钉或锉修孔边缘,氩弧焊补焊

5.检验过程控制

点焊时在焊接开始、焊接过程、焊接结束均应对焊接质量进行检查,并焊试片进行低倍检查及零件表面的外观检查。点焊后按《X射线检查说明书》用X光透视检查,制件的每条焊缝上X光照射的焊点数不少于50%,如果有疑问应做100%X光照射检查,在每批制件中至少抽3件对焊点做100%X光照射检查。焊接过程中,检验人员按照质保文件应做好原始记录并将其归档。

八、典型焊接工艺过程

典型焊接工艺过程一般是由焊前零件表面准备、检查零件及试片的接触电阻、装配定位、划焊点位置线、焊前检查、选择焊接参数、定位点焊、点焊组合件及剪切试样、X光检查焊点质量、排除焊点缺陷等10个工序组成的。

1.焊前零件表面准备

点焊工序的第一步,因为点焊对零件的表面电阻要求较为严格,所以焊前零件的表面准备主要是酸洗和打磨试片,去除零件表面的油封和氧化膜。

2.检查零件及试片的接触电阻

此工序主要用来检查零件及试片的酸洗质量,以保证焊接质量。按照有关文件要求零件及试片的表面酸洗电阻小于或者等于$120\mu\Omega$。如果大于$120\mu\Omega$,则要求机械打磨,但是机械打磨后的零件必须在24h内焊接完毕。

3.装配定位

此工序应严格按照图样和工艺文件要求进行,用工装可以保证装配的精度,并用铆钉进行定位。要求装配后的间隙不大于1mm。如果局部大于1mm,用手可以压合则可以。

4.划焊点位置线

焊点位置线的分布要与图样相符,焊点位置线的偏差为横向±2mm,纵向±2mm。焊点间距按照图样规定执行。

5.焊前检查

焊前检查主要检查零件厚度、材料、状态等是否与试片具有相同的状态,检查上一步工序的检验印章、时间以及零件的标识。

6.选择焊接参数

焊接参数应根据材料的厚度、表面酸洗状况以及网路气压等进行选择。焊接试片进行有关的检查,直至达到要求的焊接直径、焊透率以及表面压痕等。

7.定位点焊

为了减小焊接变形和分流等因素对零件的外形尺寸影响,建议焊接前应进行定位点焊,间距为150~200mm。

8.点焊组合件及剪切试样

在焊接组合件的过程中,为了检查焊接参数的稳定性和焊接质量情况,在点焊开始、结束以及焊接过程中要焊剪切试样。

9.X光检查焊点质量

X光是一种无损检测手段,主要用来检查焊点内部有无裂纹、飞溅等内部缺陷。

10.排除焊点缺陷

根据有关文件和设计要求对焊点缺陷进行排除,一般是在飞溅点、裂纹处补铆铆钉。

第三节　胶　接　点　焊

目前,点焊技术和胶接技术已广泛应用于许多构件的连接中。点焊结构具有质量轻、强度高、性能稳定的优点,但点焊接头受载时在焊点处存在较大的应力集中,点焊搭接接头中存在附加力矩,搭接区内表面上还存在腐蚀问题,这些不利因素导致点焊结构疲劳性能很差,限制了点焊技术在航空、航天等工业领域的应用。与此相反,胶接接头具有优良的疲劳性能,但其静强度特别是剥离强度差,耐热性不好,胶层的老化和脆化还会使接头性能进一步下降。由此可见,点焊和胶接结构在力学性能上具有互补性。为了改善点焊结构的疲劳性能,提高胶接接头性能的可靠性,出现了将点焊和胶接复合起来的新工艺——胶焊工艺,即胶接点焊。

胶焊接头不仅具有点焊接头质量轻、静强度高、可靠性好的优点,又具有胶接接头良好的疲劳特性和密封性(可使铝件进行阳极化处理而不腐蚀焊点),力学性能十分优良。同铆接相比,胶焊结构质量轻,接头外形光滑,能提高飞行器外形的平滑性和气密性,改善气动力性能,这一优点对于航空、航天工业尤为重要。

胶焊结构已在国内外多种类型的飞机上得到了应用。如美国的每架 A - 10 飞机上都安装了 5 块胶焊机身壁板以代替原来的胶接壁板,每块胶焊壁板的费用仅为纯胶接壁板的 10%～20%。我国的运-7 飞机上有近 50 000 个焊点的机身板件采用了胶焊连接,胶焊结构主要用于框、肋、口盖及蒙皮-桁条式壁板。后者优点更为突出,因为在设计上可提高强度质量比,工艺上注胶工作也更易进行。胶焊比纯胶接或单纯点焊增多了工序,工艺过程也比较复杂,成本约比纯点焊高 3 倍。因此,对一些受力不大的组合件,一般都设计成纯点焊结构,焊后用涂漆保护表面。对受力较大并要求阳极化处理的装配件,采用胶焊结构比较合适。

一、胶按点焊常用方法

胶焊法根据涂胶施工情况可以分为先焊后胶法、先胶后焊法和胶膜法三种。

1.先焊后胶法

20 世纪 50 年代初期,苏联为了解决铝合金点焊后阳极化产生的腐蚀问题,首先提出了胶焊的方法。在设计上,由焊点承受 100% 的载荷,胶层只起密封、防腐和补强作用。工艺上焊后涂胶,这就是"先焊后胶"法,又称苏式胶焊法。先焊后胶的工艺过程:预装配—表面清理—装配和定位—点焊—检验—注胶—晾置—固化—检验—阳极化处理,如图 12.12(a)所示。

预装配是为了检查零件配合面的间隙,其要求比纯点焊更高,因胶层厚度对接头强度有直接影响。经验表明,零件的配合间隙一般不应大于 0.5mm,点焊后的间隙应不大于 0.1～0.3mm,间隙太小会造成渗胶困难,最小不能小

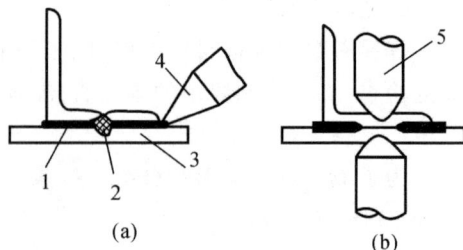

图 12.12　胶焊连接方法
(a)焊后涂胶;　(b)焊前涂胶
1—胶层;　2—焊核;　3—零件;
4—注胶笔;　5—电极

于 0.02mm。

表面清理也比纯点焊要求高，因为它不仅要保证点焊时的接触电阻等要求，还要为胶接提供一种稳定而耐久的表面。

国内常用的表面处理方法是磷酸钝化。其配方是工业正磷酸(H_3PO_4)300～350g/L；工业重铬酸钾($K_2Cr_2O_7$)0.1～10g/L；加水至 1L。对包铝合金 LY12，LC4 在 20～30℃的上述溶液中处理 15～30min，对非包铝合金则缩短 20%～25%的时间，对 LF21，LF2 等材料则延长处理时间 20%～25%。重铬酸钾的比例很重要，试验证明，小于 0.1g/L 时，湿热老化性能显著下降。大气曝晒试验说明，这种处理方法具有良好的稳定性。

在实验室及单件生产中，只需除油处理就可以，但焊前必须进行机械打磨，在 2～3h 内进行点焊。

对某些不耐湿的胶，磷酸钝化后，也要对焊点进行机械打磨，否则会引起胶层翘边。热水清洗时间及冷热水交替时间不当都会引起翘边。这些情况说明，前述的表面处理方法是不够理想的。

美国的研究认为，胶焊所要求的铝合金表面应当是一层较薄的 α - $Al_2O_3 \cdot H_2O$，它能阻止铝表面与湿气反应，否则就会形成一种 β - $Al_2O_3 \cdot 3H_2O$，它与基体黏附很差。

铝合金点焊用的表面处理方法，如硫酸钠-硝酸溶液，能为电阻焊产生一个良好的表面，其氧化膜为 β - $Al_2O_3 \cdot H_2O$，其厚度为 50～1 000Å($1Å = 10^{-9}$m)，这种氧化膜的表面电阻为 30～100$\mu\Omega$，适合于点焊，但对胶接来说却是不耐久的。

在铬-硫酸侵蚀(FPL)法的基础上发展出来的 FPL -重铬酸盐填充法，能获得 400～700Å 厚的 α - $Al_2O_3 \cdot H_2O$ 表面，既具有一致的焊接性能，又具有更为稳定和耐久的胶接性能。

低电压(1.5V)磷酸阳极化，或称磷酸-重铬酸钠阳极化处理法，能获得接触电阻较低、耐腐蚀性又好的胶接表面。

纯点焊及先焊后胶工艺要求表面接触电阻不大于 80～120$\mu\Omega$。如果是先胶后焊，则表面接触电阻要求为 40～50$\mu\Omega$，这是因为残留的胶液会增加接触电阻，使之达到 100～120$\mu\Omega$。

零件焊接前的装配方法和铆接装配基本相同。可以按划线、按装配孔、按样板(或模胎)和按装配夹具来确定零件间相互位置，并用铆钉、螺钉或其他夹紧件固定。

点焊工艺与纯点焊完全相同。用工艺试片进行试焊，经检验合格后才正式点焊。

焊件在点焊后有可能产生局部变形和结构的整体变形。这主要是由于焊接区加热及冷却不均引起的。有时也会因焊机下臂刚度不足引起零件间相对位移。对结构的变形必须在涂胶前进行矫正。已涂有胶层的胶焊件，原则上不允许进行矫正工作。

点焊质量检验合格后，即可往缝内注胶。专用的注胶工具如图 12.13 所示。

注胶用的压缩空气应经油水分离器提纯处理。胶液借毛细作用渗入间隙。为保证胶液填满间隙，必要时，隔 20min 再在搭接边缘另一边补注胶一次。经验表明：搭接宽度不大于 80mm 的情况下，可从一边注胶。

在注胶过程中，为避免胶液流到其他表面，使胶条外形美观和易于充填，宜将零件倾斜 15°～45°。如注胶后发现胶梗处有气泡，必须在胶液未干前，将气泡用针刺穿。

对含有溶剂的胶，固化前需要在室温下晾置一定时间，以使溶剂充分挥发，同时也有预固化作用，以减少固化过程中胶的流动性。未经预固化的胶容易流失而弄脏零件和设备。预固化的时间应适当，以手触胶不沾手为宜。如 E-3 胶预固化需 24h。

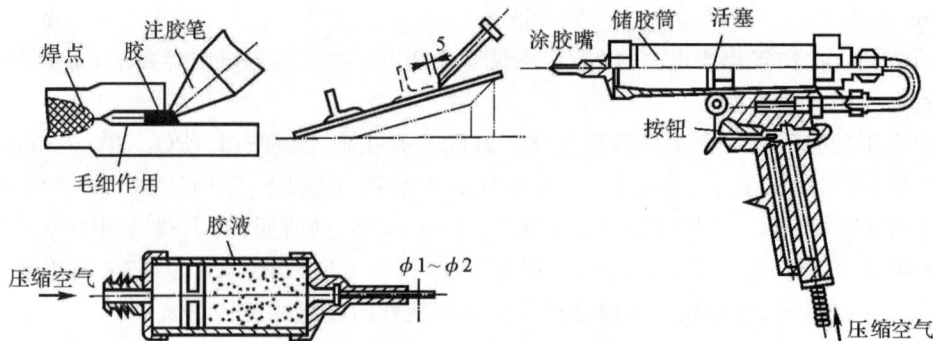

图 12.13 注胶笔的应用和注胶枪

按所选用胶黏剂的规范进行固化,随炉冷却至 40℃后取出。固化时一般不需再加压。

如有的胶(如 SY‑201)不能在室温下预固化,固化时可能会产生流胶,固化后应清理残胶。也可用黏性胶带在固化前贴在胶缝周围。

经检验后,进行胶焊件的防护处理。防护处理方法除阳极化外,还可进行磷化处理、涂漆或是阳极化(磷化)后再涂漆。

胶焊件在阳极化处理时,除油工序时间应缩短至 30s,以减少脱胶的可能性。对板材和型材组成的结构,可按板材来选定阳极化规范。生产实践证明,这样可得到满意的抗腐蚀性能。磷化处理对胶层影响较小,但只能用于不需耐磨和对颜色无特殊要求的场合。涂漆方法最简单,胶层和焊缝都不受任何影响。

先焊后胶工艺缺点是搭接面的宽度受到限制。由于点焊后搭接面不平滑,当宽度超过 40mm 时,胶液不容易渗透到整个搭接面而形成缺胶。先焊后胶工艺优点是方法简便,质量容易保证,多余的胶液也易于清除。为此,目前国内多采用此种方法。

2. 先胶后焊

1962 年美国开始研究胶焊法,经过 15 年的研究,解决了三大技术关键:发展了低电压磷酸‑重铬酸钠阳极化表面制备法;研制了适于点焊的糊状胶黏剂,这种胶黏剂在电极压力下很容易排开,对点焊质量没有不良影响,120℃固化,固化时仅需接触压力,因此工艺费用很低,只有纯胶接的 1/5;成功地研制出在带有焊核膨胀量闭环测量反馈系统的微处理机控制装置,最后于 1980 年开始用于批量生产飞机。这种美式胶焊法,在设计上主要由胶层承受载荷,焊点起胶层固化时的定位、加压作用,工艺上焊前涂胶,又称"先胶后焊"法,如图 12.12(b)所示。

先胶后焊的工艺过程:预装配—表面清理—涂胶—装配及定位—点焊—固化—检验—阳极化处理。

与先焊后胶工艺相同的工序不再赘述。这种方法所用的胶是不加溶剂的,黏性较大,零件涂胶后不需晾置,应立即叠合放置,这样可以延长胶液的活性期。此处所指的活性期是自胶液配好后,到点焊时胶液难以在电极压力下被挤开的时间。

一般只需在一个被焊零件的配合面上涂胶,注意涂胶量应适当。过少则缺胶而填不满焊缝;过多则易流失,弄脏零件或污染电极。

先胶后焊的关键工序是焊接。由于有胶黏剂存在,可能使接触电阻增大到 $1\,000\mu\Omega$。若仍沿用普通焊接规范,必然增加产生飞溅的倾向。因此,必须采取特殊的焊接规范:

(1)电极的球形顶端半径应加大(如从 100mm 加大到 150mm),以减小电流密度和飞溅。

（2）电极压力应加大（一般增加 15％～20％），以减小接触电阻。

（3）为防止产生飞溅，必须较缓慢地增加电流，以渐增热量（例如电流渐增时间为普通点焊的 1.5 倍）。

（4）为减少焊核开裂的可能性，需加大锻压力（一般为普通电焊的 1.3～1.7 倍）。

（5）由于胶层减小了分流，所以焊接电流可减少 5％～20％。

为了保证质量及其稳定性（或可靠性），点焊过程的自动控制装置是极为重要的。

先胶后焊工艺对零件搭接缝宽度和产品的几何形状等其他参数没有特别限制，但它适合于大宽度多排焊点的焊缝及波纹板等结构形式，这些结构如采用先焊后胶工艺，不仅注胶不方便，而且质量也难保证。但先胶后焊工艺对工作环境要求较严，一般要求在温度不低于 15℃和相对湿度不高于 75％的条件下完成涂胶和点焊工序，因为温度、湿度直接影响胶液的活性期。此外，工艺麻烦，在胶液活性期末尾不易形成优质焊点。挤出的余胶易沾污零件及电极，因此要经常清理电极。再者，较之先焊后胶时未注胶的结构更难矫正焊接变形。因此，必须具有自动控制装置和相应的措施才能采用先胶后焊工艺。

3.胶膜法

胶膜法是在胶接点焊的接合面中间夹一层胶膜，然后在需要点焊的部位将胶膜钻（或冲）一个比焊点略大的孔，再进行点焊，最后进行固化的方法。

胶膜法由于目前还没有性能可靠、质量稳定的胶膜品种，故较少采用。现采用最多的是先焊后胶的方法，而且已研制出多种专供先焊后胶的胶黏剂，被称为点焊胶。

目前，胶接点焊法已得到推广应用，尤其在零件制造上，已成功地应用在航空工业飞机的制造方面。胶接点焊法也用于破损零件的修复，如修复铸件的长裂纹、孔洞和薄形钢板的密封结构部位。在修复过程中，一般也是先焊后胶。焊点距离通常为 40～60mm，对受力较大的部位可控制在 30mm 左右。每个焊点必须要焊透，并且彻底清除焊渣之后再进行涂胶。当修复较长的裂纹时，要避免零件因长时间受热而产生应力收缩，造成再次裂损。另外，对一些较厚的零件应考虑在裂纹上开坡口槽。

二、胶接点焊用胶黏剂

1.对胶接点焊用胶黏剂的要求

胶焊用的胶黏剂，除了与一般结构胶接用胶黏剂有共同要求外，还有特殊的要求，具体如下：

（1）胶液应具有良好的润湿性和流动性。先焊后胶用胶的流动性应更大些，以利于渗入和充满间隙。这类胶一般都含有溶剂，以便增加流动性，但溶剂不宜过多，否则挥发不好易出现气孔。

先胶后焊用胶的黏度应稍大些，要有一定的触变性，以防止流胶，又要求能在电极的压力下良好地排挤开。一般不加入溶剂，而加入适当的填料（如炭黑等）。

（2）应具有足够长的活性期，以保证在凝固之前完成涂胶或点焊过程。

（3）固化温度以不改变金属性能为准，一般应在 120℃ 以下固化。要求固化时仅需接触压力。

（4）固化后的胶层弹性及密封性要好。要求弹性好，胶层不易破损，疲劳性能好。试验表明：用高剥离性能低模量的胶黏剂制得的接头，其剪切强度比用高剥离性能高模量胶黏剂制得的接头要高。密封性好,有利于防止阳极化时电解液浸入。

(5)在阳极化处理时所用的酸碱溶液中,应具有足够的化学稳定性,应能有效地封闭胶缝,避免湿气浸入。应能防护金属基体,至少对基体无害。

(6)要求胶黏剂不污染电极,不妨碍焊接,在电极压力下易从焊点处被挤开,不致被焊接过程中的热所炭化或形成气态的分解物。

2.常用的胶接点焊用胶黏剂

国内广泛采用的点焊胶是 425 胶。425 胶是由黏度低、环氧值高的双酚 A 型环氧树脂、胺类固化剂、预固化剂等成分组成的胶接点焊用胶黏剂。425 胶梗胶是由 425 胶加入适量填料配制而成的,用于补涂胶梗。它是按每 25g 425 原胶加 1g 气相二氧化硅的比例配置的。

(1)425 点焊胶的特点。425 点焊胶质量、性能稳定,存放时间较长,要求条件低,适合批量生产用胶,其生产工艺性能和零件生产质量也十分稳定。其具有以下特点:

1)胶接工艺简单可行。胶接工艺流程:胶液配制及胶前准备—注胶—胶液配制及清理流胶—注胶梗胶—预固化及清理流胶—固化—检验—交付。工艺比较简单,从配胶到零件交付大约需要 96h 可以完成,胶接生产周期短。

2)配胶容易,配胶量合适,并有足够的使用期。425 胶组份少,配胶时间短,配制量最大为700g,大约需要 45min,注胶面积可以达到 2.7m²,约 30min 可以注完胶。虽然该胶的使用周期短(2h),由于注胶速度快,胶液使用期完全能满足大批量生产的要求。

3)胶液的流透性好。全部胶接点焊零件中注胶部位的型材大多为 15mm,少量还有12mm,20mm 等不同宽度,最宽的型材为 40mm 宽。15mm 宽的型材注胶后 30min 可以流透,40mm 宽的型材(双排焊点)注胶后 2h 可以流透,4h 可以完全流透。采用了 425 胶大大地减少了空腔数量,按空腔指标规定几乎达到了 100% 的合格率。

4)胶接常温剪切强度稳定。由于 425 胶对工艺因素不十分敏感,在表面质量、胶层厚度符合要求的情况下,按规定的固化范围进行固化,能获得满意的胶接接头和足够的强度。在生产中进行总结的数据表明,由于剪切强度不合格导致零件报废仅占零件总数的 0.4%。

5)胶焊工艺完全适应胶接点焊零件结构特点的需要和其他优点。胶焊工艺有较高生产效率,满足批量生产对胶黏剂的要求。同时与铆接相比,不仅可以减小铆接质量,而且抗剪强度提高了约 3 倍,疲劳强度提高了 0.8~1.7 倍,还提高了飞机外形平滑度,改善了气动力性能,降低了工人劳动强度,而且避免了铆接时的噪声,改善了劳动条件,同时解决了进气道掉铆钉的问题。

(2)胶液配制。

1)425 胶液主要成分。425 胶液由甲、乙、丙、丁 4 组份配制而成,其主要成分如下:

甲组份是由环氧树脂、增韧剂和稀释剂等组成的。

乙组份是由胺类固化剂和预固化剂等组成的。

丙组份为 780♯聚硫橡胶。

丁组份为偶联剂 KH—550。

按甲:乙:丙:丁等于 14.8:2.4:1:0.2(质量比)的比例进行配制。

2)425 胶液的配制。配胶场地应具有良好的通风设备和除尘条件,环境温度为 18~35℃,相对湿度不应大于 75%。在配胶过程中,为了减轻 425 胶对人体的伤害,操作人员应戴防护眼镜、医用乳胶手套和口罩。按甲:乙:丙:丁等于 14.8:2.4:1:0.2(质量比)的配比,首先在烧杯里称取乙组份,再称取丙组份,将两组份均匀地混合在一起,可利用红外灯加热(不超过 60℃)搅拌均匀,放置冷却至工作间温度,然后称取甲组份和丁组份,依次加入,并搅拌均匀。室温停放大约 20min,待气泡基本消失(允许胶液上部残留小气泡)后,即可使用(也可用机械装置除去气泡)。注意:零件用胶量按 0.4kg/m 计算;每次最大配胶量不得超过 700g。

(3)不均匀扯离试样。不均匀扯离试样主要用来检查配胶情况,是检验 425 胶的使用情况和温、湿度对胶焊强度的影响。

1)试验用试样的形式和尺寸。试样的形式为长方形,长度为 300mm,宽度为 25mm。

2)试样材料。试样材料通常为 LY12-CZ。试样必须按照图样加工,公差未注明者按自由公差执行,厚度为 10mm 的试片,允许用细砂纸打磨。使用过的试样不允许重复使用。试样表面质量不得有划伤、凹坑和毛刺等缺陷。

3)试样的表面处理。试样酸洗前必须进行清洗,去除油污、赃物。按每配一次胶不低于 5 个试样准备。试样的酸洗应在涂胶前的 48~72h 内进行。酸洗后的试样严禁裸手接触,且必须装入干净的塑料袋,严禁有灰尘、水及其他赃物。戴干净的手套方可接触试样,但不能接触胶接面,以免影响胶接质量。

4)涂胶。试样胶接所用的胶液应与产品配制好的胶液是同一次配制的胶,且配制好的胶液应满足相关文件要求。涂胶前应用丙酮擦洗涂胶部位。涂胶时,在厚试样和薄试样胶接面分别用干净的刮板或干净的毛刷均匀地涂上胶液。然后将薄试样水平放置在水平台上,厚试样轻轻、平稳地放置在薄试样的中央,使两试样胶接面黏结,试样上不得施加压力。在各个试样的长度方向上,厚试样与薄试样应保持垂直。

5)试样的预固化和固化。试样的预固化、固化要求与产品要求一致,都应符合《425 胶的使用生产说明书》。试样随炉固化时要均匀分布在零件上,固化后室温停放 24h 方可做不均匀扯离试验。

6)不均匀扯离试样的强度检验。按有关胶接点焊件制造验收技术条件检测试样的不均匀扯离强度,此项试验应由理化室进行,其试验后的数值不低于 24kN/m²。

三、质量检验

质量检验过程包括涂胶前零件检查、配胶过程检查、涂胶过程检查、空腔检查、试样抗剪及不均匀扯离强度检查。

1.涂胶前检查

涂胶前检查主要检查零件表面洁净度及上道工序(点焊)的故障排除情况。如果零件表面有油污、焊接飞溅点等需要排除的故障,应排除后方可涂胶。油污用丙酮清洗即可。

2.配胶过程检查

配胶过程检查主要检查胶液的各组份的配比以及配胶时各组份添加的先后顺序和室温停放时间。

3.涂胶过程检查

涂胶过程检查主要检查胶液的流透情况,在间隙较大的地方和没有形成胶梗的部位要及时补胶,以确保涂胶质量。

4.空腔检查

此检验工序是由检验和工人配合测试中心无损室进行检查,并根据检查结果发出相应的报告的。飞机胶接空腔指标数据见表 12.7。

表 12.7 飞机胶接空腔指标数据

项　目	空腔指标内容		
	1	2	3
Ⅰ类壁板	制件内空腔点数不能大于焊点总数的20%	在相邻两框间,每一根长桁上空腔点数与制件总点数之比≤30%	在相邻两根长桁上空腔点不能在同一截面内
Ⅱ类壁板	制件内空腔点数不能大于焊点总数的25%		
Ⅲ类壁板			

5.试片抗剪及不均匀扯离试验

抗剪及不均匀扯离试验主要用来检查配制的胶液质量和环境温度对 425 胶的强度影响。某型机室温剪切强度指标见表 12.8,某型飞机检验试样静剪切强度最小允许破坏指标见表 12.9。

表 12.8 某型飞机室温剪切强度指标

序　号	焊接结合厚度 mm	搭接尺寸 mm	强度指标		备　注
			胶焊/N	去焊点/MPa	
1	0.6+0.8	15×30	* 4 400	* 9.8	
2	0.8+0.8	15×30	* 5 400	* 11.8	
3	0.8+1.0	15×30	5 400	11.8	
4	0.8+1.2	15×30	5 400	11.8	
5	0.8+1.5	15×30	6 000	13.2	
6	1.0+1.0	15×30	5 900	12.7	
7	1.0+1.2	15×30	5 900	12.7	
8	1.0+1.5	15×30	6 600	14.7	
9	1.0+2.0	15×30	6 600	14.7	
10	1.2+1.2	15×30	6 700	15.7	
11	1.2+1.5	15×30	7 250	15.7	
12	1.5+1.5	15×30	7 650	16.7	
13	1.5+2.0	15×30	7 650	16.7	
14	1.8+2.0	15×30	8 500	16.7	
15	2.0+2.0	15×30	9 600	18.6	
16	2.5+2.0	15×30	9 600	18.6	
17	3.5+2.0	15×30	10 300	18.6	

注:* 表示可用于板材与型材结合的试样的剪切强度值。

表 12.9　某型机检验试样静剪切强度最小允许破坏指标

序　号	接头结合厚度/mm	试片搭接尺寸/mm	胶接(钻掉焊点)静剪切强度值/N
1	1.2+1.2	15×30	≥12.7
2	1.2+1.8	15×30	≥12.7
3	1.5+1.5	15×30	*≥14.7,≥12.7
4	1.2+1.2	15×30	≥12.7
5	1.5+1.8	15×30	*≥14.7,≥12.7
6	1.0+1.2	15×30	≥12.7
7	1.2+1.5	15×30	*≥14.7,≥12.7

注:①胶接静剪切强度≥12.7MPa,仅为板弯件胶接静强度值;

②＊仅用于板材与型材结合的试样的静剪切强度值。

安全小·提示

一、焊机的使用及注意事项

点焊是利用电流和压力的综合作用,因此,点焊机的电流和压力是非常大的。在焊接的过程中应注意以下事项:

1.焊机在使用前,首先检查上、下电极是否对中,网路气压是否达到要求以及水路是否开通。

2.更换电极时,只许用专用工具,严禁用力击打电极和电极臂。

3.调试规范时,电流的加载应由低到高,压力的调节也应由小到大,直到点焊出合格的焊点。

4.为了减小接触电阻,在焊接的过程中要经常打磨电极,以保证焊接质量。

5.焊接铝合金时,为了增加焊机的散热量和节约能源以及防止磁场的延迟对人体的伤害,应选用大功率的点焊机,并且采用硬规范。

6.焊接完毕时,应在上、下电极之间加垫一个试片,用以保护电极。

7.焊接过程中,工作人员应穿戴工作服,以防止飞溅。必要时要戴上眼镜。

二、胶接点焊注意事项

1.配胶、注胶时应打开风机,保证配胶间和注胶厂房有良好的空气循环。

2.配胶、注胶时应戴医用乳胶手套和口罩。

3.配胶、注胶时工作现场禁止吸烟和使用明火。

4.生产中用的溶剂等易燃品应按技术部门有关规定存放在固定的安全地方,使用完毕应随时收存原处。

5.用过的蘸有溶剂的脱脂棉花、纱布应随时清理集中,并堆放在规定的安全地方,不准随意乱扔乱堆。

6.生产现场的托架放置要干净整齐,每天工作完毕要清理生产现场。

思 考 题

1.与铆接、点焊、胶接相比,胶接点焊这种连接方法有何优缺点? 各种连接方法适用于哪种结构?

2.简述点焊原理及接头形成过程。

3.点焊的基本特点是什么?

4.常用的点焊方法有哪些?

5.判断金属材料点焊焊接性的主要标志是什么?

6.点焊机如何分类?

7.点焊电极材料应满足哪些要求?

8.胶接点焊常用方法有哪些? 各有何特点?

9.对胶接点焊用胶黏剂有何要求?

10.425 胶的主要成分是什么? 如何配制?

第十三章　飞机总装配和机场工作

内容提示

本章主要讲述飞机总装配的内容、工作特点、飞机各部件的对接及水平测量；飞机各系统、设备的安装、调整和检验及机场车间工作的内容等。

教学要求

(1)了解飞机总装配的内容、工作特点及机场车间工作的内容；
(2)培养学生爱岗敬业、吃苦耐劳的职业素质。

内容框架

```
                                              ┌──────────────────────┐
                                              │    飞机总装配的内容     │
                                              ├──────────────────────┤
                              ┌──────────┐    │  飞机总装配工作的特点   │
                              │ 飞机总装配 │────├──────────────────────┤
                              └──────────┘    │ 飞机各部件的对接及水平测量│
                                              ├──────────────────────┤
  ┌───────────────┐                           │各系统、设备的安装、调整和检验│
  │ 飞机总装配和机场工作│                           └──────────────────────┘
  └───────────────┘
                                              ┌──────────────────────┐
                                              │        验收飞机        │
                              ┌──────────┐    ├──────────────────────┤
                              │ 机场车间工作│────│        地面试验        │
                              └──────────┘    ├──────────────────────┤
                                              │       飞行前准备        │
                                              ├──────────────────────┤
                                              │        飞行试验        │
                                              └──────────────────────┘
```

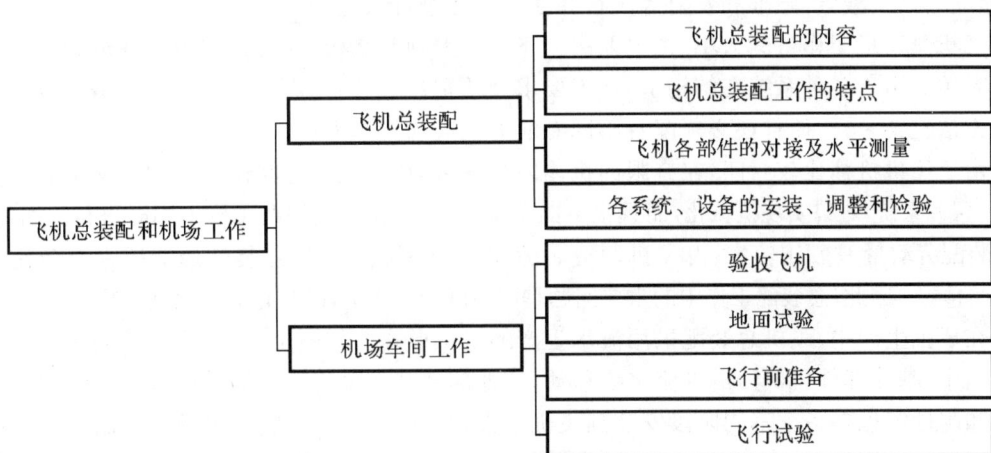

第一节　飞机总装配

飞机总装配是部件装配过程的延续，是飞机装配工作的最后阶段。其任务是把已制成的飞机结构部件(包括部分功能系统)进行对接，在机上进行各种功能装置和功能系统的安装、调整、试验及检测，使飞机成为具有飞行功能和使用功能的完整的整体。

一、飞机总装配的内容

飞机总装配包括以下主要内容。

1.飞机结构部件的对接及对接后整流部分的安装

大部件对接包括机身各段(机头、机身中段、尾段)、机翼(中央翼、中外翼、外翼)、尾翼(水平尾翼、垂直尾翼)和发动机短舱等的对接。

2.功能装置的安装、调整

(1)能保证飞机产生飞行动力的动力装置(含辅助动力装置)的安装。

(2)能保证飞机起降、滑行、停放的起落架装置的安装与调整。

3.各功能系统的安装

功能系统包括两类。

(1)能保证飞机正常飞行的各种飞行功能系统,如操纵系统、液压系统、燃油系统、环境控制系统、导航系统、电源系统及各种飞行仪表等。

(2)能满足飞机各种使用功能的使用功能系统,如武器系统、火控系统、救生系统、生活设施及各种特殊用途的功能系统等。

功能系统的安装就是把上述各个系统连成完整的具有各自功能的系统。

4.各功能系统和装置的调整试验及检测

调试和检测就是使各功能系统和装置能完全满足各自的使用要求和质量要求。具体地说,就是对这些系统和装置进行压力、时间、行程、电阻、电流、电压等的测量,以及对收放、开关、通断、告警、搜索、瞄准和发射等飞行和使用功能进行试验。

飞机总装配工作量的大小,主要取决于飞机的型别和结构,同时也与生产规模和工厂技术水平有关。由于各种系统在结构上、技术要求上差别甚大,因此,在生产过程中,不仅所采用的工艺方法复杂多样,而且还必须配置不同专业的工人和技术人员。

由于飞机机体比较封闭,在有限的机体内要安装数量很多、空间位置又相互交错的各种设备、装置和系统,难以实现机械化,而且很多的调整、试验工作不允许在飞机上同时进行。因此,飞机总装配劳动量一般比较大,占飞机制造总劳动量的8%~15%,总装配周期所占百分比可达25%~40%。因此,总装配工作中的重要问题是如何减少工作量,以及有节奏地进行装配工作。

在成批生产中,飞机总装配采用流水生产的组织形式。如图13.1所示为总装配过程示意图。图中,基准部件(机身)沿着流水线移动,其他部件则在总装的不同阶段进入装配,各系统、设备和附件等也在各个不同阶段安装到飞机上去,并进行调整和试验,最后总装出整架飞机。

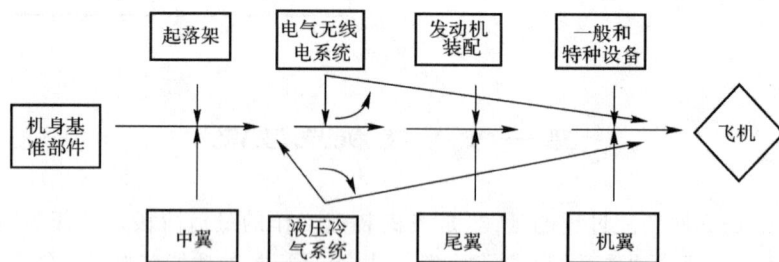

图13.1　总装配过程示意图

所谓流水生产是将总装配全部工序分成若干个工作站,每个站工作量要均衡,飞机按节奏移动,工人固定在工作站工作。由于工人固定了工作地点和工序,因此劳动效率得到提高。

在总装配工作中,凡必须在飞机上安装调试的工作,称装配站工作;不在飞机上的总装配工作(各种准备、组合及调试工作),称工作台工作。流水作业的基础就是安装、调试工作节奏化。因此,组织流水生产即是将机体对接及安装、调试等工作划分为许多工序,然后根据飞机结构将必须在机上工作的若干工序组合成一项任务,完成该任务的时间应等于或几倍于流水线生产的节奏时间,这项任务即为某装配站上的工作内容。节奏是指流水线上连续生产两架飞机的时间间隔。

必须指出,由于飞机结构的特点,飞机上每个系统往往不是在一个装配站上全部装上去的,而是分散在流水线上几个站陆续安装的,可见,组织飞机总装配的流水作业是极为复杂的技术工作。

为了减少飞机总装配工作量及缩短飞机总装配周期,应尽可能地把总装配工作内容安排在部件装配阶段完成。当编制总装配工作的流水作业时,还应尽可能地把总装配工作内容安排在工作台上完成。

如图 13.2 所示为某型飞机总装配厂房和停机坪的工作站布置示意图,工作站的功能见表13.1。

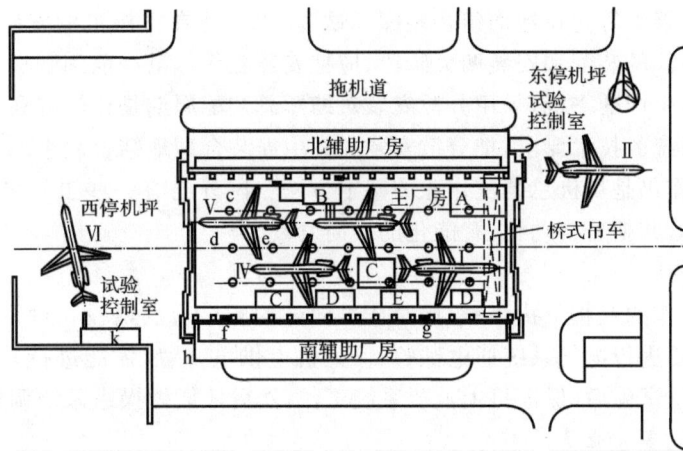

图 13.2　某型飞机总装配厂房和停机坪的工作站布置示意图

表 13.1　工作站的功能

工作站	工作站功用
I	机身、机翼的对接;尾翼、起落架、活动面对接;机身封铆,系统安装
II	机身压力试验;淋雨试验
III	系统件安装;隔音棉安装
IV	发动机安装,系统件安装;分系统调试
V	客舱安装;功能调试
VI	功能试验;防冰功能试验

二、飞机总装配工作的特点

飞机制造中,特别是在成批生产中,不能待机体各部件完全装配、对接以后,才开始安装工作,也不能一个系统、一个系统顺序地安装,因为这样做会使安装工作周期加长,而且还会因工作条件差,或无法安装,或不易保证安装质量。有时先安装的系统会妨碍后面的安装工作,后面进行的安装工作又可能会损坏先前安装好的系统。因此,要根据飞机结构,妥善安排安装工作的先后顺序。

飞机总装配是飞机装配的最后阶段,工作特点是内容复杂、专业性强、工作面窄、杂物难以排除。因此,当在机上工作时,应尽量减少或避免切削工作(应采用带自动吸屑的风钻),要提防工具或标准件遗落在机体内。安装试验工作完毕后,要检查、清除机内多余物。

归纳起来,飞机总装配工作有下述特点。

1. 工作开敞性差,手工工作量大

飞机上各部位如驾驶舱、客舱、发动机舱、设备舱和尾舱等能容纳的人数有限,而需要安装的设备又很多很复杂,有些部位只允许一人工作,工作姿态很不自由。这些都将影响安装质量,增加装配周期,因此应尽量扩大地面装配工作,并将安装工作分散进行。例如将仪表板、配电盘、操纵台、继电器盒等先在地面组合装配和试验,以简化在飞机上的安装工作。不要把飞机生产截然分为机体的装配和安装两大阶段,应把安装工作尽量提前到壁板装配、件件装配阶段进行。对于成批生产的飞机,采用分散安装对缩短总装配周期是比较有利的。因此,要根据飞机结构特点和系统的技术要求,把分散安装和集中安装合理地结合起来。

目前,手工操作仍是飞机总装配作业的基本方法。国外已有一些工厂采用机器人进行机翼和机身对接工作,并朝着自动化、智能化的方向发展。

2. 工序的顺序性强

为避免安装工作的互相干扰,一般按照从里向外的顺序层层敷设。对系统试验也有顺序安排问题,如首先要进行电气系统通电试验,保证机上供电,然后才能进行其他系统试验。另外,还要在液压系统试验后,保证机上液压系统工作,然后才能做操纵系统调整试验。

3. 具有高科技、多专业属性

总装配不仅涉及的工种多,专业性强,而且专业间接口多,交叉多,综合程度高,技术复杂,要由不同专业的人共同完成系统安装、调试、检测和联试工作。

4. 装配协调关系复杂

协调关系复杂是飞机总装配的技术难点。这是因为飞机上的导管、电缆都是空间弯曲布置的,仅依靠图纸和技术条件还不够,通常要用样机作为安装的补充依据。因此,减少技术协调问题的出路,在于下决心制造金属的工程样机和功能样机或者采用三维的计算机辅助设计来解决多种部件和各系统间的空间协调问题。

5. 系统检查、测试工作量大

飞机上安装的系统很多,各有各的检查试验要求。为避免互相干扰,影响工作,一般不能安排几个系统同时工作。如军械系统校靶、操纵系统调整、飞机水平测量等工作都要单独进行。

功能调试是总装配工作的重点。系统功能调试是对系统装配工作质量的总检验,调试的某些差错或疏忽会造成重大的恶性事故。

6. 高完整性要求

高完整性要求是飞机总装配的基本任务。不能漏装或错装任何一个装配元件,不能漏测、漏检、错检任何一个性能参数,否则就有可能危及系统的使用功能,甚至安全。

三、飞机各部件的对接及水平测量

1.飞机各部件的对接

飞机各部件装配完成后,送到总装配车间进行对接,如机身各段的对接、机身和机翼的对接等。飞机总装配时部件对接工作量的大小,取决于飞机的构造形式和总装与部装车间的分工。部件对接要保证对接后部件相对位置准确,连接可靠。对于有设计补偿的对接接头,对接中要使用设计补偿以保证对接技术要求,对于没有设计补偿的接头,在成批生产条件下,一般要用部件对接接头精加工的方法来保证部件对接和互换性要求。

对于完全互换的段、部件对接,要调整对接的部件到正确位置,然后检查对接孔的同轴度要求,并检查配合面之间的间隙和连接孔孔径及表面质量,这一切都符合图纸和技术条件要求后,就可以安装螺栓、垫圈,并按规定的拧紧力矩要求拧紧螺母,最后用全机水平测量方法检查各部件相对位置的准确性。对接部件一般要放在可移动和调整的托架上进行调整并对接。

对于不互换的段、部件,对接时要用水平测量方法调整和确定它们的相互位置,将对接接头孔一起扩孔并铰孔。这种方法劳动量大,周期长,对操作工人的技术水平要求高。如果在专门的对接台中进行对接,可以大大缩短调整定位的时间。

发动机是互换部件,其在飞机上的安装和测量一般是在车架上进行的,并用水平测量方法检查安装位置的误差。

2.飞机各部件的水平测量

对于飞机各部件水平测量的主要内容在上册第八章中已讲述过,这里只做简单介绍。部件对接后的技术要求一般用水平测量方法进行检查。水平测量的基本过程是,部件装配时,在部件表面规定的位置上,按型架上专用指示器做出测量点的记号(即涂红色漆的冲坑、凸头或空心铆钉),这些记号称为水平测量点,实际上是将飞机理论轴线转移到部件表面的测量依据。因此,在测量过程中,只要检查这些点的相对位置数值,就可借以确定部件间相对位置是否符合技术要求。

如图 13.3 所示为水平测量原理图。图中机体表面上各测量点都在部件装配时标出,测量时以机身 2 段为基准,用水平仪将 1,2 和 1′ 调整在同一个水平面内,再用经纬仪将 7,8 调整在同一垂直面内,随后用水平仪和经纬仪分别测出 3,4,9 和 10,就可检查机身的同轴度。

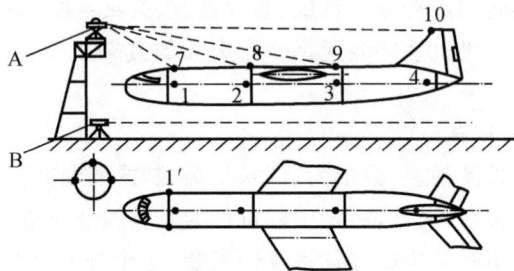

图 13.3   水平测量原理图
A—经纬仪;   B—水平仪

机翼的安装角、上反角(下反角)和舵面转角也可以用同样方法测量,如图 13.4 所示。首先把飞机调平,然后分别通过测量点的差值 a,b 来检查机翼的安装角和下反角。

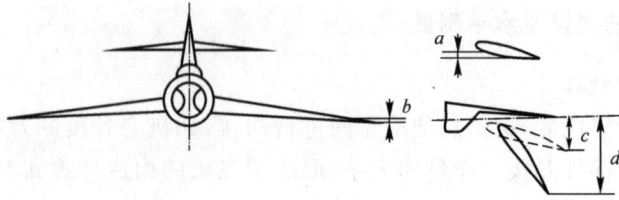

图 13.4　机翼安装角测量图

图 13.5 为歼击机水平测量点分布图。水平测量时用水平仪按 1,2 两测量点调整纵向水平,按 3,4 两测量点调整横向水平,在飞机已调平情况下,测量与检查各测量点间差值。

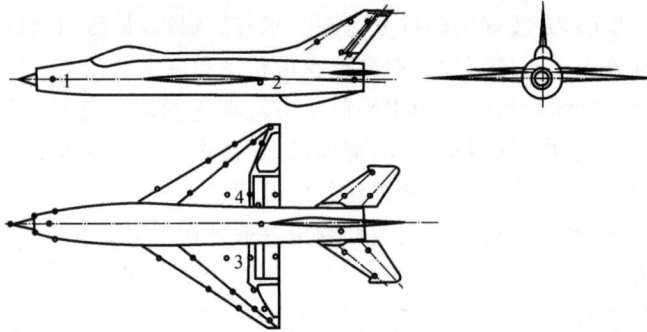

图 13.5　某歼击机水平测量点分布图

为提高水平测量的效率,可设计专用的水平测量台。其结构原理是把测量点指示器固定在可靠基座上,将飞机用千斤顶固定于测量台上应有的位置后,按测量点指示器读出的数据,可检查各部件间相对位置是否符合技术要求。

四、各系统、设备的安装、调整和检验

飞机总装配时还要往飞机上安装部件装配阶段没有装上的各种系统和设备。它们主要有发动机及其操纵系统、起落架及其操纵系统、飞机操纵系统、燃油系统、滑油系统、液压和冷气系统、通信和导航系统、供暖和座舱通风系统、防冰系统、灭火系统、救生系统、武器系统和根据飞机用途设置的特种装置。飞机系统装配是一个庞大的复杂工程,这里仅对部分系统的安装过程加以说明。

1. 导管、线路的安装与测试

由于飞机上的导管零件品种多、数量大,形状复杂、制造准确度要求高,而设计安装图纸又很难表达这种空间的复杂关系,因此,需要用样机作为安装的补充依据(样机是 1∶1 的飞机实体模型),并在样机上根据实际结构完成各系统的安装,这个补充依据对安装工作的顺利进行十分有利。

对于管路中的弯管零件,可以通过样机取得正确的形状和尺寸,作为以后生产弯管零件的依据和协调弯管零件的工艺装备。目前国内外已广泛采用数控弯管技术,并实现了计算机辅助导管设计与制造系统。

图 13.6 为液压系统的部分附件和导管安装图。为减少装配站工作,可将上述附件和导管

在工作台上预先组合,固定在固定板上,并进行局部的调整和试验工作。对电气及无线电系统,应尽量将电缆、仪器及装置预先组合在有引出接头的固定板上,并按规定进行尽可能多的参数功能试验。各个系统的电缆,可根据长度和走向预先在样板工作台上组合、通电,装上飞机时只要把电缆固定在飞机上的卡箍内,连好插线座即可。对于发动机装置,可在装配站外预先在发动机上安装上液压泵、压气机、进气管、滑

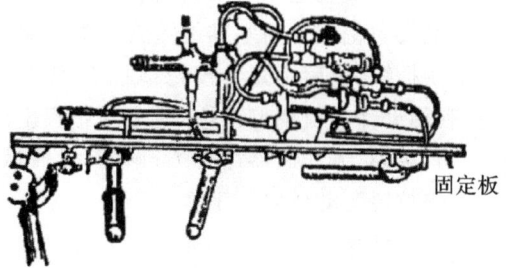

固定板

图 13.6　液压系统的部分附件和导管安装图

油及燃油导管以及电缆等,进行局部的系统试验,甚至可预装发动机罩等。这样,既可大大改善安装工作条件,又可缩短飞机总装配周期。

导管在飞机上安装好之后,要根据各系统的特点按要求进行试验,一般要进行密封性试验和清洁度检验。系统导管的密封性试验,可以在单个部件上进行或在总装配车间已装配好的完整的飞机上进行。一般将密封性检查安排在系统工作性能检查之后进行。

对于电气系统,可以从图纸、样机取得导线正确长度,制出相应位置的布线样板作为依据。对电缆要进行 100% 的短路、断路、混线、搭铁及绝缘电阻的质量检验。

2. 操纵系统的安装调整和试验

操纵系统的很多元件是在部件装配时安装、调整和检查的。例如,在机身或机翼内安装操纵飞机和发动机的拉杆和钢索,安装滑轮、摇臂、支架和导向件,在驾驶舱内安装驾驶杆、脚蹬和拉杆。

操纵系统安装要保证运动件和结构之间有足够间隙,在导向件中拉杆不应紧涩;当在极限位置时,摇臂和拉杆之间应当有允许的间隙。操纵系统的调整可以用拉杆端头装的带螺纹的端接头调整长度,其调整范围不应超出极限尺寸,也可以用力臂调节器来调节摇臂长度。

对于装有液压助力器的操纵系统,驾驶杆力是载荷机构产生的,因此,操纵系统的调整检查要测量驾驶杆力与行程的关系曲线,并从杆力曲线图上得出杆力变化的梯度和系统的摩擦力大小。

现代高速飞机多采用多余度电传操纵系统(或称飞行控制系统),此系统除了舵机与舵面之间有拉杆和摇臂外,从驾驶杆、脚蹬到舵机之间均用导线传递信号。飞行控制系统采用飞行控制计算机,并与航空电子系统、液压系统、电气系统综合显示。因此,为保证飞行控制系统在飞机上工作安全可靠,必须将飞行控制系统、液压系统、电子系统等在地面试验台上进行 1∶1 的联机工作试验,即在"铁鸟"台上进行试验。通过"铁鸟"台试验的飞行控制系统、电气系统、液压系统才能往飞机上安装。

3. 武器系统的安装和检查

航空射击武器有机炮、空空导弹和空空火箭,对地攻击武器有各种炸弹。飞机总装配要保证机炮位置安装正确,导弹、火箭挂架位置安装正确。这些武器与瞄准具所构成的飞机武器系统对飞机基准轴线的位置要正确。因此,武器系统安装后在总装配车间进行的主要试验项目就是军械系统的冷校靶试验。

冷校靶试验是在飞机机头正前方 25m 处,放置一块靶板,在靶板上标有飞机对称轴线、水

平基准线以及机炮、导弹、火箭、瞄准具等的理论位置标线。将飞机调水平,并使对称轴线、水平基准线与靶板上的基准线重合。如以瞄准具为基准校靶,则应调整瞄准具中的光环对准靶板十字标线,然后用光学校靶镜插在炮口内或火箭发射筒内,观察机炮轴线与靶板位置的偏差,利用设计补偿调整机炮,使之与靶板上的位置一致,并使误差在允许范围内。

其次,对轰炸武器还要进行炸弹投放试验及冷气充弹试验,检查弹道的畅通,另外,还要进行炮弹拉通运动试验等工作。

4.电搭接

电搭接是指将飞机的各类金属零件、组件、部件以及成品、设备和附件在电路上连接成为一个整体,使飞机全部结构形成一个低阻抗的导体(即等电位体)所进行的各种导体结合面的电连接工艺过程。

(1)电搭接的作用和采取的措施。在地球周围大气层中存在着静电场,其电位梯度为$6V/m$,这样在10 000m高空就有60kV的电位。由于各种原因,大气处于连续运动状态。因此,在大气中经常存在着带有不同电位的相当大的气团相邻接现象。如飞机飞过带电的气团就要被感应带电,并尽量使其电位与周围大气的电位相等。如果飞机机体缺乏在电路上的整体性,则各部分电位不等,高电位就会向低电位放电,产生电火花。这种电火花放电对飞机是十分有害的,是不允许发生的。

电搭接的作用和采取的措施见表13.2。

表 13.2 电搭接的作用和采取的措施

序 号	作 用	措 施
1	防止静电干扰	1.采取电搭接,使飞机成为一个整体的低阻抗电气通路。 2.利用尖端放电的原理,在机翼、尾翼等部位设置放电刷,及时有效地将机体电荷释放到大气中。 3.设置钢索搭地线,当飞机着陆时,搭地线触地将机上电荷导入大地
2	防止机内产生电磁干扰	1.设置去耦电容器或滤波器,严格控制电搭接,将干扰局限于或消失在产生处。 2.在干扰源、对干扰敏感的设备及电线上外加屏蔽网或金属罩,用以进行隔离。 3.所有装机设备、成品都必须经过电磁兼容性试验,满足 HB5940—1986电磁兼容性要求
3	确保飞机用电设备正常工作	1.飞机电路一般采用单线制,由机体作负线回路,飞机各构件确保电搭接良好,严格遵循搭接工艺,控制搭接阻值。 2.确保设备、成品的负线搭接可靠、接地良好,接触电阻符合产品图样和技术条件要求

(2)电搭接分类。电搭接的分类和要求见表13.3。

表 13.3　电搭接的分类和要求

序　号	项　目	技术要求	搭接电阻/$\mu\Omega$
1	天线及滤波器搭接	1.天线到基本结构之间有直流通路,其搭接电阻符合规定。 2.天线同轴电缆传输线的外导体搭接到接地平面内。 3.滤波器的壳体与基本结构有良好的电接触	不大于 300 不大于 300
2	电流回路搭接	1.结构部件之间的搭接作为电源回路的一部分,成为传输电源回路电流的低阻抗通路。 2.单线制设备与结构之间搭接。 1)搭接线载流量按航空工业标准 HB5795《航空电线载流量》选用; 2)电线或电缆和接地回路的总阻抗电压降不超过规定值(见表 13.4); 3)安装搭接线。 3.危险区的电气电子设备的外壳与结构直接搭接。 4.镁合金构件不可作为电流回路的组成部分	不大于 产品图样规定
3	防射频干扰搭接	1.每台发动机至少有两处与结构搭接。 1)高压输出部分之间的搭接; 2)发动机点火器壳体与发动机机体搭接; 3)点火装置壳体与发动机机体搭接; 4)启动机和交、直流发电机与发动机机体之间的搭接。 2.电气电子设备外壳与机体成低阻抗通路。 1)外壳与机体直接搭接; 2)设备安装底板与机体搭接; 3)底板带减震器与机体搭接。 3.距无屏蔽的发射天线引线 300mm 内任一个大于300mm的导体与机体搭接。 4.飞机蒙皮组成低阻抗通路,口盖、舱门等与结构搭接	 2 000 100~300 300 600 2 000 1 000 1 200 2 000 1 000
4	防电击搭接	1.安装电线或电缆的金属导管两端与结构搭接。 2.电气电子设备裸露的金属架与基本结构搭接	10 000 10 000
5	防静电搭接	1.飞机外部除天线外的任一线性尺寸大于 80mm 被绝缘的导体(翼尖、天线罩等)与基本结构搭接。 2.外部介质表面应采取泄放静电荷的措施。 3.油箱及油箱内的附件,每个油箱两处与基本结构搭接。 4.气体和液体管路由于流体摩擦带静电而采用多点与结构搭接。 5.机翼、水平尾翼和垂直尾翼的翼尖与后缘安装足够数量的放电器。 1)高阻放电器与蒙皮搭接; 2)低阻放电器与蒙皮搭接; 6.地毯采取有效防静电措施,使地毯与结构搭接	10 000 2 000 1 000 100 000 300

续表

序号	项目	技术要求	搭接电阻/μΩ
6	防雷电搭接	1. 飞机各舵面、钢索、拉杆和驾驶杆,通过滑轮或跨接搭接线与结构搭接。 2. 飞机表面被绝缘的导电凸出物与基本结构搭接,绝缘的天线设置避雷器。 3. 所有凸出飞机表面的非导电物,如非金属的垂直安定面、翼尖、座舱盖、天线罩、非金属桨叶片和旋翼片均应有连接到基本结构上的雷电通路	
7	飞机及辅助设施接大地	1. 飞机设置放电钢索、接地刷和静电导电轮胎泄放残留的静电荷。 2. 飞机在停机坪时应采取停机接地线、接地刷、接地棒和接地锥等接地措施。 3. 飞机在地面加油时,油车与大地,飞机与大地,油车的油枪与飞机结构均保持良好的搭接	

线路允许压降见表 13.4。

表 13.4　线路允许压降

电源额定电压/V	允许压降/V		
	A 类设备	B 类设备	C 类设备
28	1	2	3
115	2	4	8

注:航标 HB5854—1984《飞机供电特性及对用电设备的要求》中根据飞机上安装时要求的线路压降(调压点与用电设备电力输入端之间的电压降)不同,把用电设备分成 A,B,C 3 类。A 类设备对线路压降较严,限制使用;B 类设备一般优先使用;C 类设备是间歇工作的设备。

(3)雷电防护接地线的合理设置。雷电防护接地线的合理设置如图 13.7 和图 13.8 所示。

图 13.7(a)中圆锥体顶点或背脊线,均可看做是传导雷电的放电尖端或放电边界,该尖端或边界相应对准雷电源,并把雷电电流恰当地传导到圆锥体底部(即地)。

图 13.7(b)基于假定介质强度为 328 000V/m,足以承受外加电压。

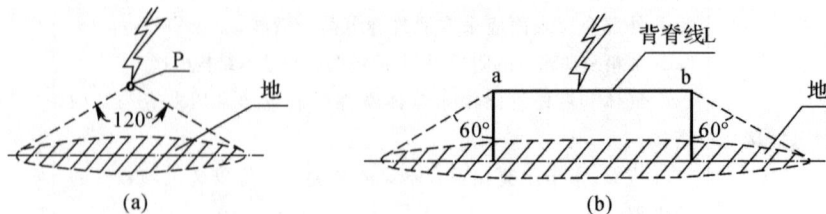

图 13.7　典型雷电防护区

(a)合理接地的单点(P)传导所形成的雷电防护区(圆锥体形);

(b)合理接地的背脊线(L)传导所形成的雷电防护区(该区域可看成是圆锥体顶点 a 平移至 b 点而形成的)

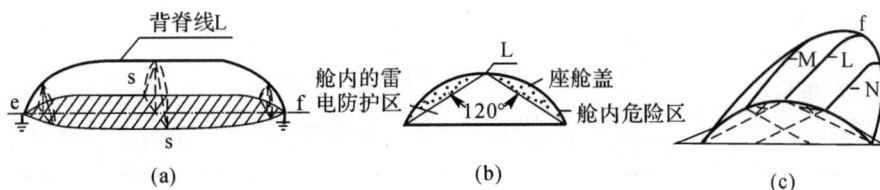

图 13.8　座舱盖或天线罩雷电防护区

(a)位于典型介质座舱盖或天线罩背面中心线上的单根接地电线 L 所形成的雷电防护区(该区域可看作圆锥体顶点 e 到 f 作径向位移和平移复合而成);

(b)如图 13.8(a)所示的 s—s 剖面图表明,如果安装单根电线 L,座舱盖的雷电防护区不适宜;

(c)如图 13.8(a)所示 s—f—s 剖面透视图表明,可以通过加装交叠防护的多根接地线 M,L,N 来形成复式雷电防护区

　　(4)搭接的形式及应用特点。飞机的零件多,形状复杂,大小不同;材料品种多,零件表面处理各异;飞机的系统多,如操纵、液压、起落架、动力、燃油、灭火、防火、环控、生活设施、电气、仪表、无线电、雷达和火控、军械系统等,各有特点且要求不同。因此,必须寻找多种搭接类型,采用多种搭接制备工艺方法。在各种不同的条件下选取适合的搭接形式和制备工艺,才能符合要求,满足搭接规定,使飞机成为一个电搭接的整体。搭接的形式及应用特点见表 13.5。

表 13.5　搭接的形式及应用特点

类　型	形　式	应 用 特 点	备　注
Ⅰ	铆接连接	1.搭接表面不处理。 2.采用部分未阳极化的铆钉。 3.靠铆钉杆镦粗达到良好的电搭接。 4.一般用于永久性或半永久性薄零件电搭接	大量用于飞机结构和蒙皮的连接
Ⅱ	螺接连接	1.用于经常拆装的或需要拆装的零、组、部件和成品、设备以及附件的连接。 2.带有导电镀层的螺钉、螺母靠拧紧时端面的压力或挤紧接触表面形成良好的电连接。 3.需要制备或清理接触表面	
Ⅲ	增设搭接零件的连接	1.搭接线: 1)HB6—38; 2)HB6—39; 3)HB6—40; 4)HB6—74; 5)HB6—75。 2.搭接片 1)HB6—54; 2)HB6—28。 3.特制搭接件或成品带搭接线。 4.只需制备或清理连接点的接触表面	用于连接活动部件或带减振器的成品、设备的安装。 用于衬套或卡箍等处的搭接

续表

类型	形式	应用特点	备注
Ⅳ	钎焊、熔焊或压接等	1.永久性固定连接的金属零件； 2.防波套的连接； 3.搭接线的制造	

(5)搭接面的制备。搭接面的制备和清理搭接面用材料分别见表13.6和表13.7。

表13.6　金属搭接表面的清理

序号	清理方法	适用的设备及材料	适用的表面	注意事项
1	用砂纸手工清理，以圆周或椭圆形运动进行打磨，提供均匀光滑的表面	1.180号粒度的砂纸或砂布。 2.金刚砂纸。 3.氧化铝砂布	1.导电镀层表面。 2.钛合金表面	1.此法不用于不锈钢表面。 2.不允许磨料颗粒污染设备
2	用旋转金属刷作局部点面清理	1.电钻、风钻或其他适合工具。 2.不锈钢丝滚刷	任何金属表面上除去涂层，铝表面除去薄氧化层	1.电镀表面、不涂漆的金属表面不适用。 2.金属表面损失最少
3	用旋转磨盘作局部点面清理，磨盘用轻微压力加到金属表面。磨盘与被磨表面平行，打磨一次后检查结果，直到表面符合要求为止	1.电钻、风钻或其他合适工具。 2.砂布磨盘150号粒度。 3.金刚砂布、氧化铝砂布	除去未涂漆的阳极化膜或化学氧化膜层	1.采用此法必须除去油漆。 2.此法不允许用于不锈钢和铝合金表面。 3.金属表面损失最少
4	用挥发性清漆稀释剂去除漆层，用干净棉布、纱布将稀释剂抹在限定的表面上	1.清漆稀释剂。 2.丁酮。 3.不起毛的绸布或干净的棉布和纱布	铝和铝合金的金属表面的漆层	稀释剂不要溢出或流至不需要清理的表面
5	用溶剂清洗裸露的或有电镀层的金属搭接表面	1.非金属刷子或不起毛的棉布。 2.溶剂	电镀层表面，未涂漆的不锈钢和铝的表面	

表13.7　清理搭接表面用的材料

材料类型	名称	牌号	适用范围
磨料类	砂纸	180号、150号	各类金属的搭接表面
	金刚砂纸	联邦规范P—P—121	
	氧化铝砂布	联邦规范P—C—451	

续表

材料类型	名　称	牌　号	适用范围
除漆类	脱漆剂	T—1	硝基漆
	脱漆剂	T—2	硝基漆、磁漆、底漆
	稀释剂	X—1	硝基漆、底漆
		X—2	
		X—4	底漆
		X—6	磁漆、清漆
		X—7	环氧漆
		TT—T—266	底漆、清漆、磁漆
	丁酮	MEK，TT—M—261	底漆、清漆、磁漆
除污类	清洗剂		裸露金属和电镀层表面
	工业酒精		
密封类	密封腻子	1601	气密处
	密封胶	XM—22	
		XM—31	
		XM—34	

(6)搭接操作程序。

1)金属件表面的搭接操作程序和技术要求见表 13.8。

表 13.8　金属件表面的搭接操作程序和技术要求

序号	操作程序	技术要求
1	搭接表面的制备	1.搭接面打磨或清理出金属光泽,且表面平直。 2.清理搭接表面时要尽量少去除金属或导电层。 3.搭接面制备应在搭接前 1h 内进行,一般规定搭接清理到完成修复,对铝合金应不超过 6h,对镁合金应不超过 2h,对其他金属应不超过 48h
2	搭接的安装	1.搭接可靠,电接触良好。 2.搭接线端子与被搭接的零、组、部件以及成品外壳或结构属同类金属材料者,其搭接线端子可直接与其接触,否则应加垫圈。 3.在活动部件上安装搭接线时应留余量,以防影响部件运动或磨坏搭接线。 4.按不同材料的接线端子和连接紧固件,选用合适的拧紧力矩。 5.安装在同一螺栓上的搭接线或负线不应超过 3 个,按端子大小排列并接线,大端子在底层,小端子在上面,尽可能安装成扇形。 6.负线禁止安装在镁合金零件上。 7.有搭接要求的电缆和导管一律使用搭接卡箍。 8.除镁合金件外,镀锌的接线端子、卡箍和紧固件禁止用于搭接。 9.严禁任意加装搭接线

续表

序号	操作程序	技术要求
3	涂敷与密封	1.涂敷与密封以前,搭接处多余的清理表面需用汽油或酒精清洗干净。 2.搭接后所有裸露的制备表面,按表13.9规定涂敷。 3.搭接处有密封要求时,清洗区域要扩大6mm
4	检查	1.按文件要求进行检测。 2.工人与质量控制人员一起检测,并做好记录

搭接表面修复处理见表13.9。

表 13.9　搭接表面修复处理

被清理制备的原表面	基本金属	修复涂料
涂漆	各种金属	原用漆
裸露金属	各种金属	绝缘清漆(W30—4)
无色阳极化	铝	绝缘清漆(W30—4)
黄色阳极化	铝	H06—2 环氧锌黄漆
镀层	各种金属	绝缘清漆(W30—4)

2)复合材料表面的搭接操作程序和技术要求见表13.10。

表 13.10　复合材料表面的搭接操作程序和技术要求

序号	操作程序	技术要求	图例
1	搭接表面的制备	外部有抗静电涂层的复合材料结构与金属结构间的接地,可通过连接紧固件与抗静电涂层相接触。对于带有用保护胶带覆盖着的接地孔的壁板,只从步骤3开始。 步骤: 1.除去锪窝区域的所有涂层,并用Scotchbrite清洗裸露着的区域。 2.用磨块磨透所有保护涂层,直到露出抗静电涂层,如右图1所示。锪窝面周边磨0.75in(19.05mm)至0.85in(21.59mm)的区域。严禁磨透抗静电涂层。 3.用丁酮(甲基乙基酮)清洗打磨区域。 4.按右图2所示在清洗后的打磨区域和锪窝面上涂一层抗静电涂层	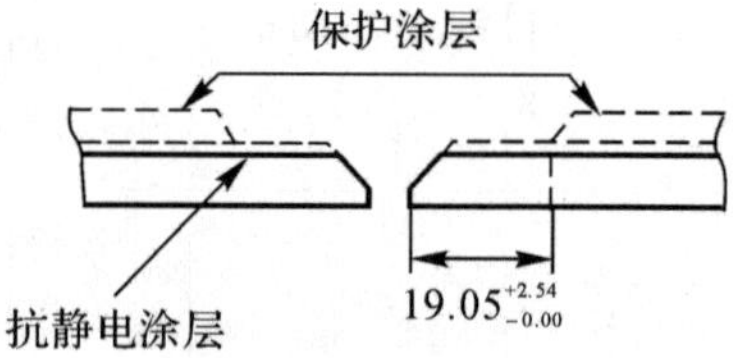 图1　锪窝面周围的打磨区域 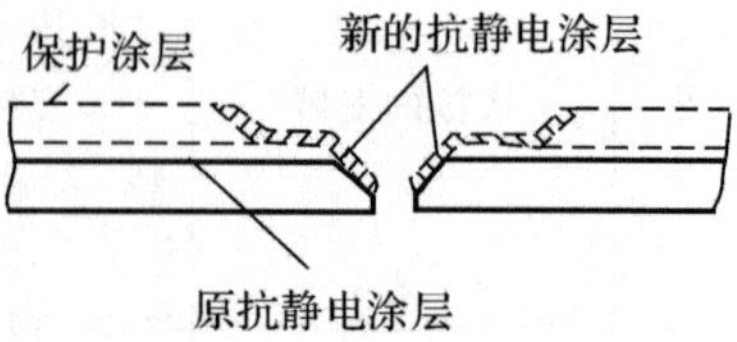 图2　抗静电涂层的涂敷

续表

序号	操作程序	技术要求	图　例
2	安装	1.按产品图样安装到结构上。 2.检测新旧导电层之间的电阻值	
3	整修	测量电阻值符合要求,搭接元件安装24h以后按产品图样修整表面。安装完后的典型示例如右图3所示	 图3　复合材料壁板的安装

3)复合材料搭接用元件的对应关系见表13.11。

表 13.11　复合材料搭接用元件的对应关系

元件	A①	B	C	D	E	F
螺栓	裸露钛	镀镉不锈钢 A286		镀镉不锈钢 A286	镀镉不锈钢 A286	镀镉不锈钢 A286
螺母/托板 螺母	裸露不锈钢 A286	裸露不锈钢 A286		镀镉不锈钢 A286/合金钢	镀镉不锈钢 A286/合金钢	镀镉不锈钢 A286
压窝垫圈				镀镉不锈钢 A286		镀镉不锈钢 A286
铆钉	裸露不锈钢 A286	裸露不锈钢 A286	镀镉镀铜合金	铝	铝	铝

注:①表头符号说明:A:石墨/石墨;B:火焰喷涂区域石墨/石墨;C:在石墨/铝件上固定的或不可卸安装;D:可卸的凯芙拉(Kevlar)/铝;E:在凯芙拉(Kevlar)/铝件上固定的不可卸安装;F:火焰喷涂区域凯芙拉(Kevlar)/铝。

(7)搭接打磨用工具和材料。

1)搭接打磨用工具和材料(砂纸)参见表13.6。

2)不锈钢丝滚刷、磨盘和窝锪钻的主要数据如图13.9所示及见表13.12。

(8)搭接电阻值的测量。

1)测量搭接电阻应使用合格的低电阻

图13.9　滚刷和磨盘典型示图

测量仪(微欧仪)。测量人员必须经过培训后方可实际操作,按图样或技术文件规定部位对飞机结构电阻值进行测量。测量前,应清理掉测量点和测量仪表棒上的油污,在测量过程中,两手握住测量仪表棒,均匀用力按下表棒,以刚好穿透漆层或阳极氧化层为宜,不要用力过猛,以免损坏表棒或造成测量部位的压痕太深,损坏测量部位表面质量。测量点应选取其结构刚性好的部位。

2)测量各项电阻值,若大于额定值,可重新打磨搭接处或适当拧紧固定件或增加搭接铆钉

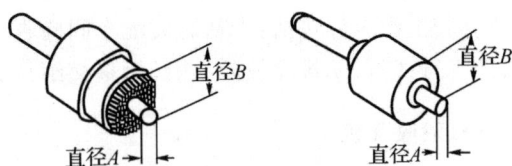

等方法来达到规定的额定范围。将所测量出的电阻值,记录在专用表格内。

表 13.12　滚刷、磨盘或划窝钻的控制数据　　　　　单位:mm

搭接线		滚刷、磨盘或划窝钻的打磨	
螺栓孔直径 d	接头宽度或外径	导杆直径 A*	打磨接触面直径 B*
3.2	8～11	2.5	16
4.2		3.2	
5.2		4.1	
3.2	12～14	2.5	18
4.2		3.2	
5.2		4.1	
6.3		5.0	
8.3		6.8	
10.5	17	8.5	24
12.5		10.0	
5.3	24	4.1	28
6.3		5.0	
8.3		6.8	
10.5		8.5	
12.5		10.0	

* 注:符号 A,B 如图 13.9 所示。

第二节　机场车间工作

机场车间的工作是飞机生产的最后阶段。这一阶段的工作完成后,就将飞机移交给使用单位。其工作内容包括:①从总装配车间验收飞机;②进行飞机地面检验及试飞;③飞行前准备;④飞行试验;⑤排除故障;⑥最后移交给订货方。

一、验收飞机

飞机总装配结束后,由机场车间与总装配车间共同检查飞机的总装配质量。飞机验收按规定的提纲进行,其主要内容为检查飞机的外表情况,仪表和设备的成套性,进行车间分工的某些试验工作。

二、地面试验

地面试验包括发动机试车前的试验和发动机试车情况下的试验工作。

1.各系统的检验和试验

系统的检验和试验包括①全机的电气、无线电和仪表系统的试验;②液压、冷气和操纵系统的试验;③发动机操纵和燃油、滑油系统的试验等。其中有些试验工作,为了保证飞机质量,在总装配以后再重复做一遍。

2.罗盘校正

检查罗盘指示是否正确,并修正其误差。为使罗盘校正不受周围磁性物质的影响,罗盘校正场应远离建筑物100m以上。

3.热校靶及投弹试验

热校靶的目的是检查机炮、照相枪和瞄准具是否安装准确,控制操纵机构和系统的工作是否正常。投弹试验是检查飞机投弹系统,投弹试验用模型在专设的投弹场内进行。

上述工作完毕后,加注燃油,滑油,准备发动机试车。试车时除检查发动机装置本身外,还要在发动机开车情况下,检查飞机各系统的工作情况。

三、飞行前准备

飞行前应准备加添燃油、滑油等;对飞机各部分及各系统进行外表检查,为保证质量,飞机的外表检查应按一定顺序进行。

四、飞行试验

新机试飞应按试飞大纲要求进行。但在开始定型试飞前应由研制单位负责,进行飞机调整试飞,以排除新飞机的一些初始性的重大事故。调整试飞大致要飞到原设计包线的80%左右,再开始正式的国家鉴定试飞,以检查新飞机能否达到设计要求。鉴定试飞可按不同分工完成各自的试飞任务,各负其责,并完成定型试飞大纲规定的所有任务。定型试飞通常需要上千个起落,试飞科目全部完成后,由试飞鉴定部门和飞行员写出正式报告,上报国家鉴定委员会批准。

经过设计定型后,新机可能还会有一定更改,特别是工艺性改进,改进后的飞机进入小批量生产,首批生产的飞机也应进行鉴定试飞,主要是检查工艺质量,通过后即可进行成批生产,并交付使用。

成批生产的飞机,飞行试验有两种:

(1)移交试飞。对每架飞机必须进行,试飞时检查的项目不多,只对飞机的主要性能进行鉴定。

(2)成批试飞。对每一批飞机,抽出少数几架飞机,检查的项目比前者多,以便更全面地检查这一批飞机的制造质量。

成批生产的飞机,在试飞合格后移交给订货方。移交时除飞机本身外,还包括备件、随机工具以及飞机、发动机、仪表和设备的合格证和履历本等。

思　考　题

1.简述飞机总装配的工作内容。
2.飞机总装配工作的特点是什么?
3.电搭接的作用及采取的措施各是什么?
4.搭接形式有哪几种?各自的应用特点是什么?
5.简述金属件表面搭接操作程序。
6.机场车间的工作内容是什么?

第十四章 生产工艺准备

内容提示

本章主要讲述生产工艺准备工作的内容及特点、新机研制阶段的生产工艺准备的内容和过程等。

教学要求

(1)了解生产工艺准备工作的内容及特点;

(2)了解新机研制阶段的生产工艺准备的内容和过程;

(3)培养学生良好的生产工艺规则意识和规范做法。

内容框架

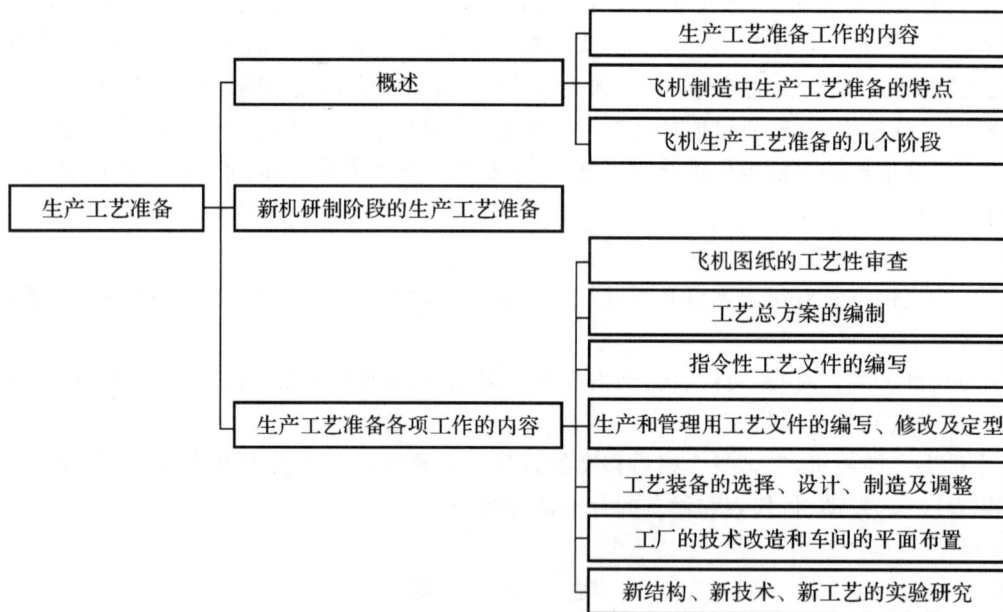

第一节 概 述

一、生产工艺准备工作的内容

任何新产品要进行研制和生产,都必须进行生产准备。

生产准备工作是使新产品尽快地研制和投产，保证生产顺利进行，在质量、数量和成本方面全面达到国家规定的指标所进行的一系列技术工作和组织工作。

生产准备工作包括产品设计和试验、工厂扩建、机床购置、器材供应和各项生产工艺准备工作。

生产工艺准备工作内容主要有以下几个方面：

(1)飞机构造的工艺性审查；

(2)飞机生产的工艺总方案的制订；

(3)工艺文件的编写、试用及修改定型；

(4)工艺装备的选择、设计、制造及调整；

(5)工厂为适应新机生产进行技术改造；

(6)新产品所采用的新材料、新结构、新技术的实验研究；

(7)工艺技术人员和工人的培训。

二、飞机制造中生产工艺准备的特点

飞机制造中生产工艺准备的特点，是由飞机产品的性质及其生产的特点所确定的，可以综合为以下几个方面。

首先，飞机的更新和发展很快，能否及时研制出和批量生产出性能更高的新式飞机，对我国的国防建设和经济建设有重大意义。因此，如何缩短新飞机的生产准备周期是一个重要问题。

其次，飞机结构复杂，生产中需要使用大量的模具、机床夹具和装配夹具(型架)，生产准备工作量大，周期长。

再次，飞机结构不断改进，在生产过程中不但经常作局部改进，而且经常进行改型。

因此，在飞机工厂需要有大量的工艺技术人员和很强的生产工艺准备能力，在飞机工厂生产工艺准备的生产能力占全厂生产能力的30%左右。

由于飞机生产工艺准备的紧迫性和复杂性，要求有周密的计划、严密的组织，各方面协调配合工作、按计划高质量地完成各项生产准备工作。

三、飞机生产工艺准备的几个阶段

新飞机从研制到进行成批生产一般要经过新机的论证及研制、新机的试制及设计定型、小批生产及生产定型和成批生产4个阶段。生产工艺准备工作也相应地分为这4个阶段进行。这几个阶段的生产工艺装备工作内容和重点是有区别的，但又是相互联系、相互衔接的。

1.新机论证及研制阶段的生产工艺准备工作

这一阶段的主要任务是配合设计部门制造出几架新研制的飞机，以便进行强度试验和飞行试验，验证新飞机各种性能。这一阶段生产工艺准备工作应遵循的原则是，在保证产品质量的条件下，充分利用工厂的现有条件，以尽量短的周期和尽量少的工艺装备完成研制任务。

2.新机试制及设计定型阶段的生产工艺准备工作

这一阶段的主要任务是通过试制几小批飞机并通过试飞、充分发现飞机设计和工艺上存在的各种问题，经过逐步改进使新飞机达到设计定型，并为下一步转入小批生产在飞机设计方面奠定良好的基础。对采用新工艺、新技术的零件和组合件进行试验性生产，为顺利转入小批生产打下基础。

3.小批生产及生产定型阶段的生产工艺准备工作

这一阶段的主要任务是掌握新机所采用的新工艺和新技术,完成工厂的技术改造,使飞机生产中所应用的各种工艺文件和工艺装备经过改进和完善达到定型,为转入成批生产在生产工艺技术方面奠定良好的基础。

4.成批生产阶段的生产工艺准备工作

这一阶段的主要任务是为提高产量需要增加工艺装备的数量,为提高劳动生产率和机械化与自动化程度需要增加一些辅助装置和设备,使飞机的成批生产达到所要求的各项技术经济指标。

第二节　新机研制阶段的生产工艺准备

新机论证和研制阶段的工作内容涉及面广,其中包括方案论证、新机设计、生产工艺准备、试验机的制造和新机的强度试验与飞行试验。各项工作的具体内容和整个过程见表14.1。

表 14.1　新机研制的各项工作内容和过程

序号	飞机设计	工艺准备	第一架	第二架	第三架
1	方案论证; 总体设计; 风洞试验	技术经济可行性论证; 总体设计方案工艺性审查; 新材料、新结构的应用范围; 工厂技术改造方案			
2	技术设计; 全尺寸模型制造; 各系统实验	工艺性审查; 绘制理论模线; 制订研制工艺总方案; 新材料、新工艺、新技术实验研究			
3	详细设计; 部分结构强度试验	工艺性审查; 绘制结构模线及样板制造; 编制研制用工艺文件; 设计研制用工艺装备; 新材料、新工艺、新技术实验研究			
4	图纸更改	完成研制用工艺文件的编制;完成研制用零件工艺装备制造	零件加工	零件加工	零件加工
5	起落架落震试验; 图纸更改	完成研制用装配工艺装备制造	部件装配	零件加工	零件加工
6	强度试验			总装配	部件装配
7	飞行试验				总装配

为了保证新机将来能顺利投产和缩短新机的研制周期,生产工艺准备工作应从方案论证、总体设计阶段就开始进行,如参与技术经济可行性论证,确定新材料、新工艺和新技术的应用

范围,提出对工厂进行技术改造的方案和对总体设计进行工艺性审查等。

在技术设计和详细设计的过程中,为配合结构设计,需要绘制各部件的理论模线和结构模线,以确定结构的真实形状和尺寸并进行结构的协调,为工艺装备制造提供原始依据。在这一阶段还要对飞机图纸进行全面的工艺性审查,工艺文件的编制,工艺装备的设计,新材料、新工艺及新技术的实验研究。

在发出生产图纸以后,就可以进行工艺装备的制造和飞机零件的加工。

第三节　生产工艺准备各项工作的内容

一、飞机图纸的工艺性审查

为了使新设计的飞机构造具有良好的工艺性,使飞机制造获得最佳的经济效果,对飞机的设计图纸必须进行工艺性审查。工艺性审查是飞机设计工作的重要组成部分。

工艺性审查应在方案论证和总体设计时就开始进行,此时着重审查新材料和新结构的应用范围,飞机外形的工艺性,设计、工艺分离面的划分,部件对接的结构形式等。

在技术设计和详细设计阶段,要对飞机设计图纸进行全面的工艺性审查,包括部件、组合件和零件所选用的材料、结构形式、形状及尺寸、公差及技术条件等。

关于飞机构造工艺性问题将在下一章专门论述。

二、工艺总方案的编制

工艺总方案是指导飞机制造全面工艺工作的纲领性文件。

工艺总方案主要包括以下内容:

(1)上级及订货方对研制新机的要求和实施原则。

(2)车间分工原则。

(3)新工艺与新技术的应用范围。

(4)保证互换协调的方法。

(5)工艺文件编制的原则。

(6)工艺装备的选择原则及工艺装备品种和数量的控制。

(7)完成各项任务的技术组织措施。

工艺总方案的编制,应在总工程师和总工艺师的领导下,组织各个方面最有经验的技术人员来完成。在制订好工艺总方案以后,要组织全厂有关部门的广大技术人员贯彻执行。

三、指令性工艺文件的编写

在编写生产用工艺文件和设计工艺装备以前,首先应编写各种指令性工艺文件。

指令性工艺文件是根据飞机各部件、各类典型零件及复杂零件的具体构造,将工艺总方案中各项原则加以具体化,更具体地确定生产工艺准备中主要技术问题的解决方案。

指令性工艺文件包括下列各种工艺文件:

(1)全机对接尺寸图表。

(2)外缘工艺容差分配表。

(3)各部件装配与协调方案。

(4)各种典型零件工艺方案。

(5)复杂零件工艺装备协调图表。

(6)车间分工细则。

(7)各种生产说明书。

例如,各部件装配与协调方案包括下列各项内容:

(1)部件工艺分离面的选取。

(2)部件装配顺序图表。说明从组合件、板件、段件到整个部件的装配顺序。

(3)部件指令性工艺过程。说明各组合件、板件、段件和部件总装配所采用的装配方法、定位基准、装配过程及所用的主要设备和工艺装备。

(4)部件装配用工艺装备协调图表。

(5)工艺装备目录。该目录包括装配工艺装备和标准工艺装备。

由此可见,指令性工艺文件是协调各工艺部门和车间全面开展各项工艺准备工作的指导性工艺文件,是编写生产用工艺文件和设计工艺装备的重要依据。

四、生产和管理用工艺文件的编写、修改及定型

生产用工艺文件包括零件供应状态表、工艺规程、零件和标准件配套表、工艺合格证、装配指令以及零件制造指令等。

管理用工艺文件包括车间分工表、工艺计划表、标准件工艺计划表、工艺装备品种表和标准工艺装备品种表等。

其中,工艺规程是生产中使用的最重要、最基本的工艺文件。工艺规程规定零件加工或装配的工艺过程、工艺方法,所使用的工具、工艺装备和设备,检验及试验工序。

在新机研制、试制和成批生产各个阶段使用不同的工艺规程。

1. 研制用工艺规程

研制用工艺规程为新机研制使用。在保证产品质量的条件下,利用尽量少的工艺装备,采用较简单的工艺方法,用以生产几架试验机。研制用工艺规程工序划分较大,工序内容叙述简单。

2. 试制用工艺规程

试制用工艺规程为试制阶段使用。利用成批生产全套工艺装备中一部分主要的工艺装备。即所谓"0"批工艺装备,采用与之相适应的工艺方法,以制造几小批飞机,达到飞机设计定型的目标。

3. 成批生产用工艺规程

成批生产用工艺规程为小批和成批生产阶段使用。它不仅要保证产品的质量,而且要使成批生产达到比较先进的技术经济指标,包括高的劳动生产率、短的生产周期和低的制造成本。

工艺规程编写好以后,在生产中必然会暴露出一些不能保证产品质量以及技术经济上不够合理的地方。因此,工艺规程需要在生产过程中加以修改与完善。通过小批生产应逐步达到定型的要求。实践证明,如果在头几批生产中放松了这项工作,工艺规程中的很多问题不能及时合理地解决,将严重影响以后成批生产的顺利进行,拖长整个生产准备周期。

五、工艺装备的选择、设计、制造及调整

工艺装备的设计与制造在生产工艺准备工作中占有重要的地位。

工艺装备包括标准工艺装备和生产工艺装备。生产工艺装备包括机床夹具、模具、装配夹

具(型架)、专用刀具及量具、试验装置和专用起重运输设备等。

工艺装备设计与制造的重要性体现在以下几个方面。

(1)工艺装备的设计与制造质量,对保证产品质量有决定性的影响。

(2)工艺装备设计与制造的工作量很大,所需费用也很多。例如,歼击机成批生产用全套工艺装备的制造需要用100多万工时,其制造费用占全部生产工艺装备费用的70%左右。

(3)工艺装备设计与制造的周期在整个生产准备中最长,它实际上决定着整个生产工艺准备的周期。

因此,保证工艺装备设计与制造的质量,降低工艺装备设计与制造的工时和费用,最大限度地缩短设计与制造的周期,是生产工艺准备工作中比较关键而艰巨的任务。

1. 工艺装备的选择和设计前的准备工作

在指令性工艺文件编写完以后,首先要集中力量做好工艺装备的选择和设计前的各项准备工作,其中包括以下内容。

(1)确定工艺装备品种表。在飞机制造中,为了尽快完成研制和试制任务并转入小批生产,对工艺装备采取一次选择分批制造的措施,将成批生产用的全部工艺装备分批进行制造并陆续提供给生产车间,即按从研制到成批生产的4个阶段,相应地将全部工艺装备分为4批,即"00"批、"0"批、"1"批和"2"批。

"00"批工艺装备主要用于新机研制阶段,选用尽量少的工艺装备,只要能保证试验机的制造质量即可。"00"批工艺装备的数量占成批生产全套工艺装备的30%~50%。

"0"批工艺装备是在试制阶段需要补充的工艺装备。它不仅是为了保证产品质量,而且要考虑保证产品的互换协调要求和能顺利地转入小批生产。在试制阶段所需的工艺装备数量占成批生产全套工艺装备的50%~70%。

"1"批工艺装备是转入小批生产需要补充的工艺装备。"1"批工艺装备是为了提高生产效率、扩大装配工作面、缩短生产周期、使产品达到互换要求,实现按成批生产工艺规程进行生产,需要补充的工艺装备。"1"批工艺装备和"00"批、"0"批工艺装备合起来应构成成批生产所需的一整套工艺装备。此外,"1"批工艺装备中还包括少量为进行小批生产所需的大型装配型架的复制件。

"2"批工艺装备是为了达到最高年产量需要进一步补充的工艺装备。它主要包括为达到最高年产量所需要的工艺装备(主要是装配型架)的复制件,即增加某些工艺装备的套数,以及为进一步提高生产和运输的机械化程度所需要补充的工艺装备。

为保证产品质量,标准工艺装备在试制阶段即应基本配齐,达到标准工艺装备总数的90%左右。

(2)确定应用工厂原有工艺装备的清单。此项工作对减少工艺装备制造费用和缩短生产工艺准备周期有重要意义。应由工艺部门和工艺装备设计部门共同进行调查研究来确定,因为往往对工艺规程和原有工艺装备稍加更改就可利用原有的工艺装备。

(3)编写工艺装备设计技术条件。在指令性工艺文件编好以后,为了使工艺装备设计能与工艺规程的编写平行进行,需要由工艺人员提出工艺装备设计技术条件,交工艺装备设计人员进行设计。工艺装备设计技术条件中应规定工艺装备的功用、结构形式、定位基准、制造依据和主要技术要求等。

(4)确定工艺装备各种标准件的需要量和储备量。这样可以使生产准备车间利用空闲时间提前制造工艺装备用的各种标准件,并及时将各种标准件的品种及储备量的清单发至各有关工艺装备设计部门,作为工艺装备设计的原始资料。

2.工艺装备的设计、制造与调整

在飞机的生产工艺准备阶段中,工艺装备的设计工作是与工艺规程的编写工作平行进行的,以缩短生产工艺准备的周期。为此,除由工艺部门提出工艺装备设计技术条件外,在工艺装备设计过程中,要与工艺部门经常保持密切的联系,保证工艺规程和工艺装备协调一致。

工艺装备的制造是飞机工厂生产工艺准备工作中的重要环节。为此,在飞机工厂设有技术力量很强的各个生产准备车间,包括模线样板车间、木模车间、夹具车间、模具车间、刀量具车间和型架车间,在这些车间配备有较强的技术人员和技术工人,生产准备车间的技术工人平均等级一般高于生产车间。

工艺装备的制造有3个重要环节,即模线的绘制及样板的制造,标准工艺装备的制造以及生产工艺装备的制造。由于飞机制造用的工艺装备是采用相互联系的制造原则,因此,这3个环节应紧密地相互衔接,以尽量缩短生产工艺准备周期。

工艺装备经过试制和小批生产阶段使用,必然会发现许多结构上不合理、制造质量不高、工艺装备之间不协调等问题,需要及时抓紧查清故障,进行必要的修改和调整,在小批生产阶段达到定型要求。

六、工厂的技术改造和车间的平面布置

飞机的结构和制造技术发展很快,为了提高飞机性能,在新机研制中必然采用一些新结构、新技术和新工艺,增添一些先进设备。同时,各个车间,尤其是各个装配车间需要按新机生产要求重新进行调整和布置。按上级及订货方对新机最高年产量的要求,计算所需生产能力,包括各车间所需生产设备的品种和数量、工艺装备的数量、生产面积,画出各车间的平面布置图。需要扩建和改建的车间,要及早制订出扩建和改建计划并予以实施。

七、新结构、新技术、新工艺的实验研究

为了提高飞机的性能,往往要采用一些新材料和新结构,如采用性能更好的铝合金和钛合金,采用更多的和尺寸更大的整体结构,采用新的复合材料结构等。

为了提高产品质量和生产效率,要采用新技术和一些新的工艺方法(如新的零件加工、成形方法和新的装配方法等)。

这些新结构、新技术和新工艺的采用,需要进行大量的实验研究。这就需要在新机设计最初阶段,即方案论证阶段提出项目并制订实验研究计划,组织较强的技术力量予以实施,以确保新机生产的顺利进行。

思 考 题

1.生产工艺准备主要有哪几个方面工作内容?
2.飞机制造中生产工艺准备的特点是什么?
3.新机论证和研制阶段的工作内容主要包括哪些?
4.工艺总方案主要包括哪些内容?
5.指令性工艺文件包括哪些工艺文件?

第十五章 飞机构造工艺性

内容提示

本章主要讲述评价构造工艺性的原则和标准,以及提高飞机构造工艺性的主要途径等。

教学要求

(1)了解评价构造工艺性的原则和标准;
(2)了解提高飞机构造工艺性的主要途径。

内容框架

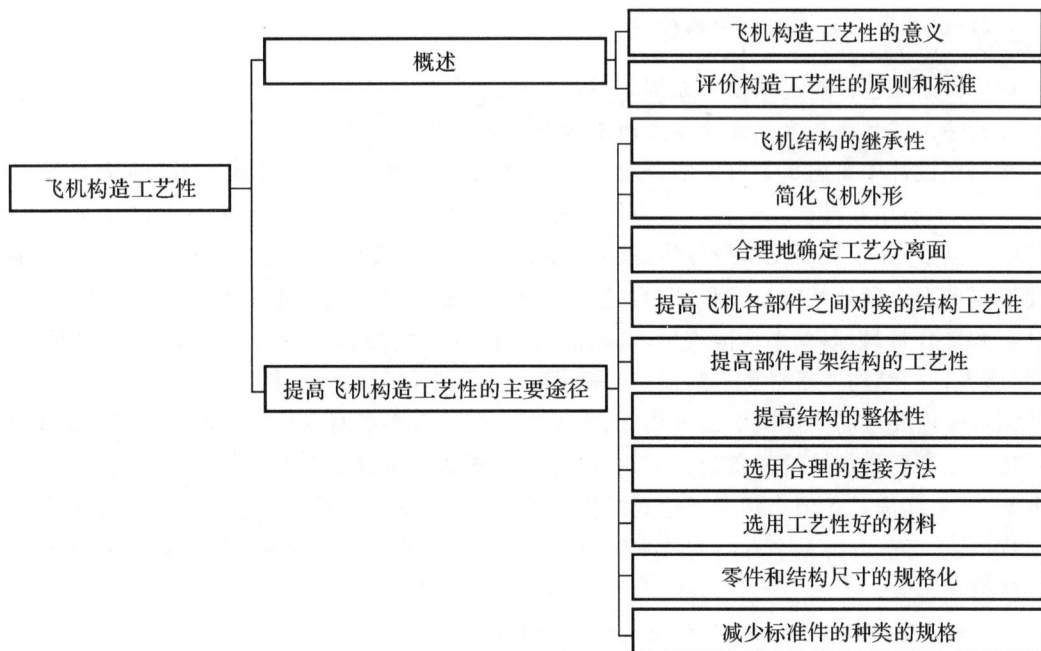

第一节 概　述

一、飞机构造工艺性的意义

所谓构造工艺性是指在保证产品使用质量的条件下,在产品制造过程中能够采用最合理、最经济的工艺方法,从而达到高生产指标(包括劳动生产率高、生产周期短而且生产成本低)的那些构造属性。

在飞机制造过程中,要达到质量好、生产率高、周期短和成本低,取决于多方面因素,其中包括构造的工艺性。构造工艺性好是采用最合理、最经济的工艺方法的基础。如果构造的工艺性不好,即使在工艺上和生产管理上采取许多措施,往往也难于达到高生产指标。在许多情况下,若改善了构造的工艺性,不仅可以采用最合理、最经济的工艺方法,而且有利于提高产品的制造质量。

构造工艺性是评价产品设计质量的重要指标之一。飞机设计的质量体现在飞机性能好、制造成本低和使用维护方便这几个方面。毫无疑问,在飞机设计中,在满足飞机战术技术性能的条件下,应尽量满足制造成本低和使用维护方便等方面的要求。

多年来的实践证明,飞机构造的工艺性必须从设计一开始就加以重视,而不应该也不可能等设计完以后再设法补救。而且,在飞机设计的最初阶段,改善构造工艺性的效果最大。如果用总效果的百分比大致估计飞机设计各个阶段对改善构造工艺性的作用,则在总体设计阶段占总效果的 30%,技术设计阶段为 40%,详细设计阶段为 20%,在成批生产阶段仅为 5%。这说明,在飞机设计的初期就要注意提高构造工艺性的重要性。

二、评价构造工艺性的原则和标准

评价构造工艺性应遵循以下原则。

1. 构造工艺性要从飞机设计各方面要求全面来衡量

在新机设计中要满足各方面的要求,其中主要是技术性能好、制造成本低(即构造工艺性好)以及便于使用和维护。但有时飞机性能和结构质量方面的要求与工艺方面的要求是相互矛盾的。例如,为了提高飞机的性能,就要提高飞机结构的效率,使结构的质量尽量小。为此,需要选用受力合理的结构形式和结构参数,采用一些强度高但较贵重的材料,如新型铝合金、钛合金和复合材料,以减小结构质量,这些措施一般都将增加制造费用。又如,为了降低制造费用,所设计的结构要尽量易于制造,如采用等截面而不用变截面形状,尽量采用规格化零件,对协调准确度要求高的部位增加补偿件,为了提高劳动生产率而在结构中增加工艺分离面等,这些措施往往要增加结构的质量。因此,设计人员要认真选择和分析比较各种可能的结构工艺方案,在不能满足各项指标全部达到最优的情况下,应选择构造-工艺总体最优的方案。选择最优构造-工艺方案是个专门的技术问题,超出了本章要讨论的范围,本章主要是论述如何改善构造工艺性。

2. 构造工艺性要从飞机生产的全过程来评价

构造工艺性不能只从某个局部的工艺过程来评价。具体来说,要从毛坯制造、零件加工和装配等全过程综合评价。这是因为,各个局部工艺过程的要求有时也是相互矛盾的,零件加工工艺性好的结构,对装配就不一定有利,反之亦然。例如,用板料成形的零件,从零件成形的角度看,剖面形状为 Π 字形较好,可一次成形;但从装配角度看,则 Z 字形较好,连接时开敞。因此,构造工艺性要从制造全过程来评价。

3. 评价构造工艺性还要根据具体的生产条件和技术水平

离开一定的生产条件和技术水平,就无法评定工艺方法的合理性和构造工艺性的好坏。在小批生产中工艺性好的构造,在大批生产的条件不一定好,反之亦然。

随着生产技术水平的不断提高,新材料、新结构和新工艺的不断发展对构造工艺性的评价也会随之变化。当然,新机设计时,不能限于本工厂的技术水平,应从国内先进的技术水平出发,采用国内已掌握的先进技术。

4.评价构造工艺性应以合理的工艺方法为依据

对于一个具体的结构,可以采用不同的工艺方法进行制造,且都可以达到产品的技术要求,但经济效果却不同。评价时应以合理的工艺方案为依据。

评价构造工艺性的标准应是最低制造成本。对某个具体的结构,可以设计几个不同的方案,用制造成本指标进行比较。制造成本包括材料费用、生产工人工资费用、设备折旧费、工艺装备折旧费、工具能源消耗费以及管理费等。但在比较复杂的情况下,做出定量分析比较困难,只能做出定性分析。

评价构造工艺性还可以采用一些与构造工艺性有关的相对指标。例如:

(1)为了表明新飞机上采用已成批生产的部件、组合件和零件的程度,可用结构继承性系数表达:

$$K_i = \frac{\text{原有结构总质量}}{\text{新机结构总质量}}$$

(2)为了说明飞机铆接结构装配的工艺性,可用结构板件化系数表达:

$$K_b = \frac{\text{可板件化结构外表面积}}{\text{铆接结构总外表面积}}$$

(3)为了说明减少零件品种和所用工艺装备品种的程度,可用零件重复性系数表达:

$$K_l = \frac{\text{零件总数}}{\text{零件品种总数}}$$

(4)为了说明飞机铆接结构铆接机械化(自动化)程度,可用铆接机械化系数表达:

$$K_m = \frac{\text{机械化铆接铆钉数}}{\text{飞机铆钉总数}}$$

(5)为了说明标准件品种减少的程度,可用标准件重复性系数表达:

$$K_t = \frac{\text{标准件总数}}{\text{标准件品种数}}$$

第二节 提高飞机构造工艺性的主要途径

关于提高飞机构造工艺性的问题,是涉及许多技术领域的技术问题。它涉及飞机机体和各系统的各部分结构、各种装配连接和安装的形式以及各种类型零件所用的材料、制造技术要求、几何形状和尺寸参数,以及与制造当中所采用的各种各样的装配、连接方法和零件加工方法有关的所有技术细节问题。在这一章里不能论及所有这些技术细节问题,而只能概要地介绍一下提高飞机构造工艺性的主要途径。

一、飞机结构的继承性

飞机结构的继承性是指新机上利用原型机或已成批生产的飞机上的部件、组合件和零件的程度。

飞机总是逐步改进的。因此,在新飞机上利用原有飞机的某些部分是完全可能的,对新飞机的性能不会有很大的影响。但在生产中,却可以利用已有的工艺文件、工艺装备和成熟的生产经验，从而缩短生产准备周期，降低制造成本。

在飞机改型中继承性最突出。为了提高飞机的性能和各种特殊的用途，对一种战斗机，往往是在原型机的基础上设计多种型号，如空军型、海军型、侦察型和教练型等。有时为了提高飞机的性能，改用新型发动机和电子设备，也属于改型。

在飞机总体设计中，应预先考虑到几种基本的改型，使改型飞机能最大限度地利用基本型飞机的部件，使结构改动的部分最少，为改型设计提供良好的条件。

二、简化飞机外形

飞机的外形愈复杂，在制造过程中保证互换与协调愈困难，所需工艺装备的数量和制造费用也愈多。因此，飞机的外形应尽量简化。

例如，飞机的机身外形设计成旋转体，这使模具的制造、型架卡板外形的加工和机械加工零件的加工都可以采用高效率的数控加工技术，而且有利于提高产品和工艺装备的制造准确度，易于保证产品的互换与协调。

当然，飞机的机身外形不可能整个设计成一个旋转体。为了保证驾驶员有良好的视野，驾驶舱的外形一般较复杂，机身头部要下垂，机身尾部一般都上翘。即使如此，最好也尽量分段设计成旋转体外形，如使机头、机尾和中段分别为旋转体外形，而两段之间用过渡段光滑过渡，如图 15.1 所示。而且，机身中段尽量为等剖面外形，等剖面段越长，工艺性越好。采用等剖面旋转体外形有以下优点：

(1)可大量减少模线绘制工作量和样板的数量。

(2)各隔框的外形相同，隔框的弯边不带斜角，钣金隔框可以采用高效率的滚弯成形，可大量减少隔框零件成形的工艺装备。

(3)长桁是直的，不需要成形。

(4)蒙皮可以用滚弯成形，蒙皮的外形为圆筒形，可减少蒙皮成形工艺装备的数量。

(5)板件装配时便于使用机械化或自动化铆接设备进行铆接。

总之，这将显著降低机身的制造成本。

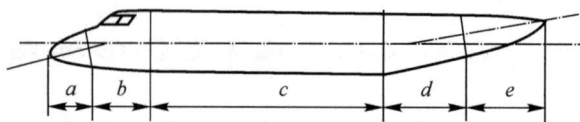

图 15.1 飞机的机身外形分段为旋转体外形

a,c,e 各段为旋转体外形； c 段为等剖面段； b 和 d 段为过渡段

又如，大型飞机驾驶舱部分的外形一般比较复杂，但若驾驶舱的玻璃和机身一样采用双曲度外形，则驾驶舱玻璃与机身外形的交线将是一条空间曲线，如图 15.2(a)所示，这对天窗骨架的制造、玻璃的成形、装配时的协调都将带来很多困难。制造时，需要采用一套正、反标准样件和外形复杂的成形模及装配夹具，产品的质量也不容易保证。对双曲度的电加热玻璃，导电膜不易喷涂均匀，内应力不易消除，其导电性能和光学性都不容易保证。

如果简化驾驶舱玻璃的外形，将驾驶舱玻璃都设计成平面形的，使玻璃窗的上边缘位于一个平面内，并将玻璃窗的下边缘与机身的交线处理成几段直线，即将交线处机身外形局部压平，结果如图 15.2(b)中 A—A 剖面所示，这将显著简化天窗骨架的制造和玻璃的成形。

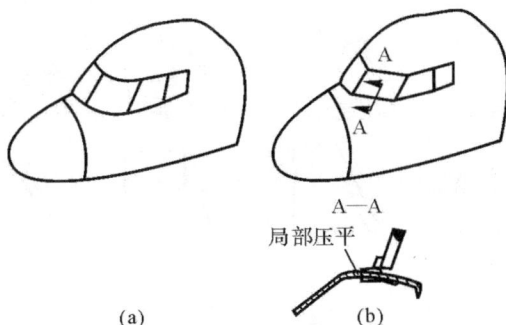

图 15.2 驾驶舱玻璃窗部分的外形示意图

(a)玻璃是双曲度的； (b)玻璃是平面形的

尾翼一般采用对称翼型。如水平尾翼用对称翼型,左、右件大部分可以通用,零件和工艺装备的品种可以减少很多,从而显著减少制造成本。

三、合理地确定工艺分离面

部件工艺分离面的划分是否合理,对结构质量和构造工艺性都有很大影响。结构设计时应根据结构质量要求和工艺要求综合分析,合理地确定工艺分离面。

1.部件划分为段件的工艺分离面

根据工艺要求,若部件中各段结构有很大差别时应取工艺分离面。例如,以板件组成的机身段和以整体框和加强框为主组成的机身段之间、气密舱和非气密舱之间、铝合金结构的机身段和不锈钢或钛合金结构的机身段(如机身尾段)之间一般应取工艺分离面,以便于按工艺特点组织段件生产,缩短装配周期。

但是,应注意增加划分段件的工艺分离面,要以增加结构质量为代价。一般歼击机的机身,在受力区段内每增加一个工艺分离面,结构质量要增加 10kg 左右;每增加一个设计分离面,结构质量将增加 30kg 左右。因此,机身一般不轻易增加划分段件的分离面。

对于大型飞机,增加划分段件的分离面,结构质量增加得更多,更不轻易增加设计分离面。很多大型客机,翼展有 40～50m,一般整个机翼都不取设计分离面,而在翼弦方向只取少数工艺分离面,采用长达 30m 的大型机翼壁板。机身一般也只取工艺分离面,而不取设计分离面。

2.部件划分为板件的工艺分离面

部件划分为板件对构造工艺性有重要意义。合理地划分板件,在装配工作中可以改善装配的劳动条件,便于使用自动化铆接或点焊设备,缩短装配周期,降低产品的制造成本。飞机部件结构板件化的程度,按飞机表面积的百分比计算,一般应达到 80% 以上。

四、提高飞机各部件之间对接的结构工艺性

飞机部件之间的对接有两种结构形式:一种是凸缘式(围框式)对接接头;另一种是叉耳式对接接头。

凸缘式对接接头的工艺性较好。凸缘的对接面应在一个平面内,并应垂直于飞机轴线,如图 15.3(a)所示,此时对接平面之间贴合度容易保证。

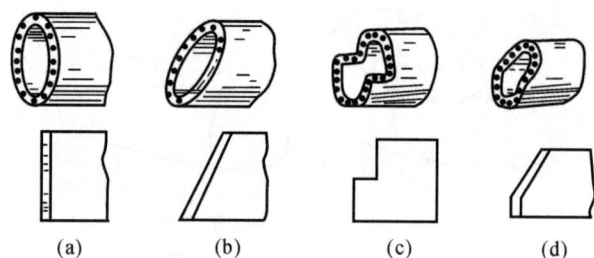

图 15.3 凸缘式对接面的几种形式

(a)与飞机轴线垂直的对接平面； (b)斜的对接平面； (c)阶梯形对接面； (d)带折角的对接面

当用凸缘对接时,对接孔的直径一般应比对接螺栓的公称直径大 0.2~0.5mm,这样容易保证对接接头的互换性,对接框上的对接孔可以不留加工余量,省掉精加工工序和精加工设备。但是,如果对接孔和螺栓之间采用公称尺寸相同的等级配合时,在部件装配后必须进行对接接头的最后精加工,从而增加了部件的制造成本和周期,工艺性差。

如果对接平面是斜的,如图 15.3(b)所示,对接框边缘各处的斜角值变化很大,使对接框的制造增加了难度,装配型架的型架平板的制造和安装也增加了很多困难,有关工艺装备的制造费用将比垂直的对接平面的结构所需的费用增加 4~8 倍。因此,应当避免采用这种结构形式。

如果对接面是阶梯形的,如图 15.3(c)所示,或带折角的,如图 15.3(d)所示,从结构上就可以看出,很难保证整个对接面上各对接螺栓的剪应力均匀分布,很难达到对接框之间在整个对接面上紧密贴合,工艺装备的制造费用将更大。因此,不论从结构上还是工艺上都不应采用这两种结构形式。

对叉耳式对接接头,切忌一个部件同时与两个部件相对接,如图 15.4 所示为襟翼布置图,显然下图比上图工艺性好;如图 15.5 所示为尾翼布置图,显然右图比左图工艺性好。

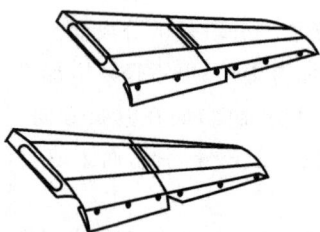

图 15.4 襟翼布置图

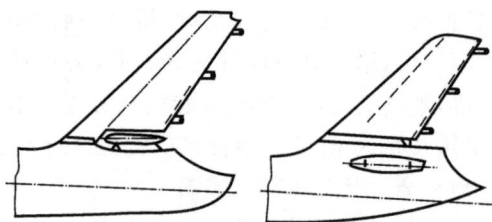

图 15.5 尾翼布置图

在一般情况下,用多个叉耳接头对接时,在各对叉耳接头的耳片之间应留一定的间隙,如图 15.6 所示。其中,左面接头的叉子和耳片之间留有一定的间隙,以补偿叉耳配合面之间协调误差;而右面的接头,在耳片之间应按实际需要加一定厚度的补偿垫片,以补偿耳片之间的协调误差。有了间隙和垫片补偿,就可以很容易保证部件的互换性。

无间隙和垫片补偿的叉耳式对接接头如图 15.7 所示,其构造工艺性是很差的,为保证部件之间的互换性,需要对接头的叉耳配合面在部件装配后进行精加工。

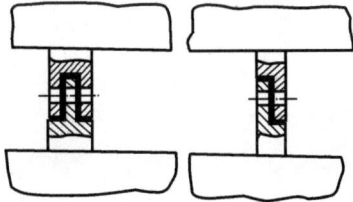

图 15.6　叉耳配合面间带间隙和垫片补偿的
　　　　　对接接头

图 15.7　叉耳配合面无间隙和垫片补偿的
　　　　　对接接头

五、提高部件骨架结构的工艺性

飞机各部件的骨架结构布置，包括梁、长桁、翼肋或隔框的布置，对构造工艺性有很大的影响。

如机翼或尾翼为直母线外形的部件，梁和长桁的轴线应布置在弦线等百分比的直线上，如图 15.8(a)所示，使梁和长桁的纵向外形为直线，这样可以简化零件的加工和成形，并易于保证外形的准确度。而对平面形状梯形比大的机翼或尾翼，如长桁沿弦线等百分比的直线进行布置，在结构受力方面很不合理时，可以采用长桁轴线相互平行的布置方案，但对难加工的翼梁，应布置在弦线等百分比的直线上，如图 15.8(b)所示。

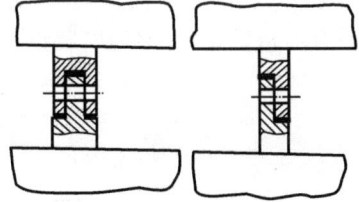

(a)

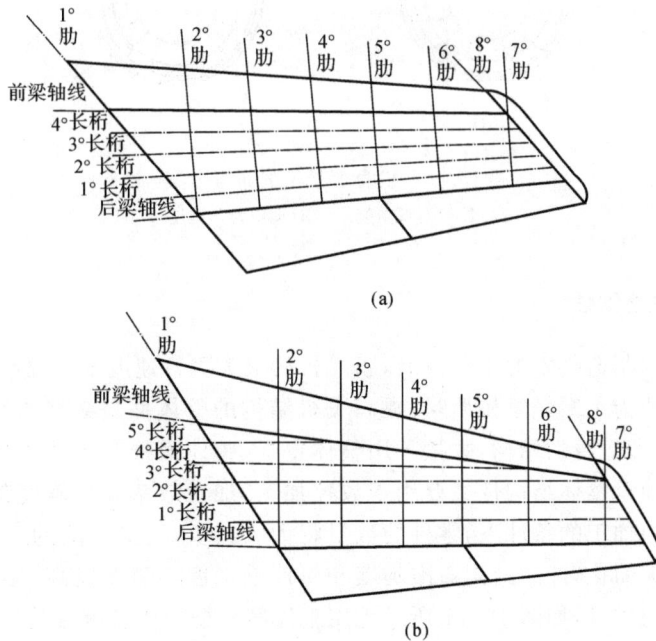

(b)

图 15.8　机翼的梁、长桁和翼肋的平面布置示意图
(a)梁和长桁轴线沿弦线等百分比的直线布置；　(b)长桁平行布置

翼肋应垂直于机翼的梁轴线(前梁轴线或后梁轴线)，这样可以简化型架的安装。翼肋的基准面应垂直于翼弦平面，而且翼肋的弯边应朝向翼根方向，使翼肋的弯边均为钝角，如图 15.9(b)所示。这种布置方案，既有利于零件的成形，又便于翼肋定位件在装配型架的安装。

若采用图 15.9(a)所示布置方案,翼肋的弯边为锐角,成形较困难,而且翼肋定位件的基准面与翼弦平面不相垂直,型架的安装也很困难。

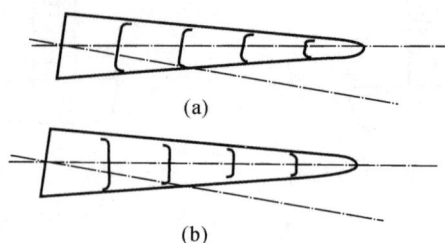

图 15.9　翼肋的布置方案

(a)翼肋弯边朝向翼尖,翼肋平面垂直于水平基准面；　(b)翼肋弯边朝向翼根,翼肋平面垂直于翼弦平面

机身上长桁的布置应使长桁为单曲度,如图 15.10(b)所示,使长桁在一个平面内弯曲,如曲度不大甚至可以不成形,工艺性较好。而图 15.10(a)所示长桁布置方案,使长桁沿纵向为双曲度,成形比较困难,在设计时不应采用。

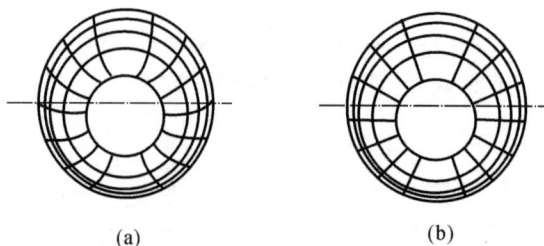

图 15.10　机身上长桁的布置方案

(a)长桁为双曲度；　(b)长桁为单曲度

六、提高结构的整体性

由于飞机设计与制造技术的不断发展,新飞机的最大飞行速度不断提高,飞机结构的单位面积载荷不断增加。为了减轻结构质量,提高飞机结构的整体性是必然的发展趋势。现代高速飞机的机翼、尾翼和机身的结构,大量采用整体壁板、整体隔框和翼肋。整体结构件的质量和尺寸也在不断增加。整体结构件主要用于数控加工,加工效率和准确度都很高。在大量采用整体结构件和数控加工的条件下,零件的数量将大大减少,飞机装配的工作量将显著减少,装配型架的结构大大简化,产品的制造准确度和协调准确度将显著提高。采用整体结构件可显著减轻飞机结构的质量,如图 15.11 所示为用整体结构框架代替铆接装配结构框架,可使框架由铆接结构 180kg 质量减至整体结构 118kg 质量。尽管整体框架的制造费用为铆接结构的 2 倍多,但由于减轻了结构质量,在使用中带来的效益则更大,对客机和运输机带来的经济效益将更加明显。因此,采用整体结构仍然是合理的。

整体结构件的形状、尺寸和质量大小,受到生产设备的限制。如整体隔框、翼肋和梁的尺寸受设备吨位的限制。整体壁板的尺寸受毛坯尺寸、数控机床、成形机床、热处理和表面处理等一系列设备的限制。要加大整体结构的尺寸,就要解决上述有关的加工条件。

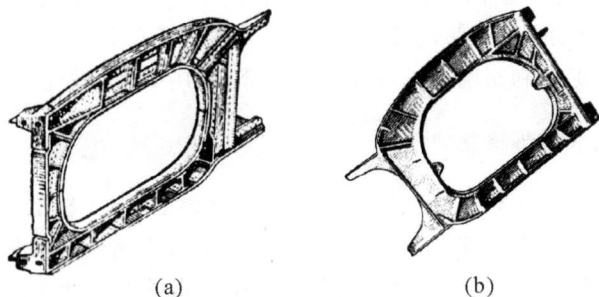

图 15.11　用整体结构代替铆接装配结构
(a)铆接装配结构；　(b)整体结构

七、选用合理的连接方法

选用合理的连接方法,可提高飞机构造的工艺性。

(1)用不锈钢、防锈铝合金和钛合金等焊接性能较好的材料制成的结构,宜于采用焊接,尤其是点焊。用熔化焊虽然易于制造形状复杂的零件和组合件,但因焊接变形很大且不稳定,很难保证复杂形状装配面之间的协调准确度,故对配合面形状复杂的结构,在成批生产中不宜采用熔化焊。例如,座舱骨架若用钢的焊接结构,往往成为成批生产中的技术关键,难于保证焊接件的互换。实践证明,飞机上形状复杂的骨架结构不宜用钣金焊接件,应当用铝合金铆接和螺栓连接结构,或者用数控加工的机械加工件。

(2)用硬铝或超硬铝合金制成的结构,宜于用铆接和胶接,也可以用点焊,但连接夹层厚度超过 8mm,或厚度比大于 3∶1,或者夹层在 3 层以上,都不能用点焊,而应当用铆钉或螺栓连接。

(3)在不可卸的机械连接中,应尽量用铆接而不用螺栓连接,因铆钉的制造成本低,铆接所用的工时少,铆接的费用低。而螺栓连接件的制造和安装费用比铆接大得多,螺栓和孔的配合精度越高,所需费用越多。例如,安装 10 级精度的螺栓所需工时为机械化铆接的 6 倍,安装 8 级精度的螺栓所需工时为机械化铆接的 12 倍,7 级精度的螺栓所需工时为机械化铆接的 15 倍。因此,在能用铆接的地方,应尽量用铆接而不用螺栓连接。用螺栓连接时,应尽量用 10 级精度的螺栓代替 8 级精度螺栓,用 8 级精度螺栓代替 7 级精度螺栓。

八、选用工艺性好的材料

随着对新飞机的性能和结构效率的要求不断提高,新的高强度的材料不断出现,高强度的铝合金、钛合金、合金钢和各种耐热合金的用量不断增加。选用材料时,除主要考虑材料的物理、力学性能外,还应当重视材料的工艺性,在满足结构要求的前提下,尽量选用加工好的材料。

各种不同材料的加工性差别很大。例如,飞机的钣金零件,用不同的材料制造,所需的加工工时差别就很大,如以硬铝的钣金制造工时为 100％计,用其他材料时,制造工时分别是硬铝为 100％;超硬铝为 110％～120％;镁铝合金为 150％～170％;钛合金为 200％～250％;不锈钢为 150％～200％。各种材料的切削加工性差别就更大,如以中碳钢的切削加工性为

100%,则其他材料分别是中碳钢为 100%;铬锰硅钢为 50%;铬锰硅镍钢为 20%;耐热钢为 10%;不锈钢为 15%;钛合金为 8%;硬铝为 1 000%;铸造镁合金为 2 500%。从以上数据不难看出,同类材料钣金成形性和切削加工性并不相对应,选用时应注意。

九、零件和结构尺寸的规格化

飞机内部的一些小零件,如连接角片、角材等,数量很多,与飞机的外形无关,形状和尺寸又很近似,这类零件应尽量规格化。图 15.12,长桁与翼肋或隔框之间的连接角片,应当设计成统一的或少数几种规格化的零件。这样可以大量减少零件的品种,减少工艺装备的数量,采用大批量的生产方式制造,降低制造成本。

除了某些零件的规格化以外,对结构上某些尺寸和形状也应尽量规格化,如翼肋和隔框上的长桁缺口、减轻孔、加强梗、零件上的下陷、机加件和钣金件的圆角半径,小口盖的形状和尺寸等,都应尽量规格化。例如,翼肋和隔框上的长桁缺口及减轻孔,规格应尽量少。这样不仅可以减少通用冲模的数量,而且在生产某个零件时,可以减少更换冲模的次数。零件和某些结构尺寸的规格化,对飞机设计和制造都是有利的。

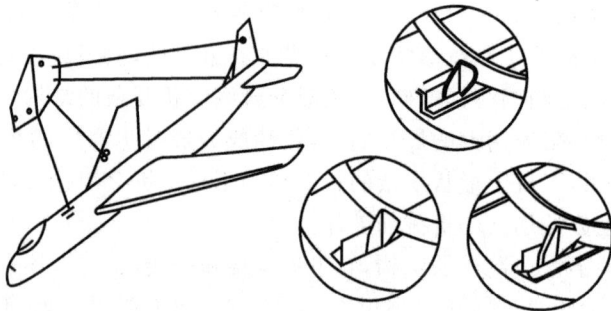

图 15.12　长桁与翼肋、隔框的连接角片

十、减少标准件的种类和规格

在飞机设计中,对标准件的选用也应重视。标准件的种类和规格繁多,就铆钉而言,包括各种不同类型、材料、钉头形状、直径和长度等,规格有上千种。螺栓、螺母和管接头等也是如此。设计时如任意选用,规格太多,会给生产、供应、使用和管理带来许多困难。

思　考　题

1.何谓构造工艺性?
2.评价构造工艺性应遵循哪些原则?
3.常用哪些与构造工艺性有关的相对指标评价构造工艺性?
4.举例说明选择合理的连接方法可提高飞机构造的工艺性。
5.飞机设计时,为什么要减少标准件的种类和规格?

第十六章　飞机数字化装配系统

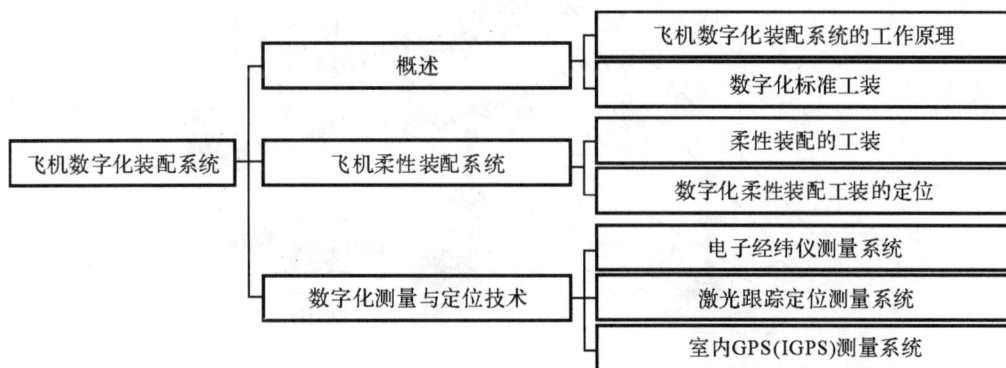

第一节　概　　述

数字化装配系统(Digital Assembly System,DAS)以数字化装配技术为支撑,体现了数字化装配工艺技术、数字化柔性装配工装技术、光学检测与补偿系统、数字化钻铆技术及数字化集成控制技术等多种先进技术的综合应用。数字化装配技术在飞机装配过程中实现装配的数字化、柔性化、信息化、模块化和自动化,将传统的依靠手工或专用型架、夹具的装配方式转变为数字化的装配方式,将传统装配模式下的模拟量传递模式改为数字量传递模式,使装配质量和装配效率大幅度提高。

一、飞机数字化装配系统的工作原理

飞机数字化装配系统大致可分为部件(段)数字化装配系统和部件数字化对接总装配系统。飞机数字化装配系统针对现代军用、民用飞机机体结构特点,综合应用产品数字化定义,基于数字化标准工装的协调技术、数字化模拟仿真技术、数字化测量技术、软件技术、自动化控

制和机械随动定位等先进技术,形成飞机无型架定位数字化装配集成系统,实现机体的主要结构的无型架定位数字化装配及部件数字化对接总装配工作,不再使用笨重而复杂的传统装配型架,实现装配过程中定位、调整、夹紧等工作的数字化控制,从而实现产品数字化定义、数字化测量和数字化装配的有效集成。

下面以机翼外翼与中央翼盒段数字化对接为例说明飞机数字化装配系统的工作原理。

当外翼与中央翼盒段数字化对接时,先把中央翼盒段定位固定到准确位置上,然后把外翼放置到定位器上,数字化测量装置测量外翼的基准点,测得的数据传送到计算机中,经测量软件分析后,分析结果输入到定位件控制器中,然后再驱动定位器调整外翼的位置,直到外翼调整到所需位置后,再进行钻孔连接装配,如图 16.1 所示。飞机机身段数字化装配原理与上述原理相近,所不同之处在于机身段是由蒙皮壁板组件装配而成的。飞机机身段部件的调整是由几个机械随动定位器根据激光跟踪仪测得的数据,随时调整机身段在 x,y 和 z 方向上的位置而实现定位,如图 16.2 所示。

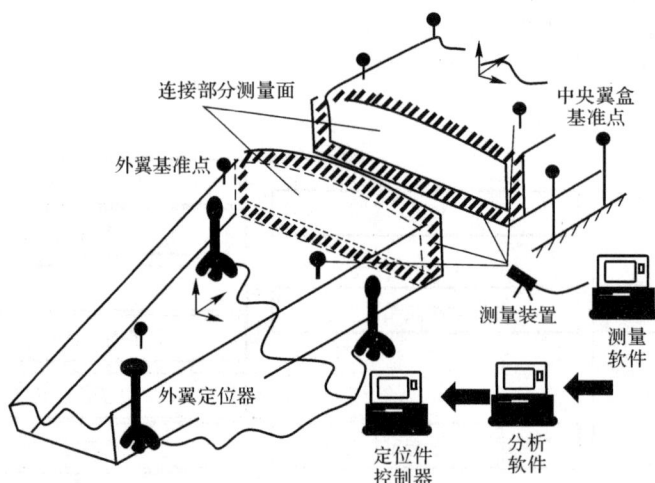

图 16.1　外翼与中央翼盒段数字化对接原理图

例如,B747 飞机机身部件的数字化对接总装配中共有 13 套自动化工装,用了 200 个以上的机械随动定位装置(数字化定位器),配有大约 700 个轴的伺服马达。如图 16.3 所示为 B747 飞机机身数字化装配工作站。

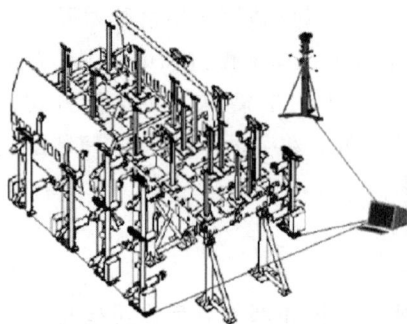

图 16.2　飞机机身段数字化装配原理图　　　图 16.3　飞机 B747 机身数字化装配工作站

二、数字化标准工装

数字化标准工装(Digital Master Tooling,DMT)是包含产品协调部位几何形状和尺寸的数学模型,它利用产品 3D 数字化模型和统一的坐标基准系统(包括坐标系统、各种基准、主几何模型、装配尺寸及公差等装配元素)作为设计、制造、检验和协调所有零件加工工装、部段内部装配工装、部段间装配工装和检验工装的数字量标准,是保证生产用工艺装备之间、生产工艺装备与产品之间、产品部件和组件之间的尺寸和形状协调互换的重要依据。

数字化标准工装协调方法(也称数字化协调方法),是一种先进的基于数字化标准工装定义的协调互换技术,能保证生产用工艺装备之间、生产工艺装备与产品之间、产品部件和组件之间的尺寸和形状的协调互换。数字化标准工装协调法需通过数字化工装设计、数字化制造和测量系统来实现,利用数控加工、成型制造出零件外形和所有的定位元素。工装制造中,通过数字测量系统(如激光跟踪仪、电子经纬仪、数字照相测量和室内 GPS 等设备)实时监控、测量工装或产品上相关控制点(关键特征点)的位置,建立起产品零部件基准坐标系统,并在此坐标系统中将工装或产品上关键特征点的测量数据和 3D 模型定义数据直接进行比较,分析出空间测量数值与理论数据的偏差情况,作为检验产品是否合格及进一步调整的依据。

第二节　飞机柔性装配系统

飞机柔性装配技术是考虑装配对象变化较快的航空产品本身特征,基于飞机产品数字化定义,通过对飞机柔性装配流程、数字化装配技术、装配工装设计、装配工艺优化、自动定位与控制技术、测量、精密钻孔、伺服控制、夹持等的综合,以实现飞机零部件快速精确的定位和装配,减少装配工装种类和数量的装配技术。飞机柔性装配技术是提高装配效率和装配准确度,提高快速响应能力,缩短飞机装配周期,并以高质量、高速度、低成本适应多品种产品生产要求的有效手段。如图 16.4 所示为柔性装配技术的组成图。

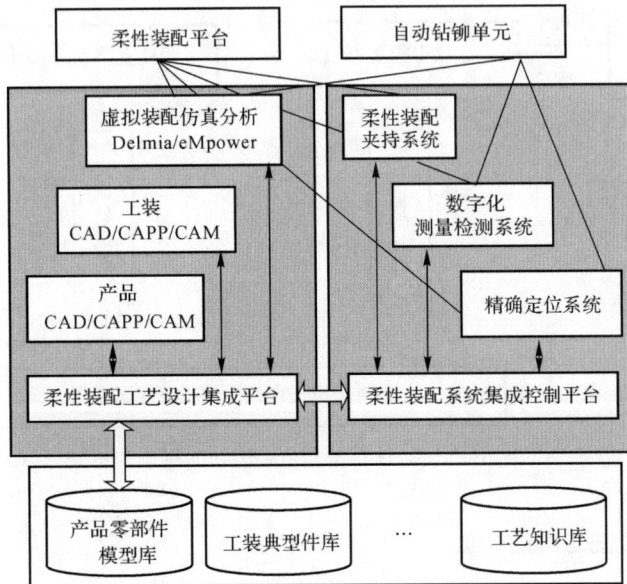

图 16.4　柔性装配技术的组成图

一、柔性装配的工装

柔性装配的工装是针对某类结构相近的产品所使用的工装。这类工装的结构是针对产品结构在一定范围内的变化进行零、组件工装的调节或局部重组,以适应相近的不同机型的产品零件加工或装配工装的需要,使其变为具有一定的"柔性",以达到一套工装经过少量变化便可适应多种机型零件加工或装配的需要,大量缩短工装设计制造周期,降低工装研制成本,最终达到一套工装"多用途"的目的。

柔性装配的作用主要表现在以下几个方面:

(1)生产设备的零件、部件可根据所加工产品的需要变换;

(2)可对加工产品的批量根据需要迅速调整;

(3)可对加工产品的性能参数进行迅速改变并及时投入生产;

(4)可对用户、贸易伙伴和供应商的需求变化及特殊要求做出迅速反应。

为了实现柔性装配,在数字化柔性装配工艺中,将工装按功能划分为静态框架和动态模块。静态框架是模块化框架,由标准零件和连接件组合而成。动态模块依据飞机产品的不同需要而设计,它具有多个自由度,通过可调转接器依附于静态框架上,根据不同的产品特征而配置不同的动态模块。数字化装配工装实现柔性的方式主要是调整动态模块或者更换动态模块,对于不同的壁板部件装配,按照具体部件装配的要求增加或减少柔性夹持模块,通过调整转接器自由度、调整卡板的形状或者更换卡板,使之适应具体特征的要求。以飞机壁板类零件为例,数字化柔性装配工装的功能模块分解如图 16.5 所示。

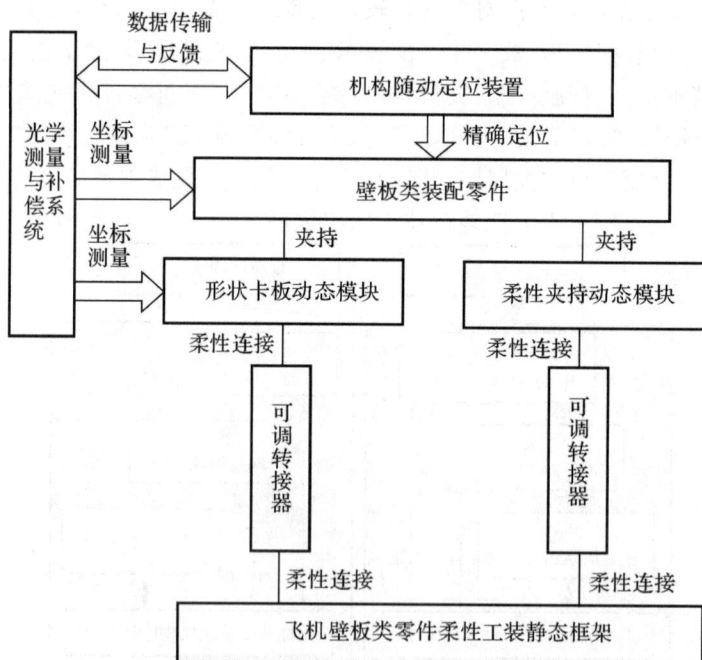

图 16.5　数字化柔性工装的功能模块

二、数字化柔性装配工装的定位

在数字化环境下,柔性工装的定位不再依靠工装上的固定定位器,而采用独立的一套定位系统。控制系统把定位数据传递给装配定位执行机构,这样才能实现数据的数字量传递,该定位执行机构称为机械随动定位装置。机械随动定位装置是一个数字化自动控制的高精度装置,其结构根据产品装配过程中的定位要求而定。该装置中的伺服驱动机构带动自动化定位机构对装配件进行调整和支撑,实现装配件的定位。自动化定位机构依靠控制系统的控制来同时协调多个机械随动装置的运动,保证以确定方式可预见地移动飞机零件,一级操作用户可以通过图形用户界面显示零件的位置坐标,然后设定控制参数,控制机械随动定位装置的运动。数字化柔性装配工装的控制策略如图 16.6 所示。

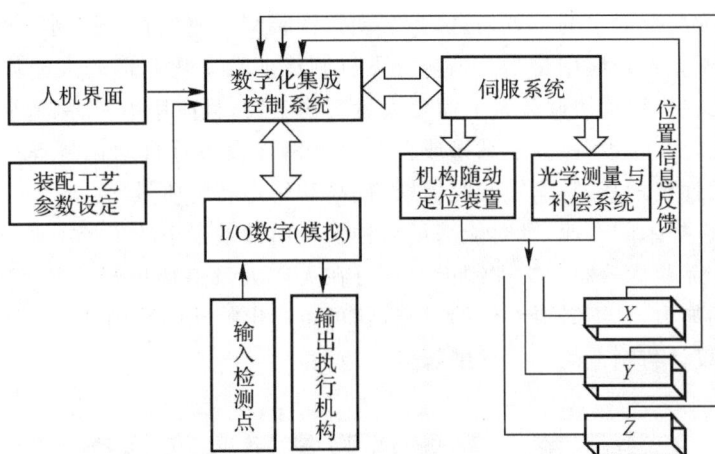

图 16.6　数字化柔性装配工装的控制策略

　　柔性装配技术与使用大量专用型架的传统装配技术相比不仅能够适应不同的部件对象,还能大幅度提高装配精度。从产品设计到工装设计直至装配过程实施,需要一整套装配质量精确控制技术,以确保最终装配时的精确定位,提高装配精度。如 B747 飞机机身舱段部件的装配,需要把大型并具有光滑圆弧外形的蒙皮壁板精确地定位到机身的相应位置上,为此,波音公司采用了无专用型架定位的通用柔性方法。图 16.7 为装配工作站的定位机构的工作状态,此装配工作站除了其主体结构外,其余多数是机身蒙皮壁板组件的定位机构。如图16.8所示为具有柔性夹具的壁板数控钻孔单元,也是大型壁板精确加工技术所需的必要设备。

图 16.7　装配工作站的定位机构工作状态图　　　　图 16.8　具有柔性夹具的壁板数控钻孔单元

模块化工装夹具技术和可重构工装夹具技术决定了适合不同部件对象的夹紧方式和夹紧结构，因此，直接关系到柔性装配技术的实现。洛克希德·马丁公司采用具有柔性装配特点的龙门钻削系统技术，使研制的 JSF 战机原型机 X-35 的装配制造周期缩短了 2/3，装配制造周期由单机 15 个月缩短至 5 个月，工艺装备则由 350 件减少到 19 件，同时采用激光定位、电磁驱动实现精密制孔，不仅降低了钻孔出错率，而且大大减少了工具和工装，使制造成本降低了一半。

柔性装配之所以能够适应不同的部件对象，数字化精确测量与定位技术不可或缺。该技术不仅能够实时准确地获取装配对象的尺寸等几何参数，为柔性装配设计提供必要的信息，而且能够准确地获取装配对象的位置信息，为实现柔性装配快速准确地控制与调整提供依据。

飞机柔性装配技术的应用是当前国内外飞机制造业数字化制造的大趋势，能够克服飞机制造模线-样板法在模拟量协调体系下需要大量实物工装，且应用单一、制造周期长、费用高等缺点，通过与自动化制孔设备、数控钻铆或自动电磁铆接设备等自动化装备的集成，可组成自动化、数字化的柔性装配系统，缩短装配周期，提高和稳定装配质量。

采用柔性制造技术的企业，平时能满足品种多变而批量很小的生产需求，战时能迅速扩大生产能力，而且产品质优价廉。柔性制造设备可在无需大量追加投资的条件下提供连续采用新技术、新工艺的能力，且不需要专门的设施，就可生产出特殊的军用产品。因此，柔性制造技术是将来数字化设计与制造的必然发展趋势。

第三节　数字化测量与定位技术

现代先进的数字化测量技术不仅用在产品的最后检验中，更重要的是应用到工艺装备和产品的生产过程中，它在很大程度上改变了飞机零件的制造和装配方法。在飞机制造中常使用的数字化测量系统有以下几种：

1）数控坐标测量机（N/C Coordinate Measuring Machine）；
2）电子经纬仪测量系统（Multi Theodolite System）；
3）光学准则仪系统（Alignment of optical systems）；
4）激光自动跟踪仪系统（Laser Tracker System）；
5）激光雷达扫描仪（Laser Scanners）；
6）数字照相测量系统（Digital Camera Systems）；
7）室内 GPS 系统（Indoor GPS Systems）。

这些数字化测量系统在飞机装配线中主要用来测量和定位各种工艺装备，或直接用来定位飞机的被装配构件，它们是飞机数字化装配系统的重要组成部分，也是飞机数字化装配的关键技术之一。

以下是几种典型的数字测量系统的工作应用情况。

一、电子经纬仪测量系统

计算机辅助电子经纬仪（Computer Aided Theodolite，CAT）系统是 20 世纪 80 年代国外发展起来的一种先进的测量系统，它集光学、电子和计算机技术为一体，广泛用于工业的精密测量，特别是在飞机部件装配型架的安装工作中十分有效。在我国与美国合作生产的 MD90 和 B737-700 飞机部件中都采用了这一先进的 CAT 工业测量系统，收到了良好的效果。

CAT 系统由电子经纬仪、计算机、标尺、观测目标、脚架、目标适配器等组成。CAT 系统是利用电子经纬仪的光学视线在空间的前方进行交汇形成测量角来完成测量的，现以两台经纬仪为例来说明光学视线在空间的交汇原理。

两台经纬仪分别设站于 A，B 两处，它们的高度不同，其高度差为 h，若 A，B 两点间水平距离为 b（或称基线 b），其坐标系统以点 A 为原点，AB 连线在水平方向的投影为 x 轴，过点 A 沿铅垂方向为 z 轴，以右手法则确定 y 轴，由此构成测量坐标系统，如图 16.9(a) 所示。通过 A，B 两处的经纬仪互瞄及分别观测目标 P，得到的观测值（角度值）通过三角运算，就可以计算出被观测点 P 的坐标值。

在运算过程中，基线 b 的长度是作为已知参数使用的，而在此之前，基线 b 的长度是通过图 16.9(b) 的绝对定向过程确定的。图中 A，B 为两台经纬仪，标尺长 L 为已知值，经过相对定向，即 A，B 两台经纬仪互瞄，以及 A，B 两经纬仪分别对标尺的两端点 P_1 和 P_2 进行观测，测得角度值，这样通过三角运算即可得到基线的长度 b。

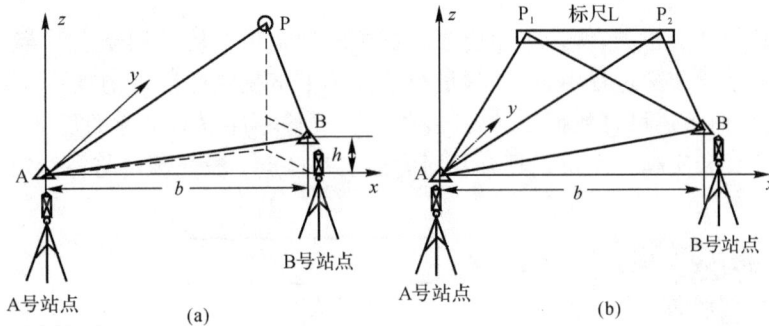

图 16.9　CAT 系统的工作基本原理
(a)测量坐标系；　(b)绝对定向过程

由此可知，目标的三维坐标测量值与经纬仪的观测值（角度）和基线 b 的尺寸有关系，而 b 的尺寸又与标尺 L 相关。因此，为了保证其测量的准确度，在建立 CAT 系统过程中要确保仪器设站、标尺摆放、观察角度等合理可靠；同时应做好仪器的保管、定检以及参数设定等工作。

二、激光跟踪定位测量系统

激光跟踪定位测量系统的测量原理如图 16.10 所示。激光跟踪定位仪测量装夹后的装配部件的基准点，获得的测量数据经过处理单元处理后，直接反馈到装配系统的控制系统。控制系统通过对实际装配位置与精确数学模型的装配位置进行比较后，获得部件装配位置的修正值，自主地对定位元件的空间位置进行快速调整，实现飞机零部件、装配工装和钻铆系统定位的闭环控制，逐步对定位进行补偿，将精确数学模型的装配位置与实际装配位置统一起来，从而完成快速准确定位及安装与调整。图 16.11 为机身部件柔性装配系统对接工作过程示意图，系统工作时，由柔性定位工装来支撑和夹持飞机部件，多个柔性定位工装组成定位工作站。

机身各部件按图 16.10 所示的原理实现精确对接定位后，最后再进行装配连接。图16.12所示为空中客车公司利用激光跟踪仪直接定位飞机的部件并进行装配的过程。

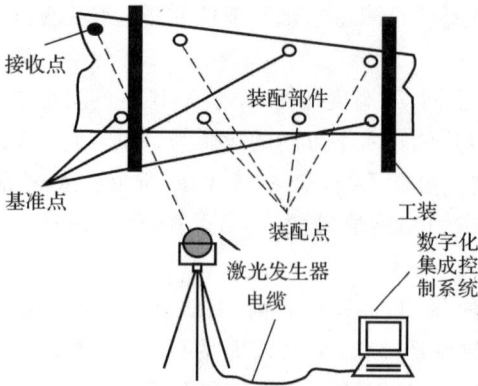

图 16.10　激光跟踪定位测量系统

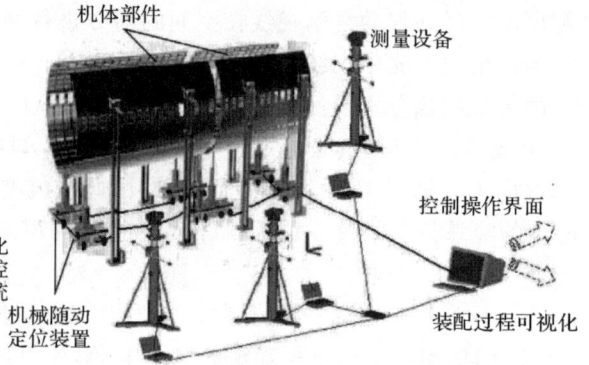

图 16.11　机身部件激光测量对接过程示意图

飞机产品部件外形检测、铆接边距检测和机械随动定位机构的调整控制都离不开光学测量仪系统。在数字化装配过程中,光学测量与补偿技术不仅能够准确地获取装配零件的尺寸参数和位置信息,而且还可将数据传送到控制系统,进行零件空间坐标的反馈,以保证精确数学模型的装配位置和实际装配位置具有共同的加工基准点。激光测量与补偿定位系统的工作原理如图 16.13 所示。

图 16.12　用激光跟踪仪对飞机的
部件进行装配定位

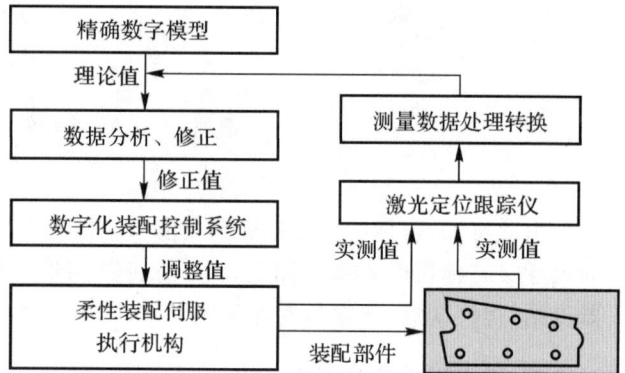

图 16.13　激光测量与补偿定位系统的工作原理

三、室内 GPS(IGPS)测量系统

美国波音飞机制造公司从 1998 年开始研究室内 GPS(IGPS)测量技术,该系统已应用于从 B747 到 F/A18 飞机整机的装配线中,以解决对大尺寸构件的测量问题。IGPS 测量系统特别适合于大尺寸零件的装配、检查和准直方面的应用。

在这种测量系统中,4 个发射器安装在光学座上,或者固定在测量区域的各个角上,发射器的有效范围为 49m,接收器是用光电检测器构成的 ϕ38mm 的球体。IGPS 测量系统的发射器包含两个转动的激光器,每个接收器可计算出相对发射器的垂直和水平角,并根据这些数据来确定它们的位置,通过几个不同发射器的组合,就可以计算测量点的 x,y,z 坐标点。测量一个点所需要的最少发射器数量是 2 个,发射器越多,测量越精确。为了提高测量精度,建议一个测量点至少能接收到 4 个发射器的信号。

对传统的经纬仪和激光跟踪仪而言,用户在某一时刻只能测量一个目标,而 IGPS 测量系统能够同时测量 25 个目标。操作人员可以根据测得的数据对零件的位置进行调整,并得到零件实际位置和目标位置的距离。这种模式不需要复杂的工装,而且还可以减少人为的干预,因此可减少测量误差,从而极大地改善装配质量。其工作示意如图 16.14 所示。

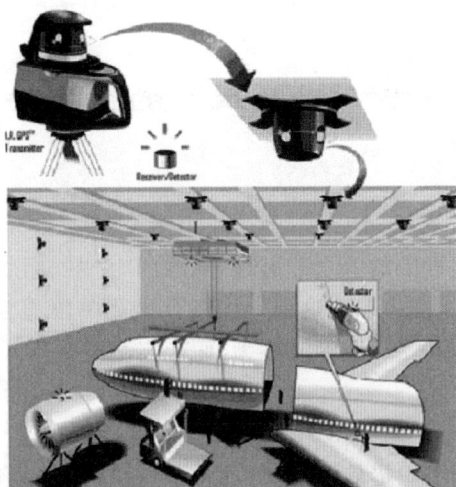

图 16.14　利用室内 GPS 测量技术进行定位

总之,飞机的数字化装配是飞行器数字化研制技术从产品设计到零部件制造,进一步向部件装配和飞机总装配的延伸和发展,它使数字化研制技术真正完全地集成起来,使数字化产品的数据能从研制工作的上游畅通地向下游传递,充分发挥了数字化研制技术的优点,这样将大幅度地减少飞机装配所需的标准工装和生产工装。据统计,B737 新一代飞机标准工装减少了80%,F-35 的研制过程中标准工装减少了 90%,法国达索公司最新研制的小型公务机Falcon传统的工装减到零,可见飞机数字化装配系统对飞机研制的重要意义。

思　考　题

1.简述飞机数字化装配系统的工作原理。
2.解释数字化标准工装的含义。
3.柔性装配的作用主要表现在哪几个方面?
4.何谓机械随动定位装置? 其作用是什么?
5.简述激光跟踪定位测量系统的测量原理。

附录　飞机生产的技术安全与环境保护

第一节　飞机生产的技术安全

一、安全生产概述

为了保护职工在劳动过程中的安全和健康,从政策、法规、组织、管理、技术和经济等方面采取措施,建立科学的安全保证体系。这项工作在企事业单位通常称为"安全生产",也称"劳动保护"。为了与国际名称相一致,我国又称为"职业安全卫生"。

1. 安全生产的任务和意义

(1)安全生产的任务。

1)采取各种安全技术和组织措施,改善劳动条件,减轻劳动强度,为劳动者创造一个良好的工作环境,减少和杜绝伤亡事故发生,保障职工安全地进行科研生产工作。

2)采取各种劳动卫生措施,防止和消除职业病和职业危害,保障职工的身体健康。

3)搞好劳逸结合,保证职工有合理的休息时间,使职工有充沛的精力从事科研生产工作。

4)在科研生产过程中根据妇女的生理特点,对女职工进行特殊保护。

(2)安全生产的意义。

航空工业是以航空为本,军品第一、民品为主、军民结合、对外开放型产业,承担着国防现代化建设和经济建设双重任务,具有科技密集型、经济密集型和技术人才密集型;管理对象广泛、复杂并且有动态相关和时空变化性;事故和危险因素的出现具有随机性和统计规律性;管理工作政策性、群众性和科学性强的特点。因此,搞好航空工业安全生产工作,保证科研生产的顺利进行,在政治、经济和社会影响等方面都有重要意义。

1)对于巩固社会的稳定,为国家的经济建设提供重要的稳定的政治环境具有现实意义。

2)对于保护劳动生产力,均衡发展各部门、各行业的经济劳动力资源具有重要的作用。

3)对于保护社会财富、减少经济损失具有实在的经济意义。

2. 安全生产方针及内容

(1)安全生产方针。我国的安全生产方针是安全第一、预防为主。安全第一要求认识安全与生产辩证统一的关系,当安全与生产发生矛盾时,坚持安全第一的原则,管生产必须管安全。预防为主要求安全工作要事前做好,要依靠安全科学技术进步,加强安全科学管理,搞好事故的科学预测与分析;从本质安全入手,强化预防措施,保证生产安全。

(2)安全生产工作内容。安全生产工作内容包括安全管理、安全技术和工业卫生。安全管理就是预测今后一个时期能够达到什么样的指标,以及为此需要做的组织和技术管理工作。主要内容包括①安全生产立法;②对安全生产法规制度的贯彻实施;③安全生产宣传教育培训;④安全生产检查与隐患整改;⑤工伤事故的调查处理等。安全技术是为了控制和消除在科研生产过程中,由于劳动条件和劳动组织上存在的各种不安全因素所采取的技术措施。工业卫生是控制和消除科研生产过程和劳动环境中有害职工身体健康的有毒有害物质而采取的技术措施和医疗预防措施,以防止职业中毒、职业病及职业伤害的发生。

3.安全生产重要常识

(1)"三同时"原则。即企业新建、改建、扩建工程的劳动安全卫生设施必须与主体工程同时设计、同时施工、同时投产。

(2)"五同时"原则。即企业领导在计划、布置、检查、总结、评比生产的同时,要计划、布置、检查、总结、评比安全。

(3)"三同步"原则。企业在考虑自身的经济发展,进行机构改革和技术改造时,安全生产方面要相应地与之同步规划、同步组织实施、同步运作投产。

(4)安全否决权原则。即安全工作是衡量各单位经营管理工作好坏的一项基本内容。该原则要求,在对各单位各项指标考核、评选先进时,必须要首先考虑安全指标的完成情况。安全生产指标具有一票否决的作用。

(5)《中国安全网》(http://www.safety.com.cn)。国家经贸委安全生产局于1999年1月1日下发1999年001号国经贸安全认可证书,正式认可北京国音安全信息网络有限公司创建的《中国安全网》为经贸委安全生产局指定的全国安全生产信息专业网络。《中国安全网》是国际互联网上唯一的中国安全生产专业信息站点,利用高科技计算机网络通信手段,向各省、市、县安全机构,各企业安全技术专业科室和公众个人,提供各种安全生产、安全工程方面的信息咨询服务。

二、安全生产法规

1.安全生产法规及其作用

安全生产法规是生产过程中所产生的同劳动者的安全和健康有关的各种社会关系的法律和规范。其作用有①保护劳动者的安全和健康;②提高劳动生产率;③促进劳动关系的巩固和发展。

2.重要的安全生产法规

(1)有关保护安全生产的法规。

1)宪法;

2)刑法;

3)劳动法;

4)安全生产法。

(2)有关专业性安全生产法规。

1)工厂安全卫生规程;

2)建筑安装工程安全技术规程;

3)企业职工伤亡事故报告和处理规定;

4)国务院关于加强企业生产中安全工作的几项规定;

5)工业企业设计卫生标准;

6)压力容器安全技术监察规程;

7)蒸汽锅炉安全技术监察规程;

8)热水锅炉安全技术监察规程；

9)气瓶安全技术监察规程；

10)手持电动工具的管理、使用、检查和维修安全技术规程；

11)起重机械安全规程；

12)厂内机动车辆安全管理规定；

13)工业企业噪声卫生标准；

14)微波辐射暂行卫生标准；

15)特种作业人员安全技术培训考核管理规定。

(3)航空工业集团公司颁发的有关安全生产法规。

1)各级人员安全生产责任制；

2)电气安全规程；

3)厂内运输装卸安全规程；

4)化学毒品安全规程；

5)空气压缩设备安全规程；

6)油库安全规程；

7)安全技术培训考核规定；

8)安全生产检查制度；

9)工厂安全性评价规程；

10)危险点控制管理办法；

11)班组安全建设管理办法。

(4)违反安全生产法规应负的责任。

根据最高人民检察院、劳动人事部和刑法有关规定：对于不服管理，违反规章制度，或者强令工人违章冒险作业，因而发生重大伤亡事故，造成严重后果的，处三年以下有期徒刑或者拘役；情节特别恶劣的，处三年以上七年以下有期徒刑。

对于情节轻微，不够刑事处分的，可按照《中华人民共和国治安管理处罚》中的有关条款，对违章作业、无证驾驶机动车辆等行为要给予拘留、罚款处理。

《关于安全生产奖惩规定》中，对因玩忽职守，违章操作，违章指挥而造成事故的，可视情节轻重，分别给予警告、记过、记大过等处分，同时给予一次性罚款处理。

三、安全生产管理

1. 安全管理

安全管理是指以国家的法律、规定和技术标准为依据，采取各种手段，对企业生产的状况实施有效制约的一切活动。

企业安全管理的内容主要包括①行政管理；②技术管理；③工业卫生管理。

安全管理的手段有①行政手段；②法制手段；③经济手段；④文化手段等。

安全生产系统是由 4 个要素构成的，这个系统是安全管理的对象体系，它包括的要素是生产的人员、生产的设备和环境、生产的动力和能量，以及管理的信息和资料。安全系统的 4 要素是人、物、能量和信息。

2.企业安全生产管理的基本内容

(1)确定企业安全生产目标。

(2)建立以行政一把手为安全生产第一责任人的分级负责的安全管理体系。

(3)建立健全安全规章制度。

(4)安全生产教育。国家规定的特殊作业工种范围:电气、起重、焊接、车辆驾驶、锅炉等。对特殊工种工人,必须进行专业安全技术教育,考试合格并领取特种作业操作证才能上岗操作。

(5)安全生产检查。安全生产检查是执行安全生产方针的一种基本方式,是发现生产活动中安全隐患的一种重要办法。

1)安全检查内容主要是查思想、查管理、查制度、查现场、查隐患、查纪律、查措施、查教育8个方面。各单位要根据各自的具体情况,每次检查各有侧重。

2)安全检查的形式有四种:经常性检查,专业性检查,定期检查,群众性检查。

(6)危险点管理。

1)危险点的定义及危险性等级。危险点是指在生产过程中可能发生事故造成人员重伤、死亡或系统重大破坏的设备或场所。根据其对人员造成的伤害和对系统造成的损害严重程度,分为Ⅰ级危险点、Ⅱ级危险点、Ⅲ级危险点。

2)危险点的控制管理。

1)危险点实行分级重点控制。

2)危险点必须建立、健全安全生产规章制度、安全操作规程和发生事故应急措施。

3)危险点的作业人员必须经过专业安全培训。

4)危险点应制订出各级使用的安全检查表。

5)危险点应在明显的位置悬挂标志牌。

6)危险点应有定期检查制度。

7)危险点应有信息反馈制度。

8)危险点应有档案资料。

9)危险点的生产设施和作业环境必须符合有关安全规定和标准。

(7)安全评价。安全评价是采用系统科学的方法,辨别和分析系统存在的危险性,并根据其形成事故的风险大小,采取相应的安全措施,以达到系统安全的过程。安全评价的基本内容和一般过程:辨识危险性,评价风险,采取措施,直至达到安全指标。

(8)企业安全文化建设。企业安全文化建设是一项具有基础性、战略性的安全管理策略。通过人的安全观念、安全意识、安全认识、安全行为等综合安全素质的提高,以及安全工程技术的物化环境和本质安全化的改善,创造良好的安全生产人文环境和物态环境氛围,达到提高企业职工的安全素质,改善企业安全生产的软条件和硬条件,从而实现安全生产、经济发展的综合目标。

安全文化建设的途径有:

1)通过宣传教育提高全民的安全文化素质;

2)推广科学技术,促进安全文化建设和发展;

3)加强法制建设,保证安全文化建设的健康发展;

4)引进先进的管理机制,推动安全文化建设不断进步;

5)面向新世纪和未来,安全文化素质教育要从孩童抓起;

6)要继续加快安全文化产业的发展。

四、工业卫生

工业卫生是研究工业生产中职业性毒害对人体的影响,并采取措施控制和消除职业毒害。

(1)生产过程中的危害因素可分为化学方面的危害因素、物理方面的危害因素、生物方面的危害因素、劳动组织中产生的危害因素。

(2)防尘防毒的基本措施:组织管理措施、技术措施、个人防护措施、卫生保健措施。

五、工伤事故管理

工伤事故管理是对事故的调查、分析、研究、报告、处理、统计和档案管理等事故发生后的一系列工作的总称。

1. 工伤事故及工伤认定范围

(1)工伤事故是指职工在工作时间内、生产岗位上发生的与生产或工作相关的人身伤害事故,包括轻伤、重伤、死亡、急性中毒等。对工伤事故的报告处理严格执行国务院颁布的《企业职工伤亡事故报告和处理规定》。

(2)工伤范围及认定。职工由于下列情形之一负伤、致残、死亡的,应当认定为工伤。

1)从事日常生产和工作,或单位领导指派的与生产、工作密切相关的工作的;

2)在生产工作环境中接触职业性有害因素造成职业病的;

3)在生产工作的时间和区域由于不安全因素造成意外伤害的,或者由于工作紧张突发疾病造成死亡,或者经第一次抢救治疗后全部丧失劳动能力的;

4)因履行职责招致人身伤害的;

5)因工外出期间,由于工作原因遭受交通事故或其他意外事故造成伤害的,或因突发疾病造成死亡,或者经第一次抢救治疗后全部丧失劳动能力的;

6)在上下班规定时间和必经路线上,发生无本人责任或非本人主要责任的道路交通机动车事故的;

7)从事抢险、救灾、救人等维护集团公司利益的活动的;

8)因工因战致残的军人复员转业到集团公司工作后旧伤复发的。

(3)职工由于下列情形之一负伤、致残、死亡的,不认定为工伤。

1)犯罪或违法;

2)自杀或自残;

3)斗殴或酗酒;

4)蓄意违章;

5)法律、法规规定的其他情形。

工伤的认定:职工所在单位自职工工伤事故发生两日之内,填写"企业职工伤亡事故登记表",报送单位技安环保处认定、备案,并办理《因工负伤证》。

2. 工伤事故分类

(1)按伤害程度分类:轻伤事故、重伤事故、死亡事故。

(2)按事故类别分类(指直接使职工受到伤害的原因分类):物体打击、车辆伤害、机械伤害、起重伤害、触电、淹溺、灼烫、火灾、高处坠落、火药爆炸、锅炉爆炸、容器爆炸、其他爆炸、中毒和窒息、其他伤害。

（3）按主要原因分类（指生产管理上导致事故发生的主要原因）。

1)保护、保险、信号等装置缺乏或有缺陷；

2)设备、工具、附件有缺陷；

3)光线不足或工作地点及通道情况不良；

4)没有安全操作规程或不健全；

5)劳动组织不合理；

6)对现场工作缺乏检查或指导有错误；

7)设计有缺陷；

8)不懂操作技术和知识；

9)个人防护用品缺乏或有缺陷；

10)违反操作规程和劳动纪律；

11)其他。

3.伤亡事故的报告、调查与处理

（1）关于伤亡事故的报告。发生工伤事故，必须立即报告单位领导，同时报告技安环保部门，轻伤事故在48h内，填好《企业职工伤亡事故登记表》，报技安环保部门；发生重伤、死亡、重大死亡事故，除按上述程序报告外，还应立即报告企业负责人，企业主管部门，当地安全管理行政部门、工会、公安部门和人民检察院。

发生事故后，班组和车间应保护事故现场，并迅速采取必要措施抢救人员和财产，防止事故扩大。对事故现场及其物件，任何人不得擅自移动或取走，不得擅自清理现场。

（2）关于伤亡事故的调查。事故发生后要尽快调查分析。轻伤事故由技安环保部门组织调查；重伤事故由企业主管安全的领导组织调查；死亡、重大事故由企业主管部门会同当地安全管理行政部门、公安部门、工会部门、人民检察院组成事故调查组进行调查。事故调查处理必须坚持事故原因分析不清不放过、事故责任者和群众没有受到教育不放过、没有防范措施不放过的原则。

（3）关于伤亡事故的责任分析。工伤事故分析坚持实事求是原则，以人、物两方面为主线，围绕事故前生产情况、事故现场勘察和现场外调查三个环节，用逻辑推理的方法论证事故发生、发展的经过和原因，以便采取防止重复事故发生的措施。

工伤事故的责任分析是根据事故的具体情况，按照各级人员安全生产责任制的规定，分清事故的直接责任者、领导责任者和主要责任者。事故责任分析目的是使事故责任者和群众受到教育，从中吸取教训，改进工作。

4.工伤评残

工伤评残由单位劳动鉴定委员会定期负责对工伤职工医疗期内治愈或者伤情处于相对稳定状态或者医疗期满仍不能工作等情况进行劳动能力鉴定，评残工作由单位技安环保部门组织到劳动和社会保障部门指定的工伤评残机构，进行伤残等级和护理等级鉴定。

伤残等级分为十级：一级到四级为全部丧失劳动能力；五级到六级为大部分丧失劳动能力；七级到十级为部分丧失劳动能力。

护理等级分为三个等级：一级为全部护理依赖；二级为大部分护理依赖；三级为部分护理

依赖。

第二节　飞机生产的环境保护

一、环境的基本概念及环境问题的产生

我国《环境保护法》明确规定："环境,是指影响人类生存和发展的各种天然的和经过人工改造的自然因素的总体,包括大气、水、海洋、土地、矿藏、森林、草原、野生动物、自然遗迹、人文遗迹、自然保护区、风景名胜区、城市和乡村等。"这是与人类关系最密切并以法律条文加以确定的必须要保护的环境。

随着现代工业的迅速发展,人们生活水平的提高,大量的生活和工业污染物进入环境,极大地改变了环境的组成和结构,改变了环境中的物质和能量交换,超出了自然环境的自净能力,环境质量下降并恶化,从而导致了环境污染。环境污染日益严重,已成为世界性的难题,受到人们的极大关注。

环境污染主要包括 4 个方面:水污染、大气污染、固体废弃物污染及噪声污染。其中对人们的影响最大、危害最严重的是水污染和大气污染,近年来固体废弃物与噪声污染也很严重,日益受到人们的重视。

二、环境治理技术

环境污染的治理主要有两条途径:一是控制源头,减少污染物的产生;二是对已产生的污染物进行治理。

1. 水污染

水污染有重金属污染,其次还有油类及工业有机物污染等。

(1)重金属污染。重金属污染物主要有铬、镉、镍、铜、锌等,主要来源于表面处理及电镀工艺,处理方法常用的有电解气浮法、化学气浮法等。

(2)油类及工业有机污染物。油类污染物主要来自以下几方面:各机加工艺所生产的废乳化液及含油废水、型材和铝板等清洗废水以及各单位所用的润滑油等。有机污染物则多来自测试中心荧光检验站所产生的荧光检验废液。对这类污染物的处理,主要方法是收集后采用化学破乳、机械隔油等措施,使油水分离,处理后的油可回收利用或作为污泥处理。

(3)含菌废水。含菌废水主要来自职工医院等卫生部门。其处理方法是投加强氧化剂杀灭水中病菌,使之达标排放。

(4)酸碱废水。酸碱废水主要来自表面处理工艺,其水多呈酸性,选用酸碱中和的办法处理即可。

2. 大气污染

大气污染主要表现在两个方面:工艺废气和锅炉废气。

(1)工艺废气。工艺废气主要产生于表面处理和喷漆工艺,其污染物为氮氧化物、铬酸废气、硫酸废气及苯、甲苯、二甲苯等有机废气。其控制措施有以下几点:

1)用清洁生产工艺,减少有毒有害物质使用量和污染物产生量;

2)在表面处理及喷漆生产线中加装处理设备,减少酸雾及有机废气的产生量。

(2)锅炉废气。燃煤锅炉废气是大气污染的主要来源,主要污染物是烟尘、二氧化硫和氮氧化物。大气污染物还包括各吹砂间排出的粉尘,多为石英砂,少数为钢砂。对此类粉尘可安装除尘器回收。

3.固体废弃物污染

固体废弃物主要有建筑材料、废金属、废木材、各种模胎、绝热和绝缘材料、橡胶、塑料等。生活垃圾所占的比例也很大。另外,废水、废气处理后的最终产物污泥、粉尘等也应归为固体废弃物进行处理。固体废弃物种类繁多,处理工艺各异。目前,对固体废弃物的处理主要遵循3个原则:减量化、无害化和资源化。

4.噪声污染

主要噪声源有风机噪声、空压机噪声、电机噪声、柴油机噪声、织机噪声、冲床噪声、圆锯机噪声、球磨机噪声、高压放空排气噪声和风动凿岩机噪声等。

对噪声的控制应从源头开始,从噪声的产生、传播途径直到最终的工作、生活环境,各个环节都应采取相应措施,例如,隔声、安装消音设备、配发防护用品等,以减少噪声对人的影响。

三、环境管理

环境管理是环境保护中不可缺少的一环,它肩负着协调经济发展与环境保护之间的关系的重任,维持两者之间的平衡,做到环境保护与经济发展双丰收。

1.《环境保护工作制度》

本制度对环境保护工作的组织结构、职责、污染防治、环境管理、奖惩等进行了规定。

2.《环境保护指标考核管理办法》

本制度对环境保护工作有关指标、考核管理等进行了规定。

3.《消烟除尘管理制度》

本制度对各类烟尘、二氧化硫等大气污染的防治措施、监督管理、奖惩等进行了规定。

4.《工业固体废物管理规定》(D0691-42B)

本制度对工业固体废物种类、管理措施、检查考核、奖惩等内容进行了规定。

四、环境监测

环境监测是环境保护的重要工具,它为环境保护提供了依据。专门的环境监测站,定期对各污染源点进行采样分析,及时掌握公司的排污情况,为环境管理提供数据依据,保障了环境保护工作的正常进行。

思 考 题

1.简述安全生产的任务和意义。

2.我国安全生产方针是什么?

3.简述有关专业性安全生产法规。

4.安全文化建设的途径有哪些?

5.环境污染的治理主要有哪两条途径?

参 考 文 献

[1] 《航空制造工程手册》总编委员会.飞机装配[M].北京:航空工业出版社,1993.

[2] 《职业技能培训 MES 系列教材》编委会.铆装钳工技能[M].北京:航空工业出版社,2008.

[3] 航空工业技工教材编审委员会.飞机铆接装配工艺学[Z].北京:航空工业技工教材编审委员会,1998.

[4] 贾玉红,何景武.现代飞行器制造工艺学[M].北京:北京航空航天大学出版社,2010.

[5] 王云渤,张关康,冯宗律,等.飞机装配工艺学[M].北京:国防工业出版社,1990.

[6] 陈均元.飞机制图[Z].北京:航空工业技工教材编审委员会,1993.

[7] 乌兰.铆装钳工技能[M].北京:航空工业出版社,1994.

[8] 卢惠元,郭涌彬,丁祖寿,等.铆接装配工艺学[Z].北京:航空工业技工教材编审委员会,1983.

[9] 范玉青.现代飞机制造技术[M].北京:北京航空航天大学出版社,2010.

[10] 海军航空兵后勤技术部.航空工程手册:机械类[M].北京:航空工业出版社,1994.

[11] 点焊涂胶工[Z].西安:西安飞机工业(集团)有限责任公司,2004.

[12] 王志刚,梁颖春,鹿鸣春.飞机构造[M].北京:航空工业出版社,2019.

[13] 王海宇.航空基础概论[M].西安:西北工业大学出版社,2014.

[14] 何胜强.大型飞机数字化装配技术与装备[M].北京:航空工业出版社,2013.

[15] 薛红前.飞机装配工艺学[M].西安:西北工业大学出版社,2015.

[16] 徐峰悦.飞机装配工艺[M].北京:北京航空航天大学出版社,2021.